한국산업인력공단의 새출제 기준에 따른
新 **기능사필기시험대비**

원클릭!
자동차 정비기능사 필기

고훈국/김학광/김흥진/최유니 공저

요점정리

출제 예상 문제

과년도 출제 문제

자동차 정비기능사 필기

머리말

자동차 정비 기능사 자격증을 취득하고자 하는 수험생을 위하여 나름대로의 경험을 토대로 하여 가장 핵심적인 문제들로만 편성한 문제집임을 강조하고 싶다.

자동차 정비기능사 시험 문제는 자동차 공학(기관, 전기, 섀시)이 약 40%(24 문제), 자동차 정비(기관, 전기, 섀시)가 약 40%(24 문제), 기본사항 및 안전 기준에 관한 규칙, 안전 관리가 약 20%(12 문제)로 출제되므로 어느 한 과목이라도 소홀히 할 수 없기 때문에 각 파트별 요점 정리를 충실히 함과 동시에 문제마다 해설을 곁들여 자격증을 취득하고자 하는 수험생의 이해를 돕고자 했으며, 핵심적인 문제와 출제 빈도가 높은 문제들로만 구성하여 미력하나마 뜻하는 바 자격증 취득을 쉽게 하기 위하여 이 책을 다음과 같이 편성하였다.

이 책의 구성

제1편 기관의 일반, 실린더 헤드 및 실린더 블록, 피스톤 및 피스톤 어셈블리, 크랭크축, 플라이 휠, 기관 베어링, 밸브장치, 윤활장치, 냉각장치, 가솔린 연료장치, LPG, LPI, 전자제어 연료 분사장치, 디젤기관, 전자제어 디젤기관(CRDI), 배출가스 제어장치, 친환경 자동차의 요점 정리와 출제 예상 문제 및 해설을 하여 이해하기 쉽도록 편성하였다.

제 2 편 기초 전기, 기초 전자, 축전지, 기동장치, 점화장치, 충전장치, 등화장치, 냉·난방장치의 요점 정리와 출제 예상 문제 및 해설을 하여 이해하기 쉽도록 편성하였다.

제 3 편 클러치, 수동 변속기, 주행 저항, 유체 클러치, 자동 변속기, 오버 드라이브, 드라이브 라인, 종감속·차동기어 장치, 현가장치, 전자제어 현가장치(ECS), 조향장치, 동력 조향장치, 전차륜 정렬, 제동장치, ABS, 타이어의 요점 정리와 출제 예상 문제 및 해설을 하여 이해하기 쉽도록 편성하였다.

제 4 편 자동차 관리법의 안전 기준에 관한 규칙과 산업 안전 일반, 기계 및 기기에 대한 안전, 공구에 대한 안전, 작업상의 안전의 요점 정리와 출제예상문제를 법 조항의 순서에 따라서 배열하여 이해하기 쉽도록 편성하였다.

제 5 편 과년도 출제 문제를 편성하여 본인이 테스트하여 보완할 수 있도록 편성하였다.

끝으로 시험의 횟수가 거듭될수록 수정·보완할 것을 수험생 제현들에게 약속하며, 책이 만들어지기까지 본 졸고를 다듬어 출간하는데 아낌없는 노력을 쏟아주신 도서 출판 동진의 사장님과 편집진 여러분께 진심으로 감사를 표한다.

2017년 4월
저자 일동

- 자동차 정비기능사 필기 출제기준 -

직무분야	기계	중직무분야	자동차	자격종목	자동차정비기능사	적용기간	2016. 1. 1 ~ 2018. 12. 31

- **직무내용**
  각종 공구 및 기기와 점검 장비를 이용하여 엔진, 새시, 전기장치 등의 결함이나 고장 부위를 진단하고, 알맞은 부품으로 교체하거나 정비작업 직무를 수행

필기검정방법	객관식	문제수	60	시험시간	1시간

필기과목명	문제수	주요항목	세부항목	세세항목
자동차 기관, 자동차 새시, 자동차 전기, 안전관리	60	1. 기본사항 및 안전기준	1. 기본사항	1. 힘과 운동의 관계 2. 열과 일 및 에너지와의 관계 3. 자동차공학에 쓰이는 단위
			2. 엔진의 성능	1. 엔진 성능 2. 엔진 기본 사이클 및 효율 3. 연료 및 연소
			3. 자동차 안전기준	1. 안전기준(법규 및 검사기준)
		2. 자동차 엔진	1. 엔진본체	1. 실린더헤드, 실린더 블록, 밸브 및 캠축 구동장치 2. 피스톤 및 크랭크축
			2. 연료장치	1. 가솔린 연료장치 2. 디젤 연료장치 3. LPG 연료장치 4. CNG/LNG 연료장치
			3. 윤활 및 냉각장치	1. 윤활장치 2. 냉각장치
			4. 흡배기장치	1. 흡기 및 배기장치 2. 과급장치 3. 배출가스 저감장치
			5. 전자제어장치	1. 엔진 제어장치 2. 센서 3. 액추에이터 등 4. 친환경 제어장치

필기과목명	문제수	주요항목	세부항목	세세항목
자동차 기관, 자동차 새시, 자동차 전기, 안전관리		3. 자동차 새시	1. 동력전달장치	1. 클러치 2. 수동변속기 3. 자동변속기 유압 및 제어장치 4. 무단변속기 유압 및 제어장치 5. 드라이브라인 및 동력배분장치 6. 친환경 동력전달장치
			2. 현가 및 조정장치	1. 일반 현가장치 2. 전자제어 현가장치 3. 일반 조향장치 4. 전자제어 조향장치 5. 휠 얼라인먼트
			3. 제동장치	1. 유압식 제동장치 2. 기계식 및 공압식 제동장치 3. 전자제어제동장치 4. 친환경 제동장치
			4. 주행 및 구동장치	1. 휠 및 타이어 2. 구동력 및 주행성능 3. 구동력 제어장치
		4. 자동차 전기전자	1. 전기전자	1. 전기기초 2. 전자기초(반도체 포함)
			2. 시동, 점화 및 충전장치	1. 배터리 2. 시동장치 3. 점화장치 4. 충전장치 5. 하이브리드장치
			3. 계기 및 보안장치	1. 계기 및 보안장치 2. 전기회로(각종 전기장치) 3. 등화장치
			4. 안전 및 편의장치	1. 안전 및 편의장치 2. 사고 회피 기술
			5. 공기조화장치	1. 냉방장치 2. 난방장치 3. 공조장치
		5. 안전관리	1. 산업안전일반	1. 안전기준 및 재해 2. 안전조치
			2. 기계 및 기기에 대한 안전	1. 엔진취급 2. 새시취급 3. 전장품취급 4. 기계 및 기기 취급
			3. 공구에 대한 안전	1. 전동 및 에어공구 2. 수공구
			4. 작업상의 안전	1. 일반 및 운반기계 2. 기타 작업상의 안전

● 인터넷을 이용한 출제기준 보기
  큐넷 홈페이지 : http://www.q-net.or.kr

차 례

자동차 정비기능사 필기

제1편 기 관

제1장 기관 일반
- 1. 열기관 ··· 21
- 2. 열기관의 분류 ··· 21
- 3. 내연기관의 분류 ····································· 21

제2장 기관 본체
- 1. 실린더 헤드 ··· 25
- 2. 실린더 블록 ··· 29
- 3. 피스톤 ··· 32
- 4. 피스톤 링 ··· 34
- 5. 피스톤 핀 ··· 36
- 6. 커넥팅 로드 ··· 37
- 7. 크랭크축 ··· 38
- 8. 플라이 휠 ··· 40
- 9. 베어링 ··· 41
- 10. 밸브 장치 ··· 43

제3장 윤활 장치
- 1. 윤활의 목적 ··· 51
- 2. 윤활유의 작용 ··· 51

3. 윤활유의 갖추어야 할 조건 ·········· 51
4. 윤활유의 분류 ·········· 52
5. 윤활 방식 ·········· 53
6. 윤활장치의 부품 ·········· 54
7. 오일의 소비가 증대되는 원인 ·········· 57

제4장 냉각 장치

1. 냉각의 목적 ·········· 59
2. 냉각 방식 ·········· 59
3. 물펌프 ·········· 60
4. 구동벨트 ·········· 60
5. 냉각팬 ·········· 61
6. 라디에이터 ·········· 61
7. 수온조절기 ·········· 62
8. 냉각수와 부동액 ·········· 63

제5장 연료 장치

1. 연료파이프 ·········· 66
2. 연료 펌프 ·········· 66
3. 연료 압력 조절기 ·········· 67
4. 인젝터 ·········· 67
5. 흡기장치 ·········· 68
6. 배기장치 ·········· 68

제6장 LPG · LPI

1. LPG 연료장치 ·········· 69
2. 전자제어 LPI 분사장치 ·········· 73

제7장 전자제어 분사장치

1. 분사장치 특징 ·········· 76
2. 분사장치 종류 ·········· 77

제8장 디젤 기관

1. 디젤 기관의 개요 ·· 87
2. 디젤의 연소과정 ·· 88
3. 연소실 ·· 89
4. 감압장치 ·· 91
5. 과급기 ·· 91
6. 예열장치 ·· 93
7. 디젤 노크 ·· 94
8. 디젤 연료장치 ·· 95
9. 분사량 제어기구 ·· 99
10. 조속기 ·· 100
11. 분사량의 불균율 ·· 100
12. 타이머 ·· 101
13. 분사노즐 ·· 101

제9장 전자제어 디젤기관

1. 전자제어 디젤기관의 개요 ·· 103

제10장 배출가스 제어장치

1. 연료증발 가스 ·· 110
2. 블로바이 가스 ·· 110
3. 배기가스 ·· 110
4. 배기가스 발생원인 ·· 111
5. 유해가스의 배출 특성 ·· 111
6. 배출가스 제어장치 ·· 112

제11장 친환경 자동차

1. CNG 연료장치 ·· 116
2. 친환경 제어시스템 ·· 118
3. 하이브리드 시스템(HEV) ··· 120

부록 출제예상문제 ·· 125

전기 제2편

제1장   기초 전기

    1. 정전기 ··· 189
    2. 정전유도 ·· 189
    3. 직류 ··· 189
    4. 교류 ··· 189
    5. 전류 ··· 189
    6. 전압 ··· 190
    7. 저항 ··· 190
    8. 저항의 연결법 ··· 191
    9. 전압강하 ·· 192
    10. 옴의 법칙 ·· 193
    11. 키르히호프의 법칙 ·· 193
    12. 전력 ·· 193
    13. 전력량 ··· 194
    14. 전류가 만드는 자계 ·· 194
    15. 전자력 ··· 195
    16. 전자유도작용 ·· 196
    17. 자기유도작용 ·· 197
    18. 상호유도작용 ·· 197
    19. 전기 배선 ··· 197

제2장   기초 전자

    1. 반도체 ··· 199
    2. N형 반도체 ··· 199
    3. P형 반도체 ··· 200
    4. 서미스터 ··· 200
    5 다이오드 ·· 200
    6. 트랜지스터 ··· 201

7. 사이리스터 …………………………………………………………… 202
　　　8. 논리회로 …………………………………………………………… 202

제3장　축전지

　　　1. 정의 …………………………………………………………………… 205
　　　2. 역할 …………………………………………………………………… 205
　　　3. 축전지의 종류 ……………………………………………………… 205
　　　4. 화학작용 ……………………………………………………………… 206
　　　5. 전해액 ………………………………………………………………… 208
　　　6. 방전종지전압 ………………………………………………………… 208
　　　7. 축전지 용량 ………………………………………………………… 209
　　　8. 축전지 충전 ………………………………………………………… 210
　　　9. 축전지 판정 ………………………………………………………… 212
　　　10. MF축전지 ………………………………………………………… 213

제4장　기동 장치

　　　1. 개요 및 필요성 ……………………………………………………… 214
　　　2. 기동 전동기 종류 …………………………………………………… 214
　　　3. 기동 전동기의 구조 및 작동 ……………………………………… 215
　　　4. 동력전달기구 ………………………………………………………… 216
　　　5. 오버런닝클러치 ……………………………………………………… 218
　　　6. 기동 전동기 시험 …………………………………………………… 218

제5장　점화 장치

　　　1. 점화장치의 개요 …………………………………………………… 220
　　　2. 점화장치의 종류 …………………………………………………… 220
　　　3. 점화코일 ……………………………………………………………… 221
　　　4. 배전기 ………………………………………………………………… 222
　　　5. 점화시기 진각장치 ………………………………………………… 222
　　　6. 고압케이블 …………………………………………………………… 222
　　　7. 점화플러그 …………………………………………………………… 222

　　　　8. 전자제어 점화장치(HEI) ·· 224
　　　　9. DLI점화장치 ·· 226
　　　　10. 점화시기 점검방법 ·· 227

제6장 　충전 장치

　　　　1. 필요성 ·· 228
　　　　2. 종류 ··· 228
　　　　3. DC발전기 ··· 228
　　　　4. AC발전기 ··· 229

제7장 　등화 장치

　　　　1. 전조등 ·· 235
　　　　2. 방향지시등 ·· 236

제8장 　냉·난방 장치

　　　　1. 차량의 열부하 ·· 238
　　　　2. 냉방장치 ·· 238
　　　　3. 냉방장치의 구성품 ·· 239
　　　　4. 전자동 에어컨 장치 ·· 240
　　　　5. 냉·난방장치 정비 ·· 241

부록 　출제예상문제 ·· 243

제3편 섀시

제1장 클러치
1. 기능 ··· 289
2. 필요성 ·· 289
3. 구비조건 ·· 289
4. 클러치의 작동 ·· 290
5. 클러치의 종류 ·· 290
6. 마찰 클러치의 구성 ·· 291
7. 클러치의 성능 ·· 293
8. 클러치 조작기구 ·· 293
9. 클러치 페달의 자유간극 ······································ 294
10. 클러치 작동불량의 원인 ···································· 295

제2장 수동 변속기
1. 수동 변속기 ·· 296

제3장 자동 변속기
1. 유체 클러치 ·· 300
2. 토크 컨버터 ·· 301
3. 자동 변속기 ·· 302
4. 무단 변속기(CVT) ··· 305
5. 정속 주행장치 ·· 306
6. 자동 변속기 점검 ·· 307
7. 주행속도 ·· 309
8. 구동력 ··· 309
9. 주행저항 ·· 309

제4장 드라이브 라인

1. 오버 드라이브 ··· 311
2. 드라이브 라인 ··· 312

제5장 종감속·차동장치

1. 종감속 기어장치 ··· 314
2. 차동 기어장치 ··· 316
3. 액슬축 ··· 317
4. 자동제한 차동 기어장치(LSD) ·· 317
5. 4륜(전륜) 구동 장치(4WD) ·· 317

제6장 현가장치

1. 목적 ··· 319
2. 판 스프링 ··· 319
3. 코일 스프링 ··· 320
4. 토션 바 스프링 ··· 320
5. 공기 스프링 ··· 321
6. 쇽업쇼버 ··· 322
7. 스태빌라이저 ··· 323
8. 일체식 현가장치 ··· 323
9. 독립 현가장치 ··· 323
10. 현가장치 정비 ··· 325
11. 스프링의 질량·진동 ··· 326
12. 뒤 차축의 구동방식 ··· 327
13. 전자제어 현가장치(ECS) ··· 327

제7장 조향장치

1. 애커먼 장토식의 원리 ··· 330
2. 최소 회전 반경 ··· 330
3. 조향 장치의 구비조건 ··· 331
4. 조향장치의 구조 ··· 331

5. 조향장치의 정비 ··· 332
6. 동력 조향장치 ··· 333

제8장 전차륜 정렬

1. 얼라인먼트의 요소 ··· 335
2. 캠버 ·· 335
3. 캐스터 ·· 336
4. 킹핀 경사각 ·· 336
5. 토인 ··· 337
6. 토 아웃 ··· 338

제9장 제동장치

1. 제동장치의 개요 ··· 339
2. 유압식 브레이크 ··· 339
3. 브레이크 오일 ··· 340
4. 드럼 브레이크 ··· 341
5. 디스크 브레이크 ··· 342
6. 공기 브레이크 ··· 343
7. 배력식 브레이크 ··· 344
8. 감속 브레이크의 종류 ··· 344
9. ABS ·· 345

제10장 휠 및 타이어

1. 휠 ··· 347
2. 타이어 ·· 347

부록 출제예상문제 ·· 351

안전기준, 안전관리　　제4편

제1장　안전 기준
　　1. 정의 ··· 399
　　2. 자동차 안전기준 ·· 400
　　3. 이륜자동차의 안전기준 ·· 406
　　4. 제작자동차등의 안전기준 ·· 406
　　5. 시험기준 및 측정방법 ··· 406

제2장　안전 관리
　　1. 안전관리 ·· 410

부록　출제예상문제 ·· 416

과년도 출제문제 제5편

과년도 출제문제

1. 자동차정비 기능사 2013. 1. 27 ································ 429
2. 자동차정비 기능사 2013. 4. 14 ································ 435
3. 자동차정비 기능사 2013. 7. 21 ································ 441
4. 자동차정비 기능사 2013. 10. 12 ······························ 447
5. 자동차정비 기능사 2014. 1. 26 ································ 453
6. 자동차정비 기능사 2014. 4. 6 ·································· 459
7. 자동차정비 기능사 2014. 10. 11 ······························ 464
8. 자동차정비 기능사 2015. 1. 25 ································ 470
9. 자동차정비 기능사 2015. 4. 4 ·································· 476
10. 자동차정비 기능사 2015. 7. 19 ······························ 481
11. 자동차정비 기능사 2015. 10. 10 ····························486
12. 자동차정비 기능사 2016. 1. 24 ····························492
13. 자동차정비 기능사 2016. 7. 10 ······························ 498

원클릭! 자동차 정비기능사 필기

기 관 제1편

제1장	기관의 일반
제2장	실린더 헤드 및 실린더 블록
제3장	피스톤 및 피스톤 어셈블리
제4장	크랭크축
제5장	플라이 휠
제6장	기관 베어링
제7장	밸브장치
제8장	윤활장치
제9장	냉각장치
제10장	가솔린 연료장치
제11장	피드백 기화기, LPG 연료장치
제12장	디젤 기관
제13장	배기 가스 정화장치
부 록	출제 예상 문제

Chapter 01

기관 일반

1. 열 기관

열 기관이란 가솔린, LPG, 디젤 등의 연료를 연소시켜 발생된 열에너지를 기계적 에너지로 바꾸어 동력을 발생시키는 기계이다.

2. 열 기관의 분류

(1) 외연 기관
열 에너지를 연소실 외에서 공급받아 기계적인 에너지로 바꾸는 기관을 말한다.

(2) 내연 기관
열 에너지를 실린더의 연소실 내에서 발생시켜 기계적인 에너지로 바꾸는 기관을 말한다.

3. 내연 기관의 분류

(1) 기계적인 사이클에 의한 분류

1) 4행정 사이클 기관
4행정 사이클 기관은 크랭크축이 2회전 하는 동안에 피스톤이 흡입, 압축, 폭발, 배기의 4행정을 하여 1사이클을 완성하는 기관. 이때 캠축은 1회전한다.

① 흡입행정 : 피스톤이 하강하며 실린더 내에 혼합기(가솔린 기관)나 공기(디젤 기관) 흡입, 흡기밸브는 열려 있고, 배기밸브는 닫혀 있다.(크랭크축은 180° 회전) 또한 가솔린 엔진 중에서 직접 분사방식(GDI : gasoline direct injection)은 공기만을 흡입한다.

② 압축행정 : 피스톤이 상승하며 혼합기나 공기를 연소실에서 압축한다. 흡기밸브 및 배기밸브는 모두 닫힌 상태이다.(크랭크축은 360° 회전)

구 분	가 솔 린 엔 진	디 젤 엔 진
압 축 비	7 ~ 11 : 1	15 ~ 22 : 1
압 축 압 력	8 ~ 11kgf/cm^2	30~45kgf/cm^2
압 축 온 도	120~140℃	500~550℃

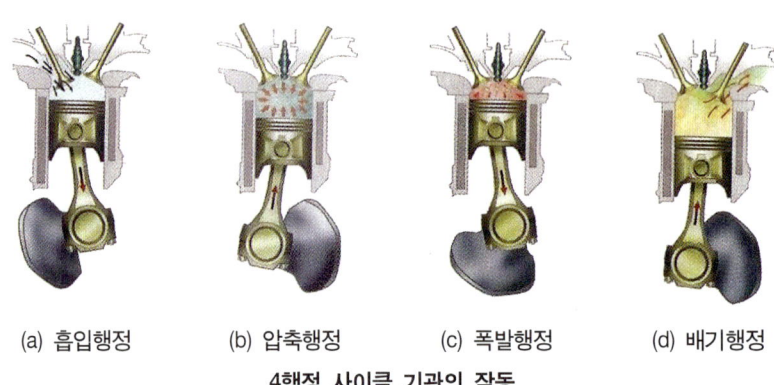

(a) 흡입행정 (b) 압축행정 (c) 폭발행정 (d) 배기행정

4행정 사이클 기관의 작동

③ 폭발행정(동력행정) : 혼합기가 연소하며 피스톤이 하강한다. 이때 발생하는 폭발압력에 의해 피스톤이 커넥팅로드를 통하여 크랭크축에 동력을 전달한다. 흡기밸브 및 배기밸브는 모두 닫힌 상태이다.(크랭크축은 540° 회전)

구 분	가 솔 린 엔 진	디 젤 엔 진
폭 발 압 력	35 ~ 45kgf/cm^2	55 ~ 65kgf/cm^2

④ 배기행정 : 피스톤이 상승하며 연소가스를 배기밸브를 통하여 배출하며 흡기밸브는 닫혀 있고, 배기밸브는 열린 상태.(크랭크축은 720° 회전) 흡·배기작용을 완전하게 하기 위해서는 상사점을 기준으로 흡기 밸브는 조금 빠르게 열리고, 배기 밸브는 조금 늦게까지 열린 채로 있는 것이 바람직하다.

2) 2행정 사이클 기관

크랭크축이 1회전할 때 피스톤이 2행정(상승과 하강)하므로 1사이클을 완성하는 기관을 말한다. 캠축은 1회전한다.(크랭크축은 360° 회전)

① 피스톤 상승행정 : 연소실내에 혼합기를 압축하며 크랭크실로 혼합기가 흡입된다.
② 피스톤 하강행정 : 연소실내에 혼합기가 연소, 피스톤이 배기공을 열면 배기가스 자체 압력으로 배기가 이루어지며 하강 끝 무렵 소기공을 통하여 실린더에 흡입된다.
③ 2행정기관의 소기방식 : 횡단 소기식, 루프 소기식, 단류 소기식 등이 있다.
④ 디플렉터(deflector) : 혼합기의 와류를 촉진시키고 압축비를 높게 하며, 잔류 가스를

배출시키기 위해 피스톤 헤드에 설치된 돌출부를 말한다.

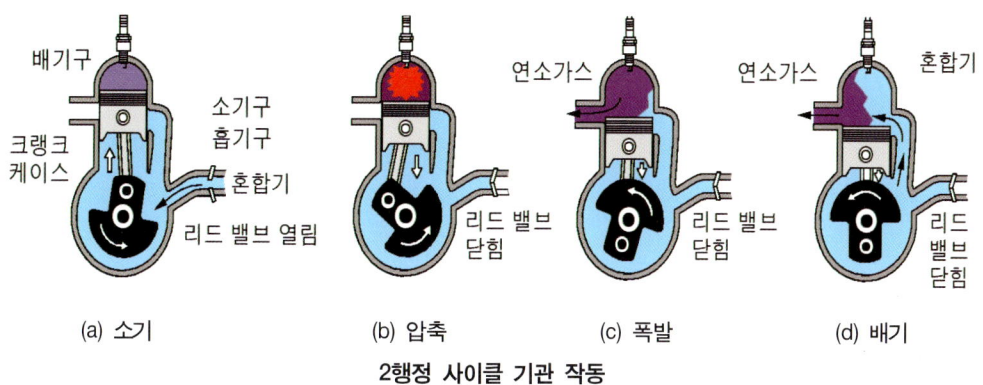

(a) 소기   (b) 압축   (c) 폭발   (d) 배기

2행정 사이클 기관 작동

※ 4행정 및 2행정 사이클 기관 장단점

구분 기관	장 점	단 점
4행정	① 각 행정이 구분되어 불확실한 곳이 없다. ② 흡입행정에서 냉각효과로 인한 열적부하가 적다. ③ 회전속도의 범위가 넓다. ④ 흡입행정이 길어 체적 효율이 높다. ⑤ 블로바이가 적어 연료소모량이 적다. ⑥ 기동이 쉬어 실화가 잘 발생되지 않는다. ⑦ 열효율이 높다.	① 밸브기구가 복잡하다. ② 폭발회수가 적어 실린더수가 적을 경우 운전이 곤란하다. ③ 가격이 비싸고 마력당 중량이 무겁다. ④ 폭발 횟수가 적어 회전력의 변동이 크다. ⑤ 충격이나 기계적 소음이 크다.
2행정	① 출력이 1.6~1.7배 높다. ② 회전력의 변동이 석다. ③ 실린더 수가 적어도 회전이 원활하다. ④ 밸브기구가 간단하며 값이 싸다. ⑤ 마력당 중량이 적다.	① 유효행정이 짧아 흡입효율이 저하된다. ② 배기행정이 짧아 배기가 불안전히다. ③ 피스톤 및 링의 소손이 많다. ④ 저속운전이 어려워 역화가 발생한다. ⑤ 연료 및 윤활유 소모량이 많다. ⑥ 열효율이 낮다.

(2) 열역학적 사이클에 의한 분류

① 정적 사이클(오토 사이클) : 일정한 체적하에서 연소가 이루어지는 사이클이며, 가솔린 기관 및 가스 기관에 이용된다.

$$\eta o = 1 - \frac{1}{\varepsilon^{k-1}}$$ (ηo : 열효율, k : 비열비, ε : 압축비)

② 정압 사이클(디젤 사이클) : 일정한 압력하에서 연소가 이루어지는 사이클이며, 저속 디젤

기관에 이용된다.

$$\eta d = 1 - \frac{1}{\varepsilon^{k-1}} \times \frac{\sigma^k - 1}{k(\sigma - 1)} \quad (\sigma: 단절비)$$

③ 합성 사이클(사바테 사이클) : 일정한 압력 및 체적하에서 연소가 이루어지는 사이클이며, 고속 디젤 기관에 이용된다.

$$\eta s = 1 - \frac{1}{\varepsilon^{k-1}} \times \frac{m\sigma^k - 1}{(m-1) + km(\sigma - 1)} \quad (m: 폭발비)$$

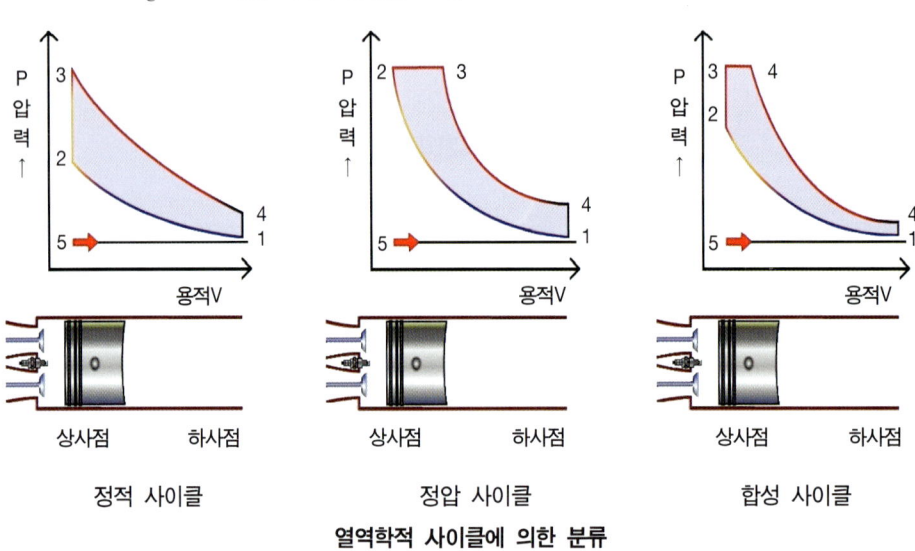

열역학적 사이클에 의한 분류

> **참 고**
>
> 오토, 디젤, 사바테 사이클은 압축비가 높아지면 열효율은 높아지고 동일한 압축비에서도 오토 사이클은 디젤 사이클보다 열효율이 높으며, 사바테 사이클은 중간 정도이다. 디젤 기관이 가솔린 기관보다 압축비가 높기 때문에 열효율이 높은 것이 된다. 또한 회전 속도가 높아지면 오토 사이클과 디젤 사이클은 사바테 사이클에 가까운 연소를 하게 되어 열효율은 압축비에 좌우된다.
> ① 공급 열량과 압축비가 일정할 때 열효율 : 오토 사이클 〉 사바테 사이클 〉 디젤 사이클
> ② 공급 압력과 최고 압력이 일정할 때 열효율 : 디젤 사이클 〉 사바테 사이클 〉 오토 사이클

Chapter 02

기관 본체

1. 실린더 헤드

(1) 기 능

① 실린더 헤드는 실린더 윗면에 설치되어 피스톤과 함께 연소실을 형성한다.
② 높은 연소압력을 유지시킨다.(기밀유지)
③ 연소가스로부터 전달된 열을 빠른 속도로 냉각수에 전달한다.
④ 실린더는 피스톤의 안내자(guide) 역할을 한다.
⑤ 실린더 헤드 변형도 측정은 곧은자(직정규)와 디그니스 게이지(필러 게이지)로 하며, 실린더 헤드의 면을 대상으로 7개소에서 실시한다.

실린더 헤드

실린더 헤드 개스킷

(2) 구비 조건

① 고온에서 열팽창이 적어야 한다.
② 기계적 강도가 높으면서도 가벼워야 한다.
③ 열전도성이 좋으며, 주조나 가공이 쉬워야 한다.
④ 조기점화를 방지하기 위하여 가열되기 쉬운 돌출부가 없어야 한다.

> **참 고**
>
> ① 조기점화(프리 이그니션): 압축된 혼합기의 연소가 점화 플러그에서 불꽃을 발생하기 이전에 열점에 의해서 점화되는 현상으로 조기 점화의 원인으로는 밸브의 과열, 카본의 퇴적으로 인한 열점의 형성, 점화 플러그의 과열, 돌출부의 과열 등이다.
> ② 열점 : 열이 국부적으로 집적(集積)된 부분으로서 연소실 벽이나 밸브 헤드 주변의 돌출물에 의해서 형성된다.

(3) 실린더 헤드 개스킷

1) 기능

① 실린더 헤드와 실린더 블록 사이의 면을 밀착시켜 기밀 작용한다.
② 냉각수의 누출 및 오일의 누출을 방지한다.

2) 개스킷의 종류

① 보통 개스킷, 스틸 개스킷(석면, 강판), 스틸 베스토 개스킷(강판, 석면, 강판)

(4) 연소실

1) 기능

① 실린더 헤드, 실린더, 피스톤에 의해서 이루어진다.
② 혼합기를 연소하여 동력 발생하는 곳으로 밸브 및 점화 플러그가 설치되어 있다.

2) 구비조건

① 압축 행정 끝에서 강한 와류를 일으키게 할 것
② 출력을 높일 수 있을 것
③ 연소실 내의 표면적은 최소가 되도록 할 것
④ 가열되기 쉬운 돌출부를 두지 말 것
⑤ 노킹을 일으키지 않는 형상일 것
⑥ 밸브 면적을 크게 하여 흡배기 작용을 원활히 되도록 할 것
⑦ 열효율이 높으며 배기가스에 유해한 성분이 적을 것
⑧ 화염 전파에 소요되는 시간을 가능한 짧게 할 것

3) 연소실의 종류

옥조형 연소실   쐐기형 연소실   반구형 연소실   지붕형 연소실

> **참 고**
>
> 체적 효율 : 실제로 흡입되는 대기 중량을 기관 1 사이클 당의 행정 체적에서 계산된 흡입 가능한 대기 중량으로 나눈 것을 말한다. 체적 효율은 밸브의 지름에 정비례한다.

4) 실린더 헤드의 정비

① 실린더 헤드의 분해 : 실린더 헤드 볼트를 풀 때는 실린더 헤드의 변형을 방지하기 위하여 힌지 핸들을 사용하여 대각선의 바깥쪽에서 중앙을 향하여 푼다.
② 실린더 헤드의 조립 : 실린더 헤드 볼트를 조일 때는 실린더 헤드의 변형을 방지하기 위하여 토크 렌치를 사용하여 규정 토크를 3 회 나누어 대각선의 중앙에서 바깥쪽을 향하여 조인다.
③ 변형 점검
　㉮ 실린더 헤드 변형의 원인
　　㉠ 제작시 열처리 조작이 불충분 할 때
　　㉡ 헤드 개스킷이 불량할 때
　　㉢ 실린더 헤드 볼트의 불균일한 조임
　　㉣ 기관이 과열되었을 때
　　㉤ 냉각수가 동결되었을 때
　㉯ 직각 자(곧은 자)와 디그니스(필러) 게이지를 사용하여 7개소에서 측정한다.
　㉰ 변형이 규정값 이상이면 평면 연삭기로 연삭한다.
　㉱ 실린더 헤드를 평면 연삭기로 연삭하면 압축비가 높아진다.

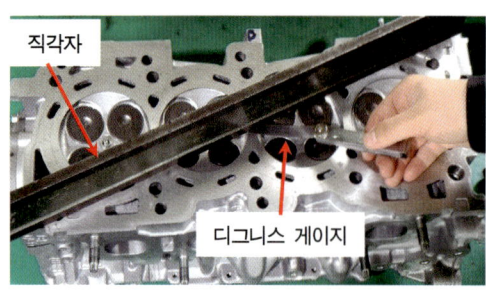
실린더 헤드 변형도 측정

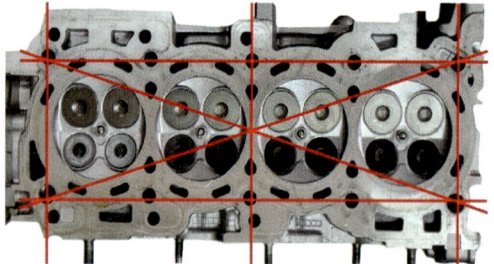
실린더 헤드 변형도 측정(7개소)

④ 실린더 헤드의 균열 점검 방법
  ㉮ 타진법
  ㉯ 자기 탐상법
  ㉰ 육안 검사법
  ㉱ 염색 탐상법
  ㉲ 레드 체크 탐상법
  ㉳ 형광 탐상법

⑤ 실린더 압축압력 측정방법
  ㉮ 엔진을 시동하여 냉각수의 온도가 정상(85~90℃)이 되도록 워밍업한다.
  ㉯ 엔진을 정지시키고 연료의 공급을 차단한다.
  ㉰ 모든 점화 플러그를 탈거한다.
  ㉱ 에어 클리너를 탈거한다.
  ㉲ 스로틀 밸브를 완전히 개방한다.
  ㉳ 압축압력 게이지를 점화 플러그 구멍에 설치한다.
  ㉴ 압축 압력계를 보면서 엔진을 4~6회(200~300rpm) 정도 크랭킹시켜 압력값을 읽는다.
  ㉵ 건식 측정 결과 압축 압력이 규정 압력의 70% 미만일 때에는 점화 플러그 구멍에 엔진 오일을 10cc정도 넣은 다음 측정한다. 이와 같이 오일을 넣고 측정하는 것을 습식 측정이라고 한다.

압축압력 게이지 설치 모습

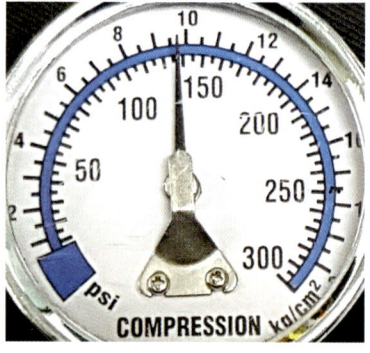
측정된 압축압력

⑥ 압축압력 측정 시 판정방법
　㉮ 정상: 압축압력이 규정압력의 90%~100% 이내
　㉯ 양호: 압축압력이 규정압력의 70% 이상~110% 이하일 때
　㉰ 불량: 압축압력이 규정압력의 110% 이상 또는 70% 이하, 실린더간 압축압력 차이가 10% 이상일 때

2. 실린더 블록

(1) 실린더 블록의 구비조건

① 주조와 기계 가공이 쉬워야 한다.
② 구조가 복잡하므로 내마멸성 및 내식성이 좋아야 한다.
③ 기관의 기초 구조물이므로 충분한 강도와 강성이 있어야 한다.
④ 실린더 블록은 기관에서 제일 큰 부분이므로 소형이고 가벼워야 한다.

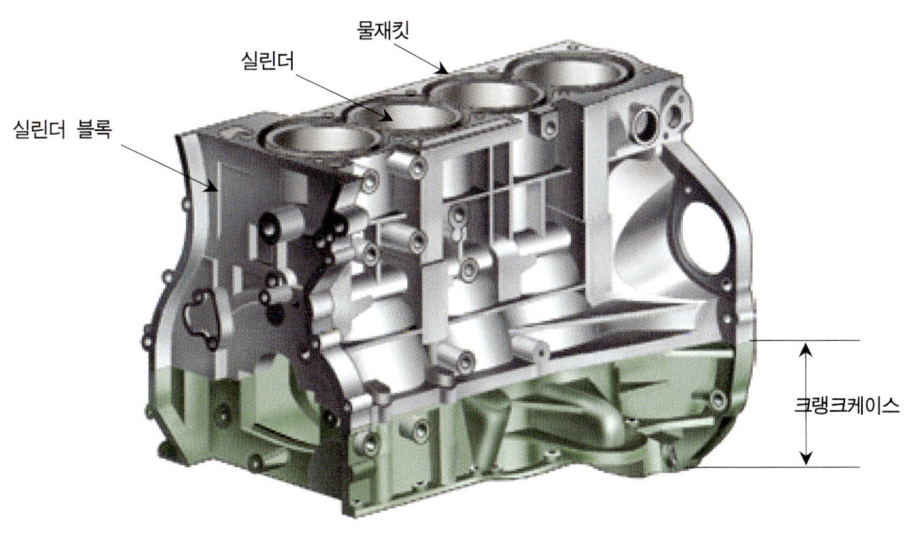

실린더 블록의 구조

(2) 실린더

① 기 능
　㉮ 실린더는 피스톤이 상하 왕복 운동을 하는데 안내 역할을 한다.
　㉯ 피스톤이 기밀을 유지하면서 열에너지를 기계적 에너지로 바꾸어 동력을 발생시키는 역할을 한다.

> **참 고**
>
> 실린더 벽은 정밀하게 다듬질되어 있으며, 피스톤의 마찰 및 마멸을 적게 하기 위해서 실린더 벽에 크롬(Cr) 도금한 것도 있다. 크롬 도금의 두께는 약 0.1mm 정도이며, 크롬 도금한 피스톤 링은 크롬 도금한 실린더에 사용하지 않는다. 근래에는 경합금 실린더에 크롬 도금한 것도 생산된다.

(3) 실린더 라이너

① 기 능
  ㉮ 실린더 블록과 별개로 만든 재질의 실린더
  ㉯ 피스톤이 기밀을 유지하면서 열에너지를 기계적 에너지로 바꾸어 동력을 발생한다.

② 종 류

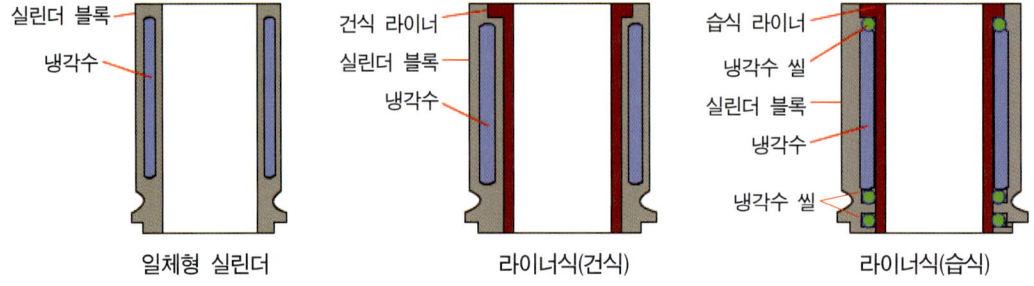

  ㉮ 습식 라이너
    ㉠ 라이너의 바깥 둘레가 물 재킷으로 되어 냉각수와 직접 접촉된다.
    ㉡ 두께는 5~8 mm 이고, 상부의 플랜지에 의해서 실린더 블록에 설치된다.
    ㉢ 실린더 블록의 윗면보다 라이너의 윗면이 약간 높게 되어 있다.
    ㉣ 실린더 하부에는 2~3 개의 시일 링이 설치되어 있다.
    ㉤ 교환할 때에는 실린더 외주에 진한 비눗물을 바르고 삽입한다.

  ㉯ 건식 라이너
    ㉠ 라이너는 실린더 블록과 마찰력으로 고정된다.
    ㉡ 삽입시 내경 100 mm 당 2~3 ton 의 힘이 필요하고 오일을 바른다.
    ㉢ 라이너의 두께는 보통 2~3 mm 정도로서 냉각수와 간접적으로 접촉된다.
    ㉣ 건식 라이너는 가솔린 기관에 많이 사용된다.

(4) 행정 내경비

① 장행정 기관(언더 스퀘어 엔진)
   ㉮ 행정·내경비(L/D > 1.0)가 1.0 이상인 기관.
   ㉯ 피스톤의 행정이 실린더 내경보다 크다.
   ㉰ 기관의 회전 속도가 느리고 회전력이 크다.
   ㉱ 실린더 벽에 가해지는 측압이 적다.
   ㉲ 기관의 높이가 높아지지만 기관의 길이가 짧아진다.

② 정방행정 기관(스퀘어 엔진)
   ㉮ 행정·내경비(L/D = 1.0)가 1.0인 기관.
   ㉯ 피스톤의 행정과 실린더 내경이 동일하다.
   ㉰ 기관의 회전 속도 및 회전력이 장행정 기관과 단행정 기관의 중간 정도이다.

③ 단행정 기관(오버 스퀘어 엔진)
   ㉮ 행정·내경비(L/D < 1.0)가 1.0 이하인 기관.
   ㉯ 피스톤의 행정이 실린더 내경보다 작다.
   ㉰ 기관의 회전 속도가 빠르고 회전력이 작다.
   ㉱ 실린더에 가해지는 측압이 크다.
   ㉲ 기관의 높이가 낮아지지만 기관의 길이가 길어진다.
   ㉳ 흡·배기 밸브를 크게 하여 체적효율을 높일 수 있다.

(5) 실린더의 정비

① 실린더 마멸의 원인
   ㉮ 실린더와 피스톤의 접촉에 의해서 마멸된다.
   ㉯ 연소 생성물에 의해서 마멸된다.
   ㉰ 흡입 가스 중 먼지와 이물질에 의해서 마멸된다.
   ㉱ 하중 변동에 의해서 마멸된다.
   ㉲ 농후한 혼합기에 의해서 마멸된다.

② 마멸량
   ㉮ 최대 마모부와 최소 마모부의 내경의 차를 마모량 값으로 정한다.
   ㉯ 실린더의 마모량은 상사점(TDC) 부근이 가장 크다.
   ㉰ 마모량이 가장 적은 곳은 하사점(BDC) 부근이다.
   ㉱ 실린더의 마모량은 축 방향보다 축 직각 방향의 마모가 크다.

㉮ 피스톤을 분해할 때는 리지 리이머를 사용하여 리지(턱)를 제거한다.

> **참 고**
>
> 상사점 부근이 마멸이 큰 이유
> ① 피스톤 링의 호흡 작용에 의해서 마멸된다.
> ② 측압을 가장 크게 받기 때문에 마찰력이 증대되기 때문이다.
> ③ 윤활이 불량하기 때문에 유막이 끊어져 피스톤 링이 실린더 벽에 직접 접촉되기 때문이다.

③ 실린더의 보링
 ㉮ 실린더의 수정 : 실린더 마멸량이 다음의 한계값을 넘으면 보링하여 수정한다.

실린더 내경	수정 한계값
70mm 이상인 기관	0.20mm 이상 마멸되었을 때
70mm 이하인 기관	0.15mm 이상 마멸되었을 때

 ㉯ 보링값 : 실린더 최대 마모 측정값 + 수정 절삭량(0.2mm)으로 계산하여 피스톤 오버 사이즈에 맞지 않으면 계산값보다 크면서 가장 가까운 값으로 선정한다.
 ㉰ 피스톤 오버 사이즈는 STD, 0.25mm, 0.50mm, 0.75mm, 1.00mm, 1.25mm, 1.50mm의 6단계로 되어 있다.
 ㉱ 실린더의 호닝 : 보링 후 바이트 자국을 없애기 위한 연마작업이다.
  ㉠ 호닝 후 실린더 상호간의 내경차는 0.02 mm 이하이어야 한다.
  ㉡ 호닝 후 한 개의 실린더 각부의 내경차는 0.05 mm 이하이어야 한다.
  ㉢ 건식 라이너 삽입 후 호닝 값은 0.005 mm 이하이어야 한다.

④ 실린더의 수정 한계

실린더 내경	오버 사이즈 한계값
70mm 이상인 기관	1.50mm
70mm 이하인 기관	1.25mm

3. 피스톤

(1) 기 능

① 실린더 내에 설치되어 12~13m/sec 정도의 고속으로 왕복운동을 한다.
② 폭발 행정에서 발생된 압력을 커넥팅 로드를 통하여 크랭크축에 전달한다.

(2) 피스톤의 구조

① 피스톤 헤드 : 혼합 가스가 연소될 때 고온 고압에 노출, 안쪽면에 리브가 설치되어 있다.
   종류 : 편평형, 도움형 및 쐐기형, 밸브 노치형, 불규칙형, 오목형
② 히트 댐 : 피스톤 1번 랜드에 가느다란 홈을 여러 개 두고 헤드 부분의 열이 스커트로 전달되는 것을 차단하는 기능을 한다.
③ 피스톤 링지대 : 링을 끼우는 링홈, 링홈과 링홈 사이의 랜드로 구분되어 있다.
④ 피스톤 보스
   ㉮ 피스톤 핀을 지지하는 부분으로 강성을 증대시키기 위하여 두께가 두껍다.
   ㉯ 핀의 마찰에 의해 온도가 상승하여 스러스트측보다 열팽창이 크다.
   ㉰ 보스부의 지름이 스러스트부보다 작게 제작되어 있다.
⑤ 피스톤 스커트
   ㉮ 피스톤이 왕복 운동을 할 때 측압을 받는 부분.
   ㉯ 피스톤 헤드의 지름보다 스커트의 지름이 크다.

피스톤 구조

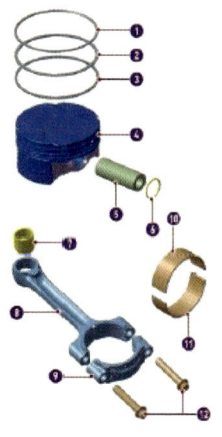

- 분리된 피스톤에서 스냅 링을 분해하여 피스톤 핀을 탈거한다.
- 피스톤과 커넥팅 로드를 분해한다.
- 피스톤에서 피스톤 링을 분해하고 각 피스톤 어셈블리를 한 자리에 둔다

주의 피스톤 링과 베어링 및 스냅 링은 신품으로 교체한다.

번호	명칭	번호	명칭
1	탑 링	7	피스톤 핀 부쉬
2	세컨드 링	8	커넥팅 로드
3	오일 링	9	커넥팅 로드 캡
4	피스톤	10	커넥팅 로드 어퍼 베어링
5	피스톤 핀	11	커넥팅 로드 로워 베어링
6	스냅 링	12	볼트

피스톤 어셈블리 구성품

(3) 구비 조건

① 고온에서 강도가 저하되지 않을 것
② 온도 변화에도 가스의 누출이 없을 것
③ 열팽창 및 기계적 마찰 손실이 적을 것
④ 열전도가 양호하고 열부하가 적을 것
⑤ 순응성을 높이기 위해 가벼울 것

(4) 피스톤의 재질

① 특수 주철 피스톤
② 알루미늄 합금 피스톤
③ 구리계 Y 합금 피스톤
　Cu 3.5~4.5% + Mg 1.2~1.8% + Ni 1.7~2.3% 나머지는 Al 의 합금이다.
④ 규소계 로우엑스(Lo - ex) 피스톤
　Cu 0.8~1.5% + Mg 0.7~1.3% + Ni 1.0~2.5% + Si 11~13% + Fe 0.7%

(5) 피스톤 간극

① 피스톤 간극이 클 때의 영향
　㉮ 블로바이 현상이 발생된다.
　㉯ 압축 압력이 저하된다.
　㉰ 기관의 출력이 저하된다.
　㉱ 오일이 희석되거나 카본에 오염된다.
　㉲ 연료 및 오일 소비량이 증대된다.
　㉳ 피스톤 슬랩 현상이 발생된다.
② 피스톤 간극이 적을 때 영향
　㉮ 실린더 벽에 형성된 오일의 유막 파괴되어 마찰이 증대된다.
　㉯ 마찰에 의한 소결(스틱) 현상이 발생된다.

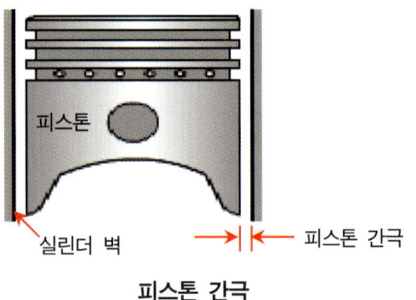

피스톤 간극

(6) 형상에 의한 피스톤의 종류

① 캠연마 피스톤
② 스플릿 피스톤
③ 인바 스트럿 피스톤
④ 슬리퍼 피스톤
⑤ 오프셋 피스톤(측압을 작게 하여 피스톤 슬랩을 감소)

4. 피스톤 링

(1) 기 능

① 기밀(밀봉) 작용
② 오일제어 작용(실린더 벽의 오일을 긁어내림)
③ 열전도(냉각) 작용

(2) 피스톤 링의 재질

① 특수 주철, 구상 흑연 주철, 회주철 등을 사용하여 원심 주조로 제작된다.
② 크롬 도금의 두께는 0.05mm 정도로 하고 크롬 도금한 링은 톱링(1번링)에 사용한다.
③ 크롬 도금한 실린더에는 크롬 도금 링을 사용하지 않는다.

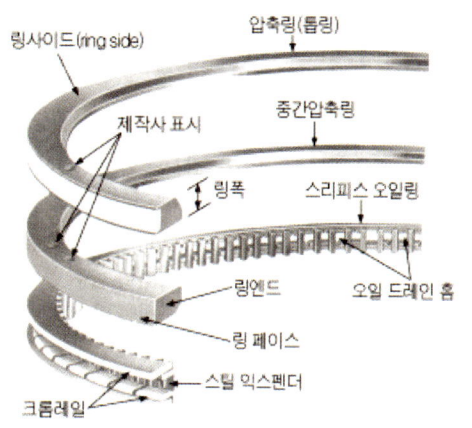

(3) 피스톤 링의 종류

① 압축링(2개: 1번링, 2번링)은 기밀유지 작용, 열전도 작용을 한다.
② 오일링(1개 : 상단 사이드 레일, 스페이서(익스펜더), 하단 사이드 레일로 구성)은 오일제어 작용, 열전도 작용을 한다.

(4) 피스톤 링 이음

① 피스톤 링의 이음 부분에 의해서 피스톤 링의 장력이 형성된다.
② 장력이 너무 작을 때 미치는 영향
   ㉮ 블로바이 현상으로 인해 기관의 출력이 저하된다.
   ㉯ 피스톤의 열전도가 불량하게 되어 피스톤의 온도가 상승된다.
③ 장력이 너무 클 때 미치는 영향
   ㉮ 실린더 벽과의 마찰력이 증대되어 마찰 손실이 발생된다.
   ㉯ 실린더 벽의 유막(oil film)이 끊겨 마멸이 증대된다.
④ 링 이음의 종류

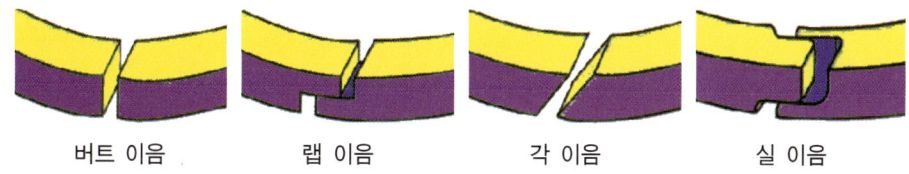

버트 이음   랩 이음   각 이음   실 이음

> **참 고**
>
> 피스톤 링을 피스톤에 조립할 때는 이음 부분을 크랭크축 방향과 축 직각방향을 피해서 120~180o 방향으로 서로 엇갈리게 조립하여야 이음 간극으로 블로바이 가스가 새는 현상을 방지할 수 있다.

(5) 피스톤 링의 마찰력 동력손실

① 손실마력(FPS)

$$FPS = \frac{Fr \times Z \times N \times S}{75} = \frac{F \times S}{75}$$

F : 총 마찰력(kgf),   Fr : 링 1개당 마찰력(kgf)
Z : 실린더 당 링의 수,   N : 실린더 수
S : 피스톤 평균 속도(m/sec)

② 마찰력(F)

F = Fr × Z × N

F : 총 마찰력(kgf),   Fr : 링 1개당 마찰력(kgf)
Z : 실린더 당 링의 수,   N : 실린더 수

③ 피스톤 평균 속도(S)

$$S = \frac{2 \times L \times R}{60} = \frac{L \times R}{30}$$

S : 피스톤 평균 속도(m/sec),   L : 행정(m),   R : 회전수(rpm)

5. 피스톤 핀

(1) 기 능

피스톤 핀은 피스톤 보스부에 설치되어 커넥팅 로드 소단부를 연결하는 핀으로 피스톤에 작용하는 폭발 압력을 커넥팅 로드에 전달하는 역할을 한다.

(2) 피스톤 핀의 설치 방법

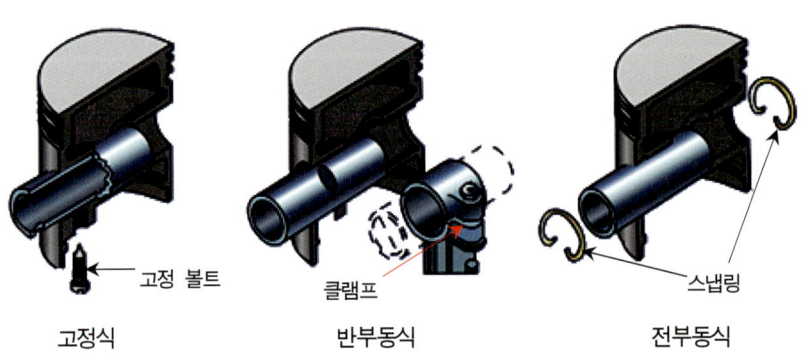

고정식   반부동식   전부동식

① 고정식
  ㉮ 피스톤 핀을 피스톤 보스부에 고정 볼트로 고정.
  ㉯ 커넥팅 로드 소단부에는 고정 부분이 없기 때문에 자유롭게 움직일 수 있다.(중형이나 대형 엔진)

② 반부동식(요동식)
  ㉮ 피스톤 핀을 커넥팅 로드 소단부에 클램프 볼트로 고정 또는 압입하여 설치한다.
  ㉯ 피스톤 보스부에 고정 부분이 없기 때문에 자유롭게 움직일 수 있다.
  ㉰ 피스톤 핀 중앙에는 클램프 볼트에 고정될 수 있도록 홈이 있다.(디젤 엔진)

③ 전부동식
  ㉮ 피스톤 핀을 피스톤 보스부나 커넥팅 로드 소단부에 고정된 부분이 없다.
  ㉯ 피스톤 보스부의 양쪽에 스냅링을 끼워 피스톤 핀의 이동하는 것을 방지한다.(소형, 중형 고속용 엔진)

6. 커넥팅 로드

(1) 기 능

① 소단부, 대단부, 본체로 구성되어 있다.
② 소단부는 부싱을 통하여 피스톤 핀과 연결되어 있고 대단부는 크랭크 핀과 연결되어 있다.
③ 폭발 행정에서 피스톤 헤드에 받는 압력을 크랭크축에 전달하는 역할을 한다.

(2) 커넥팅 로드의 길이

① 커넥팅 로드는 소단부와 대단부로 구성되며 로드는 I형 단면으로 되어 있다.
② 피스톤 행정의 1.5~2.3배 정도이다.
③ 커넥팅 로드의 길이는 소단부의 중심선과 대단부의 중심선 사이의 거리이다.
④ 커넥팅 로드의 길이가 길면 실린더 벽에 가해지는 측압이 작은 반면 길이가 짧으면 강성과 엔진 높이가 낮아져서 유리하나 측압이 높아지는 단점이 있다. 최근에는 짧은 형식을 많이 사용된다.

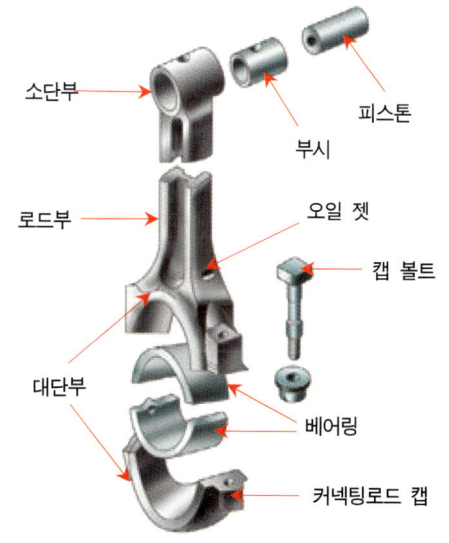

7. 크랭크축(크랭크 샤프트)

(1) 구조

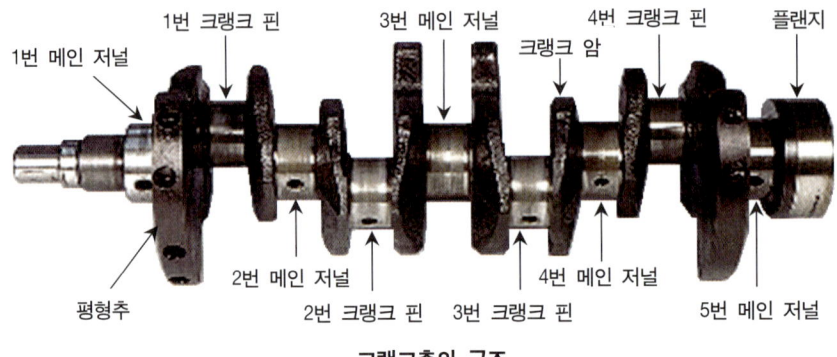

크랭크축의 구조

① 크랭크 핀 : 커넥팅 로드의 대단부와 연결되어 피스톤의 압력을 받는 부분.
② 크랭크 암 : 크랭크 핀과 메인 저널을 연결하는 부분.
③ 메인 저널 : 크랭크축의 하중을 크랭크 케이스에 지지하는 부분.
④ 평형추 : 크랭크축의 동적 평형 및 정적 평형을 유지하는 부분.
⑤ 플랜지 : 플라이 휠을 설치하기 위한 부분.
⑥ 오일 홀 : 핀 저널과 메인 저널에 오일을 순환시키기 위한 통로.
⑦ 오일 실링거 : 외부로 오일이 누출되는 것을 방지한다.

(2) 크랭크축의 구비 조건

① 고속 회전을 하기 때문에 동적 평형 및 정적 평형이 유지되어야 한다.
② 강성 및 강도가 충분하고 내마멸성이 커야 한다.
③ 기관의 고속화 및 축의 강성을 증대시키기 위하여 크랭크축을 오버랩시킨다.

> **참 고**
>
> ① 크랭크축 오버랩 : 크랭크축 오버랩은 메인 저널의 중심선과 핀 저널의 중심 간의 거리로서 오버랩 시키는 이유로는 크랭크축의 강성이 증대되고 피스톤의 행정을 실린더의 내경보다 작게 하는 단행정 기관으로 하여 고속 회전을 할 수 있다. 따라서 오버랩이 크면 고속용 기관으로 적합하다.
> ② 크랭크축 휨 측정은 정반, V블럭, 다이얼 게이지를 이용하여 측정하고 다이얼 게이지 눈금의 1/2이 실제 휨 값이다. 다이얼 게이지 1눈금은 0.01mm이다.

(3) 크랭크축의 점화 순서

1) 점화시기 고려사항

① 토크 변동을 적게 하기 위하여 연소가 같은 간격으로 일어나게 한다.
② 크랭크축에 비틀림 진동이 발생되지 않게 한다.
③ 혼합기가 각 실린더에 균일하게 분배되도록 흡기관에서 가스 흐름의 간섭을 피해야 한다.
④ 하나의 메인 베어링에 연속해서 하중이 집중되지 않도록 한다.
⑤ 인접한 실린더에 연이어 폭발되지 않게 한다.

2) 크랭크축의 비틀림 진동

① 크랭크축의 회전력이 클 때 발생된다.
② 크랭크축의 길이가 길수록 진동이 크게 발생된다.
③ 강성이 작을수록 진동이 크게 발생된다.

> **참 고**
>
> 축방향에 움직임이 크면 소음이 발생하고 실린더 및 피스톤 등에 편마멸을 일으킨다.
> 조치사항으로는 스러스트 베어링을 교환한다. 크랭크축 엔드 플레이(축놀음) 측정은 디그니스(필러) 게이지나 다이얼 게이지로 측정한다.
> 크랭크축의 마멸량 측정은 외측 마이크로미터를 이용하여 측정한다.

④ 4실린더 기관의 점화순서
　㉮ 크랭크 핀의 위상차가 180°이며, 4개의 실린디기 1번씩 폭발행정(동력행정)을 하면 크랭크축은 2회전한다. 점화순서는 1-3-4-2와 1-2-4-3이 있다.

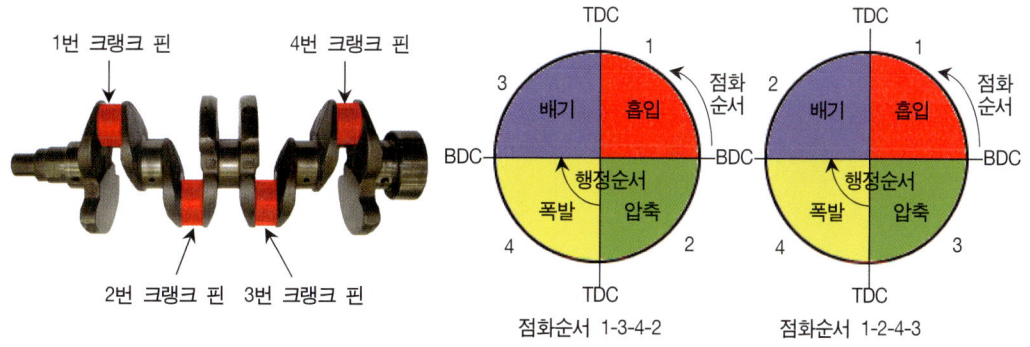

크랭크축 핀 저널 번호　　　4 실린더 엔진의 점화순서와 행정순서

⑤ 6실린더 기관의 점화순서
㉮ 크랭크 핀의 위상차는 120°이며, 6개의 실린더가 1번씩 폭발행정(동력행정)을 하면 크랭크축은 2회전한다. 우수식 크랭크축의 점화순서는 1-5-3-6-2-4와 좌수식 점화 순서는 1-4-2-6-3-5이다.

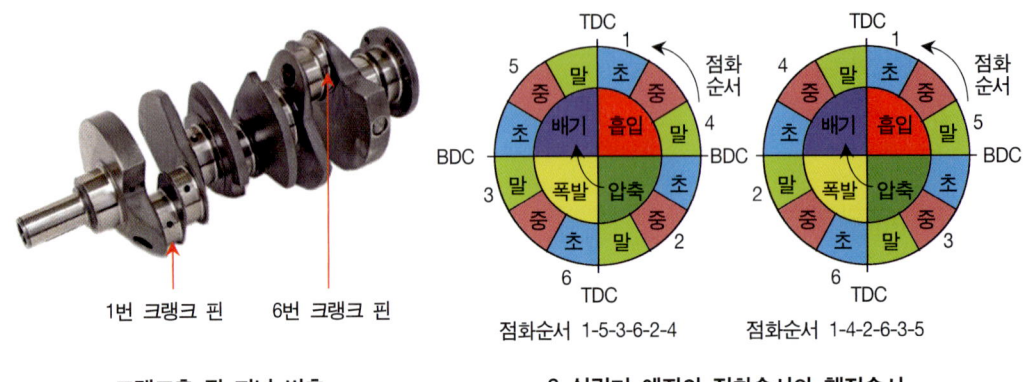

크랭크축 핀 저널 번호 **6 실린더 엔진의 점화순서와 행정순서**

8. 플라이 휠

(1) 기능

① 플라이 휠은 크랭크축 플랜지에 볼트로 체결되어 있다.
② 폭발 행정에서 발생되는 중량에 의한 관성의 에너지를 저장한다.
③ 엔진의 맥동적인 회전을 균일하게 유지시키는 역할을 한다.
④ 플라이 휠의 무게는 실린더 수와 엔진의 회전수와 밀접한 관계가 있다. 실린더 수가 많으면 무게를 가볍게 하고 적으면 무겁게 한다.

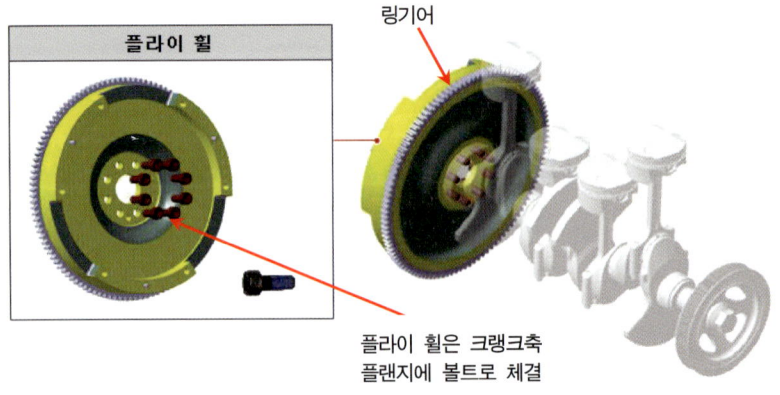

플라이 휠의 구성품

> **참 고**
>
> 링 기어의 일부분이 마멸되었을 때는 링 기어를 120~150℃가 되도록 토치 램프로 가열하여 두들겨 빼내어 그 위치를 바꾸어 끼운다. 이때 링 기어를 약 200℃로 가열한 다음 가볍게 두들겨 끼운다. 이것을 열박음이라 한다. 링기어에 기동 전동기 피니언 기어가 맞물려 회전력을 전달한다.

9. 베어링

(1) 기 능

① 회전 또는 직선 운동을 하는 축을 지지하면서 운동을 하는 부품.
② 마찰 및 마멸을 방지하여 출력의 손실을 적게 하는 역할을 한다.

(2) 베어링의 구조

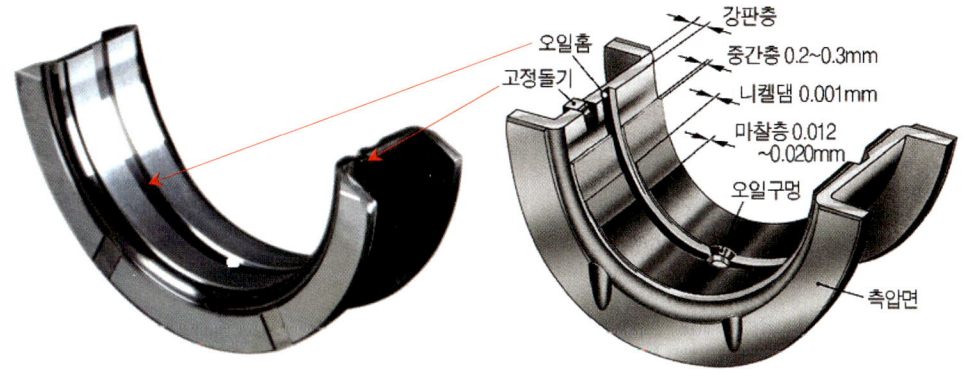

베어링 구조 및 명칭

1) 베어링 크러시(높이 차이)

① 베어링 바깥 둘레와 하우징 안 둘레와의 차이를 말한다.
② 마찰 부분에서 발생된 마찰열을 하우징으로 전달한다.
③ 베어링의 밀착이 잘 되도록 한다.
④ 열전도가 잘 되도록 한다.
⑤ 크러시가 작으면 : 온도 변화에 의하여 헐겁게 되어 베어링이 움직인다.
⑥ 크러시가 크면 : 조립 시 베어링 안쪽 면으로 변형되어 찌그러진다.

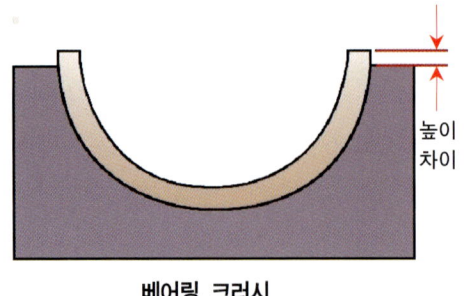
베어링 크러시

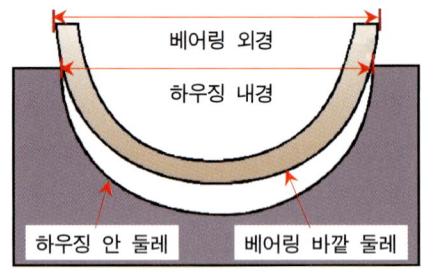
베어링 스프레드

2) 베어링 스프레드(길이 차이)

① 하우징의 내경과 베어링을 하우징에 끼우지 않았을 때의 베어링 외경과의 차이를 말한다.
② 베어링이 캡에서 이탈되는 것을 방지한다.
③ 크러시로 인하여 찌그러짐을 방지한다.
④ 베어링이 제자리에 밀착되도록 한다.

3) 베어링의 재질

① 배빗 메탈
  ㉮ 합금 성분이 모두 백색이기 때문에 화이트 메탈이라고도 한다.
  ㉯ 주성분 : 주석(Sn) 80~90%, 납(Pb) 1% 이하, 안티몬(Sb) 3~12%, 구리(Cu) 3~7%로 조성되어 있다.

② 켈밋 메탈
  구리(Cu) 67~70%, 납(Pb) 23~30%로 조성되어 있다. 적메탈이라고 한다.

③ 트리 메탈
  동합금의 셸에 아연(Zn) 10%, 주석(Sn) 10%, 구리(Cu) 80%를 혼합한 연청동을 중간층에 융착하고 연청동 표면에 배빗을 0.02~0.03mm 정도로 코팅한 베어링.

4) 윤활간극

① 윤활 간극은 보통 0.038~0.1mm 정도이다.
② 윤활 간극이 크면 : 유압이 저하되고 실린더 벽에 비산되는 오일의 양이 과대하여 연소실에 유입되는 원인이 되므로 오일의 소비가 증대된다.
③ 윤활 간극이 적으면 : 저널과 베어링 표면이 직접 접촉되어 마찰 및 마멸이 증대되고 실린더 벽에 오일의 공급이 불량하게 된다.

10. 밸브장치

(1) 밸브 기구

1) 오버헤드 캠축 밸브 기구(OHC)

실린더 헤드에 캠축이 1개(SOHC)또는 2개(DOHC)가 설치되어 밸브를 개폐시키며, 캠이 밸브를 직접 개폐시키는 다이렉트형, 캠의 회전 운동을 스윙 암에 작동시켜 밸브를 개폐시키는 스윙 암형, 캠의 회전 운동을 로커암에 전달하여 밸브를 개폐시키는 로커 암형으로 분류된다.

2) 오버헤드 캠축 밸브 기구의 장단점

① 관성력이 작아 밸브의 가속도를 크게 할 수 있다.
② 고속에서 밸브의 개폐가 안정된다.
③ 밸브기구가 간단하고 흡배기 효율이 향상된다.
④ 실린더 헤드의 구조가 복잡하다.
⑤ 캠축의 구동 방식이 복잡하다.

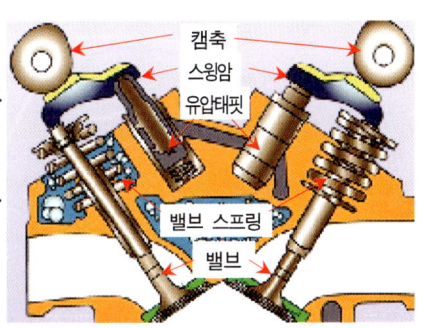

(2) 캠축(캠 샤프트)

1) 기 능

크랭크축에서 전달되는 동력을 이용하여 밸브를 개폐시킨다.

2) 재질 및 캠의 구성

① 재 질 : 주철, 저탄소강, 중탄소강, 크롬강

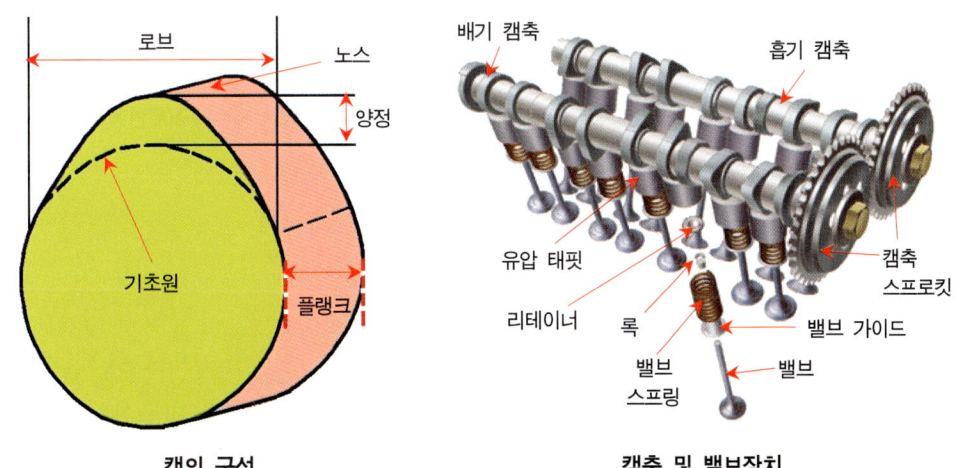

캠의 구성   캠축 및 밸브장치

② 캠의 구성
  ㉮ 베이스 서클 : 기초원을 말한다.
  ㉯ 노스 : 밸브가 완전히 열리는 지점이다.(캠의 높이가 가장 크다)
  ㉰ 플랭크 : 밸브 리프터 또는 로커암과 접촉되는 부분을 말한다.
  ㉱ 로 브 : 밸브가 열려서 닫힐 때까지의 둥근 돌출차를 말한다.
  ㉲ 양 정(lift) : 기초원과 노스와의 거리를 말한다.
③ 캠의 종류 : 접선 캠, 볼록 캠(원호 캠), 오목 캠, 비례 캠

> **참 고**
>
> 크랭크축과 캠축의 기어비는 1:2, 회전비는 2:1이다.
> 타이밍 기어의 백래시가 크면 (기어가 마모되면) 밸브 개폐시기가 틀려진다.
> 표면경화는 금속재료의 표면을 마모나 부식을 방지하기 위해 표면에 각종 합금층을 만드는 것으로
> 크랭크축, 캠축의 캠, 피스톤 핀, 밸브 스템 엔드, 펌프 플런저, 허브 스핀들 등에 이용된다.

④ 캠축의 구동 방식 : 벨트 구동식, 체인 구동, 기어 구동식

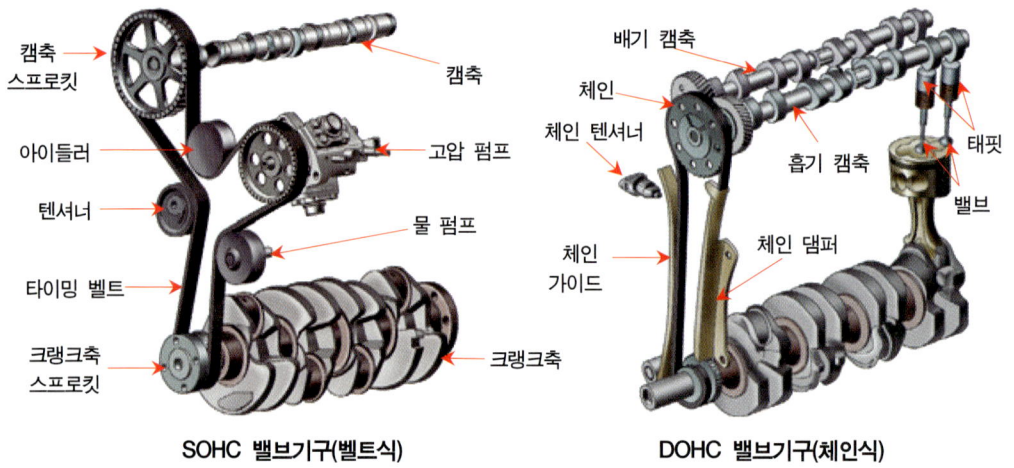

SOHC 밸브기구(벨트식)   DOHC 밸브기구(체인식)

(3) 유압식 밸브 리프터(밸브 태핏)
① 밸브 간극의 점검이나 조정할 필요가 없다.
② 밸브의 개폐시기가 정확하여 기관의 성능이 향상된다.
③ 윤활장치에서 공급되는 유압을 이용하여 항상 밸브 간극을 0으로 유지된다.
④ 밸브소음이 없고 오일에 의하여 충격을 흡수하여 밸브 기구의 내구성이 향상된다.
⑤ 오일 펌프나 유압 회로에 고장이 발생되면 작동이 불량하고 구조가 복잡하다.

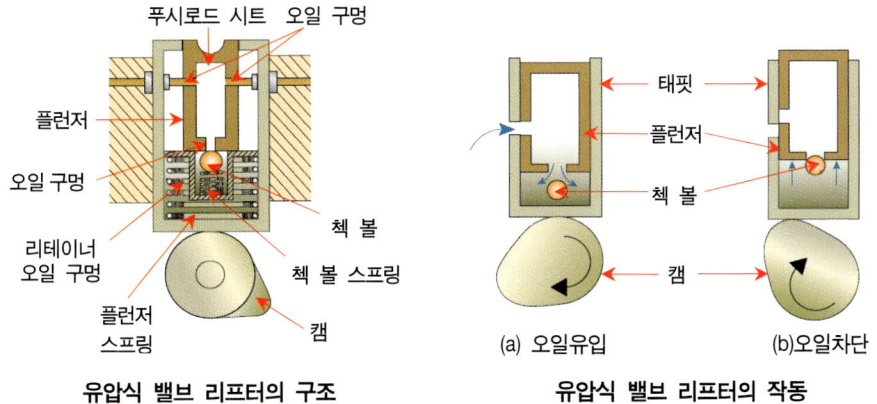

유압식 밸브 리프터의 구조   유압식 밸브 리프터의 작동

(4) 밸 브

1) 기 능

① 혼합기를 실린더에 유입하거나 연소 가스를 대기 중에 배출한다.
② 압축 및 동력 행정에서는 가스의 누출을 방지한다.
③ 열릴 때에는 밸브 기구에 의해서 열리고, 닫힐 때에는 스프링의 장력에 의해서 이루어진다.

2) 밸브의 구비조건

① 높은 온도에 견딜 수 있을 것
② 밸브 헤드 부분의 열전도성이 클 것
③ 높은 온도에서의 장력과 충격에 대한 저항력이 클 것
④ 무게가 가볍고, 내구성이 클 것

> **참 고**
>
> 흡기밸브의 헤드 지름은 흡입효율 및 체적효율을 증대시키기 위해서 배기밸브 헤드의 지름보다 크며, 배기밸브의 지름은 열손실을 감소시키기 위하여 작게 제작한다.

3) 밸브의 주요부

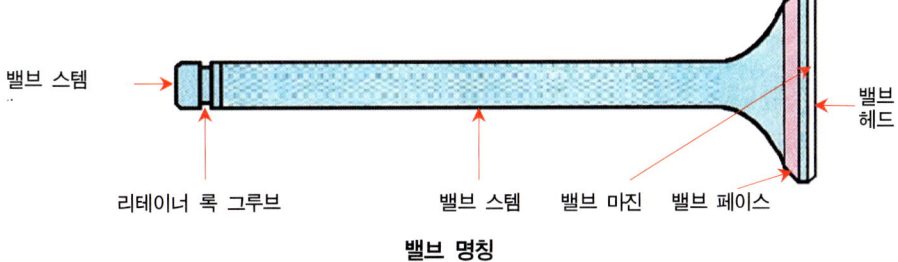

밸브 명칭

① 밸브 헤드의 구비 조건
    ㉮ 유동 저항이 적은 통로로 형성되어야 한다.
    ㉯ 내구력이 크고 열전도가 잘 되어야 한다.
    ㉰ 기관의 출력을 증대시키기 위하여 밸브 헤드의 지름을 크게 하여야 한다.
② 밸브 마진
    ㉮ 기밀 유지를 위하여 고온과 충격에 대한 지탱력을 가져야 한다.
    ㉯ 마진의 두께가 보통 1.2mm 정도이며, 0.8mm 이하일 때는 교환한다.
    ㉰ 밸브 마진의 두께로 밸브의 재사용 여부를 결정한다.
③ 밸브 페이스
    ㉮ 밸브 헤드의 열을 시트에 전달하는 냉각 작용을 한다.
    ㉯ 밸브 시트에 밀착되어 혼합가스의 누출을 방지하는 기밀작용을 한다.
    ㉰ 페이스와 시트의 접촉 폭은 1.5~2.0mm이다.

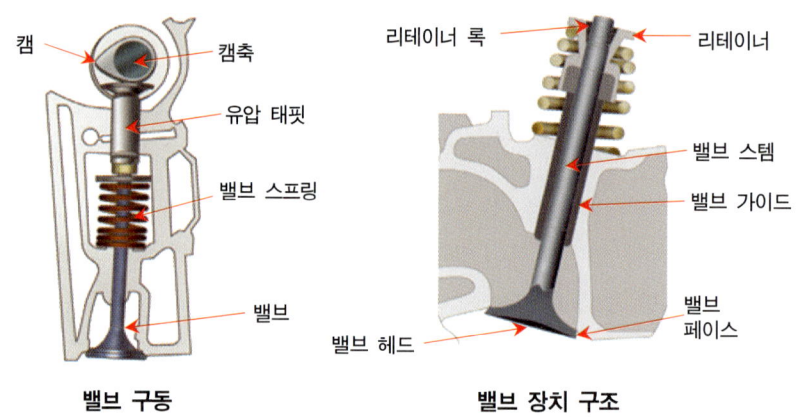

밸브 구동   밸브 장치 구조

④ 밸브 스템
    밸브 스템은 밸브 가이드에 끼워져 밸브의 상하 운동을 유지한다.
⑤ 밸브 스템 엔드
    ㉮ 밸브 스템 엔드는 캠이나 로커암과 충격적으로 접촉되는 부분이다.
    ㉯ 밸브의 열팽창을 고려하여 밸브 간극이 설정된다.
    ㉰ 밸브 스템 엔드는 평면으로 연마되어야 한다.

4) 나트륨 밸브

① 스템의 내부를 중공(中空)으로 하고 주로 열전도성을 개선시키기 위해서 사용한다.
② 밸브 헤드의 온도를 약 100℃ 정도 저하시킨다.

③ 밸브 스템에 금속 나트륨을 중공 체적의 40 ~ 60% 봉입한 밸브이다.
④ 나트륨의 융점은 97.5℃에서 액화하며 비점은 883℃이다.

5) 밸브 시트

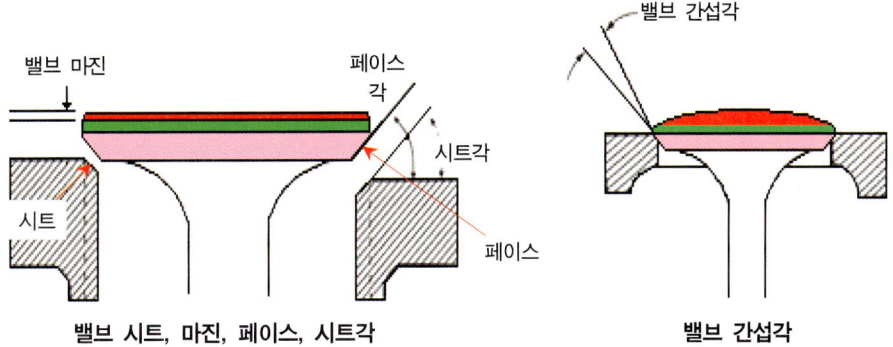

밸브 시트, 마진, 페이스, 시트각   밸브 간섭각

① 밸브 페이스와 접촉되어 연소실의 기밀 작용을 한다.
② 연소 시에 받는 밸브 헤드의 열을 실린더 헤드에 전달하는 작용을 한다.
③ 밸브 시트의 각은 30°, 45°, 60°이고 시트의 폭은 1.4 ~ 2.0 mm이다.
④ 밸브 페이스와 밸브 시트 사이에 열팽창을 고려하여 1/4~1°정도의 간섭각을 두고 있다.
⑤ 알루미늄합금 실린더 헤드에는(때로는 주철제 실린더 헤드에도) 밸브 시트의 강도와 내마멸성을 높이기 위해서 구리-주석합금 또는 크롬-망간강 시트-링을 압입하거나 열박음한다.

참 고

시트 폭이 넓으면 밸브의 냉각 작용이 양호하고 접촉 압력이 작아 블로바이 현상이 발생되며, 시트 폭이 좁으면 냉각 작용은 불량하나 접촉 압력이 크기 때문에 블로바이가 발생되지 않는다. 시트의 침하량이 1mm일 때는 와셔를 넣고, 침하량이 2mm일 때는 시트를 교환한다.
밸브 래핑 : 밸브 페이스와 시트의 접촉이 불량할 때 랩재를 사용하여 정밀하게 연마하는 작업으로 다음과 같은 순서로 작업한다.
① 실린더 헤드를 뒤집어 놓아 밸브 시트가 위로 향하도록 한다.
② 밸브 시트면에 콤파운드를 엷게 바른다.
③ 밸브 래퍼를 사용하여 밸브를 흡착시킨다.
④ 래퍼를 양손에 끼고 좌우로 돌리면서 가끔씩 가볍게 충격을 준다.
⑤ 밸브 시트와 밸브 페이스의 접촉이 100% 될 때까지 연마한다.

6) 밸브 가이드

① 밸브가 작동할 때 밸브 스템을 안내하는 역할을 한다.
② 간극이 크면 윤활유가 연소실에 유입되고 밸브 페이스와 밸브 시트의 접촉이 불량하여 블로 백(밸브와 밸브 시트 사이에서 가스가 누출되는 현상, 역화) 현상이 발생한다.

(5) 밸브 스프링

1) 기 능

① 밸브가 캠의 형상에 따라 정확하게 작동하도록 한다.
② 밸브가 닫혀 있는 동안 시트와 페이스를 밀착시켜 기밀을 유지한다.

2) 밸브 스프링의 구비 조건

① 밸브 페이스와 밸브 시트가 접촉되어 기밀을 유지하도록 충분한 장력이 있을 것
② 밸브 스프링의 고유 진동인 서징을 일으키지 않을 것

3) 밸브 서징 현상

밸브 스프링의 고유 진동수와 스프링에 가해지는 외력의 주기와 일치하게 되면 나타나는 공진현상을 말하며, 밸브 서징 현상이 나타나게 되면 밸브 개폐가 불규칙하게 되며, 밸브 스프링의 절손이 발생된다.

4) 서징 현상 방지법

① 부등피치 스프링을 사용   ② 2중 스프링을 사용   ③ 원뿔형 스프링을 사용

부등피치 스프링   2중 스프링   원뿔형 스프링

5) 밸브 스프링 점검 사항

① 자유고 : 규정 높이의 3% 이상 감소되었을 때는 교환한다.
② 직각도 : 자유고 100mm에 대하여 3mm 이상 변형되었을 때는 교환한다.
③ 장   력 : 규정 장력의 15% 이상 감소되었을 때는 교환한다.

(6) 밸브 회전기구

밸브가 작동 시에는 스프링의 신축작용으로 조금씩 회전하나 별도로 밸브 회전기구를 두어 회전시킨다. 밸브 회전장치는 밸브를 회전시킬 뿐 아니라 연소할 때에 밸브 페이스에 카본의 부착 등으로 밸브 시트와의 밀착 불량을 방지한다.

1) 밸브 회전의 필요성

① 밸브 소손의 원인이 되는 카본을 제거한다.
② 밸브스템과 가이드 사이의 카본에 의해 발생하는 밸브 고착을 방지한다.
③ 불규칙한 스프링 장력에 의한 밸브 페이스와 시트 사이의 편마멸을 방지한다.
④ 밸브 회전에 의해 밸브 헤드의 온도를 일정하게 한다.

2) 밸브 회전 기구의 종류

① 릴리스 형식 : 엔진 진동에 의해 자연적으로 회전
② 포지티브 형식 : 강제로 회전

(7) 밸브 타이밍 선도(밸브 개폐시기 선도)

밸브 타이밍 선도란 흡/배기 밸브의 개폐시기를 사점(Dead Center)을 기준하여 크랭크축의 회전각도로 표시한 것을 말한다. 그리고 흡/배기 밸브의 개폐시기를 표시한 선도(diagram)를 밸브 타이밍 선도 또는 밸브 개폐시기 선도라고 한다.

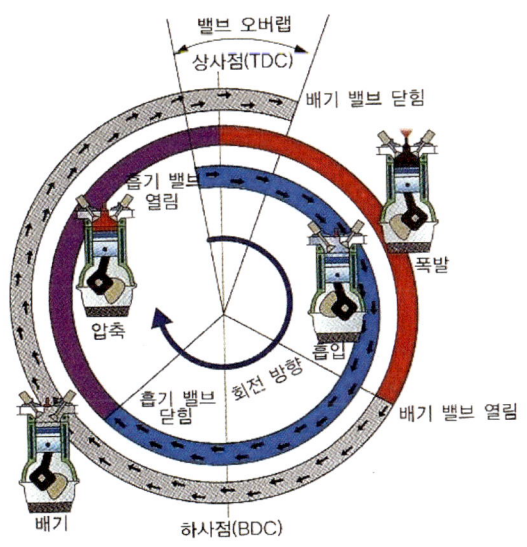

밸브 타이밍 선도

흡기밸브 열림(IO) BTDC 5°~10°,　　흡기밸브 닫힘(IC) ATDC 30°~45°
배기밸브 열림(EO) BTDC 35°~45°,　　배기밸브 닫힘(EC) ATDC 10°~15°

흡기밸브 총 열림각 : 흡기열림 + 180 + 흡기닫힘
　　　　　　　　　　　5　　 + 180 + 30 = 215°
배기밸브 총 열림각 : 배기열림 + 180 + 배기닫힘
　　　　　　　　　　　35　　+ 180 + 10 = 225°
밸브 오버랩 : 흡기 밸브 열립 + 배기밸브 닫힘 = 5 + 10 = 15°

※ 밸브 오버랩을 구하는 방법을 모를 시 주어진 각도 중에 제일 작은 값 2개를 더하면 밸브 오버랩 값이다.(흡기밸브 열림 제일 작은 값 5°와 배기밸브 닫힘 제일 작은 값 10°를 더한다.)

참고

밸브 오버랩(valve over lap) : 흡기 및 배기 밸브가 동시에 열려있는 상태로서 배기 밸브를 상사점 후에 닫히게 하고 흡기 밸브를 상사점 전에 열리도록 하여 잔류 가스를 완전히 배출하고 흡입 관성을 충분히 이용하여 흡입 및 배기 효율을 향상시킨다.

윤활 장치

1. 윤활의 목적

① 각 운동 부분의 마찰을 감소시킨다.
② 마찰 손실을 최소화하여 기계 효율을 향상시킨다.

2. 윤활유의 작용

① 감마 작용 : 강인한 유막을 형성하여 마찰 및 마멸을 방지하는 작용.
② 밀봉 작용 : 고온 고압의 가스가 누출되는 것을 방지하는 작용.
③ 냉각 작용 : 마찰열을 흡수, 방열하여 소결을 방지하는 작용.
④ 세척 작용 : 먼지와 연소 생성물의 카본, 금속 분말 등을 흡수하는 작용.
⑤ 응력 분산 작용 : 국부적인 압력을 오일 전체에 분산시켜 평균화시키는 작용.
⑥ 방청 작용 : 수분 및 부식성 가스가 침투하는 것을 방지하는 작용.

3. 윤활유가 갖추어야 할 조건

① 점도가 적당할 것
② 청정력이 클 것
③ 열과 산에 대하여 안정성이 있을 것
④ 기포의 발생에 대한 저항력이 있을 것
⑤ 카본 생성이 적을 것
⑥ 응고점이 낮을 것
⑦ 비중이 적당할 것
⑧ 인화점 및 발화점이 높을 것
⑨ 점성과 온도와의 관계가 양호할 것
⑩ 카본 생성이 적으며 강한 유막을 형성할 것
⑪ 쉽게 산화하지 말 것

4. 윤활유의 분류

(1) SAE 분류

미국자동차기술협회에서 점도에 따라서 분류하는 엔진 오일

① 점도 측정 방법 : 세이볼트 초(SUS), 앵귤러 점도, 레드우드 점도
② 봄, 가을철용 오일 : SAE 30 을 사용한다.
③ 여름철용 오일 : SAE 40 을 사용한다.
④ 겨울철용 오일 : SAE 20 을 사용한다.
⑤ 다급용 오일 : 한랭 시 엔진의 시동이 쉽도록 점도가 낮고 여름철에는 유막을 유지할 수 있는 성능을 가지고 있다. 가솔린 기관은 10W - 30, 디젤 기관은 20W - 40을 사용한다.

(2) API 분류

미국석유협회에서 엔진 운전 상태의 가혹도에 따라서 오일을 분류

① 가솔린 기관용 오일

용 도	운 전 조 건
ML(Motor Light)	가장 좋은 운전 조건에서 사용한다.
MM(Motor Moderate)	중간 운전 조건에서 사용한다.
MS(Motor Severe)	가장 가혹한 운전 조건에서 사용한다.

② 디젤 기관용 오일

용 도	운 전 조 건
DG(Diesel General)	가장 좋은 운전 조건에서 사용한다.
DM(Diesel Moderate)	중간 운전 조건에서 사용한다.
DS(Diesel Severe)	가장 가혹한 운전 조건에서 사용한다.

(3) SAE 신분류

① 가솔린 기관용 오일

SAE 신분류	API 분류	
SA	ML	경하중 가솔린 엔진 오일, 광물성 엔진오일
SB	MM	중하중 가솔린 엔진오일, 산화방지제 적용
SC	MS	고온 고하중용 가솔린 엔진오일
SD		
SE		

② 디젤 기관용 오일

SAE 신분류	API 분류	
CA	DG	소형디젤 엔진용
CB	DM	소형디젤 엔진용
CC		
CD	DS	중형디젤 엔진용

5. 윤활 방식

① 비산식 : 커넥팅로드 대단부에 붙어 있는 주걱(dipper)으로 윤활한다.
② 압송식 : 오일펌프를 이용하여 윤활부에 공급한다.
③ 비산 압송식 : 크랭크축, 캠축, 밸브 기구 등에는 압송식, 실린더 벽, 피스톤 등은 비산식으로 급유한다.
④ 전압송식 : 오일펌프에 의해서 흡입된 윤활유가 크랭크축 메인저널로 들어 가서 캠축베어링, 커넥팅로드를 통하여 피스톤과 피스톤 핀까지 전 윤활부에 급유한다.
⑤ 혼합 급유식 : 윤활유에 가솔린을 혼유하여 급유한다.

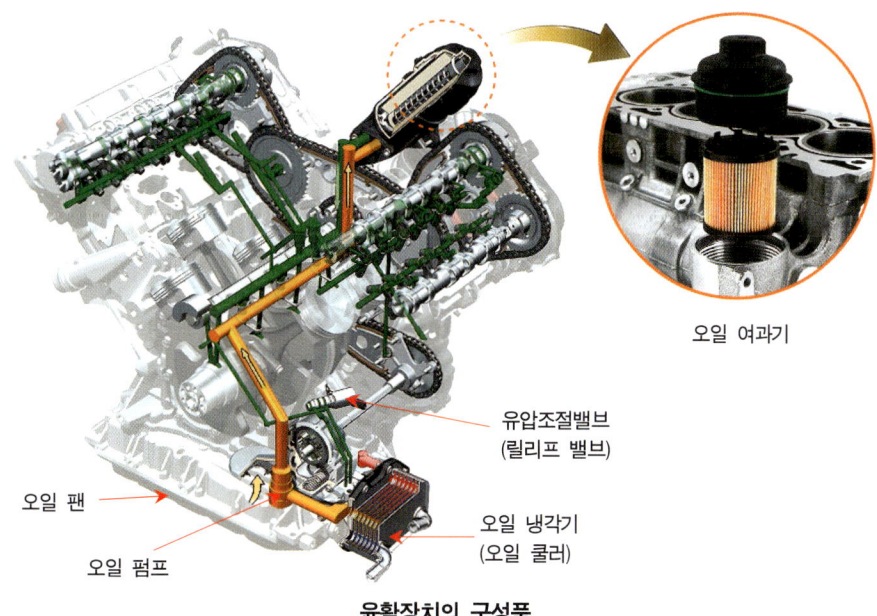

윤활장치의 구성품

6. 윤활장치의 부품

1) 오일 펌프
① 기어펌프　　② 로터리 펌프
③ 베인펌프　　④ 플런저 펌프

> **참고**
>
> 캐비테이션(공동현상): 유동하고 있는 액체의 압력이 국부적으로 저하되어 포화 증기압 또는 공기 분리압에 이르러 증기를 발생하거나 용해 공기 등이 분리되어 기포가 발생되는 현상을 말한다. 기포가 이동하면서 파괴되면 국부적으로 초고압이 발생되어 소음 및 진동을 발생하고 송출량의 감소, 송출 압력의 저하 등이 발생된다.

2) 오일 여과기(오일 필터)
① 기능 : 순환되는 오일 속에 금속 분말, 연소 생성물의 카본, 수분, 먼지 등의 불순물을 여과하는 역할을 한다.(여과기 성능 0.01mm)

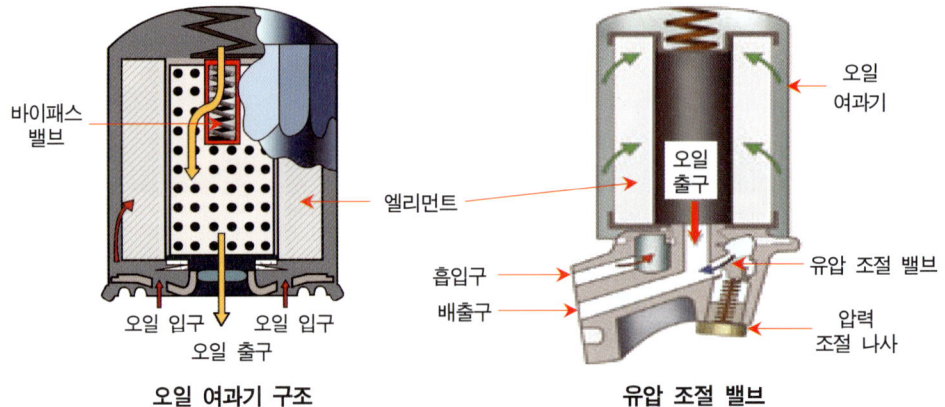

오일 여과기 구조　　유압 조절 밸브

> **참고**
>
> ① 오일 교환시기
> 　㉮ 자동차의 엔진 오일은 일반적으로 15,000km에 교환하도록 되어 있다. 해당 차량의 정비지침서를 참조한다.
> ② 오일 보충 및 교환 시 주의사항
> 　㉮ 기관에 알맞은 오일을 선택한다.
> 　㉯ 오일 보충 시에 동일 등급의 오일을 사용한다.

㉓ 재생 오일을 사용하지 않는다.
㉔ 오일 교환시기에 맞추어 교환한다.
㉕ 오일을 기관에 주입할 때 불순물이 유입되지 않도록 한다.
㉖ 한 번에 주입하지 말고 오일량을 점검하면서 몇 번에 나누어 주입한다.

② 여과 방식

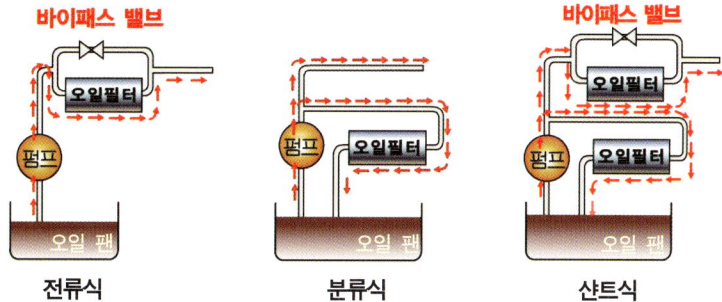

㉮ 전류식 : 오일 펌프에서 공급된 오일이 모두 여과기를 통하여 불순물을 여과한 다음 윤활부에 공급되는 방식으로 오일의 청정작용이 가장 좋다. 엘리먼트가 막힐 경우 윤활이 안될 우려가 있으며 바이패스 밸브를 설치하여 막혔을 경우에는 여과기를 거치지 않고 바이패스 밸브를 통하여 각 부로 공급된다.

㉯ 분류식 : 오일 펌프에서 공급되는 일부 오일을 여과하지 않은 상태에서 윤활부에 공급되고 나머지 오일은 여과기의 엘리먼트를 통하여 여과시킨 후 오일 팬으로 보내는 방식이다.

㉰ 샨트식(복합식) : 오일 펌프에서 공급된 일부 오일을 여과기를 통하여 불순물을 여과한 다음 윤활부에 공급되고 나머지 오일은 여과기의 엘리먼트를 통하여 여과시킨 후 오일 팬으로 되돌려 보내는 방식으로 전류식과 분류식을 혼합한 여과 방식이다.

3) 유면 표시기(오일 레벨 게이지)

유면 표시기는 운전자가 엔진 오일의 량과 오일의 색깔을 점검할 수 있는 장치로 일반적으로 엔진 오일의 량은 MAX(Full)과 MIN(Low)의 사이에 있으면 정상이다.

엔진 오일 레벨 게이지

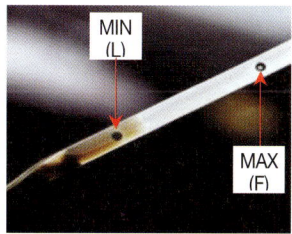
오일량 점검(오일 부족)

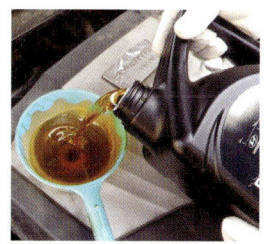
오일 보충

4) 유압 조절 밸브(릴리프 밸브)

윤활 회로 내의 압력이 과도하게 상승되는 것을 방지하여 최고 유압을 조정한다.

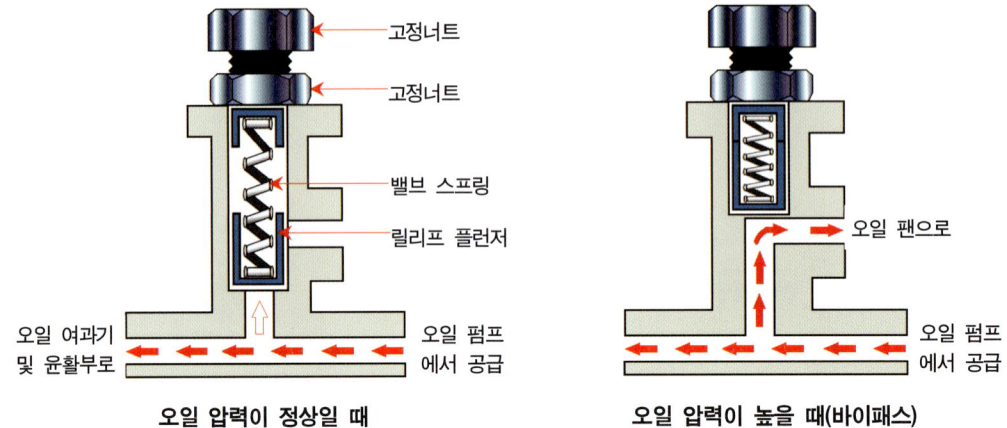

오일 압력이 정상일 때   오일 압력이 높을 때(바이패스)

① 유압 조절 밸브(릴리프 밸브) : 오일 펌프의 배출쪽에 설치되어 회로 내의 유압이 과도하게 상승되는 것을 방지.(가솔린 엔진 2~3kgf/cm², 디젤 엔진 3~4kgf/cm²)
② 바이패스 밸브 : 오일 펌프의 출구 쪽에 설치되어 엘리먼트가 막혔을 때 밸브가 열려 오일은 엘리먼트를 통하지 않고 바이패스 통로를 통하여 윤활부에 오일이 공급된다.

참고

1. 유압이 높아지는 원인
   ① 유압 조절 밸브가 고착되었을 때
   ② 유압 조절 밸브 스프링의 장력이 클 때
   ③ 오일의 점도가 높거나 회로가 막혔을 때
   ④ 각 마찰부의 베어링 간극이 적을 때

2. 유압이 낮아지는 원인
   ① 오일이 희석되어 점도가 낮을 때
   ② 유압 조절 밸브의 접촉이 불량할 때
   ③ 유압 조절 밸브 스프링의 장력이 작을 때
   ④ 오일 통로에 공기가 유입되었을 때
   ⑤ 오일 펌프 설치 볼트의 조임이 불량할 때
   ⑥ 오일 펌프의 마멸이 과대할 때
   ⑦ 오일 통로의 파손 및 오일이 누출될 때
   ⑧ 오일 팬 내의 오일이 부족할 때

4) 오일 냉각기(oil cooler)

① 윤활용 등으로 사용되어 온도가 상승한 기름을 냉각하는 장치로, 엔진의 오일 온도를 70℃~90℃ 정도로 유지시키는 역할을 한다.
② 엔진 오일은 마찰 부분에 윤활함과 동시에 냉각시키는 역할을 한다.
③ 오일의 온도가 125~130℃ 이상이 되면 오일의 성능이 급격히 떨어져 유막이 형성되지 않으므로 마찰 부분이 소결된다.
④ 오일 냉각기는 소형 라디에이터와 같은 모양으로 만들어져 있으며, 공기 또는 물을 사용하여 냉각시킨다.

오일 냉각기(오일 쿨러)　　　　　　공랭식

7. 오일의 소비가 증대되는 원인

(1) 오일이 연소되는 원인

① 오일 팬 내의 오일이 규정량보다 높을 때
② 오일의 열화 또는 점도가 불량할 때
③ 피스톤과 실린더와의 간극이 과대할 때
④ 피스톤 링의 장력이 불량할 때
⑤ 밸브 스템과 가이드 사이의 간극이 과대할 때
⑥ 밸브 가이드 오일 실이 불량할 때

(2) 오일이 누설되는 원인

① 리어 크랭크축 오일 실 파손

② 프론트 크랭크축 오일 실 파손
③ 오일 펌프 개스킷 파손
④ 로커암 커버 개스킷 파손
⑤ 오일 팬의 균열에 의해서 누출될 때
⑥ 오일 여과기의 오일 실 파손

Chapter 04

냉각 장치

1. 목 적

① 정상적인 작동 온도 85~95℃로 유지시키는 역할을 한다.
② 기관의 작동 온도는 실린더 헤드 물 재킷부의 냉각수 온도로 표시한다.
③ 부품이 과열되지 않도록 열을 흡수하여 기관의 온도를 일정하게 유지한다.

2. 냉각 방식

(1) 공랭식

기관의 열을 주행 중에 받는 공기로 냉각시키는 방식.

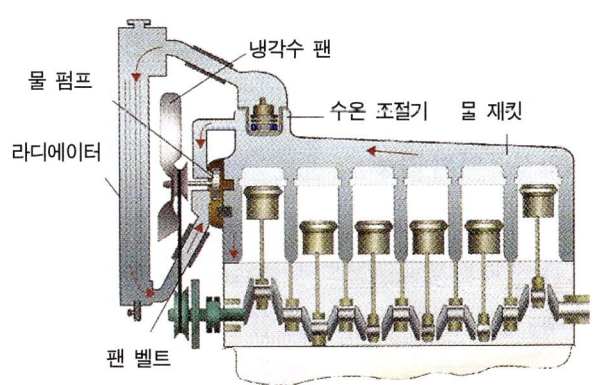

① 장 점
  ㉮ 수랭식과 같이 냉각수를 보충하는 일이 없다.
  ㉯ 냉각수의 누출에 의한 기관의 과열이 없다.
  ㉰ 한랭 시에 냉각수의 동결에 의해서 기관이 파손되는 일이 없다.
  ㉱ 구조가 간단하고 취급이 편리하다.

② 단 점
　㉮ 기후나 주행 상태에 따라서 기관이 과열되기 쉽다.
　㉯ 냉각이 균일하게 이루어지지 않기 때문에 수랭식에 비해 기관이 과열된다.
③ 종 류 : 자연 통풍식, 강제 통풍식

(2) 수랭식

실린더 및 헤드에 냉각수 통로를 설치하여 냉각수를 순환시켜 냉각시키는 방식이다.
① 자연 순환식 : 물 펌프 없이 냉각수의 자체의 온도에 의해 자연적으로 순환되는 현상을 이용하는 형식으로 고성능 엔진에는 부적합하여 거의 사용되지 않는다.
② 강제 순환식
　㉮ 물 펌프를 이용하여 강제적으로 냉각수를 순환시켜 기관을 냉각시키는 방식이다.
　㉯ 냉각수의 온도가 수온 조절기에서 나올 때의 온도와 라디에이터를 거쳐 물펌프로 다시 들어가기 직전의 냉각수 유출입 온도 차이는 5~10℃ 정도이다.

3. 물 펌프

① 물 펌프는 냉각수를 강제로 순환시켜 준다.
② 구조는 펌프 보디, 임펠러, 펌프 축, 베어링, 풀리 등으로 구성된다.
③ V벨트에 의해서 크랭크축의 동력을 받아 회전한다.
④ 물 펌프는 기관 회전수의 1.2 ~ 1.6 배로 회전한다.

4. 구동 벨트

① 크랭크축의 동력을 이용하여 발전기와 물 펌프를 구동시킨다.
② 이음이 없는 섬유질과 고무를 이용하여 성형한 V 벨트를 사용한다.
③ V 벨트의 접촉면은 40°로 되어 있다.
④ 벨트의 장력은 10kgf 의 힘으로 눌러 13 ~ 20mm 정도의 헐거움이 있어야 한다.
⑤ 장력이 크면 : 발전기와 물 펌프 베어링이 손상된다.
⑥ 장력이 작으면 : 기관이 과열되고 축전지의 충전이 불량하게 된다.
⑦ 물 펌프의 장력 조정은 발전기 조정 볼트를 풀거나 조여서 규정 장력으로 맞춘다.

5. 냉각 팬(Cooling Fan)

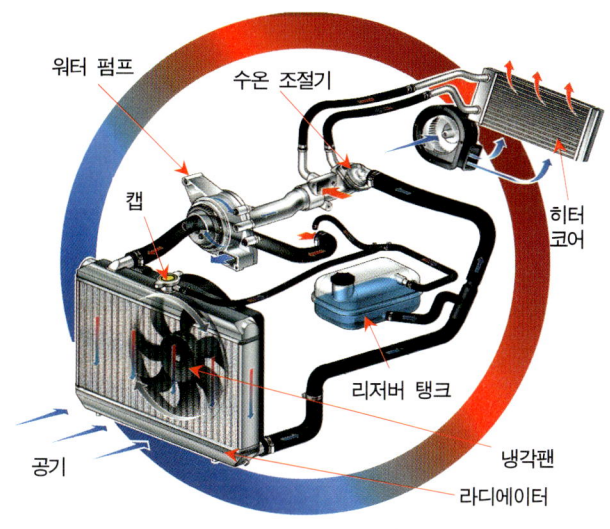

냉각장치 시스템

① 라디에이터를 통해 공기를 흡입하여 라디에이터의 냉각효과를 향상시킨다.
② 라디에이터 또는 엔진 본체에 부착된 수온 센서가 냉각수의 온도를 감지하여 85~90℃가 되면 전동식 냉각 팬이 작동하고 78℃ 이하가 되면 전동 팬이 정지된다.
③ 전동 팬의 장점으로는 서행이나 정차 시 냉각 성능이 향상되며, 엔진 온도가 항상 일정하게 유지되며, 엔진이 정상 온도로 도달되는 시간이 단축된다.

6. 라디에이터

(1) 라디에이터의 구조

① 위 탱크
② 라디에이터 캡
③ 오버플로 파이프
④ 입구 파이프
⑤ 아래 탱크
⑥ 출구 파이프
⑦ 코어
⑧ 드레인 코크

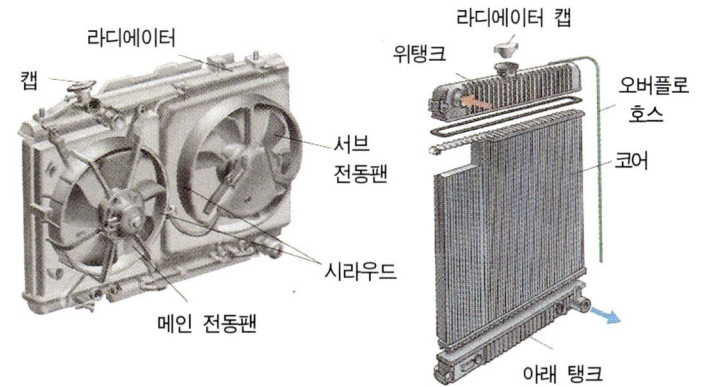

(2) 라디에이터 코어

① 냉각 효과를 향상시키는 냉각 핀과 냉각수가 흐르는 튜브로 구성되어 있다.
② 라디에이터 코어의 막힘률이 20%이상이면 라디에이터를 교환한다.

$$코어 막힘률 = \frac{신품 용량 - 사용품 용량}{신품 용량} \times 100(\%)$$

> **참 고**
>
> ① 라디에이터의 냉각 핀 청소는 압축 공기를 엔진 쪽에서 밖으로 불어 낸다.
> ② 라디에이터 튜브 청소는 플러시 건(flush gun)을 라디에이터 출구 파이프에 설치하여 물을 채운 후 플래시 건의 공기 밸브를 열고 압축 공기를 조금씩 보내어 배출되는 물이 맑아질 때까지 세척작업을 반복한다.(냉각수를 아래 탱크에서 위 탱크로 흐르게 하여 청소를 한다.)

(3) 라디에이터 캡

① 내부의 온도 및 압력을 조정하여 냉각 효과를 향상시키는 압력식 캡을 사용한다.
② 냉각장치 내의 압력을 0.2 ~ 1.05kgf/cm² 정도로 유지하여 비점을 112℃로 상승시킨다.
  ㉮ 압력 밸브 : 엔진이 과열되어 압력이 규정값 이상으로 상승 시 압력 밸브가 열려 냉각수를 보조 탱크로 배출해서 압력이 규정값 이상으로 상승되는 것을 방지한다.
  ㉯ 진공(부압) 밸브 : 냉각수가 냉각되어 라디에이터 내의 압력이 대기압보다 낮아지면 진공 밸브가 열려 보조 탱크에 있는 냉각수를 유입시켜 대기압과 동일하게 하여 코어의 파손을 방지한다.

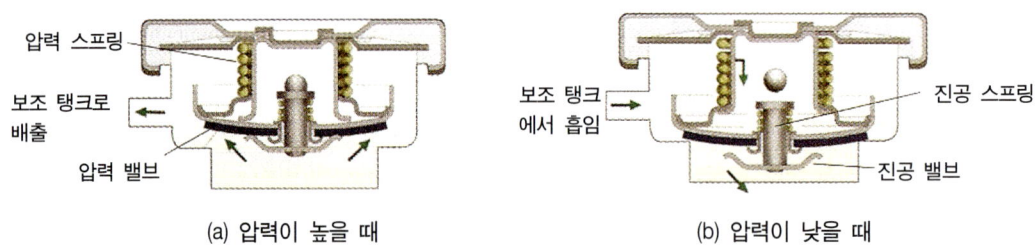

(a) 압력이 높을 때   (b) 압력이 낮을 때

7. 수온 조절기(서모스탯)

① 실린더 헤드 냉각수 통로에 설치되어 냉각수의 온도를 알맞게 조절한다.
② 65 ~ 85℃에서 완전히 열린다.

③ 벨로즈형 수온 조절기
  ㉮ 황동의 벨로즈 내에 휘발성이 큰 에텔이나 알콜이 밀봉되어 있다.
  ㉯ 냉각수의 온도에 의해서 벨로즈가 팽창 및 수축되어 냉각수의 통로가 개폐된다.
④ 펠릿형 수온 조절기
  ㉮ 실린더에 왁스와 합성 고무가 봉입되어 있다.
  ㉯ 냉각수의 온도가 상승하면 고체 상태의 왁스가 액체로 변화되어 밸브가 열린다.
  ㉰ 냉각수의 온도가 낮으면 액체 상태의 왁스가 고체로 변화되어 밸브가 닫힌다.
  ㉱ 내구성이 우수하고 압력에 의한 영향이 작아 많이 사용된다.

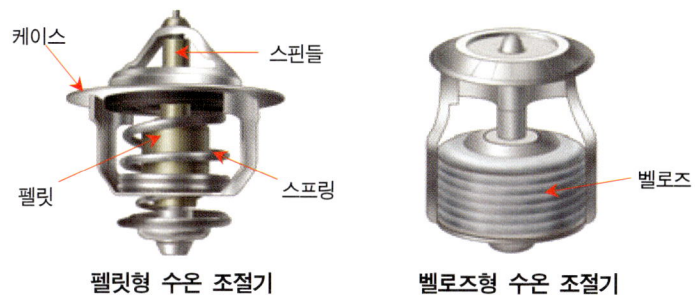

펠릿형 수온 조절기 벨로즈형 수온 조절기

8. 냉각수와 부동액

(1) 냉각수
① 순도가 높은 증류수, 수돗물, 빗물 등의 연수를 사용한다.
② 경수는 산이나 염분이 포함되어 있기 때문에 금속을 산화, 부식시키고 냉각수 통로에 물 때(scale)가 많이 발생된다.

(2) 부동액
① 부동액은 겨울철 동결과 여름철 과열을 방지한다.
  ㉮ 글리세린
    ㉠ 산이 포함되면 금속을 부식시킨다.
    ㉡ 냉각수를 보충할 때는 혼합액을 보충하여야 한다.
  ㉯ 메탄올
    ㉠ 비등점이 82℃이고 응고점이 -30℃로 비점이 낮아 증발되기 쉬운 결점이 있다.
    ㉡ 냉각수를 보충할 때는 혼합액을 보충하여야 한다.
  ㉰ 에틸렌 글리콜
    ㉠ 무취의 불연성 액체로 비등점이 197.2℃ 이고 응고점이 -50℃이다.
    ㉡ 냉각수를 보충할 때 냉각수만 보충한다.

(3) 부동액의 구비조건

① 침전물이 발생되지 않을 것
② 냉각수와 혼합이 잘 될 것
③ 내식성이 크고 팽창 계수가 작을 것
④ 비점(끓는 점)이 높고 응고점이 낮을 것
⑤ 휘발성이 없고 유동성이 좋을 것

(4) 부동액 혼합 비율

동결 온도	냉각수 비율	부동액 원액 비율	동결 온도	냉각수 비율	부동액 원액 비율
-4℃	80%	20%	-20℃	60%	40%
-7℃	75%	25%	-25℃	55%	45%
-11℃	70%	30%	-31℃	50%	50%
-15℃	65%	35%			

> **참 고**
>
> 일반적으로 냉각수와 부동액을 50 : 50 정도로 혼합해서 사용한다.
> 부동액의 비중은 비중계로 측정하며, 혼합 비율은 그 지방 최저 온도보다 5~10℃ 정도 더 낮은 기준으로 해야 갑자기 추워지는 날씨(기상이변)로부터 차량의 동파를 예방할 수 있다.

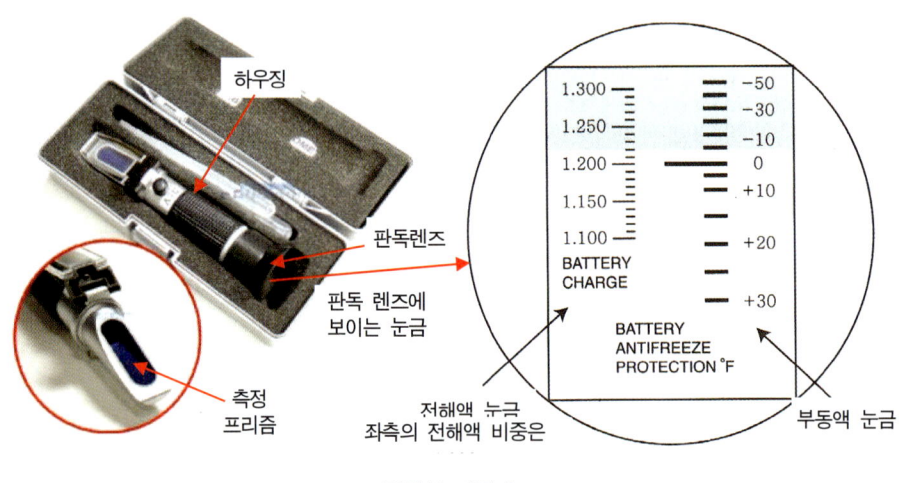

광학식 비중계

(5) 엔진 과열과 과냉의 원인

① 엔진 과열의 원인
  ㉮ 냉각수가 부족하거나 냉각수 흐름 저항 증가 또는 팬 모터 릴레이 불량

㉯ 라디에이터 압력 캡의 스프링 장력부족
㉰ 냉각 팬 모터 또는 수온 스위치 불량 및 파손
㉱ 물펌프 결함 또는 팬벨트 장력부족, 끊어짐
㉲ 라디에이터 코어 또는 냉각수 통로 막힘
㉳ 수온 조절기가 닫힌 채로 고장
㉴ 기관의 윤활 불량 및 오일 냉각기의 막힘
㉵ 엔진의 과부하나 냉각수 이물질 혼입

② 엔진 과냉의 원인
㉮ 수온 조절기가 열린 채로 고장
㉯ 대기온도가 너무 낮을 때

③ 라디에이터 내에 오일이 떠 있는 원인
㉮ 헤드 개스킷이 파손된 경우
㉯ 헤드 볼트가 풀린 경우
㉰ 오일 냉각기에서 오일이 누출된 경우

Chapter 05

연료 장치

1. 연료 파이프

① 각 실린더에 연료를 공급하는 파이프로, 연료가 저장되는 어큐뮬레이터 역할을 한다.
② 일반적으로 내경이 5~8mm 정도의 구리나 강 파이프가 사용된다.
③ 연료 파이프의 이음은 피팅으로 연결하며, 이 피팅은 오픈엔드 렌치로 풀거나 조여야 한다.

2. 연료 펌프

연료 펌프는 소음과 베이퍼록 현상을 방지하기 위해 연료탱크 내부에 설치되어 있으며 안전 밸브(safety valve)와 체크 밸브(check valve), 그리고 흡인구와 토출구로 구성되어 있다.

① 연료 펌프가 연속적으로 작동되는 조건
  ㉮ 크랭킹할 때(기관 회전수가 15rpm 이상)
  ㉯ 공전회전 상태(기관 회전수가 600rpm 이상)
  ㉰ 급 가속할 때
  ㉱ 연료 펌프가 작동되지 않는 경우는 엔진이 정지되어 있고 점화 스위치만 ON되어 있을 경우이다.

② 릴리프 밸브의 역할
  ㉮ 연료압력의 과다 상승을 억제한다.
  ㉯ 연료 펌프의 과부하를 억제한다.
  ㉰ 연료 펌프에서 나온 연료를 다시 연료 탱크로 보낸다.

③ 체크 밸브의 역할
  ㉮ 연료 잔압을 유지시켜 베이퍼록 현상을 방지한다.
  ㉯ 연료 역류를 방지한다.

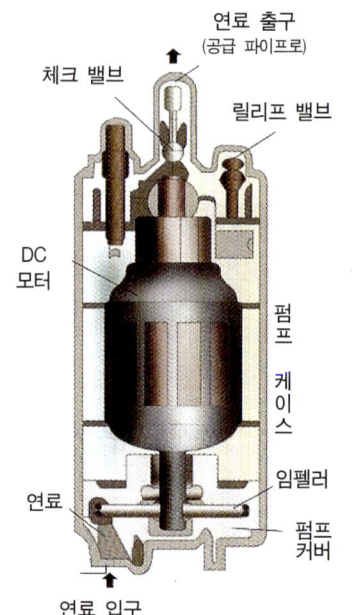

㉢ 기관의 재시동 성능을 향상시킨다.

④ 연료 펌프의 작동상태를 점검하는 방법
㉮ 연료 펌프 모터의 작동음을 확인한다.
㉯ 연료 펌프의 송출여부를 점검한다.
㉰ 연료압력을 측정한다.

3. 연료 압력 조절기

연료 압력 레귤레이터라고도 하며, 흡입 다기관의 진공에 의해 연료의 압력을 변화에 대응하여 연료 분사량을 일정하게 유지하기 위해 인젝터에 걸리는 연료의 압력을 흡입 다기관 내의 압력보다 항상 $2.55 kgf/cm^2$ 높도록 조절한다. 그리고 스프링 체임버가 서지 탱크의 진공 호스로 연결되어 항상 흡기 다기관의 부압이 걸린다. 연료 압력이 규정 압력을 초과하면 다이어프램이 밀려 올라가 여분의 연료는 리턴 파이프를 지나 연료 탱크로 복귀된다.

① 연료압력 조절기가 고장일 때 기관에 미치는 영향
㉮ 장시간 정차 후에 기관시동이 잘 안 된다.
㉯ 엔진을 짧은 시간 정지시킨 후 재시동이 잘 안 된다.
㉰ 연료 소비율이 증가하고 CO 및 HC 배출이 증가한다.
㉱ 연소에 영향을 미친다.

② 연료의 잔압이 저하되는 원인
㉮ 연료 압력조절기에서 누설된다.
㉯ 인젝터에서 누설된다.
㉰ 연료 펌프의 체크 밸브가 불량하다.

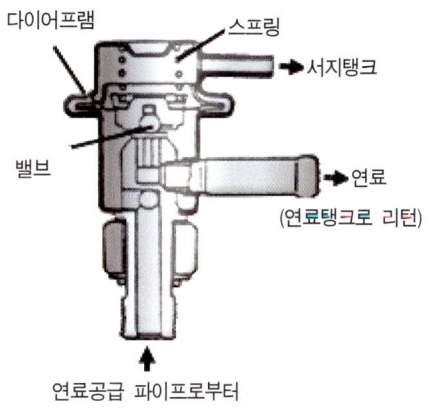

연료 압력조절기

4. 인젝터

각 실린더 흡기 밸브 앞쪽에 설치되어 있으며, ECU의 분사신호에 의해 연료를 분사한다. 연료의 분사량은 인젝터 내에 있는 솔레노이드 코일에 전류가 통전되는 시간에 비례한다. 인젝터 점검 사항은 저항값(보통 13~16Ω 정도), 분사량, 작동음 등이다.

5. 흡기장치

(1) 에어 클리너

① 실린더에 흡입되는 공기 중에 함유되어 있는 불순물을 여과한다.
② 공기가 실린더에 흡입될 때 발생되는 소음을 방지한다.
③ 역화 시에 불길을 저지하는 역할을 한다.
④ 건식 에어 클리너 : 공기가 엘리먼트를 통과할 때 공기 속의 먼지 등이 여과된다.
⑤ 습식 에어 클리너 : 무거운 먼지는 오일에 떨어지고 가벼운 먼지는 엘리먼트에 부착되어 여과된다.

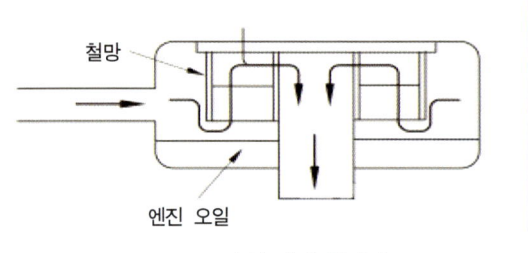

습식 에어 클리너

건식 에어 클리너

6 배기장치

(1) 배기 다기관

배기가스가 실린더 밖으로 배출시키는 역할과 배기관에 배압이 적어야 한다.

(2) 소음기(머플러)

배기가스가 배출되는 중간에 1, 2차 소음기를 두어 압력과 속도를 낮추어 배기음을 줄이기 위해 설치한다.

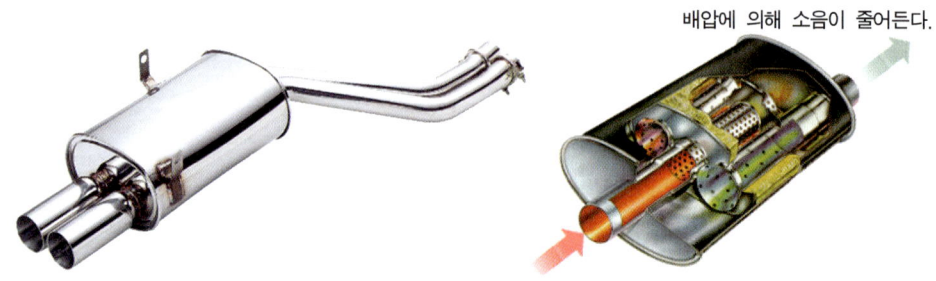

소음기 구조

Chapter 06

LPG · LPI

1. LPG 연료장치

(1) LPG의 성질

① LPG는 원유를 정제하는 도중에 나오는 부산물로서 액화 석유 가스이다.
② 프로판과 부탄이 주성분이며, 프로필렌과 부틸렌이 포함되어 있으며 무색, 무취, 무미이다.
③ 여름에는 부탄 100%, 겨울철에는 LPG는 부탄 70%, 프로판 30%의 혼합물을 사용하여 겨울에도 기화가 원활하게 되도록 한다. LPG는 공기보다 1.5~2.0배 무겁다.
④ 옥탄가가 90~120으로 가솔린 옥탄가보다 10% 정도 높다.
⑤ 액체 상태의 비중은 0.05이고 기체상태의 비중은 1.5~2.0이다.

(2) LPG 연료의 장점 및 단점

① 장 점
  ㉮ 가솔린 연료보다 가격이 저렴하기 때문에 경제적이다.
  ㉯ 혼합기가 가스 상태로 실린더에 공급되기 때문에 일산화탄소의 배출량이 적다.
  ㉰ 가솔린 연료보다 옥탄가가 높고 연소 속도가 느리기 때문에 노킹이 적다.
  ㉱ 가스 상태로 실린더에 공급되기 때문에 블로바이에 의한 오일의 희석이나 오염이 적다.
  ㉲ 유황분의 함유량이 적기 때문에 오일의 소손이 적어 엔진 수명이 길다.
  ㉳ 대기오염이 적고 위생적이다.

② 단 점
  ㉮ 연료의 보급이 불편하고 트렁크의 사용 공간이 협소하다.
  ㉯ 동절기나 장시간 정차 시에 증발 잠열 때문에 시동성능이 떨어진다.
  ㉰ 연료 탱크를 고압 용기로 사용하기 때문에 차량의 중량이 증가한다.
  ㉱ 일반적으로 NOx의 배출가스는 가솔린 기관보다 많다.

㉮ 고속에서 기관출력이 떨어지고 엔진 오일 점도가 높은 것을 사용해야 한다.

> **참고**
>
> 노킹(knocking) : 기관이 작동 중 연소실 내에서 정상의 연소파가 진행됨에 따라 미연소 가스는 압축되고 온도가 상승되어 연소실 벽이 가열된다. 이때 미연소 가스가 자기 착화 온도에 도달하면 전체 미연소 가스가 동시에 격렬한 연소를 일으키게 되어 연소실 벽을 작은 해머로 빠르게 두드리는 것과 같은 화염파가 연소실 벽을 때리는 것과 같은 현상을 노킹이라 한다. 노킹이 발생되면 열효율이 저하되고 기관의 출력이 떨어지며, 기관의 운전 상태가 고르지 못하게 된다. 노킹의 원인은 농후한 혼합기의 공급, 흡기 온도가 높을 때, 점화 시기가 빠를 때 발생된다.

(3) LPG 연료시스템의 흐름도

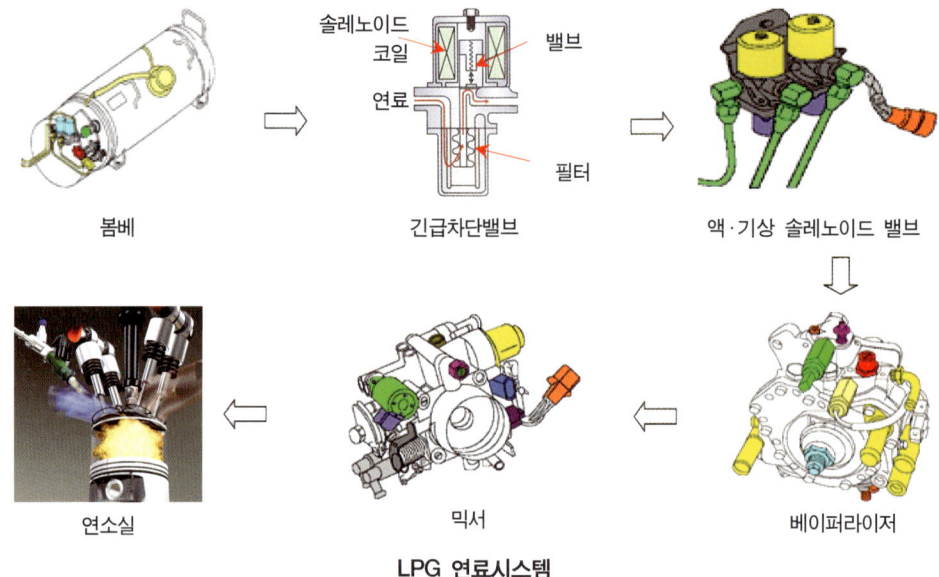

LPG 연료시스템

(4) 구성 부품

① 봄베

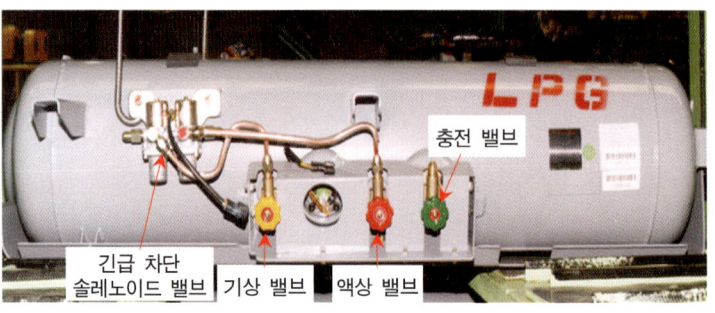

봄베 구조

㉮ 봄베는 주행에 필요한 연료를 저장하는 고압 탱크이다.
㉯ 액체 상태로 유지하기 위한 압력은 7~10kgf/cm^2이다.
㉰ 충전밸브(녹색), 기상 송출밸브(황색), 액상 송출밸브(적색), 액면 표시계로 구성된다.
㉱ 충전밸브에는 액상인 연료가 봄베 내에서 85% 이상 충전되지 않도록 하는 과충전 방지밸브가 설치되어 있다.
㉲ 충전 밸브 아래쪽에 설치되어 봄베 내의 압력을 항상 일정하게 유지하여 높은 압력으로 인해 봄베가 파손되는 것을 방지하기 위한 안전 밸브가 설치되어 있다.
㉳ 송출 밸브에는 배관(파이프)의 파손에 의한 연료 누출을 방지하기 위해 과류 방지 밸브가 설치되어 있다.

② 솔레노이드 밸브
㉮ 연료의 차단 및 송출을 운전석에서 조작하는 전자석 밸브이다.
㉯ 기상 솔레노이드 밸브와 액상 솔레노이드 밸브로 구성되어 있다.

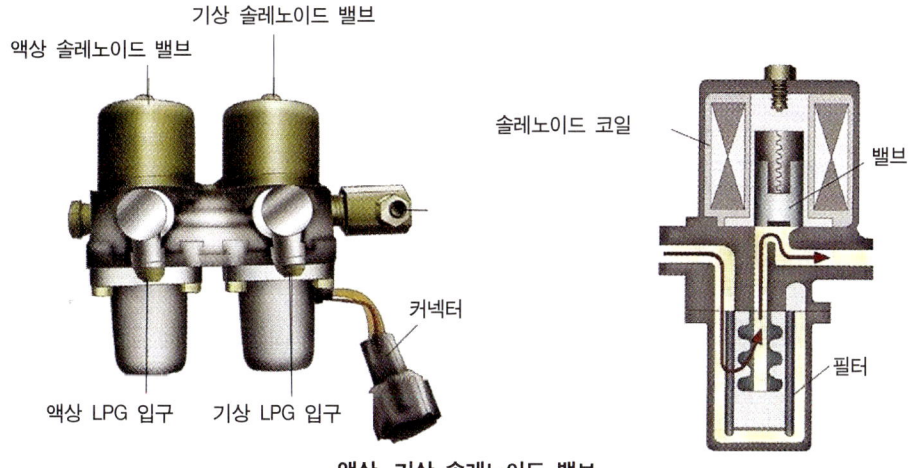

액상, 기상 솔레노이드 밸브

③ 베이퍼라이저
㉮ 봄베에서 공급된 연료의 압력을 감압하여 기화시킨다.
㉯ 기관에서 변화되는 부하의 증감에 따라서 기화량을 조절한다.
㉰ 수온 스위치
　㉠ 베이퍼라이저에 순환되는 냉각수의 온도를 감지한다.
　㉡ 수온이 15℃ 이하일 때는 기체 솔레노이드 밸브 코일에 전류를 흐르게 한다.
　㉢ 수온이 15℃ 이상일 때는 액체 솔레노이드 밸브 코일에 전류를 흐르게 한다.
㉱ 1차 감압실 : 2~8kgf/cm^2의 압력으로 공급된 LPG 을 0.3kgf/cm^2로 감압시켜 기화시키는 역할을 한다. 하나의 벽을 사이에 두고 위쪽에 LPG통로, 아래쪽에

냉각수 통로가 설치되어 있다.

㉮ 2차 감압실 : 1차 감압실에서 $0.3 kgf/cm^2$로 감압된 LPG을 대기압에 가깝게 감압하는 역할을 한다.

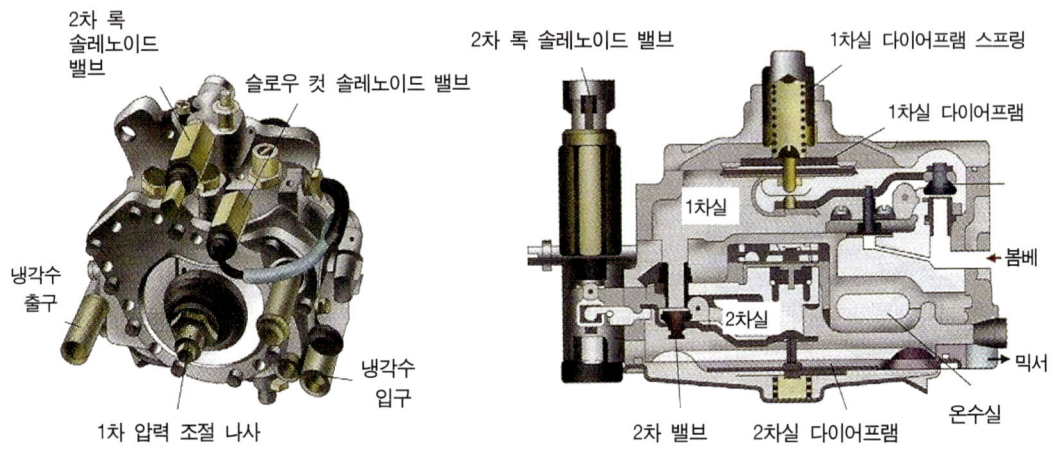

베이퍼라이저 구조

④ 믹 서

베이퍼라이저에서 공급된 공기와 LPG를 15 : 3의 비율로 혼합하여 연소실에 공급한다.

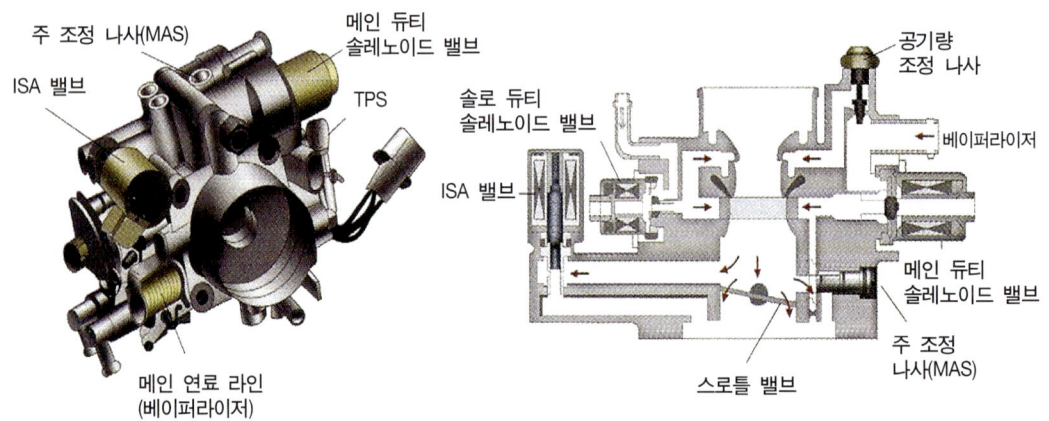

믹서 구조

⑤ 프리히터

LPG를 가열하여 LPG 일부 또는 전부를 기화시켜 베이퍼라이저에 공급하기 위해 설치한다.

2. 전자제어 LPI 분사장치

붐베 내에 연료펌프를 설치하여 LPG를 가압하여 액상연료를 인젝터를 통하여 각각의 실린더에 분사하는 방식으로 가솔린엔진과 유사한 구조이다. 기본적인 액상연료의 압력은 탱크압력 대비 +5bar 더 높게 유지한다. 통상적인 연료배관의 압력은 5~15bar(탱크압력 1~10bar)이다.

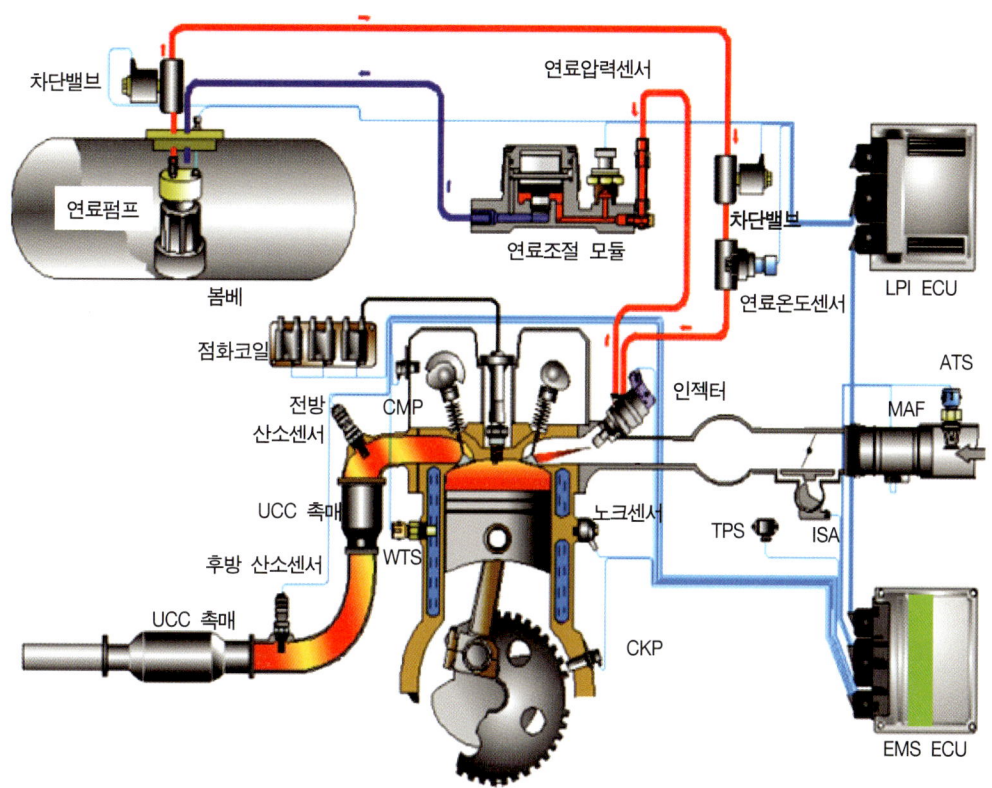

전자제어 LPI 분사장치

> **참고**
>
> LPG에 있는 베이퍼라이저와 믹서가 LPI시스템에서는 사용하고 있질 않다. 또한 고압의 액상 연료를 분사하기 때문에 안전관리에 주의가 필요하다.(붐베의 규정용량이 73ℓ이라면 충전되는 양은 용량의 85%을 주유하므로 실제는 62ℓ가 충전된다.)

(1) 연료 펌프 모듈

연료 펌프 모듈은 붐베 내에 설치되며, LPG를 액체 상태로 인젝터에 압송하는 역할을 한다. 연료 펌프 모듈은 연료펌프와 모터로 구성된 연료 펌프 유닛과 연료차단 솔레노이드 밸브, 매뉴얼 밸브, 릴리프 밸브 및 과류 방지 밸브 등의 멀티 밸브 유닛으로 구성되어 있다.

① 봄베
  ㉮ 주행에 필요한 연료를 저장하는 탱크이다.(체적 73ℓ, 연료 주입 시 62ℓ가 충전됨)
  ㉯ 구성품으로는 연료펌프, 구동 드라이버, 연료송출 밸브, 수동 밸브, 연료 차단 밸브, 과류방지 밸브. 과충전 밸브, 충전밸브, 연료 충전 밸브, 유량계 등으로 구성되어 있다.
② 연료 펌프 유닛
  ㉮ 탱크 내 LPG 고압 액상 송출한다.
  ㉯ DC 모터와 연료 펌프로 구성된다.

봄베 구조   **연료 펌프 모듈**

③ 멀티 밸브 유닛
  ㉮ 멀티 밸브 유닛은 과류 방지 밸브, 매뉴얼 밸브(수동 밸브), 연료차단 솔레노이드 밸브, 릴리프 밸브, 리턴 밸브로 구성되어 있다.
  ㉯ 과류 방지 밸브 : 연료 펌프 출구에 설치되어 있으며, 차량사고 등으로 연료라인(파이프)이 파손되었을 때, 연료 탱크로부터의 연료 송출을 차단한다.
  ㉰ 매뉴얼 밸브(수동밸브) : 장시간 운행하지 않을 경우 수동으로 연료 라인을 차단한다.
  ㉱ 연료차단 솔레노이드 밸브: 연료 출구에 설치되어 연료 펌프에서 엔진으로 공급되는 연료를 솔레노이드에 의해 개폐한다.

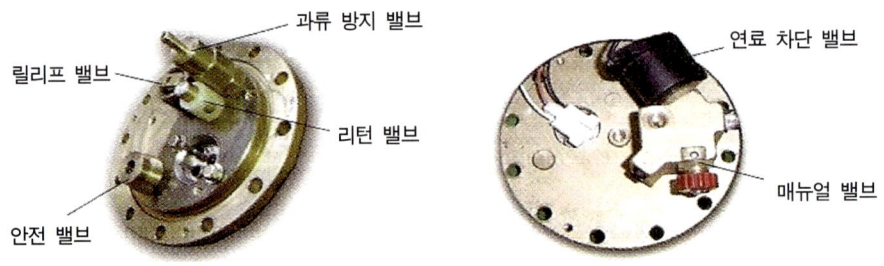

멀티 밸브 유닛

  ㉲ 릴리프 밸브 : 연료 공급 라인의 압력이 20±2bar에 도달하면 연료를 봄베로 재순환시키는 기능을 하며, 열간 시 재시동할 때 시동 성능을 개선하는 기계식 밸브이다.

㉯ LPI 연료장지 점검 또는 부품 교환 시 반드시 매뉴얼(수동) 밸브를 잠근 상태에서 작업을 해야 한다.

④ 레귤레이터 유닛

㉮ 레귤레이터 유닛은 연료 온도를 측정하는 연료 온도 센서와 연료 압력을 측정하는 연료압력 센서, 연료 공급을 차단하는 연료 차단 솔레노이드 밸브, 연료 라인 내의 압력을 봄베의 압력보다 항상 일정 압력만큼 높게 유지시키는 레큐레이터로 구성된다.

㉯ 연료 압력 센서 : 정전 용량 압력 센서 방식이며, 연료 압력에 따른 연료 분사량을 연산하는데 이용되고, 연료 온도 센서가 고장났을 때 대처하는 기능이다.

㉰ 연료온도 센서 : 부특성 서미스터 방식이며, 연료 라인의 온도를 측정하여 연료 조성에 따라 분사시기를 결정한다. 또한 연료 압력 센서와 함께 연료 조성 비율 판정 신호로도 사용된다.

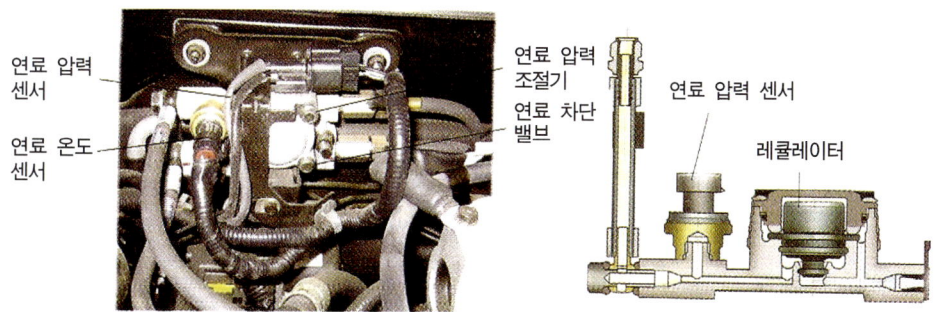

레귤레이터 유닛

⑤ 흡기 다기관 모듈

㉮ 흡기 다기관 모듈은 흡기 다기관, 인젝터, 아이싱 팁, 그리고 연료 라인으로 구성된다.

㉯ 흡기 다기관 : 레귤레이터 유닛으로부터 공급된 연료를 분배하여 액체 상태로 인젝터를 통해 분사된다.

㉰ 인젝터 : 분사시기와 분사량은 ECU에 의해 연산된 후 IFB에 의해 제어된다.(단자간 단품 코일저항 : 1.8±5%(20℃))

㉱ 아이싱 팁 : 인젝터에서 연료를 분사할 때 발생하는 아이싱 현상을 방지하기 위한 장치이다.

참고

① 정전 용량 압력 센서 : 센서 내부의 다이어프램과 고정 전극 사이의 정전 용량의 변화를 측정하는 방식의 센서이다.
② 부특성 서미스터 : 니켈, 코발트, 망간 등의 산화물을 혼합하여 만든 반도체 감온 소자로 온도 상승에 따라 저항값이 작아지는 특성을 가지고 있다. 수온 센서, 흡기온 센서, 온도 측정 회로 등에 사용된다.

Chapter 07

전자제어 분사장치

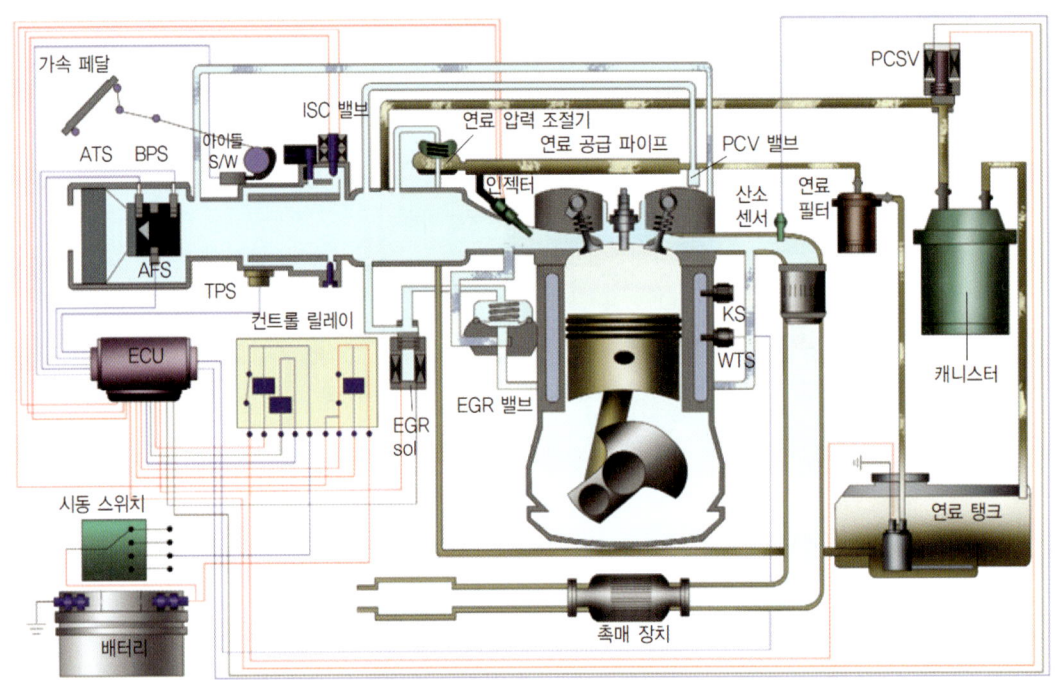

전자제어 가솔린 분사장치 구성도

1. 분사장치의 특징

① 기관의 운전 조건에 가장 적합한 혼합기가 공급된다.
② 감속 시에 희박한 혼합기가 공급되어 배기가스의 유해 성분이 감소한다.
③ 연료 소비율이 향상으로 연비 향상된다.
④ 가속 시에 응답성이 좋고, 냉각수 온도 및 흡입 공기의 악조건에도 잘 견딘다.
⑤ 냉간 시동 시 연료를 증량시켜 냉 시동성능이 향상된다.
⑥ 컴퓨터에 의해서 인젝터가 작동되므로 각 실린더에 연료의 분배가 균일하다.
⑦ 벤투리가 없으므로 공기 흐름의 저항이 적다.

⑧ 체적효율이 증가하여 기관의 출력이 향상된다.
⑨ 구조가 복잡하고 가격이 비싸다.

> **참고**
>
> 이론 공연비 : 혼합기가 완전 연소하기 위한 이론적인 혼합비로서 14.7 : 1 이다.

2. 가솔린 분사장치의 종류

(1) 인젝터 수에 따른 분류

① SPI 방식(모노 제트로닉 : 전자적으로 제어되는 싱글 포인트 연료 분사 장치)
    1개 또는 2개의 인젝터를 스로틀 밸브 위의 중심점에 설치된 인젝터를 통하여 간헐적으로 연료를 분사한다.
② MPI 방식
    ㉮ 인젝터를 흡기관에 1개씩 설치하여 흡기 밸브 앞에 연료를 분사한다.
    ㉯ SPI 방식에 비해서 혼합기가 각 실린더에 균일하게 분배되고 기관의 출력이 높다.

(2) 공기량 계량 방식에 따른 분류

① 칼만 와류식 : 흡입 공기량을 체적 유량으로 검출하는 방식이다.(직접계측)
② 핫 와이어식(핫 필름) : 흡입 공기량을 질량 유량으로 검출하는 방식이다.(직접계측)
③ 맵 센서식 : 흡기 다기관의 압력 변화에 따라 흡입 공기량을 검출하는 방식이다.(간접계측)

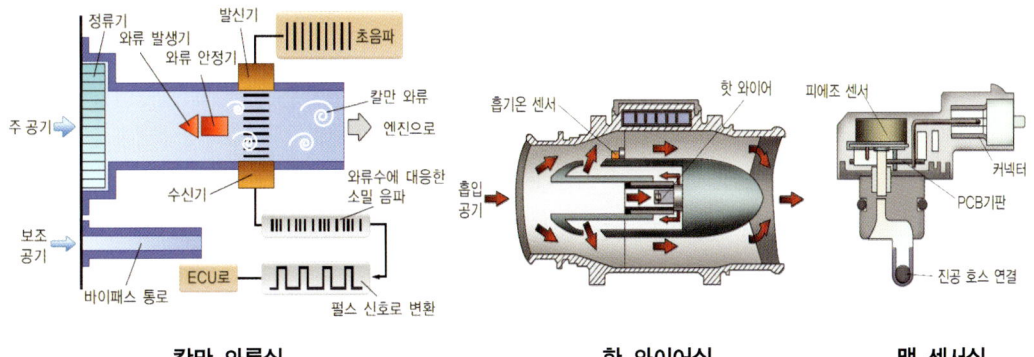

칼만 와류식   핫 와이어식   맵 센서식

(3) 연료 분사량 제어 방식에 따른 분류
① 기계제어 방식 : K-제트로닉에서 사용된다.
② 전자제어 방식 : L-제트로닉 및 D-제트로닉에서 사용된다.

(4) 제어 방식에 따른 분류
1) K-제트로닉
① 연료 분사량을 기계식으로 제어하는 연속적인 분사장치이다.
② 센서 플레이트에 의해서 연료 분배기의 플런저 행정을 변화시켜 연료 분사량을 조절한다.
③ 어큐뮬레이터, 연료 여과기, 연료 압력 조절기, 연료 분배기, 인젝터, 콜드 스타트 인젝터, 서모 타임 스위치, 웜업 조정기, 공기 밸브, 연료 공급 차단 밸브로 구성된다.

2) L-제트로닉
① 흡입된 공기량을 계측하여 연료 분사량을 제어하는 방식이다.
② 실린더에 흡입되는 공기량을 체적 유량 및 질량 유량으로 검출하는 직접 계량 방식이다.
③ 컴퓨터가 인젝터에 통전되는 시간을 제어하여 연료가 분사된다.
④ 흡입 공기량 계측 방식은 메저링 플레이트식, 칼만 와류식, 핫 와이어 방식이 있다.

3) D-제트로닉
① 흡기 다기관 내의 부압을 검출하여 연료 분사량을 제어하는 방식이다.
② 흡기 다기관 내의 절대 압력을 전기적 신호로 바꾸어 흡입 공기량을 검출한다.
③ MAP 센서와 엔진의 회전 속도를 검출하여 연료 분사 개시 시기를 결정한다.
④ 인젝터 수의 1/2씩 그룹으로 분사시키는 간헐 분사 방식이다.

(5) 전자제어 스로틀 시스템(ETS)
ETS(Electric Throttle System) 또는 ETC(Electric Throttle Control)라고 부르며, 가속 페달과 스로틀 밸브를 케이블에 의해 구동시켰던 기존의 시스템과는 달리 엔진 ECU가 액추에이터 모터를 작동시켜 스로틀 밸브를 개폐하여 공기량을 제어하는 시스템이다. 즉, 운전자의 가속 의지 및 운전 조건에 따라 엔진 ECU가 스로틀 밸브 모터를 구동시켜 흡입 공기량을 정밀하게 제어함으로써 최적의 엔진 성능과 배출 가스 제어를 실현하고 엔진의 신뢰성을 확보하는 장치이다. 즉, 기존 차량에서 기계적으로 스로틀 밸브를 제어했던 공회전 속도 제어 장치(ISC), 정속 주행 장치(CCS: Cruise Control System), 트랙션컨트롤 시스템(TCS:

Traction Control System) 등을 하나의 ETS로 통합 제어하여 차량의 운전 성능을 향상시키고 배출 가스를 제어하는 것이다.

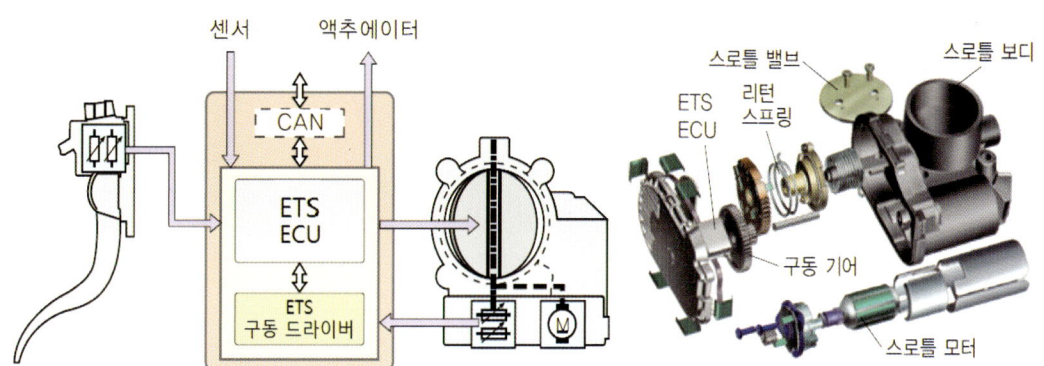

전자제어 스로틀 시스템의 구성과 제어

① 전자제어 스로틀 시스템의 특징
㉮ 흡입 공기량을 정밀하게 제어
㉯ 촉매 활성화 시간의 단축으로 유해 배기가스가 저감된다.
㉰ 엔진과 변속기의 최적 제어로 토크가 향상된다.
㉱ 통합 제어하고 전자제어화하여 부품을 감소시킬 수 있다.
㉲ 기관의 고장률이 감소되어 신뢰성을 높일 수 있다.

② 전자제어 스로틀 장치의 기능
㉮ 정속주행 제어기능
㉯ 구동력 제어기능
㉰ 공회전속도 제어기능

③ 전자제어 스로틀 시스템의 입력신호 : 가속페달 위치 센서, 스로틀 포지션 센서, 점화스위치
④ 전자제어 스로틀 시스템의 출력제어 : 스로틀 밸브 구동 전동기, 페일 세이프 전동기

(6) 가솔린 직접 분사장치(GDI : Gasoline Direct Injection)

엔진내부에 설치된 고압 인젝터를 통해 실린더 내에 가솔린 연료를 직접 분사하는 방식으로 공연비는 25~40 : 1 정도이다.

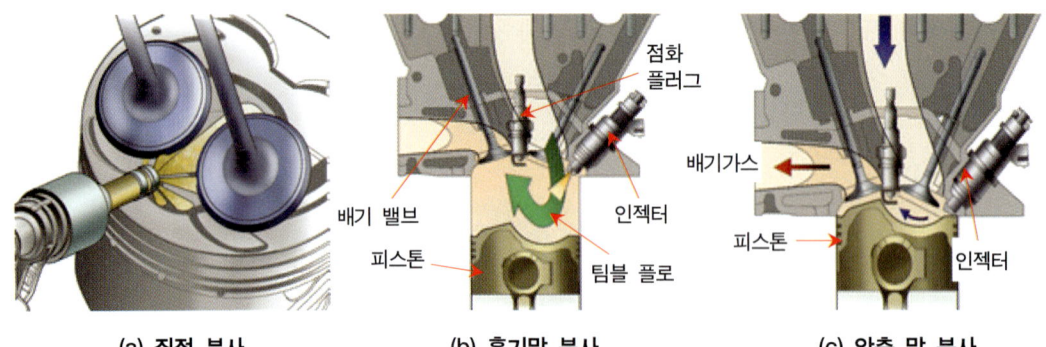

(a) 직접 분사 (b) 흡기말 분사 (c) 압축 말 분사

① 가솔린 직접 분사장치의 장점
  ㉮ 공연비를 정밀 제어할 수 있다.
  ㉯ 흡기 포트 방식에 비하여 연료 벽류 현상을 적다.
  ㉰ 동급 배기량 수준에서 GDI엔진은 마력 및 토크가 크다.
  ㉱ 분사된 연료가 엔진 내부를 냉각시키는 효과까지 있어 엔진의 충전효율을 높여준다.
  ㉲ 유효 압축비를 높일 수 있고, 압축비의 향상으로 인한 출력 향상과 배기가스 및 연료 소모를 줄일 수 있다.
  ㉳ 시동 시 점화 플러그 주변에 연료를 분사할 수 있으므로 성층화 연소에 의하여 초희박 연소가 가능해지고 시동 성능이 향상된다.
② 입력 센서 : 공기 유량 센서, 흡기 온도 센서, 냉각 수온 센서, 크랭크각 센서, 캠각 센서, 산소 센서, 가속페달 위치 센서, 연료탱크 압력 센서가 있다.
③ 출력 장치 : 퍼지 컨트롤 솔레노이드 밸브, CVVT장치, 전자제어 스로틀 장치가 있다.

(7) 흡입 계통

① 공기 유량 센서 : 엔진에 흡입되는 공기량을 계측하여 ECU로 보내서 기본 분사량을 결정하는 센서이다.
  ㉮ 질량 계측 방식(매스플로 방식)
    ㉠ 핫 와이어식(hot wire type)과 핫 필름식(hot film type) : 공기의 질량 유량에 의해 흡입 공기량을 직접 검출하는 방식이다.
  ㉯ 체적 계측 방식
    ㉠ 칼만 와류식 : 센서 내에서 공기의 소용돌이를 일으켜 단위 시간에 발생하는 소용돌이 수를 초음파 변조의해 검출하여 공기유량을 검출하는 방식이다.
  ㉰ 간적 계측 방식
    ㉠ 맵 센서 : 흡기 다기관의 압력 변화를 피에조(Piezo) 저항에 의해 감지하는 센서이다.

② 서지 탱크
  ㉮ 흡기 다기관과 스로틀 보디 사이에 설치되는 탱크이다.
  ㉯ 공기의 맥동적인 흐름을 방지한다.

③ 스로틀 보디
  ㉮ 흡입 공기량을 제어하는 스로틀 밸브가 설치되어 있다.
  ㉯ 공회전시 회전수를 제어하는 ISC – 서보가 설치되어 있다.
  ㉰ 스로틀 밸브 스위치 또는 스로틀 포지션(위치) 센서가 설치되어 있다.

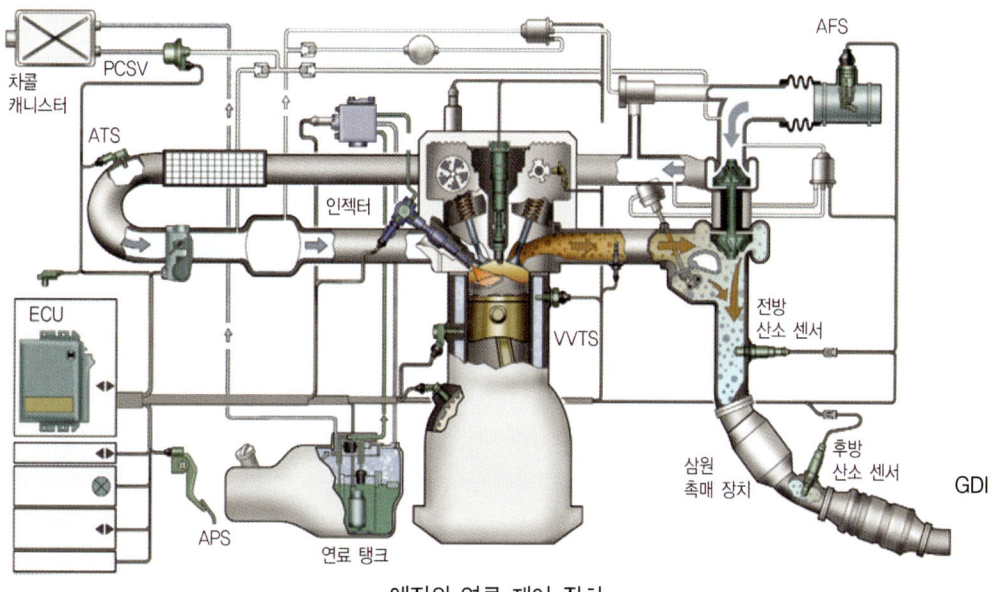

엔진의 연료 제어 장치

(8) 센서 계통

① 공기 유량 센서(AFS)

흡입되는 공기량을 계측하여 ECU에 입력시키면 기본 연료 분사량을 결정한다.

② 대기압 센서(BPS)

차량의 고도를 측정하여 연료 분사량과 점화시기를 조정하는 피에조 저항형 센서이다. 고장시 고지대에서 엔진 부조현상 및 배기가스가 흑색으로 배출된다.

③ 흡기 온도 센서(ATS)

흡기 온도를 검출하여 ECU에 입력시키면 온도에 알맞은 연료 분사량을 보정한다. 온도가 상승하면 저항값이 감소하는 부특성 서미스터를 이용한다. 고장 시 가속성이 나빠지고, 연료소모가 많아지고, 공회전 시 부조현상과 노킹이 발생한다.

④ 공회전 속도 조절(ISC : Idle Speed Control)
자동차가 공회전 상태에서 엔진에 걸리는 각종 부하에 대응하여 안정된 엔진의 공회전을 확보하는 장치이다.(스로틀 밸브는 닫힌 상태)
대시포트는 엔진을 가속하고 난 후 스로틀 밸브가 급격히 닫히면 흡입 공기의 양이 갑자기 줄어 산소 부족으로 배기가스가 증가하므로 이를 방지하는 기능을 한다.

⑤ 모터 위치 센서(MPS)
공전 조절 서보 모터의 위치를 검출하여 ECU에 입력시키는 역할을 한다.

⑥ 공전 위치 스위치(Idle Switch)
공전상태를 감지하여 공전상황에 맞는 연료 분사량을 제어하기 위해 ISC 서보를 작동시킨다.

⑦ 스로틀 포지션(위치) 센서(TPS)
㉮ 가변 저항기이고 스로틀 밸브의 개도량을 검출하여 ECU에 입력시켜 기관의 감속 및 가속에 따른 기본 연료 분사량을 제어한다.
㉯ 자동 변속기에서는 변속시기를 결정해 주는 역할도 한다.
㉰ 스로틀 포지션 센서(TPS) 전압은 닫힌 상태에서는 0.1V, 완전 전개 시는 5.0V 정도이다.

⑧ 냉각수온 센서(WTS, CTS)
기관의 냉각수 온도를 검출하여 ECU에 입력시키면 기관의 냉각수 온도에 따라서 공전 속도를 적절하게 유지시킨다. 온도가 상승하면 저항값은 감소하는 특성이 있다.

⑨ TDC 센서
1번 실린더의 상사점 위치를 검출하여 ECU에 입력시키면 ECU는 연료 분사 순서를 결정하기 위한 신호로 이용된다.

⑩ 크랭크각 센서(CAS)
㉮ 크랭크축의 회전수를 검출하여 ECU에 입력시키면 ECU는 연료 분사 시기와 점화시기를 결정하기 위한 신호로 이용된다.
㉯ 크랭크각 센서는 크랭크축 풀리 또는 배전기에 설치되어 있다.

⑪ 산소 센서(O_2 센서, λ - 센서)

㉮ 배기가스 중에 산소 농도를 검출하여 피드백의 기준신호를 ECU에 입력시키는 역할을 한다.
㉯ 혼합비가 희박할 때는 0.1V의 기전력이 낮게 발생하고, 혼합비가 농후할 때는 0.9V의 기전력이 높게 발생한다.(평균 0.45V)
㉰ 냉간 시동 시 별도로 가열하거나 가열 장치가 필요하다.
㉱ 산소 센서 전압을 측정할 때 오실로스코프나 디지털미터로 측정하고 무연 휘발유를 사용한다.

⑫ 차속 센서
㉮ 스피드 미터 케이블 1회당 4회의 디지털 신호를 컴퓨터에 입력시킨다.
㉯ 공전 속도 및 연료 분사량을 조절하기 위한 신호로 이용된다.

⑬ 에어컨 스위치 및 릴레이
㉮ 공전 시 에어컨 스위치를 ON시키면 약 0.5초 동안 에어컨 릴레이 회로를 차단한다.
㉯ 에어컨 컴프레서가 즉시 구동되지 않아 기관의 회전 속도 강하를 방지한다.
㉰ 자동 변속기 자동차에서 스로틀 밸브의 열림각이 65° 이상의 가속 중에 가속 성능을 유지시키기 위하여 에어컨 릴레이 회로를 일 때 약 5초 동안 차단시킨다.

⑭ 노크 센서
㉮ 노킹 시 고주파 진동을 전기 신호로 변환하여 컴퓨터에 입력한다.
㉯ 노킹이 발생하면 점화시기를 지각시켜 엔진을 정상적으로 작동시킨다.

⑮ 전기 부하 스위치
㉮ 전조등 등을 점등시켰을 때의 전기 부하를 검출하여 컴퓨터에 입력시키는 역할을 한다.
㉯ 공전 속도 조절 서보를 작동하여 엔진의 회전수를 상승시킨다.
㉰ 전기 부하에 의해 엔진의 출력이 저하되는 것을 방지한다.

(9) 제어 계통

① 컨트롤 릴레이
㉮ 축전지 전원을 전자제어 연료 분사 장치에 공급하는 역할을 한다.
㉯ ECU, 연료 펌프, 인젝터, 공기 흐름 센서 등에 전원을 공급한다.

② ECU(Electronic Control Unit, ECM)
㉮ 흡입 공기량과 엔진 회전수를 기준으로 기본 연료 분사량을 결정한다.

㉯ 엔진 작동 상태에 따른 인젝터 분사시간을 조절한다.
㉰ 연료 분사량 조절 및 보정하는 역할을 한다.

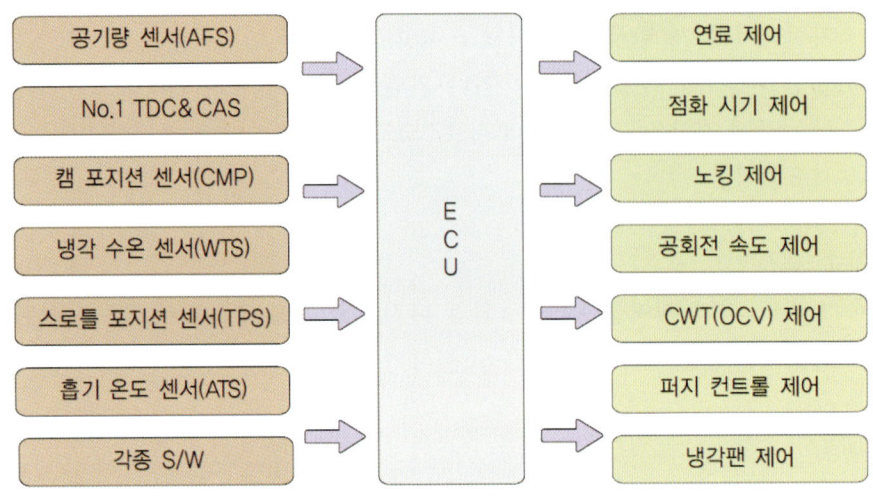

전자제어 가솔린 분사장치의 입·출력 제어

(10) ECU 제어

1) 점화시기 제어

① 파워 트랜지스터의 베이스에 제어 신호를 보낸다.
② 점화코일에 흐르는 1차 전류를 단속하여 점화시기를 조절한다.

2) 연료 펌프 제어

① 엔진의 회전수가 50rpm 이상일 때 연료 펌프를 제어하여 파워 트랜지스터의 베이스에 제어 신호를 보낸다.
② 축전지의 전압이 컨트롤 릴레이에 의해 공급된다.

3) 연료 분사량 제어

① 기본 분사량 조절
② 크랭킹 시 분사량 조절
③ 시동 후 분사량 조절
④ 냉각수 온도에 의한 분사량 조절
⑤ 흡입 공기 온도에 의한 분사량 조절
⑥ 축전지 전압에 의한 분사량 조절

⑦ 가속 시 분사량 조절
⑧ 고속 시 분사량 조절
⑨ 감속 시 연료 차단

4) 연료 분사시기 제어

① 동기 분사(독립분사, 순차분사)
  ㉮ TDC 센서의 신호로 분사 순서를 결정한다.
  ㉯ 크랭크각 센서의 신호로 점화시기를 조절한다.
  ㉰ 크랭크축이 2 회전할 때마다 점화 순서에 의하여 배기 행정 시에 연료를 분사시킨다.

② 그룹 분사
  ㉮ 인젝터 수의 1/2 씩 짝을 지어 연료를 분사시키는 방식이다.
  ㉯ 연료 분사를 2 개 그룹으로 나누어 시스템을 단순화시킬 수 있는 장점이 있다.
  ㉰ 엔진 성능이 저하되는 경우가 없다.

③ 동시 분사(비동기 분사)
  ㉮ 모든 인젝터에 연료 분사 신호를 동시에 공급하여 연료를 분사시키는 방식.
  ㉯ 냉각수온 센서, 흡기온도, 스로틀 위치 센서 등 각종 센서에 의해 제어된다.
  ㉰ 동기 분사 방식에서는 기관의 시동 및 급가속할 때에 동시에 연료가 분사된다.
  ㉱ 1 사이클 당 2 회씩 연료를 분사시킨다.

5) 피드백 제어

① 산소 센서의 출력이 낮으면(0.1V) 공연비가 희박하므로 분사량을 증량시킨다.
② 산소 센서의 출력이 높으면(0.9V) 공연비가 농후하므로 분사량을 감량시킨다.
③ 유해 성분의 감소를 위해 EGR 밸브를 제어한다.

6) 공전 속도 제어

① 시동 시 제어
② 패스트 아이들 제어
③ 부하 시 제어
④ 대시포트 제어

7) 에어컨 릴레이 제어

① 공전 시 에어컨 스위치를 ON시키면 약 0.5초 동안 에어컨 릴레이 회로를 차단한다.
② 에어컨 컴프레서가 즉시 구동되지 않아 기관의 회전 속도 강하를 방지한다.
③ 자동 변속기 자동차의 경우 스로틀 밸브의 열림각이 65° 이상의 가속 중에 가속 성능을 유지시키기 위하여 에어컨 릴레이 회로를 약 5초 동안 차단시킨다.

(11) 자기 진단

① 센서의 출력이 비정상일 경우 고장 코드를 기억한다.
② 자기 진단 출력 단자와 계기 패널의 경고등에 출력한다.

Chapter 08

디젤 기관

1. 디젤 기관의 개요

공기만을 실린더 내에 흡입하여 압축하고 압축 상사점 직전에 연료 펌프에서 송출된 연료를 분사노즐로 분사하여 자연 착화시켜 연소시키는 기관이다.(압축온도 500~550℃ 정도)

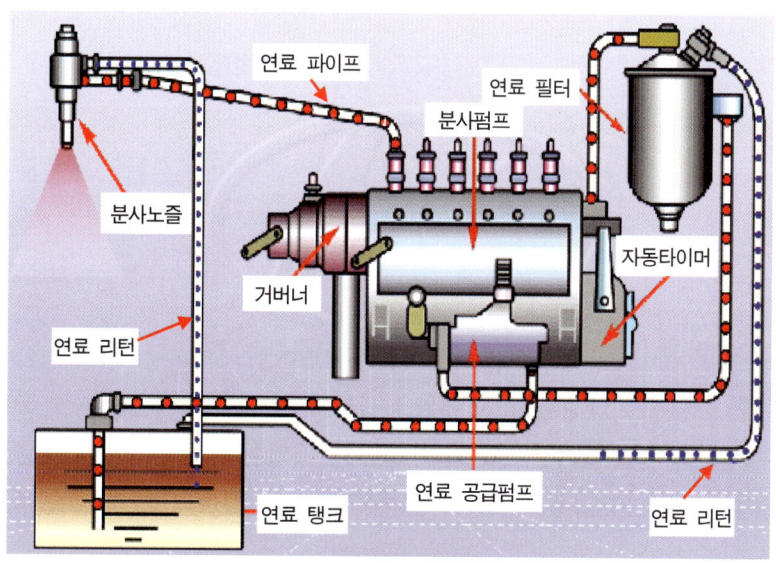

디젤 연료 계통도

※ 디젤 기관의 장단점

구 분	장 점	단 점
디젤 기관	① 제동 열효율이 높다. ② 가솔린 기관의 점화장치보다 고장율이 적어 신뢰성이 크다. ③ 저속에서 고속까지 회전력이 크다. ④ 연료소비율이 적다. ⑤ 연료의 인화점이 높아 화재의 위험이 적다. ⑥ 배기가스의 일산화탄소함유량이 적다.	① 마력당 중량이 무겁다. ② 평균유효압력이 낮고 기관의 회전 속도가 낮다. ③ 운전 중 진동과 소음이 크다. ④ 기동전동기의 출력이 커야 한다. ⑤ 연료장치를 설치해야 되기 때문에 제작비가 비싸다.

> 참 고
>
> ① 공기 과잉률(excess air factor, λ) : 연료를 완전히 연소시키는데 필요한 공기량에 대하여 실제로 공급되는 공기량의 비율로서 경유 1kgf을 연소시키는데 필요한 공기 중량은 14.2kgf이 된다. 자동차용 고속 기관에서 전 부하(최대 분사량) 운전 상태에서 공기 과잉률은 1.2~1.4 정도이다. n가 1에 가까울수록 기관의 출력은 증대되지만 매연이 배출되기 쉽다.
>
> $$\lambda = \frac{\text{실제 흡입된 공기 중량}}{\text{연료를 완전 연소시키는데 필요한 이론 공기 중량}}$$
>
> ② 디젤 연료공급 경로 : 연료탱크 → 공급펌프 → 연료여과기 → 분사펌프 → 분사노즐

2. 디젤의 연소 과정

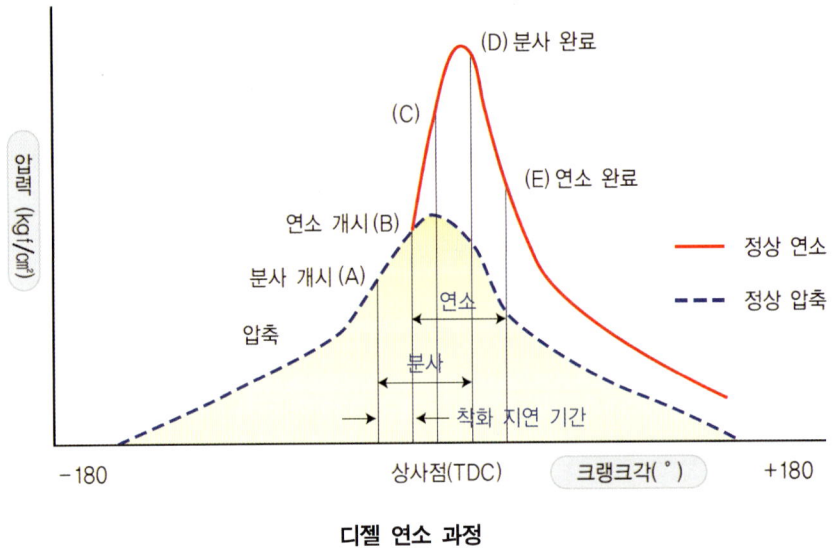

디젤 연소 과정

(1) 착화 지연 기간(연소 준비 기간 : A ~ B 기간)

① 분사된 연료의 입자가 공기의 압축열에 의해서 증발하여 연소를 일으킬 때까지의 기간.
② 착화 지연 기간은 1/1,000 ~ 4/1,000 sec 정도로 짧다.

(2) 화염 전파 기간(폭발 연소 기간 : B~C 기간)

① 분사된 연료의 모두에 화염이 전파되어 동시에 연소되는 기간.
② 폭발적으로 연소하기 때문에 실린더 내의 압력과 온도가 상승한다.

(3) 직접 연소 기간(제어 연소 기간 : C~D 기간)

① 화염 전파 기간에서의 화염 때문에 연료의 분사와 거의 동시에 연소되는 기간.
② 연소의 압력이 가장 높으며 압력 변화는 연료의 분사량을 조절하여 조정한다.

(4) 후기 연소 기간(후 연소 기간 : D~E 기간)

① 직접 연소 기간에 연소하지 못한 연료가 연소, 팽창하는 기간.
② 후기 연소 기간이 길어지면 배압이 상승하여 열효율이 저하되고 배기의 온도가 상승한다.

3. 연소실

피스톤 헤드와 실린더 헤드 사이에 형성되는 단실식 연소실을 이용하는 직접 분사실식과 실린더 헤드에 부연소실과 피스톤 헤드에 형성되는 주연소실의 복실식 연소실을 이용하는 예연소실식, 와류실식, 공기실식으로 분류된다.

(1) 연소실의 구비조건

① 압축 행정 끝에서 강한 와류를 일으키게 해야 한다.
② 진동이나 소음이 적어야 한다.
③ 평균 유효압력이 높으며, 연료 소비량이 적어야 한다.
④ 기동이 쉬우며, 노킹이 발생되지 않아야 한다.
⑤ 고속 회전에서도 연소 상태가 양호해야 한다.
⑥ 분사된 연료를 가능한 짧은 시간에 완전 연소시켜야 한다.

(2) 연소실의 종류

1) 직접 분사실식

① 연소실이 피스톤 헤드의 요철에 의해서 형성되어 있다.
② 분사 노즐에서 분사되는 연료는 연소실에 직접 분사된다.
③ 연료의 분산도를 향상시키기 위하여 다공형의 노즐을 사용한다.
④ 연료의 분사 개시 압력은 $150 \sim 300 kgf/cm^2$ 정도로 비교적 높다.
⑤ 연소실의 종류 : 허트형, 반구형, 구형 등이 있다.
⑥ 직접 분사실식의 장점
  ㉮ 연료 소비량이 적고 냉각 손실이 적다.

㉯ 연소실이 간단하고 열효율이 높다.

㉰ 시동이 쉽게 이루어지기 때문에 예열 플러그가 필요없다.

⑦ 직접 분사실식의 단점

㉮ 연료 분사압력이 높아야 한다.

㉯ 디젤 노크를 일으키기 쉽다.

㉰ 사용 연료의 변화에 대하여 민감하다.

㉱ 가격이 비싸다.

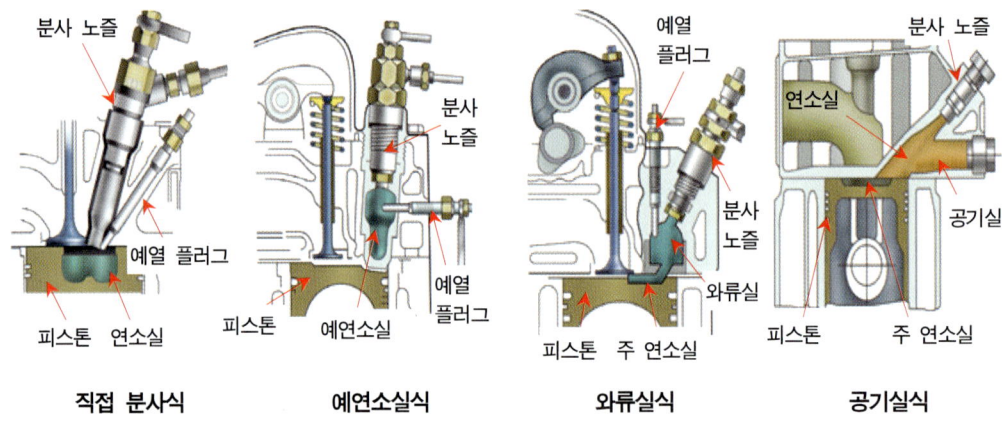

직접 분사식   예연소실식   와류실식   공기실식

2) 예연소실식

① 실린더 헤드에 주연소실 체적의 30~50% 정도의 예연소실이 설치되어 있다.

② 피스톤이 상사점에 위치할 때 피스톤 헤드와 실린더 헤드 사이에 주연소실이 형성된다.

③ 연료의 분사 개시 압력은 $100 \sim 120 \text{kgf}/cm^2$ 이다.

④ 예연소실식의 장점

㉮ 주연소실 내의 압력이 비교적 낮기 때문에 운전이 정숙하다.

㉯ 연료의 분사압력이 낮아 연료장치의 고장이 적다.

㉰ 사용 연료의 선택 범위가 넓다.

⑤ 예연소실식의 단점

㉮ 연료 소비량이 많고 냉각 손실이 크기 때문에 예열 플러그가 필요하다.

㉯ 압축비를 크게 하기 때문에 출력이 큰 기동 전동기가 필요하다.

3) 와류실식

① 실린더 헤드에 주연소실 체적의 30~50% 정도의 와류실이 설치되어 있다.

② 피스톤이 상사점에 위치할 때 피스톤 헤드와 실린더 헤드 사이에 주연소실이 형성된다.
③ 연료의 분사 개시 압력은 100 ~ 140kgf/cm^2 이다.
④ 와류실식의 장점
  ㉮ 공기 과잉율이 낮아 평균 유효압력이 높다.
  ㉯ 와류를 이용하기 때문에 회전 속도를 높일 수 있다.
  ㉰ 연료의 분사압력이 낮아 연료장치의 고장이 적고, 연료 소비량이 예연소실보다 적다.
  ㉱ 회전 속도의 범위가 넓고 운전이 원활하다.
⑤ 와류실식의 단점
  ㉮ 예열 플러그가 필요하다.
  ㉯ 노크가 발생되고 직접 분사실식보다 열효율이 낮다.

4) 공기실식

① 실린더 헤드에 주연소실 체적의 6.5~ 20% 정도의 공기실이 설치되어 있다.
② 연료의 분사 개시 압력은 100 ~ 140kgf/cm^2 이다.
③ 공기실식의 장점
  ㉮ 폭발 압력이 낮기 때문에 작동이 정숙하다.
  ㉯ 시동성이 좋아 예열 플러그가 필요없다.
④ 와류실식의 단점
  ㉮ 연료 소비량이 많다.
  ㉯ 후적 연소가 발생되기 때문에 배기의 온도가 높다.

4. 감압장치

① 운전석의 감압 레버를 이용하여 흡기 밸브를 강제적으로 열어 압축되지 않도록 한다.
② 기관의 시동 또는 조정을 할 때 감압시켜 기관이 원활하게 회전되도록 한다.
③ 기관의 회전을 정지되도록 한다.
④ 감압시켰을 때 크랭크축의 회전 저항은 압축 행정의 회전 저항에 65% 정도로 감소된다.

5. 과급기

과급 장치는 배기량이 일정한 상태에서 연소실에 강압적으로 많은 공기를 공급하여 엔진의 흡입 효율을 높여 힘과 토크를 증대시키는 장치이다. 이때 과급기에 의해 가압된 흡입 공기는 폐쇄된 공간에서 압축되기 때문에 공기의 온도 상승이 발생하고, 부피를 팽창시켜 흡입 공기의 밀도가 낮아지므로 연소실에 공급되는 터보 공기의 양은 한계가 있다.

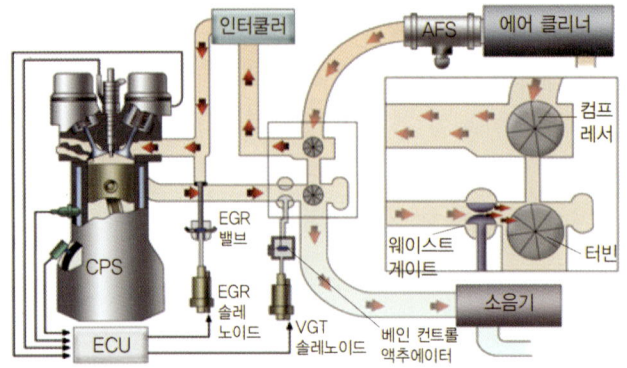

부압 제어 방식의 VGT 작동 원리

과급기 구조

(1) 과급기 설치 시 장점

① 평균 유효압력이 높아진다.
② 엔진 회전력이 증대된다.
③ 과급에 의한 출력 증가로 운전성이 향상된다.
④ 저급 연료(세탄가가 낮은)의 사용이 가능해진다.
⑤ 엔진 소음의 감소로 운전 정숙성이 향상된다.
⑥ 동일 배기량에서 엔진 출력이 35~45% 증가한다.
⑦ 충전 효율의 증가로 연료 소비량(연료 소비율)이 감소하고 배기가스의 배출이 줄어든다.
⑧ 냉각손실이 감소한다.

(2) 과급기 설치 시 단점

① 기관의 중량이 10~15% 증가한다.
② 가격이 비싸다.

(3) 과급기의 분류

과급기에는 다양한 방식이 있으나 배기가스의 압력을 이용하는 방식은 터보차저(turbocharger)라 하고, 엔진의 구동력을 이용하는 방식을 기계식 슈퍼차저(supercharger)라고 한다. 터보차저에는 웨이스트 게이트식(WGT: Wast Gate Type), 가변 용량식(VGT: Variable Geometry Type), 인터쿨러 터보식(ICT: Intercooler Type)이 있다. 또, 과급에 따른 과급 공기의 냉각을 위해 설치한 냉각기의 형식에 따라 수랭식과 공랭식 인터쿨러가 있다.

> **참 고**
>
> 슈퍼차저 : 엔진의 크랭크축의 회전력을 이용하는 것을 기계식 과급기 또는 슈퍼차저라고 한다.

(3) 터보차저(배기 터빈 과급기)

① 1개의 축 양끝에 각도가 서로 다른 터빈이 설치되어 있다.
② 한쪽은 흡기 다기관에 연결하고 다른 한쪽은 배기 다기관에 연결되어 있다.
③ 배기가스의 압력으로 회전되어 공기는 원심력을 받아 디퓨저(과급기 케이스 내부에 설치되어 공기의 속도 에너지를 압력 에너지로 바꾸는 장치)에 유입된다.

흡기쪽   배기쪽

(4) 인터쿨러식 터보차저

터보 과급 장치는 흡입 공기를 압축기에 의하여 압축하면 흡기 온도가 고온으로 높아지므로 흡기의 밀도가 낮아지며, 이로 인해 충전 효율 또한 낮아진다. 따라서 인터쿨러(intercooler)라고 하는 열교환기를 두어 흡입되는 공기를 냉각시킴으로써 연소 온도를 낮추어 충전 효율의 향상과 NO_2의 발생을 저감시킨다. 또, 연소와 배기 온도의 저하로 엔진의 열부하가 저감되고 공기 과잉률을 키울 수 있어 매연의 발생도 억제할 수 있다.

6. 예열장치

냉간 상태의 디젤 엔진은 압축 과정에서의 압축 공기 누설과 열 손실 때문에 압축 압력과 온도가 낮아져 시동이 어렵게 된다. 예열 장치는 냉간 상태의 디젤 엔진이 자기 착화가 쉽도록 연소실 내에 예열 플러그를 설치하여 흡입되는 공기를 가열하여 압축 과정의 실린더 내 공기 온도를 높게 하는 장치이다. 예열 플러그는 내열성, 내부식성, 내진성 등이 요구되며, 코일형과 피복형이 있으나 피복형이 주로 사용된다.

(1) 예열 플러그식

예열 플러그식은 연소실에 흡입된 공기를 직접 가열하는 방식으로서 예연소실식과 와류실식 기관에 사용된다.

① 실드형 예열 플러그
② 코일형 예열 플러그

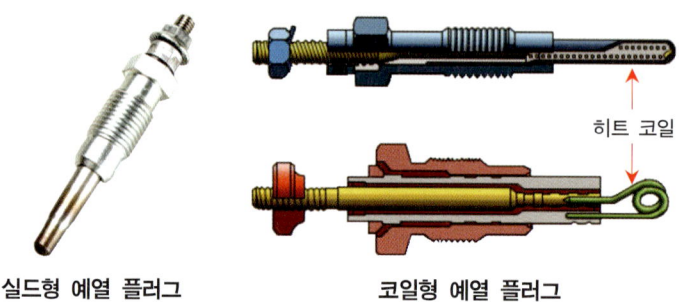

실드형 예열 플러그   코일형 예열 플러그

③ 코일형과 실드형 예열 플러그의 비교

항 목	실 드 형	코 일 형
발 열 량	60 ~ 100W	30 ~ 40W
발 열 부 온 도	950 ~ 1,050℃	950 ~ 1,050℃
전 압	12V식 9 ~ 11V 24V식 20 ~ 23V	0.9 ~ 1.4V
전 류	12V식 5 ~ 6A 24V식 10 ~ 11A	30 ~ 60A
결 선 회 로	병렬 회로	직렬 접속
예 열 시 간	60 ~ 90초	40 ~ 60초

(2) 흡기 가열식

흡기 가열식은 흡기 다기관에 흡기 히터 또는 히트 레인지를 설치하여 공기를 먼저 예열한 후 실린더에 흡입되도록 하는 것으로 직접 분사실식에 사용된다.

7. 디젤 노크

(1) 노크의 발생 원인

① 연료가 화염 전파 기간 중에 동시에 폭발적으로 연소하여 압력이 급격히 상승되어 피스톤이 실린더 벽을 타격하여 소음이 발생하는 현상이다.

② 디젤 노크는 연소 초기에 착화 지연 기간이 길기 때문에 발생된다.

(2) 노크의 방지법
① 세탄가가 높은 연료를 사용한다.
② 압축비를 높게 한다.
③ 실린더 벽의 온도를 높게 유지한다.
④ 흡입 공기의 온도를 높게 유지한다.
⑤ 연료의 분사시기를 느리게 한다.
⑥ 착화 지연 기간 중에 연료의 분사량을 적게 한다.
⑦ 기관의 회전 속도를 빠르게 한다.

8. 디젤 연료장치

(1) 연료의 구비조건
① 고형 미립이나 유해 성분이 적을 것
② 발열량이 클 것
③ 적당한 점도가 있을 것
④ 불순물이 섞이지 않을 것
⑤ 인화점이 높고 발화점이 낮을 것
⑥ 내폭성과 내한성이 클 것
⑦ 연소 후 카본 또는 매연 발생이 적을 것
⑧ 온도 변화에 따른 점도의 변화가 적을 것

참 고

① 내폭성 : 내연 기관의 실린더 안에서의 노킹을 방지하기 위하여 옥탄값을 높인 가솔린의 성질
② 내한성 : 추위를 견디어 내는 성질. 또는 그런 능력
③ 분사 파이프의 재질은 구리나 강 파이프로 되어 있다.
④ 피팅을 풀 때는 오픈엔드렌치를 사용한다.

(2) 연료 공급 펌프

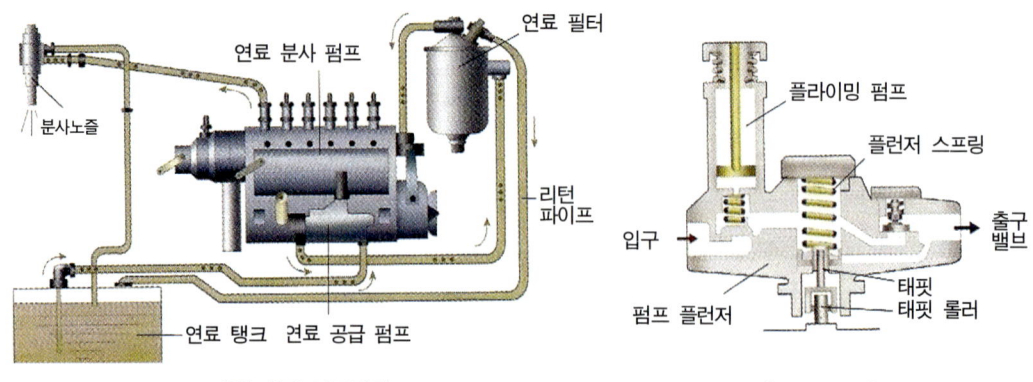

디젤 엔진 연료장치   연료 공급 펌프

① 고압 분사펌프에 직접 설치되며, 고압 분사펌프의 캠축에 가공되어 있는 편심 캠에 의해 기계적으로 작동된다.
② 연료를 연료탱크로부터 펌핑(pumping)하여 여과기를 거쳐, 고압 분사펌프의 저압 측에 공급하는 기능을 한다.
③ 연료 공급 펌프의 공급압력은 약 2~3kgf/cm²이다.
④ 플라이밍 펌프
   ㉮ 플라이밍 펌프는 분사 펌프 몸체에 장착되어 분사 펌프 캠축에 의해 구동된다.
   ㉯ 수동용 펌프로서, 엔진이 정지되었을 때 연료 탱크의 연료를 연료 분사펌프까지 공급하거나 연료 라인 내의 공기 빼기 작업을 할 때 사용한다.
   ㉰ 디젤 엔진은 연료 라인에 공기가 있으면 시동이 되지 않으므로, 프라이밍 펌프를 작동시키면서 연료 공급 펌프 → 연료 여과기 → 분사펌프의 순서로 공기 빼기 작업을 한다.

참고

연료 계통의 공기 빼기 순서
① 공급 펌프의 벤트 플러그가 잠긴 상태에서 플라이밍 펌프를 작동시킨다.
② 플라이밍 펌프를 누른 상태에서 연료 여과기의 벤트 플러그를 풀어 공기를 뺀 다음 벤드 플러그를 잠근다.(작업 시 연료가 나오므로 헝겊을 준비하여 연료가 바닥으로 떨어지지 않게 한다.)
③ 플라이밍 펌프를 다시 작동시켜서 공기가 빠지고 연료가 나올 때까지 반복한다.
④ 모든 분사 노즐의 입구 커넥터 분사 파이프의 너트를 조금 풀고 기동 전동기를 이용하여 크랭킹시키면서 공기빼기 작업 후 1번 실린더부터 조인다.
⑤ 작업 시 연료가 튀기 때문에 헝겊을 덮어 주어 연료가 튀는 것을 방지한다.

(3) 연료 여과기

① 자동차에 공급되는 연료 중 먼지나 수분 등과 같은 분순물을 여과하여 깨끗한 연료를 엔진에 공급하는 역할을 한다.
② 혼합된 이물질로 인한 인젝터, 연료 분사펌프 노즐과 같은 연료 장치의 기능 저하(플런저의 마멸이나 노즐 구멍이 막히는 것을 방지)를 예방한다.
③ 엔진 수명을 연장하며, 연료를 완전 연소시킴으로써 대기환경 개선에도 도움을 준다.
④ 연료 여과기의 성능은 0.01mm이상의 분순물을 여과할 수 있는 성능이 있어야 한다.

(4) 독립형 분사펌프

① 1개의 분사 펌프 케이스에 엔진의 실린더 수와 동일하게 펌프 엘리먼트가 설치되어 있다.
② 펌프 엘리먼트는 각 실린더에 해당하는 분사 노즐과 분사 파이프로 연결되어 있다.
③ 구조가 복잡하고 조정이 어렵지만, 다기통 엔진 및 고속 회전하는 엔진에 적합하다.
④ 분사펌프의 캠축이 크랭크축으로부터 동력을 받아 회전할 때 분사 순서에 따라 각 실린더에 해당하는 노즐에 연료를 공급하여 분사된다.
⑤ 분사펌프는 펌프 엘리먼트의 작동 부분과 연료의 분사량을 자동적으로 제어하는 조속기, 연료의 분사시기 조정기의 세 부분으로 크게 분류된다.

1) 캠축과 태핏

① 분사펌프 캠축 : 크랭크축에 의해 구동되며, 연료 공급펌프와 플런저를 작동시킨다. 캠축의 회전속도는 4행정 사이클 기관은 크랭크축 회전속도의 1/2로 회전하고, 2행정 사이클 기관은 크랭크축 회전속도와 같다.
② 태핏 : 펌프 하우징 태핏 구멍에 설치되어 캠에 의해 플런저를 상하 운동시키는 작용을 한다.
　㉮ 태핏 간극
　　㉠ 캠에 의해서 플런저가 최고 위치까지 올려졌을 때 플런저 헤드와 플런저 배럴의 윗면과의 간극이다.
　　㉡ 태핏 간극은 일반적으로 0.5mm이다.
　　㉢ 연료의 분사 간격이 일정치 않을 때 태핏 간극을 조정한다.
　　㉣ 태핏 간극이 크면 캠의 작용 시작이 늦어지고 캠 작용의 끝이 빨라진다.
　　㉤ 표준 태핏은 태핏 간극 조정 스크루를 이용하여 태핏 간극을 조정한다.

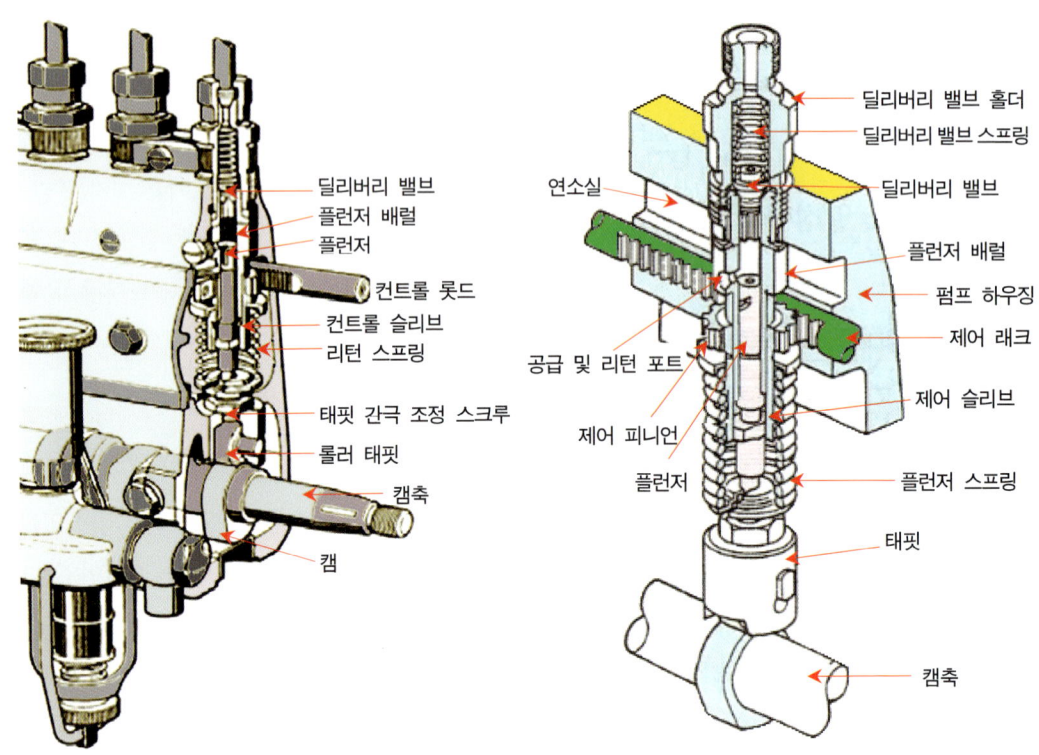

직렬형 분사펌프의 구성

2) 펌프 엘리먼트

① 플런저 배럴 : 디젤 엔진의 플런저 배럴은 엔진의 실린더에 해당되며, 연료 공급 펌프에서 공급된 연료를 받아들이는 원통이다. 연료 분사 펌프 하우징의 위쪽에 끼워져 회전하지 않도록 고정 핀 또는 스크루로 고정되어 있으며, 배럴의 위쪽 면은 딜리버리 밸브 홀더에 의해 고정된다.

② 플런저: 펌프 하우징에 고정되어 있는 플런저 배럴 속을 플런저가 상하 섭동운동을 하여 연료를 압축하여 분사노즐로 공급하는 일을 한다.

㉮ 플런저 스프링의 기능 : 플런저 스프링은 플런저를 리턴시키는 역할을 하는 것으로 스프링 장력이 약하면 캠 작용이 완료된 다음 플런저의 리턴이 원활하게 이루어지지 않는다.

㉯ 예행정 : 플런저가 캠 작용에 의해서 하사점으로부터 상승하여 플런저 위면이 플런저 배럴에 설치되어 있는 연료의 공급 구멍을 막을 때까지 이동한 거리로 연료의 압송 개시 전의 준비 기간이다.

㉰ 유효행정 : 연료를 분사 노즐로 송출하는 행정으로서, 플런저 윗면이 캠 작용에 의해서 플런저 배럴의 연료 공급 구멍을 막은 다음부터 바이패스 홈이 연료의 공급 구멍과 일치될 때까지 플런저가 이동한 거리로 연료의 분사량이 변화된다. 유효 행정은 제어

래크에 의해서 플런저가 회전한 각도에 의해서 유효 행정이 변화되며, 유효 행정이 길면 연료의 분사량이 많아지고, 유효 행정이 짧으면 연료의 분사량이 적어진다.

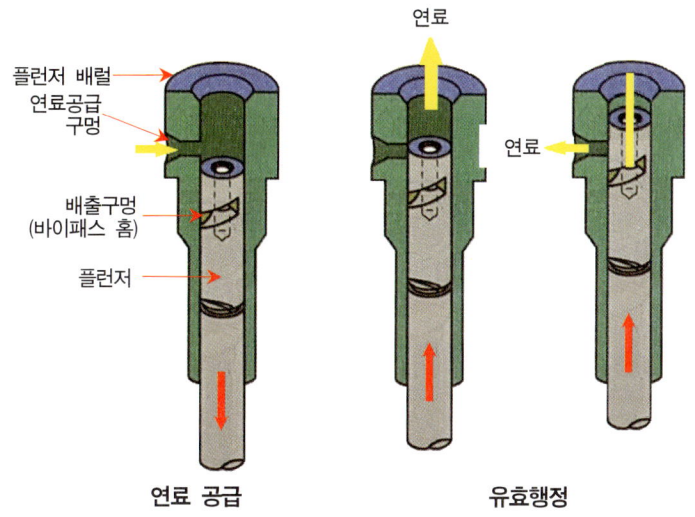

9. 분사량 제어 기구

제어 래크, 제어 피니언, 제어 슬리브, 플런저 순서로 작동되며, 제어 피니언, 제어 슬리브의 관계 위치를 바꾸어 분사량을 조절한다.

① 제어 래크
  ㉮ 조속기나 액셀러레이터(가속페달)에 의해서 직선 운동을 제어 피니언에 전달한다.
  ㉯ 리미트 슬리브 내에 끼워져 연료가 최대 분사량 이상으로 분사되는 것을 방지한다.
② 제어 피니언
  ㉮ 제어 슬리브에 클램프 볼트로 고정되어 제어 래크와 맞물려 있다.
  ㉯ 제어 래크의 직선 운동을 회전운동으로 변환시켜 제어 슬리브에 전달한다.
③ 제어 슬리브
  ㉮ 제어 피니언의 회전운동을 플런저에 전달한다.
  ㉯ 플런저의 유효행정을 변화시켜 연료의 분사량을 조절한다.
④ 딜리버리 밸브(송출 밸브)의 역할
  디젤 엔진에서 연료를 분사할 때는 통로를 열어서 연료를 통하게 하고, 분사 끝에는 급격히 파이프 내의 연료 압력을 감소시켜서 분사의 단속을 양호하게 한다.
  ㉮ 후적을 방지한다.

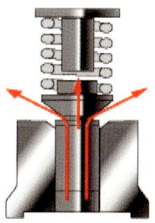

딜리버리 밸브

㉯ 잔압을 유지한다.
㉰ 연료가 역류하는 하는 것을 방지한다.

> **참고**
> ① 후적 : 연료의 분사가 완료된 다음 노즐 팁에 연료 방울이 형성되어 연소실에 떨어지는 현상을 말한다.
> ② 딜리버리 밸브의 유압 시험 : 분사 펌프를 회전시켜 150kgf/cm^2 이상으로 압력을 상승시킨 후 회전을 멈추고 제어 래크를 무분사 위치로 하여 딜리버리 밸브 홀더 내의 압력이 10kgf/cm^2까지 저하될 때의 소요 시간이 5초 이상이면 정상이다.

10. 조속기

① 기관의 회전 속도나 부하 변동에 따라서 자동적으로 연료의 분사량을 조정한다.
② 최고 회전 속도를 제어하고 저속 운전을 안정시키는 역할을 한다.
③ 앵글라이히 장치
  ㉮ 기관의 모든 회전 속도 범위에서 공기와 연료의 비율을 알맞게 유지한다.
  ㉯ 제어 래크가 동일한 위치에서 연료와 공기의 비율이 알맞게 유지되도록 한다.

> **참고**
> 헌팅(hunting) : 외력에 의해서 회전수나 회전 속도가 파상적으로 변동되는 현상. 회전 속도가 주기적인 변화가 유발되어 그 상태가 지속되는 것으로 조속기 각부의 작동이 둔하거나 작동에 시간적인 늦음이 있으면 헌팅이 발생되어 공전 운전이 불안정하게 된다.

11. 분사량의 불균율

불균율 허용범위는 전부하 운전에서는 ±3%, 무부하 운전에서는 ±10~15%이다. 불균율 구하는 공식은 다음과 같다. 평균 분사량의 불균율 허용 범위는 3%이다.

① $+ 불균율 = \dfrac{최대\ 분사량 - 평균\ 분사량}{평균\ 분사량} \times 100$

② $- 불균율 = \dfrac{평균\ 분사량 - 최소\ 분사량}{평균\ 분사량} \times 100$

12. 타이머(분사시기 조정기)

① 기관의 회전속도 및 부하 변동에 따라 연료의 분사시기를 자동석으로 조절한다.
② 기관의 회전속도에 따라 분사 지연기간과 착화지연기간을 자동적으로 보상한다.

13. 분사 노즐

분사 노즐은 실린더 헤드에 설치되며, 노즐 홀더와 노즐로 구성된다. 분사 펌프에서 압송된 연료가 분사 파이프를 거쳐 분사 노즐에 공급되면 니들 밸브가 연료의 압력에 의해서 분공이 열려 고압의 연료를 미세한 안개 모양으로 연소실에 분사시키는 역할을 한다.

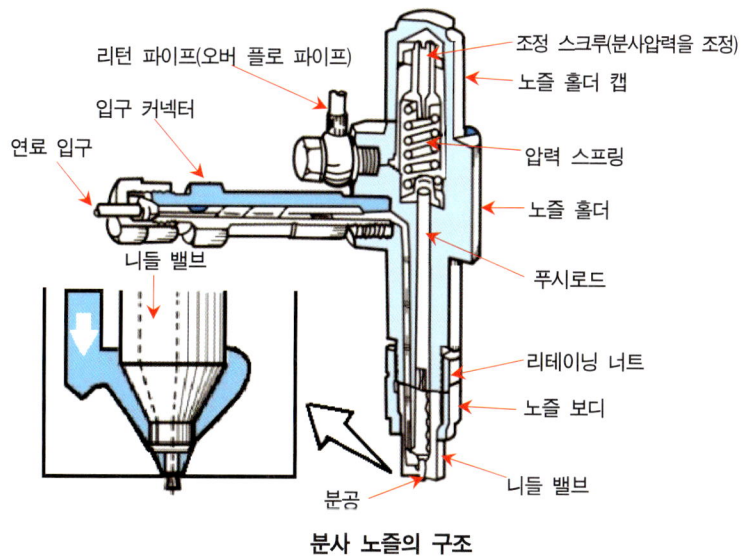

분사 노즐의 구조

(1) 분사 노즐 종류

① 개방형노즐
② 밀폐형노즐
  ㉮ 구멍형 노즐 : 노즐 끝 부분이 볼록하고 분공이 0.2~0.4mm이며, 단공형과 다공형이 있으며 직접 분사실식에 사용한다.
  ㉯ 핀틀형 : 니들밸브가 노즐 보디보다 약간 노출되어 있고 분공은 1~2mm이다.
  ㉰ 스로틀형 : 핀틀형 노즐을 개량, 분사량이 적어 노킹을 방지하고 분공은 1~2mm이다.

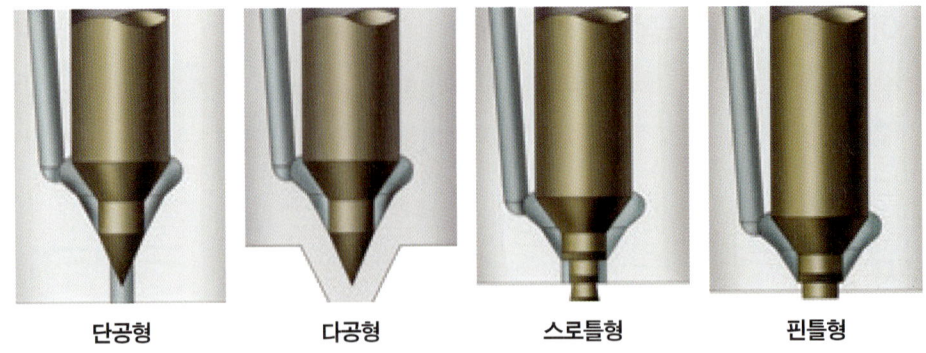

단공형　　다공형　　스로틀형　　핀틀형

(2) 분사 노즐의 구비 조건

① 착화가 쉽게 이루어지도록 연료의 입자를 미세한 안개 모양으로 분사할 것
② 연소실 전체에 분무가 균일하게 분포되도록 분사할 것
③ 가혹한 조건에서도 장기간 사용할 수 있도록 내구성일 것
④ 분사 끝에서 연료를 완전히 차단하여 후적이 발생되지 않을 것

(3) 연료 분무가 갖추어야 할 조건

① 무화가 좋을 것
② 관통도가 알맞을 것
③ 분포가 알맞을 것
④ 분산도가 알맞을 것
⑤ 분사율이 알맞을 것

(4) 분사 노즐의 냉각

① 노즐 보디를 250 ~ 300℃ 정도로 유지하여 연료의 분사량이 변화되는 것을 방지한다.
② 불완전 연소에 의한 엔진의 출력 저하를 방지한다.
③ 노즐의 과열을 방지하기 위하여 실린더 헤드의 물 재킷을 특별히 설치한다.
④ 연료의 분사 시기가 틀리거나 연료의 분사량이 과다, 과부하에서 연속 운전 시 분사 노즐이 과열된다.

전자제어 디젤 기관

1. 전자제어 디젤 기관(CRDI)의 개요

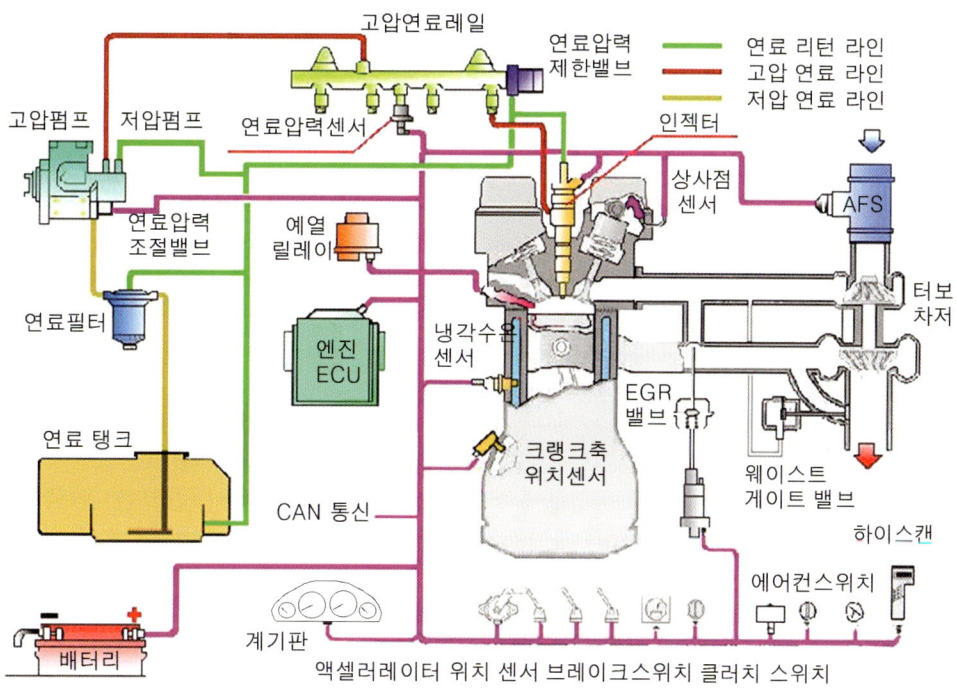

전자제어 디젤엔진

전자제어 디젤 엔진은 커먼레일(Common Rail Direct Injection)에 고압펌프로부터 공급되는 초고압(250~1800bar)의 연료를 저장한 후 ECU의 명령에 따라 인젝터를 제어하여 연소실에 연료를 직접 분사하는 방식의 디젤 엔진이다. 이 엔진은 기존의 기계식 연료분사펌프 방식에서 구현할 수 없었던 초고압의 연료를 정교하게 계량하고, 정확한 타이밍에 연소실에 분사함으로써 연소효율을 높일 수 있다.

(1) 전자제어 디젤 엔진의 특징

① 출력 향상
② 연비 향상
③ 응답성 향상
④ 소음과 진동의 감소
⑤ 배기가스를 피드백시켜 유해 배출가스 감소
⑥ 엔진의 고속화를 실현
⑦ 강화되는 엄격한 배기가스 규제와 관련된 법규의 대처
⑧ 헌팅 현상을 방지

(2) CRDI 엔진의 구성

일반적인 전자제어 가솔린 엔진(GDI)과 유사한 구조로 구성되어 있으며, 성격이 다른 종류의 연료를 사용하므로 연소와 관련된 시스템의 차이가 있다. 또 전자제어 가솔린엔진에서 사용되는 동일한 센서가 적용되어 있지만 사용 용도가 다른 것임에 유의해야 한다.

1) 연료 장치

① 저압 연료펌프 : 연료 탱크에 저장된 경유를 펌핑하여 고압펌프에 공급한다. 토출압력은 약 4~6bar정도이며, DC 12V 전기식 모터가 일반적으로 사용된다.
② 연료필터 어셈블리 : 연료필터와 겨울철 경유의 응고로 인한 왁스현상을 제거하기 위한 연료히터 그리고 히팅의 여부와 시간을 결정하는 연료 온도센서가 있다.
③ 연료압력 조절밸브 : 고압펌프 입구에 부착되어 저압 연료펌프에서 공급되는 연료의 유량을 조절한다. 이를 통해 고압펌프가 만들어야 하는 연료압력을 1차적으로 조절한다.

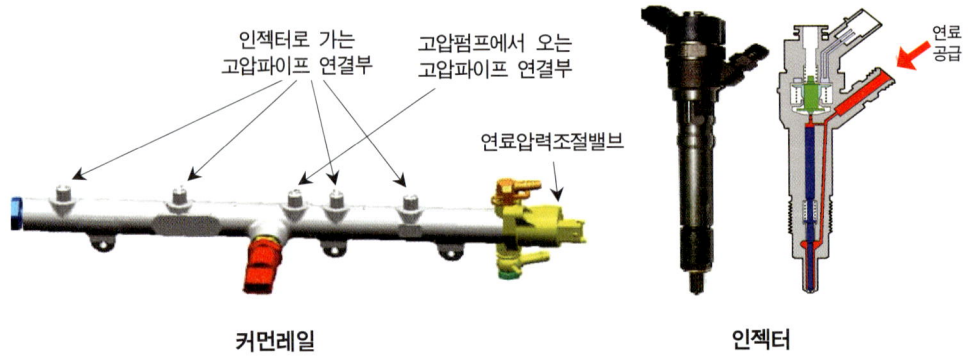

커먼레일   인젝터

④ 커먼레일 : 고압 연료펌프로부터 공급된 연료가 저장되는 부분이며, 모든 실린더의 인젝터가 이곳에서 공통으로 연료를 공급받게 된다. 특히 고압펌프에서 송출되는 연료의 맥

동과 분사로 발생되는 압력의 변동은 커먼레일의 체적에 의해 제거된다. 또한 연료압력 센서가 현재의 커먼레일 내 연료압력을 모니터링하여 ECU에 제공하면 커먼레일 끝단에 설치된 레일압력조절밸브는 엔진 운전에 가장 적합한 압력으로 신속하고 정밀하게 압력을 조절한다.

⑤ 인젝터 : 초고압의 연료를 연소실에 분사하는 장치로 ECU에 의해 제어되며, 분사 개시 시점과 횟수 그리고 분사되는 연료량은 운전자의 액셀러레이터 페달 밟은 크기와 엔진의 회전수에 의해 기본으로 결정된다. 특히 CRDI 엔진이 직접 연소실인 관계로 구멍형 노즐 중 다공형의 노즐 팁을 주로 사용한다.

⑥ 인젝터 연료의 리턴(Back leak: 백 리크) : 인젝터가 연료를 분사 후 남은 연료는 내부를 윤활하고 연료탱크로 다시 돌아가게 된다. 이때 시스템이 정상이라면 모든 인젝터의 리턴량(백리크)은 거의 동일하다. 만약 어떤 특정 실린더의 백 리크 량이 많거나 적으면 해당 인젝터에서 분사되는 연료의 양에 문제가 있다는 것으로 볼 수 있고, 이때는 엔진의 부조와 출력 부족, 매연이 과다하게 발생할 수 있다.

2) 제어장치

① 입력요소

㉮ 액셀러레이터 포지션 센서1, 2(APS: Accelerator Position Sensor) : 가속 페달과 일체로 제작된 포텐쇼메터이며, 운전자의 가속 의지(APS1)와 센서의 고장 여부(APS2)를 ECU에 제공한다. ECU는 이 신호를 기본으로 연료분사량 및 연료 분사시기를 제어하며 동시에 센서1의 출력값의 오류를 확인하여 차량의 급출발 및 림프홈 모드를 제공한다.

엑셀러레이터 포지션센서

크랭크위치센서

캠위치센서

㉯ 크랭크 위치 센서(CAS: Crank Angle Sensor 또는 CPS: Crank Position Sensor) : 크랭크축의 각도 및 피스톤의 위치, 엔진의 회전속도 등을 연산하여 ECU에 제공한다.

ECU는 이를 토대로 연료 분사시기의 결정과 분사량을 보정하는데 사용한다.
㉰ 캠축 위치 센서(CMP: Cam Position Sensor) : 캠축의 끝단에 설치되어 캠축 1회전 당 1회의 펄스를 발생시켜 ECU로 입력한다. ECU는 이 신호에 의해 1번 실린더 압축 상사점을 검출하게 되며, 연료 분사의 순서를 결정하는데 사용한다.
㉱ 수온 센서(WTS ; Water Temperature Sensor) : 실린더 헤드의 물 재킷에 설치된 부특성 서미스터이며, 엔진 냉각수 온도를 검출한다. 냉각수의 온도 즉, 연소실의 온도에 따라 연료의 무화 및 입자의 밀도가 변화되기 때문에 시동 및 공전 보정 그리고 엔진이 과열되었을 때 연료량의 감량 등 연소실 온도에 따르는 연료량 보정 제어신호로 이용된다.
㉲ 레일 압력 센서(RPS ; Rail Pressure Sensor) : 커먼레일의 중앙부에 설치되어 있으며, 피에조 압전소자 방식으로 연료압력에 따라 0.5~5V로 전압을 변동되어 압력을 측정한다. ECU는 이 신호로 연료의 분사량, 분사시기를 보정한다.
㉳ 차량 속도 센서(VSS: Vehicle Speed Sensor) : 변속기 하우징에 설치되어 센서 1회전 당 4개의 펄스 신호를 발생시킨다. ECU는 이 신호로 자동차의 주행속도를 계산하며, 동시에 타코미터에 차속 표시용으로도 사용한다. 그리고 차속에 따른 연료 분사량 및 분사시기를 보정하는데 사용한다.
㉴ 대기압 센서(BPS: Barometric Pressure Sensor) : ECU에 내장되어 있으며, 대기 압력에 따라서 연료의 분사시기 및 연료 분사량을 보정한다. 특히 1000m 이상의 고지대에서는 EGR을 금지하는 제어에 사용된다.
㉵ 공기 유량 센서(AFS: Air Flow Sensor)와 흡기 온도 센서(ATS: Air Temperature Sensor)
  ㉠ 공기 유량 센서: 전자제어 가솔린엔진에서 공기유량센서는 기본분사량을 결정하는 중요한 센서로 사용되지만 CRDI 엔진에서는 EGR량을 제어하는데 주로 이용된다. 주로 핫 필름 방식(hot film type)으로 공기의 질량을 직접 검출하는 방식을 사용한다.
  ㉡ 흡기 온도 센서 : 부특성 서미스터로서 공기 유량 센서에 내장되어 흡입 공기 온도를 감지하고 공기의 밀도에 따라서 연료량, 분사시기의 보정 신호로 사용된다.
㉶ 브레이크 스위치 신호 : 브레이크 스위치는 브레이크 페달의 작동 여부를 감지하여 ECU로 신호를 입력하며, 구조는 2개의 스위치가 조합된 2중 구조로 브레이크 스위치 1과 2가 있다. 엔진 ECU는 이 2개의 신호가 모두 입력되어야 정상적인 브레이크 신호로 인식하며, 제동 시 연료량의 보정에 사용한다.
㉷ 클러치 스위치 신호 : 클러치 스위치는 클러치 페달 상부에 설치되어 클러치 페달의 작동 여부를 감지하여 엔진 ECU에 입력한다. 접점식 스위치로서 엔진 ECU는 이 신호를 기본으로 변속시점을 인식하여 연료량을 보정하며, 차량의 울컥거림에 대한 보정 및 스모크 컨트롤을 보정한다. 정속주행 기능이 있는 차량의 경우 스위치의 신호에

따라 정속 주행의 해제 기능으로 사용된다.
- ㉨ 에어컨 스위치 신호 : 에어컨이 작동될 때 엔진의 회전수가 저하되는 현상을 방지하기 위해 연료량을 보정하는 신호로 사용된다.
- ㉩ 블로워 모터(blower motor) 스위치 신호 : 전기 부하에 따른 엔진의 회전수가 저하되는 현상을 방지하기 위해 연료량을 보정하는 신호로 사용된다.
- ㉪ 에어컨 고·저압 스위치(Low, High 스위치) 신호 : 에어컨 라인의 가스 유무 및 막힘 유무를 판단하여 에어컨 컴프레셔를 작동시키는 신호로 사용된다.(에어컨 컴프레셔 보호용)
- ㉫ 에어컨 중간압력 스위치(Middle 스위치) 신호 : 에어컨 라인이 일정한 압력(15kgf/cm^2) 이상으로 상승할 때 냉각 팬을 구동시키는 신호로 사용된다.
- ㉬ 배터리 전압 : 배터리 전압에 따라 인젝터의 구동시기 및 분사시간을 보정하는 신호로 사용된다.

② 출력 제어요소

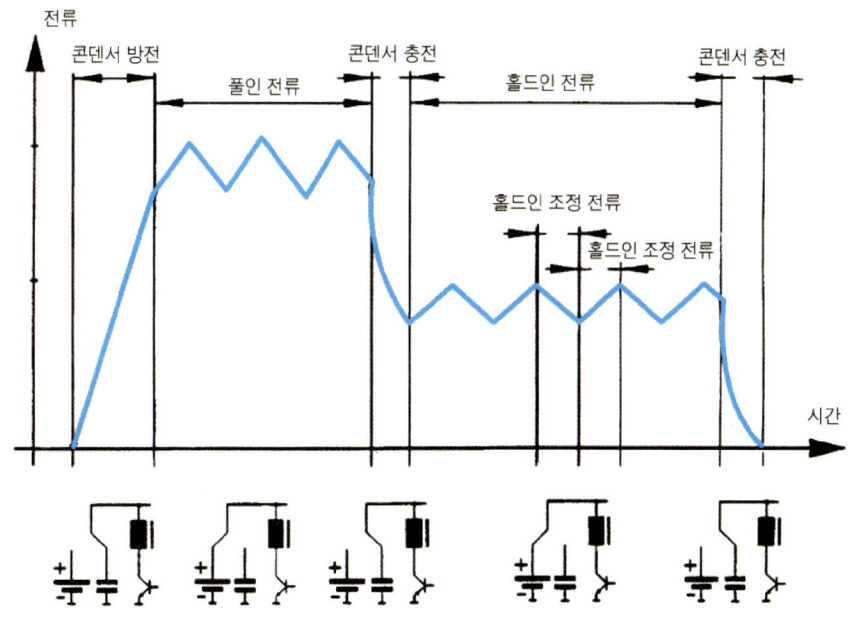

인젝터 분사 시 전류제어 파형

㉮ 인젝터 제어 : 인젝터 작동은 ECU내의 구동드라이버에서 전류제어로 동작된다. 초기 작동에서는 20A의 전류(풀인전류)를 공급하고, 분사구간에서는 12A(홀드인 전류) 정도의 비교적 적은 전류로 제어한다. 특히 피에조 인젝터가 적용된 경우 분사의 횟수를 1사이클당 최대 5회까지 분사할 수 있는 능력을 갖는다. 분사압력은 최대 1800bar이며 1/2500초 간격으로 분사할 수 있다. 최대 분사는 파일럿분사, 프리 분사, 메인분사,

후분사, 포스트 분사이다. 파일럿 분사와 프리분사는 시동성 향상과 엔진의 소음과 진동 감소에 관계하며, 메인분사는 엔진의 출력, 후분사와 포스트분사는 DPF의 매연을 태우거나 배기가스 온도의 조절용도로 사용된다.

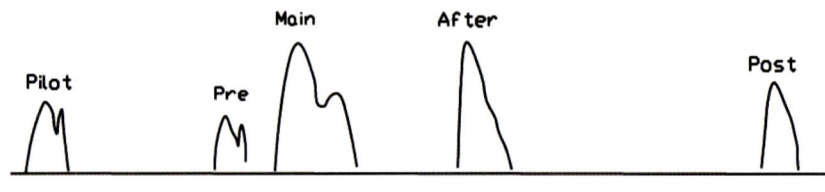

피에조 인젝터의 분사 형태

㈏ 예열플러그 제어 : 연소실 예열 플러그에 전류를 공급하기 위해 예열플러그 릴레이를 작동시키는 제어이며, 냉간 시동성 향상 및 냉간 시 발생되는 유해 배기가스를 감소하는 역할을 한다. ECU는 엔진 냉각수 온도와 엔진 회전속도를 입력받아 제어를 실시한다.

㈐ EGR 솔레노이드 밸브 제어 : EGR 솔레노이드 밸브를 ECU가 PWM으로 제어하며, 최대 EGR량은 보통 흡입공기의 30%정도이며, 이는 AFS를 통해 정확하게 제어할 수 있다.

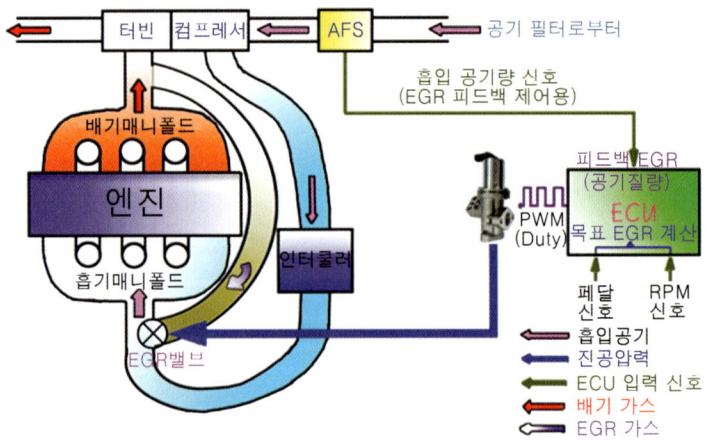

EGR 밸브 제어회로

㈑ 냉각수 히터 제어 : 프리 히터는 냉각수 라인 내에 직접 설치되어 있으며, 외기 온도가 낮을 경우 일정한 시간 동안 작동시켜 엔진에서 히터로 유입되는 냉각수 온도를 높여 히터의 난방 성능을 향상시키는 장치로 운전자에게 신속한 난방 환경을 제공하는 것을 목표로 한다. 3개의 글로 플러그로 구성되어 있으며, 플러그의 소비 전력은 900W이

다. 엔진 ECU에 의해 자동 제어되며, 냉각수 온도가 65℃ 이상이 되면 엔진 ECU는 프리 히터 전원을 OFF시킨다.
⑭ 공기 가열식 히터(PTC: Positive Temperature Coefficient) 제어 : 직접분사방식 연소실을 사용하는 디젤엔진은 냉각손실이 적은 대신에 실내히터의 온도가 상승하지 않아서 겨울에 난방성능이 떨어지는 단점이 있다. 이런 문제점을 해결하기 위하여 별도의 공기 가열기인 PTC를 설치하여 외기온도 10℃, 냉각수온도 80℃ 이내에서 릴레이를 제어한다.
⑮ DPF 제어 : 유해 배기가스 중 DPM(Diesel Particle Matter)을 줄이기 위해 DPF (Diesel Particle matter Filter)를 설치하여 입자상물질(DPM)을 포집한다. 그리고 포집된 양을 DPF 전/후 압력차센서(Differential Pressure Sensor)를 이용하여 모니터링 한 후 일정량 이상 포집되었다고 판단되면 포스트분사를 실시하여 DPF에서 연료를 연소하게 제어한다. 연소에 의한 배기가스 온도를 500℃ 이상으로 만들어지면 포집된 DPM이 연소되어 강제 제거되게 된다. 이때의 배기가스온도는 배기가스온도센서가 모니터링하고, ECU는 일정 온도를 유지하기 위해 포스트 분사량을 제어한다.
⑯ 터보차저 부스터 냉각제어 : 엔진 정시 시 냉각수 온도가 102℃ 이상이면 VGT 쿨링 펌프를 가동하여 5분간 냉각수를 터보차저에 공급하여 냉각시킨다.

Chapter 10

배출가스 제어장치

1. 연료 증발 가스

연료탱크에서 가솔린이 증발되면 캐니스터에 일시 저장하여 기관이 어떤 조건하에 이르면 저장된 증발가스를 연소실로 유입시켜 연소시킨다. 주성분은 탄화수소(HC)이다.

2. 블로바이 가스

피스톤과 실린더 사이에서 크랭크 케이스나 밸브 사이로 배출되는 가스를 말한다. 주성분은 탄화수소(HC)이다.

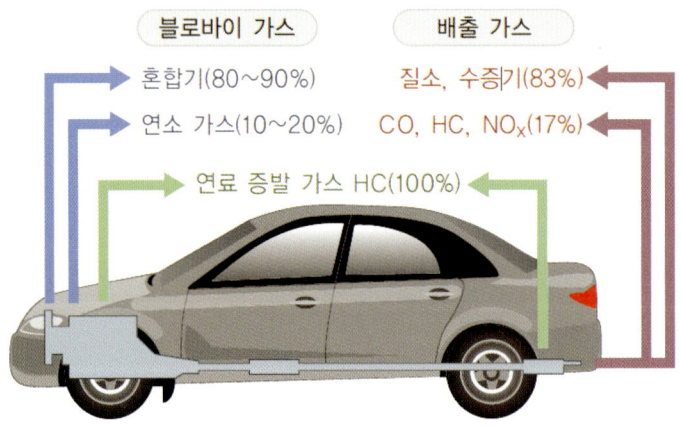

자동차 배출가스의 배출 비율

3. 배기가스

(1) 배기가스의 성분

① 연료가 실린더 내에서 연소된 후 배기 머플러를 통해 배출되는 가스를 말한다.
② 배기가스 주성분은 물(H_2O), 일산화탄소(CO), 탄화수소(HC), 질소산화물(NOx), 약간의

납산화물, 탄소입자 등이 있다.
③ 배기가스에 포함되어 있는 탄화수소가 차지하는 비율은 60% 정도이다.
④ 인체에 유해한 가스 : 일산화탄소(CO), 탄화수소(HC), 질소산화물(NOx)이다.
⑤ 인체에 무해한 가스 : 물(H_2O)이다.

4. 배기가스 발생 원인

(1) 일산화탄소(CO)

① 가솔린의 주성분은 탄소와 수소의 화합물이므로 연소 시 일산화탄소가 발생한다.
② 불완전 연소 시 발생하며, 특히 혼합기가 농후하게 공급되면 산소가 부족하여 발생한다.
③ 인체에 다량으로 유입 시 사망한다.

(2) 탄화수소(HC)

① 엔진 작동 온도가 낮을 때와 이론 공연비보다 희박하면 증가한다.
② 혼합기가 농후하게 공급되면 산소가 부족하여 불완전 연소하므로 발생한다.
③ 밸브 오버랩할 때 혼합가스가 누출되는 경우 발생한다.

(3) 질소산화물(NOx)

① 연소실에서 고온, 고압의 화염 속에서 산소와 질소가 반응하여 발생한다.
② 엔진 온도가 2,000℃ 이상 시 발생한다.

5. 유해 가스의 배출 특성

(1) 공연비와의 관계

① 이론 공연비보다 농후하면 CO와 HC는 증가되지만 NOx는 감소한다.
② 이론 공연비보다 약간 희박하면 NOx는 증가되지만 CO와 HC는 감소한다.
③ 이론 공연비보다 희박하면 HC는 증가되지만 CO와 NOx는 감소한다.

(2) 기관의 온도와의 관계

① 저온일 경우 CO와 HC는 증가되지만 NOx는 감소한다.
② 고온일 경우 NOx는 증가되지만 CO와 HC는 감소한다.

(3) 운전 상태와의 관계

① 공회전할 때는 CO와 HC는 증가되지만 NOx는 감소한다.
② 가속할 때는 CO, HC, NOx 모두 증가된다.
③ 감속 시에는 CO와 HC는 증가되지만 NOx는 감소한다.

6. 배출가스 제어장치

(1) 블로바이 가스 제어장치

① 경, 중부하시 제어 : 기관의 회전수가 2,000rpm 이하에서는 PCV 밸브가 열려 블로바이 가스가 서지 탱크에 유입되어 연소실에 공급된다.
② 급가속 및 고부하시 제어 : 기관의 회전수가 2,000rpm 이상에서는 블로바이 가스는 블리더 호스를 통하여 흡기 다기관에 유입되어 연소실에 공급된다.

(2) 연료 증발가스 제어장치

① 연료 증발가스를 캐니스터에 일시적으로 포집(저장)한다.
② 기관이 작동되면 ECU의 제어 신호에 의해서 PCSV을 통하여 서지 탱크에 유입된다.

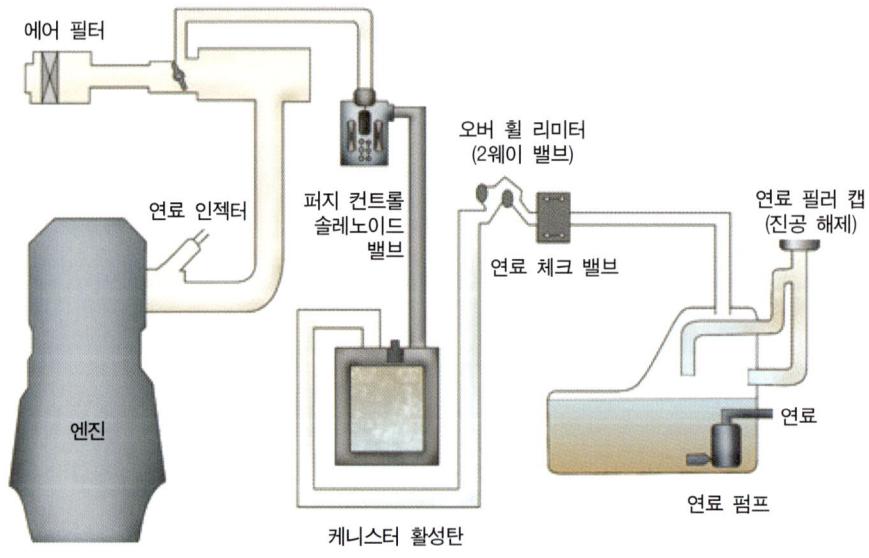

연료 증발가스 제어장치

③ 캐니스터

기관이 작동하지 않을 때는 증발 가스를 활성탄에 흡수 저장하며 기관의 회전이 1,450rpm

이상이 되면 퍼지 컨트롤 밸브 또는 퍼지 컨트롤 솔레노이드 밸브의 오리피스를 통하여 서지 탱크로 유입된다.

④ 퍼지 컨트롤 솔레노이드 밸브(PCSV)
  ㉮ ECU의 제어 신호에 의하여 캐니스터에 저장되어 있는 연료 증발 가스를 서지 탱크에 유입 또는 차단하는 역할을 한다.
  ㉯ 기관이 공전 및 냉각수 온도가 65℃ 이하에서는 작동되지 않는다.
  ㉰ 냉각수 온도가 65℃ 이상이 되면 밸브가 열려 연료 증발 가스가 서지 탱크에 유입된다.

(3) 배기가스 제어장치

① 배기가스 재순환장치
  ㉮ 배기가스의 일부를 흡기 다기관으로 다시 되돌려 보낸다.
  ㉯ 혼합기가 연소할 때 최고의 온도를 낮추어 질소산화물(NOx)의 생성량을 적게 한다.
  ㉰ 배기가스 양의 조절은 EGR 밸브에 의해서 이루어진다.
  ㉱ EGR 밸브
    ㉠ EGR 밸브는 배기 다기관과 서지 탱크 사이에 설치되어 있다.
    ㉡ 공전 및 워밍업 시에는 작동되지 않는다.
    ㉢ EGR 솔레노이드 밸브가 ECU의 제어 신호에 의해서 서지 탱크의 진공 통로가 개폐된다.
    ㉣ 스로틀 밸브의 열리는 양에 따라서 EGR 밸브가 열린다.

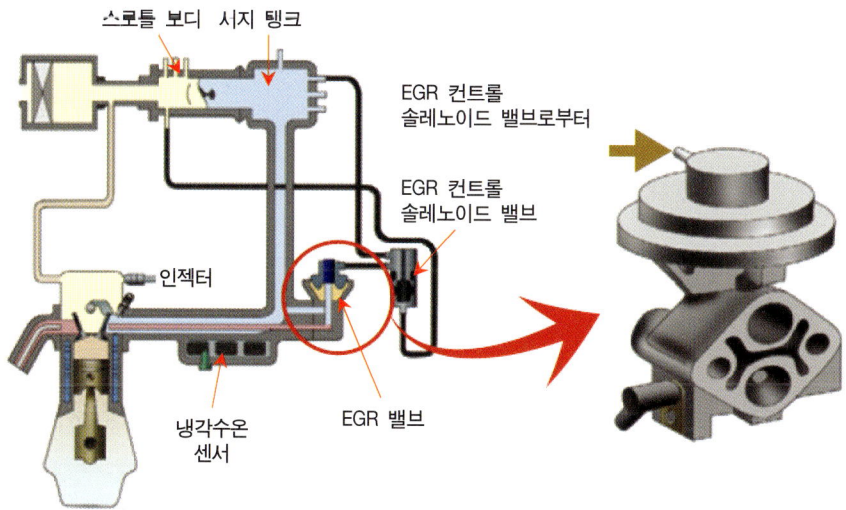

솔레노이드 방식(전자제어식)

ⓜ 배기가스의 일부를 재순환시켜 가능한 한 출력의 감소를 최소화하면서 연소 온도를 낮추어 질소산화물(NOx)의 배출량을 감소시킨다.

㉣ 서모 밸브

㉠ EGR 밸브의 진공 통로를 냉각수 온도에 따라서 개폐시키는 역할을 한다.

㉡ 냉각수 온도가 65℃ 이상이 되면 EGR 밸브의 다이어프램에 진공이 작용되도록 한다.

㉢ 냉각수 온도가 65℃ 이하에서는 EGR 밸브의 다이어프램에 진공이 작용되지 않도록 한다.

② 삼원 촉매 장치

㉮ 삼원은 배기가스 중 유독 성분인 CO, HC, NOx를 말한다.

㉯ 3개의 성분을 동시에 감소시키는 역할을 한다.

㉰ 촉매로 백금(Pt)과 로듐(Rh)이 사용했으나 최근에는 팔라듐(Pd)을 포함한 Pt/Rh/Pd의 다층구조 시스템이 사용되고 있다.

㉱ CO와 HC를 CO_2와 H_2O로 변화시키고 NOx는 N_2로 환원시켜 배출한다.

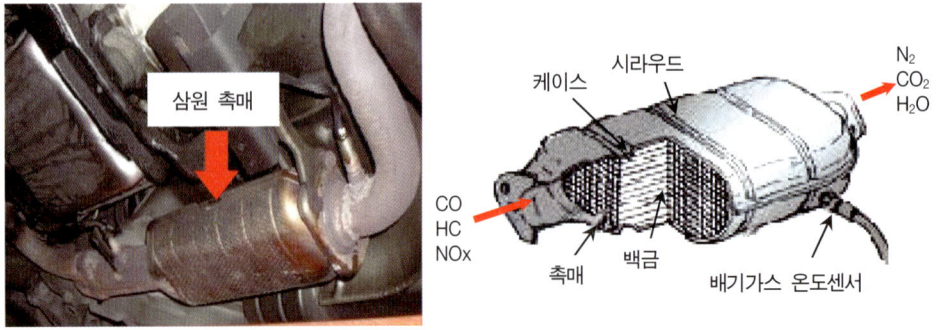

삼원 촉매 장치

③ 2차 공기 공급장치

㉮ 배기관에 신선한 공기를 공급하여 배기가스를 환원시키는 역할을 한다.

㉯ CO나 HC를 연소시켜 H_2O와 CO_2로 환원시키는 역할을 한다.

④ 촉매 변환기 설치 차량의 운행 및 시험할 때 주의 사항

㉮ 주행 중 점화 스위치를 OFF하면 안 된다.

㉯ 잔디, 낙엽 등 가연성 물질 위에 주차시키지 않아야 한다.

㉰ 엔진의 파워 밸런스 측정 시 측정 시간을 실린더 당 10초 이내로 한다.

㉱ 가솔린은 무연 가솔린을 사용해야 한다.

㉲ 차량을 밀어서 시동하면 안 된다.

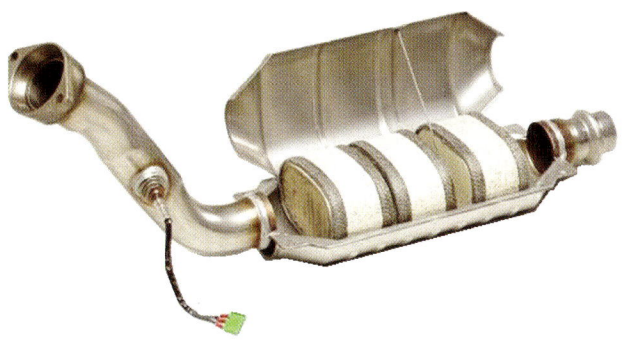

삼원 촉매 단면도

Chapter 11

친환경 자동차

1. CNG 연료장치

(1) 천연가스 기관

천연가스 기관을 CNG(Compressed Natural Gas) 기관이라고도 하는데 CNG 기관은 천연가스를 연료로 사용하는 기관으로 배출가스를 최소화하여 환경 친화적인 기관이라고 할 수 있다. 천연가스는 현재 가정용 연료로 사용되고 있는 도시가스(주성분 : 메탄)이다.

※ 천연가스란: 인공적인 과정을 거치는 석유(휘발유, 경유)와 다르게 천연적으로 직접 채취한 상태에서 바로 사용할 수 있는 가스 연료이다.

(2) 천연가스의 성질

① 메탄의 비점은 영하 162℃ 상온에서 기체이며, 상온에서 액체인 가솔린과 경유에 비하여 수송연료로서 차이가 있고 단위 에너지당 연료용적은 디젤에 비해 압축 천연 가스가 3.7배, LNG가 1.65배이다
② 옥탄가가 비교적 높고 세탄가는 낮아 오토 사이클 엔진을 위한 연료이고, 압축착화의 디젤엔진에는 맞지 않다.
③ 천연가스는 가스 상으로 흡입되며, 이때 가스의 용적유량은 액상의 가솔린에 비해 증가하기 때문에 증가한 양만 엔진에 흡입되는 공기량은 감소하여 즉 용적효율이 저하되어 출력은 떨어진다.
④ 공기와 혼합이 용이하기 때문에 혼합기 형성이 액상의 가솔린과 경유에 비해 용이하고 균일 혼합기의 희박화에 의해 희박연소가 가능하다.
⑤ 비점이 낮아 영하 20℃~영하 30℃ 사이에서도 시동 시 혼합기의 형성이 용이하고 엔진시동성의 확보가 가능하다
⑥ 냉간 시동 시 탄화수소 배출량은 가솔린 엔진보다 작다.
⑦ 메탄은 탄화수소 연료 중에서 탄소수가 적어 독성이 낮다.

(3) CNG 기관의 분류

자동차에 연료를 저장하는 방법에 따라 액화천연가스(LNG)자동차, 압축 천연가스(CNG)자동차, 흡착천연가스(ANG)자동차로 분류된다.

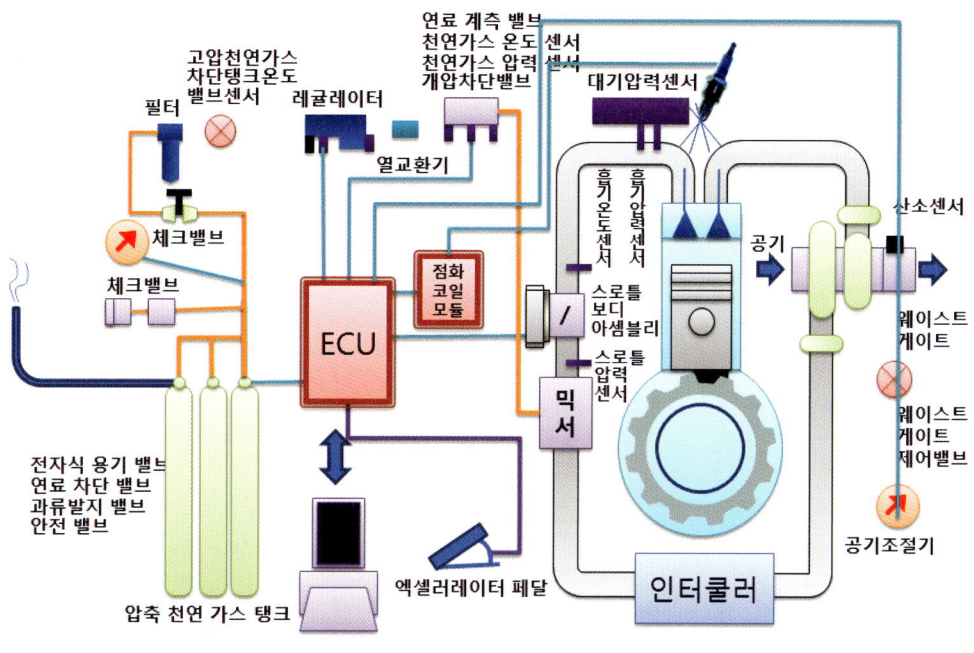

시스템의 구성도

(4) CNG 기관의 장점

① 비점이 낮아 영하 20℃~영하 30℃ 사이에서도 시동 시 혼합기의 형성이 용이하고 엔진 시동성의 확보가 가능하다.
② 천연가스(CNG)는 일반 경유차에 비해 매연(PM포함) 및 NOx를 감소시킬 수 있다. (30~80%)
③ 기관 작동소음을 현저히 낮출 수 있다.
④ 이산화탄소(CO_2)의 배출량이 적어 지구 온난화 방지할 수 있다.(기존 휘발유 차량의 30%, 경유 차량의 80% 수준임)
⑤ 휘발유 차량의 주오염 물질인 CO, HC를 크게 감소시킬 수 있다.(30~80% 감소)

(5) CNG 기관의 주요부품

① 가스압력 센서(GPS, gas pressure sensor) : 가스압력 센서는 압력 변화기구이며, 연료 계측 밸브에 설치되어 있어 분사직전의 조정된 가스압력을 검출한다.

② 고압차단 밸브(High-Pressure Lock-off Valve) : 가스탱크와 가스 압력조절기 사이에 장착, 시동OFF시 ECU신호에 의해 고압의 연료를 차단한다.
③ 가스탱크 온도센서 : CNG 탱크 내 가스온도를 측정하여 ECU로 출력한다. 부특성 서미스터이며, 탱크 위에 설치되어있다.
④ 연료온도 조절기구 : 열교환기와 연료량 조절밸브 사이에 장착. 가스의 난기온도를 조절하기 위해 냉각수 흐름을 ON, OFF 제어한다.
⑤ 가스온도 센서(GPS) : 연료량 조절밸브 내에 있으며 분사직전의 조정된 가스온도를 검출하여 ECU로 출력한다. 가스온도 센서는 부특성 서미스터를 사용한다.
⑥ CNG 탱크 압력센서 : 가스탱크 압력센서 가스압력조절기에 위치하며 가스탱크압력센서 조정전의 가스압력을 측정하는 압력변환기이다. 이 센서는 CNG 탱크에 있는 연료밀도를 산출하기 위해 가스탱크 온도 센서와 함께 사용된다.
⑦ 연료압력조절 기구 : 고압 Look off 밸브 사이에 장착. 가스탱크 내의 200bar의 높은 압력의 가스를 기관에 필요한 8bar로 감압 조절한다.
⑧ 연료계측 밸브 : 공전 시 인젝터의 개방 시간은 약 10ms이고 연료계측 밸브는 8개의 작은 인젝터로 구성되어 있으며, 기관 ECU로 부터 구동 신호를 받아 엔진에 요구하는 연료량을 정확하게 계측하여 흡기 다기관에 분사한다.
⑨ 열교환기 : 열교환기는 가스 레귤레이터와 연료량 조절밸브 사이에 설치. 감압할 때 냉각된 가스를 엔진의 냉각수로 난기시켜 안정된 연료를 엔진에 공급한다.

2. 친환경 제어 시스템

(1) 회생 제동장치

회생 제동장치란 감속 및 제동 시 전동기를 발전기로 변경시켜 자동차의 운동에너지를 전기에너지로 변환시켜 고전압 배터리에 충전하는 것이다. 일반 자동차에서는 브레이크 페달을 밟으면 운동에너지가 열에너지로 바뀌어 대기 중으로 방출한다. 반면 하이브리드나 전기자동차에서는 열로 사라지는 에너지를 배터리에 충전하여 가속시 모터를 이용한 동력보조를 가능하게 하여 연료를 절감한다.

(2) 액티브 에코 시스템(active Economic System)

액티브 에코 시스템은 10분간의 운전 행태를 점수화하여 화면에 표시함으로써 연료효율을 높이는 주행습관을 갖도록 유도하는 에코 가이드와 급가속/급감속을 줄여 경제운전을 유도하는 차원을 넘어, 자동차 스스로 연비를 최우선으로 컨트롤하는 것이다. 즉 액티브 에코 스위치를 ON으로 하면 계기판에 녹색등이 점등되며, 연비모드(에코 드라이브)상태로 주행할 수 있다. 제어방법은 다음과 같다.
① 운전자의 액티브 에코 버튼 작동을 통해 주행모드 선택이 가능하다.
② 액티브 에코 시스템를 선택할 경우 기관과 변속기를 우선적으로 제어하고, 추가적인 연료 소비율 향상효과를 제공한다.
③ 기관의 난기운전 이전, 등판주행 등에서는 액티브 에코가 작동하지 않는다.

(3) 오토 스톱(auto stop) 시스템

오토 스톱(아이들 스톱) 스위치

① "AUTO STOP"이 점등하면 하이브리드 자동차는 운행 중 정지하게 되며 이 기능을 오토 스톱 또는 아이들 스톱(Idle stop)이라고 하며, 동작 시 계기판에 "AUTO STOP"이 점등 된디. 단 주행 중에는 엔진이 끼지지 않는다. 자동차기 정치할 때 자동적으로 기관의 작동을 정지하는 기능이다.
② 오토 스톱(auto stop) 시스템은 브레이크 페달을 밟아 자동차가 정지하면 기관의 가동도 정지하고, 출발을 하면 다시 시동이 된다.
③ 연료소비율 향상 효과는 약 5~29%, 이산화탄소 절감효과는 약 6% 정도이다.

(4) 액티브 에코 드라이브 시스템의 변속기 제어

① 부분부하 운전영역에서 기관 회전력 저하로 인한 업 시프트(up shift) 변속으로 주행속도를 낮춘다.
② 낮은 기관 회전속도로 주행할 수 있도록 업 시프트를 빠르게 하여 연료소비율을 개선한다.
③ 불필요한 다운 시프트(down shift)를 방지하여 높은 기관의 회전속도로 주행하는 것을

제한한다.

④ 가속이 필요한 영역에서는 킥 다운(kick down)을 허용하여 가속성능을 확보한다.

(5) 경사로 밀림 방지 시스템

하이브리드 자동차는 경사로에서 오토 스탑(Auto Stop)후 출발 시 엔진이 재시동되어 크립 토크가 발생하기 직전까지 차량의 밀림을 억제하기 위해서 언덕길 밀림 방지 제어(HAC : Hill-star Assisr Control) 장치를 장착하여 브레이크 페달에서 발을 떼어도 일정 시간(2~3초 정도) 동안 제동력을 유지하는 기능이다.

3. 하이브리드시스템 (HEV)

2개의 동력원(내연기관+전기모터)을 이용하여 구동되는 자동차를 말하며, 가솔린엔진과 전기모터, 디젤엔진과 전기모터 등 2개의 동력원(혼합)을 함께 쓰는 차를 말한다.

(1) 하이브리드 시스템의 장점

① 이산화탄소(CO_2)배출량이 50% 정도 감소한다.
② 연료소비율을 50%정도 감소시킬 수 있다.
③ 탄화수소, 일산화탄소, 질소산화물의 배출량이 90% 정도 감소된다.

(2) 하이브리드 시스템의 단점

① 고전압 축전지의 수명이 짧고 비싸다.
② 동력전달 계통 장치가 복잡하여 무겁다.
③ 구조가 복잡해 정비가 어렵고, 가격이 비싸다.

(3) 하이브리드 시스템의 종류

하이브리드 전기자동차는 구동 모터와 엔진의 조합에 따라 다양한 형태의 구조가 가능하다. 이러한 구조를 크게 직렬형과 병렬형으로 구분할 수 있다.

1) 직렬 방식

직렬 방식은 엔진에서 출력되는 기계에너지가 발전기를 통하여 전기에너지로 바뀌고 이 전기에너지가 배터리나 모터로 공급되어 항상 모터로 구동되는 하이브리드 전기자동차를 말한다. 동력전달 과정은 기관-전기-축전지-전동기-변속기-구동바퀴이다.

① 장점
  ㉮ 엔진의 비중이 줄어들어 배기가스 저감에 유리하다.
  ㉯ 전기 자동차의 기술을 적용할 수 있다.
  ㉰ 연료 전지의 하이브리드 기술 개발에 이용하기 쉽다.
  ㉱ 엔진의 작동 영역을 주행 상황과 분리해서 운영이 가능하며 엔진의 작동 효율이 향상된다.

2) 병렬 방식

병렬 방식은 배터리 전원으로도 차를 움직이게 할 수 있고 엔진(가솔린 또는 디젤)만으로도 차량을 구동시키는 두 가지 동력원을 같이 사용하는 방식을 말한다. 병렬 방식의 동력전달은 축전지-전동기-변속기-바퀴로 이어지는 전기적 구성과 기관-변속기-바퀴의 내연기관 구성이 변속기를 중심으로 병렬적으로 연결된다. 주행조건 및 상황에 따라 엔진과 모터가 동력원을 변화할 수 있는 방식이므로 다양한 동력 전달 방식이 가능하다. 대표적으로 소프트 방식과 하드 방식으로 나눌 수 있다.

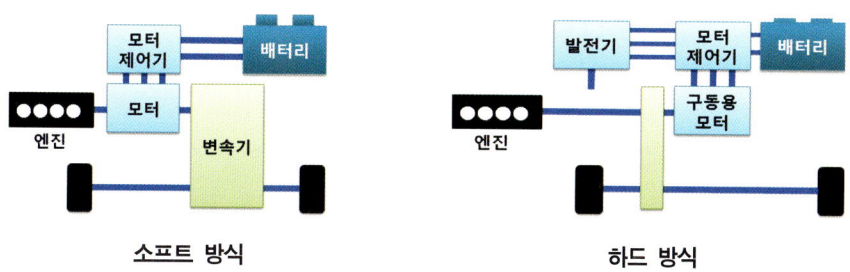

소프트 방식   하드 방식

① 장점
  ㉮ 저성능 전동기와 소용량 배터리로도 구현이 가능하다.
  ㉯ 모터는 동력 보조만 하므로 에너지 변환 손실이 적다.
  ㉰ 시스템 전체 효율이 직렬형에 비해 우수하다.
  ㉱ 기존 내연기관 차량을 구동장치의 변경없이 활용 가능하다.

② 단점
  ㉮ 차량의 상태에 따라 엔진과 모터의 작동점 최적화 과정이 필요하다.
  ㉯ 유단 변속 기구를 사용할 경우 엔진의 작동 영역이 주행 상황에 연동된다.

3) 병렬 방식 하이브리드 종류

① 소프트 방식 : 소프트 방식은 엔진과 변속기 사이에 모터가 삽입된 간단한 구조를 가지고 있고, 모터가 엔진의 동력보조 역할을 하도록 되어 있다. 소프트 방식은 출발 시 엔진과

모터를 같이 구동하며, 일반주행 시에는 엔진 구동으로만 주행하고 있다. 가속. 등판과 같이 큰 출력이 요구되는 상황에서 엔진과 모터를 사용하며, 감속시에는 브레이크에 의해 소산되는 에너지를 모터를 통해 회수하여 배터리를 충전하는 회생충전 모드가 된다. 마지막으로 정차 시에는 엔진을 정지시킴으로써 전혀 연료 소비를 하지 않는 오토 스톱모드가 된다. 순수하게 전기차 모드로 구현이 불가능하기 때문에 하드타입에 비하여 연비가 나쁘다는 단점을 가지고 있다.

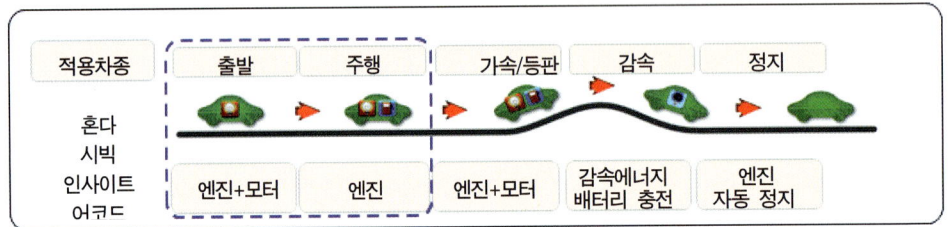

소프트 방식의 구동모드

② 하드 방식 : 하드방식은 엔진, 모터, 발전기의 동력을 분할, 통합하는 기구를 갖추어야 하므로 구조가 복잡하지만 모터가 동력보조 뿐만 아니라 순수 전기차로 작동이 가능하다. 주행 모드가 소프트 타입과 동일하나, 처음 출발과 저속 주행 시 엔진을 사용하지 않고 모터로만 주행을 하고 있다. 전기 자동차로 주행 중 엔진 시동을 위해 별도의 스타터 장치(HSG : hybrid starter generator)가 장착되어 있다.

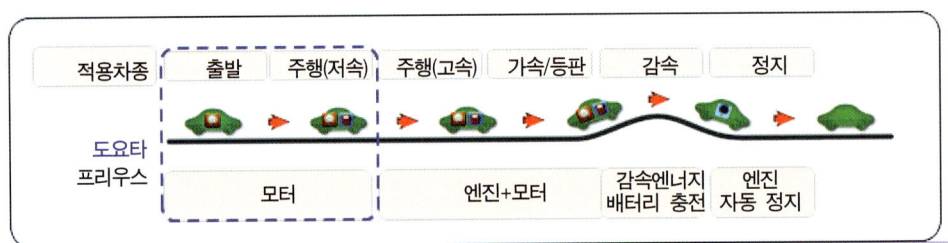

하드 방식의 구동모드

③ 병렬방식의 소프트방식과 하드방식의 특징과 장단점

병렬형식의 구조	특 징	장단점
소프트 방식	㉠ 구조간단 : 엔진과 변속기 사이에 모터 삽입 ㉡ 모터가 엔진의 동력 보조 역할	㉠ 순수 전기차 모드 구현 불가로 하드 타입 대비 연비 저하
하드 방식	㉠ 구조 복잡 : 엔진, 모터, 발전기의 동력을 분할/통합하는 기구 채택 ㉡ 모터가 동력 보조 및 순수 전기차로 작동	㉠ 대용량 배터리 필요 ㉡ 회생제동 효율 우수하여 연비 좋음 ㉢ 대용량 모터 및 2개 이상의 모터, 제어기 필요

4) 직·병렬 방식

출발할 때와 경부하 영역에서는 축전지로부터의 전력으로 전동기를 구동하여 주행하고, 통상적인주행에서는 기관의 직접구동과 전동기의 구동이 함께 사용된다. 그리고 가속, 앞지르기, 등판할 때 등 큰 동력이 필요한 경우, 통상주행에 추가하여 축전지로부터 전력을 공급하여 전동기의 구동력을 증가시킨다. 감속할 때에는 전동기를 발전기로 변환시켜 감속에너지로 발전하여 축전지에 충전하여 재생한다.

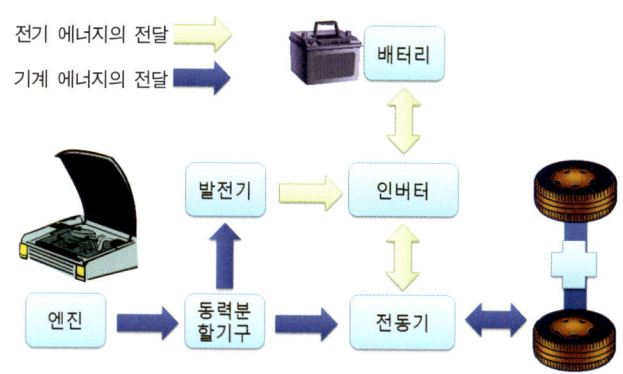

직·병렬 하이브리드 시스템

(4) 하이브리드 시스템의 구성부품

① 모터 : 약 144V 전압으로 동작하는 고출력 영구 자석형 동기모터로 엔진 시동(이그니션 키 & 아이들 스탑 해제 시 재시동) 제어와 발진 및 가속 시 엔진의 동력을 보조하는 기능을 한다.

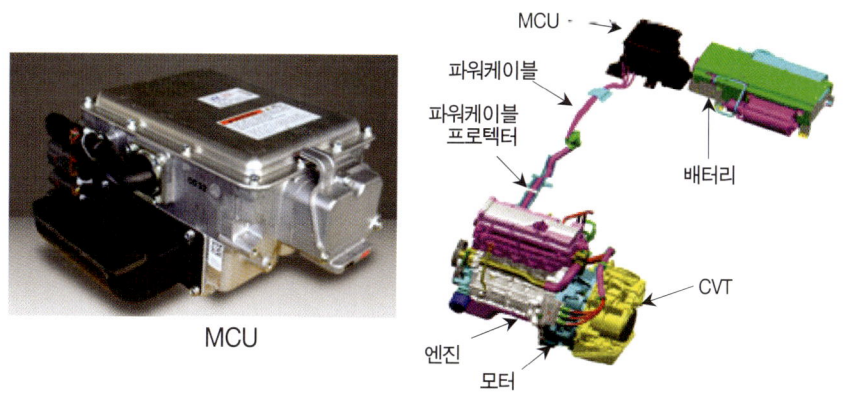

하이브리드 자동차의 MCU

② 모터 컨트롤 유닛(MCU, motor cotrol unit) : HCU(hybrid control unit)의 구동신호에 따라 전동기로 공급되는 전류량을 제어한다. 인버터 기능(직류를 교류로 변환시키는 기

능)과 축전지 충전을 위해 전동기에서 발생한 교류를 직류로 변환시키는 컨버터 기능을 동시에 실행한다.

③ 고전압 배터리 : 정격 전압 DC 144V의 니켈-수소(Ni-MH) 배터리이며. 모터 작동을 위한 전기에너지를 공급하는 기능을 한다. 최근에는 리튬계열을 배터리를 사용한다.

④ 배터리 관리 시스템(BMS, battery management system) : 배터리 관리시스템은 축전지 에너지의 입출력 제어, 축전지 성능유지를 위한 전류, 전압, 온도, 사용기간 등 각종 정보를 모니터링하여 HCU나 MCU로 송신한다.

⑤ 하이브리드 컨트롤 유닛(HCU, hybrid contorol unit) : 하이브리드 전기 자동차에는 자동차의 운전 상태 및 장치의 상태를 파악하여 차량의 최적의 조건에서 운전될 수 있도록 하는 제어하는 하이브리드 컨트롤 유닛이 적용되어 있으며, 고유의 시스템의 기능을 수행하기 위해 각종 컨트롤 유닛들을 CAN 통신을 통해 각종 작동상태에 따른 제어조건들을 판단하여 해당 컨트롤 유닛을 제어한다.

(5) 자동차 신기술

① VESS(가상 엔진소리) : 하이브리드 차량의 모터 구동 주행이나 정차 시 일반 차량 접근에 대한 보행자의 인지가 어려워 보행자는 위험에 노출될 수 있다. 이에 대한 대책으로 차량 외부에 장착된 스피커를 통해 가상 사운드를 작동하여 보행자에게 차량접근을 경고함으로써 사전에 사고를 예방시켜주는 안전장치이다.

② ASV(Advaced Saferty vehicle) : ASV란 자기 차량 및 다른 차량의 교통, 도로환경 등의 상황에서 위험정도가 증대될 때 운전자를 보호해 주는 첨단 안전기술 장치가 장착된 것이다.

③ 헤드업 디스플레이 (Head-Up Display)
사전적 의미는 HUD로 약기. 항공기 조종사가 전방을 주시하면서 그 시야 내에 계기나 CRT 등으로부터의 정보를 정확하게 표시하도록 한 장치

④ 사고회피 기술
㉮ 후측방 경고장치: 이 시스템은 운전자가 백미러로 미처 보지 못한 다른 차가 뒤쪽에서 접근하는 것을 사전에 경고해 안전 운전을 가능케 한다.
㉯ 차간거리 유지 장치: ASB는 차량과 연동된 제동 차간거리 유지장치 (SCC)및 차선 유지장치(LDWS)를 통해 사고위험이 감지될 경우 연쇄적인 반응을 통해 안전벨트에 위험지 신호를 주는 장치이다
㉰ 차로이탈 방지장치: '차선이탈 경고장치(LDWS)'는 졸음운전 등으로 주행 차로를 벗어날 경우, 계기판에 지시등이 깜빡이고 경고음을 내 사고를 미연에 방지하는 첨단 능동 안전 시스템이다.

PART 01 기관 출제예상문제

단원 1 기관 일반

1. 지압 선도(indicator diagram)란?
㉮ 온도와 압력의 관계를 나타내는 선도
㉯ 압력과 부피의 관계를 나타내는 선도
㉰ 출력과 회전수의 관계를 나타내는 선도
㉱ 연료 측정 계기의 일종이다.
■ 지압 선도는 엔진 연소실 내의 압력(지압)과 용적(부피)의 관계를 도면화하여 엔진의 작동 상태를 나타낸 것으로서 PV 선도라고도 한다.

2. 기관 성능 곡선도를 보고 연료 소비율이 가장 낮은 곳을 가리키는 것은?

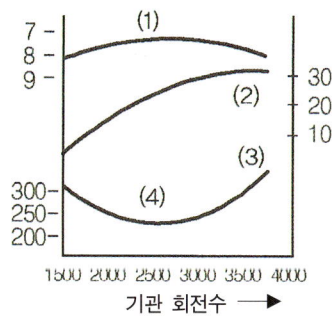

㉮ (1)   ㉯ (2)
㉰ (3)   ㉱ (4)

3. 기관의 성능에 요구되는 사항 중 틀린 것은?
㉮ 최고속에서 회전력은 낮으나 속도가 빠를 것
㉯ 연료 소비율이 적으며, 경제 운전이 될 것
㉰ 저속에서 고속으로 가속도가 클 것
㉱ 저속에서 저 회전력, 고속에서 고 회전력일 것
■ 엔진 성능에서 요구되는 사항
 ① 연료 소비율이 적을 것
 ② 최고 속도가 빠를 것
 ③ 가속도가 클 것
 ④ 저속에서 고속까지 회전력이 일정하게 클 것

4. 다음 중 정미 평균 유효 압력은?
㉮ 도시 평균 유효 압력 − 평균 유효 압력
㉯ 도시 평균 유효 압력 × 기계 효율
㉰ 도시 평균 유효 압력 × 마찰 평균 유효 압력
㉱ 이론적 평균 압력 × 선도 계수

5. 엔진 실린더 내부에서 실제로 발생한 마력으로 혼합기가 연소 시 발생하는 폭발압력을 측정한 마력은? (2015)
㉮ 지시마력   ㉯ 경제마력
㉰ 정미마력   ㉱ 정격마력

6. 윤중에 대한 정의이다. 옳은 것은? (2015)
㉮ 자동차가 수평으로 있을 때, 1개의 바퀴가 수직으로 지면을 누르는 중량
㉯ 자동차가 수평으로 있을 때, 차량 중량이 1개의 바퀴에 수평으로 걸리는 중량
㉰ 자동차가 수평으로 있을 때, 차량 총 중량이 2개의 바퀴에 수직으로 걸리는 중량
㉱ 자동차가 수평으로 있을 때, 공차 중량이 4개의 바퀴에 수직으로 걸리는 중량

7. 다음 중 열효율이 가장 좋은 기관은?
㉮ 가스 기관   ㉯ 가솔린 기관
㉰ 증기 기관   ㉱ 디젤 기관
■ 제동 열효율
 ① 증기 기관 : 6~29%
 ② 가스 기관 : 20~22%
 ③ 가솔린 기관 : 25~28%
 ④ 가스 터빈 : 25~28%
 ⑤ 디젤 기관 : 32~38%

8. 고속 디젤 기관의 열역학 기본 사이클은?
㉮ 디젤 사이클   ㉯ 사바데 사이클
㉰ 오토 사이클   ㉱ 브레이턴 사이클

정답 1. ㉯ 2. ㉱ 3. ㉱ 4. ㉯ 5. ㉮ 6. ㉮ 7. ㉱ 8. ㉯

9. 다음 그림은 어떤 사이클을 뜻하는가?

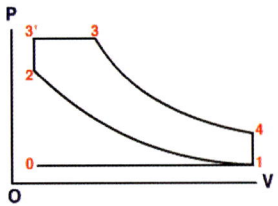

㉮ 오토 사이클 ㉯ 디젤 사이클
㉰ 복합 사이클 ㉱ 카르노사이클

10. 압축비가 동일할 때 이론 열효율이 가장 높은 사이클은 다음 중 어느 것인가?
㉮ 오토 사이클 ㉯ 사바테 사이클
㉰ 디젤 사이클 ㉱ 브레이튼 사이클

11. 다음 중 블로우다운(blow down) 현상은?
㉮ 압축 행정시 피스톤과 실린더 사이에서 혼합 가스가 누출되는 현상
㉯ 피스톤이 상사점에서 흡배기 밸브가 동시에 열려 배기 잔류 가스를 배출시키는 현상
㉰ 배기 행정 초기에 배기 밸브가 열려 연소가스 자체의 압력에 의하여 배출되는 현상
㉱ 밸브와 밸브 시이트 사이에서 가스가 누출되는 현상

12. 4사이클 기관은 크랭크축이 몇 회전에 1사이클을 끝마치는가?
㉮ 1 회전 ㉯ 2 회전
㉰ 3 회전 ㉱ 4 회전

■ 4행정 사이클 기관은 크랭크축이 2회전하여 1사이클을 완성하는 기관이며, 2행정 사이클 기관은 크랭크축이 1회전하여 1사이클을 완성하는 기관이다.

13. 4행정 사이클 기관에서 크랭크축이 4회전할 때 캠축은 몇 회전하는가? (2015)
㉮ 1회전 ㉯ 2회전
㉰ 3회전 ㉱ 4회전

14. 4사이클 8기통 엔진에서 크랭크축이 1회전할 때 몇 개의 점화 플러그가 점화하는가?
㉮ 1개 ㉯ 2개
㉰ 4개 ㉱ 8개

15. 4행정 사이클 6실린더 기관에서 6실린더가 한 번씩 폭발하려면 크랭크축은 몇 회전하는가?
㉮ 2회전 ㉯ 4회전
㉰ 6회전 ㉱ 12회전

16. 4 사이클 가솔린 엔진에서 최대 압력이 발생되는 시기는 언제인가?
㉮ 동력 행정의 TDC 후 10~15°에서
㉯ 동력 행정의 TDC 부근에서
㉰ 피스톤의 TDC 전 10~15°에서
㉱ 배기 행정의 끝

17. 다음은 2 사이클 기관에 대한 장점이다. 틀린 것은?
㉮ 같은 치수의 기관이면 출력이 크다.
㉯ 고속 회전이 용이하다.
㉰ 연료 소비율이 높다.
㉱ 구조가 간단하다.

18. 다음은 2사이클 디젤 엔진에 관한 것으로 틀린 것은?
㉮ 배기가스를 소제하고 흡입 공기를 공급하기 위한 송풍 장치가 있다.
㉯ 일반적으로 구멍형 노즐이 사용된다.
㉰ 분사 펌프 캠축의 회전 속도는 크랭크축 회전 속도의 1/2이다.
㉱ 하나의 실린더에 2개의 배기 밸브가 설치되어 있다.

19. 2 사이클 기관과 4 사이클 기관의 비교이다. 2 사이클 기관의 장점은?
㉮ 연료 소비량이 적다.
㉯ 흡배기 작용이 뚜렷하다.
㉰ 저속 운전에 적합하다.
㉱ 무게가 가볍고 제작비가 염가이다.

20. 2사이클 기관에서 2회의 폭발 행정을 하였다면 크랭크축은 몇 회전하는가?

㉮ 1회전   ㉯ 2회전
㉰ 3회전   ㉱ 4회전

📖 2행정 사이클 기관은 크랭크축이 1회전할 때마다 1회의 폭발 행정을 하며, 4행정 사이클 기관은 크랭크축이 2회전할 때마다 1회의 폭발 행정을 한다.

21. 가솔린 기관에서 고속 회전시 토크가 낮아지는 원인으로 가장 적합한 것은? (15.2회)

㉮ 체적 효율이 낮아지기 때문이다.
㉯ 화염전파 속도가 상승하기 때문이다.
㉰ 공연비가 이론공연비에 근접하기 때문이다.
㉱ 점화시기가 빨라지기 때문이다.

22. 덤프 트럭에서 덤프를 들어올릴 때는 엔진의 회전 속도를 어떻게 하여야 하는가?

㉮ 하중이 많을 때만 고속으로 한다.
㉯ 최저속으로 하여야 한다.
㉰ 고속으로 하여야 한다.
㉱ 중속으로 하여야 한다.

23. 다음의 등식에서 틀린 것은?

㉮ $1\,kgf/cm^2 = 1.4\,PSI$
㉯ $-273\,℃ = 0\,°K$
㉰ $-40\,℃ = -40\,°F$
㉱ $760\,mmHg = 30\,inHg$

📖 $1kgf/cm^2 = 14.22\,PSI$

24. 1 PS 는 몇 KW인가?

㉮ 75 KW   ㉯ 736 KW
㉰ 0.736 KW   ㉱ 1.736 KW

25. 142 PSI(lb/in^2) 는 몇 kgf/cm^{2}인가?

㉮ $1\,kgf/cm^2$ ㉯ $5\,kgf/cm^2$
㉰ $8\,kgf/cm^2$ ㉱ $10\,kgf/cm^2$

📖 $1\,kgf/cm^2 = 14.2\,PSI\ \dfrac{142}{14.2} = 10$

26. 미터계에서 1kgf/cm^{2}의 압력은 인치계로 환산하면 몇 PSI인가?

㉮ 14.225   ㉯ 142.25
㉰ 1422.5   ㉱ 14225

27. 실린더의 압축 압력을 측정했더니 250rpm에서 10.5kgf/cm^{2}의 값이 나타났다. PSI(lb/in^2) 단위로 환산한 값은?

㉮ 0.74 lb/in^2 ㉯ 0.85 lb/in^2
㉰ 10.84 lb/in^2 ㉱ 149 lb/in^2

📖 $1\,kgf/cm^2 = 14.2\,PSI$
$lb/in^2 = 10.5 \times 14.2 = 149.1$

28. 디젤 기관의 실린더 압축압력을 측정한 결과 170lb/in 이 나왔다. 이것은 몇 kgf/cm^{2}인가?

㉮ 약 17.8kgf/cm^2
㉯ 약 13.8kgf/cm^2
㉰ 약 11.95kgf/cm^2
㉱ 약 12.56kgf/cm^2

29. 1 마력과 관계없는 것은?

㉮ 75 kgf·m/s   ㉯ 735 W
㉰ 4/3 kw   ㉱ 0.735 kw

30. 30°의 언덕길은 몇 %의 언덕길이라 하는가?

㉮ 30 % 언덕길   ㉯ 48 % 언덕길
㉰ 58 % 언덕길   ㉱ 60 % 언덕길

📖 경사율 = 경사각도 × 100 = $\tan 30° \times 100$
= $0.577 \times 100 = 57.7\%$

31. 15°의 등판로는 약 몇 %의 경사된 길인가?

㉮ 15 %   ㉯ 27 %
㉰ 35 %   ㉱ 86 %

📖 경사율 = 경사각도 × 100 = $\tan 10° \times 100$
= $0.268 \times 100 = 26.8\%$

32. 섭씨 온도와 화씨 온도의 크기가 같아지는 온도는 몇 도인가?

㉮ −40°   ㉯ 32°
㉰ 100°   ㉱ −16°

📖 $°F = \dfrac{9}{5} \times C + 32 = \dfrac{9}{5} \times -40 + 32 = -40$

$°C = \dfrac{5}{9} \times (F-32) = \dfrac{5}{9} \times (-40-30) = -40$

정답 21. ㉮ 22. ㉱ 23. ㉮ 24. ㉰ 25. ㉱ 26. ㉮ 27. ㉱ 28. ㉰ 29. ㉰ 30. ㉰ 31. ㉯ 32. ㉮

33. 구동 바퀴가 자동차를 미는 힘을 구동력이라 하며 이때 구동력의 단위는?
   ㉮ kgf   ㉯ m-kgf
   ㉰ PS   ㉱ kgf·m/sec

34. 구동 바퀴가 자동차를 미는 힘을 구동력이라고 하는데 구동력을 구하는 공식은? (단, F : 구동력, T : 축의 회전력, R : 바퀴의 반경)
   ㉮ $T = \dfrac{F}{R}$ ㉯ $R = \dfrac{F}{T}$
   ㉰ $F = \dfrac{T}{R}$ ㉱ $F = \dfrac{R}{T}$

   ■ $T = r \times F (m-kgf)$, $F = \dfrac{T}{r}(kgf)$
      $r = \dfrac{T}{F}(m)$
      T : 회전력(m-kgf), r : 바퀴의 반경(m)
      F : 구동력(kgf)

35. 그림에서 L이 90 cm, F는 20 kgf일 때 T(Torque)는 다음 중 어느 것인가?
   ㉮ 4.5 m-kgf
   ㉯ 4.5 cm-kgf
   ㉰ 18 m-kgf
   ㉱ 18 cm-kgf
   ■ $T = 0.9m \times 20kgf = 18m-kgf$

36. 도면과 같이 벨트가 3개의 풀리와 연동되었다. 기관을 수동으로 회전시키려고 크랭크축에 1.8 m-kgf의 토크가 필요하다면 벨트를 회전시키려는 힘은 몇 kgf이 필요한가?
   ㉮ 2 kgf
   ㉯ 10 kgf
   ㉰ 20 kgf
   ㉱ 40 kgf

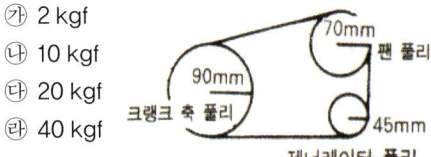

37. 10kgf의 물체가 자유 낙하 운동을 시작한 후 3초 후의 속도는?
   ㉮ 3 m/sec   ㉯ 9 m/sec
   ㉰ 29.4 m/sec ㉱ 44.1 m/sec

■ 속도 = 중력 가속도 × 시간
       = $9.8m/sec^2 \times 3sec = 29.4m/sec$

38. 평균 유효 압력= 4kgf/cm², 행정 체적이 150cc인 2행정 단 기통 기관에서 1회의 폭발로 몇 kgf-m의 일을 하는가?
   ㉮ 3 kgf-m   ㉯ 4 kgf-m
   ㉰ 5 kgf-m   ㉱ 6 kgf-m
   ■ $W = P \times V = \dfrac{4 \times 150cc}{100} = 6kg-m$

39. 평균 유효 압력이 34.5 kgf/cm², 행정 체적이 85cc인 4사이클 기관이 1사이클 완료시 한 일률은?
   ㉮ 0.391 PS   ㉯ 0.75 PS
   ㉰ 3.91 PS   ㉱ 7.51 PS
   ■ $PS = \dfrac{P \times V}{75} = \dfrac{34.5 \times 85cc}{75 \times 100} = 0.391PS$

40. 4 kcal의 열량을 전부 일로 바꾸었을 때 그 일의 크기는?
   ㉮ 75 kgf-m   ㉯ 539 kgf-m
   ㉰ 1,708 kgf-m   ㉱ 2,135 kgf-m
   ■ 427 kgf-m = 1 kcal이므로
      $W = 4 \times 427 kg-m = 1,708 kg-m$

41. 500kgf의 힘으로 물건을 20m 움직였다면 이때 한 일은 얼마인가?
   ㉮ 500 kgf-m   ㉯ 10,000 kgf-m
   ㉰ 20,000 kgf-m ㉱ 60,000 kgf-m
   ■ $W = P \times L = 500 \times 20m = 10,000 kgf-m$

42. 평균 유효 압력 P= 100,000kgf/m², 행정 체적 V = 50cc인 2 사이클 기관에서 1회의 동력 행정 때에 하는 일은?
   ㉮ 2 kgf-m   ㉯ 5 kgf-m
   ㉰ 50 kgf-m   ㉱ 2,000 kgf-m

43. 2 PS·h을 일(kgf-m)로 표시한 것이다. 맞는 것은?
   ㉮ 540 kgf-m   ㉯ 5,400 kgf-m
   ㉰ 54,000 kgf-m   ㉱ 540,000 kgf-m

정답 33. ㉮ 34. ㉰ 35. ㉰ 36. ㉯ 37. ㉰ 38. ㉱ 39. ㉮ 40. ㉰ 41. ㉯ 42. ㉰ 43. ㉱

📖 일량 = 마력×75×60×60
　　　 = 2×75×60×60 = 540,000 kgf-m

44. 평균 유효압력이 7.5 kgf/cm² 행정체적 200cc, 회전수 2400rpm일 때 4행정 4기통 기관의 지시마력은?
㉮ 14 PS ㉯ 16 PS
㉰ 18 PS ㉱ 20 PS

📖 $IHP = \dfrac{P \times A \times L \times R \times N}{75 \times 60} = \dfrac{P \times V \times N \times R}{75 \times 60}$

　= $\dfrac{7.5 \times 200 \times 4 \times 1200}{4500 \times 100} = 16 PS$

📖 분모의 100은 행정체적을 구할 때 행정(L)의 단위(cm), 지시마력을 구할 때 행정(L)의 단위(m)이기 때문에 단위 통일하기 위해 곱해 준다.
IHP : 지시 마력,
P : 평균 유효 압력(kgf/cm²)
V : 행정체적, R : 회전수(rpm), N : 실린더 수
2 행정 사이클 = R, 4 행정 사이클 = R / 2

45. 6 실린더 4 사이클 디젤 엔진에서 실린더 지름 220mm, 행정이 300mm, 매분 회전수 400, 도시 평균 유효 압력이 9 kgf/cm²일 때 도시 마력은 얼마인가?
㉮ 274 마력 ㉯ 284 마력
㉰ 294 마력 ㉱ 304 마력

📖 $IHP = \dfrac{P \times A \times L \times R \times N}{75 \times 60}$

P : 평균 유효 압력(kgf/cm²)
A. 단면적(cm²)　L : 피스톤 행정(m)
R : 회전수(rpm)　N : 실린더 수
2 행정 사이클 = R, 4 행정 사이클 = R / 2

$IHP = \dfrac{9 \times \dfrac{3.14 \times 22^2}{4} \times 0.3 \times \dfrac{400}{2} \times 6}{75 \times 60}$

　= 273.55 마력

46. 엔진 회전수가 2,100rpm, 회전력이 75 m-kgf 일 때 발생 마력은?
㉮ 180 PS ㉯ 200 PS
㉰ 220 PS ㉱ 240 PS

📖 $BHP = \dfrac{T \times R}{716} = \dfrac{75 \times 2100}{716} = 219.97 PS$

47. 어떤 기관의 회전 속도가 2,400rpm, 회전력(torque)이 15m-kgf 일 때 기관의 제동 마력은? (단, π = 3.14)
㉮ 50 PS ㉯ 60 PS
㉰ 220 PS ㉱ 240 PS

📖 $BHP = \dfrac{T \times R}{716}$

　　= $\dfrac{2 \times 3.14 \times 15 \times 2,400}{75 \times 60} = 50.24 PS$

48. 어떤 기관이 2,500 rpm 에서 30 PS 의 출력을 얻었다면 이 기관의 회전력은?
㉮ 2.5 m-kgf ㉯ 3.0 m-kgf
㉰ 5.6 m-kgf ㉱ 8.6 m-kgf

📖 $BHP = \dfrac{T \times R}{716}$

$T = \dfrac{716 \times BHP}{R} = \dfrac{716 \times 30}{2,500} = 8.592 m-kg$

49. 회전 속도 2,200rpm 에서 회전력이 8.14m-kgf 일 때 축 출력은 25 PS이었다. 회전력이 일정할 때 회전 속도가 4,400 rpm 으로 되면 축 출력은 얼마로 되겠는가?
㉮ 50 PS ㉯ 100 PS
㉰ 120 PS ㉱ 150 PS

📖 $BHP = \dfrac{4,400 \times 8.14}{716} = 50.02 PS$

50. 지시 마력이 80 마력이고, 제동 마력이 64 마력이면 기계 효율은 얼마인가?
㉮ 60 % ㉯ 70 %
㉰ 80 % ㉱ 85 %

📖 기계 효율 = $\dfrac{64}{80} \times 100 = 80 \%$

51. 기계 효율 90 %인 4사이클 4기통 엔진의 지시 마력이 100 PS일 때 제동 마력은 얼마인가?
㉮ 70 PS ㉯ 80 PS
㉰ 90 PS ㉱ 100 PS

📖 제동 마력 = $\dfrac{기계 효율 \times 지시 마력}{100}$

　　　　= $\dfrac{90 \times 100}{100} = 90 PS$

정답 44. ㉯ 45. ㉮ 46. ㉰ 47. ㉮ 48. ㉱ 49. ㉮ 50. ㉰ 51. ㉰

52. 제동 마력을 Ne, 도시 마력을 Ni라 할 때 기계 효율 ηm을 구하는 식은?

㉮ $\eta_m = \dfrac{N_i}{N_e}$ ㉯ $\eta_m = \dfrac{N_e}{N_i}$

㉰ $\eta_m = \dfrac{N_i}{N_i \times N_e}$ ㉱ $\eta_m = \dfrac{N_e}{2N_i}$

53. 3kw의 발전기를 기동하려면 최소한 몇 PS의 출력을 내는 기관이 필요한가?(단, 기관의 효율은 100%로 한다)

㉮ 3.20 PS   ㉯ 4.08 PS
㉰ 5.20 PS   ㉱ 6.20 PS

■ ① 1kw = 1.36PS $1.36 \times 3kw$
         = 4.08PS

   ② 1ps = 0.735kw = $\dfrac{3kw}{0.735}$
         = 4.08PS

54. 10 마력의 기관이 적합한 기구(마찰 무시)를 통하여 5 ton의 무게를 60 cm 올리려면 얼마의 시간(초)이 걸리겠는가?

㉮ 2초   ㉯ 4초
㉰ 6초   ㉱ 8초

■ $PS = \dfrac{\text{힘} \times \text{이동 거리}}{75 \times \text{시간(초)}}$

   $10PS = \dfrac{5,000kg \times 0.6m}{75 \times x}$

   $x = \dfrac{5,000kg \times 0.6m}{75 \times 10} = 4\text{초}$

55. 동력은 다음 중 어느 것으로 표시되는가?

㉮ 힘 × 속도   ㉯ 힘 × 시간
㉰ 힘 × 변위   ㉱ 힘 × 가속도

56. 실린더 연소실 체적이 60 cc, 행정체적이 360 cc인 기관의 압축비는?

㉮ 5 : 1   ㉯ 6 : 1
㉰ 7 : 1   ㉱ 8 : 1

■ $\epsilon = 1 + \dfrac{V_1}{V_2} = 1 + \dfrac{360}{60} = 7$

   ϵ : 압축비, V_2 : 연소실 체적(cc 또는 cm³)
   V_1 : 행정 체적(배기량)

57. 4행정 가솔린 엔진의 실린더 내경이 85mm, 행정이 88mm로서 압축비는 8.6 : 1이다. 이 엔진의 연소실 체적은?

㉮ 65.7 cc   ㉯ 70.5 cc
㉰ 175.5 cc   ㉱ 262.7 cc

■ $\epsilon = 1 + \dfrac{V_1}{V_2}$

   $V_2 = \dfrac{V_1}{\epsilon - 1} = \dfrac{\frac{\pi}{4} \times 8.5^2 \times 8.8}{(8.6-1) \times 4} = 65.67cc$

58. 연소실 체적이 40 cc 이고, 압축비가 9 : 1 인 기관의 행정 체적은?

㉮ 280cc   ㉯ 300cc
㉰ 320cc   ㉱ 340cc

■ $V_1 = (\epsilon - 1) \times V_2$
      $= (\epsilon - 1) \times V_2 = (9-1) \times 40 = 320cc$

59. 어떤 가솔린 기관의 간극 체적이 행정 체적의 20 % 이다. 이 기관의 압축비는?

㉮ 6 : 1   ㉯ 7 : 1
㉰ 8 : 1   ㉱ 9 : 1

■ $\epsilon = 1 + \dfrac{100}{20} = 6$

60. 지경 100 mm, 행정 127 mm, 4 사이클 가솔린 기관의 압축비가 6 이면 행정 체적 및 연소실 체적은?

㉮ 994.5 cc, 196.5 cc
㉯ 995.5 cc, 197.5 cc
㉰ 996.5 cc, 198.5 cc
㉱ 997.5 cc, 199.5 cc

■ $V_1 = \dfrac{\pi \times D^2 \times L}{4}$

   V_1 : 행정 체적(cc),   D : 실린더 내경(cm)
   L : 피스톤 행정(cm)

정답   52. ㉯   53. ㉯   54. ㉯   55. ㉮   56. ㉰   57. ㉮   58. ㉰   59. ㉮   60. ㉱

$$V_1 = \frac{\pi \times 10^2}{4} \times 12.7 = 997.456 \text{cc}$$

$$V_2 = \frac{V_1}{\epsilon - 1}$$

ϵ : 압축비 V_2 : 연소실 체적(cc 또는 cm³)
V_1 : 행정 체적(배기량)

$$V_2 = \frac{997.456}{6-1} = 199.49 \text{cc}$$

61. 한 개의 실린더의 배기량이 855cc, 압축비 6일 때 연소실 체적은?

㉮ 143 cc ㉯ 157 cc
㉰ 171 cc ㉱ 850 cc

■ $V_2 = \dfrac{V_1}{\epsilon - 1}$

$$V_2 = \frac{855}{6-1} = 171 \text{cc}$$

62. 실린더 체적이 2,000cc, 행정 체적이 1,700cc인 가솔린 기관의 압축비는 얼마인가?

㉮ 6.24 ㉯ 6.67
㉰ 7.06 ㉱ 7.24

■ 압축비 = $\dfrac{\text{실린더 체적}}{\text{실린더 체적} - \text{행정 체적}}$

$$= \frac{2,000}{2,000 - 1,700} = 6.666$$

63. 4 사이클 4 실린더 기관에서 압축비가 9 : 1 일 경우 배기량이 1,492cc라면 연소실 체적은 몇 cm³인가?

㉮ 144 cm³ ㉯ 186.5 cm³
㉰ 268 cm³ ㉱ 373 cm³

■ $V_2 = \dfrac{V_1}{\epsilon - 1} = \dfrac{1,492}{9-1} = 186.5 \text{cc}$

64. 실린더의 치수 (내경 × 행정)가 93 × 70 mm 이고, 압축비가 8.6 : 1 인 4기통 기관의 총 연소실 체적은?

㉮ 200 cc ㉯ 250 cc
㉰ 350 cc ㉱ 1,900 cc

■ 총 연소실 체적 = $\dfrac{\text{총 배기량}}{\text{압축비} - 1}$

$$= \frac{\dfrac{3.14 \times 9.3^2}{4} \times 7 \times 4}{8.6 - 1} = 250.138 \text{cc}$$

65. 연소실 체적 60 cc, 압축비 10 인 실린더의 배기량은?

㉮ 340 cc ㉯ 440 cc
㉰ 540 cc ㉱ 640 cc

■ $V_1 = (\epsilon - 1) \times V_2$
  ϵ : 압축비, V_2 : 연소실 체적(cc 또는 cm³)
  V_1 : 행정 체적(배기량)
  $V_1 = (\epsilon - 1) \times V_2 = (10 - 1) \times 60$
  $= 540 \text{cc}$

66. 연소실 체적이 40cc이고 총 배기량이 1280cc 인 4기통 기관의 압축비는?

㉮ 6 ㉯ 9
㉰ 18 ㉱ 33

■ 배기량 = $\dfrac{\text{총배기량}}{\text{실린더 수}} = \dfrac{1280}{4} = 320 \text{cc}$

$$\epsilon = 1 + \frac{V_1}{V_2} = 1 + \frac{320}{40} = 9$$

67. 그림과 같은 오토 사이클의 P − V 선도에서 압축비 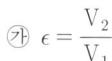을 바르게 표시한 식은 어느 것인가?

㉮ $\epsilon = \dfrac{V_2}{V_1}$

㉯ $\epsilon = \dfrac{V_1}{V_2}$

㉰ $\epsilon = \dfrac{V_4}{V_1}$

㉱ $\epsilon = \dfrac{V_4}{V_3}$

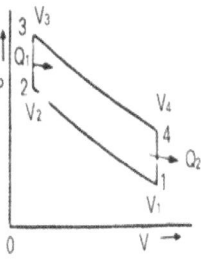

68. 실린더 지름이 100mm, 행정이 100mm인 1기통 기관의 배기량은?

㉮ 78.5cc ㉯ 785 cc
㉰ 1000 cc ㉱ 1273 cc

📖 $V_1 = \dfrac{\pi \times D^2 \times L}{4} = \dfrac{3.14 \times 10^2 \times 10}{4} = 785cc$

$= \dfrac{\pi}{4} = \dfrac{3.14}{4} = 0.785$

$V_1 = 0.785 \times 10^2 \times 10 = 785cc$

V_1 : 행정 체적(배기량)   D : 실린더 내경(cm)
L : 피스톤 행정(cm)

 실린더 어셈블리

1. 승용차용 기관의 실린더 헤드는 대부분 알루미늄 합금으로 되어있다. 그 이유 중 가장 중요한 것은?
㉮ 열전도율이 높다.
㉯ 녹슬지 않는다.
㉰ 주철보다 열팽창 계수가 적다.
㉱ 무게를 증가시켜 준다.

2. 실린더 헤드 볼트의 풀기에 대한 설명으로 맞는 것은?
㉮ 조일 때의 순서로 푼다.
㉯ 반드시 토크렌치를 사용한다.
㉰ 볼트 풀기의 순서와 실린더 헤드의 변형과는 관계가 없다.
㉱ 바깥쪽에서 안쪽으로 향하여 대각선으로 푼다.
📖 ① 실린더 헤드 볼트를 풀 때는 대각선의 바깥쪽에서 중앙을 향하여 푼다.
② 실린더 헤드 볼트를 조일 때는 중앙에서 대각선의 바깥쪽으로 향하여 조인다. 헤드 볼트를 조일 때는 한 번에 조이지 말고 몇 번에 나누어 조인다.

3. 실린더 헤드를 풀었는데도 실린더 헤드가 떨어지지 않을 때 가장 적당한 방법은?
㉮ 자중이나 압축압력을 이용하여 떼어 낸다.
㉯ 쇠꼬챙이로 구멍을 뚫어 떼어 낸다.
㉰ 정을 넣고 떼어 낸다.
㉱ 쇠 해머를 사용하여 떼어 낸다.

4. 다음 중 기관의 헤드 커버 볼트를 풀 때 안전상 가장 좋은 공구는?
㉮ 오픈엔드 렌치   ㉯ 복스 렌치
㉰ 파이프 렌치   ㉱ 스패너

5. 기관을 이동시키는 방법 중 가장 올바른 것은?
㉮ 사람이 들고 이동한다.
㉯ 지렛대를 이용한다.
㉰ 로프로 묶어 잡아당긴다.
㉱ 체인 블록으로 묶어 운반 잭으로 이동시킨다.

6. 실린더 헤드 볼트 등을 죌 때 힘을 측정하는데 사용하는 기구는?
㉮ 오픈엔드렌치   ㉯ 복스 렌치
㉰ 토크렌치   ㉱ 소켓 렌치
📖 실린더 헤드 볼트를 조일 때 회전력을 측정하기 위해 사용하는 공구는 토크렌치이다.

7. 실린더 헤드 볼트의 조임에 대한 설명으로 옳은 것은?
㉮ 처음부터 토크렌치로만 조인다.
㉯ 중앙에서부터 바깥쪽으로 좌우 대칭으로 죈다.
㉰ 볼트 조임 순서와 실린더 헤드의 변형과는 관계없다.
㉱ 대각선 방향으로 1회에 완전히 조인다.

8. 실린더 헤드 볼트를 규정 토크로 일정하게 조이지 않았을 때 발생되는 현상과 관계가 가장 적은 것은?
㉮ 엔진오일이 냉각수와 섞인다.
㉯ 냉각수가 실린더에 유입된다.
㉰ 압축 압력이 낮아질 수 있다.
㉱ 압력저하로 인한 피스톤이 과열한다.
📖 규정 토크로 조이지 않았을 때 발생되는 영향
① 냉각수가 누출된다.
② 압축 가스가 누출된다.
③ 압축 압력이 저하된다.

9. 실린더블록이나 헤드의 평면도 측정에 알맞은 게이지는? (2015)
㉮ 마이크로미터   ㉯ 다이얼 게이지
㉰ 버니어 캘리퍼스 ㉱ 직각자와 필러 게이지

정답 1. ㉮ 2. ㉱ 3. ㉮ 4. ㉯ 5. ㉱ 6. ㉰ 7. ㉯ 8. ㉱ 9. ㉱

10. 실린더 헤드의 균열을 검사할 때 쓰이는 방법이 아닌 것은?
   ㉮ 자기 탐상법   ㉯ 필러 게이지법
   ㉰ 염색 탐상법   ㉱ 육안 검사

11. 다음 중 엔진에 이상이 있을 때 또는 엔진의 성능이 현저하게 저하되었을 때 분해 수리 여부를 결정하기 위한 시험은?
   ㉮ 코일의 성능 시험
   ㉯ 캠각 시험
   ㉰ 압축 압력 시험
   ㉱ CO 가스 측정
   ■ 압축 압력 시험을 하는 목적 : 실린더의 압축 압력 시험은 엔진에 이상이 있을 때, 또는 엔진의 성능이 현저하게 저하되었을 때 분해 수리 여부를 결정하기 위한 수단으로 이용되는 시험으로서 피스톤 링, 실린더 벽, 밸브 등의 엔진 내부의 기계적 결함을 발견할 수 있다.

12. 엔진의 압축 압력을 측정하는 작업에서 틀린 것은?
   ㉮ 회전을 1000rpm으로 한다.
   ㉯ 점화 플러그를 전부 뺀다.
   ㉰ 엔진을 작동 온도로 한다.
   ㉱ 오일을 넣고 측정한다.
   ■ 가솔린 엔진의 압축 시험시 준비 작업
     ① 엔진을 워밍업(작동온도)시킨 다음 정지시킨다.
     ② 모든 점화 플러그를 뺀다.
     ③ 연료가 공급되지 않게 한다.
     ④ 에어 클리너를 떼어내어 공기의 저항을 작게 한다.
     ⑤ 점퍼 와이어를 사용하여 점화 1차 회로를 접지시킨다.
     ⑥ 스로틀 밸브를 완전히 연다.
     ⑦ 압축 압력은 기동 전동기 회전 속도에서 측정한다.
     ⑧ 압축 압력 측정은 건식과 습식 측정법이 있다.
     ⑨ 크랭킹 시 엔진 회전수는 200~300rpm이다.

13. 압축압력 측정 시 우선적으로 해야 할 작업은?
   ㉮ 플러그를 전부 뺀다.
   ㉯ 에어 클리너를 떼어 낸다.
   ㉰ 워밍업을 시킨다.
   ㉱ 고압선을 먼저 분리한다.

14. 압축압력 시험에서 압축압력이 떨어지는 요인으로 가장 거리가 먼 것은? (2014)
   ㉮ 헤드 가스켓 소손
   ㉯ 피스톤링 마모
   ㉰ 밸브시트 마모
   ㉱ 밸브 가이드고무 마모

15. 기관의 실린더(cylinder) 마멸량이란?
   ㉮ 실린더 안지름의 최대 마멸량
   ㉯ 실린더 안지름의 최대 마멸량과 최소 마멸량의 차이 값
   ㉰ 실린더 안지름의 최소 마멸량
   ㉱ 실린더 안지름의 최대 마멸량과 최소 마멸량의 평균 값

16. 압축 압력 측정 시 규정값이 나오지 않아 오일을 넣고 측정하였더니 규정값이 나왔다. 그 원인은?
   ㉮ 피스톤 링 마모   ㉯ 밸브 틈새 과다
   ㉰ 헤드 개스킷 파손   ㉱ 밸브 틈새 과소

17. 실린더 헤드 개스킷이 인접된 실린더 사이에서 파괴되었다. 무엇으로서 알 수 있는가?
   ㉮ 가스 분석기   ㉯ 필러게이지
   ㉰ 압축압력 게이지   ㉱ 다이얼 게이지

18. 기관의 압축 압력을 시험할 때 오일을 점화 플러그 구멍에 넣고 할 경우 가장 옳은 방법은 어느 것인가? (단, 습식 압축 압력 측정일 경우)
   ㉮ 오일을 5cc 넣고 바로 한다.
   ㉯ 오일을 10cc 넣고 1 분 후에 한다.
   ㉰ 오일을 20cc 넣고 5 분 후에 한다.
   ㉱ 오일을 25cc 넣고 바로 한다.

19. 디젤 기관에서 압축압력 측정 방법 중 잘못 설명한 것은?
   ㉮ 공기식 거버너가 부착된 경우는 에어 밸브를 완전히 열고 시험한다.
   ㉯ 기관을 가동시킨 후 정상 운전 온도로 올린 다음 측정한다.

정답 10. ㉯ 11. ㉰ 12. ㉮ 13. ㉰ 14. ㉱ 15. ㉯ 16. ㉮ 17. ㉰ 18. ㉯ 19. ㉱

㉰ 기동 전동기 회전 속도에서 측정한다.
㉱ 분사 노즐 및 예열 플러그를 전부 빼고 시험한다.

20. 규정 압축 압력이 45kgf/cm² 인 디젤 기관의 압축 압력을 측정하였더니 31.5 kgf/cm² 이다. 규정 압력의 몇 %인가?
  ㉮ 60 %   ㉯ 70 %
  ㉰ 80 %   ㉱ 90 %

■ 압력 비율 = $\dfrac{측정\ 압력}{규정\ 압력}$

= $\dfrac{31.5}{45} \times 100 = 70\%$

21. 진공계로 기관의 흡기 다기관 진공도를 측정해 보니 진공계 바늘이 13~45mmHg에서 규칙적으로 강약이 있게 흔들린다. 어떤 고장인가?
  ㉮ 밸브가 손상되었다.
  ㉯ 실린더 개스킷이 파손되어 인접한 2개의 사이가 통해져 있다.
  ㉰ 공회전 조정이 좋지 않다.
  ㉱ 배기 장치가 막혔다.

■ 진공 시험으로 분석할 수 있는 사항
  ① 배기장치의 막힘
  ② 점화시기의 불량
  ③ 밸브 작동의 불량
  ④ 압축압력의 누출

22. 4행정 기관에서 크랭크축이 1500rpm일 때 캠축은 몇 rpm인가?
  ㉮ 750rpm   ㉯ 1500rpm
  ㉰ 3000rpm   ㉱ 4500rpm

■ 캠축의 회전수는 크랭크축 회전수의 1/2이다.

23. 흡기 다기관의 진공 시험을 결과 진공계의 바늘이 20~40cmHg 사이에서 정지되었다면 가장 올바른 분석은?
  ㉮ 엔진이 정상일 때
  ㉯ 피스톤 링이 마멸되었을 때
  ㉰ 밸브가 소손 되었을 때
  ㉱ 밸브 타이밍이 맞지 않을 때

■ 진공 시험 결과 분석
  ① 정상일 때 : 45 ~ 50 cmHg
  ② 실린더 벽이나 피스톤 링의 마멸 : 30 ~ 40 cmHg
  ③ 밸브가 소손 되었을 때 : 정상보다 5 ~ 10 cmHg 낮으며, 지침이 규칙적으로 움직인다.
  ④ 밸브 타이밍이 맞지 않을 때 : 20 ~ 40 cmHg 사이에 정지되어 있다.

24. 점화시기를 점검할 때 사용하는 것은?
  ㉮ 압축계   ㉯ 진공계
  ㉰ 가스 분석기 ㉱ 타이밍 라이트

■ 크랭크축 풀리와 타이밍 벨트 커버에 설치되어 있는 타이밍 마크에 의해서 점화시기를 점검하게 되는데 이를 확인하기 위해서는 타이밍 라이트를 사용하여야 한다.

25. 타이밍 라이트(timing light) 취급에 대한 설명 중 틀린 것은?
  ㉮ 누전되거나 플러그에 접촉 시 감전될 우려가 있다.
  ㉯ 빛이 매우 세어서 낮에도 사용할 수 있다.
  ㉰ 순간 플래시(flash)식이므로 발광 시간이 짧다.
  ㉱ 빛의 다발을 가늘게 하여 집중시킬 수 있다.

26. 타이밍 라이트로 점화시기를 점검하는데 타이밍 라이트의 적색 리드선을 축전지의 ⊕단자에 흑색 리드선을 ⊖단자에 연결하며 청색 리드선은 어디에 연결하는가?
  ㉮ 점화 코일 ⊖단자
  ㉯ 배전기 중심 코드
  ㉰ 1번 실린더 점화 플러그 케이블
  ㉱ 점화 코일 2차 회로

■ 3단자를 사용하는 타이밍 라이트의 배선 연결은 적색 리드선은 축전지 ⊕단자에, 흑색 리드선은 축전지 ⊖단자에, 청색(녹색) 리드선 클립은 배전기 1차 단자나 점화 코일 ⊖단자에 연결한다.

27. 블로 다운(blow down)현상에 대한 설명으로 옳은 것은?
  ㉮ 밸브와 밸브시트 사이에서의 가스 누출현상
  ㉯ 압축 행정 시 피스톤과 실린더 사이에서 공기가 누출되는 현상
  ㉰ 피스톤이 상사점 근방에서 흡·배기밸브가 동시에 열려 배기 잔류가스를 배출시키는 현상
  ㉱ 배기행정 초기에 배기밸브가 열려 배기가스 자체의 압력에 의하여 배기가스가 배출되는 현상

정답 20. ㉯   21. ㉱   22. ㉮   23. ㉱   24. ㉱   25. ㉯   26. ㉮   27. ㉱

28. 다이얼 게이지(dial gauge)로 측정할 수 없는 작업은?
   ㉮ 크랭크축의 마멸량 측정
   ㉯ 캠축 양정(lift)의 측정
   ㉰ 크랭크축의 휨 측정
   ㉱ 캠축의 축방향 놀음(eng paly)의 측정

29. 다음 중 다이얼 게이지로는 측정이 곤란한 것은?
   ㉮ 흡기 밸브의 마진
   ㉯ 크랭크축의 휨
   ㉰ 기관 타이밍 기어의 백래시
   ㉱ 크랭크 스러스트 간극
   ■ 다이얼 게이지를 사용하여 측정할 수 있는 항목은 축의 휨, 캠의 양정, 스러스트 간극(end play), 기어의 백래시, 런아웃 등을 측정한다. 흡기 및 배기 밸브 마진의 두께는 버니어 캘리퍼스로 측정한다.

30. 연소 시험기로 시험을 못하는 것은?
   ㉮ 실린더 압축 압력
   ㉯ 밸브 간극
   ㉰ 점화 플러그 간극
   ㉱ 점화시기
   ■ 연소 시험기에 의해서 시험할 수 있는 사항은 실린더의 압축 상태, 밸브의 작동 상태, 점화시기의 관계 등을 분석할 수 있다.

31. 가솔린 옥탄가를 측정하기 위한 가변 압축기 기관은?
   ㉮ 카르노 기관   ㉯ CFR 기관
   ㉰ 린번 기관   ㉱ 오토사이클 기관

32. 자동차 실린더 라이너(건식)를 삽입할 때 프레스의 압력은 얼마인가?
   ㉮ 0.1톤   ㉯ 2~3톤
   ㉰ 5~6톤   ㉱ 6~8톤

33. 기관에서 습식 라이너를 교환할 때 고무 시일에 칠하는 액체로 가장 적당한 것은?
   ㉮ 윤활유   ㉯ 비눗물
   ㉰ 경유   ㉱ 알코올

34. 실린더에서 측압이란 무엇을 말하는가?
   ㉮ 피스톤이 하강할 때 커넥팅 로드를 요동으로 작용시키는 작용
   ㉯ 배기 행정에서 피스톤의 상승 행정을 방해하는 작용
   ㉰ 피스톤이 실린더 벽을 섭동할 때에 실린더 벽에 가해지는 압력
   ㉱ 압축 행정에서 피스톤이 상승 작용을 방해하는 압력

35. 실린더의 행정/내경의 값이 1 보다 작은 엔진을 무슨 엔진이라고 하는가?
   ㉮ V 형 엔진
   ㉯ 장행정 엔진
   ㉰ 오버 스퀘어 엔진
   ㉱ 정방 엔진
   ■ 행정 내경비
   ① 장행정 엔진(언더 스퀘어 엔진) : 행정이 실린더 내경보다 큰 엔진으로서 회전력은 크지만 회전 속도가 느리며 측압이 작다. 행정/내경의 값이 1 보다 큰 엔진이다.
   ② 정방행정 엔진(스퀘어 엔진) : 행정과 실린더 내경이 동일한 엔진으로서 행정/내경의 값이 1 인 엔진이다.
   ③ 단행정 엔진(오버 스퀘어 엔진) : 행정이 실린더 내경보다 작은 엔진으로서 회전력이 작으나 회전속도가 빠르며 측압이 많다. 행정/내경의 값이 1보다 작은 엔진이다.

36. 피스톤이 과열되기 쉽고 기관의 길이가 짧은 것이 장점이지만 피스톤의 평균 속도를 올리지 않고 회전 속도를 높일 수 있어 단위 실린더 체적당의 출력을 크게 하기에 가장 좋은 엔진은?
   ㉮ 2 행정 기관
   ㉯ 단행정 기관
   ㉰ 정방행정 기관
   ㉱ 장행정 기관

37. 실린더 마멸의 원인으로 부적당한 것은?
   ㉮ 연소 생성물에 의한 부식에 의한 것
   ㉯ 흡입 가스 중에 먼지와 이물에 의한 것
   ㉰ 피스톤 랜드의 접촉에 의한 것
   ㉱ 실린더와 피스톤 링의 접촉에 의한 것

38. 기관의 실린더에 가장 많이 마모되는 곳은?
   ㉮ 실린더의 상부
   ㉯ 실린더의 중부
   ㉰ 실린더의 하부
   ㉱ 실린더의 중부 이하

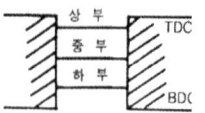

39. 실린더 상부의 마모가 가장 크다. 그 이유 중 제일 마모가 크다고 생각되는 것은?
   ㉮ 크랭크축이 순간적으로 정지되기 때문이다.
   ㉯ 크랭크축의 회전 방향이기 때문이다.
   ㉰ 피스톤의 열전도가 잘 되기 때문이다.
   ㉱ 윤활 상태의 불량 때문이다.

   ■ 실린더 상부의 마모가 크게 되는 이유 : 엔진이 회전하는 동안에 피스톤은 TDC 와 BDC 에서 순간적으로 정지되기 때문에 유막이 끊어지기 쉽고 또한 피스톤 링의 호흡 작용과 동력 행정시 TDC 에서 가장 큰 연소 압력으로 피스톤 링이 실린더 벽에 강력하게 밀착되기 때문이다.

40. 다음 중 디젤 기관의 해체 정비시기와 관계가 없는 것은?
   ㉮ 압축 압력   ㉯ 윤활유 소비량
   ㉰ 압축비   ㉱ 연료 소비량

41. 기관을 해체 정비할 때는 보통 압축 압력이 규정의 몇 % 이하일 때인가?
   ㉮ 30 %   ㉯ 50 %
   ㉰ 70 %   ㉱ 90 %

42. 기관을 떼어 낼 때 안전과 가장 관계가 깊은 것은?
   ㉮ 기관을 들어낼 때 작업대 또는 엔진 스탠드를 준비하는 일
   ㉯ 펜더에 펜더 덮개를 사용하는 일
   ㉰ 체인의 양쪽 끝을 볼트로 실린더 헤드에 고정하는 일
   ㉱ 기관이 평형이 이루도록 체인의 길이를 조절하는 일

43. 엔진에서 피스톤을 떼어 내기 위해 먼저 떼어 내야 할 것은?
   ㉮ 헤드, 링, 오일 팬
   ㉯ 헤드, 크랭크축, 점화 플러그
   ㉰ 헤드, 오일 팬, 리지(턱, 만일 있으면)
   ㉱ 링, 피스톤 핀, 헤드

44. 실린더 벽 윗 부분에 마모되지 않은 부분을 깎아내는데 사용하는 공구는?
   ㉮ 테이퍼 리머
   ㉯ 아웃사이드 리머
   ㉰ 멀티플 스핀들 리머
   ㉱ 리지 리머

45. 실린더 블록이나 실린더 헤드의 평면도 측정에 알맞은 게이지는?
   ㉮ 다이얼 게이지   ㉯ 버니어 캘리퍼스
   ㉰ 마이크로미터   ㉱ 직각자와 필러게이지

46. 엔진 블록이 균열이 생길 때 가장 안전한 검사 방법은?
   ㉮ 자기 탐상법과 염색법으로 한다.
   ㉯ 정지 상태에 놓고 해머로 가볍게 두드린다.
   ㉰ 공전 상태에서 해머로 두드려 검사한다.
   ㉱ 아이들링 상태에서 소리를 듣는다.

47. 다음은 기관 해체 정비 작업에서의 작업을 열거한 것 중 틀린 것은?
   ㉮ 물자켓 구멍 부근에 그리스를 발라 누수를 방지했다.
   ㉯ 분해된 부품의 세척을 솔벤트로 하였다.
   ㉰ 실린더 헤드 볼트의 균일한 죔을 위해 토크 렌치를 사용했다.
   ㉱ 실린더 내경 마멸을 외경 마이크로미터와 텔레스코핑 게이지로 했다.

48. 실린더의 테이퍼 마모를 측정할 수 있는 게이지는 다음 중 어느 것인가?
   ㉮ 버니어 캘리퍼스
   ㉯ 실린더 보어 게이지
   ㉰ 외경 마이크로미터
   ㉱ 디그니스 게이지

49. 다음 중 실린더의 마모량 측정시 적당치 않은 것은?
   ㉮ 보통 기통 상중하 3군데에서 각각 축 방향과 축의 직각 방향으로 합계 6군데를 측정한다.
   ㉯ 축 방향쪽이 직각 방향쪽보다 더욱 마모된다.
   ㉰ 최소 칫수는 기통 하부에서 알 수 있다.
   ㉱ 최대 마모부와 최소 마모부의 내경차를 마모량 값으로 정한다.

50. 실린더 안지름이 70mm 이하의 기관에서는 실린더의 마멸량이 얼마의 한계값을 넘으면 보링해야 하는가?
   ㉮ 0.15mm 이하   ㉯ 0.2mm 이하
   ㉰ 0.15mm 이상   ㉱ 0.2mm 이상

51. 내경 95mm(3.74")의 실린더에서 0.28mm(0.012")가 마멸되었을 때 보링 치수는 얼마인가?
   ㉮ 내경을 95.30mm로 한다.
   ㉯ 내경을 95.40mm로 한다.
   ㉰ 내경을 95.50mm로 한다.
   ㉱ 내경을 95.60mm로 한다.

52. 실린더 표준(STD) 지름이 78mm인 엔진을 보링 하려고 할 때 실린더 최대 지름이 78.32mm로 나왔을 때 오버 사이즈로 보링한다면 값은?
   ㉮ 0.05mm   ㉯ 0.50mm
   ㉰ 0.75mm   ㉱ 1.00mm

53. 실린더의 내경 측정 최대 값이 78.250mm이다. 이 실린더의 수정값은? (단, 이 기관 실린더의 내경 기준값 : 78.00mm이다)
   ㉮ 78.255mm   ㉯ 78.450mm
   ㉰ 78.455mm   ㉱ 78.500mm

54. 실린더의 호닝 작업의 목적에 가장 적합한 것은?
   ㉮ 보링의 바이트 자국을 제거하기 위함이다.
   ㉯ 피스톤과 실린더의 밀착을 나쁘게 하기 위함이다.
   ㉰ 보링의 오차를 수정하기 위함이다.
   ㉱ 실린더의 편심을 수정하기 위함이다.

55. 호닝한 후 실린더간의 오차 한계값은?
   ㉮ 0.0001 mm   ㉯ 0.02 mm
   ㉰ 0.05 mm   ㉱ 0.1 mm

56. 실린더 보링 작업을 하고 있을 때 전기가 정전되었다. 조치 방법 중 틀린 것은?
   ㉮ 퓨즈의 단락 유무를 점검한다.
   ㉯ 전기가 들어오는 것을 알기 위해 스위치를 넣어둔다.
   ㉰ 즉시 스위치를 끈다.
   ㉱ 공작물과 공구를 분리해 놓는다.
   ■ 기계 작업 중 전기가 정전되었을 때 조치 방법
     ① 즉시 전원 스위치를 끈다.
     ② 공작물과 공구를 분리해 놓는다.
     ③ 퓨즈의 단락 유무를 점검한다.

57. 실린더의 지름이 100mm이고, 행정이 100mm의 1기통 기관의 배기량은?
   ㉮ 78.5cc   ㉯ 785cc
   ㉰ 1,000cc   ㉱ 1,273cc
   ■ $V_1 = \dfrac{\pi \times D^2}{4} \times L$
     $= \dfrac{3.14 \times 10^2}{4} \times 10 = 785 cc$

58. 실린더 내경 78mm, 압축비 7, 연소실 체적 48cc인 4사이클 4실린더 기관의 총 배기량은?
   ㉮ 980 cc   ㉯ 1,048 cc
   ㉰ 1,152 cc   ㉱ 1,230 cc
   ■ $V = (\varepsilon - 1) \times V_2 \times N$
     $= (7-1) \times 48 \times 4 = 1,152 cc$
     ε : 압축비, V_2 : 연소실 체적(cc 또는 cm³)
     V : 총 배기량, N : 실린더

피스톤 어셈블리

1. 피스톤에 옵셋(off set)을 두는 이유로 가장 올바른 것은? (2015)
   ㉮ 피스톤의 틈새를 크게 하기 위하여
   ㉯ 피스톤의 중량을 가볍게 하기 위하여
   ㉰ 피스톤의 측압을 작게 하기 위하여
   ㉱ 피스톤 스커트부에 열전달을 방지하기 위하여

2. 다음은 피스톤의 구비 조건이다. 틀리는 것은?
   ㉮ 높은 온도와 폭발력을 견딜 것
   ㉯ 열전도율이 적을 것
   ㉰ 열 팽창률이 적을 것
   ㉱ 가벼울 것

3. 다음 중 피스톤이 갖추어야 할 조건으로 틀린 것은?
   ㉮ 고온 고압에서 견딜 것
   ㉯ 견고하고 값이 싸야 한다.
   ㉰ 내식성이 강해야 한다.
   ㉱ 열팽창이 커야 한다.

4. 피스톤에 히트댐을 설치한 이유로 가장 알맞은 것은?
   ㉮ 피스톤의 무게를 가볍게 하기 위하여
   ㉯ 헤드부의 높은 열을 차단하기 위하여
   ㉰ 연소 효율을 높이기 위하여
   ㉱ 폭발 압력에 견디기 위하여
   ▣ 히트댐(heat dam)의 설치 이유 : 히트댐은 톱 링의 링 홈과 피스톤 헤드부에 설치되어 피스톤 헤드부의 높은 열이 스커트부에 전달되는 것을 차단하기 위하여 설치되어 있다.

5. 피스톤의 표면에 주석(Sn) 도금을 한 이유로 알맞은 것은?
   ㉮ 측압을 적게 하기 위하여
   ㉯ 팽창률을 적게 하기 위하여
   ㉰ 재질을 강하게 하기 위하여
   ㉱ 타 붙음을 방지하기 위하여

▣ 흑연, 주석, 산화철은 오일을 잘 흡수하는 성질이 있기 때문에 피스톤 표면 또는 피스톤 링에 도금을 하여 마멸을 방지하고 타 붙음을 방지한다.

6. 피스톤 재료로 알루미늄 합금을 사용하는 이유는 무엇인가?
   ㉮ 중량이 가볍기 때문에
   ㉯ 마모가 적기 때문에
   ㉰ 기계적 강도가 비교적 크기 때문에
   ㉱ 열전도가 잘 안되기 때문에

7. Y 합금은 내열성이 강하므로 내연 기관의 피스톤 재료 등에 많이 쓰인다. 주성분은?
   ㉮ Al – Mg – Sn – Co
   ㉯ Cu – Ni – Mg – Sn
   ㉰ Al – Cu – Mg – Ni
   ㉱ Cu – Al – Co – Pe

8. 다음은 인바 스트러트 피스톤(invar str - ut piston)에 있어서 인바 합금의 재료가 아닌 것은 어느 것인가?
   ㉮ 탄소(C)   ㉯ 망간(Mn)
   ㉰ 니켈(Ni)   ㉱ 규소(Si)

9. 피스톤의 측압이 가장 클 때는 어느 행정 때인가?
   ㉮ 배기 행정   ㉯ 동력 행정
   ㉰ 압축 행정   ㉱ 흡기 행정

10. 피스톤의 측압과 관계 있는 것은?
    ㉮ 혼합비와 기통수
    ㉯ 배기량과 실린더 직경
    ㉰ 피스톤의 무게와 기통수
    ㉱ 커넥팅 로드 길이와 행정

11. 실린더와 피스톤의 간극이 작을 때 일어나는 증상은?
    ㉮ 오일이 연소실에 올라온다.
    ㉯ 심한 잡음이 일어난다.
    ㉰ 피스톤의 측압이 크게 일어난다.
    ㉱ 피스톤이 소손되어 붙는다.

정답 1. ㉰ 2. ㉯ 3. ㉱ 4. ㉯ 5. ㉱ 6. ㉮ 7. ㉰ 8. ㉱ 9. ㉯ 10. ㉱ 11. ㉱

12. 피스톤과 실린더와의 간극은 어디에서 측정하는가?
   ㉮ 피스톤 스커트   ㉯ 피스톤 핀
   ㉰ 피스톤 보스   ㉱ 피스톤 헤드
   ■ 피스톤 간극은 내경 마이크로미터를 사용하여 실린더 내경을 측정하고 외경 마이크로미터를 사용하여 피스톤 외경을 측정하여 그 오차가 피스톤 간극이다. 알루미늄 합금 피스톤인 경우 거의 캠연마 피스톤이므로 피스톤 스커트부에서 핀 보스의 직각 방향을 측정한다.

13. 피스톤 링의 3대 작용으로 틀린 것은? (2015)
   ㉮ 와류작용   ㉯ 기밀작용
   ㉰ 오일 제어작용   ㉱ 열전도 작용

14. 2 사이클 기관 피스톤 헤드에 설치된 디플렉터(deflector)의 작용과 관계가 있는 것은?
   ㉮ 기동을 용이하게 한다.
   ㉯ 연소 잔류 가스를 내보내면서 실린더 내를 소기한다.
   ㉰ 고속 회전을 원활하게 한다.
   ㉱ 실화를 방지한다.

15. 피스톤 헤드에 각인(刻印)되어 있는 것 중 틀리는 것은?
   ㉮ 피스톤의 번호
   ㉯ 피스톤 헤드의 치수
   ㉰ 피스톤의 중량
   ㉱ 피스톤 핀의 치수

16. 피스톤 링의 재질에 속하는 것은?
   ㉮ 니켈강   ㉯ 크롬강
   ㉰ 주철   ㉱ 강철

17. 자동차 기관의 피스톤 링을 피스톤에 끼울 때 그 각도는 몇 도인가?
   ㉮ 35°와 45°   ㉯ 90°와 45°
   ㉰ 150°와 160°   ㉱ 120°와 180°
   ■ 피스톤 링의 조립 방법 : 피스톤 링 이음이 일직선상에 있으면 가스가 누출되기 쉽고 오일이 연소실에 유입되므로 각 링의 이음 위치를 120° 또는 180°가 되도록 끼운다.

18. 피스톤 링의 절개부 모양이 사절형인 경우 오버 사이즈 링을 수정하여 언더 사이즈 피스톤 링으로 사용할 때 그 수정 각도는?
   ㉮ 30~35°   ㉯ 40~45°
   ㉰ 35~60°   ㉱ 45~60°
   ■ 사절형 피스톤 링 이음은 각(angle joint)이음으로서 경사각은 40~45°로 피스톤 링을 수정하여 사용하여야 한다.

19. 피스톤 링 홈의 틈새가 적을 때 피스톤 링의 수정 방법은?
   ㉮ 중목의 줄로 간다.
   ㉯ 피스톤 랜드부를 연삭하여 맞춘다.
   ㉰ 유리판 위에 콤파운드를 놓고 그 위에서 간다.
   ㉱ 그라인더에 의하여 연마한다.
   ■ 피스톤 링 홈 간극 측정 및 수정 방법
   ① 피스톤 링을 링 홈에 끼우고 돌리면서 피일러 게이지를 사용하여 몇 곳에서 측정한다.
   ② 링 홈 간극이 적을 경우 유리판 위에 연마제를 바르고 링을 그 위에서 비벼서 연마한다.
   ③ 링 홈의 마멸로 턱이 생겼을 때는 링 홈 커터를 사용하여 깎아낸다.

20. 테이퍼가 된 실린더에 링을 끼울 때 링의 이음 간극은?
   ㉮ 최소 지름을 표시하는 점에서 측정한다.
   ㉯ 실린더 밑 부분에서 측정한다.
   ㉰ 실린더 윗 부분에서 측정한다.
   ㉱ 최대 실린더 지름을 표시하는 점에서 측정한다.

21. 피스톤 핀의 설치 방법 중 피스톤 핀이나 커넥팅 로드에 고정되어 있지 않은 형식은?
   ㉮ 회전식   ㉯ 전부동식
   ㉰ 반부동식   ㉱ 고정식

22. 엔진 결합시 커넥팅 로드의 대단부에 각인 찍힌 쪽의 위치는 어느 쪽에 오도록 결합해야 하는가?(단, OHC 엔진은 제외)
   ㉮ 메인 저널쪽   ㉯ 플라이 휠쪽
   ㉰ 크랭크축쪽   ㉱ 캠축쪽

정답 12. ㉮ 13. ㉮ 14. ㉯ 15. ㉯ 16. ㉰ 17. ㉱ 18. ㉯ 19. ㉰ 20. ㉮ 21. ㉯ 22. ㉱

23. 다음에서 피스톤 및 커넥팅 로드 어셈블리의 허용 중량차는?
   ㉮ 0.01 % 정도
   ㉯ 0.2 % 정도
   ㉰ 2 % 정도
   ㉱ 20 % 정도

24. 피스톤에 대한 설명 중 틀린 것은?
   ㉮ 커넥팅 로드와 피스톤의 조립품의 중량차가 크면 크랭크 핀이나 크랭크축에 편마모를 재촉하게 된다.
   ㉯ 피스톤 링과 홈 사이의 간극 측정은 디크니스 게이지를 홈 밑바닥에 닿을 때까지 밀어 넣어 측정한다.
   ㉰ 피스톤과 커넥팅 로드의 조립품인 경우 중량차는 400 g 이내이어야 한다.
   ㉱ 각 피스톤의 중량차는 7g 이상이 되어서는 안 된다.

25. 커넥팅 로드의 비틀림을 알고자 한다. 어느 것으로 알 수 있나?
   ㉮ 컨로드 얼라이너
   ㉯ 컨로드 모형
   ㉰ 카아스터 게이지
   ㉱ 표준 컨로드
   ■ 커넥팅 로드(컨로드)의 비틀림 및 휨의 점검은 커넥팅 로드 얼라이너로 측정한다. 커넥팅 로드의 휨은 프레스나 바이스 또는 전용 기계를 사용하여 수정하고 비틀림은 커넥팅 로드 얼라이너에 부속되어 있는 프라이 바로 수정한다.
   ① 피스톤의 측압이 증대된다.
   ② 실린더 벽의 마멸을 촉진시킨다.
   ③ 크랭크축 베어링의 마멸을 촉진시킨다.
   ④ 압축 가스가 누출된다.

26. 커넥팅 로드의 휨에 대한 설명 중 틀린 것은?
   ㉮ 커넥팅 로드의 휨은 피스톤의 측압을 크게 한다.
   ㉯ 커넥팅 로드의 휨의 수정은 열을 가하여 수정한다.
   ㉰ 휨의 측정은 커넥팅 로드 얼라이너로 한다.
   ㉱ 커넥팅 로드의 휨은 실린더의 편마모를 일으키게 한다.

27. 커넥팅 로드 얼라이너의 사용 방법이다. 틀린 것은?
   ㉮ 커넥팅 로드에 핀을 끼우고 큰 쪽을 얼라이너에 설치한다.
   ㉯ 피스톤을 얼라이너에 설치한다.
   ㉰ 커넥팅 로드에 끼운 피스톤 핀 위에 V 블록을 대고 측정면에 접촉시킨다.
   ㉱ V 블록의 3 점이 측정면에 접촉이 되면 커넥팅 로드는 결함이 없다.
   ■ 커넥팅 로드(컨로드) 얼라이너 사용 방법
   ① 커넥팅 로드 소단부에 피스톤 핀을 끼우고 대단부를 얼라이너에 설치한다.
   ② 피스톤 핀 위에 얼라이너의 V블록을 올려놓는다.
   ③ 핀을 측정면에 접촉되도록 하여 모두 접촉되면 정상이다.

28. 실린더 지름 220mm, 행정이 360mm, 회전수(rpm)이 400일 때의 피스톤 평균속도는 얼마인가?
   ㉮ 3 m/sec
   ㉯ 4.2 m/sec
   ㉰ 4.8 m/sec
   ㉱ 5.2 m/sec
   ■ $S = \frac{2 \times L \times R}{60} = \frac{L \times R}{30}$
   S : 피스톤 평균속도(m/sec)
   R : 회전수(rpm), L : 피스톤 행정(m)
   $S = \frac{400 \times 0.36}{30} = 4.8 \, m/sec$

29. 피스톤의 행정을 80mm, 커넥팅 로드의 길이를 크랭크축 회전 반지름의 4.2배로 한다면 커넥팅 로드의 길이는?
   ㉮ 168mm
   ㉯ 336mm
   ㉰ 390mm
   ㉱ 420mm
   ■ 길이 $= \frac{행정}{2} \times 4.2$
   $= \frac{80mm}{2} \times 4.2 = 168mm$

30. 행정의 길이 200mm인 가솔린 기관에서 피스톤의 평균 속도를 5 m/sec라면 크랭크축의 1분간 회전수는?
   ㉮ 40rpm
   ㉯ 500rpm
   ㉰ 750rpm
   ㉱ 1,000rpm
   ■ $S = \frac{L \times R}{30}$ $R = \frac{30 \times S}{L} = \frac{30 \times 5}{0.2} = 750rpm$

정답 23. ㉰ 24. ㉱ 25. ㉮ 26. ㉯ 27. ㉯ 28. ㉰ 29. ㉮ 30. ㉰

31. 커넥팅 로드의 길이가 150mm, 피스톤의 행정이 100mm라면 커넥팅 로드의 길이는 크랭크 회전 반지름의 몇 배가 되는가?
   ㉮ 1.5배   ㉯ 2.5배
   ㉰ 3배   ㉱ 3.5배

   ■ $\ell = x \times \dfrac{L}{2}$

   ℓ : 커넥팅 로드 길이(mm)
   x : 회전 반지름의 배수, L : 피스톤 행정(mm)
   $x = \dfrac{2 \times \ell}{L} = \dfrac{2 \times 150}{100} = 3$배

32. 기관의 회전속도가 3,000rpm 피스톤의 평균속도가 5 m/sec였다면 이 기관의 행정 길이는?
   ㉮ 20 mm   ㉯ 30 mm
   ㉰ 40 mm   ㉱ 50 mm

   ■ $S = \dfrac{L \times R}{30}$, $L = \dfrac{30 \times S}{R} = \dfrac{30 \times 5}{3000} = 0.05m$

33. 폭발 가스의 압력이 40 kgf/cm²이고, 직경이 80mm인 피스톤 헤드가 받는 총 힘은?
   ㉮ 1,500kgf   ㉯ 2,010kgf
   ㉰ 2,050kgf   ㉱ 3,000kgf

   ■ $P = \dfrac{F}{A}$ $F = A \times P$
   $= 3.14 \times \dfrac{8^2}{4} \times 40 = 2009.6 kgf$

34. 디젤기관에서 행정의 길이가 300 mm, 피스톤 평균속도가 5m/s라면 크랭크축은 매 분당 몇 회전하는가?
   ㉮ 500rpm   ㉯ 1000rpm
   ㉰ 1500rpm   ㉱ 2000rpm

   ■ $S = \dfrac{L \times R}{30}$ $R = \dfrac{S \times 30}{L} = \dfrac{5 \times 30}{0.3} = 500 rpm$

35. 실린더 1 개당 총 마찰력이 6 kgf, 피스톤 평균 속도가 15 m/sec 라 할 때 마찰로 인한 기관의 손실마력은 얼마나 되는가?
   ㉮ 0.4FPS   ㉯ 1.2FPS
   ㉰ 2.5FPS   ㉱ 9.0FPS

   ■ $FPS = \dfrac{F \times V}{75}$

   FPS : 손실마력, F : 총 마찰력(kgf),
   S : 피스톤 평균 속도(m/sec)
   $FPS = \dfrac{6 kgf \times 15 m/\sec}{75 kg-m/\sec} = 1.2 FPS$

36. 6실린더 기관에서 실린더당 4개의 링이 있고 링 1개당 마찰력이 0.25kgf이라면 총 마찰력은?
   ㉮ 2kgf   ㉯ 4kgf
   ㉰ 6kgf   ㉱ 8kgf

   ■ 총 마찰력(F) $= Fr \times Z \times N$
   $= 0.25 kgf \times 4 \times 6 = 6 kgf$

   F : 총 마찰력(kgf)
   Fr : 링 1개당 마찰력
   Z : 실린더당 링의 수
   N : 실린더 수

37. 피스톤 링 1 개당 실린더 안에서의 마찰력을 0.25kgf이라 할 때 피스톤 1개당 3개의 링이 설치된 6실린더 기관의 피스톤 평균 속도가 15m/sec일 때 피스톤 링의 마찰로 인한 기관의 손실마력은 얼마인가?
   ㉮ 0.2 FPS   ㉯ 0.9 FPS
   ㉰ 1.2 FPS   ㉱ 1.5 FPS

   ■ $FPS = \dfrac{F \times V}{75}$

   $FPS = \dfrac{0.25 kgf \times 3 \times 6 \times 15 m/\sec}{75 kgf-m/\sec} = 0.9 FPS$

38. 행정별 피스톤 압축 링의 호흡작용에 대한 내용으로 틀린 것은? (2014)
   ㉮ 흡입 : 피스톤의 홈과 링의 윗면이 접촉하여 홈에 있는 소량의 오일의 침입을 막는다.
   ㉯ 압축 : 피스톤이 상승하면 링은 아래로 밀리게 되어 위로부터의 혼합기가 아래로 누설되지 않게 한다.
   ㉰ 동력 : 피스톤의 홈과 링의 윗면이 접촉하여 링의 윗면으로부터 가스가 누설되는 것을 방지한다.
   ㉱ 배기 : 피스톤이 상승하면 링은 아래로 밀리게 되어 위로부터의 연소가스가 아래로 누설되지 않게 한다.

39. 두께는 일정하나 폭의 절개부가 좁고 그반대 방향의 폭이 넓으며 실린더 벽에 고루 압력을 가할 수 있는 링은?
   ㉮ 동심형링   ㉯ 편심형링
   ㉰ 압축링   ㉱ 원심형링

 크랭크축

1. 크랭크축에 적합한 재질은?
   ㉮ 스프링강   ㉯ 스테인레스강
   ㉰ 특수 주철 ㉱ 크롬 – 몰리브텐강

2. 4 사이클 기관에서 실린더 수가 6일 때 폭발 행정은 몇 도(크랭크축 각도)마다 일어나는가?
   ㉮ 60°   ㉯ 90°
   ㉰ 120°   ㉱ 240°
   ■ 4행정 사이클 6실린더의 위상차는 120°이다. 따라서 폭발 행정은 120°마다 이루어진다.

3. 4행정 사이클 기관에서 1번 폭발하는데 145°의 일을 했다면 6기통 기관의 폭발 중복도는 몇 도인가?
   ㉮ 25°   ㉯ 35°
   ㉰ 45°   ㉱ 55°
   ■ 6기통 엔진은 120°마다 폭발을 하기 때문에 폭발 중복도는 145° – 120°이므로 25°가 중복된다.

4. 4기통 엔진의 점화 순서가 1-2-4-3일 때 1번 실린더의 크랭크축 동력 회전 각도는 얼마인가?
   ㉮ 0°~180°   ㉯ 180°~360°
   ㉰ 360°~540° ㉱ 540°~720°
   ■ ① 흡입 행정 : 0°~180°
      ② 압축 행정 : 180°~360°
      ③ 폭발 행정 : 360°~540°
      ④ 배기 행정 : 540°~720°

5. 다음 중 크랭크축(crank shaft)의 구조 명칭이 아닌 것은?
   ㉮ 플라이 휠   ㉯ 저널
   ㉰ 암   ㉱ 핀

6. 크랭크축의 평형 암이 하는 일로 가장 적당한 것은?
   ㉮ 기관의 연비 증가.
   ㉯ 기관의 고속 회전을 고르게
   ㉰ 기관의 회전 진동 방지
   ㉱ 기관의 회전력 증가

7. 다기통 점화 순서를 실린더 배열 순으로 하지 않는 이유가 아닌 것은?
   ㉮ 발생 동력을 크게 하기 위함이다.
   ㉯ 원활한 회전을 하기 위함이다.
   ㉰ 크랭크축 회전에 무리가 없도록 한다.
   ㉱ 기관의 발생 동력을 평등하게 한다.

8. 점화시기를 정하는데 고려되어야 할 사항이 아닌 것은?
   ㉮ 연소가 같은 간격으로 발생하게 되어야 한다.
   ㉯ 인접한 실린더에 연이어 점화되게 해야 한다.
   ㉰ 혼합기가 각 실린더에 균일하게 분배되게 해야 한다.
   ㉱ 크랭크축에 비틀림 진동이 일어나지 않게 한다.

9. 4기통 기관의 점화 순서를 바르게 표시한 것은?
   ㉮ 1 – 2 – 3 – 4, 1 – 3 – 4 – 2
   ㉯ 1 – 3 – 4 – 2, 1 – 3 – 2 – 4
   ㉰ 1 – 3 – 4 – 2, 1 – 4 – 2 – 3
   ㉱ 1 – 3 – 4 – 2, 1 – 2 – 4 – 3

10. 4실린더 4행정 가솔린 기관에서 그 점화 순서가 1-3-4-2이다. 1번 실린더가 압축 행정을 할 때 4번 실린더는 어떤 행정을 하는가?
    ㉮ 흡입 행정   ㉯ 압축 행정
    ㉰ 폭발 행정   ㉱ 배기 행정

11. 직렬 4기통 엔진의 제1기통이 흡입 밸브 열림, 배기 밸브 닫힘 상태이고, 제3기통은 흡기, 배기 양 밸브가 모두 닫혀 있다. 이 엔진의 점화 순서는?

정답 39. ㉯   1. ㉱ 2. ㉰ 3. ㉮ 4. ㉰ 5. ㉮ 6. ㉯ 7. ㉮ 8. ㉯ 9. ㉱ 10. ㉱ 11. ㉯

㉮ 1 - 4 - 2 - 3 ㉯ 1 - 2 - 4 - 3
㉰ 1 - 3 - 4 - 2 ㉱ 1 - 3 - 2 - 4

12. 4사이클 4기통 가솔린 엔진에서 그 점화 순서가 1 - 3 - 4 - 2순이며, 제1번 실린더가 동력 행정을 할 때는?
    ㉮ 제2번 실린더는 배기 행정
    ㉯ 제2번 실린더는 흡기 행정
    ㉰ 제3번 실린더는 흡기 행정
    ㉱ 제3번 실린더는 배기 행정

13. 1-6-2-5-8-3-7-4의 직렬형 8기통 폭발 순서에서 8번이 배기 행정 초에 있을 때 4번은 무슨 행정을 하는가?
    ㉮ 흡기 행정 초   ㉯ 압축 행정 말
    ㉰ 폭발 행정 초   ㉱ 배기 행정 말

14. 6기통 기관에서 제3실린더가 동력 행정을 하고 있다면 배기 행정에서 흡기 행정을 하고 있는 것은?(단, 점화순서는 1 - 5 - 3 - 6 - 2 - 4이다)
    ㉮ 2번 실린더   ㉯ 4번 실린더
    ㉰ 5번 실린더   ㉱ 6번 실린더

15. 크랭크축에 바이브레이션 댐퍼가 하는 일은?
    ㉮ 회전 중 진동을 방지키 위해
    ㉯ 저속 회진을 유지하기 위해
    ㉰ 동적, 정적 진동을 유지하기 위해
    ㉱ 고속 회전을 유지하기 위해

16. 다이얼 게이지로 크랭크축의 굽힘량을 측정했더니 지침의 흔들림 값이 0.39mm이었다. 크랭크축의 굽힘량은 얼마인가?
    ㉮ 0.135 mm   ㉯ 0.195 mm
    ㉰ 0.390 mm   ㉱ 0.785 mm
    ■ 휨 값은 다이얼 게이지 지침 흔들림의 1/2이다.

17. 크랭크축 메인 저널의 점검 요소에 해당한 문항은?
    ㉮ 저널의 크기와 각도
    ㉯ 편심, 테이퍼, 턱
    ㉰ 연결 크기, 베어링의 마춤면
    ㉱ 굽음, 늘어남
    ■ 크랭크축의 저널 점검은 외경 마이크로미터를 사용하여 외경을 4군데 측정하여 테이퍼 마멸, 편 마멸, 굵힘 등을 점검한다.

18. 크랭크축 메인 베어링 저널을 점검하는 3가지 방법 중에서 저널의 테이퍼 정도를 가장 잘 보이게 하는 방법은?
    ㉮ 플라스틱 게이지 방법
    ㉯ 직각자 방법
    ㉰ 시임 방법
    ㉱ 필러 게이지 방법

19. 크랭크축에서 베어링 저널의 마멸이 어느 정도이면 바꾸는가?(단, 60 mm의 지름임)
    ㉮ 1.0 mm 이상   ㉯ 1.5 mm 이상
    ㉰ 2.0 mm 이상   ㉱ 2.5 mm 이상
    ■ ① 크랭크축 저널이 50 mm 이하 : 1.0 mm
       ② 크랭크축 저널이 50 mm 이상 : 1.5 mm

20. 크랭크축 바깥 지름 측정값이 52.28 mm일 때의 언더 사이즈의 기준 값은?(단, 크랭크축 바깥 지름 표준 값은 52.75mm이다)
    ㉮ 0.25 mm   ㉯ 0.50 mm
    ㉰ 0.75 mm   ㉱ 1.0 mm
    ■ 언더 사이즈 = 표준값 - 수정값
       수정값 = 측정값 - 수정 절삭량(0.2 mm)
            = 52.28 mm - 0.2 mm = 52.08mm
       언더 사이즈에 맞추어 52.00 mm로 수정한다.
       언더 사이즈 =52.75 mm-52.00 mm =0.75 mm

21. 크랭크축의 축방향 움직임을 점검한 사항이다. 이 중 틀린 것은?
    ㉮ 축방향의 움직임은 보통 0.3mm가 한계 치수이다.
    ㉯ 크랭크축을 플라이 바로 밀고 마이크로미터로 측정한다.
    ㉰ 규정값 이상이면 스러스트 베어링을 교환한다.
    ㉱ 축방향 움직임이 크면 소음이 커지고 실린더는 피스톤에 의해 편 마멸을 일으킨다.
    ■ 크랭크축 엔드 플레이의 측정은 플라이 바를 이용하여 크랭크축을 한쪽으로 밀고 스러스트 베어링과 축

정 답 12. ㉮ 13. ㉱ 14. ㉯ 15. ㉮ 16. ㉯ 17. ㉯ 18. ㉮ 19. ㉯ 20. ㉰ 21. ㉯

사이에 디그니스 게이지를 넣어 측정하는 방법과 크랭크축 앞 또는 뒤쪽에 다이얼 게이지를 설치하여 축을 플라이 바로 밀어서 측정하는 방법이 있다.

22. 다음 중 크랭크축 놀음(엔드 플레이)을 측정하는데 사용되는 것은?
㉮ 실린더 게이지 ㉯ 필러 게이지
㉰ 마이크로미터 ㉱ 직각자

23. 크랭크축 엔드 플레이가 0.3mm 이상이었다면 어떤 조치를 해야 하는가?
㉮ 커넥팅 로드 교환 ㉯ 타이밍 기어 교환
㉰ 베어링 교환 ㉱ 크랭크축 교환
▣ 크랭크축 엔드 플레이(end play) 한계값이 0.3mm 이므로 스러스트 베어링을 교환하여야 한다.

24. 크랭크축 방향의 움직임이 크면 어떤 현상이 일어나는가?
㉮ 운전 중 소음이 크고 타이밍 기어의 마멸이 생긴다.
㉯ 피스톤의 측압이 커지며 실린더의 마멸이 증대된다.
㉰ 스러스트 베어링의 늘어붙음 현상이 발생된다.
㉱ 윤활유의 누설과 소비가 증대된다.

25. 크랭크축 엔드 플레이(스러스트 베어링 사용)를 조정해 주는 것은?
㉮ 시임으로 조정
㉯ 스러스트 베어링 두께로 조정
㉰ 청동제 와셔로 조정
㉱ 축방향 조절 너트로 조정

26. 소형 자동차의 경우 타이밍 기어 런아웃 의 한계값은 얼마인가?
㉮ 0.05mm ㉯ 0.10mm
㉰ 0.25mm ㉱ 0.30mm
▣ 타이밍 기어의 런아웃 한계값은 0.25mm이므로 런아웃이 0.25mm 이상이면 타이밍 기어를 교환하여야 한다.

27. 다음 중 크랭크축을 교환하여야 할 경우는?
㉮ 베어링이 마멸되었거나 긁혔을 때
㉯ 오일 구멍이 막혔을 때
㉰ 약간 휘었을 때
㉱ 균열이 있을 때

28. 기관의 크랭크축 분해 시 주의사항이다. 다음 중 적합하지 않은 사항은?
㉮ 분해 시에는 반드시 규정 토크렌치를 사용해야 한다.
㉯ 스러스트 판이 있을 때에는 변형이나 손상이 없도록 한다.
㉰ 뒤 축받이 캡에는 오일실이 있으므로 주의를 요한다.
㉱ 축받이 캡을 떼었다가 결합 시에는 제자리 방향으로 끼워야 한다.
▣ 토크렌치는 볼트나 너트를 조일 때 균일한 죔을 위하여 사용하는 렌치이다. 분해 시에는 힌지 핸들을 사용하여 일차적으로 푼 다음 스피드 핸들과 소켓 렌치를 사용하여 분해하여야 한다.

29. 연소 속도의 지연이 1/600 초, 기관의 회전수가 600rpm일 때 상사점 전 몇 도에서 점화하면 좋은가? (단, 기계적, 전기적 지연의 각도가 0.5°라 한다)
㉮ 1.5° ㉯ 6°
㉰ 6.5° ㉱ 10.5°

▣ 점화각도 $= \dfrac{360° \times R \times T}{60} = 6 \times R \times T$

$= 6 \times 600 \times \dfrac{1}{600} = 6 + 0.5° = 6.5°$

R : 회전수, T : 연소지연 시간

30. 6,000 rpm 으로 회전하는 기관의 발화지연 각도가 18°라고 하면 발화지연 시간은 몇 초이겠는가?
㉮ 1/1,000 ㉯ 1/2,000
㉰ 1/1,800 ㉱ 1/3,600

▣ 점화 각도 $= \dfrac{\text{엔진 회전수}}{60} \times 360° \times \text{연소 속도}$

$18° = \dfrac{6,000 \times 360 \times x}{60}$, $x = \dfrac{18 \times 60}{6,000 \times 360} = \dfrac{1}{2,000}$

31. 기관의 회전속도가 4,500rpm이다. 연소 지연 시간이 1/500 초라고 하면 연소 지연 시간 동

정답 22. ㉯ 23. ㉰ 24. ㉮ 25. ㉯ 26. ㉰ 27. ㉱ 28. ㉮ 29. ㉰ 30. ㉯

안에 크랭크축의 회전각은?
㉮ 45° ㉯ 50°
㉰ 52° ㉱ 54°

■ 회전 각도 = $\dfrac{\text{엔진 회전수} \times 360° \times \text{지연 속도}}{60}$

= $\dfrac{4,500}{60} \times 360 \times \dfrac{1}{500} = 54°$

㉰ 프레스로 압력을 가해서 끼운다.
㉱ 나무 망치로 가볍게 두드려서 끼운다.
■ 플라이 휠의 링 기어를 뺄 때에는 링 기어를 120 ~ 150℃ 가 되도록 가열하여 가볍게 두들겨 빼낸다. 또한 새 링 기어를 끼울 때에는 약 200 ℃ 로 가열한 후 가볍게 두들겨 끼운다.

플라이휠

1. 운동의 법칙 중 관성의 법칙을 이용하는 것에 속하는 자동차 부품은 다음 중 어느 것인가?
㉮ 커넥팅 로드 ㉯ 피스톤
㉰ 플라이 휠 ㉱ 크랭크축

2. 플라이 휠에 대한 다음 글 중 맞는 것은?
㉮ 속도의 변화를 일으키려고 사용된다.
㉯ 평행 크랭크 기구에 사용된다.
㉰ 회전력을 일정하게 유지하기 위하여 사용된다.
㉱ 크랭크가 원동절인 경우에 사용된다.

3. 플라이 휠(fly wheel)의 역할 중 가장 옳은 것은?
㉮ 회전력을 저축하여 속도를 일정하게 유지하기 위하여 필요하다.
㉯ 속도비를 크게 하기 위하여 필요하다.
㉰ 가속을 주기 위하여 필요하다.
㉱ 운동 시간을 단축하기 위하여 필요하다.

4. 플라이 휠의 무게는 무엇과 관계가 있는가?
㉮ 클러치판의 크기
㉯ 링 기어의 잇수와 지름
㉰ 크랭크축 전체의 길이
㉱ 기관의 회전수와 실린더 수

5. 플라이 휠의 링 기어를 교환할 경우 다음 작업 방법 중 가장 적합한 것은?
㉮ 링 기어를 가열하여 끼운다.
㉯ 회전반대 방향으로 나사 홈을 만들어 끼운다.

베어링

1. 자동차용 베어링의 구비조건에서 틀린 것은?
㉮ 고속도의 회전에 견딜 수 있을 것
㉯ 마찰에 의한 힘의 손실이 가능한 한 적을 것
㉰ 베어링이 손상되었을 때 정비하기 쉬울 것
㉱ 마찰 저항이 클 것

2. 주석(Sn 90%), 구리(Cu 5%), 안티몬(Sb 5%)의 메탈 베어링은?
㉮ 트리 메탈 ㉯ 배빗 메탈
㉰ 켈밋 메탈 ㉱ 화이트 메탈

3. 배빗 메탈의 주요 성분이 아닌 것은?
㉮ Sn ㉯ Fe
㉰ Sb ㉱ Cu

4. 다음 중 화이트 메탈의 주성분은?
㉮ Al, Pb, Cu, Sb
㉯ Sn, Zn, Pb, Co
㉰ Sn, Pb, Cu, Sb
㉱ Sn, Al, Pb, Cu, Sb

5. 베어링 합금으로 적당치 않은 것은?
㉮ 켈밋 메탈 ㉯ 배빗 메탈
㉰ 화이트 메탈 ㉱ Y 합금

6. 베어링이 하우징 내에서 움직이지 않게 하기 위하여 베어링의 바깥 둘레를 하우징의 둘레보다 조금 크게 하여 차이를 두는 것은? (2014년)

㉮ 베어링 크러시   ㉯ 베어링 스프레드
㉰ 베어링 돌기   ㉱ 베어링 어셈블리

7. 크랭크축 베어링 하우징의 지름과 베어링을 끼우지 않았을 때 베어링 바깥쪽 지름의 차이를 무엇이라고 하는가?

㉮ 베어링 돌기
㉯ 베어링 두께
㉰ 베어링 스프레드
㉱ 베어링 크러시

8. 크랭크축 베어링에서 스프레드를 두는 주된 이유가 아닌 것은?

㉮ 마찰열에 의한 팽창을 고려해서
㉯ 크러시가 압축됨에 따라 안으로 찌그러짐을 방지하기 위해
㉰ 캡에 베어링이 끼워져 작업이 편리하게
㉱ 베어링이 제자리에 밀착되게

9. 저널 메탈의 배빗층 두께를 바르게 설명한 것은?

㉮ 배빗층이 얇으면 오일과 함께 순환하는 먼지, 금속 분말의 매입이 곤란하다.
㉯ 길들임성, 매입성은 엷을수록 좋다.
㉰ 배빗층이 얇으면 변형이 생기기 쉽다.
㉱ 배빗층이 두터울수록 좋다.

10. 다음 중 크랭크축 베어링과 저널 간극의 측정에서 쓰이는 게이지 중 가장 적합한 것은?

㉮ 텔레스코핑 게이지
㉯ 플라스틱 게이지
㉰ 다이얼 게이지
㉱ 필러 게이지

■ 베어링의 오일 간극의 측정은 플라스틱 게이지를 사용하는 방법과 마이크로미터를 사용하는 방법이 있다.

11. 크랭크축과 베어링과의 오일 간극은 대략 다음과 같은 범위에 있어야 한다. 어느 것인가?

㉮ 0.03~0.05 mm   ㉯ 0.38~0.76 mm
㉰ 0.76~0.96 mm   ㉱ 0.1~1.0 mm

12. 크랭크축 베어링의 오일 간극이 클 때 일어나는 현상으로 다음 중 가장 적당치 않은 것은?

㉮ 베어링에 소결이 일어난다.
㉯ 오일의 유출량이 많다.
㉰ 운전 중 이상음이 난다.
㉱ 유압이 저하된다.

13. 크랭크 핀 축받이 오일 간극이 커지면 다음 중 어느 것에 해당하는가?

㉮ 연소실에 올라가는 기름의 양이 적어진다.
㉯ 실린더 벽에 뿜어지는 기름이 부족하다.
㉰ 유압이 낮아진다.
㉱ 유압이 높아진다.

14. 크랭크 핀과 축받이의 간극이 커졌을 때 일어나는 현상이 아닌 것은?

㉮ 유압이 낮다.
㉯ 윤활유 소비량이 많다.
㉰ 흑색 연기를 뿜는다.
㉱ 운전 중 심한 타음이 난다.

■ 배기가스의 색이 흑색 연기를 배출시키는 원인은 연소실에 공급되는 혼합기가 농후할 때 발생된다.

단원 14 밸브 장치

1. 밸브 기구에 로커암이 없는 기관의 형식은?
   - ㉮ OHC 기관
   - ㉯ L형 기관
   - ㉰ I형 기관
   - ㉱ F형 기관

2. OHC 기관은 무엇을 말하는가?
   - ㉮ 밸브 기구가 실린더 헤드에 설치된 기관
   - ㉯ 밸브 기구가 개방된 기관
   - ㉰ 캠축이 실린더 헤드 위에 설치된 기관
   - ㉱ 밸브 기구가 실린더 옆에 설치된 기관

3. 다음에서 밸브 기구의 캠축이 헤드에 설치된 것은?
   - ㉮ OHL 엔진
   - ㉯ OHV 엔진
   - ㉰ OHC 엔진
   - ㉱ OHI 엔진

4. Double Over Head Camshaft 엔진의 장점이라고 할 수 없는 것은?
   - ㉮ 구조가 간단하고 생산 단가가 낮다.
   - ㉯ 허용 최고 회전수의 향상
   - ㉰ 흡입 효율의 향상
   - ㉱ 높은 연소 효율
   - ■ DOHC 엔진의 특징
     ① 흡입 효율이 향상된다.
     ② 허용 최고 회전수가 향상된다.
     ③ 연소 효율이 향상된다.
     ④ 응답성이 향상된다.
     ⑤ 구조가 복잡하고 생산 단가가 고가이다.

5. 캠축의 재료로 사용되지 않는 것은?
   - ㉮ 고속도강
   - ㉯ 단조강
   - ㉰ 주철
   - ㉱ 주강

6. 캠에서 기초원(base circle)과 노즈와의 거리를 무엇이라 하는가?
   - ㉮ 로브(love)
   - ㉯ 플랭크(flank)
   - ㉰ 노즈(nose)
   - ㉱ 양정(lift)

7. 캠과 태핏을 오프셋(off-set)하는 이유로 가장 알맞은 것은?
   - ㉮ 측압을 감소시키기 위하여
   - ㉯ 한 부분만의 마모를 감소시키기 위하여
   - ㉰ 정숙한 운전을 위하여
   - ㉱ 축방향의 놀음을 위하여
   - ■ 캠과 태핏을 옵셋 시키는 이유는 밸브를 개폐시킬 때 태핏을 회전시켜 태핏 밑면의 편 마멸을 방지한다.

8. 소형 자동차의 경우 타이밍 기어의 런아웃의 한계값은 얼마인가?
   - ㉮ 0.05mm
   - ㉯ 0.10mm
   - ㉰ 0.25mm
   - ㉱ 0.30mm
   - ■ 타이밍 기어의 런아웃 한계는 일반적으로 0.25 mm 이며, 이를 넘으면 타이밍 기어를 교환하여야 한다.

9. 다음 설명 중 적합한 것은?
   - ㉮ 커넥팅 로드의 휨 수정은 가열하여 행한다.
   - ㉯ 크랭크축의 축방향 흔들림이 많을 때는 베어링 캡 볼트를 조이면 좋다.
   - ㉰ 밸브 개폐시기는 타이밍 기어의 백래시에 영향을 받는다.
   - ㉱ 배기량이 큰 엔진일수록 압축압력은 높다.

10. 캠축 타이밍 기어와 크랭크축 타이밍 기어의 백래시를 측정해 보니 0.4mm였다. 이때 조치 사항 중 옳은 것은?
    - ㉮ 캠축 타이밍 기어를 교환한다.
    - ㉯ 크랭크축 타이밍 기어만을 교환한다.
    - ㉰ 규정값 이내이니 그대로 써도 무방하다.
    - ㉱ 캠축 백래시 조정 기구를 설치하여 조정할 수 있다.
    - ■ 타이밍 기어의 백래시는 0.2 ~ 0.3 mm이다. 크랭크축 타이밍 기어는 저 탄소 침탄강이나 크롬을 표면 경화시켜 사용하고 캠축 타이밍 기어는 베크라이트 등의 합성수지 재료로 되어 있기 때문에 백래시가 규정값 이상이 되면 캠축 타이밍 기어를 교환한다.

11. 기관 캠축의 굽힘을 다이얼 게이지로 측정하였더니 최대부가 25mm, 최소부가 13mm 사이에서 지침이 움직였다. 굽힘 정도는 얼마인가?
    - ㉮ 0.012 mm
    - ㉯ 0.06 mm
    - ㉰ 6 mm
    - ㉱ 12 mm
    - ■ 휨값은 다이얼 게이지 움직임량의 1/2이다.

정답 1. ㉯ 2. ㉰ 3. ㉰ 4. ㉮ 5. ㉯ 6. ㉱ 7. ㉯ 8. ㉰ 9. ㉰ 10. ㉮ 11. ㉯

$$휨량 = \frac{최대값 - 최소값}{2}$$

$$= \frac{0.25mm - 0.13mm}{2} = 0.06mm$$

12. 정상 운전 중인 기관의 배기 밸브에서 가장 온도가 높은 곳은?
   ㉮ 마진   ㉯ 헤드의 중심부
   ㉰ 페이스   ㉱ 스템의 중간
   ■ 밸브 헤드는 고온 고압의 가스에 노출되어 있으며, 특히 배기 밸브인 경우에는 열적 부하가 매우 크다. 정상 운전 중인 상태에서 밸브 헤드의 중간 부분이 온도가 가장 높다.

13. 고속 회전을 목적으로 하는 기관에서는 흡기 밸브와 배기 밸브 중 어느 것이 더 크게 만들어져 있는가?
   ㉮ 흡기 밸브
   ㉯ 배기 밸브
   ㉰ 양 밸브의 치수는 동일하다.
   ㉱ 1번 배기 밸브
   ■ 흡입 밸브 헤드의 지름은 배기 밸브 헤드의 지름보다 크게 만들어져 있다. 그 이유로는 고속 회전시에 흡입 저항이 증가하여 흡입 효율이 저하되는 것을 방지하기 위함이다.

14. 일반적으로 밸브 시트의 접촉폭으로 가장 알맞은 것은?
   ㉮ 0.5~1.0mm   ㉯ 1.5~2mm
   ㉰ 3~3.5mm   ㉱ 4~5mm

15. 밸브 시트와 밸브의 접촉각이 45° 일 때 사용되는 밸브 시트 커터의 각은?
   ㉮ 5°, 45°, 60°   ㉯ 10°, 45°, 70°
   ㉰ 15°, 45°, 75°   ㉱ 20°, 45°, 65°

16. 다음은 밸브의 간섭각 크기를 표시한 것이다. 알맞은 것은?
   ㉮ 1/4~1°   ㉯ 1~2°
   ㉰ 1 1/2~2 1/2°   ㉱ 2~3°

17. 밸브 래핑 작업에서 안전하게 작업한 사람은?
   ㉮ 래퍼를 양손에 끼고 오른쪽으로 돌렸다.
   ㉯ 래퍼를 양손에 끼고 왼쪽으로 돌리면서 이따금 가볍게 충격을 준다.
   ㉰ 래퍼를 양손에 끼고 좌우로 돌리면서 이따금 가볍게 충격을 준다.
   ㉱ 래퍼를 양손에 끼고 좌우로 돌렸다.

18. 밸브 스템을 중공으로 하여 그 속에 넣어 냉각 효과를 돕는 물질은?
   ㉮ 라듐   ㉯ 나트륨
   ㉰ 알루미늄   ㉱ 바륨
   ■ 밸브 스템 내부를 중공으로 하고 중공 체적의 40~60%를 열전도성이 좋은 금속 나트륨을 봉입하여 기관의 작동 중에 밸브 헤드의 열을 100 ℃ 정도 저하시킨다.

19. 밸브 스템의 끝부분은 어떻게 다듬어야 하는가?
   ㉮ 오목면으로 다듬어야 한다.
   ㉯ 볼록면으로 다듬어야 한다.
   ㉰ 평면으로 다듬어야 한다.
   ㉱ 둥글게 다듬어야 한다.

20. 밸브 스템 엔드부의 찌그러짐 원인에 해당되는 해설은?
   ㉮ 밸브와 로커암 틈새가 클 때
   ㉯ 밸브 스프링의 장력이 클 때
   ㉰ 밸브 태핏의 오프셋 효과가 일어날 때
   ㉱ 밸브와 로커암 틈새가 적을 때
   ■ 밸브 간극의 변화는 밸브 개폐시기에 영향을 준다. 밸브 간극이 크면 소음이 발생하고 밸브 기구의 각 부에 충격적인 힘을 주게 된다.

21. 밸브 스템의 휨 검사에 사용하는 공구류가 아닌 것은?
   ㉮ 다이얼 게이지   ㉯ V 블록
   ㉰ 텔레스코핑 게이지 ㉱ 정반

22. 밸브 가이드(valve guide) 편마모의 원인 중 틀리는 것은?
   ㉮ 밸브 헤드의 변형이 일어날 때
   ㉯ 밸브 스프링의 직각도 불량

정 답 12. ㉯ 13. ㉮ 14. ㉯ 15. ㉰ 16. ㉮ 17. ㉰ 18. ㉯ 19. ㉰ 20. ㉮ 21. ㉰ 22. ㉮

㉰ 밸브 가이드 자체가 휨이 있을 때
㉱ 밸브 스프링의 끼움이 불량할 때
■ 밸브 가이드 편마모의 원인
① 밸브 스프링이 변형되었을 때
② 밸브 가이드가 휘었을 때
③ 밸브 스프링의 설치가 불량할 때

23. 일반적으로 소형 자동차의 경우 밸브 스템과 가이드의 틈새는 몇 mm를 넘으면 교환하여야 하는가?
㉮ 0.05mm ㉯ 0.10mm
㉰ 0.20mm ㉱ 0.30mm

24. 밸브 서징현상의 설명 중 가장 알맞은 것은?
㉮ 밸브가 고속 회전에서 저속으로 변화할 때 스프링 장력의 차가 생기는 현상
㉯ 고속 시 밸브 스프링의 신축이 심하여 밸브의 고유 진동수와 캠의 회전수가 공명에 의해 스프링이 튕기는 현상
㉰ 흡·배기 밸브가 동시에 열리는 현상
㉱ 밸브가 열릴 때 천천히 열리는 현상
■ 밸브 스프링 서징현상 : 캠에 의한 밸브의 개폐 횟수가 밸브 스프링의 고유 진동과 같거나 또는 그 정수배로 되었을 때 밸브 스프링은 캠에 의한 강제 진동과 스프링 자체의 고유 진동이 공진하여 캠에 의한 작동과 상관없이 진동을 일으킨다. 이러한 현상을 밸브 스프링 서징이라 한다.

25. 밸브 스프링의 서징 현상이 일어나면 다음 어떤 현상이 일어나는가?
㉮ 밸브 개폐 시기가 틀려진다.
㉯ 기관의 회전수가 증가하여 소음이 커진다.
㉰ 밸브의 고유 진동이 낮아진다.
㉱ 기관의 회전이 고르지 못하고 저속이 듣지 않는다.

26. 밸브 스프링의 점검과 관계없는 것은?
㉮ 직각도 ㉯ 자유높이
㉰ 스프링 장력 ㉱ 코일의 수

27. 밸브 스프링의 자유 높이 감소 한도를 규정 높이의 5%로 할 때 90mm인 것이 85mm로 감소한 것을 사용할 수 있는가?
㉮ 4 % 감소이므로 사용이 가능함
㉯ 5 % 감소이므로 사용이 가능함
㉰ 6 % 감소이므로 사용이 불가능함
㉱ 7 % 감소이므로 사용이 불가능함
■ 감소율(%) = $\frac{규정\ 높이 - 변화된\ 높이}{규정\ 높이} \times 100$
= $\frac{90-85}{90} \times 100 = 5.5\%$
∴ 밸브 스프링의 감소율은 6%이므로 사용이 불가능하다.

28. 밸브 스프링의 직각도는 스프링 자유고 100 mm에 대하여 변형된 것이 다음 중 얼마일 경우에 교환하는가?
㉮ 1mm 이상 ㉯ 3mm 이상
㉰ 10% 이상 ㉱ 15% 이상

29. 밸브 스프링의 점검 사항에 알맞은 것은?
㉮ 배기 밸브 스프링을 교환하면 흡입 밸브 스프링도 교환하여야 한다.
㉯ 직각도가 불량하면 밸브 태핏 틈새가 작아진다.
㉰ 장력이 약하면 실린더 마멸의 원인이 된다.
㉱ 스프링 코일 틈새를 좁고 넓게 한 것은 밸브 스프링의 서징 현상을 방지하기 위함이다.

30. 밸브 간극은 작동 형식에 따라 리프터의 일반적인 간극 조정은?
㉮ 흡입 밸브 : 0.20~0.35mm,
배기 밸브 : 0.30~0.40mm
㉯ 흡입 밸브 : 0.02~0.03mm,
배기 밸브 : 0.03~0.04mm
㉰ 흡입 밸브 : 0.50~0.55mm,
배기 밸브 : 0.60~0.65mm
㉱ 흡입 밸브 : 0.70~0.75mm,
배기 밸브 : 0.50~0.55mm

31. 기관이 열간시 배기 밸브의 밸브 간극은 일반적으로 보통 몇 mm인가?
㉮ 0.020~0.025mm ㉯ 0.030~0.040mm
㉰ 0.10~0.20mm ㉱ 0.30~0.40mm

정답 23. ㉮ 24. ㉯ 25. ㉮ 26. ㉱ 27. ㉰ 28. ㉯ 29. ㉱ 30. ㉮ 31. ㉮

32. 흡기 밸브와 배기 밸브의 간극 조정에 관한 사항 중 맞는 것은?
- ㉮ 흡기 밸브와 배기 밸브의 간극은 관계없다.
- ㉯ 배기 밸브의 간극이 크다.
- ㉰ 흡기 밸브의 간극이 크다.
- ㉱ 흡기 밸브와 배기 밸브의 간극은 같다.

33. 기관에서 흡입 밸브의 밀착이 불량할 때 일어나는 현상은?
- ㉮ 역화
- ㉯ 실화
- ㉰ 후화
- ㉱ 정화

34. 밸브 오버랩에 대한 설명으로 옳은 것은? (2014년)
- ㉮ 밸브 스프링을 이중으로 사용 하는 것
- ㉯ 밸브 시트와 면의 접촉 면적
- ㉰ 흡·배기 밸브가 동시에 열려 있는 상태
- ㉱ 로커 암에 의해 밸브가 열리기 시작할 때

35. 밸브의 지름이 160mm이면 양정(lift)은 얼마인가?
- ㉮ 20mm
- ㉯ 40mm
- ㉰ 60mm
- ㉱ 80mm

■ $h = \dfrac{D}{4} = \dfrac{160mm}{4} = 40mm$

36. 밸브면의 지름이 36mm일 때 이 밸브의 양정(lift)은 얼마 정도가 적당한가?
- ㉮ 9mm
- ㉯ 10mm
- ㉰ 11mm
- ㉱ 12mm

■ $h = \dfrac{D}{4} = \dfrac{36mm}{4} = 9mm$

37. 4 사이클 기관의 밸브 개폐 시기가 다음과 같다. 흡기 행정 기간은 몇 도인가?

> 흡기 밸브 열림 : 상사점 전 20°
> 흡기 밸브 닫힘 : 하사점 후 55°
> 배기 밸브 열림 : 하사점 전 50°
> 배기 밸브 닫힘 : 상사점 후 15°

- ㉮ 215°
- ㉯ 235°
- ㉰ 245°
- ㉱ 255°

■ 흡기 행정기간 = 흡기 밸브 열림 + 180° + 흡기 밸브 닫힘
= 20° + 180° + 55° = 255°

38. 다음 그림에서 푸시로드의 양정이 6.2mm일 때 밸브의 양정은?(단, 밸브 간극은 0.3mm이다)
- ㉮ 0.3 mm
- ㉯ 1.5 mm
- ㉰ 9.0 mm
- ㉱ 9.3 mm

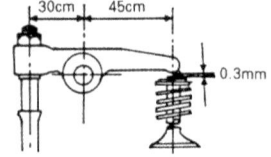

■ 밸브 양정 = $\dfrac{캠 양정 \times 밸브쪽 로커암 길이}{캠쪽 로커암의 길이}$ - 밸브 간극

= $\dfrac{6.2mm \times 45mm}{30mm} - 0.3mm$

= 9.0mm

39. 배기 밸브는 하사점(BDC) 전 52°에서 열리고 상사점(TDC) 후 10°에서 닫힌다. 배기 밸브의 열림각은?
- ㉮ 62°
- ㉯ 118°
- ㉰ 242°
- ㉱ 298°

■ 배기 행정기간 = 배기 밸브 열림 + 180° + 배기 밸브 닫힘
= 52° + 180° + 10° = 242°

40. 4행정 기관의 밸브 개폐시기가 다음과 같다. 흡기행정 기간과 밸브 오버랩은 각각 몇 도인가?

> 흡기 밸브 열림 : 상사점 전 18°
> 흡기 밸브 닫힘 : 하사점 후 48°
> 배기 밸브 열림 : 하사점 전 48°
> 배기 밸브 닫힘 : 상사점 후 13°

- ㉮ 흡기행정기간 : 246°, 밸브오버랩 : 18°
- ㉯ 흡기행정기간 : 241°, 밸브오버랩 : 18°
- ㉰ 흡기행정기간 : 180°, 밸브오버랩 : 31°
- ㉱ 흡기행정기간 : 246°, 밸브오버랩 : 31°

정답 32. ㉯ 33. ㉮ 34. ㉰ 35. ㉯ 36. ㉮ 37. ㉱ 38. ㉰ 39. ㉰ 40. ㉱

■ 흡기 행정기간 = 흡기 밸브 열림 + $180°$
　　　　　　　　+ 흡기 밸브 닫힘
　　　　　　= $18° + 180° + 48° = 246°$

밸브 오버랩 = 흡기 밸브 열림각
　　　　　　+ 배기 밸브 닫힘각
　　　　 = $18° + 13° = 31°$

41. 어떤 4 사이클 기관의 밸브 타이밍은 흡기 밸브의 열려 있는 기간이 242°(크랭크각도), 배기 밸브의 열려 있는 기간이 247°, 흡기 밸브의 열리기 시작한 시기는 상사점 전 13°, 배기 밸브의 닫히기 끝이 상사점 후 16°였다. 여기서 배기 밸브의 열리기 시작한 시기는 하사점 전 몇 도인가?
  ㉮ 13°　　　　㉯ 16°
  ㉰ 42°　　　　㉱ 51°
  ■ 배기 밸브 열림 각도 = 배기 밸브 열림 + $180°$
　　　　　　　　　　　+ 배기 밸브 닫힘
　　열림 시작 각도 = 총 열림 각도
　　　　　　　　　　$-(180° + 밸브 닫힘 각도)$
　　　　　　　= $247° - (180° + 16°) = 51°$

 ## 윤활장치

1. 다음 중 윤활유에 대한 설명으로 틀린 것은?
  ㉮ 인화점이 높은 것이 좋다.
  ㉯ 응고점이 낮은 것이 좋다.
  ㉰ SAE 번호는 점도를 나타낸다.
  ㉱ 점도 지수가 크면 온도에 의한 점도 변화가 크다.

2. 윤활유의 성질에서 요구되는 사항이 아닌 것은?
  ㉮ 비중이 적당할 것
  ㉯ 인화점 및 발화점이 낮을 것
  ㉰ 점성과 온도와의 관계가 양호할 것
  ㉱ 카본의 생성이 적으며, 강인한 유막을 형성하여 쉽게 산화하지 말 것

3. 전압송식에서 급유 방법의 장점이 아닌 것은?
  ㉮ 베어링 면의 유압이 높으므로 항상 안전한 급유가 가능하다.
  ㉯ 크랭크 케이스 내에 윤활유 양을 적게 하여도 된다.
  ㉰ 배유관 고장이나 기름 통로가 막혀도 급유를 할 수 있다.
  ㉱ 각 주유부의 급유를 고루 할 수 있다.

4. 구조는 둥근 하우징과 그 속에 편심으로 설치되어 있는 로터가 있다. 로터는 2개 이상의 날개가 있는데 로터에 있는 홈에 스프링을 사이에 두고 끼워져 있다. 이 펌프는?
  ㉮ 플런저 펌프　　㉯ 원심 펌프
  ㉰ 왕복 펌프　　　㉱ 베인 펌프

5. 윤활장치 내의 유압 조정 밸브는 어떠한 작용을 하는가?
  ㉮ 불충분한 윤활을 유지한다.
  ㉯ 유압이 높아지는 것을 방지한다.
  ㉰ 유압을 낮게 유지한다.
  ㉱ 오일 순환을 적당하게 한다.

6. 유압 조정 밸브의 조정 방법이 알맞은 것은?
  ㉮ 조정 밸브가 열리도록 하면 유압이 높아진다.
  ㉯ 조정 스크루를 죄면 유압이 높아진다.
  ㉰ 조정 스크루를 풀면 유압이 높아진다.
  ㉱ 조정 밸브가 닫히도록 하면 유압이 낮아진다.
  ■ 유압 조정 스크루를 죄면 스프링의 장력이 증대되기 때문에 유압이 높아지고 조정 스크루를 풀면 스프링의 장력이 약해지므로 유압은 낮아진다.

7. 기관의 유압이 낮은 원인으로 틀린 것은?
  ㉮ 오일 필터의 막힘
  ㉯ 오일 펌프 흡입구의 막힘
  ㉰ 유압 조정 밸브 접촉면의 불량
  ㉱ 기관 오일의 부족

정답 41. ㉱　　1. ㉱　2. ㉯　3. ㉰　4. ㉱　5. ㉯　6. ㉯　7. ㉮

8. 윤활 펌프에서 공급된 윤활유가 전부 여과기를 통해서 윤활부로 공급되어 윤활되는 형식은?
   ㉮ 분류식   ㉯ 자력식
   ㉰ 전류식   ㉱ 샨트식

9. 기관의 오일펌프 사용 종류로 적합하지 않는 것은?
   ㉮ 기어 펌프   ㉯ 피드 펌프
   ㉰ 베인 펌프   ㉱ 로터리 펌프

10. 기관 오일의 점검과 교환에 대한 설명 중 옳은 것은?
    ㉮ 운전 조건에 관계없이 일정 시기마다 교환한다.
    ㉯ 가급적 오래 사용하는 편이 유리하다.
    ㉰ 기관이 공회전일 때 오일의 양을 점검한다.
    ㉱ 정상 작동 온도에서 교환한다.

11. 윤활유의 윤활작용 이점과 거리가 먼 것은?
    ㉮ 동력손실을 적게 한다.
    ㉯ 노킹현상을 방지한다.
    ㉰ 기계적 손실을 적게 하며, 냉각작용도 한다.
    ㉱ 부식과 침식을 예방한다.

12. 기관에서 윤활유 소비가 과대한 원인으로 다음 중 가장 적당한 것은?
    ㉮ 기관의 과열
    ㉯ 라디에이터의 기능 약화
    ㉰ 피스톤 링의 마멸
    ㉱ 조기 점화

13. 엔진 오일의 색이 우유색에 가까운 경우의 원인은?
    ㉮ 가솔린 속의 4에틸납의 연소 생성물이 섞여 있다.
    ㉯ 가솔린이 유입되었다.
    ㉰ 노킹이 발생하였다.
    ㉱ 냉각수가 섞여있다.
    ■ 오일의 색
      ① 검정색에 가까운 경우 : 심하게 오염되었을 때
      ② 붉은색에 가까운 경우 : 유연 가솔린이 유입되었을 때
      ③ 우유색에 가까운 경우 : 냉각수가 유입되었을 때
      ④ 회색에 가까운 경우 : 유연 가솔린의 4 에틸납의 연소 생성물이 혼입되었을 때

14. 오일의 상태를 살펴보았더니 회색이 나타났다. 그 원인은 무엇인가?
    ㉮ 가솔린이 유입되었다.
    ㉯ 연소가스의 생성물이 혼합되었다.
    ㉰ 오일에 냉각수가 포함되었다.
    ㉱ 더러워진 상태로서 교환시기가 지났다.

15. 기관 오일을 사용 시 가장 주의할 점으로 바른 것은?
    ㉮ 불에 조심할 것
    ㉯ 될 수 있는 한 많이 주유할 것
    ㉰ 점도가 다른 것은 서로 섞어서 사용하지 말 것
    ㉱ 제조회사에 관계없이 보충할 것

16. 기관의 급유 통로가 막혔을 때의 검사 방법은?
    ㉮ 물감을 넣어 검사한다.
    ㉯ 압축 공기로 검사한다.
    ㉰ 유압계로 검사한다.
    ㉱ 긴 철사를 넣어 검사한다.
    ■ 여러 회로를 서로 막아가며 압축 공기로 검사한다.

17. API 분류에서 가장 운전 조건이 좋은 경부하용(가솔린 기관)에 사용되는 윤활유로 가장 좋은 것은?
    ㉮ CD   ㉯ MS
    ㉰ ML   ㉱ MM

18. 기관에서 윤활의 목적이 아닌 것은?
    ㉮ 마찰과 마멸방지
    ㉯ 응력집중작용
    ㉰ 밀봉작용
    ㉱ 세척작용

19. 윤활유가 연소실에 올라와서 연소 될 때 색으로 가장 적합한 것은?
    ㉮ 백색   ㉯ 청색
    ㉰ 흑색   ㉱ 적색

20. 윤활유 소비 증대에 가장 큰 원인은?
　㉮ 비산과 누설　　㉯ 압력과 비산
　㉰ 압력과 희석　　㉱ 연소와 누설

21. 다음 중 주로 고온고부하용 디젤 기관에 주로 쓰이는 윤활유는?
　㉮ DM　　　　　㉯ DG
　㉰ DL　　　　　㉱ DS

22. 윤활유의 인화점, 발화점이 낮을 때 발생할 수 있는 것은?
　㉮ 화재 발생의 원인이 된다.
　㉯ 연소불량 원인이 된다.
　㉰ 압력저하 요인이 발생한다.
　㉱ 점성과 온도 관계가 양호하게 된다.

23. 기관 오일펌프의 종류에 맞지 않는 것은?
　㉮ 기어 펌프　　㉯ 피스톤 펌프
　㉰ 베인 펌프　　㉱ 로터리 펌프

24. 두 개의 코일에 흐르는 전류의 크기를 저항에 의하여 가감하도록 되어 있는 급유용 압력계는 다음 중 어느 것인가?
　㉮ 바이메탈 서모스탯식 유압계
　㉯ 밸런싱 코일식 유압계
　㉰ 압력 팽창식 유압계
　㉱ 전 수압식 유압계

25. 그림과 같이 오일펌프에 의해 압송되는 윤활유가 모두 여과기를 통과한 다음 공급되는 방식은?

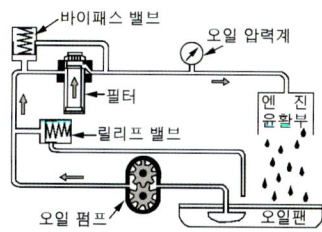

　㉮ 샨트식　　　　㉯ 자력식
　㉰ 분류　　　　　㉱ 전류식

냉각장치

1. 냉각장치에서 흡수되는 열은 연료의 전 발열양의 몇 % 정도인가?
　㉮ 25~50 %　　㉯ 30~35 %
　㉰ 40~50 %　　㉱ 50~60 %
　■ 열 손실의 3분 법칙
　　① 냉각수에 의한 손실 : 30~35 %
　　② 배기에 의한 손실 : 30~35 %
　　③ 기계적 마찰에 의한 손실 : 5~10 %

2. 기관을 냉각시키는 방식이다. 적당하지 않은 것은?
　㉮ 강제 순환식은 냉각수를 물 펌프에 의하여 순환시키는 형식
　㉯ 자연 순환식은 대형 기관에 쓰이며, 물의 대류작용을 이용한 것이다.
　㉰ 강제 통풍식은 냉각 팬을 설치, 강제로 다량의 냉각된 공기로 냉각시키는 방식
　㉱ 자연 통풍식은 주행시 받는 냉각된 공기에 의하여 냉각시키는 방식
　■ 자연 순환식은 냉각수를 대류에 의해 순환시키는 방식으로서 고성능 기관에는 부적합하다.

3. 기관이 과냉 되었을 때 기관의 운전성에 미치는 영향은?
　㉮ 점화 불량과 압축 과대
　㉯ 연료 및 흡입 공기 과잉
　㉰ 출력 저하로 연료 소비 증대
　㉱ 냉각수 비등과 조절기의 열림

4. 자동차 엔진의 냉각 장치에 대한 설명 중 적절하지 않은 것은? (2015)
　㉮ 강제 순환식이 많이 사용된다.
　㉯ 냉각 장치 내부에 물때가 많으면 과열의 원인이 된다.
　㉰ 서모스텟에 의해 냉각수의 흐름이 제어된다.
　㉱ 엔진 과열시에는 즉시 라디에이터 캡을 열고 냉각수를 보급하여야 한다.

정답　20. ㉱　21. ㉱　22. ㉮　23. ㉯　24. ㉯　25. ㉱　　1. ㉯　2. ㉯　3. ㉰　4. ㉱

5. 다음 사항 중 기관이 과열되는 원인이 아닌 것은?
   ㉮ 냉각수의 양이 적다.
   ㉯ 수온 조절기가 열려 있다.
   ㉰ 라디에이터 코어가 20% 이상 막혔다.
   ㉱ 물 펌프의 작동이 불량하다.

6. 엔진이 과열되는 원인이 아닌 것은?
   ㉮ 점화시기 조정 불량
   ㉯ 물 펌프 용량 과대
   ㉰ 수온조절기 과소 개방
   ㉱ 라디에이터 핀에 다량의 이물질 부착

7. 전자제어 엔진에서 전동 팬 작동에 관한 내용으로 가장 부적합한 것은?
   ㉮ 전동 팬의 작동은 엔진의 수온센서에 의해 작동된다.
   ㉯ 전동 팬은 릴레이를 통하여 작동된다.
   ㉰ 전동 팬 고장 시 역회전이 될 수 있다.
   ㉱ 전동 팬 고장 시 블로워 모터로 기관을 냉각시킬 수 있다.

8. 과열된 엔진에 냉각수를 보충 할 때의 안전대책으로 적당한 것은?
   ㉮ 작동 상태에서 캡을 열고 물을 보충한다.
   ㉯ 시동을 끄고 잠시 후 물을 보충한다.
   ㉰ 즉시 물을 보충한다.
   ㉱ 공회전 상태에서 잠시 후 물을 보충한다.
   ■ 엔진이 과열되었을 때는 공회전 상태에서 잠시 후 냉각수를 보충하여야 한다.

9. 냉각장치의 냉각수 비점을 올리기 위한 장치는 다음 어느 것인가?
   ㉮ 냉각핀
   ㉯ 진공캡식
   ㉰ 압력캡식
   ㉱ 물 재킷
   ■ 압력식 캡은 압력 조절용 밸브가 설치되어 냉각장치 내의 압력을 0.2 ~ 0.9 kgf/cm² 정도 상승시킬 수 있으며, 냉각수의 비점을 112℃로 상승시키기 위하여 사용된다.

10. 수랭식 엔진에 있어서 엔진의 열을 냉각시키기 위한 것으로 라디에이터와 냉각 팬을 들 수 있다. 엔진의 온도를 적당하게 유지시키기 위한 것이 있다면 그것은?
    ㉮ 오일 쿨러
    ㉯ 히트 컨트롤 밸브
    ㉰ 워터 펌프
    ㉱ 서모스탯
    ■ 서모스탯은 실린더 헤드 냉각수 출구에 설치되어 냉각수 온도가 65℃에서 서서히 열리기 시작하여 95℃에서 완개되며, 수온에 따라 냉각수 통로를 개폐하여 냉각수 온도를 알맞게 유지시키는 역할을 한다.

11. 겨울철에 히터를 작동시켜도 온도가 올라가지 않는다. 주원인은? (단, 냉각수의 순환은 정상이다)
    ㉮ 온도 미터의 고장이다.
    ㉯ 서모스탯의 고장이다.
    ㉰ 워터 펌프의 고장이다.
    ㉱ 라디에이터 코어가 막혔다.

12. 정온기의 종류 중 왁스실에 왁스를 넣어 온도가 상승함에 따라 팽창 축을 올려 열리게 하는 식은?
    ㉮ 바이메탈형
    ㉯ 벨로즈형
    ㉰ 펠릿형
    ㉱ 에테르형
    ■ 정온기의 종류는 벨로즈 내에 에테르나 알코올을 봉입하여 작용하는 벨로즈형과 작용 물질을 왁스와 합성 고무를 사용하는 펠릿형이 있다.

13. 신품 방열기의 용량이 3.0L이고, 사용 중인 방열기의 용량이 2.4L일 때 코어 막힘율은?
    ㉮ 55 %
    ㉯ 30 %
    ㉰ 25 %
    ㉱ 20 %
    ■ 막힘율 = $\dfrac{신품\ 용량 - 구품\ 용량}{신품\ 용량} \times 100$
    $= \dfrac{3 - 2.4}{3} \times 100 = 20\%$

14. 라디에이터의 구조에 속하지 않는 것은?
    ㉮ 냉각수 입구
    ㉯ 코어
    ㉰ 수온 조절기
    ㉱ 위탱크

15. 승용차 팬 벨트의 장력은 벨트 중심을 엄지손가락으로 10kgf의 힘으로 눌렀을 때 몇 mm의 눌림이 있도록 조정하는 것이 가장 좋은가?

정답 5. ㉯ 6. ㉯ 7. ㉱ 8. ㉱ 9. ㉰ 10. ㉱ 11. ㉯ 12. ㉰ 13. ㉱ 14. ㉰ 15. ㉯

㉮ 11~14mm ㉯ 13~20mm
㉰ 30~35mm ㉱ 43~47mm
■ 팬 벨트의 장력은 엄지손가락으로 10 kgf 의 힘으로 눌렀을 때 13 ~ 20mm의 장력이 있어야 한다.

16. 압력식 라디에이터에서 캡의 규정 압력은 대략 게이지 압력으로 얼마나 되는가?
㉮ 0.1~0.2 kgf/cm² ㉯ 0.2~0.9 kgf/cm²
㉰ 1.0~2.0 kgf/cm² ㉱ 2.0~9.0 kgf/cm²

17. 방열기 압력식 캡에 관하여 설명한 것이다. 알맞은 것은?
㉮ 게이지 압력은 2~3 kgf/cm²이다.
㉯ 부압 밸브는 방열기 내의 부압이 빠지지 않도록 하기 위함이다.
㉰ 냉각 효과를 크게, 그 범위를 넓히기 위하여 사용한다.
㉱ 냉각수 주입량은 캡 끝까지 채운다.
■ 압력식 캡은 냉각수의 비점을 112 ℃ 로 높이기 위해서 사용하며, 냉각장치 내의 압력을 0.2~0.9 kgf/cm²로 높이기 위해서 사용된다.

18. 다음 중 압력식 라디에이터 캡의 설명으로 옳은 것은?
㉮ 냉각장치 내의 압력을 1.5 kgf/cm²정도 올려 비점을 130 ℃ 정도로 한다.
㉯ 냉각장치 내의 압력을 1 kgf/cm²정도 올려 비점을 125 ℃ 정도로 한다.
㉰ 냉각장치 내의 압력을 0.5 kgf/cm²정도 올려 비점을 112 ℃ 정도로 한다.
㉱ 냉각장치 내의 압력을 2.0 kgf/cm²정도 올려 비점을 130 ℃ 정도로 한다.

19. 기관의 방열기에서 오버 플로우 파이프가 설치된 이유는?
㉮ 과열을 방지하는 것이다.
㉯ 냉각수 온도를 높여주는 것이다.
㉰ 냉각수를 보충하는 것이다.
㉱ 여분의 냉각수를 배출하는 것이다.
■ 라디에이터의 냉각수 주입구 옆에 설치된 오버 플로우 파이프는 여분의 냉각수를 배출하며 냉각장치 내의 압력이 규정압력 이상이 되었을 때 배출하고 압력이 낮아지면 냉각수 리저브 탱크에서 냉각수를 유입시키는 역할을 한다.

20. 방열기 캡을 열어 보았더니 냉각수에 기름이 떠 있다. 그 원인은 무엇인가?
㉮ 폭발 압력의 과다 ㉯ 헤드 볼트의 이완
㉰ 헤드 가스켓 고착 ㉱ 압축 압력의 과다
■ 냉각수에 기름이 떠 있는 원인은 실린더 헤드 개스킷이 파손되었거나 또는 실린더 헤드 볼트가 이완되면 냉각수 통로에 엔진의 오일이 유입된다.

21. 엔진은 과열하지 않고 있는데 방열기 내에 기포가 생긴다. 맞는 것은?
㉮ 크랭크 케이스에 압축 누설
㉯ 실린더 헤드 가스켓의 불량
㉰ 서모스탯 기능 불량
㉱ 냉각수량 과다

22. 압축 공기로 라디에이터를 청소할 때 주의사항 중 옳은 것은?
㉮ 워터 재킷쪽으로 불어 댄다.
㉯ 엔진 쪽으로 불어 댄다.
㉰ 엔진 쪽에서 불어 댄다.
㉱ 냉각 팬쪽으로 불어 댄다.
■ 라디에이터의 냉각 핀 청소는 공기가 순환되는 반대쪽으로 압축 공기를 이용하여 엔진 쪽에서 밖으로 불어 내어야 한다.

23. 라디에이터의 누설시험 시 압축 공기의 압력은?
㉮ 0.2~0.3 kgf/cm² ㉯ 0.5~2.0 kgf/cm²
㉰ 3.0~4.0kgf/cm² ㉱ 4.0~5.0 kgf/cm²

24. 플러시 건(flush gun)을 사용하여 방열기(라디에이터)를 세척할 때의 안전치 못한 방법은?
㉮ 플러시 건의 공기 밸브를 완전히 열어 압축 공기를 세게 보낸다.
㉯ 플러시 건의 물 밸브를 열어 방열기에 물을 채운다.
㉰ 방열기의 출구 파이프에 플러시 건을 설치한다.
㉱ 배출되는 물이 맑아질 때까지 세척 작업을 반복한다.

정답 16.㉯ 17.㉰ 18.㉰ 19.㉱ 20.㉯ 21.㉯ 22.㉰ 23.㉯ 24.㉮

25. 부동액으로 사용하지 않는 것은?
    ㉮ 메탄올   ㉯ 에틸렌 글리콜
    ㉰ 벤젠   ㉱ 글리세린

26. 자동차용 부동액의 취급에서 안전하다고 생각하는 것은?
    ㉮ 품질은 입에 넣어 보아서 구별할 수 있다.
    ㉯ 부동액은 될 수 있는 한 오래 사용하여야 한다.
    ㉰ 원액과 연수를 혼합하여 부동액을 만든다.
    ㉱ 냉각수가 있는 그대로 세척제로 냉각 계통을 잘 세척한다.

27. 사용 중인 라디에이터에 부은 물을 측정하였더니 9ℓ였다. 동일형 신품의 용량은 12ℓ이다. 이때 라디에이터의 막힘율은 몇 %인가?
    ㉮ 2.5 %   ㉯ 3.0 %
    ㉰ 25 %   ㉱ 30 %
    ■ 막힘율 = $\dfrac{신품\ 용량 - 구품\ 용량}{신품\ 용량} \times 100$
    = $\dfrac{12-9}{12} \times 100 = 25\%$

28. 그림과 같은 가솔린 기관의 풀리에서 크랭크축 풀리가 700 rpm으로 회전할 때 발전기 풀리는 몇 rpm으로 회전하겠는가?
    ㉮ 300 rpm
    ㉯ 800 rpm
    ㉰ 1,000 rpm
    ㉱ 1,400 rpm

    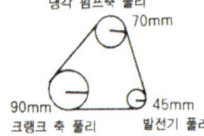

    ■ $\dfrac{Na}{Nb} = \dfrac{Db}{Da}$
    Na : 크랭크축 풀리 회전수(rpm)
    Nb : 발전기 풀리 회전수(rpm)
    Da : 크랭크축 풀리 지름(mm)
    Db : 발전기 풀리 지름(mm)
    Nb = $\dfrac{Na \times Da}{Db}$
    = $\dfrac{700 \times 90}{45}$ = 1,400 rpm

단원 1/ 연료장치

1. 가솔린 연료의 중요한 성질에 알맞은 것은?
    ㉮ 옥탄가가 높아야 한다.
    ㉯ 점도가 높아야 한다.
    ㉰ 세탄가가 높아야 한다.
    ㉱ 인화점이 높아야 한다.
    ■ 가솔린 연료의 중요한 성질은 알맞은 휘발성이 있고 옥탄가가 높아야 하며, 유해한 화합물이나 검(gum)의 함유량이 적어야 한다.

2. 가솔린 액체 연료로서 구비 조건에 적합하지 않는 사항은?
    ㉮ 온도에 관계없이 유동성이 좋을 것
    ㉯ 연소 후 탄소 등 유해 화합물을 남기지 말 것
    ㉰ 용이하게 기화하며, 발열량이 클 것
    ㉱ 연소 속도가 늦고 자기 발화 온도를 낮출 것
    ■ 가솔린의 구비조건
    ① 연소 속도가 빠를 것
    ② 연소 상태가 안정될 것
    ③ 온도에 관계없이 유동성이 좋을 것
    ④ 용이하게 기화하며, 발열량이 클 것
    ⑤ 연소 후 유해 화합물을 발생되지 않을 것
    ⑥ 내폭성이 클 것
    ⑦ 부식성이 적을 것

3. 연료 파이프나 연료 펌프에서 가솔린이 증발해서 일으키는 현상은?
    ㉮ 엔진 로크   ㉯ 연료 로크
    ㉰ 베이퍼 로크   ㉱ 엔티 로크

4. 옥탄가를 측정키 위하여 특별히 장치한 기관으로서 압축비를 임의로 변경시킬 수 있는 기관은?
    ㉮ 디젤 기관   ㉯ CFR 기관
    ㉰ LPG 기관   ㉱ 오토 기관

5. 이소옥탄 60% 정헵탄 40%의 표준연료를 사용했을 때 옥탄가는 얼마인가? (2015. 2회)
    ㉮ 40%   ㉯ 50%
    ㉰ 60%   ㉱ 70%

■ 옥탄가 = $\dfrac{\text{이소옥탄}}{\text{이소옥탄}+\text{노말헵탄}} \times 100$

　　　 = $\dfrac{60}{60+40} \times 100 = 60\%$

6. 옥탄가 80이란 무엇을 말하는가?
   - ㉮ 이소옥탄 80%에 세탄 20%의 혼합물로서 20% 정도의 노킹을 일으킨다는 연료
   - ㉯ 이소옥탄 80%에 노말헵탄 20%의 혼합물인 표준 연료와 같은 정도의 내폭성이 있다는 것
   - ㉰ 이소옥탄 20%에 노말헵탄 80%의 혼합물인 표준 연료와 같은 정도의 내폭성이 있다는 것
   - ㉱ 노말헵탄 80%에 세탄 20%의 혼합물로서 내폭제를 의미한다.

7. 우리 나라에서 LPG 자동차로 많이 확대 사용되고 있다. 다음은 LPG와 가솔린의 옥탄가이다. 이 옥탄가 중 맞는 것은 어느 것인가?
   - ㉮ 가솔린 70~90, LPG 70~90
   - ㉯ 가솔린 70~90, LPG 100~120
   - ㉰ 가솔린 100~120, LPG 70~90
   - ㉱ 가솔린 100~120, LPG 70~90
   - ■ 가솔린의 옥탄가는 70~95, LPG의 옥탄가는 90~120 정도이다.

8. 가솔린의 앤티 녹킹성을 표시하는 수치는 무엇인가?
   - ㉮ 옥단가　　㉯ 헵탄기
   - ㉰ 세탄가　　㉱ 프로판가
   - ■ 가솔린의 앤티 녹킹성을 나타내는 지표가 옥탄가로서 수치가 클수록 노킹이 발생되기 힘든 가솔린이라는 것을 나타낸다.

9. 농후한 혼합기가 기관에 미치는 영향 중 틀린 것은?
   - ㉮ 동력의 감소　　㉯ 기관의 냉각
   - ㉰ 불완전한 연소　　㉱ 카본의 생성
   - ■ 농후한 혼합기가 기관에 미치는 영향
     ① 불완전한 연소가 발생된다.
     ② 엔진의 출력이 감소한다.
     ③ 엔진이 과열한다.
     ④ 조기 점화가 발생된다.
     ⑤ 유해 배기가스가 증가된다.
     ⑥ 심하게 농후하면 점화가 안 된다.

10. 희박한 혼합기가 기관에 미치는 영향에 맞는 것은?
    - ㉮ 연소 속도가 빠르다.
    - ㉯ 저속 및 공전이 원활하다.
    - ㉰ 기동이 쉽다.
    - ㉱ 동력 감소를 가져온다.
    - ■ 희박한 혼합기가 기관에 미치는 영향
      ① 기동이 어렵다.
      ② 동력이 감소된다.
      ③ 저속 및 고속 회전이 어렵다.
      ④ 배기가스의 온도가 상승한다.
      ⑤ 노킹이 발생된다.

11. 실린더 내 연소 속도의 영향을 주는 조건이다. 틀린 것은?
    - ㉮ 흡기 온도의 영향
    - ㉯ 혼합비의 영향
    - ㉰ 흡기 및 배기 압력의 영향
    - ㉱ 배기가스의 영향
    - ■ 연소 속도에 영향을 주는 조건
      ① 혼합비에 의한 영향
      ② 흡기 및 배기 압력에 의한 영향
      ③ 습도에 의한 영향
      ④ 흡기 온도에 의한 영향
      ⑤ 잔류 가스에 의한 영향
      ⑥ 회전 속도에 의한 영향
      ⑦ 점화시기에 의한 영향
      ⑧ 압축비에 의한 영향
      ⑨ 점화 에너지에 의한 영향

12. 다음 사항 중 연소 상태에 영향을 주는 조건들이 아닌 것은?
    - ㉮ 피스톤의 속도　　㉯ 연소실의 모양
    - ㉰ 기관의 온도　　㉱ 배기량

13. 가솔린 기관의 노크 현상이다. 옳은 것은?
    - ㉮ 점화 전에 연소실 내의 잔류 불꽃과 그 압력에 의하여 연소 폭발하는 현상
    - ㉯ 압력파가 일어나며, 냉각수가 냉각되고 출력이 떨어지는 현상
    - ㉰ 연소 전기에 그 속도가 갑자기 증가, 출력도 증가되는 현상
    - ㉱ 연소 후기에 급격한 압력 상승이 일어나 최고 압력이 높아지는 현상

정 답　6. ㉯　7. ㉯　8. ㉮　9. ㉯　10. ㉱　11. ㉱　12. ㉱　13. ㉱

■ 가솔린 기관의 노킹 현상은 연소실에서 화염 진행 중 후기에서 그 속도가 증가하여 잔류 가스가 일시에 급격하게 연소하여 최고 압력이 높아지는 현상을 말한다. 노킹이 발생되면 엔진이 과열하여 배기 온도가 낮아지고 엔진의 출력이 저하되며, 밸브 및 피스톤 등의 소손이 발생된다.

14. 노킹 현상에서 생기는 결과에 알맞은 것은?
㉮ 기관의 출력이 높아진다.
㉯ 화염 전파 속도가 느리다.
㉰ 노킹이 발생되면 최고 압력이 떨어진다.
㉱ 기관이 과열하고 밸브 또는 피스톤 등에 손상을 준다.

15. 전자제어 엔진에서 인젝터의 점검 방법이 아닌 것은?
㉮ 인젝터 코일 저항 측정
㉯ 인젝터 작동 음 확인
㉰ 인젝터 분사상태 확인
㉱ 인젝터 작동온도 측정

16. 가솔린 기관의 노킹 방지법 중 틀린 것은?
㉮ 화염 속도를 느리게 한다.
㉯ 냉각수의 온도를 저하시킨다.
㉰ 내폭성이 강한 연료를 사용한다.
㉱ 연소 후 가스의 온도를 저하시킨다.
■ 가솔린 기관의 노킹 방지법
① 화염 속도를 빠르게 한다.
② 고옥탄가(고내폭성)의 연료를 사용한다.
③ 냉각수 온도를 저하시킨다.
④ 혼합 가스의 와류를 증가시킨다.
⑤ 압축비 및 흡입 온도를 낮게 한다.
⑥ 흡입 압력을 낮게 한다.

17. 가솔린 기관에서 연료 펌프 내의 체크 밸브가 열린 채로 고장이 났을 때를 설명한 것 중 틀린 것은?
㉮ 시동이 걸리지 않는다.
㉯ 주행 성능에 영향은 없다.
㉰ 연료 탱크 내에 설치되어 있다.
㉱ 연료 펌프에 무리가 가지는 않는다.
■ 체크 밸브는 잔압유지, 베이퍼록 방지, 재시동성향상 등의 역할. 고장이 나도 시동은 가능하다.

18. 전자제어 연료분사 장치에서 연료 펌프의 구동상태를 점검하는 방법으로 옳지 않은 것은?
㉮ 연료 펌프 모터의 작동음을 확인한다.
㉯ 연료의 송출여부를 점검한다.
㉰ 연료압력을 측정한다.
㉱ 연료 펌프를 분해하여 점검한다.

19. 가솔린 자동차의 배기관에서 배출되는 배기 가스와 공연비와의 관계를 잘못 설명한 것은? (2015)
㉮ CO는 혼합기가 희박할수록 적게 배출된다.
㉯ HC는 혼합기가 농후할수록 많이 배출된다.
㉰ NOx는 이론 공연비 부근에서 최소로 배출된다.
㉱ CO_2는 혼합기가 농후할수록 적게 배출된다.

20. 완전 연소 시 가솔린을 연소시키면 생기는 화합물은?
㉮ 일산화탄소와 탄산가스
㉯ 탄산가스와 물
㉰ 탄산가스와 아황산
㉱ 일산화탄소와 물
■ 가솔린은 탄소와 수소의 혼합물로서 완전 연소되면 탄산가스와 물이 생성된다.

21. 자동차 배출가스에 대한 설명 중 틀린 것은?
㉮ 블로바이 가스는 주로 폭발 행정에서 배출된다.
㉯ CO는 공기의 공급 부족으로 불완전 연소에 의해 발생된다.
㉰ HC 는 연료의 일부가 미연소 되어 발생된다.
㉱ NOx는 공기 중의 질소와 산소가 반응하여 생성된다.
■ 블로바이 가스는 피스톤과 실린더 사이의 피스톤 간극이 클 때 압축 행정에서 배출된다.

22. 배출가스 중에서 유해가스에 해당하지 않는 것은?
㉮ 질소   ㉯ 일산화탄소
㉰ 탄화수소   ㉱ 질소산화물

23. 가솔린 기관에서 흡기 다기관 내의 압력 변화에 대응하여 연료 분사량을 일정하게 유지하기 위해서 인젝터에 걸리는 연료 압력을 일정

정답 14. ㉱ 15. ㉱ 16. ㉮ 17. ㉮ 18. ㉱ 19. ㉰ 20. ㉯ 21. ㉮ 22. ㉮ 23. ㉰

하게 조절하는 것은?
㉮ 릴리프 밸브   ㉯ MAP 센서
㉰ 압력 조절기   ㉱ 체크 밸브

24. 연료의 연소 과정에서 불완전 연소로 생기는 유독 가스이며, 가솔린 자동차로부터 배출이 가장 많은 것은?
㉮ 질소산화물   ㉯ 일산화탄소
㉰ 유황산화물   ㉱ 납산화물
■ 가솔린은 탄소와 수소의 혼합물로서 불완전 연소되면 일산화탄소가 가장 많이 생성된다.

25. 기관을 기동할 때 연소의 부산물로 배출되는 공해 가스 중 인체에 제일 해가 되는 것은?
㉮ 이산화탄소   ㉯ 일산화탄소
㉰ 질소가스   ㉱ 수소가스
■ 일산화탄소가 인체에 들어오면 혈액 중의 헤모글로빈과 쉽게 결합하여 혈액의 산소 운반을 방해하여 두통, 현기증 등의 중독 증상을 일으키고 심한 경우에는 사망하게 된다.

26. 전자제어 가솔린 분사기관에 냉시동용 인젝터가 설치된 목적은?
㉮ 고속 시 출력증대   ㉯ 원활한 급가속
㉰ 저온 시동성 향상   ㉱ 배기가스 정화대책

27. 자동차에서 배출되는 가스 중 납산화물에 대한 설명이다. 이중 틀린 것은?
㉮ 인체에 다량 흡입시 중독증 유발
㉯ 가솔린에 4 에틸납의 첨가에 의해서 발생된 가스이다.
㉰ 무연 가솔린 사용시 대량으로 방출된다.
㉱ 방출되더라도 육안으로 판별이 불가능하다.

28. 전자제어 엔진에서 인젝터의 고장으로 발생될 수 있는 현상 중 가장 거리가 먼 것은?
㉮ 연소소모 증가   ㉯ 출력 증가
㉰ 가속력 감소   ㉱ 공회전 부조

29. 가솔린 기관에서 운전 조전에 따른 일산화탄소(CO)의 배출량이 가장 많을 때는?
㉮ 정속 상태
㉯ 가속 상태
㉰ 아이들링(공전) 상태
㉱ 감속 상태
■ 운전 상태에 따른 배출량
① 공전 상태 : 일산화탄소 및 탄화수소 증가
② 가속 상태 : 일산화탄소, 탄화수소, 질소 산화물 증가
③ 감속 상태 : 일산화탄소 및 탄화수소 증가.

30. 기관의 상태와 유해 가스의 발생에 관한 다음 설명 중 틀린 것은?
㉮ 기관을 급가속할 때에는 연소실 내의 온도가 높아져 NOx가 증가하고 불완전 연소에 의한 CO, HC도 증가한다.
㉯ 기관이 고온일 때는 디토네이션(detonation), 조기점화 등으로 CO, HC, NOx 모두 증가한다.
㉰ 기관이 저온일 때는 짙은 혼합기를 분사함으로 CO, HC는 증가하나 NOx는 감소한다.
㉱ 기관을 급감속할 때에는 흡기 매니폴드(다기관)의 진공에 의한 압축 압력 저하로 연소 온도가 내려가고 CO, HC가 증가한다.

31. 인젝터 저항을 측정하는데 가장 적합한 측정 장비는 다음 중 어느 것인가?
㉮ 아날로그 멀티미터
㉯ 테스터 램프
㉰ 디지털 멀티베스터기
㉱ 메가 테스터

32. 기관의 실린더 내에서 연료가 연소 시에 일산화탄소(CO) 발생과 가장 밀접한 관계가 있는 것은?
㉮ 회전수   ㉯ 공연비
㉰ 부하   ㉱ 점화시간
■ 공연비와 배출가스
① 이론 공연비보다 아주 희박하면 : 탄화수소 증가
② 이론 공연비보다 약간 희박하면 : 질소산화물 증가
③ 이론 공연비보다 농후하면 : 일산화탄소, 탄화수소 증가

33. NOx는 (㉠)의 화합물이며, 일반적으로 (㉡)에

서 쉽게 반응한다. 괄호 안에 들어갈 말로 옳은 것은? (2014)
① ㉠ 일산화질소와 산소 ㉡ 저온
② ㉠ 일산화질소와 산소 ㉡ 고온
③ ㉠ 질소와 산소 ㉡ 저온
④ ㉠ 질소와 산소 ㉡ 고온

34. 배기가스 측정 방법 중 일산화탄소가 백금 촉매를 통과 시 산화 반응열의 온도 상승을 전기 저항으로 검출하는 방법은?
㉮ 접촉 연소법
㉯ 검지관식
㉰ 적외선 분석식
㉱ 사이클 측정식

35. 탄화수소 측정기에서 배기가스 채취용 도관이나 측정 셀 내의 HC 분자가 부착되어 다음 측정을 어긋나게 하는 현상은?
㉮ 행업 현상
㉯ 아이싱 현상
㉰ 튜브랜드 현상
㉱ 바운싱 현상
■ 행업 현상이란 탄화수소 측정기에서 배기가스 채취용 도관이나 측정 셀 내의 HC 분자가 부착되는 경향이 있어 그 분자가 다음 측정할 때 이탈되어 측정값이 틀리는 경우가 있다. 이러한 현상을 행업 현상이라 하는데 고농도의 탄화수소를 측정한 후에는 5분 정도 측정기를 작동시킨 상태를 유지하면 행업 현상을 방지할 수 있다.

36. 매연 농도가 지시계에 지시되기까지의 요하는 시간은 얼마인가?
㉮ 1초 이내
㉯ 3초 이내
㉰ 5초 이내
㉱ 7초 이내
■ 매연 농도가 지시계에 지시되기까지에 응답 속도(요하는 시간)는 3초 이내이어야 한다. 또한 전원을 ON시킨 후 안정된 측정이 가능할 때까지 준비 시간은 5분 이내이어야 한다.

37. 디젤 기관의 매연 측정은 반복 횟수를 얼마로 하여 평균치로 하는가?
㉮ 2회
㉯ 3회
㉰ 4회
㉱ 5회
■ 매연 테스터기를 사용하여 매연을 측정할 때 3회 반복 측정하여 평균치가 매연 측정값이다.

38. 매연 측정기의 지시 정도는 최대 눈금차의 몇 % 이내이어야 하는가?
㉮ 1% 이내
㉯ 2% 이내
㉰ 3% 이내
㉱ 4% 이내
■ 매연 측정기의 지시 정도는 최대 눈금차의 3% 이내이어야 한다.

39. 디젤 자동차 주행시 배출가스가 검은색일 때 그 이유에 가장 적합한 것은?
㉮ 오일 링의 장력이 약하다.
㉯ 연료에 물이 함유되어 있다.
㉰ 밸브 간극의 조정이 과대하다.
㉱ 연료의 분사시기가 적정하다.
■ 밸브 간극의 조정이 과대하면 밸브가 충분히 열리지 않게 되므로 흡입 공기가 적어진다. 따라서 연료의 분사량은 밸브 간극이 정상일 때를 기준으로 조정되어 있으므로 흡입되는 공기에 비해서 연료가 많게 되어 배출가스는 검정색이 된다.

40. 윤활유가 연소실에 올라와 연소될 때 배기의 색은?
㉮ 무색
㉯ 흑색
㉰ 백색
㉱ 엷은 자색

41. 자동차 배기관에서 흑색 연기를 뿜는다. 그 원인은?
㉮ 연료의 부족
㉯ 연료의 과다
㉰ 윤활유가 연소실에 침입
㉱ 윤활유의 부족

42. 연소란 연료의 산화반응을 말하는데 연소에 영향을 주는 요소 중 거리가 먼 것은? (2015)
㉮ 배기 유동과 난류
㉯ 공연비
㉰ 연소 온도와 압력
㉱ 연소실 형상

43. 공기청정기가 막혔을 때의 배기가스 색으로 가장 알맞은 것은? (2015)
㉮ 무색
㉯ 백색
㉰ 흑색
㉱ 청색

정답 34. ㉮ 35. ㉮ 36. ㉯ 37. ㉯ 38. ㉰ 39. ㉰ 40. ㉰ 41. ㉯ 42. ㉮ 43. ㉰

44. 연료의 저위발열량 10,500 kcal/kgf, 제동마력 93PS, 제동 열효율 31%인 기관의 시간당 연료소비량(kgf/h)은? (2015)
   ㉮ 약 18.07   ㉯ 약 17.07
   ㉰ 약 16.07   ㉱ 약 5.53

45. 연료의 저위 발열량이 10,250kcal 일 경우 제동 연료 소비율은 다음 중 어느 것이 옳은가? (단, 제동 열효율은 26.2 % 이다)
   ㉮ 225 g/PS – h   ㉯ 235 g/PS – h
   ㉰ 245 g/PS – h   ㉱ 255 g/PS – h

■ $\eta_e = \dfrac{PS \times 632.3}{be \times H_l} \times 100$

   $be = \dfrac{PS \times 632.3}{\eta_e \times H_l} \times 100$

   η_e : 열효율(%), PS : 마력(kgf-m/sec)
   be : 연료 소비율(kgf/ps-h)
   H_l : 연료의 저위 발열량(kcal/kgf)

   $be = \dfrac{632.3}{26.2 \times 10250} \times 100$

   $= 0.235 \text{kgf} = 235g$

46. 어떤 자동차로 15km 떨어진 지점을 왕복하는데 40분이 걸렸고, 연료 소비량은 1,850 cc이었다. 평균 연료 소비량은?
   ㉮ 8.3 km/L   ㉯ 12.0 km/L
   ㉰ 16.2 km/L   ㉱ 20.5 km/L

■ 연료 소비율 = $\dfrac{\text{주행 거리}}{\text{연료 소비량}}(km/\ell)$

   $= \dfrac{15km \times 2}{1.85\ell}$
   $= 16.216 km/\ell$

47. 어떤 자동차로 440m의 언덕길을 왕복하는데 0.33 ℓ 의 연료가 소비되었다. 내려올 때의 연료 소비율이 8 km/ℓ 이었다면 올라갈 때의 연료 소비율은?
   ㉮ 1.6 km/L   ㉯ 3.8 km/L
   ㉰ 6.4 km/L   ㉱ 8.2 km/L

■ 올라갈 때 소비율 = $\dfrac{\text{주행 거리}}{\text{연료 소비량}}$

   $= \dfrac{0.44km}{0.275\ell}$
   $= 1.6 km/\ell$

48. 어떤 가솔린 기관의 제동 연료 소비율이 230 g/PS-h 이다. 제동 열효율은 약 몇 % 인가? (단, 연료의 저위 발열량은 10,500kcal/kgf)
   ㉮ 22.2 %   ㉯ 26.2 %
   ㉰ 28.9 %   ㉱ 30.3 %

■ $\eta_e = \dfrac{632.3 \times PS}{be \times h_l} \times 100$

   $= \dfrac{632.3}{0.23 \times 10,500} \times 100 = 26.18\%$

49. 연료의 저위 발열량이 10,250kcal일 경우 제동 연료 소비율은 다음 중 어느 것이 옳은가? (단, 제동 열효율은 26.2 % 이다)
   ㉮ 225 g/PS–h   ㉯ 235 g/PS–h
   ㉰ 245 g/PS–h   ㉱ 255 g/PS–h

■ $\eta_e = \dfrac{PS \times 632.3}{be \times H_l} \times 100$

   $be = \dfrac{PS \times 632.3}{\eta_e \times H_l} \times 100$

   $be = \dfrac{632.3}{26.2 \times 10,250} \times 100$

   $= 0.235 \text{kg} = 235g$

50. 제동 열효율이 31%인 디젤 기관을 운전하였을 때 연료 소비율이 200g/PS–h이었다. 이 기관에 사용된 연료의 저위 발열량은 얼마인가?
   ㉮ 약 10,198 kcal/kgf
   ㉯ 약 10,500 kcal/kgf
   ㉰ 약 10,650 kcal/kgf
   ㉱ 약 10,800 kcal/kgf

■ $H_l = \dfrac{632.3 \times PS \times 100}{be \times \eta_e}$

   $= \dfrac{632.3 \times 100}{0.2 \times 31} = 10,198 \text{kcal/kgf}$

51. 오토 사이클의 이론적인 열효율에 맞는 것은? (단, Σ : 압축비, K : 비열비, δ : 단절비 (cut off ratio))

㉮ $1 - \dfrac{1}{\Sigma^{K-1}}$

㉯ $\dfrac{1}{\Sigma^{K-1}} - 1$

㉰ $1 - \dfrac{\delta}{\Sigma^{K-1}}$

㉱ $1 - \dfrac{1}{\Sigma^{K-1}} \cdot \dfrac{\delta^K - 1}{K(\delta - 1)}$

52. 압축비가 8인 오토 사이클의 이론 열효율은 몇 %인가? (단, 비열비는 1.4 이다) (06, 07년)

㉮ 약 45.4   ㉯ 약 56.5
㉰ 약 65.6   ㉱ 약 72.2

■ $\eta = 1 - \dfrac{1}{\epsilon^{k-1}}$

η : 이론 열효율(%). ϵ : 압축비. K : 비열비

$\eta = 1 - \dfrac{1}{8^{1.4-1}} = 0.5647 \times 100$

$= 56.5\%$

53. 열 정산에서 냉각수에 의한 손실이 30%, 배기에 의한 손실이 30%, 기계 효율이 80%라면 정미 열효율은?

㉮ 26 %   ㉯ 28 %
㉰ 30 %   ㉱ 32 %

■ 정미열 효율 = (100 - (냉각 손실 + 배기 손실))
×기계 효율
= $(100 - (30 + 30)) \times \dfrac{80}{100} = 32\%$

54. 비중이 0.72, 발열량이 10,500kcal/kgf 인 연료를 20분간 시험하는 사이에 5 ℓ 의 연료가 소비되었다. 이 기관의 연료 마력은?

㉮ 180 PS   ㉯ 240 PS
㉰ 280 PS   ㉱ 340 PS

■ PHP = $\dfrac{C \times W}{10.5 \times T}$

PHP : 연료 마력(PS), C : 연료의 중량(kgf)
W : 연료의 저위 발열량(kcal/kgf)
T : 시험 시간(min)

PHP = $\dfrac{0.72 \times 5 \times 10500}{10.5 \times 20} = 180 \text{PS}$

 LPG · LPI

1. LPG의 특징 중 틀린 것은?

㉮ 액체 상태의 비중은 0.05이다.
㉯ 기체상태의 비중은 1.5~2.0이다.
㉰ 무색 무취이다.
㉱ 공기보다 가볍다.

2. LPG를 충전하는 고압용기에 설치된 밸브와 색상의 연결이 틀린 것은?

㉮ 기상밸브 - 황색
㉯ 액상밸브 - 적색
㉰ 기체밸브 - 청색
㉱ 충전밸브 - 녹색

■ 고압용기에 설치된 밸브는 충전밸브(녹색), 기상 송출밸브(황색), 액상 송출밸브(적색)밖에 없기 때문에 기체 밸브는 없다.

3. 연료 파이프나 연료 펌프에서 가솔린이 증발되면 무슨 현상이 일어나는가?

㉮ 엔진 록 현상   ㉯ 베이퍼록 현상
㉰ 연료 록 현상   ㉱ 점도 록 현상

■ 액체를 사용하는 계통에서 열에 의하여 액체가 증기(vapour)로 되어 어떤 부분이 폐쇄(lock)되므로 2계통의 기능이 상실되는 현상을 베이퍼록이라 한다.

4. 관속을 충만하게 흐르고 있는 액체의 속도를 급격히 변화시키면 어떠한 현상이 일어나는가?

㉮ 공동 현상
㉯ 수격 현상
㉰ 서징 현상
㉱ 펌프 효율 급증 현상

■ 공동 현상이란 유체 중에 국부적으로 속도가 빠른 부분이 생기면 그 부분의 압력이 저하되어 액체 중에 기포가 발생되는 현상을 말한다.

5. 연료 여과기의 여과 성능은 얼마 이상을 유지하여야 하는가?
   ㉮ 0.01 mm 이상 ㉯ 0.1 mm 이상
   ㉰ 0.3 mm 이상 ㉱ 0.5 mm 이상
   ■ 연료 여과기의 여과 성능은 미세한 정도가 좋으나 0.01mm 이상은 완전히 여과할 수 있어야 한다.

6. 연료 파이프의 피팅을 풀 때 가장 알맞은 렌치는?
   ㉮ 오픈 엔드 렌치 ㉯ 복스 렌치
   ㉰ 소켓 렌치 ㉱ 탭 렌치

7. 연료 탱크에 구멍이 생겼을 때 다음 중 가장 적당한 수리 방법은?
   ㉮ 작은 구멍일 경우는 점용접(spot weld-ing)으로 때운다.
   ㉯ 구멍난 부분을 정으로 따내고 용접한다.
   ㉰ 연료 탱크를 깨끗이 비우고 연료 입자를 완전히 증발시킨 후 납땜한다.
   ㉱ 실 구멍일 경우에는 리벳팅(riveting) 작업으로 막아둔다.

8. 겨울철에 연료 탱크에 연료를 가득 채우는 이유 중 옳은 것은?
   ㉮ 연료가 적으면 휘발성이 더 크다.
   ㉯ 연료가 적으면 수증기가 응축된다.
   ㉰ 연료가 적으면 엔진 록이 생긴다.
   ㉱ 연료가 적으면 베이퍼록이 생긴다.

9. 가솔린 자동차와 비교한 LP가스를 사용하는 자동차에 대한 설명으로 틀린 것은?
   ㉮ 동절기에는 연료 결빙으로 인하여 부탄을 사용한다.
   ㉯ 동절기에는 시동 성능이 떨어진다.
   ㉰ 저속에서는 기관출력이 문제되지 않는다.
   ㉱ 기관 오일의 점도가 높은 것을 사용한다.
   ■ LPG 가스는 여름에는 부탄 100%을 겨울에는 부탄 70%와 프로판 30%로 혼합해서 사용한다.

10. LPG 차량의 연료 계통에서 감암, 기화 및 압력조절 작용을 하는 것은?
    ㉮ 솔레노이드 밸브 ㉯ 믹서
    ㉰ 베이퍼라이저 ㉱ 봄베

11. 연료 탱크를 용접할 때 어떤 방법으로 용접해야 하는가?
    ㉮ 기름이 없으면 차에 그냥 두고 실시한다.
    ㉯ 물을 넣고 납땜한다.
    ㉰ 분해 청소 후 용접한다.
    ㉱ 캡만 열고 용접한다.

12. LPG기관에서 냉각수 온도 스위치의 신호에 의하여 기체 또는 액체 연료의 유동을 차단하거나 공급하는 역할을 하는 것은?
    ㉮ 과류장지밸브
    ㉯ 유동밸브
    ㉰ 안전밸브
    ㉱ 액·기상 솔레노이드 밸브
    ■ 솔레노이드 밸브는 연료의 차단 및 송출을 운전석에서 조작하는 전자석 밸브로서 기상 솔레노이드 밸브와 액상 솔레노이드 밸브로 구성되어 있다.

13. LPG 기관의 장점이 아닌 것은?
    ㉮ 연료 분사펌프가 있다.
    ㉯ 대기 오염이 적다.
    ㉰ 경제성이 좋다.
    ㉱ 엔진 오일의 수명이 길다.

14. 자동차용 LPG 연료의 특성을 잘못 설명한 것은?
    ㉮ 연소 효율이 좋고 엔진운전이 정숙하다.
    ㉯ 증기폐쇄(vapor lock)가 잘 일어난다.
    ㉰ 대기오염이 적으므로 위생적이고 경제적이다.
    ㉱ 옥탄가가 높고 연소 속도가 느리다.
    ■ LPG 연료의 장점
      ① 가격이 저렴하기 때문에 경제적이다.
      ② 일산화탄소의 배출량이 적다.
      ③ 옥탄가가 높고 연소 속도가 느리기 때문에 노킹이 적다.
      ④ 블로바이에 의한 오일의 희석이나 오염이 적다.
      ⑤ 엔진 오일의 소손이 적어 엔진 수명이 길다.
      ⑥ 대기오염이 적고 위생적이다.

정답 5. ㉮ 6. ㉮ 7. ㉰ 8. ㉯ 9. ㉮ 10. ㉰ 11. ㉯ 12. ㉱ 13. ㉮ 14. ㉯

15. LPG 기관에서 액체 LPG를 기체 LPG로 전환시키는 장치는?
   ㉮ 믹서 ㉯ 연료 붐베
   ㉰ 솔레노이트 밸브 ㉱ 베이퍼라이저

16. LP 가스를 사용하는 자동차의 설명으로 틀린 것은?
   ㉮ 실린더 내 흡입공기 저항이 발생하면 축 줄력 손실이 가솔린 기관에 비해 더 크다.
   ㉯ 일반적으로 NOx의 배출가스는 가솔린 기관에 비해 많다.
   ㉰ LP 가스는 영하의 온도에서 기화되지 않는다.
   ㉱ 탱크는 밀폐식으로 되어 있다.

17. 자동차용 LPG 연료의 특성이 아닌 것은?
   ㉮ 연소 효율이 좋고, 엔진이 정숙하다.
   ㉯ 엔진 수명이 길고, 오일의 오염이 적다.
   ㉰ 대기오염이 적고, 위생적이다.
   ㉱ 옥탄가가 낮으므로 연소 속도가 빠르다.
   ▐ LPG는 옥탄가가 높고 연소 속도가 느리다.

18. LPG 기관 피드백 믹서 장치에서 ECU의 출력 신호에 해당하는 것은?
   ㉮ 산소센서
   ㉯ 파워스티어링 스위치
   ㉰ 맵 센서
   ㉱ 메인 듀티 솔레노이드

19. LPG 사용 차량의 점화시기는 가솔린 사용 차량에 비해 어떻게 해야 되는가?
   ㉮ 다소 늦게 한다.
   ㉯ 빠르게 한다.
   ㉰ 시동 시 빠르게 하고 수동 후에는 늦춘다.
   ㉱ 점화시기는 상관없다.

20. LPG 기관을 시동하여 냉각수 온도가 낮은 상태에서 무부하 고속회전을 하였을 때 나타날 수 있는 현상으로 가장 부적합한 것은?
   ㉮ 증발기(Vaporizer)의 동결현상이 생긴다.
   ㉯ 가스의 유동 정지 현상이 발생한다.
   ㉰ 혼합가스가 과농 상태로 된다.
   ㉱ 기관의 시동이 정지될 수 있다.
   ▐ LPG 기관에서는 냉각수 온도가 낮을 때는 베이퍼라이저에 순환되는 냉각수에 의한 충분한 증발 잠열을 얻을 수 없기 때문에 혼합가스가 희박하게 공급되기 때문에 정상온도에서 보다 출력이 낮을 수 있다.

21. LPG 기관에서 연료가 기체 상태로 존재하는 부품은?
   ㉮ LPG 용기
   ㉯ 믹서
   ㉰ 베이퍼라이저 연료입구
   ㉱ 고압 파이프

22. LPG 차량에서 믹서의 스로틀밸브 개도량을 감지하여 ECU에 신호를 보내는 것은?
   ㉮ 아이들 업 솔레노이드
   ㉯ 대시포트
   ㉰ 공전속도 조절밸브
   ㉱ 스로틀 위치 센서

23. LPG 장치에서 가스 탱크의 압력은 얼마 정도로 유지하면 좋은가?
   ㉮ 1~2kgf/cm^2 ㉯ 2~5kgf/cm^2
   ㉰ 4~7kgf/cm^2 ㉱ 7~10kgf/cm^2

24. LP가스를 사용하는 자동차에서 차량 전복으로 인하여 파이프가 손상 시 용기 내 LP 가스 연료를 차단하기 위한 역할을 하는 것은?
   ㉮ 연구 자석 ㉯ 과류방지 밸브
   ㉰ 체크 밸브 ㉱ 감압 밸브
   ▐ 과류방지 밸브는 연료 펌프 출구에 설치되어 있으며, 차량사고 등으로 연료라인(파이프)이 파손되었을 때, 연료 탱크로부터의 연료 송출을 차단한다.

25. LP가스를 사용하는 자동차에서 베이퍼라이저 2차실의 구성에 해당되는 것은?
   ㉮ 압력 조정기구 ㉯ 압력 밸런스 기구
   ㉰ 조정기구 ㉱ 공연비 제어기구
   ▐ 2차 감압실은 2차 페이스 밸브, 진공 로크 다이어프램, 진공 로크 다이어프램 스프링, 진공 체임버, 2차 다이어프램, 2차 다이어프램 스프링, 공연비 제어기구(공전 혼합비 조정 스크루)등으로 구성되어 있다.

정답 15. ㉱ 16. ㉰ 17. ㉱ 18. ㉱ 19. ㉯ 20. ㉰ 21. ㉯ 22. ㉱ 23. ㉱ 24. ㉯ 25. ㉱

26. LP가스를 사용하는 자동차의 봄베와 관련된 사항으로 틀린 것은?
   ㉮ 용기의 도색은 회색으로 한다.
   ㉯ 안전밸브에서 분출된 가스는 대기 중으로 방출되는 구조로 되어 있다.
   ㉰ 안전밸브는 용기 내부의 기상부에 설치되어 있다.
   ㉱ 봄베 보디에 베이퍼라이저가 설치되어 있다.
   ■ 베이퍼라이저는 믹서와 전자밸브 사이에 설치됨

27. LPG 연료장치가 장착된 자동차의 설명 중 틀린 것은?
   ㉮ 점화시기는 가솔린 차의 정규 위치보다 앞당길 수 있다.
   ㉯ 가스누설 개소는 액체 패킹이나 LPG 전용 시일 테이프(seal tape)로 막는다.
   ㉰ 가스압력은 최저 1kgf/cm^2가 유지될 수 있도록 100%의 프로판으로 되어 있는 연료가 적당하다.
   ㉱ 점화플러그는 가솔린 차에 비하여 장시간 사용할 수 있다.
   ■ LPG 용기의 인장강도는 41kgf/cm^2, 내압강도는 31kgf/cm^2, 기밀강도는 23.3kgf/cm^2 이상이어야 한다.

28. LPG 기관에서 연료공급 경로로 맞는 것은?
   ㉮ 연료탱크 → 솔레노이드 밸브 → 베이퍼라이저 → 믹서
   ㉯ 연료탱크 → 베이퍼라이저 → 솔레노이드 밸브 → 믹서
   ㉰ 연료탱크 → 베이퍼라이저 → 믹서 → 솔레노이드 밸브
   ㉱ 연료탱크 → 믹서 → 솔레노이드 밸브 → 베이퍼라이저

29. LPG 연료 차량의 주요 구성장치가 아닌 것은? (단, LPI는 제외한다.)
   ㉮ 베이퍼라이저(vaporizer)
   ㉯ 연료 여과기(fuel filter)
   ㉰ 믹서(mixer)
   ㉱ 연료 펌프(fuel pump)
   ■ LPG 구성품으로는 봄베, 솔레노이드 스위치, 프리히터, 베이퍼라이저, 믹서, 슬로 컷 솔레노이드 밸브, 긴급 차단 솔레노이드 밸브 등이 있다.

30. LPG 기관에서 액체를 기체로 변화시켜 주기 위한 목적으로 된 장치로 맞는 것은?
   ㉮ 솔레노이트 밸브   ㉯ 베이퍼라이저
   ㉰ 봄베   ㉱ 프리히터

31. LPI 엔진에서 연료의 부탄과 프로판의 조성비를 결정하는 입력요소로 맞는 것은? (2015. 2회)
   ㉮ 크랭크각 센서, 캠각 센서
   ㉯ 연료온도 센서, 연료압력 센서
   ㉰ 공기유량 센서, 흡기온도 센서
   ㉱ 산소 센서, 냉각수온 센서

32. LPG 연료장치 차량에서 LPG를 대기압에 가깝게 감압하는 장치는?
   ㉮ 1차 감압실
   ㉯ 2차 감압실
   ㉰ 부압실
   ㉱ 기동 솔레노이드 밸브
   ■ ① 1차 감압실 : 하나의 벽을 사이에 두고 위쪽에 LPG 통로, 아래쪽에 냉각수 통로가 설치되어 있다.
   ② 2차 감압실 : 1차 감압실에서 0.3kgf/cm^2로 감압된 LPG을 대기압에 가깝게 감압하는 역할을 한다.
   ③ 부압실 : 흡기 다기관의 진공에 의해 2차 페이스 밸브를 열거나 닫는 역할을 한다.
   ④ 기동 솔레노이드 밸브 : 냉각수 온도가 15℃ 이상인 상태에서 엔진 시동 시 추가로 연료를 공급한다.

33. LPG 차량에서 LPG를 충전하기 위한 고압용기는?
   ㉮ 봄베   ㉯ 베이퍼라이저
   ㉰ 슬로 컷 솔레노이드 ㉱ 연료유닛

34. LPG 기관의 연료장치에서 냉각수의 온도가 낮을 때 시동성을 좋게 하기 위해 작동되는 밸브는?
   ㉮ 기상밸브   ㉯ 액상밸브
   ㉰ 안전밸브   ㉱ 과류방지밸브
   ■ ① 기상밸브 : 냉각수 온도가 15℃ 이하일 때 작동되며, 엔진 시동 시에 기체의 연료가 공된다.

정 답 26. ㉱ 27. ㉰ 28. ㉮ 29. ㉱ 30. ㉯ 31. ㉯ 32. ㉯ 33. ㉮ 34. ㉮

② 액상밸브 : 냉각수 온도가 15℃ 이상일 때 작동되며, 엔진 시동 후에 액체의 연료가 공된다.
③ 안전밸브 : 압력이 규정값 이상이 되면 열려 대기 중으로 방출하여 봄베 내의 압력을 항상 일정하게 유지한다.
④ 과류방지밸브 : 배출밸브의 내측에 설치되어 있으며, 배관 등이 파손되어 연료가 과도하게 흐르면 송출압력에 의해 밸브가 닫혀 연료의 유출을 방지하는 역할을 한다.

 전자제어 분사장치

1. 전자제어 가솔린 분사장치의 특성으로 틀린 것은?
   ㉮ 배기가스 유해성분이 감소된다.
   ㉯ 벤투리가 없기 때문에 공기의 흐름 저항이 증가된다.
   ㉰ 냉각수 온도를 감지하여 냉간시 시동성이 향상된다.
   ㉱ 엔진의 응답성능이 높다.
   ■ 분사장치의 특징
   ① 기관의 운전 조건에 적합한 혼합기가 공급
   ② 배기가스의 유해 성분이 감소
   ③ 연료 소비율이 향상으로 연비 향상
   ④ 가속 시에 응답성이 좋다.
   ⑤ 각 실린더에 연료의 분배가 균일하다.

2. 다음 중 전자제어 가솔린기관 분사장치 인젝터의 구성품과 관계가 먼 것은?
   ㉮ 니들밸브   ㉯ 첵 밸브
   ㉰ 코일   ㉱ 플런저

3. 전자제어 스로틀 장치의 기능으로 틀린 것은?
   ㉮ 정속주행 제어기능
   ㉯ 구동력 제어기능
   ㉰ 제동력 제어기능
   ㉱ 공회전속도 제어기능

4. 전자제어 가솔린 연료분사 방식의 특징이 아닌 것은?
   ㉮ 기관의 응답 및 주행성 향상
   ㉯ 기관 출력의 향상
   ㉰ CO, HC 등의 배출가스 감소
   ㉱ 간단한 구조

5. 전자제어 장치 차량의 연료 펌프의 설명 중 틀린 것은?
   ㉮ 연료 탱크 내장식(intake)은 소음, 증발가스 억제 작용을 한다.
   ㉯ 체크 밸브(check valve)는 재시동성의 향상을 위해 시동 정지 후에도 압력을 유지시킨다.
   ㉰ 릴리프 밸브는 연료 라인 내의 압력이 규정압 이상으로 상승하는 것을 방지하여 준다.
   ㉱ 연료 펌프는 시동 스위치가 IG(이그니션) 상태에서 항상 회전한다.
   ■ 연료 펌프는 점화 스위치가 IG 위치에 있어도 엔진이 회전하지 않으면 연료 펌프는 작동되지 않는다.

6. 전자제어 차량의 연료 펌프는 재시동성을 향상시키기 위해 연료의 압력을 유지시켜주고 베이퍼록 현상을 방지시켜 준다. 이 역할을 하는 구성 부품은?
   ㉮ 임펠러
   ㉯ 프레주어 레귤레이터(연료 압력 조절기)
   ㉰ 체크 밸브(check valve)
   ㉱ 연료 필터
   ■ 연료 펌프에 설치되어 있는 체크 밸브는 연료의 역류를 방지하고, 엔진 정지 시에 잔압을 유지시켜 재시동 시에 시동성을 향상시키며, 고온 시에 베이퍼록 현상을 방지하는 역할을 한다.

7. 전자제어 연료 분사장치에서 사용하는 연료 펌프 내에 설치된 체크 밸브(check valve) 의 기능은?
   ㉮ 연료 펌프 내의 연료가 외부로 누출되는것을 방지한다.
   ㉯ 연료 라인 내의 연료 압력이 과도하게 높아지는 것을 방지한다.
   ㉰ 연료라인 내에 잔압을 유지시켜 고온에서 베이퍼록을 방지하고 재시동성을 향상시킨다.
   ㉱ 연료 탱크 내의 연료가 부족할 때 체크 밸브가 작동하여 연료의 송출을 정지시킨다.
   ■ 연료 펌프에 설치되어 있는 체크 밸브는 연료의 역류를 방지하고, 엔진 정지 시에 잔압을 유지시켜 재시동 시에 시동성을 향상시키며, 고온 시에 베이퍼록 현상을 방지하는 역할을 한다.

정 답 1. ㉯ 2. ㉯ 3. ㉰ 4. ㉱ 5. ㉱ 6. ㉰ 7. ㉰

8. 전자제어 연료 분사장치에서 사용되는 연료 압력 조절기의 역할을 설명한 것이다. 맞는 것은?
   ㉮ 흡기 매니폴드 진공과 항상 일정한 폭의 압력을 유지시켜 준다.
   ㉯ 연료 파이프의 압력이 규정 압력을 유지하도록 조정한다.
   ㉰ 연료 펌프의 송출 압력이 일정하도록 한다.
   ㉱ 연료 펌프 정지시 연료의 잔압을 일정하게 조정한다.
   ■ 연료 압력 조절기는 연료 분배 파이프 한쪽 끝에 설치되어 있으며, 흡기 다기관의 압력 변화에 따른 분사량의 변화를 방지하기 위하여 인젝터에 가해지는 연료의 압력을 항상 흡기 다기관 내의 압력보다 2.2~2.6 kgf/cm² 높게 유지시켜 준다.

9. 전자제어 기관에서 연료 압력 조절기는 무엇에 대응하여 연료 압력을 조절하는가?
   ㉮ 점화시기   ㉯ 흡기 다기관 내의 부압
   ㉰ 압축 압력   ㉱ 기관 온도

10. 전자제어 가솔린 기관의 압력 조정기는 연료의 압력을 일정하게 유지시킨다. 연료의 압력은 어떤 압력과 비교하여 일정하게 유지한다는 뜻인가?
    ㉮ 대기압
    ㉯ 연료의 분사압력
    ㉰ 흡기 다기관의 부압
    ㉱ 연료의 리턴 압력

11. 가솔린 연료 분사장치 기관에서 흡기 다기관의 진공이 높을 때 연료 압력 조절기에 의해 조정되는 파이프라인의 연료 압력은 어떻게 되는가?
    ㉮ 기준압보다 낮아진다.
    ㉯ 기준압보다 높아진다.
    ㉰ 기준압 상태를 유지한다.
    ㉱ 흡기 다기관의 진공 상태와 무관하다.

12. 전자제어 연료 분사장치에서 사용되는 연료 압력 조절기에서 인젝터(injector)의 연료 분사 압력을 항상 일정하게 유지하도록 조절하는 것과 직접 관계되는 것은?
    ㉮ 배기가스 중의 산소 농도
    ㉯ 흡기 다기관의 진공도
    ㉰ 엔진의 회전 속도
    ㉱ 실린더 내의 압축압력
    ■ 연료 압력 조절기는 연료의 압력이 흡기 다기관의 진공도에 대하여 2.2~2.6kgf/cm²의 차이를 유지시켜 연료의 분사 압력을 항상 일정하게 유지시킨다.

13. 전자제어 엔진의 연료 압력이 높아지는 원인이 아닌 것은?
    ㉮ 연료 압력 조절기의 진공 누설
    ㉯ 연료 펌프의 체크 밸브 고장
    ㉰ 연료 리턴 라인의 막힘
    ㉱ 인젝터의 막힘
    ■ 연료 압력이 높아지는 원인
    ① 인젝터가 막혔을 때
    ② 진공 호스가 파손되었을 때
    ③ 연료 리턴 호스가 막혔을 때
    ④ 연료 리턴 파이프가 막혔을 때
    ⑤ 연료 펌프의 릴리프 밸브가 고착되었을 때

14. 연료 압력 레귤레이터를 교환시 신품의 O 링에 다음 중 어느 것을 도포하고 조립하는 것이 좋은가?
    ㉮ 비눗물   ㉯ 가솔린
    ㉰ 경유   ㉱ 부동액
    ■ 인젝터를 교환할 때에는 O 링에 솔벤트, 스핀들 오일 또는 가솔린을 얇게 바른다.

15. 연료 탱크 내장형 연료펌프(어셈블리)의 구성 부품에 해당되지 않는 것은? (2015 2회)
    ㉮ 첵 밸브   ㉯ 릴리프 밸브
    ㉰ DC모터   ㉱ 포토 다이오드

16. 전자제어 연료분사 가솔린 기관에서 ECU로 입력되지 않는 것은?
    ㉮ 흡기온도   ㉯ 외기온도
    ㉰ 냉각수 온도   ㉱ 흡입 공기유량

17. 가솔린 전자제어 기관에 사용되는 공기유량 센서의 종류가 아닌 것은?

정답   8. ㉮   9. ㉯   10. ㉰   11. ㉮   12. ㉯   13. ㉯   14. ㉯   15. ㉱   16. ㉯   17. ㉮

㉮ 볼 순환식 센서　㉯ 베인식 센서
㉰ 칼만 와류식 센서　㉱ 열선식 센서
▣ 공기유량센서의 종류에는 흡입 공기량을 직접 계측하는 베인식(메저링 플레이트 방식), 칼만 소용돌이(와류) 방식, 핫 와이어 방식, 핫 필름 방식과 흡입 공기량을 간접 계측하는 맵(MAP)센서 등이 있다.

18. 간접 분사방식의 MPI(multi point injection) 연료 분사장치에서 인젝터가 설치되는 곳은?
　㉮ 스로틀 보디(throttle body)
　㉯ 서지 탱크(surge tank)
　㉰ 각 실린더의 흡입 밸브 전(前)
　㉱ 연소실 중앙

19. 전자제어 가솔린 기관에서 워밍업 후 공회전 부조가 발생했다. 그 원인이 아닌 것은?
　㉮ 스로틀 밸브의 걸림 현상
　㉯ ISC(아이들 스피드 콘트롤) 장치 고장
　㉰ 수온센서 배선 단선
　㉱ 악셀 케이블 유격이 과다.

20. 전자제어 차량의 인젝터가 갖추어야 될 기본 요건이 아닌 것은?
　㉮ 정확한 분사량
　㉯ 내 부식성
　㉰ 기밀 유지
　㉱ 저항값이 무한대(∞)일 것
▣ 인젝터의 저항값은 무한대(∞)가 아니라 20℃ 기준으로 13~16Ω 정도이다.

21. 전자제어 엔진에서 흡입하는 공기량을 측정 방법이 아닌 것은?
　㉮ 스로틀 밸브 열림각　㉯ 피스톤 직경
　㉰ 흡기 다기관 부압　㉱ 엔진 회전속도
▣ 흡입하는 공기량을 측정방법에는 스로틀 밸브 열림 각도, 흡기 다기관 부압, 엔진 회전속도 등이 있다.

22. 흡기관 내 압력의 변화를 측정하는 흡입공기 량을 간접으로 검축하는 방식은?
　㉮ K - jetronic　㉯ D - jetronic
　㉰ L - jetronic　㉱ LH - jetronic

23. 흡기관로에 설치되어 칼만 와류 현상을 이용하여 흡입 공기량을 측정하는 것은?
　㉮ 흡기온도센서
　㉯ 대기압 센서
　㉰ 스로틀 포지션 센서
　㉱ 공기유량 센서
▣ 센서의 역할
　① 흡기온도센서 : 흡기 온도를 검출하여 ECU에 입력시키면 온도에 알맞은 연료 분사량을 보정한다.
　② 대기압 센서 : 차량의 고도를 측정하여 연료 분사량과 점화시기를 조정하는 피에조 저항형 센서이다.
　③ 스로틀 포지션 센서 : 스로틀 밸브의 개도량을 검출하여 ECU 에 입력시켜 기관의 감속 및 가속에 따른 연료 분사량을 제어한다.
　④ 공기유량 센서 : 흡입되는 공기량을 계측하여 ECU에 입력시키면 기본 연료 분사량을 결정한다.

24. 다음 중 전자제어 엔진에서 컨트롤 릴레이로 직접 연결되는 것이 아닌 것은?
　㉮ 점화(IG) 스위치　㉯ ECU
　㉰ 인젝터　㉱ 산소(O₂) 센서
▣ 컨트롤 릴레이에 직접 연결되는 것은 점화 스위치, 배터리, 인젝터, ECU, 연료 펌프이다.

25. 그림은 TPS 회로이다. 점 A에 접속이 불량할 때 이에 대한 스로틀 포지션 센서(TPS)의 출력 전압을 측정 시 올바른 것은?

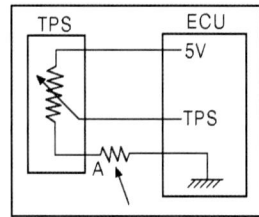

　㉮ TPS 값이 밸브 개도에 따라 가변 되지 않는다.
　㉯ TPS 값이 항상 기준보다 조금은 낮게 나온다.
　㉰ TPS 값이 항상 기준보다 높게 나온다.
　㉱ TPS 값이 항상 5V로 나오게 된다.

26. 스로틀 포지션 센서(TPS)의 설명 중 틀린 것은?
　㉮ 공기유량센서(AFS) 고장 시 TPS 신호에 의해 분사량을 결정한다.
　㉯ 자동 변속기에서는 변속시기를 결정해 주는 역할도 한다.

㉰ 검출하는 전압의 범위는 약 0(V) ~ 12(V)까지 이다.
㉱ 가변저항기이고 스로틀 밸브의 개도량을 검출한다.
■ 스로틀 포지션 센서(TPS) 전압은 닫힌 상태에서는 0.1V, 완전 전개 시는 5.0V 정도가 측정됨.

27. 부특성 서미스터(Thermistor)에 해당되는 것으로 나열된 것은?
㉮ 냉각수온 센서, 흡기온 센서
㉯ 냉각수온 센서, 산소 센서
㉰ 산소 센서, 스로틀 포지션 센서
㉱ 스로틀 포지션 센서, 크랭크 앵글 센서

28. 부특성 흡기온도 센서(A.T.S)에 대한 설명으로 틀린 것은?
㉮ 흡기온도가 낮으면 저항값이 커지고, 흡기온도가 높으면 저항값은 작아진다.
㉯ 흡기온도의 변화에 따라 컴퓨터는 연료분사시간을 증감시켜주는 역할을 한다.
㉰ 흡기온도 변화에 따라 컴퓨터는 점화시기를 변화시키는 역할을 한다.
㉱ 흡기온도를 뜨겁게 감지하면 출력전압이 커진다.
■ 흡기온도센서는 흡기 온도를 검출하여 ECU에 입력시키면 온도에 알맞은 연료 분사량을 보정한다. 온도가 상승하면 저항값이 작아지는 부특성 서미스터(NTC)를 이용한 것이다.
고장 시 가속성이 나빠지고, 연료소모가 많아지고, 공회전 시 부조현상 발생하고, 노킹이 발생한다.

29. 전자제어 기관의 흡기 공기량 측정 방식에서 질량 유량에 대응하는 출력을 직접 얻을 수 있는 방식은?
㉮ 열선식   ㉯ 칼만 와류식
㉰ 벤딕스식   ㉱ 에어 밸브식

30. 전자제어 연료 분사 차량에서 에어 플로우 센서의 공기량 계측 방식이 아닌 것은?
㉮ 핫 와이어 방식(Hot wire)
㉯ 칼만 와류식(Karman)
㉰ 베인식(vane)
㉱ 베르누이 원리 방식

31. 에어 플로미터에서 칼만 와류방식에 해당하는 것은?
㉮ 공기체적 검출방식   ㉯ 공기질량 검출방식
㉰ 간접 계량방식   ㉱ 흡입부압 감지방식

32. 스로틀 밸브 위치 센서의 비정상적인 현상의 발생 시 나타나는 증상이 아닌 것은?
㉮ 공회전 시 엔진부조 및 주행 시 가속력이 떨어진다.
㉯ 연료 소모가 적다.
㉰ 매연이 많이 배출 된다.
㉱ 공회전 시 갑자기 시동이 꺼진다.

33. 다음 중 MAP 센서에서 ECU로 입력되는 전압이 높을 때는?
㉮ 가속 시   ㉯ 감속 시
㉰ 엔진 아이들링 시   ㉱ 고속 주행 시
■ MAP 센서는 흡기 다기관의 압력 변화를 검출하여 흡입 공기량을 계측하는 방식으로서 스로틀 밸브가 닫혀 있을 때는 출력 전압이 낮고, 스로틀 밸브가 열렸을 때는 출력 전압이 높게 된다.

34. 각종 센서의 내부 구조 및 원리에 대한 설명으로 거리가 먼 것은?
㉮ 냉각수 온도 센서: NTC를 이용한 서미스터 전압값의 변화
㉯ 맵 센서 : 진공으로 저항(피에조)값을 변화
㉰ 지르코니아 산소센서 : 온도에 의한 전류값을 변화
㉱ 스로틀(밸브)위치 센서 : 가변저항을 이용한 전압값 변화
■ 온도에 의한 전류값이 아니고 전압값을 변화시킨다. 혼합기가 희박할 때는 0.1V출력되고, 혼합기다 농후할 때는 0.9V정도 출력된다.

35. 엔진에 흡입되는 공기량을 계측하여 디지털 신호로 바꾸어 ECU로 보내 기본 분사 시간을 결정하는 센서는 어느 것인가?
㉮ 흡기온 센서(ATS)
㉯ 스로틀 위치 센서(TPS)
㉰ 공기 유량 센서(AFS)
㉱ 산소 센서(O₂ 센서)

36. 전자제어 가솔린기관에서 연료펌프 내 체크 밸브의 기능에 대한 설명으로 맞는 것은?
   ㉮ 연료계통의 압력이 일정이상으로 상승하는 것을 방지하기 위하여 연료를 리턴 시킨다.
   ㉯ 연료의 압송이 정지될 때 체크 밸브가 열려 연료 라인 내의 연료압력을 상승시킨다.
   ㉰ 연료의 압송이 정지될 때 체크 밸브가 닫혀 연료 라인 내의 잔압을 유지시키고 고온 시 베이퍼록 현상을 방지하고 재시동성을 향상시킨다.
   ㉱ 연료가 공급될 때 체크 밸브가 닫혀 연료 연료 압력을 상승시켜 베이퍼록 현상을 방지한다.

37. 전자제어 차량의 흡입 공기량 계측 방법으로 메스 플로(mass flow) 방식과 스피드 덴시티(speed density) 방식이 있는데 매스 플로방식이 아닌 것은? (2015. 2회)
   ㉮ 맵 센서식(MAP sensor type)
   ㉯ 핫 필름식(hot film type)
   ㉰ 베인식(vane type)
   ㉱ 칼만 와류식(kalman voltax type)

38. 다음 중 흡기온도 센서(ATS)의 기능으로 옳은 것은?
   ㉮ 엔진이 흡입하는 공기의 온도를 검출
   ㉯ 엔진이 흡입하는 혼합기량을 검출
   ㉰ 엔진이 흡입하는 공기량을 검출
   ㉱ 엔진이 흡입하는 공기 압력을 검출

39. 전자제어 기관에서 스로틀 보디의 역할이 가장 중요한 것은?
   ㉮ 공기량 조절   ㉯ 공연비 조절
   ㉰ 혼합기 조절   ㉱ 회전수 조절
   ▣ 스로틀 보디는 가솔린 인젝션에서 엔진으로 흡입되는 공기량을 조절하는 장치로서 액셀 페달과 연동하는 스로틀 밸브, 스로틀 리턴 대시포트, 밸브 열림 정도를 검출하는 스로틀 포지션 센서 등으로 구성되어 있다.

40. 스로틀 보디에 설치되어 있는 대시포트의 기능은?
   ㉮ 고속 주행 시 스로틀 밸브가 과도하게 열리는 것을 방지한다.
   ㉯ 가속 시 스로틀 밸브가 급격히 열리는 것을 방지한다.
   ㉰ 감속 시 스로틀 밸브가 급격히 닫히는 것을 방지한다.
   ㉱ 엔진 아이들링 시 스로틀 밸브가 과도하게 열리는 것을 방지한다.
   ▣ 대시포트는 급격히 움직이는 것을 완화시키는 장치로서 급감속시에 스로틀 밸브가 급격히 닫히지 않도록 하는 역할을 한다. 따라서 대시포트에 의해서 급감속시에 엔진의 회전 속도를 완만하게 변화되도록 하여 감속에 의한 충격을 방지한다.

41. 연료 분사장치 기관에서 스로틀 밸브 스위치는 어떤 역할을 하는가?
   ㉮ 공기량 계측기의 개폐
   ㉯ 공회전 과부하시 조정기 개폐
   ㉰ 스로틀 밸브 위치를 조정기에 알린다.
   ㉱ 분사의 시작과 지속성을 조정한다.

42. 전자제어 연료분사기관에 대한 설명 중 틀린 것은?
   ㉮ 흡기온도 센서는 흡기온도 상승 시 센서의 저항값은 작아진다.
   ㉯ 스로틀 밸브 스위치 접속저항은 약 0Ω이 정상이다.
   ㉰ 공기유량 센서는 공기량을 계측하여 기본연료 분사시간을 결정한다.
   ㉱ 수온센서의 저항은 온도가 상승하면서 저항값은 커진다.
   ▣ 수온센서는 온도가 상승하면서 저항값이 작아지는 부특성 가변 저항기(NPC)를 이용한 센서이다.

43. 엔진의 아이들링(idling) 상태를 안정시키기 위해 아이들링 회전수를 상승시키는 조전이 아닌 것은?
   ㉮ EGR 작동 장치 시
   ㉯ 에어컨 작동 시
   ㉰ 전기적 부하 작용 시
   ㉱ 파워 스티어링 작동 시
   ▣ 에어컨 작동 시, 전기적 부하 작용 시, 파워 스티어링 작동 시에는 ECU는 ISC 서보를 작동시켜 엔진의

정답 36. ㉰ 37. ㉮ 38. ㉮ 39. ㉮ 40. ㉰ 41. ㉰ 42. ㉯ 43. ㉮

회전 속도를 증가시킴으로서 엔진의 아이들링 상태를 안정시킨다.

44. 전자제어 연료분사 차량에서 공전시 부하에 따라 안정된 공전속도를 유지하게 하는 것은 다음 중 어느 것인가?
㉮ ISC 서보(stepper motor)
㉯ 연료압력 조절기
㉰ 컨트롤 릴레이
㉱ 파워 TR
■ 난기 운전 및 엔진에 가해지는 부하가 증가됨에 따라 공전속도를 증가시키는 역할을 한다.

45. 전자제어 연료 분사장치에서 운전자의 조작에 의한 신호를 컴퓨터로 보내어 주는 센서는?
㉮ MAP(진공 절대압 센서)
㉯ TPS(스로틀 포지션 센서)
㉰ AFS(공기유량 센서)
㉱ WTS(냉각수 온도 센서)

46. 공기량 검출 센서 중에서 초음파을 이용하는 센서는?
㉮ 핫필름식 에어플로 센서
㉯ 칼만와류식 에어플로 센서
㉰ 댐핑챔버를 이용한 에어플로 센서
㉱ MAP을 이용한 에어플로 센서

47. 전자제어 연료 분사장치에는 각종 센서가 사용되는데 엔진의 온도를 감지하여 컴퓨터에 보내주는 센서는 무엇인가?
㉮ 서모 센서   ㉯ 사이리스터
㉰ 포토 센서   ㉱ 다이오드
■ 서모 센서 : 온도가 상승함에 따라서 저항이 감소하는 가변 저항으로서 엔진의 냉각수 온도를 아날로그 전압으로 변환시켜 컴퓨터에 입력시켜 연료 분사량을 조절하는데 이용된다.

48. 수온 센서의 설명으로 적당하지 못한 것은?
㉮ 점화시기 및 공전속도 보정에 사용된다.
㉯ 기관 냉각 시 연료 분사량 보정에 사용된다.
㉰ 배출가스량의 보정에 사용된다.
㉱ 냉각수 통로에 설치되는 일종의 저항이다.

■ 냉각수 온도 센서는 온도에 따라서 저항 값이 변화되는 가변 저항으로서 냉각수 통로에 설치되어 엔진의 냉각수 온도를 검출하여 ECU에 보내면 ECU는 냉각수 온도에 따라서 연료 분사량을 보정하여 공전 속도를 적절하게 유지시키고 점화시기를 조절한다.

49. 전자제어 연료분사 장치에 사용되는 크랭크각(Crank Angle)센서의 기능은?
㉮ 엔진 회전수 및 크랭크축의 위치를 검출한다.
㉯ 엔진 부하의 크기를 검출한다.
㉰ 캠축의 위치를 검출한다.
㉱ 1번 실린더가 압축 상사점에 있는 상태를 검출한다.

50. 수온 센서는 온도에 따라 연료 분사시간을 결정하는데 중요한 역할을 하고 있다. 다음 중 어떤 소자를 이용한 것인가?
㉮ 트랜지스터   ㉯ 포텐션미터
㉰ 콘덴서   ㉱ 서미스터
■ 수온 센서는 온도가 상승하면 저항이 감소되는 서미스터를 이용하여 냉각수의 온도를 검출하여 ECU에 보내면 ECU는 냉각수 온도에 알맞은 연료 분사량으로 보정한다.

51. 냉각수 온도센서 고장 시 엔진에 미치는 영향으로 틀린 것은?
㉮ 공회전 상태가 불안정하게 된다.
㉯ 워밍업 시기에 검은 연기가 배출될 수 있다.
㉰ 배기가스 중에 CO 및 HC가 증가된다.
㉱ 냉간 시동성이 양호하다.
■ 냉각수온센서 고장 시 냉간 시동성이 불량하다.

52. 부특성 가변 저항기(NTC)를 이용한 센서는?
㉮ 산소 센서   ㉯ 수온 센서
㉰ 에어 플로센서   ㉱ TDC 센서
■ 부특성 가변 저항기는 온도가 상승하면 저항 값이 감소하는 것으로서 흡기온도 센서, 냉각수온 센서 등에 이용된다.

53. 인젝터에 대한 설명 중 틀린 것은?
㉮ 연료의 압력에 의해서만 분사량이 조절된다.
㉯ 솔레노이드 밸브의 일종이다.
㉰ 컴퓨터의 명령에 의해서만 작동된다.

정답 44. ㉮ 45. ㉯ 46. ㉯ 47. ㉮ 48. ㉰ 49. ㉮ 50. ㉱ 51. ㉱ 52. ㉯ 53. ㉮

㉣ 컴퓨터가 작동시키는 분사시간에 의해 유량이 결정된다.
■ 인젝터는 솔레노이드가 내장되어 있는 분사노즐로서 컴퓨터의 제어 신호에 의해 솔레노이드 코일에 전류가 흐르면 전자석이 되어 플런저와 니들 밸브를 잡아 당겨 분공이 열리고 이때 연료가 분사된다. 연료의 분사량은 컴퓨터가 작동시키는 분사시간(통전시간)에 의해서 결정된다.

54. 전자제어 연료분사장치 기관의 장점이 아닌 것은?
㉮ 온도변화에 따라 공연비 보상을 할 수 있다.
㉯ 대기압의 변화에 따라 공연비 보상을 할 수 있다.
㉰ 가속 및 감속 시 응답성이 느리다.
㉱ 유해 배출가스를 줄일 수 있다.
■ 전자제어 연료분사장치 기관의 장점으로는 가속 및 감속 시 응답성이 빠르다.

55. 전자제어 연료 분사식 기관에서 인젝터의 연료 분사량이 결정되는 요인이 아닌 것은?
㉮ 분사 압력
㉯ 분사 구멍의 면적
㉰ 니들 밸브의 개방시간
㉱ 솔레노이드 코일의 통전시간

56. 가솔린 연료 분사장치의 인젝터는 다음 중 무엇에 의해서 연료를 분사하는가?
㉮ 연료 압력   ㉯ 컴퓨터의 분사신호
㉰ 플런저의 상승   ㉱ 로커암의 하강
■ 인젝터는 컴퓨터의 분사신호에 따라서 연료를 흡입 밸브 전방에 분사시키는 역할을 한다. 연료 분사량은 솔레노이드 코일에 전류가 흐르는 시간(통전시간)에 비례한다.

57. 인젝터의 기본 분사 시간을 결정하는데 사용하는 센서는 다음 중 어느 것인가?
㉮ 흡입 공기량 센서(AFS)
㉯ 냉각수 온도 센서(CTS 또는WTS)
㉰ 크랭크각 센서(CAS)
㉱ 흡입 공기 온도 센서(ATS)
■ 흡입 공기량 센서 : 흡입되는 공기량을 검출하여 디지털 신호로 바꾸어 ECU에 보내면 ECU는 흡입 공기량에 알맞은 기본 연료 분사량을 결정하기 위해 설치된 센서이다.

58. 전자제어 연료 분사 방식에서 기본 분사량을 결정하기 위해 ECU가 받는 신호는?
㉮ 엔진 회전수, 흡입 공기온도
㉯ 냉각수 온도, 엔진 회전수
㉰ 흡입 공기량, 냉각수 온도
㉱ 엔진 회전수, 흡입 공기량

59. 전자제어 기관의 인젝터 회로 접촉불량은 물론 인젝터 자체 저항불량까지 한 번에 측정이 가능한 점검 요령을 기술한 것 중 가장 올바른 것은?
㉮ 인젝터 전류 파형의 측정하여 점검
㉯ 인젝터 작동소리로 점검
㉰ 인젝터 저항을 측정하여 점검
㉱ 인젝터 분사량을 측정하여 점검
■ 전자제어 기관의 인젝터 회로 접촉 불량 및 인젝터 자체 저항 불량까지 한 번에 측정이 가능한 점검은 인젝터 전류 파형을 측정하여 점검하는 것이다.

60. 전자제어 가솔린기관 인젝터에서 연료가 분사되지 않는 이유 중 틀린 것은?
㉮ 크랭크각 센서 불량   ㉯ ECU 불량
㉰ 인젝터 불량   ㉱ 파워 TR 불량
■ 파워 TR은 점화장치이다.

61. 전자제어 가솔린 기관의 인젝터 분사시간에 대한 설명으로 틀린 것은?
㉮ 급감속 시에는 경우에 따라 연료차단이 된다.
㉯ 축전지 전압이 낮으면 무효 분사시간이 길어진다.
㉰ 급가속 시에는 순간적으로 분사시간이 길어진다.
㉱ 산소센서 전압이 높으면 분사시간이 길어진다.

62. 전자제어 기관에서 축전지의 전압이 낮아졌을 때의 연료 분사를 위한 보상은?
㉮ 공연비를 높인다.
㉯ 기관의 회전 속도를 높인다.

정답 54. ㉰ 55. ㉮ 56. ㉯ 57. ㉮ 58. ㉱ 59. ㉮ 60. ㉱ 61. ㉱ 62. ㉰

㉰ 분사 시간을 증가시킨다.
㉯ 공연비를 낮춘다.

63. 전자제어 연료 분사장치 엔진에서 분사량의 보정에 관한 설명 중 맞지 않는 것은?
㉮ 냉각 수온이 80℃ 이상이면 연료 분사량을 증가시킨다.
㉯ 스로틀 포지션 센서(TPS)의 파워 접점이 ON 되면 분사량이 증가된다.
㉰ 흡기 온도가 20℃ 이하에서는 연료 분사량을 증가시킨다.
㉯ 엔진이 시동 중일 때는 분사량을 증가시킨다.

64. 전자제어 가솔린 기관에서 컨트롤 유닛(ECU)으로 입력되는 센서가 아닌 것은?
㉮ 수온 센서   ㉯ 크랭크각 센서
㉰ 흡기온도 센서 ㉯ 휠 스피드 센서
■ 휠 스피드 센서는 컨트롤 유닛(ECU)으로 입력되지 않고 TCU로 입력된다.

65. 다음 중 가솔린 기관의 전자제어 장치의 연료 분사 방식이 아닌 것은?
㉮ 독립 분사   ㉯ 합동 분사
㉰ 그룹 분사   ㉯ 동시 분사
■ 전자제어 장치의 연료 분사 방식에는 동기분사(독립 분사, 순차분사), 동시 분사(비동기 분사), 그룹 분사 등이 있다.

66. I.S.C(idle speed control) 서보 기구에서 컴퓨터 신호에 따른 기능으로 가장 타당한 것은?
㉮ 공전 연료량을 증가 ㉯ 공전속도를 제어
㉰ 가속 속도를 증가   ㉯ 가속 공기량을 조절

67. 흡입 공기량을 간접적으로 검출하기 위해 흡기 매니폴드의 압력 변화를 감지하는 센서는?
㉮ 대기압 센서 ㉯ 노크 센서
㉰ MAP 센서   ㉯ TPS

68. 전자제어 엔진에서 냉간 시 점화시기 제어 및 연료 분사량 제어를 하는 센서는?
㉮ 흡기온 센서   ㉯ 대기압 센서

㉰ 수온 센서   ㉯ 공기량 센서

69. 연료 분사식 엔진에서 동시 분사 방식에 대한 설명으로 옳은 것은?
㉮ 2개 실린더씩 동시에 1사이클당 1회씩 분사한다.
㉯ 전 실린더가 동시에 1 사이클당 2회씩 분사한다.
㉰ 전 실린더가 동시에 1 사이클당 1회씩 분사한다.
㉯ 2개 실린더씩 동시에 1 사이클당 2회씩 분사한다.

70. 전자제어 연료 분사장치에 사용되는 크랭크 각 센서의 기능을 옳게 설명한 것은?
㉮ 엔진 회전수 및 크랭크 샤프트의 위치를 검출한다.
㉯ 엔진 회전수만 검출한다.
㉰ 크랭크 샤프트의 위치만 검출한다.
㉯ 1번 실린더가 압축 상사점에 있는 상태를 검출한다.

71. 크랭크각 센서는 다음 중 어디에 설치되어 있는가?
㉮ 스로틀 보디   ㉯ 서지 탱크
㉰ 연료 펌프   ㉯ 배전기
■ 크랭크각 센서는 배전기가 설치되어 있는 엔진에서는 배전기 내에 설치되어 있고, 배전기가 없는 엔진에서는 캠축 또는 크랭크축 풀리에 설치되어 있다.

72. 전자제어 연료 분사장치에서 피드백(feed back) 제어에 관한 설명 중 틀린 것은?
㉮ 엔진이 냉각되어 있으면 피드백 제어는 작동되지 않는다.
㉯ 가속 또는 감속 시에 피드백 제어는 작동되지 않는다.
㉰ 산소 센서에서 기전력이 발생되지 않으면 있으면 피드백 제어는 작동되지 않는다.
㉯ 엔진이 중속으로 회전할 때에는 피드백 제어는 작동되지 않는다.
■ 엔진이 중속으로 회전할 때에는 피드백 제어는 작동된다.

정답 63. ㉮ 64. ㉯ 65. ㉯ 66. ㉯ 67. ㉰ 68. ㉰ 69. ㉯ 70. ㉮ 71. ㉯ 72. ㉰

73. 자동차 주행 중 가속페달 작동에 따라 출력 전압의 변화가 일어나는 센서는?
   ㉮ 공기 온도 센서   ㉯ 수온 센서
   ㉰ 유온 센서   ㉱ 스로틀 포지션 센서

74. 컴퓨터 제어 점화시기 조정장치에서 점화시기는 다음과 같은 센서에서의 신호에 의해 제어된다. 관계없는 것은?
   ㉮ 대기압 센서   ㉯ 냉각수 온도 센서
   ㉰ 크랭크각 센서   ㉱ 산소 센서

75. 노크 센서는 무엇으로 노킹을 판단하는가?
   ㉮ 배기 소음
   ㉯ 배출 가스 압력
   ㉰ 엔진블럭의 진동
   ㉱ 흡기 다기관의 진공

76. 전자제어 엔진에서 점화장치의 1차 전류를 단속하는 기능을 갖고 있는 부품은 어떠한 것이 있는가?
   ㉮ 점화 스위치   ㉯ 파워 TR
   ㉰ 점화 코일   ㉱ 타이머
   ■ 파워 트랜지스터는 컴퓨터의 제어 신호에 의해서 점화 코일의 1차 코일에 흐르는 전류를 단속하여 2차 고전압을 유기시키는 단속기 역할을 한다.

77. 다음에서 배기관에 설치되어 농후, 희박 상태에 따라 전기를 발생하여 컴퓨터에 신호를 주는 센서의 이름은 어느 것인가?
   ㉮ 캐니스터   ㉯ 컨버터센서
   ㉰ 산소센서   ㉱ 템퍼레이쳐

78. 노크 센서에 대한 설명이다. 맞는 것은?
   ㉮ 진동을 전기 출력으로 바꾼다.
   ㉯ 전기 출력 신호는 디지털 신호이다.
   ㉰ 노크 센서의 출력이 있으면 점화시기는 진각된다.
   ㉱ 엔진이 적정 온도가 되어야 작동한다.

79. 전자제어 연료 분사식 기관에서 센서의 종류가 아닌 것은?
   ㉮ CO 센서   ㉯ 노크 센서
   ㉰ 차속 센서   ㉱ O_2 센서

80. 흡기 다기관의 압력으로 흡입 공기량을 간접 계측하는 것은?
   ㉮ 칼만 와류 방식   ㉯ 핫필름 방식
   ㉰ MAP 센서 방식   ㉱ 베인 방식

81. 다음의 센서 중 ECU 내에 페일 세이프 기능이 없는 것은?
   ㉮ 냉각 수온 센서   ㉯ 흡기온 센서
   ㉰ 크랭크 앵글 센서   ㉱ 대기압 센서
   ■ 페일 세이프란 센서, 액추에이터 등의 고장이 발생되더라도 시스템 자체는 안전하게 작동되도록 하는 기구를 갖추어 안전성을 확보하는 것을 말한다.

82. 센서 및 액추에이터 점검·정비 시 적절한 점검 조건이 잘못 짝지어진 것은? (2014년)
   ㉮ AFS - 시동상태
   ㉯ 컨트롤 릴레이 - 점화 스위치 ON 상태
   ㉰ 점화코일 - 주행 중 감속 상태
   ㉱ 크랭크각 센서 - 크랭킹 상태

83. 가솔린 전자제어 방식에서 컴퓨터가 제어하지 않는 것은?
   ㉮ 점화시기 제어   ㉯ 연료 분사량 제어
   ㉰ 흡입 공기량 제어   ㉱ 공전속도 제어

84. 다음 중 압력 센서의 종류가 아닌 것은?
   ㉮ 용량형 센서
   ㉯ 반도체 피에조 저항센서
   ㉰ 반도체 다이오드 센서
   ㉱ LVDT(lisear variable differential transformer)

85. 전자제어 엔진에서 시동거는 순간 라디오가 작용되지 않았다. 그 이유는?
   ㉮ 시동 모터를 작동하기 위해
   ㉯ 발전기를 작동시키기 위하여
   ㉰ 에어컨을 작동시키기 위하여
   ㉱ 와이퍼 모터를 작동시키기 위하여

정답 73. ㉱ 74. ㉱ 75. ㉰ 76. ㉯ 77. ㉰ 78. ㉮ 79. ㉮ 80. ㉰ 81. ㉰ 82. ㉰ 83. ㉰ 84. ㉰ 85. ㉮

디젤기관

1. 다음은 디젤 기관의 장점을 열거한 것이다. 알맞은 것은?
   - ㉮ 운전 중 소음이 비교적 적다.
   - ㉯ 기관의 단위 출력당 중량이 가볍다.
   - ㉰ 열효율이 높고 연료 소비량이 적다.
   - ㉱ 기관의 압축비가 낮다.

2. 디젤 기관의 장점(가솔린 기관의 단점)을 설명한 것이다. 틀린 것은?
   - ㉮ 전기 점화장치가 없어 고장율이 적다.
   - ㉯ 연료의 인화점이 낮아서 화재의 위험성이 적다.
   - ㉰ 연료 소비율이 적고 열효율이 높다.
   - ㉱ 경부하 때의 효율이 그다지 나쁘지 않다.

3. 다음 중 가솔린 엔진에 대한 디젤 엔진의 장점이 아닌 것은?
   - ㉮ 배기가스가 가솔린 엔진에 비해 유독하지 않다.
   - ㉯ 연료가 싸고 안전하다.
   - ㉰ 열효율이 비교적 높다.
   - ㉱ 운전 중 소음이 작고 정숙하다.

4. 디젤 기관의 연료 소비율(gr/ps-h)로 적당한 것은?
   - ㉮ 180~240
   - ㉯ 200~280
   - ㉰ 360~400
   - ㉱ 550~600

5. 디젤 기관에서는 저속 회전 운동에서도 큰 회전력의 발생이 가능하다. 다음 설명 중 맞는 것은?
   - ㉮ 흡기량이나 연료량이 일정하기 때문이다.
   - ㉯ 흡기를 교축하여 연료 분사량을 제어하기 때문이다.
   - ㉰ 흡기를 교축하지 않고 연료 분사량을 제어하기 때문이다.
   - ㉱ 흡기량이나 연료 분사량이 동시에 제어되기 때문이다.
   - ■ 디젤 엔진이 저속 운전에서도 회전력이 크게 발생되는 것은 흡기를 교축하지 않고 연료 분사량을 제어하여 각 부하에 순응하기 때문에 실린더의 압축 압력이 저하되지 않아 큰 회전력이 발생된다.

6. 처음 디젤 기관이 발명되었을 경우 어떤 형식으로 연료를 공급했나?
   - ㉮ 혼합 가스의 흡입
   - ㉯ 무기 분사식
   - ㉰ 유기 분사식
   - ㉱ 연료 분사후 공기 분사

7. 디젤 기관의 연료 공급의 3가지 방식에 들지 않는 것은?
   - ㉮ 독립식
   - ㉯ 분배식
   - ㉰ 종합식
   - ㉱ 공동식

8. 디젤 연료 중 경유가 갖추어야 할 조건이 아닌 것은?
   - ㉮ 적당한 점도일 것
   - ㉯ 협잡물이 없을 것
   - ㉰ 착화성이 좋을 것
   - ㉱ 유황분이 많을 것

9. 다음에서 디젤 기관의 연료로서 가장 필요한 중요 조건은?
   - ㉮ 점도가 높을 것
   - ㉯ 착화점이 낮을 것
   - ㉰ 인화점이 낮을 것
   - ㉱ 응고점이 높을 것

10. 디젤 기관에서 경유의 점도가 낮으면 일어나는 원인에 알맞은 것은?
    - ㉮ 무화가 잘 안되고 관통력이 커진다.
    - ㉯ 분배가 안 되니 분사 압력이 높아진다.
    - ㉰ 플런저 배럴의 마멸이 촉진된다.
    - ㉱ 제어 래크의 이동 작용이 빨라 분사율이 커진다.

11. 다음 중 디젤 엔진의 착화성에 대한 설명으로 옳은 것은?
    - ㉮ 부탄가로서 표시한다.
    - ㉯ 옥탄가로서 표시한다.
    - ㉰ 세탄가로서 표시한다.
    - ㉱ 프로판가로서 표시한다.

12. 발화 촉진제에 속하지 않는 것은?
    - ㉮ 아황산에칠[$(C_2H_5)SO_3$]
    - ㉯ 아초산아밀($C_5H_{11}NO_2$)
    - ㉰ 초산에칠($C_2H_5NO_3$)
    - ㉱ 초산아밀($C_5H_{11}NO_3$)

정 답 1. ㉰ 2. ㉯ 3. ㉱ 4. ㉮ 5. ㉰ 6. ㉱ 7. ㉰ 8. ㉱ 9. ㉯ 10. ㉰ 11. ㉰ 12. ㉮

■ 연소 촉진제는 초산에칠, 아초산아밀, 초산아밀, 아초산에칠이 있다.

13. 디젤 기관의 연료 중에 공기 기포가 들어가면 일어나는 일 중 틀리는 것은?
㉮ 시동은 잘되나 노킹이 일어난다.
㉯ 노즐의 분사가 불량하다.
㉰ 기관 회전이 불량하고 또는 정지된다.
㉱ 분사 펌프의 플런저와 배럴의 연료 압송이 불만족하다.

14. 보슈 분배형 연료장치에서 연료 리프트 펌프는 탱크 속의 연료를 어느 곳으로 보내는가?
㉮ 딜리버리 밸브   ㉯ 하이드로릭 헤드
㉰ 연료 여과기   ㉱ 분사 노즐
■ 연료 리프트 펌프는 연료 탱크 내에 연료를 빨아 올려 연료 여과기를 통하여 펌프 하우징에 공급한다.

15. 디젤 기관에서 연료 공급 펌프를 분해 조립한 다음 시험해야 할 사항 중 틀린 것은?
㉮ 공급압 시험
㉯ 흡입 시험
㉰ 연료 펌프 토출량 시험
㉱ 불균율 시험

16. 연료 여과기의 성능은 얼마 이상을 유지하여야 하는가?
㉮ 0.01mm   ㉯ 0.1mm
㉰ 0.3mm   ㉱ 0.5mm
■ 연료 여과기의 엘리먼트는 미세한 정도가 좋으나 0.01 mm 의 것은 여과할 수 있어야 한다.

17. 다음 중 보시형 연료 여과기의 오버 플로우 밸브의 역할이 아닌 것은?
㉮ 공급 펌프의 소음 발생을 방지하는 일
㉯ 분사 펌프의 압력을 높게 하는 일
㉰ 필터 각 부분을 보호하는 일
㉱ 운전 중 공기 빼기를 하는 일

18. 디젤 엔진에서 연료장치의 공기 빼기 순서는?
㉮ 공급 펌프 - 연료 여과기 - 분사 펌프
㉯ 연료 여과기 - 분사 펌프 - 공급 펌프
㉰ 공급 펌프 - 분사관 - 분사 펌프
㉱ 분사 펌프 - 연료 여과기 - 공급 펌프

19. 다음 중 디젤 기관의 연소 과정에 속하지 않는 것은?
㉮ 직접 연소 기간   ㉯ 화염 전파 기간
㉰ 전기 연소 기간   ㉱ 착화 지연 기간

20. 연료가 실린더 속에 분사 시작에서부터 자연 발화가 일어나기까지의 기간은?
㉮ 제어 연소 기간   ㉯ 자연 발화 기간
㉰ 착화 지연 기간   ㉱ 화염 전파 기간

21. 디젤 기관에서 실린더 내의 연소 압력이 최대가 되는 기간은?
㉮ 화염 전파 기간   ㉯ 착화 늦음(지연) 기간
㉰ 직접 연소 기간   ㉱ 후(후기) 연소 기간

22. 디젤 기관의 실린더 내 연소 상태의 순서는?
㉮ 착화 지연 기간 - 직접 연소기간 - 화염 전파 기간 - 후 연소기간
㉯ 착화 지연 기간 - 화염 전파 기간 - 직접 연소기간 - 후 연소기간
㉰ 착화 지연 기간 - 후 연소기간 - 화염 전파 기간 - 직접 연소기간
㉱ 착화 지연 기간 - 후 연소기간 - 직접 연소기간 - 화염 전파 기간

23. 디젤 기관에서 A 는 착화 지연 기간 B 는 직접 연소 기간 C 는 화염 전파 기간 D 는 후기 연소 기간이라 할 때 연소 과정의 순서로 옳은 것은?
㉮ A - B - C - D   ㉯ A - C - B - D
㉰ B - A - C - D   ㉱ B - C - A - D

24. 디젤 기관의 연소에 영향을 끼치는 요소가 아닌 것은?
㉮ 분사율   ㉯ 배기 온도
㉰ 압축비   ㉱ 분무

정답 13. ㉮ 14. ㉰ 15. ㉱ 16. ㉮ 17. ㉯ 18. ㉮ 19. ㉰ 20. ㉰ 21. ㉮ 22. ㉯ 23. ㉯ 24. ㉯

■ 디젤 기관의 연소에 영향을 미치는 요소
　* 분사시기, 압축비, 분무, 분사율

25. 디젤 기관에 쓰이는 연소실이다. 복실식 연소실이 아닌 것은? (2015)
　㉮ 예연소실식　　㉯ 직접분사식
　㉰ 공기실식　　　㉱ 와류실식

26. 다음 그림의 실린더 헤드의 설명 중 옳은 것은?

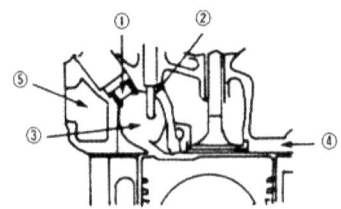

　㉮ 오토 분사 기관용
　㉯ 4행정 분사 오토 기관용
　㉰ 와류 연소실식 디젤 기관용
　㉱ 배기 밸브가 포함된 2행정용

27. 직접 분사실식이 다른 연소실식에 비하여 장점이 아닌 것은?
　㉮ 연소실이 간단하다.
　㉯ 열효율이 높다.
　㉰ 기동이 쉽다.
　㉱ 노킹이 잘 일어나지 않는다.

28. 디젤 기관 연소실 중 열효율이 높고, 기동이 쉬운 장점이 있으나 노크를 일으키기 쉬운 디젤 연소실은?
　㉮ 와류실식　　　㉯ 직접 분사실식
　㉰ 예연소실식　　㉱ 공기실식

29. 다음은 직접 분사실식 연소실의 장점을 든 것이다. 맞지 않는 것은?
　㉮ 연소실의 표면적이 커서 열효율이 높다.
　㉯ 구조가 간단하다.
　㉰ 속도 변화에 대해서 대체로 일정한 회전력을 유지한다.
　㉱ 기동 시에 예열 플러그를 필요로 하지 않는다.

30. 고속 디젤 기관의 예연소실식 노즐 분사 압력으로 맞는 것은?
　㉮ 50~80 kgf/cm^2　　㉯ 100~120 kgf/cm^2
　㉰ 200~350 kgf/cm^2　㉱ 400~600 kgf/cm^2
　■ 연료 분사개시 압력
　　① 직접 분사실식 : 150~300 kgf/cm^2
　　② 예연소실식 : 100~120 kgf/cm^2
　　③ 와류실식 : 100~140 kgf/cm^2
　　④ 공기실식 : 100~140 kgf/cm^2
　　⑤ 2사이클 엔진 : 200 kgf/cm^2

31. 직접 분사실식 기관의 분사 압력에 적당한 것은?
　㉮ 100~120 kgf/cm^2
　㉯ 200~300 kgf/cm^2
　㉰ 400~500 kgf/cm^2
　㉱ 300~700 kgf/cm^2

32. 연료의 분사 압력이 가장 큰 것은?
　㉮ 공기실식　　　㉯ 직접 분사실식
　㉰ 와류실식　　　㉱ 예연소실식

33. 감압장치를 작용했을 때 크랭크축의 회전 저항은 압축 행정에서 약 몇 % 정도인가?
　㉮ 10%　　㉯ 30%
　㉰ 65%　　㉱ 80%

34. 다음 중 디젤 기관에서 감압장치의 설치 목적에 적합하지 않은 것은?
　㉮ 흡입 또는 배기 밸브에 작용하여 감압한다.
　㉯ 기관의 점검 조정 등 고장 발견시 등에 작용시킨다.
　㉰ 겨울철 오일의 점도가 높을 때 시동을 용이하게 하기 위하여
　㉱ 흡입 효율을 높여 압축 압력을 크게 하는데 작용시킨다.

35. 인젝션 펌프에 공기를 제거하는 이유는?
　㉮ 수분을 제거하기 위하여
　㉯ 노즐에 연료를 조절하기 위하여
　㉰ 노즐에 연료를 많이 보내기 위하여
　㉱ 압축 공기를 빼내기 위하여

정답　25.㉯　26.㉰　27.㉱　28.㉯　29.㉮　30.㉯　31.㉯　32.㉯　33.㉰　34.㉱　35.㉱

36. 분사 펌프의 태핏 간극 조정시 태핏 간극은?
   ㉮ 플런저가 하사점으로 내려 왔을 때 0.2mm로 조정한다.
   ㉯ 플런저가 상사점으로 올라 왔을 때 0.2mm로 조정한다.
   ㉰ 플런저가 하사점으로 내려 왔을 때 0.5mm로 조정한다.
   ㉱ 플런저가 상사점으로 올라 왔을 때 0.5mm로 조정한다.

37. 플런저의 유효 행정을 크게 하였을 때 일어나는 현상으로 다음 중 가장 알맞은 것은?
   ㉮ 연료의 송출량이 적어진다.
   ㉯ 연료의 송출 압력이 커진다.
   ㉰ 연료의 송출 압력이 작아진다.
   ㉱ 연료의 송출량이 많아진다.

38. 연료 분사 펌프의 토출량과 플런저의 행정은 어떠한 관계가 있는가?
   ㉮ 토출량은 플런저의 유효 행정에 반비례한다.
   ㉯ 토출량은 역지 밸브와 관계가 있다.
   ㉰ 토출량은 플런저의 유효 행정에 정비례한다.
   ㉱ 토출량은 플런저의 유효 행정과 전혀 관계가 없다.

39. 연료 분사 펌프의 플런저 행정의 변화에 대한 설명 중 맞는 것은?
   ㉮ 플런저를 회전시키면 유효 행정에는 변화가 없다.
   ㉯ 플런저는 분사시기를 늦게 한다.
   ㉰ 플런저는 분사시기를 빠르게 한다.
   ㉱ 플런저를 회전시키면 유효 행정이 변화된다.

40. 플런저 스프링이 약해졌을 때 일어나는 사항은?
   ㉮ 태핏 간극이 적어진다.
   ㉯ 연료의 분사량이 증대된다.
   ㉰ 연료 분사개시 압력이 낮아진다.
   ㉱ 캠 작용이 끝난 후 플런저의 복귀가 나쁘다.

41. 분사초 분사시기를 변경시키고 분사 말기를 일정하게 하는 리드는?
   ㉮ 양리드   ㉯ 역리드
   ㉰ 변리드   ㉱ 정리드

42. 분사 펌프에서 분사 초기의 분사시기를 일정하게 하고 분사 말기를 변화시키는 리드는?
   ㉮ 정리드형   ㉯ 역리드형
   ㉰ 변리드형   ㉱ 양리드형

43. 딜리버리 밸브의 피스톤부는 어떤 작용을 하는가?
   ㉮ 연료가 과대하게 송출되는 것을 방지한다.
   ㉯ 분사의 끝에서 연료의 압력을 높인다.
   ㉰ 분사개시 압력을 조정한다.
   ㉱ 후적을 방지하는 일을 한다.

44. 디젤 기관 분사 펌프 플런저의 딜리버리 밸브의 작용은?
   ㉮ 분사 압력을 조절한다.
   ㉯ 분사량을 조절한다.
   ㉰ 가압된 연료를 분사관에 송출한다.
   ㉱ 노즐의 후적을 양호하게 한다.

45. 딜리버리 밸브의 유압 시험시 밸브 내의 압력을 얼마 이상 올려야 하는가?
   ㉮ 10 kgf/cm^2 ㉯ 50 kgf/cm^2
   ㉰ 100 kgf/cm^2 ㉱ 150 kgf/cm^2

46. 연료 분사시기의 조정이 끝난 후 플런저의 분사량 조정 방법에 대하여 알맞은 것은?
   ㉮ 태핏 간극을 조정한다.
   ㉯ 조정 슬리브와 조정 피니언의 관계 위치를 조정한다.
   ㉰ 플런저 스프링의 장력을 크게 한다.
   ㉱ 딜리버리 밸브의 스프링 장력을 조정, 분사 압력을 조정한다.
   ■ 디젤 엔진의 분사량은 플런저의 유효 행정에 의해서 변화된다. 따라서 유효 행정의 변화는 제어 슬리브와 제어 피니언에 의해서 이루어지기 때문에 제어 슬리브와 제어 피니언의 관계 위치를 변화시키면 연료 분사량이 변화된다.

정답 36. ㉱ 37. ㉱ 38. ㉰ 39. ㉱ 40. ㉱ 41. ㉯ 42. ㉮ 43. ㉱ 44. ㉰ 45. ㉱ 46. ㉯

47. 디젤 기관의 연료 분사량 조정은?
    ㉮ 리밋 슬리브 조정을 한다.
    ㉯ 플런저 스프링 장력을 조정한다.
    ㉰ 태핏 간극 조정을 한다.
    ㉱ 조정 슬리브와 피니언의 관계 위치를 변화시킨다.

48. 다음 중 디젤 엔진에서 연료 분사량 부족의 원인 중 요인인 것은?
    ㉮ 토출 밸브 시트의 손상
    ㉯ 분사 펌프의 플런저가 마멸되었다.
    ㉰ 엔진의 회전 속도가 낮다.
    ㉱ 토출 밸브 스프링의 약화
    ■ 연료 분사량 부족의 원인
      ① 플런저가 마멸되었을 때
      ② 딜리버리 밸브의 기능 저하
      ③ 딜리버리 밸브 시트에 이물질 부착
      ④ 딜리버리 밸브 시트의 손상
      ⑤ 딜리버리 밸브 스프링의 약화

49. 디젤 기관의 보시형 연료 분사 펌프의 분사시기는?
    ㉮ 조속기
    ㉯ 피니언과 슬리브
    ㉰ 래크와 피니언
    ㉱ 펌프와 타이밍 기어의 커플링
    ■ 보시형 연료 분사 펌프는 펌프의 캠축과 연료 분사 펌프 구동축을 커플링을 이용하여 결합시키기 때문에 분사시기의 조정은 펌프와 타이밍 기어의 키플링에서 한다.

50. 다음 중 디젤 기관에서 분사시기가 빠르면 일어나는 원인으로 틀린 것은? (2014년)
    ㉮ 배기가스의 색이 백색이 된다.
    ㉯ 노크 현상이 높아진다.
    ㉰ 배기가스의 색이 흑색이며, 그 양도 많아진다.
    ㉱ 저속 회전이 잘 안 된다.
    ■ 분사시기가 빠르면 배기가스가 흑색으로 배출되고, 노크가 발생되며 엔진의 회전 속도가 빨라진다.

51. 디젤 엔진에서 연료 분사 펌프의 거버너는 어떤 작용을 하는가?
    ㉮ 분사압력을 조정한다.
    ㉯ 분사시기를 조정한다.
    ㉰ 착화시기를 조정한다.
    ㉱ 분사량을 조정한다.
    ■ 거버너(조속기)는 부하나 회전속도에 따라서 연료의 분사량을 조정하는 역할을 하며, 타이머는 연료의 분사시기를 자동적으로 조절하는 역할을 한다.

52. 디젤기관에서 기계식 독립형 연료 펌프의 분사시기 조정방법으로 맞는 것은?
    ㉮ 조속기의 스프링을 조정
    ㉯ 랙과 피니언으로 조정
    ㉰ 피니언과 슬리브로 조정
    ㉱ 펌프와 타이밍 기어의 커플링으로 조정

53. 다음은 앵글라이히 장치의 작용이다. 가장 옳은 것은?
    ㉮ 제어 랙의 위치를 변경시켜 분사량을 크게 한다.
    ㉯ 동일한 제어 랙의 위치에서 기관의 흡입 공기에 알맞은 연료를 분사한다.
    ㉰ 제어 랙의 위치를 변경시켜 분사량을 적게 한다.
    ㉱ 막판의 위치를 조정하여 분사량을 알맞게 한다.

54. 디젤 기관에서 조속기의 작용이 둔하여 파상으로 변동하는 것을 무엇이라 하는가?
    ㉮ 프리 이그니션(pre ignition)
    ㉯ 미스 화이어(miss fire)
    ㉰ 헌팅(hunting)
    ㉱ 데토네이션(detonation)
    ■ 데토네이션 : 이중 점화, 혼합 가스가 연소되지 않는 부분이 극도로 가열되어 자연 점화되기 때문에 화염이 초고속의 일정한 속도로 전파되는 현상을 말한다.

55. 다음은 디젤 분사 펌프 시험기로 진공식 조속기를 시험할 때의 설명이다. 이중 틀린 사항은?
    ㉮ 모터를 시동하여 1,500 rpm 이상으로 분사되도록 한다.
    ㉯ 진공계의 지침을 0 점으로 조정한다.
    ㉰ 조속기 레버는 기준 위치로 고정한다.
    ㉱ 진공계를 보면서 진공 펌프 핸들을 천천히 우측 또는 좌측으로 돌려 부하를 증가 또는 감소시켜 본다.

56. 4 사이클 디젤 공기식 조속기를 설치한 분사 펌프에서 공기 밸브를 완전히 열고 시험한 표이다. 그대로 사용하면 어떤 일이 생기는가?

	펌프 회전수	진공실 부압	제어 래크의 이동량
시 험	1,000rpm	110mmHg	13.6 mm
규정 상태	1,000rpm	110mmHg	14.5 mm

㉮ 기관의 회전력이 증가한다.
㉯ 기관의 출력이 떨어진다.
㉰ 분사량이 적어진다.
㉱ 분사시기가 늦어진다.
■ 공기 밸브를 완전히 열고 시험한 상태에서 제어 래크의 이동량이 규정보다 1mm 부족한 상태이므로 기관의 최고 출력이 떨어진다.

57. 연료 여과기 오버플로 밸브의 기능이 아닌 것은?
㉮ 연료 여과기 내의 압력이 규정 이상으로 상승되는 것을 방지한다.
㉯ 엘리먼트에 부하를 가하여 연료 흐름을 가속화한다.
㉰ 연료의 송출 압력이 규정 이상으로 상승되는 것을 방지한다.
㉱ 연료 탱크 내에서 발생된 기포를 자동적으로 배출시키는 작용을 한다.

58. 디젤 분사 펌프 시험기에 의하여 시험할 수 없는 사항은?
㉮ 조속기 작동 시험과 조정
㉯ 연료 분사량의 측정과 분사량 균일 조정
㉰ 연료 분사시기 측정 및 조정
㉱ 연료 공급 펌프의 공급량 시험
■ 분사 펌프 시험기의 시험 항목
  ① 연료 분사시기 측정과 조정
  ② 연료 분사량의 측정과 분사량 균일 조정
  ③ 플런저, 플런저 배럴 내의 압력 측정
  ④ 조속기의 작동 시험과 조정

59. 분배형 분사 펌프에 대한 내용 중 틀린 것은?
㉮ 플런저의 편 마멸이 적다.
㉯ 소형이고 경량이다.
㉰ 실린더 수 또는 최고 회전 속도의 제한을 받지 않는다.
㉱ 펌프 윤활을 위해 특별한 윤활유를 필요로 하지 않는다.

60. 디젤 연료분사 펌프의 플런저가 하사점에서 플런저 배럴의 흡·배기 구멍을 닫기까지 즉, 송출 직전까지의 행정은? (2014년)
㉮ 예비행정   ㉯ 유효행정
㉰ 변행정   ㉱ 정행정

61. 분사 파이프를 구부리는 경우 구부렸을 때의 반경은 몇 mm 정도로 하는가?
㉮ 10mm 이내   ㉯ 20mm 이내
㉰ 20mm 이상   ㉱ 30mm 이상
■ 분사 파이프의 휨 각도가 급하면 연료의 분사 압력이 저하되고 분사시기에도 영향을 미치므로 반경은 30mm 이상으로 구부려야 한다.

62. 디젤 엔진에서 연료 분무 형성의 3대 요건에 들지 않는 것은?
㉮ 분산   ㉯ 노크
㉰ 관통력   ㉱ 무화

63. 다음은 디젤 엔진의 연료 분사 조건이다. 관계가 없는 것은?
㉮ 한 번에 많은 양을 분사할 것
㉯ 분무가 잘 분산되고 관통력이 있을 것
㉰ 무화가 잘되고 분무 입자가 적고 균일할 것
㉱ 분사의 시작과 그침이 확실할 것

64. 밀폐형 노즐의 종류에 속하지 않는 것은?
㉮ 스로틀형 노즐   ㉯ 다공형 노즐
㉰ 핀틀형 노즐   ㉱ 플런저형 노즐

65. 구멍형 노즐의 분공 지름은 일반적으로 얼마인가?
㉮ 0.1mm 이하   ㉯ 0.2~0.4mm
㉰ 0.5~1.0mm   ㉱ 1 mm 이상
■ 구멍형 노즐의 분공 지름은 0.2~0.7mm이다.

정답 56. ㉯ 57. ㉯ 58. ㉱ 59. ㉰ 60. ㉮ 61. ㉱ 62. ㉯ 63. ㉮ 64. ㉱ 65. ㉯

66. 기관의 시동이 쉽고 분사 압력이 높으므로 연료 소비량이 낮으며, 노즐 구멍의 지름이 0.2~0.7mm 정도인 노즐은?
   ㉮ 스로틀형 노즐   ㉯ 개방형 노즐
   ㉰ 핀틀형 노즐   ㉱ 구멍형 노즐

67. 노즐 시험기로 시험할 수 없는 것은?
   ㉮ 분사 압력   ㉯ 분사 각도
   ㉰ 분사량 및 비중 ㉱ 분사끝의 상태

68. 디젤 연료 공급장치에서 연료 분사 압력조정은 어느 구성품에서 하는가?
   ㉮ 배출 밸브   ㉯ 연료 여과기
   ㉰ 연료 공급 펌프 ㉱ 노즐 홀더

69. 노즐 시험기에 의한 시험 과정이다. 맞지 않는 것은?
   ㉮ 노즐 시험은 분사량과 분사시기를 시험한다.
   ㉯ 시험시 경유의 온도는 20℃ 전후가 좋다.
   ㉰ 노즐 시험시 사용 경유는 그 비중이 0.82~0.84 정도가 좋다.
   ㉱ 핀틀형, 구멍형 노즐은 노즐 시험기로 완전히 측정되나 스로틀 노즐은 스트로브 스코프(storovo scoupe)를 병용하면 더욱 정확히 판단할 수 있다.
   ■ 분사 노즐 시험기로 시험할 수 있는 항목은 분사 압력, 분무 상태, 후적 유무, 분사 각도 등을 시험한다. 분사량과 분사시기의 시험은 분사 펌프 테스터에 의해서 시험할 수 있다.

70. 기관에서 공기 과잉률이란? (2014년)
   ㉮ 이론공연비
   ㉯ 실제공연비
   ㉰ 공기흡입량 ÷ 연료소비량
   ㉱ 실제공연비 ÷ 이론공연비

71. 노즐 정비에 알맞은 것은?
   ㉮ 니들 밸브에 탄매가 끼면 나무 조각으로 털고 가솔린으로 씻는다.
   ㉯ 구멍형 노즐의 구멍은 철사로 뚫고 공기로 불어 낸다.
   ㉰ 니들 밸브와 보디의 틈새는 0.4~0.5mm로 한다.
   ㉱ 니들 밸브와 보디 한쪽이 마멸되면 마멸된 것만 교환한다.

72. 다음은 분사 노즐이 과열되는 원인을 든 것이다. 맞지 않는 것은?
   ㉮ 과부하에서의 연속 운전
   ㉯ 분사량의 과다
   ㉰ 분사시기의 틀림
   ㉱ 노즐 냉각기의 불량

73. 디젤 노크의 원인으로 가장 관계가 적은 것은?
   ㉮ 연료의 세탄값이 높다.
   ㉯ 분사시기가 늦다.
   ㉰ 연료의 분사 상태가 나쁘다.
   ㉱ 엔진 온도가 낮다.

74. 디젤 노크를 일으키기 쉬운 회전 범위는?
   ㉮ 저속   ㉯ 중속
   ㉰ 고속   ㉱ 중속 이상

75. 디젤 기관에서 노크를 방지하려면 착화성이 좋은 연료를 사용하는 이외의 방법으로 틀린 것은?
   ㉮ 실린더의 냉각수 온도를 높인다.
   ㉯ 연료와 공기가 잘 혼합되게 연소실 내에서 와류 현상을 증가시킨다.
   ㉰ 압축비를 높인다.
   ㉱ 불꽃의 전파 거리를 짧게 한다.

76. 디젤 기관의 노킹을 방지하는 대책으로 알맞은 것은? (2015. 2회)
   ㉮ 실린더 벽의 온도를 낮춘다.
   ㉯ 착화지연 기간을 길게 유도한다.
   ㉰ 압축비를 낮게 한다.
   ㉱ 흡기온도를 높인다.

77. 자동차용 기관에서 과급을 하는 주된 목적은?

㉮ 기관의 회전수를 빠르게 한다.
㉯ 기관의 윤활유 소비를 줄인다.
㉰ 기관의 회전수를 일정하게 한다.
㉱ 기관의 출력을 증가시킬 목적으로

78. 과급(super charge)에 대한 설명 중 적당치 않은 것은?
㉮ 과급 방법에는 기계식 과급과 배기가스 터빈 과급이 있다.
㉯ 과급 방법에는 용적형과 플런저형이 있다.
㉰ 급기의 비중을 높이고 평균 유효 압력을 높여 출력의 증대를 목적으로 한다.
㉱ 기관의 출력을 소비치 않고 소기 효율이 같을 때에는 충전비를 크게 할 목적으로 가스 터빈 과급기가 이상적이다.
■ 과급 방법에는 다른 엔진에 의한 방법, 자신의 발생 동력을 이용하는 방법, 배기가스에 의한 방법이 있다.

79. 과급기 케이스 내부에 설치되어 공기의 속도 에너지를 압력 에너지로 바꿔지게 하는 것은?
㉮ 날개 바퀴   ㉯ 디퓨저
㉰ 루트 과급기   ㉱ 터빈

80. 디젤 엔진의 예열장치에서 연소실 내의 압축 공기를 직접 예열 하게 되는 형식을 무엇이라 하는가?
㉮ 예열 플러그식 ㉯ 흡기 히터식
㉰ 흡기 가열식   ㉱ 히터 레인지식

81. 히트 레인지를 설치하는 연소실은?
㉮ 직접 분사실식 ㉯ 예연소실식
㉰ 와류실식   ㉱ 공기실식

82. 코일형 예열 플러그에 대하여 맞는 것은?
㉮ 회로는 직렬 접속이다.
㉯ 예열 시간은 60~90 초이다.
㉰ 발열량은 60~100 w 정도이다.
㉱ 12 V 식에서 전류는 5~6 A 정도이다.

83. 디젤 기관에서 보조 예열 장치가 없어도 가동이 제일 잘되는 형식은?

㉮ 직접분사식   ㉯ 예연소실식
㉰ 와류실식   ㉱ 공기실식

84. 2 행정 사이클 디젤 기관의 소기 방식에 속하지 않는 것은?
㉮ 단류소기식   ㉯ 루프소기식
㉰ 횡단소기식   ㉱ 복류소기식

85. 디젤 기관에서 기관은 회전하나 기동이 안 되는 원인 중 틀린 것은?
㉮ 분사시기가 맞지 않았다.
㉯ 윤활유가 부족하거나 과다할 때
㉰ 연료 분사 상태가 불량하다.
㉱ 연료 분사 압력이 낮다.

86. 디젤 엔진의 정지방법에서 인테이크 셔터(intake shutter)의 역할에 대한 설명으로 옳은 것은? (2015)
㉮ 연료를 차단   ㉯ 흡입공기를 차단
㉰ 배기가스를 차단 ㉱ 압축 압력 차단

87. 디젤 기관 전자화 장치에서 연료 분사량 제어 중 틀린 것은?
㉮ 자동 정속 주행제어 ㉯ 흡기 교축 제어
㉰ 아이들 제어   ㉱ 연료 분사시기 제어
■ 전자제어 디젤 기관에서는 아이들(공전속도) 제어, 분사시기 제어, 흡기 교축 제어에 의하여 연료 분사량이 제어된다.

88. 일반적으로 전 부하 운전시 디젤 분사 펌프의 분사량 불균율의 허용 범위는 어느 정도인가?
㉮ ±1.5 %   ㉯ ±2.0 %
㉰ ±3.0 %   ㉱ ±6.0 %

89. 어떤 덤프 트럭 디젤 기관의 분사량을 측정하였다. 최대 분사량이 23cc이고, 최소 분사량이 18 cc, 평균 분사량이 20cc였다. 분사량의 (+) 불균율은?
㉮ 5 %   ㉯ 10 %
㉰ 15 %   ㉱ 20 %

정답 78.㉯ 79.㉯ 80.㉮ 81.㉮ 82.㉮ 83.㉮ 84.㉱ 85.㉯ 86.㉯ 87.㉮ 88.㉰ 89.㉰

■ ⊕ +불균율 = $\dfrac{\text{최대 분사량} - \text{평균 분사량}}{\text{평균 분사량}} \times 100$

$= \dfrac{23-20}{20} \times 100 = 15\%$

90. 어떤 디젤 기관의 분사 펌프의 최대 분사량이 21cc, 최소 분사량이 17cc 이다. 각 실린더의 평균 분사량은 19cc 였다. 분사량의 (-)불균율(변동율)은 얼마인가?
  ㉮ 9.5 % ㉯ 10.5 %
  ㉰ 11.5 % ㉱ 12.5 %

■ ⊖ -불균율 = $\dfrac{\text{평균 분사량} - \text{최소 분사량}}{\text{평균 분사량}}$

$\times 100$

$= \dfrac{19-17}{19} \times 100 = 10.526\%$

91. CRDI 디젤엔진에서 기계식 저압펌프의 연료 공급 경로가 맞는 것은?
  ㉮ 연료탱크-저압펌프-연료필터-고압펌프-커먼레일-인젝터
  ㉯ 연료탱크-연료필터-저압펌프-고압펌프-커먼레일-인젝터
  ㉰ 연료탱크-저압펌프-연료필터-커먼레일-고압펌프-인젝터
  ㉱ 연료탱크-연료필터-저압펌프-커먼레일-고압펌프-인젝터

92. 디젤 커먼레일 엔진의 구성품이 아닌 것은?
  ㉮ 인젝터   ㉯ 커먼레일
  ㉰ 분사펌프 ㉱ 연료 압력 조정기

93. 디젤기관에서 전자제어식 고압펌프의 특징이 아닌 것은?
  ㉮ 동력성능의 향상 ㉯ 쾌적성 향상
  ㉰ 부가 장치가 필요 ㉱ 가속 시 스모크 저감

배출가스 제어장치

1. 다음 중 배출가스 저감장치가 아닌 것은?
   ㉮ 증발가스 제어장치
   ㉯ 블로 바이가스(blow by gas) 환원장치
   ㉰ 삼원 촉매장치
   ㉱ 피드 백(feed back)제어 정지장치
   ■ 배출가스 저감장치는 연료 증발가스 제어장치, 블로 바이 가스 환원장치, 배기가스 제어 장치로 분류되며, 배기가스 제어장치에는 배기가스 재순환장치, 촉매장치가 있다. 또한 촉매장치에는 산화 촉매 및 삼원 촉매로 분류된다.

2. 블로바이가스 환원장치는 다음 중 어떤 배출가스를 줄이기 위한 장치인가?
   ㉮ CO   ㉯ HC
   ㉰ NOx   ㉱ CO_2

3. 캐니스터는 자동차에서 배출되는 유해가스 중 주로 어떤 가스를 제어하기 위한 장치인가?
   ㉮ 증발가스(HC)   ㉯ 블로바이 가스(CO)
   ㉰ 배기가스(Nox)   ㉱ 배기가스(CO, N_2)

4. 블로바이가스 환원장치는 어떤 가스를 줄이기 위한 장치인가?
   ㉮ CO   ㉯ HC
   ㉰ NOx   ㉱ CO_2

5. 3원 촉매장치의 촉매 컨버터에서 정화 처리하는 배기가스가 아닌 것은?
   ㉮ CO   ㉯ NOx
   ㉰ SO_2 ㉱ HC

6. 배기가스 재순환장치(EGR)의 설명 중 잘못된 것은?
   ㉮ 질소산화물(NOx)의 양은 현저하게 증가한다.
   ㉯ 동력 행정 시 연소 온도가 낮아지게 된다.
   ㉰ 배기가스 중의 일부를 흡기 다기관으로 보내 혼합기에 합류시키는 장치.
   ㉱ 배기가스 중의 탄화수소와 일산화탄소량은 저감되지 않는다.

7. 소음기(muffler)의 소음 방법으로 틀린 것은?
   ㉮ 흡음재를 사용하는 방법
   ㉯ 튜브의 단면적으로 어느 길이만큼 작게 하는 방법
   ㉰ 음파를 간섭시키는 방법과 공명에 의한 방법
   ㉱ 압력의 감소와 배기가스를 냉각시키는 방법
   ■ 튜브의 단면적이 너무 작으면 소음기 성능이 저하.

8. 배출가스 저감장치 중 배기가스 재순환 장치(EGR system)를 사용하는 목적은?
   ㉮ NOx 저감   ㉯ CO 저감
   ㉰ HC 저감   ㉱ CO_2 저감

9. 산소 센서에 대한 설명이다. 틀린 것은?
   ㉮ 배출가스에 많은 산소가 있으면 450mV 이하의 전압이 출력된다.
   ㉯ 센서 작동은 315 ℃ 이하에서 정상적인 출력이 있다.
   ㉰ 촉매 변환기의 상류 매니폴드에 나사식으로 설치되어 있다.
   ㉱ 배기 중의 산소 함량을 외부 공기의 산소와 비교한다.
   ■ 산소 센서는 배기가스 중의 산소와 대기 중의 산소 농도차에 의해서 혼합기가 희박할 때는 100mV, 혼합기가 농후할 때는 900mV가 출력된다. 또한 산소 센서는 센서부의 온도가 400~800℃에서 정상적인 출력이 이루어진다.

10. 산소 센서의 기전력은 대략 농후한 상태에서 몇 V를 나타내는가?
    ㉮ 0.2 V 이하   ㉯ 0.3 V 이상
    ㉰ 0.45 V 이상   ㉱ 1.2 V 이상
    ■ 산소 센서의 기전력은 혼합기를 농후한 상태(공회전)로 운전하면 0.6 ~ 0.9 V가 발생되고 공연비가 14.7 : 1에서는 0.45 V의 기전력이 발생된다.

11. 컴퓨터를 사용하는 가솔린 자동차의 피드 백 제어(feed back control) 방식에서 산소 센서(O2 센서)의 출력 전압 범위는?
    ㉮ 0.1 V ~ 0.9 V   ㉯ 0.5 V ~ 3 V
    ㉰ 1 V ~ 5 V   ㉱ 1 V ~ 12 V

12. 배기 매니폴드에 설치되어 있는 산소(O_2) 센서에 대한 설명이다. 맞지 않는 것은?
    ㉮ 배기가스 중에 산소 농도를 검출한다.
    ㉯ 배기가스 중에 산소가 많으면 산소 센서의 기전력이 높게 발생한다.
    ㉰ 이론 공연비 부근으로 연소될 때 산소 센서에서의 기전력은 0.45V이다.
    ㉱ 산소 센서가 냉각되어 있으면 산소 농도의 검출이 불가능하다.

13. 배기통에 설치되어 있는 질코니아 산소센서(O_2 sensor)가 배기가스 내에 포함된 산소의 농도를 검출하는 방법은?
    ㉮ 기전력 변화   ㉯ 저항력의 변화
    ㉰ 산화력의 변화   ㉱ 전자력의 변화
    ■ 산소 센서의 기전력은 전압(V)으로 검출한다.

14. 다음 중 피드 백(feed back) 제어에 필요한 센서(sensor)는?
    ㉮ 대기압 센서   ㉯ O_2 센서
    ㉰ 흡기온 센서   ㉱ 실린더 온도 센서

15. 다음에서 배기관에 설치되어 혼합기의 농후, 희박 상태에 따라 전기를 발생하여 컴퓨터에 신호를 주는 센서의 이름은?
    ㉮ canister 센서   ㉯ converter 센서
    ㉰ O_2 센서   ㉱ temperature 센서

16. 가솔린 기관의 유해가스 저감장치 중 질소산화물(NOx) 발생을 감소시키는 장치는?
    ㉮ EGR시스템(배기가스 재순환장치)
    ㉯ 퍼지컨트롤 시스템
    ㉰ 블로우바이 가스 환원장치
    ㉱ 감속 시 연료차단 장치

17. 인젝터가 4개 달린 4기통 엔진에 삼원 촉매장치가 부착되어 있을 경우 인젝터 1개가 완전히 막혀 연료가 분사되지 않았을 때의 증상 중 맞는 것은?
    ㉮ HC 측정 시 측정치가 매우 높다.
    ㉯ HC 측정 시 측정치가 거의 0이다.

정답 7. ㉯ 8. ㉮ 9. ㉯ 10. ㉰ 11. ㉮ 12. ㉯ 13. ㉮ 14. ㉯ 15. ㉰ 16. ㉮ 17. ㉯

㉰ rpm이 2배로 상승한다.
㉱ HC 측정 시 정상 한계치 근처이다.

18. 산소 센서 점검 방법 중 옳지 않은 것은?
    ㉮ 엔진이 열받기 전에 측정해야 한다.
    ㉯ 토치 램프를 이용하여 산소 센서를 직접 달구어 측정한다.
    ㉰ 디지털 멀티미터를 사용하여 출력 전압을 측정한다.
    ㉱ 저항 측정은 무조건 안 된다.

19. 아날로그 멀티미터를 사용함으로써 손상될 수 있는 부품은?
    ㉮ 삼원 촉매   ㉯ 크랭크각 센서
    ㉰ 산소 센서   ㉱ 스로틀포지션 센서

20. 다음은 배기가스 재순환장치(EGR)의 설명 중 잘못된 것은?
    ㉮ EGR 밸브 작동 중에는 엔진의 출력이 증가한다.
    ㉯ EGR 밸브의 작동은 진공에 의해 작동한다.
    ㉰ EGR 밸브가 작동되면 일부 배기가스는 흡기관으로 유입된다.
    ㉱ 공전 상태에서는 작동하지 않는다.

21. EGR 밸브의 검사 방법 중 틀린 것은?
    ㉮ EGR 밸브를 탈거하여 고착, 카본 누적 등을 점검하고 상태가 안 좋으면 솔벤트로 청소하여 밸브 시트의 접촉이 안전하도록 한다.
    ㉯ 핸드 진공 펌프를 흡입 매니폴드에 연결한다.
    ㉰ 0.06 kgf/cm² (2.4 inHg)의 진공을 가하면서 공기의 밀폐도를 점검한다.
    ㉱ EGR 의 한 통로에서 공기를 불면서 진공도를 시험한다.

22. 전자제어 연료 분사 차량에서 엔진의 흡기에 배기가스의 일부를 재순환시켜 출력의 감소를 최소로 하는 기능의 장치는?
    ㉮ PCV 밸브장치   ㉯ EGR 장치
    ㉰ 캐니스터장치   ㉱ ISC 서보장치

▣ PCV 밸브는 블로바이 가스를 환원시키는 역할을 하고, 캐니스터는 연료의 증발가스를 일시 저장하며, ISC 서보는 난기 운전시 공전속도를 증가시키는 역할을 한다.

23. 자동차의 배출가스 제어장치 중에서 촉매 변환기에 촉매로 사용되는 금속이 아닌 것은?
    ㉮ 파라듐(Pd)   ㉯ 금(Au)
    ㉰ 백금(Pt)   ㉱ 로듐(Rh)

24. 삼원 촉매 장치에서 삼원 물질에 들지 않는 가스는?
    ㉮ CO_2 ㉯ HC
    ㉰ CO   ㉱ NOx

25. 배출가스 저감장치 중 삼원 촉매장치를 사용함으로써 저감시킬 수 있는 유해가스의 종류는?
    ㉮ CO, HC   ㉯ CO, NOx, CO_2
    ㉰ NOx, HC, SO   ㉱ CO, HC, NOx

26. 일반적으로 전원을 공급하지 않아도 되는 센서는?
    ㉮ 1번 실린더 TDC 센서
    ㉯ WTS
    ㉰ AFS
    ㉱ O_2센서
    ▣ O_2센서는 배기가스 중의 산소농도에 따라 기전력이 발생한다.

27. 배기장치에 관한 설명이다. 맞는 것은?
    ㉮ 배기 소음기는 온도는 낮추고 압력을 높여 배기소음을 감쇠한다.
    ㉯ 배기 다기관에서 배출되는 가스는 저온 저압으로 급격한 팽창으로 폭발음을 발생한다.
    ㉰ 단 실린더에도 배기 다기관을 설치하여 배기가스를 모아 방출해야 한다.
    ㉱ 소음효과를 높이기 위해 소음기의 저항을 크게 하면 배압이 커 기관출력이 줄어든다.

28. 자동차 배기가스 중 연료가 연소할 때 높은 연소온도에 의해 생성되며, 호흡기계통에 연

향을 미치고 광화학스모그의 주요 원인이 되는 배기가스는?
㉮ 질소산화물 ㉯ 일산화탄소
㉰ 탄화수소 ㉱ 유황산화물

29. 산소 센서 정상작동 온도에서 2000rpm 파형이다. 맞는 것은?

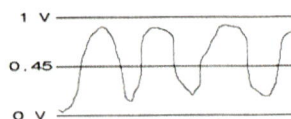

㉮ 공연비 농후   ㉯ 공연비 희박
㉰ 공연비 적당   ㉱ 공연비와 관계없다.

30. 삼원 촉매 컨버터 장착 차량의 2차 공기 공급을 하는 목적은?
㉮ 배기 매니폴드 내의 HC와 CO의 산화를 돕는다.
㉯ 공연비를 돕는다.
㉰ NOx의 생성이 되지 않도록 한다.
㉱ 배기가스의 순환을 돕는다.

31. 다음 그림은 공연비와 배출가스 농도와의 관계를 나타낸 것이다. 질소 산화물의 특성을 나타낸 것은?

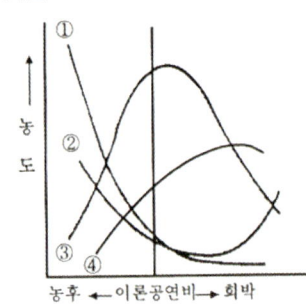

㉮ ①   ㉯ ②
㉰ ③   ㉱ ④

32. 크랭크케이스 내의 배출가스 제어장치는 어떤 유해가스를 저감시키는가?
㉮ HC   ㉯ CO
㉰ NOx   ㉱ CO_2
■ 인체에 가장 해로운 가스는 CO이고, 인체에 무해한 가스는 CO_2이다.

33. 다음 중 EGR 밸브의 구성 및 기능 설명으로 틀린 것은?
㉮ 배기가스 재순환 장치
㉯ EGR 파이프, EGR 밸브 및 서모밸브로 구성
㉰ 질소화합물(NOx) 발생을 감소시키는 장치
㉱ 연료 증발가스(HC) 발생을 억제시키는 장치
■ 연료 증발가스(HC)는 캐니스터에서 포집한다.

34. 3원 촉매의 산화작용에 주로 사용되는 것은?
㉮ 납   ㉯ 로듐
㉰ 백금   ㉱ 실리콘

단원 친환경 자동차

1. 하이브리드 자동차의 정비 시 주의사항에 대한 내용으로 틀린 것은?
㉮ 하이브리드 모터 작업 시 휴대폰, 신용카드 등은 휴대하지 않는다.
㉯ 고전압 케이블(U, V, W상)의 극성은 올바르게 연결한다.
㉰ 도장 후 고압배터리는 헝겊으로 덮어두고 열처리한다.
㉱ 엔진 룸의 고압 세차는 하지 않는다.

2. 하이브리드 자동차의 고전압 배터리 취급 시 안전한 방법이 아닌 것은? (2015)
㉮ 고전압 배터리 점검, 정비 시 절연 장갑을 착용한다.
㉯ 고전압 배터리 점검, 정비 시 점화 스위치는 OFF한다.
㉰ 고전압 배터리 점검, 정비 시 12V 배터리 접지선을 분리한다.
㉱ 고전압 배터리 점검, 정비 시 반드시 세이프티 플러그를 연결한다.

정답 29. ㉮ 30. ㉮ 31. ㉰ 32. ㉮ 33. ㉱ 34. ㉰   1. ㉰ 2. ㉱

원클릭! 자동차 정비기능사 필기

전 기   제2편

제1장	기초 전기
제2장	기초 전자
제3장	축전지
제4장	기동장치
제5장	기계식 점화장치
제6장	전자식 점화장치
제7장	충전장치
제8장	등화장치
제9장	냉·난방장치
부 록	출제 예상 문제

Chapter 01

기초 전기

1. 정전기

① 전기가 이동하지 않고 물질에 정지하고 있는 전기를 말한다.
② 정전기는 마찰에 의해서 마찰 전기를 발생한다.

2. 정전 유도

전기적으로 중성인 도체에 ⊖ 대전체를 가까이하면 도체 내에 자유 전자는 대전체의 ⊖ 전하에 반발되어 대전체에서 먼 쪽에 모이고 대전체에 가까운 쪽에 ⊕ 전하를 가지게 된다. 이와 같이 대전체를 가까이하였을 때 대전체의 가까운 쪽에 대전체와 다른 전하를 먼 쪽에 같은 전하를 발생케 하는 현상을 정전 유도라고 한다.

3. 직류 전기(DC)

① 시간이 경과되어도 전압 및 전류가 일정값을 유지하는 전기를 말한다.
② 전류의 흐름 방향이 일정한 전기를 말한다.

4. 교류 전기(AC)

① 시간이 경과되면 전압 및 전류가 시시각각으로 변화되는 전기를 말한다.
② 전류의 흐름방향이 정방향과 역방향으로 반복되어 흐르는 전기를 말한다.

5. 전 류

① 전자의 이동을 전류라 한다.

② ⊕ 전하의 이동 방향을 전류의 방향으로 정한다.
③ 전류의 방향과 전자의 이동 방향은 서로 반대가 된다.

(1) 1 A 란
① 전류의 측정에서 암페어(Amper 기호 A) 단위를 사용한다.
② 도체의 단면에 임의의 한 점을 매초 1 쿨롱의 전하가 이동하고 있을 때의 전류의 크기이다.

(2) 전류의 3대 작용
① 발열 작용
  ㉮ 도체에는 저항이 있기 때문에 전류를 흐르게 하면 열이 발생된다.
  ㉯ 열량은 흐르는 전류의 2승과 저항의 곱에 비례한다.
  ㉰ 전류가 많이 흐를수록 또는 도체에 저항이 클수록 열이 많이 발생한다.
  ㉱ 발열 작용을 이용 한 것으로는 전구, 시거라이터, 예열 플러그, 전열기 등.
② 화학 작용
  ㉮ 묽은 황산에 구리판과 아연판을 넣고 전류를 흐르게 하면 전해 작용이 일어난다.
  ㉯ 아연판은 황산에 녹아서 ⊖ 전하를 띄게 된다.
  ㉰ 황산속의 수소 이온은 아연 이온에 반발되어 구리판은 ⊕ 전하를 띄게 된다.
  ㉱ 이와 같은 작용을 화학 작용이라 하며 축전지, 전기 도금에 이용한다.
③ 자기 작용
  ㉮ 전선이나 코일에 전류가 흐르면 그 주위 공간에는 자기 현상이 나타난다.
  ㉯ 자기 작용을 이용한 것은 전동기, 발전기, 솔레노이드 등.

6. 전 압
① 물체의 전하는 같은 전하끼리 반발력이 작용하여 다른 전하가 있는 쪽으로 이동한다.
② 전하가 적은쪽 또는 다른 전하가 있는 쪽으로 이동하려는 힘을 전압이라 한다.
③ 전류는 전압의 차가 클수록 많이 흐르며 전압의 단위로는 볼트(V)를 사용한다.
④ 1 V : 1 옴의 도체에 1 암페어의 전류를 흐르게 할 수 있는 힘을 말한다.

7. 저 항
① 물질속을 전류가 흐르기 쉬운가 어려운가의 정도를 표시하는 것을 저항이라 한다.
② 1 Ω 이란 : 1A 의 전류를 흐르게 할 때 1V의 전압을 필요로 하는 도체의 저항을 말한다.

③ 전압이 같아도 도선이 가늘면 전류가 잘 흐르지 못하고 도선이 굵으면 전류가 잘 흐른다.
④ 도 체 : 자유 전자가 많아 전류가 잘 흐르는 물체를 도체라고 한다.
⑤ 물질의 고유 저항
  ㉮ 길이 1m, 단면적 $1m^2$ 인 도체 두면간의 저항값을 비교하여 나타낸 비저항을 고유 저항이라 한다.
  ㉯ 물질의 저항은 재질, 형상, 온도에 따라 변화한다.
  ㉰ 보통의 일반 금속은 온도가 상승하면 저항이 증가한다.(정특성)
  ㉱ 기호는 ρ (로오)로 표시하며, $1cm^2$ 의 고유 저항의 단위는 $\Omega\,cm$가 사용된다.

도체의 고유 저항

도 체 명	고유 저항($\mu\Omega\,cm$, 20℃)	도 체 명	고유 저항($\mu\Omega\,cm$, 20℃)
은	1.62	니 켈	6.9
구 리	1.69	철	10.0
금	2.40	강	20.6
알루미늄	2.62	주 철	57 ~ 114
황 동	5.7	니켈 – 크롬	100 ~ 110

※ $1.62\,\mu\Omega\,cm = 1.62 \times 10^{-6}\,\Omega\,cm$

⑥ 저항의 종류
  ㉮ 절연 저항 : 절연체의 저항을 절연 저항이라 한다.
  ㉯ 접촉 저항 : 접촉면에서 발생되는 저항을 접촉 저항이라 한다.
⑦ 도체의 형상에 의한 저항
  ㉮ 도체의 저항은 그 길이에 비례하고 단면적에는 반비례한다.
  ㉯ 도체속을 전자가 이동할 때 단면적이 커지면 저항이 작아진다.
  ㉰ 도체의 길이가 길면 저항이 증가된다.
  ㉱ 전압과 도체의 길이가 일정할 때 도체의 지름을 1/2 로 하면 저항은 4 배로 증가하고 전류는 1/4 로 감소한다.

$$R = \rho \times \frac{1}{A}$$

R : 물체의 저항(Ω), ρ : 물체의 고유 저항($\Omega\,cm$), l : 길이(cm), A : 단면적(cm)

8. 저항의 연결법

(1) 직렬 접속

① 전압을 이용할 때 결선한다.
② 합성 저항의 값은 각 저항의 합과 같다
③ 각 저항에 흐르는 전류는 일정하다
④ 동일 전압의 축전지를 직렬 연결하면 전압은 개수 배가 되고 용량은 1개 때와 같다.

합성 저항(R) = $R_1 + R_2 + R_3 \cdots + R_n$

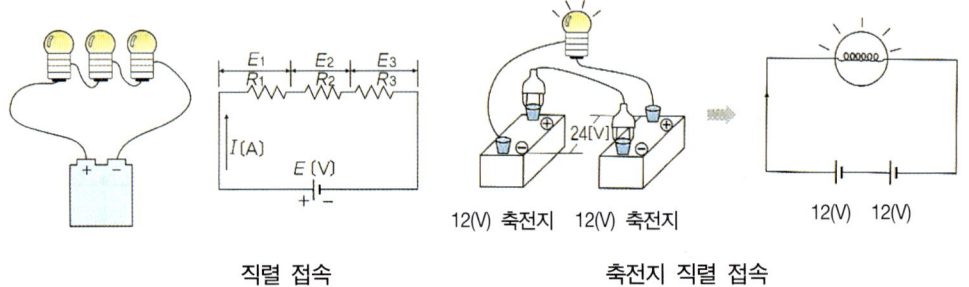

직렬 접속　　　　　축전지 직렬 접속

(2) 병렬 접속

① 전류를 이용할 때 결선한다.
② 합성 저항의 값은 각 저항의 역수의 합의 역수와 같다.
③ 동일 전압의 축전지를 병렬 접속하면 전압은 1개 때와 같고 용량은 개수 배가 된다.

합성 저항(R) = $\dfrac{1}{\dfrac{1}{R_1} + \dfrac{1}{R_2} + \dfrac{1}{R_3} \cdots + \dfrac{1}{R_n}}$

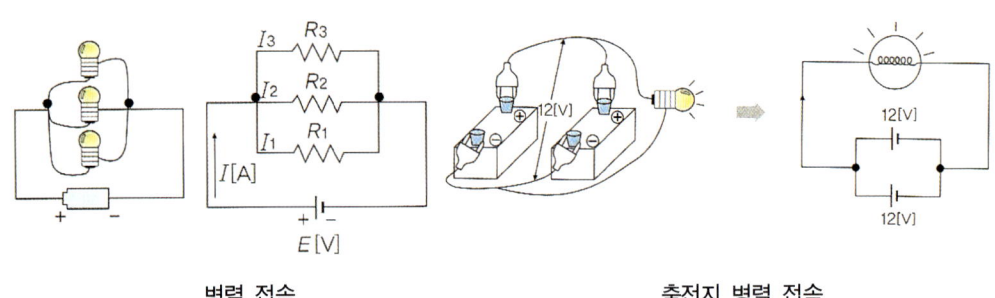

병렬 접속　　　　　축전지 병렬 접속

9. 전압 강하

① 전선의 저항이나 회로 접속부에 접촉 저항 등에 의해 소비되는 전압.
② 전압 강하는 직렬 접속시에 많이 발생된다.
③ 전압 강하는 축전지 단자, 스위치, 배선, 접속부 등에서 발생되기 쉽다.

10. 옴의 법칙

① 도체에 흐르는 전류는 도체에 가해진 전압에 정비례한다.
② 도체에 흐르는 전류는 도체의 저항에 반비례한다.

$$I = \frac{E}{R} \qquad E = I \times R \qquad R = \frac{E}{I}$$

I : 도체에 흐르는 전류(A), E : 도체에 가해진 전압(V), R : 도체의 저항(Ω)

11. 키르히호프 법칙

(1) 제 1 법칙

전하의 보존 법칙으로 복잡한 회로에서 한 점에 유입한 전류는 다른 통로로 유출되므로 임의의 한 점으로 흘러 들어간 전류의 총합과 유출된 전류의 총합은 같다.

(2) 제 2 법칙

에너지 보존 법칙으로 임의의 한 폐회로에 있어서 한 방향으로 흐르는 전압 강하의 총합은 발생한 기전력의 총합과 같다. 즉, 기전력의 총합 = 전압 강하의 총합이다.

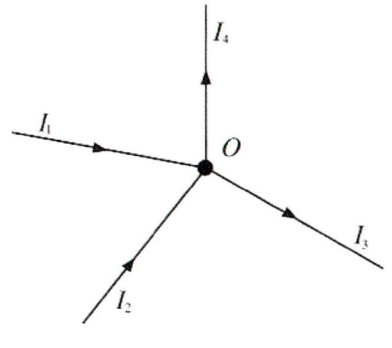
키르히호프의 제 1법칙

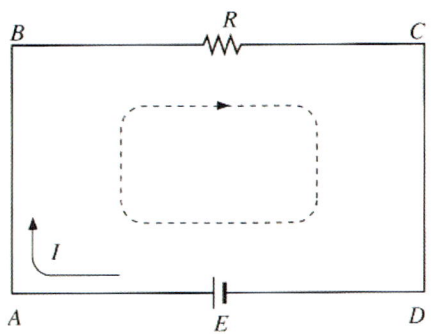
키르히호프의 제 2 법칙

12. 전력

① I(A)의 전류를 E(V)의 전압을 가하여 흐르게 할 때 P = E × I 로 표시한다.
② I(A)의 전류가 R(Ω)의 저항속을 흐르고 있다면 E = I × R 의 관계가 있으므로 P = E × I = I^2 × R이 되어 전력은 모든 저항에 소비된다.

③ I = E / R 의 관계에서 P = E × I = I^2 × R = E^2 / R로 표시할 수 있으며 전력의 단위는 와트(W) 또는 킬로와트(KW)를 사용한다.

W : 전력량　P : 전력　t : 시간　I : 전류　R : 저항

④ 와트와 마력
  ㉮ 1PS(불 마력) = 75kgf-m/s = 736W = 0.736KW = 3/4KW
  ㉯ 1KW = 1.36ps
  ㉰ 1HP(영 마력) =550ft-lb/s = 746W = 0.746KW = 3/4KW
  ㉱ 현재 자동차에서 사용하는 단위는 불마력이다.

13. 전력량

① P(W)의 전력을 t초 동안 사용하였을 때 전력량(W) = P × t 로 표시한다.
② I(A)의 전류가 R(Ω)의 저항속을 t 초 동안 흐를 경우에 W = I^2 × R × t 로 표시한다.
③ 주울열(H) = 약 0.24 × I2 × R × t(cal)의 관계식이 성립된다.

14. 전류가 만드는 자계

(1) 앙페르의 오른 나사의 법칙

① 오른 나사가 진행하는 방향으로 전류가 흐르면 자력선은 오른 나사가 회전하는 방향과 일치한다.
② 전류가 들어갈 때는 시계 방향으로 자력선이 발생하고, 전류가 나올 때는 시계 반대 방향으로 자력선이 발생한다.

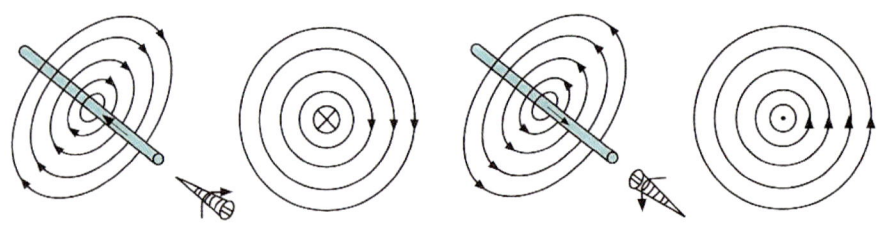

(a) 전류가 들어가는 방향　　　(b) 전류가 나오는 방향

오른 나사의 법칙

(2) 오른손 엄지 손가락 법칙

① 코일이나 전자석의 자력선 방향을 알려고 하는 법칙이다.
② 오른손의 엄지 손가락을 나머지 네 개의 손가락과 직각이 되게 한 다음, 네 개의 손가락을 전류의 방향으로 하여 코일을 잡으면 엄지 손가락의 방향이 자기력선의 방향인 N극의 방향이 된다.

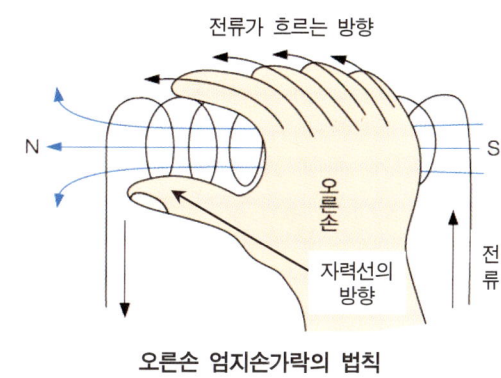

오른손 엄지손가락의 법칙

15. 전자력

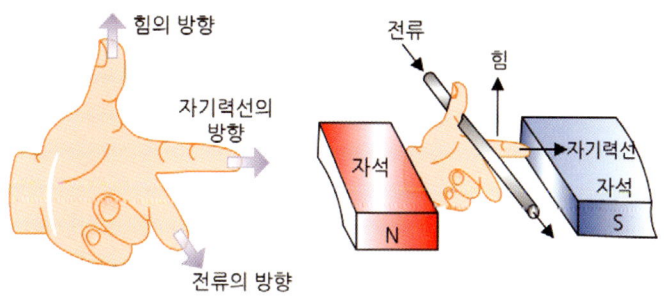

플레밍의 왼손 법칙

(1) 플레밍의 왼손 법칙

① 자계의 방향, 전류의 방향 및 도체가 움직이는 방향에는 일정한 관계가 있다.
② 왼손의 엄지 손가락, 인지, 가운데 손가락을 직각이 되도록 한다.
③ 인지를 자력선의 방향에 가운데 손가락을 전류의 방향에 일치시키면 도체에는 엄지 손가락 방향으로 전자력이 작용한다.
④ 기동 전동기, 전류계, 전압계 등에 이용하며, 전류를 공급받아 힘을 발생시키는 장치에 적용한다.

16. 전자 유도 작용

① 도체와 자력선이 교차되면 도체에 기전력이 발생되는 현상을 전자 유도 작용이라 한다.
② 유도 기전력 : 전자 유도 작용에 의해 발생된 기전력을 말한다.
③ 유도 전류 : 유도 작용에 의해 도체에 흐르는 전류를 말한다.

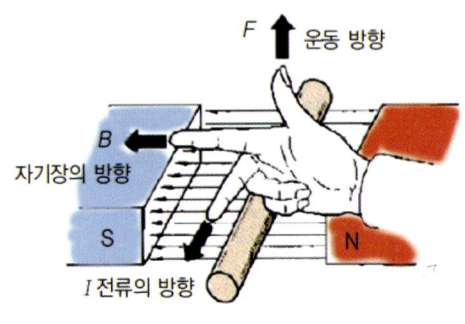

플레밍의 오른손 법칙

(1) 플레밍의 오른손 법칙

① 오른손의 엄지 손가락, 인지, 가운데 손가락을 서로 직각이 되도록 한다.
② 인지를 자력선의 방향으로, 엄지 손가락을 운동의 방향으로 일치시키면 가운데 손가락 방향으로 유도 기전력이 발생한다.
③ 발전기에서 이용한다.

(2) 렌쯔의 법칙

① 코일 속에 자석을 넣으면 자석을 밀어내는 반작용이 일어난다.
② 전자석에 의해 코일에 전기가 발생하는 것은 반작용 때문이다.
③ 유도 기전력은 코일 내의 자속의 변화를 방해하는 방향으로 발생되는 것을 렌쯔의 법칙이라 한다.

(3) 유도 기전력의 크기

① 상대 운동의 속도가 빠를수록 유도 기전력은 크다.
② 잘라 낸 자력선의 수(자속의 밀도가 클수록)가 많을수록 크다.

17. 자기유도 작용

① 하나의 코일에 흐르는 전류를 변화시키면 코일과 교차하는 자력선도 변화되기 때문에 코일에 변화를 방해하는 방향으로 기전력이 발생되는 현상을 자기 유도 작용이라 한다.
② 자기유도 작용은 코일의 권수가 많을수록 커진다.
③ 자기유도 작용은 코일 내에 철심이 들어 있으면 더욱 커진다.
④ 유도 기전력의 크기는 전류의 변화 속도에 비례한다.

18. 상호유도 작용

① 2개의 코일에서 임의의 한쪽 코일에 변화하는 전류를 공급하면 변화하는 자력선이 발생되어 다른 코일에도 전압이 발생되는 현상을 상호 유도 작용이라 한다.
② 직류 전기 회로에 자력선의 변화가 생겼을 때 그 변화를 방해하려고 다른 전기 회로에 기전력이 발생되는 현상이다.
③ 상호유도 작용에 의한 기전력의 크기는 1차 코일의 전류 변화 속도에 비례한다.
④ 상호유도 작용은 코일의 권수, 형상, 자로의 투자율, 상호 위치에 따라 변화된다.
⑤ 작용의 정도를 상호 인덕턴스 M으로 나타내고 단위는 헨리(H)를 사용한다.

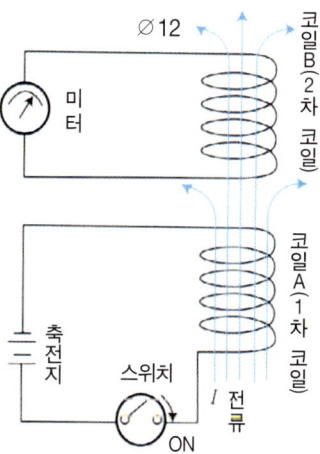

19. 전기 배선

① 전선의 피복 색깔 표시

기 호	색	기 호	색	기 호	색
W	흰색	G	녹색	Gr	회색
B	검정색	L	청색	Br	갈색
R	적색	Y	노란색		

① 전선의 표시

```
AVX  -  0.6  G   R   (Y)
 ㉠      ㉡   ㉢  ㉣   ㉤
```

㉠ AVX : 내열 자동차용 배선
㉡ 0.6 : 전선 단면적(0.6mm²)
㉢ G : 바탕색(녹색)
㉣ R : 줄무늬 색(빨간색)
㉤ Y : 튜브 색(노란색)

Chapter 02

기초 전자

1. 반도체

도체와 절연체의 중간인 고유 저항을 가지고 있는 물체를 반도체라 하고 자유 전자가 많기 때문에 전기를 잘 흐르게 하는 성질을 가진 물체를 도체라 한다. 이와 반대로 자유 전자가 거의 없기 때문에 전기를 잘 흐르지 않는 성질을 가진 물체를 절연체라 한다.

① 반도체의 특성
  ㉮ 실리콘, 게르마늄, 셀렌 등의 물체를 반도체라 한다.
  ㉯ 온도가 상승하면 저항이 감소되는 부온도 계수의 물질을 말한다.
  ㉰ 빛을 받으면 고유저항이 변화하는 광전효과가 있다.
  ㉱ 자력을 받으면 도전도가 변하는 홀(Hall) 효과가 있다.
  ㉲ 미소량의 다른 원자가 혼합되면 저항이 크게 변화된다.

2. N형 반도체

① 4가의 실리콘 원자에 불순물(도너)로 인(P), 비소(As), 안티몬(Sn) 등의 5가 원소를 혼합한다.
② 5가의 전자 중에서 4가의 전자가 공유 결합하지만 나머지 1개는 공유 결합할 수 없으므로 자유롭게 움직일 수 있는 자유전자가 된다.(Si : 실리콘)

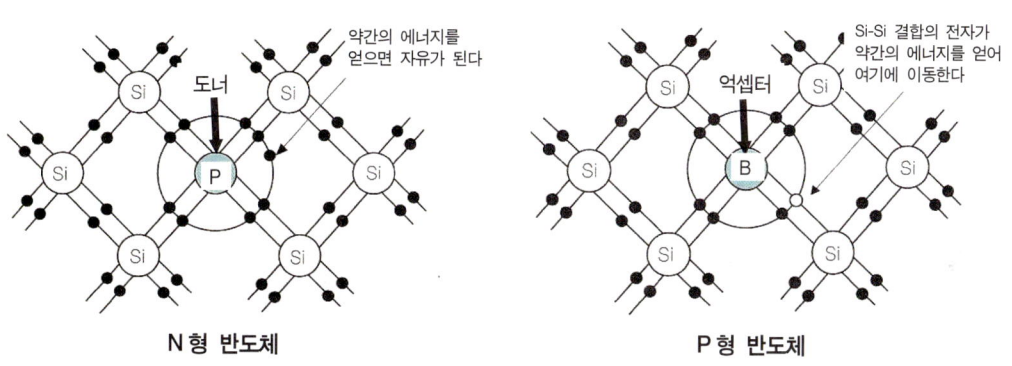

N형 반도체   P형 반도체

3. P형 반도체

① 4가의 실리콘 원자에 불순물(억셉터)로 인듐(In)과 같은 3가의 원소를 혼합한다.
② 3가의 전자가 공유 결합하지만 1개가 부족하게 되어 홀이 형성된다.(B : 붕소)
③ 1개의 전자가 부족한 홀(정공)도 자유로이 움직일 수 있으므로 전기를 운반한다.

4. 서미스터

① 온도 변화에 대하여 저항값이 크게 변화하는 반도체의 성질을 이용하는 소자이다.
② 부특성 서미스터 : 온도가 상승하면 저항값이 감소되는 소자
③ 정특성 서미스터 : 온도가 상승하면 저항값이 상승하는 소자
④ 수온 센서, 흡기 온도 센서 등 온도 감지용으로 사용된다.
⑤ 온도관련 센서 및 액추에이터 소자에는 서모스탯, 서미스터, 바이메탈 등이 있다.

5. 다이오드

P형 반도체와 N형 반도체를 접합시켜 전극이 2개인 것을 다이오드라 한다.

(1) 실리콘 다이오드

① 한쪽 방향에는 낮은 전압으로도 전류가 흐르나 역방향으로는 전류가 흐르지 않는다.
② 교류 전기를 직류 전기로 변환시키는 정류용 다이오드이다.
③ 발전기 등에 사용한다.

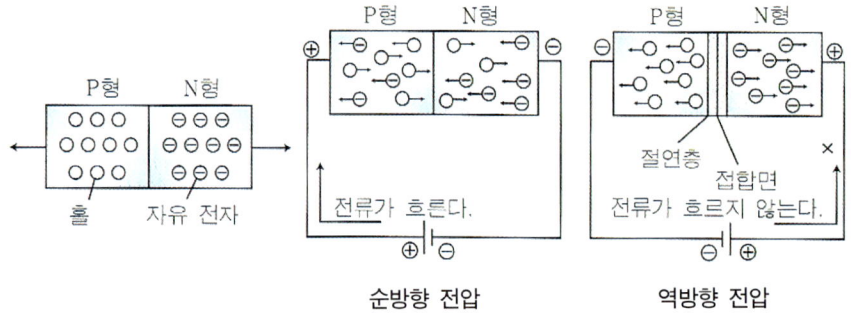

(2) 제너 다이오드

일정 전압이상이 가해지면 역방으로도 전류가 흐를 수 있는 특수한 다이오드를 말한다.
브레이크다운 전압 : 역방향으로 전류가 흐를 때의 전압을 말한다.

(3) 발광 다이오드

① 순방향으로 전류를 흐르게 하였을 때 빛이 발생되는 다이오드
② 가시광선으로부터 적외선까지 다양한 빛을 발생한다.
③ 발광할 때는 10mA 정도의 전류가 필요하다.
④ 배전기의 CAS, TDC, 차고 센서 등에서 사용된다.

(4) 포토 다이오드

P 형과 N 형의 접합부에 입사 광선을 쪼이면 빛에 의해서 역방향으로 전류가 흐른다.

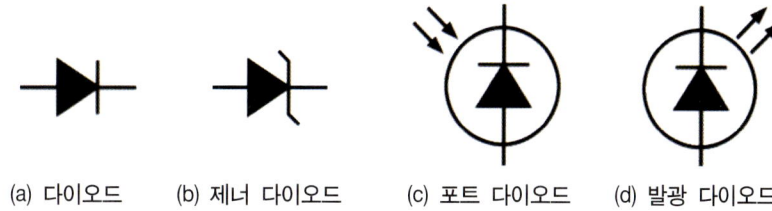

(a) 다이오드   (b) 제너 다이오드   (c) 포트 다이오드   (d) 발광 다이오드

6. 트랜지스터

(1) PNP 형 트랜지스터

① N형 반도체를 중심으로 하여 양쪽에 P형 반도체를 접합한다.
② 이미터, 베이스, 컬렉터의 3개 단자로 구성되어 있다.
③ 베이스 단자를 제어하여 전류를 단속하며, 저주파용 트랜지스터이다.
④ 전류는 이미터 → 베이스, 이미터 → 컬렉터로 흐른다.

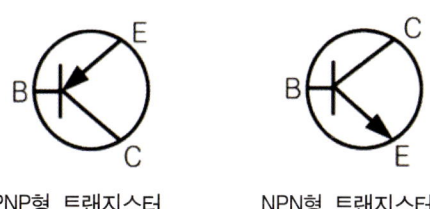

PNP형 트랜지스터   NPN형 트랜지스터

(2) NPN형 트랜지스터

① P형 반도체를 중심으로 양쪽에 N형 반도체를 접합한다.
② 이미터, 베이스, 컬렉터의 3개 단자로 구성되어 있다.
③ 베이스 단자를 제어하여 전류를 단속하며, 고주파용 트랜지스터이다.
④ 전류는 컬렉터 → 이미터, 베이스 → 이미터로 흐른다.

(3) 트랜지스터의 작용

① 증폭 작용

㉮ 적은 베이스 전류로 큰 컬렉터 전류를 제어하는 작용을 증폭 작용이라 하며, 그 비율을 증폭율이라 한다.

$$증폭율 = \frac{컬렉터\ 전류(I_c)}{베이스\ 전류(I_b)}$$

㉯ 증폭율 100이라는 것은 베이스 전류가 1 mA 흐르면 컬렉터 전류는 100 mA로 흐를 수 있다는 것을 의미하며, 트랜지스터의 실제 증폭율은 약 98 정도이다.

② 스위칭 작용

㉮ 베이스에 전류가 흐르면 컬렉터도 전류가 흐른다.

㉯ 베이스에 전류를 차단하면 컬렉터도 전류가 흐르지 않는다.

㉰ 베이스 전류를 ON, OFF시키면 컬렉터에 흐르는 전류를 단속할 수 있다. 이러한 작용을 스위칭 작용이라 한다.

(4) 포토 트랜지스터

PN 접합부에 빛을 쪼이면 빛의 에너지에 의해 전자와 홀이 외부의 회로에 흐른다.

7. 사이리스터

① 사이리스터는 PNPN 또는 NPNP의 4층 구조로 된 제어 정류기이다.

② 애노드, 캐소드, 게이트의 3개 단자로 구성되어 있으며, 게이트 전류를 제어하여 작동한다.

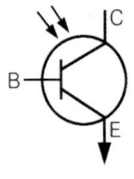
포토 트랜지스터

사이리스터

8. 논리 회로

(1) OR 회로(논리합 회로)

① 2개의 A, B 스위치를 병렬로 접속한 회로이다.

② 입력 A가 1이고 입력 B가 0이면 출력도 1이 된다.
③ 입력 A가 0이고 입력 B가 1이면 출력도 1이 된다.
④ 입력 A와 B가 모두 1이면 출력도 1이 된다.
⑤ 입력 A와 B가 모두 0이면 출력도 0이 된다.

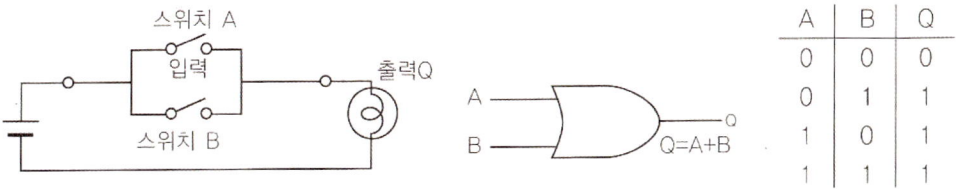

OR회로

(2) AND 회로(논리적 회로)

① 2개의 스위치 A, B를 직렬로 접속한 회로이다.
② 입력 A와 B가 모두 1이면 출력도 1이 된다.
③ 입력 A가 1이고 입력 B가 0이면 출력은 0이 된다.
④ 입력 A가 0이고 입력 B가 1이면 출력은 0이 된다.
⑤ 입력 A와 B가 모두 0이면 출력도 0이 된다.

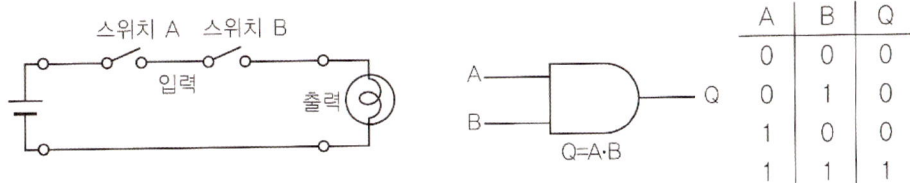

OR(논리합) 회로

(3) NOT 회로(부정 회로)

① NOT 회로는 인버터라고도 부른다.
② 입력이 1이면 출력은 0이 된다.
③ 입력이 0이면 출력은 1이 된다.

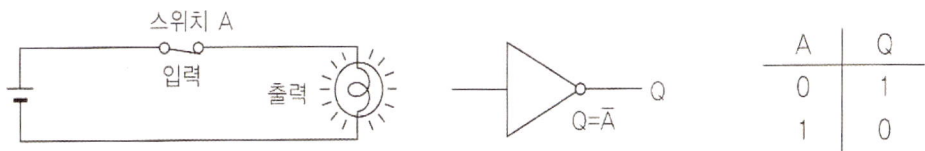

NOT(부정)회로

(4) NOR 회로(부정 논리화 회로)

① OR 회로 뒤에 NOT 회로를 접속한 것이다.
② 입력 A가 1이고 입력 B가 0이면 출력은 0이 된다.
③ 입력 A가 0이고 입력 B가 1이면 출력은 0이 된다.
④ 입력 A와 B가 모두 1이면 출력은 0이 된다.
⑤ 입력 A와 B가 모두 0이면 출력은 1이 된다.

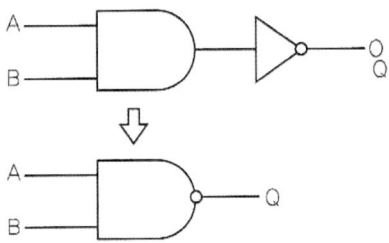

NOR 회로

(5) NAND 회로(부정 논리적 회로)

① AND 회로 뒤에 NOT 회로를 접속한 것이다.
② 입력 A가 1이고 입력 B가 0이면 출력도 1이 된다.
③ 입력 A가 0이고 입력 B가 1이면 출력도 1이 된다.
④ 입력 A와 B가 모두 0이면 출력은 1이 된다.
⑤ 입력 A와 B가 모두 1이면 출력은 0이 된다.

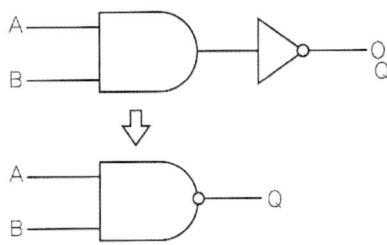

AND회로

Chapter 03

축전지

1. 축전지의 정의

축전지는 화학적 에너지를 전기적 에너지로 변환시키는 부품이다.

2. 축전지의 역할

① 기동장치와 점화장치에 전기적 부하를 부담한다.
② 발전기 고장 시 주행을 확보하기 위한 전원으로 작동한다.
③ 주행 상태에 따른 발전기의 출력과 부하와의 불균형(언밸런스)을 조정한다.
④ 기관이 정지해 있을 때 전장품에 전력을 공급한다.

(1) 축전지의 구비조건

① 축전지의 용량이 클 것
② 축전지의 충선, 검사에 편리한 구조일 것
③ 가급적 소형이고 운반이 편리할 것
④ 전해액의 누설 방지가 완전할 것
⑤ 축전지는 가벼울 것
⑥ 전기적 절연이 완전할 것
⑦ 진동에 견딜 것

3. 축전지의 종류

① 납산 축전지 : 셀당 기전력이 2.1V이며, 6개의 셀(cell)로 되어 있고 이것들을 직렬로 접속하면 12V용 축전지가 된다.
② 알칼리 축전지 : 셀당 기전력이 1.2V 이다.

4. 화학 작용

(1) 방전 중 화학 작용

① 양극판 : 과산화납(PbO_2) → 황산납($PbSO_4$)

② 음극판 : 해면상납(Pb) → 황산납($PbSO_4$)

③ 전해액 : 묽은황산($2H_2SO_4$) → 물($2H_2O$)

④ 황산납 + 황산납 + 물 = $PbSO_4 + PbSO_4 + 2H_2O$

$$\underset{\text{(과산화납)}}{\underset{\text{양극}}{PbO_2}} + \underset{\text{(묽은황산)}}{\underset{\text{전해액}}{2H_2SO_4}} + \underset{\text{(해면상납)}}{\underset{\text{음극}}{Pb}} \underset{\text{충전}}{\overset{\text{방전}}{\rightleftarrows}} \underset{\text{(황산납)}}{\underset{\text{양극}}{PbSO_4}} + \underset{\text{(물)}}{\underset{\text{전해액}}{2H_2O}} + \underset{\text{(황산납)}}{\underset{\text{음극}}{PbSO_4}}$$

(2) 충전 중 화학 작용

① 양극판 : 황산납($PbSO_4$) → 과산화납(PbO_2)

② 음극판 : 황산납($PbSO_4$) → 해면상납(Pb)

③ 전해액 : 물($2H_2O$) → 묽은황산($2H_2SO_4$)

④ 과산화납 + 해면상납 + 묽은황산 = $PbO_2 + Pb + H_2SO_4$

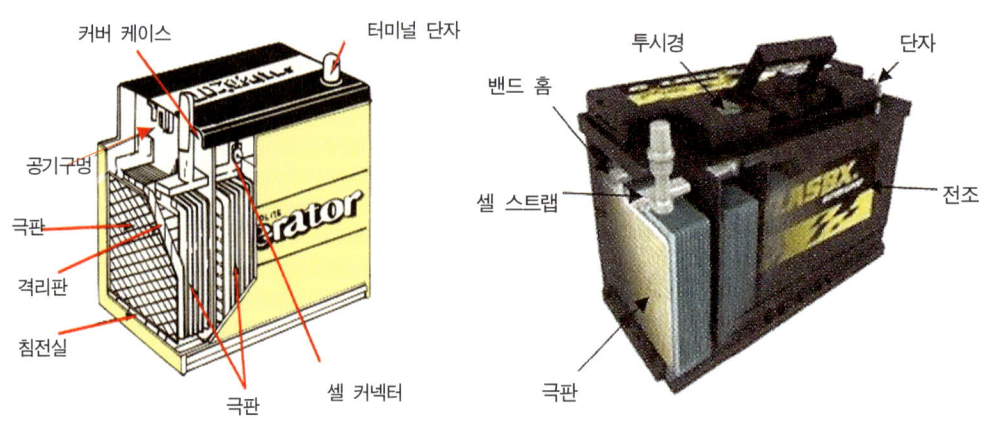

축전지의 구조

(3) 극판

① 극판은 활성 물질을 지지하고 전기를 이동시켜 주는 역할을 한다.

② 양극판 : 다공성으로 결합력이 약하다.(축전지 성능 저하의 원인)

③ 음극판 : 한 셀당 화학적 평형을 고려하여 양극판보다 1장 더 많다.

④ 격자 : 극판의 작용 물질을 유지시켜 탈락을 방지한다.
⑤ 극판의 수가 많을수록 전기용량은 증가한다.

(4) 격리판의 구비 조건
① 비전도성일 것
② 기계적 강도가 있을 것
③ 전해액의 확산이 잘 될 것
④ 전해액에 부식되지 않을 것
⑤ 다공성일 것
⑥ 극판에 좋지 않은 물질을 내뿜지 않을 것

(5) 극판군(셀)
① 극판군은 양극판과 음극판 및 격리판을 각각 조합하여 스트립(strap)에 용접시킨 것이다.
② 극판군은 1셀(cell)이며, 완전 충전 시 1셀당 기전력은 2.1V이다.
③ 12V 축전지의 경우 6개의 셀이 직렬로 연결되어 있다.

(6) 티미널 단지(포스트) 및 필러(벤트) 플러그
① 단자에서 케이블을 분리할 때에는 접지⊖단자를 먼저 분리한 후 ⊕단자를 탈거한다.
② 단자에 케이블을 설치할 때에는 ⊕단자를 먼저 설치한 후 ⊖단자를 설치한다.
③ 단자가 부식되면 깨끗이 청소를 한 다음 그리스를 단자에 바른다.
④ 필러(벤트) 플러그는 충전 시 발생하는 가스를 배출한다.(양극 : 산소, 음극 : 수소가스)
⑤ 현재 사용되는 무보수 축전지는 필러 플러그(마개)가 커버와 접착된 완전 밀폐형 제품이다.

구 분	양극 단자(기둥)	음극 단자(기둥)
단자의 직경	크 다	작 다
단자의 색	적갈색	회 색
표시 문자	⊕, P	⊖, N
부식물의 생성	많 다	적 다

5. 전해액

① 전해액은 순도 높은 무색, 무취의 묽은 황산을 사용한다.
② 극판과 작용하여 전류를 저장 또는 발생한다.
③ 셀 내부의 전류를 전도하는 작용을 한다.
④ 전해액의 비중 : 전해액의 비중은 완전 충전된 상태 20℃에서 1.260~1.280을 사용한다.
⑤ 전해액을 만들 때 플라스틱 용기에 물을 먼저 부은 다음 황산을 부어야 한다.
⑥ 전해액의 비중은 흡입식 비중계나 광학식 비중계로 측정한다.

(1) 전해액 비중의 온도에 의한 변화

① 전해액의 온도가 높으면 비중이 작아지고 전해액의 온도가 낮으면 비중은 높아진다.
② 전해액의 비중은 20℃의 표준 온도로 환산하여 표시한다.
③ 축전지 전해액의 비중은 온도 1℃의 변화에 대하여 0.0007 변화한다.

$$S_{20} = S_t + 0.0007(t - 20)$$

S_{20} : 표준 온도로 환산한 비중, S_t : t℃에서 실측한 비중,
t : 측정시의 전해액의 온도(℃)

참 고

① 1Ah의 방전에 대해 전해액 중의 황산은 3.66g이 소비되고 0.67g의 물이 생성된다.
② 1Ah의 충전량에 대해 0.67g의 물이 소비되고 전해액 중의 황산은 3.66g이 생성된다.
③ 1.260(20℃)의 묽은 황산 1ℓ에 약 35%의 황산이 포함되어 있다.
④ 전체 중량 : 1.260 × 1,000 = 1260 g
　㉮ 황산의 중량 : 1260 g × 0.35 = 441 g
　㉯ 물의 중량 : 1260 g - 441 g = 819 g

---

(2) 전해액의 빙결

① 방전 상태에서는 비중의 저하에 비례하여 빙결 온도가 올라간다.
② 한냉지에서는 완전 충전 상태를 유지하여 빙결되지 않도록 하여야 한다.

6. 방전 종지 전압

① 방전 종지 전압은 어떤 전압 이하로 방전하여서는 안 되는 전압이다.
② 1 셀당 방전 종지 전압은 1.7~1.8 V이다.

③ 20시간율의 전류로 방전하였을 경우의 방전 종지 전압은 한 셀당 1.75 V이다.
④ 축전지를 방전 상태로 장시간 방치해 두면 극판이 영구 황산납이 된다.

(1) 축전지 설페이션(sulfation)의 원인

① 축전지를 과방전하였을 경우에 발생된다.
② 축전지의 극판이 단락되었을 때 발생된다.
③ 전해액의 비중이 너무 높거나 낮을 때 발생된다.
④ 전해액이 부족하여 극판이 노출되었을 때 발생된다.
⑤ 전해액에 불순물이 혼입되었을 때 발생된다.
⑥ 불충분한 충전을 반복하였을 때 발생된다.

(2) 자기 방전의 원인

축전지를 사용하지 않아도 조금씩 방전하는 것을 자기 방전이라 한다.
① 축전지 구조상 부득이 한다.
② 불순물에 위해서 방전된다.
③ 단락에 의해서 방전된다.

(3) 자기 방전량

① 24시간(1일) 동안의 자기 방전량은 실용량의 0.3~1.5% 정도이다.
② 자기 방전량은 전해액의 온도가 높을수록 크다.
③ 자기 방전량은 전해액의 비중이 높을수록 크다.

온 도	1일 방전량	1일 비중 저하량
전해액 온도 30℃	축전지 용량의 1.0%	0.0020
전해액 온도 20℃	축전지 용량의 0.5%	0.0010
전해액 온도 0℃	축전지 용량의 0.25%	0.0005

7. 축전지 용량

① 완전 충전된 축전지를 일정의 전류로 연속 방전하여 방전 중의 단자 전압이 규정의 방전 종지 전압이 될 때까지 꺼낼 수 있는 전기량을 말한다.
② 축전지 용량은 극판의 크기, 극판의 수, 전해액의 양에 의해서 정해진다.
　㉮ 용량 표시는 25℃를 기준으로 한다.

㉯ 용량의 단위는 AH로 표시한다.
㉰ 용량의 공식 : AH = A × H
   A : 방전 전류. H : 방전 시간

③ 방전율과 용량 : 20시간율, 25A율, 냉간율, 5시간율
④ 전해액의 온도가 높으면 축전지의 용량이 증대된다.
⑤ 축전지 용량(부하)시험은 15초 이내로 실시해야 한다.
⑥ 현재 하이브리드에 사용되는 고전압 축전지는 리튬 이온 폴리머(Li-Pb) 축전지로 3.75V 의 축전지 셀이 총 96개가 직렬로 연결되어 있고 1개의 모듈은 8개의 셀로 구성되며, 12모듈이 하나의 축전지 팩이 된다. 축전지 팩의 전압은 3.75V×96개=360V이다.

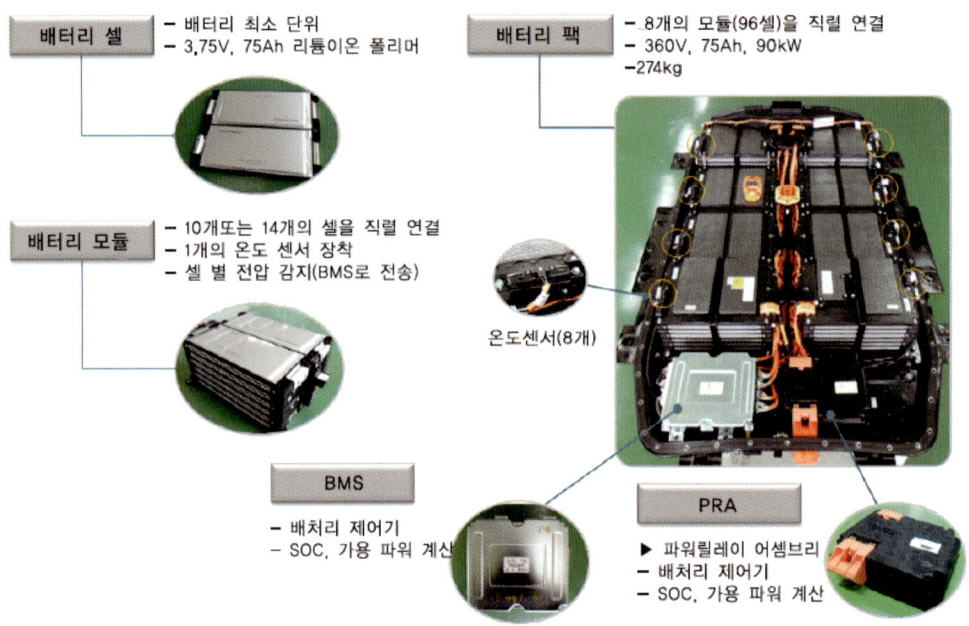

리튬 이온 폴리머 배터리 구성

8. 축전지 충전

(1) 정전류 충전

충전의 시작에서부터 종료까지 일정한 전류로 충전하는 방법이다. 충전 전류는 보통 축전지 용량의 10%(1/10)의 전류로 한다.

(2) 정전압 충전

충전의 시작에서부터 종료까지 일정한 전압으로 충전하는 방법이다.

(3) 단별 전류 충전
① 충전 중에 전류를 단계적으로 감소시키는 방법이다.
② 충전 효율을 높이고 전해액 온도의 상승을 완만하게 한다.

(4) 급속 충전
시간적 여유가 없을 때 급속 충전기를 이용하여 충전하는 방법이다. 축전지 용량의 50%(1/2) 전류로 충전한다.
① 급속 충전 시 주의 사항
  ㉮ 충전 중 수소 가스가 발생되므로 통풍이 잘되는 곳에서 충전한다.
  ㉯ 발전기의 실리콘 다이오드 파손을 방지하기 위해 축전지의 ⊕, ⊖ 케이블을 떼어 낸다.
  ㉰ 충전 시간을 가능한 한 짧게 한다.
  ㉱ 충전 중 축전지에 충격을 가하지 않는다.
  ㉲ 전해액의 온도가 45℃ 이상이 되면 충전 전류를 감소시킨다.
  ㉳ 전해액의 온도가 45℃ 이상이 되면 충전을 일시 중지하여 온도가 내려가면 다시 충전한다.
  ㉴ 충전 시 각 셀의 전해액 주입구 필러 플러그(마개)를 연다.

(5) 축전지의 점검
① 전해액량(극판 위 10~13mm)을 정기적으로 점검한다.
② 전해액의 비중을 정기적으로 점검한다.(비중이 1.200 이하이면 즉시 보충전)
③ 케이스의 설치 상태와 ⊕, ⊖ 케이블의 설치 상태를 정기적으로 점검한다.
④ 축전지의 ⊕, ⊖ 단자와 커버 윗면을 깨끗하게 유지한다.
⑤ 기동 전동기를 10초 이상 연속 사용하지 않는다.(한냉 시에는 5초 이상 연속 사용하지 않는다.)
⑥ 축전지를 사용하지 않을 때에는 15일마다 보충전을 한다.
⑦ 전해액을 보충할 때는 증류수만 보충한다.

(6) 축전지 충전 불량의 원인
① 축전지 극판의 설페이션 현상이 발생되었을 때는 충전이 불량하다.
② 전압 조정기의 전압 조정이 낮을 때는 충전이 불량하다.
③ 충전 회로가 접지되었을 때는 충전이 불량하다.
④ 발전기에 고장이 있을 때는 충전이 불량하다.

⑤ 전기의 사용량이 많을 때는 충전이 불량하다.

> **참 고**
>
> 1. 설페이션 현상 : 축전지 극판이 황산납을 결정체가 되는 것으로, 축전지를 방전 상태로 장기간 방치하면 극판이 불활성 물질로 덮이는 현상이다.
> 2. 원인
> ㉠ 과방전
> ㉡ 장기간 방전 상태로 방치
> ㉢ 전해액의 비중이 너무 낮을 경우
> ㉣ 전해액의 부족으로 극판이 노출되었을 경우
> ㉤ 전해액에 불순물이 혼입되었을 경우
> ㉥ 불충분한 충전을 반복하였을 경우

(7) 축전지가 과충전 되는 원인

① 축전지의 충전 전압이 높을 때 과충전된다.
② 축전지 전해액의 온도가 높을 때는 과충전된다.
③ 축전지 전해액의 비중이 높을 때는 과충전된다.
④ 전압 조정기의 조정 전압이 높을 때는 과충전이 된다.

(8) 축전지의 용량 시험 시 주의 사항

① 축전지 전해액이 옷에 묻지 않도록 한다.
② 기름 묻은 손으로 시험기를 조작하지 않는다.
③ 부하 전류는 축전지 용량의 3배 이상으로 하지 않는다.
④ 부하 시간은 15초 이상으로 하지 않는다.

9. 부하 시험의 축전지 판정

(1) 경부하 시험

① 전조등을 점등한 상태에서 측정한다.
② 셀당 전압이 1.95 V 이상이면 양호하다.
③ 셀당 전압차이는 0.05 V 이내이면 양호하다.

(2) 중부하 시험

① 축전지 용량 시험기를 사용하여 측정한다.
② 축전지 용량의 3배 전류로 15초 동안 방전시킨다.
③ 축전지 전압이 9.6 V 이상이면 양호하다.

10. MF(maintenance free battery) 축전지

무정비(無整備) 축전지라고 한다. 보통 축전지의 단점이라고 할 수 있는 자기 방전이나 화학 반응 시 발생하는 가스로 인한 전해액의 감소를 적게 하기 위해 개발된 배터리로서, 증류수를 보충할 필요가 없고, 자기 방전이 적으며, 장기간 보존이 가능하다.

납-안티몬 합금을 사용하는 일반 배터리와는 달리, MF 축전지는 전해액의 감소나 자기 방전의 원인이 되는 안티몬의 양을 감소한 저 안티몬 합금이나 납-칼슘 합금을 사용하여 무정비화가 가능하며, 전기 분해에서 발생하는 수소 가스나 산소 가스를 촉매로 사용하여 다시 물로 환원시킴으로써 전해액의 수분 보충이 필요치 않다.

(1) MF 축전지의 특징

① 촉매 장치에 의해 증류수를 보충할 필요가 없다.
② 자기 방전이 적어 장기간 보관할 수 있다.
③ 국부 전지가 형성되지 않으므로 정비가 필요 없다.
④ 격자는 벌집 형태의 철망을 펀칭하여 사용한다.

Chapter 04

기동 장치

1. 필요성

① 기관을 시동하기 위한 장치를 말한다.
② 기동 토크가 크고 소형 경량인 직류 직권 전동기를 사용한다.

> **참 고**
>
> 기동 전동기의 기본 원리는 플레밍의 왼손 법칙을 이용한다.
> 플라이 휠의 링 기어와 피니언 기어의 감속비는 10~15 : 1 이다.
>
> 기동 회전력 = 회전 저항 × $\dfrac{\text{피니언 이의 수}}{\text{링 기어 이의 수}}$

2. 기동 전동기의 종류

(1) 직권 전동기

① 전기자 코일과 계자 코일이 직렬로 접속되어 있는 전동기이다.
② 기동 회전력이 크기 때문에 기동 전동기에 사용된다.
③ 부하를 크게 하면 회전 속도가 낮아지고 흐르는 전류는 커진다.
④ 회전 속도의 변화가 크다.

(2) 분권 전동기

① 전기자 코일과 계자 코일이 병렬로 접속되어 있는 전동기이다.
② 회전 속도가 거의 일정하기 때문에 환풍기 모터, 전동팬에 사용된다.
③ 회전력이 비교적 작다.

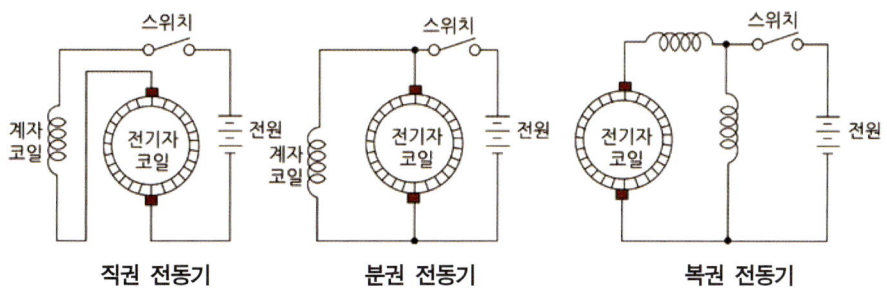

(3) 복권 전동기

① 전기자 코일과 계자 코일이 직, 병렬로 접속되어 있는 전동기이다.
② 회전력이 크고 회전 속도가 거의 일정하기 때문에 와이퍼 모터에 사용된다.
③ 직권 전동기에 비하여 구조가 복잡하다.

3. 기동 전동기의 구조 및 작동

(1) 전동기의 작동 3부분

① 회전력을 발생하는 부분.
② 회전력을 기관에 전달하는 동력 전달 기구.
③ 피니언을 섭동시켜 링 기어에 물리게 하는 부분.

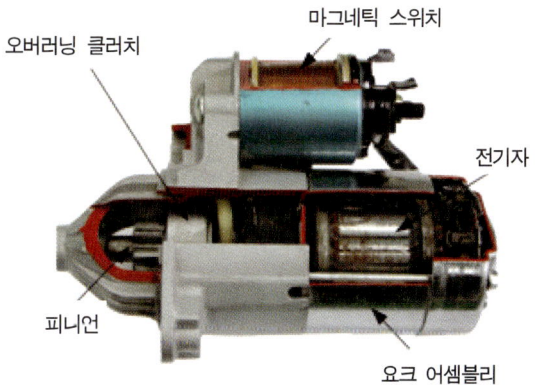

(2) 전기자(아마추어)

전기자 축에는 스플라인 통하여 피니언과 오버러닝 클러치가 미끄럼 운동을 한다. 구성은 전기자 축, 철심, 전기자 코일, 정류자 등으로 되어 있으며, 회전력을 발생한다.

전기자

(3) 정류자

브러시에서 전류를 일정 방향으로 흐르게 하는 역할을 한다. 정류자 편과 편 사이에는 운모로 절연되어 있으며, 정류자 편보다 0.5~0.8mm 정도 언더 컷되어 있다.

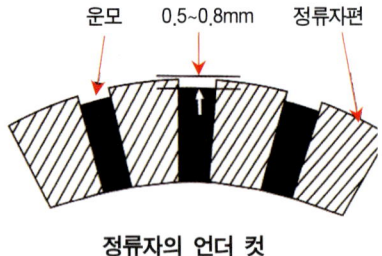

정류자의 언더 컷

(4) 브러시, 브러시 스프링

① 브러시는 정류자를 통하여 전기자 코일에 전류를 출입시키며 재질은 금속 흑연계이다.
② 브러시 본래 길이의 1/3 이상 마모되면 교환해야 한다.
③ 브러시 스프링 장력은 $0.5~1.0 kgf/cm^2$이다.

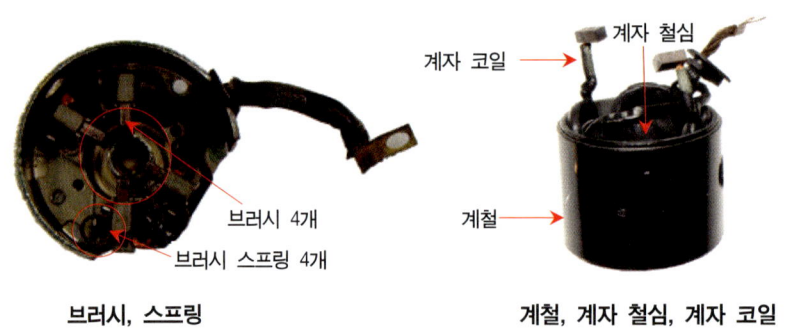

브러시, 스프링   계철, 계자 철심, 계자 코일

(5) 계자 철심, 계자 코일

자력선 통로의 역할을 하며 계자코일에 전류가 흐르면 강력한 전자석이 된다.

4. 동력 전달 기구

(1) 기 능

기동 전동기에서 발생한 회전력을 기관의 플라이 휠에 전달하는 역할을 한다.

(2) 종 류

① 벤딕스식
  ㉮ 관성에 의해서 피니언 기어가 링 기어에 물린다.
  ㉯ 벤딕스 스프링은 기관이 역회전할 때 파손된다.
  ㉰ 오버런닝 클러치가 필요 없다.

② 피니언 섭동식
  ㉮ 솔레노이드의 전자력에 의해 피니언 기어가 링 기어에 물린다.
  ㉯ 솔레노이드의 전자력에 의해 스위치가 ON, OFF된다.
  ㉰ 기관이 기동되었을 때 점화 스위치가 닫혀 있는 동안 피니언 기어는 공회전한다.
  ㉱ 오버런닝 클러치가 필요하며 현재 가장 많이 사용하고 있다.

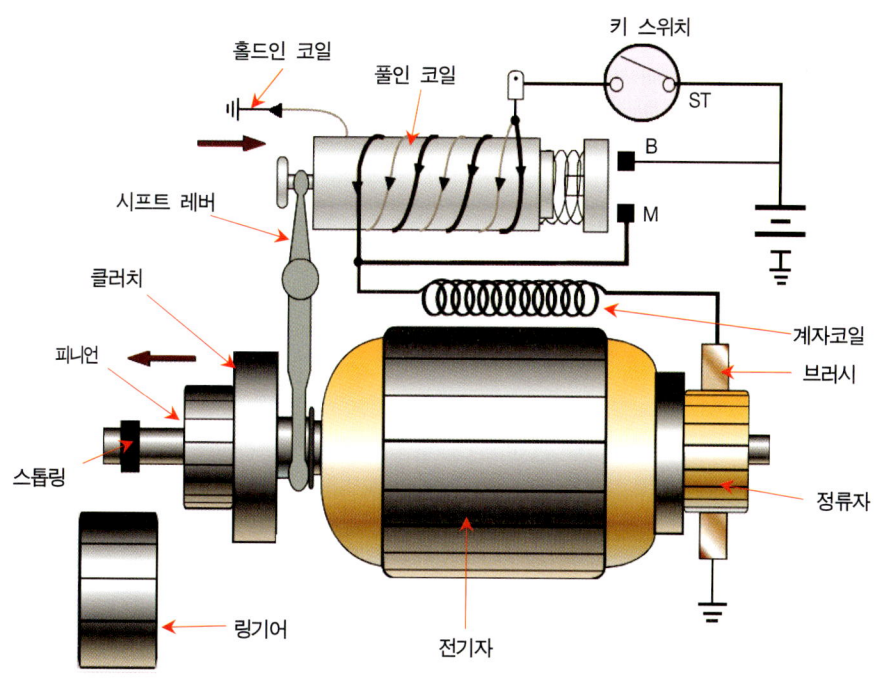

마그네틱 스위치의 작동원리

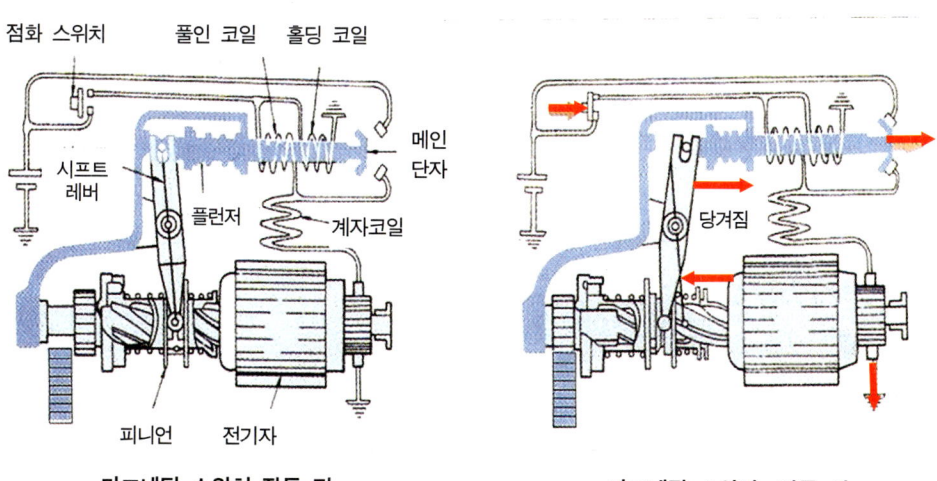

마그네틱 스위치 작동 전   마그네틱 스위치 작동 시

③ 전기자 섭동식
    ㉮ 계자와 전기자의 중심을 오프셋 시켜 자력선이 가까운 거리를 통과하려는 성질을 이용.
    ㉯ 전기자 전체가 이동하여 피니언 기어와 링 기어가 물리는 형식으로 대형 디젤 기관용으로 일부 사용한다.
    ㉰ 오버런닝 클러치가 필요하며 다판 클러치가 사용되고 있다.

5. 오버런닝 클러치

엔진이 시동 후에도 피니언이 링 기어와 맞물려 있으면 시동 모터가 파손되는데, 이를 방지하기 위해서 엔진의 회전력이 시동 모터에 전달되지 않게 하기 위한 것을 오버런닝 클러치라고 한다.

① 시동 후 피니언 기어가 링기어에 물려 있는 상태에서 피니언 기어가 공전하여 엔진에 회전력에 의해 기동 전동기가 회전되지 않도록 하는 역할을 한다.
② 시동된 후 계속해서 스위치를 작동시키면 기동 전동기의 전기자는 무부하 상태로 공회전 하고 피니언은 고속 회전한다.
③ 종 류 : 롤러식, 스프래그식, 다판 클러치식.

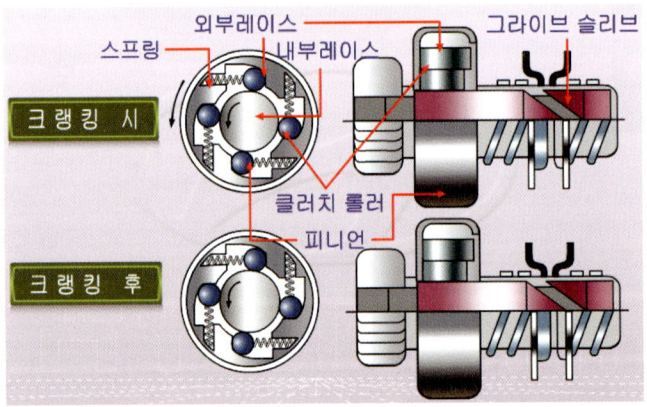

6. 기동 전동기 시험

① 전기자(아마추어) 시험기(그로울러 시험기)로 시험할 수 있는 것은 코일의 단락, 코일의 접지, 코일의 단선이다.

 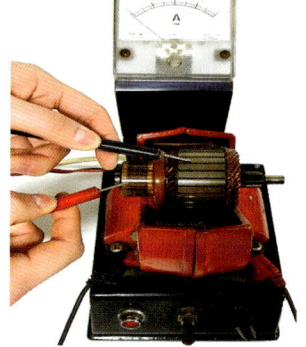 

전기자 코일 단락　　　　　전기자 코일 접지　　　　　전기자 코일 단선

② 기동 전동기 시험에는 무부하 시험, 회전력 시험, 저항 시험 등이 있다.
③ 기동 전동기 무부하 시험에는 전류계, 전압계, 회전계, 가변저항 등이 필요하며, 전류값과 회전수를 측정하여 기동 전동기의 고장 여부를 판단하는 것이다.

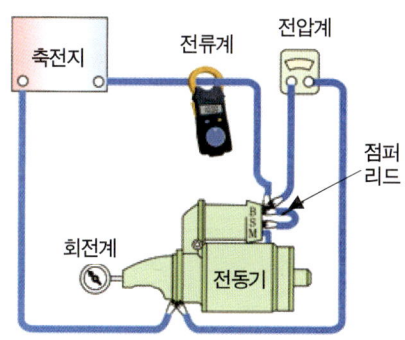

Chapter 05

점화 장치

1. 점화 장치의 개요

점화 장치는 연소실 안에 압축된 혼합기를 점화 플러그를 통해 전기불꽃으로 적절한 시기에 점화하여 연소시키는 장치이며, 점화 코일, 고압 케이블, 점화 플러그, 배전기, 파워 TR, ECU 등으로 구성되어 있다.

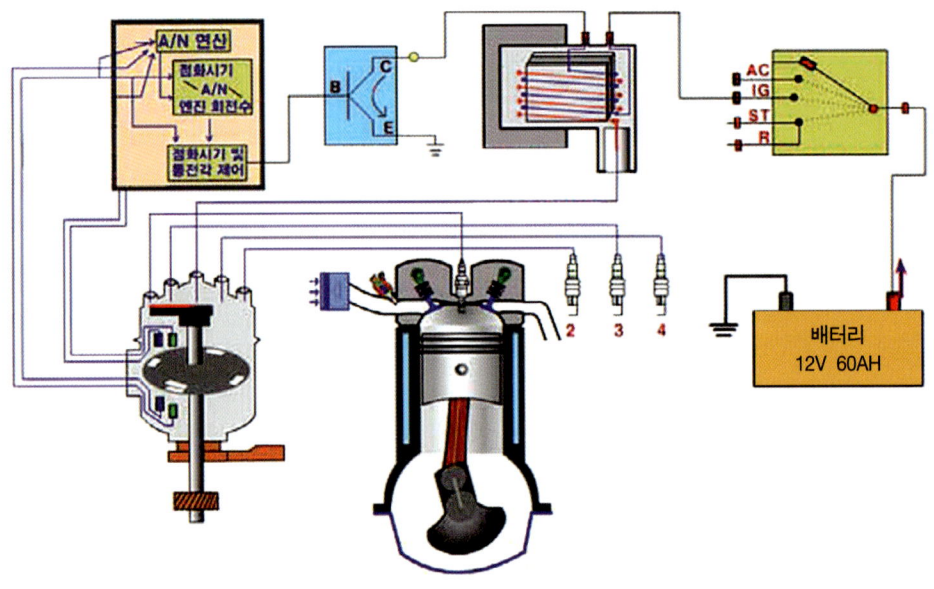

전자제어 점화장치

2. 점화 장치의 종류

기계식 점화 장치와 전자제어 DLI(Distributor Less Ignition : 배전기 없는 무배전기)방식, DIS(Direct Ignition System : 고압 케이블이 없이 코일에서 바로 점화)방식 등이 있다.

3. 점화 코일

(1) 기 능

① 고압의 전압을 발생시키는 승압 변압기이다.
② 철심에 1차 코일과 2차 코일이 감겨져 있다.
③ 자기 유도 작용과 상호 유도 작용을 이용하여 승압시킨다.
④ 3극 침상의 방전 간극은 배전기를 1,800rpm으로 회전시켜 6mm 이상이어야 한다.

(2) 점화 코일의 원리

① 자기 유도 작용 : 하나의 코일에 흐르는 전류를 변화시키면 코일과 교차하는 자력선도 변화되기 때문에 코일에 변화를 방해하는 방향으로 기전력이 발생되는 현상을 말한다.
② 상호 유도 작용 : 2개의 코일에서 임의의 한쪽 코일에 변화하는 전류를 공급하면 변화하는 자력선이 발생되어 다른 코일에도 전압이 발생되는 현상을 말한다.

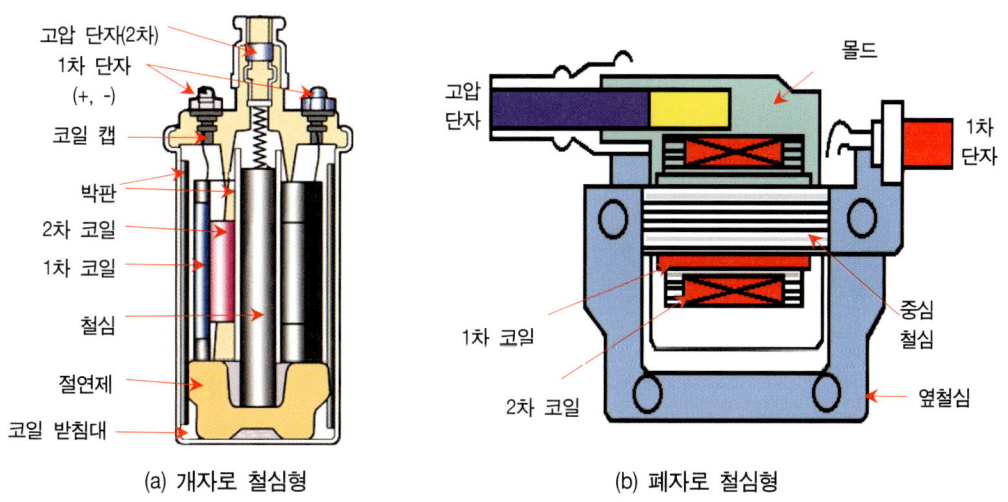

(a) 개자로 철심형   (b) 폐자로 철심형

(3) 점화 코일의 구조

① 1차 코일

㉮ 2차 코일의 바깥쪽에 0.6~1.0mm의 구리선을 200~300회 감았다.
㉯ 1차 코일은 2차 코일에 비하여 큰 전류가 흐르기 때문에 선의 단면적도 크다.
㉰ 감기 시작은 점화 코일의 ⊕ 단자에, 감기 끝은 ⊖ 단자에 접속되어 있다.
㉱ 유도 전압은 약 200~400V가 발생된다.
㉲ 1차 코일과 2차 코일의 권수비는 60~100 : 1이다.

② 2차 코일
  ㉮ 중심 철심에 0.1mm의 구리선을 20,000회 감았다.
  ㉯ 감기 시작은 1차 코일의 끝에, 감기 끝은 중심 단자에 접속되어 있다.
  ㉰ 유도 전압은 약 25,000~30,000V가 발생된다.
  ㉱ 2차 전압

  $E_2 = \dfrac{N_2}{N_1} \times E_1$ E_2 : 2차 코일의 유도 전압. E_1 : 1차 코일의 유도 전압
  N_1 : 1차 코일의 권수. N_2 : 2차 코일의 권수

4. 배전기

(1) 배전기의 3대 작용

① 1차 전류를 단속하여 2차에 고전압을 유도케 한다.
② 2차 코일의 고전압을 점화순서에 따라 점화 플러그에 공급한다.
③ 기관의 회전 속도에 따라 점화시기를 조절한다.

5. 점화시기 진각장치

① 원심식 진각기구 : 엔진의 회전 속도에 따라 점화시기를 자동으로 조절한다.
② 진공식 진각기구 : 엔진 부하(흡기 다기관의 진공)에 따라 점화시기를 자동으로 조절한다.
③ 옥탄 셀렉터 : 연료의 옥탄가에 따라 점화시기를 수동으로 조절한다.

6. 고압 케이블

점화 코일에서 배전기로, 배전기에서 점화 플러그로 고압의 전류를 공급한다.

(1) TVRS 케이블

① 점화 회로에서 고주파 발생을 방지하는 역할을 한다.
② 라디오나 무선 통신기의 고주파 잡음을 방지한다.
③ 케이블 전체에 걸쳐 10KΩ의 저항을 둔 케이블이다.

7. 점화 플러그

(1) 기 능

① 점화 코일에 유도된 전류로 불꽃 방전을 일으켜 혼합기에 점화하는 역할을 한다.
② 간극은 1.1mm 정도로 맞춘다. 간극 조정 시에는 접지 전극을 구부려서 조정한다.

(2) 자기 청정 온도

① 기관이 작동되는 동안 전극의 온도가 450~600℃를 유지하는 온도.
② 400℃ 이하이면 카본이 부착되어 실화가 발생한다.
③ 700~800℃에 이르면 조기점화(자연발화)가 발생되어 기관의 출력이 저하된다.
④ 냉형 플러그 : 수열 면적이 작고, 방열 경로가 짧게 되어 있어 고압축비, 고속 회전의 기관에 사용된다.
⑤ 열형 플러그 : 수열 면적이 크고, 방열 경로가 길게 되어 있어 저압축비, 저속 회전의 기관에 사용된다.

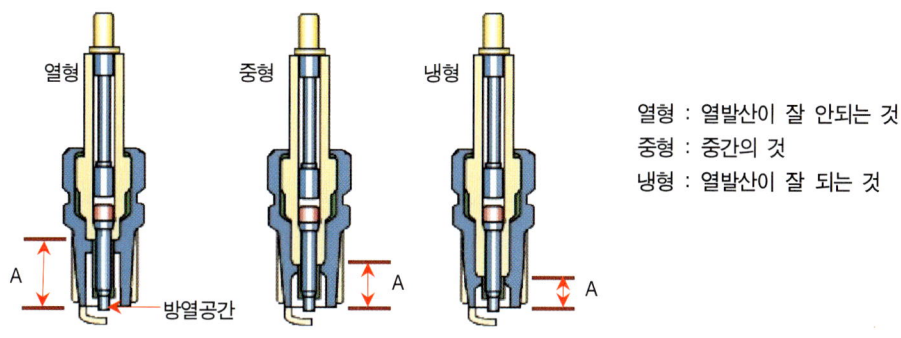

점화 플러그 열가(A의 길이로 정해짐)

(3) 점화 플러그에서 불꽃이 발생되지 않는 원인

① 점화코일 불량
② 파워 TR 불량
③ 고압 케이블 불량
④ ECU 불량

(4) 점화 플러그 시험

① 절연시험
② 불꽃시험
③ 기밀시험

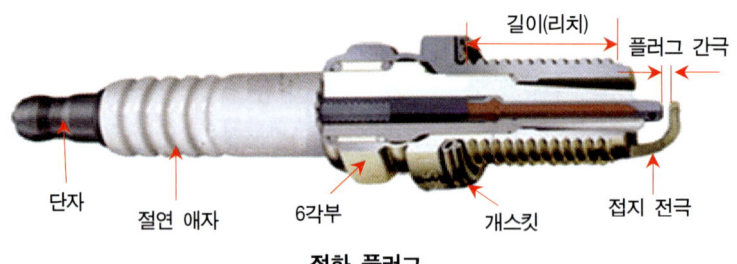

점화 플러그

(5) 플러그의 기호

① 플러그 나사 지름(16mm 없음) : A(18mm), B(14mm), C(10mm), D(12mm)
② 구조/특징 : P:절연체 돌출 타입
③ 저항 타입
④ 열가 : 열형(2, 3, 4, 5, 6, 7), 냉형(8, 9, 10, 11, 12, 13)
⑤ 나사 길이(리치(mm)): E(19.0mm), H(12.7mm)
⑥ 구조/특징 : S(표준타입), Y(Y-Power플러그), V(V플러그)
⑦ 불꽃 Gap 치수표시 : 9(0.9mm), 10(1.0mm), 11(1.1mm)

(6) 점화 플러그의 구비 조건

① 급격한 온도 변화에 견딜 것
② 내식성이 클 것.
③ 고온 고압하에서 기밀을 유지할 것.
④ 기계적 강도가 클 것.(20,000 km 주행마다 새 것으로 교환)
⑤ 고전압에 대한 충분한 절연성이 있을 것.
⑥ 열전도성이 좋을 것.

8. 전자제어 점화장치(HEI : High Energy Ignition)

배전기에 부착되었던 원심식 진각 장치와 진공식 진각 장치가 없고 진각은 컴퓨터 제어에 의해서 이루어진다. 또한 점화 코일도 폐자로 형식의 특수 코일을 사용한 점화 장치로, HEI 점화 장치라고도 하고, 전자제어 점화장치(HEI : High Energy Ignition)라고도 한다.

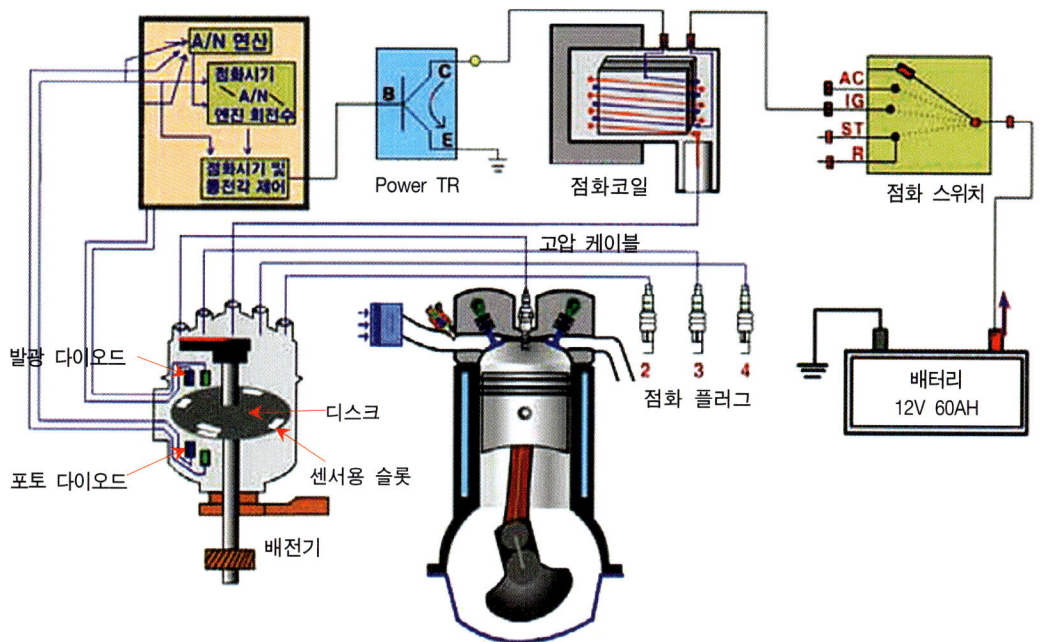

전자제어 점화장치의 구성도

(1) 특 징

① 저속·고속 성능이 향상된다.
② 진각 장치가 컴퓨터에 의해 자동 제어된다.
③ 접점이 없기 때문에 불꽃을 강하게 하여 착화성이 향상된다.
④ 기관의 상태를 검출하여 최적의 점화시기를 ECU가 조절한다.
⑤ 폐자로형 점화 코일을 사용하므로 완전 연소가 가능하다.
⑥ 노킹 발생 시 점화시기를 ECU가 조절하여 노킹을 제어한다.

(2) 파워 트랜지스터(파워 TR)

① ECU의 제어 신호에 의해서 점화 코일의 1차 전류를 단속하는 역할을 한다.
② 베이스(B) : ECU에 접속되어 컬렉터 전류를 단속한다.
③ 컬렉터(C) : 점화 코일 ⊖ 단자에 접속되어 있다.
④ 이미터(E) : 차체에 접지되어 있다.
⑤ 트랜지스터(NPN형)에서 점화 코일 1차 전류는 컬렉터에서 이미터로 흐른다.
⑥ 점화코일에서 고전압이 발생되도록 하는 스위칭 작용을 한다.
⑦ 파워 TR이 불량하면 크랭킹은 되나 기관 사동 성능이 불량하고, 공회전 상태에서 기관 부조현상이 발생하고 심하면 시동이 안 되는 현상이 발생한다.

(3) 배전기

① 배전기에는 전류가 흐르면 빛을 발생하는 발광 다이오드 2개가 설치되어 있다.
② 발광 다이오드의 빛을 받아 역방향 전류가 흐르는 포토 다이오드 2개가 설치되어 있다.
③ 발광 다이오드와 포토 다이오드 사이에서 빛을 단속하는 디스크가 설치되어 있다.
④ 배전기 내에 크랭크각 센서용 4개의 슬릿과 안쪽에 1번 실린더 TDC 센서용 1개의 슬릿이 설치되어 있다.
⑤ 크랭크각 센서의 기능
　㉮ 크랭크축의 회전수를 검출하여 ECU에 입력시킨다.
　㉯ ECU는 연료 분사시기와 점화시기를 결정하기 위한 기준 신호로 이용된다.
　㉰ 크랭크각 센서의 신호로 점화시기를 조절한다.
　㉱ 크랭크각 센서가 고장나면 연료가 분사되지 않아 시동이 되질 않는다.
　㉲ 크랭크각 센서는 크랭크축 풀리 또는 배전기에 설치되어 있다.

9. DLI(Distributor Less Ignition : 무배전기) 점화장치

(1) 특 징

① 점화 코일 분배 방식과 다이오드 분배 방식이 있다.
② 점화 코일 분배 방식은 고전압을 점화 코일에서 점화 플러그로 직접 배전하는 방식이다.
　㉮ 동시 점화 방식(DLI : Distributor Less Ignition)
　　㉠ 1개의 점화 코일로 2개의 점화 플러그에 고전압을 배분해 주는 방식.
　　㉡ 1번과 4번 실린더를 동시에 점화시킬 경우 압축 상사점인 경우에는 점화되고, 4번 실린더는 배기 중이므로 무효 방전(점화)시키는 방식이다.
　㉯ 독립 점화 방식(DIS : Direct Ignition System)
　　㉠ 각 실린더마다 1개의 점화 코일과 1개의 점화 플러그가 연결되어 직접 점화시키는 방식이다.
　　㉡ 실린더 수만큼 점화 코일이 필요하다.
③ 다이오드 분배 방식은 고전압의 방향을 다이오드로 제어하는 동시 점화 방식이다.

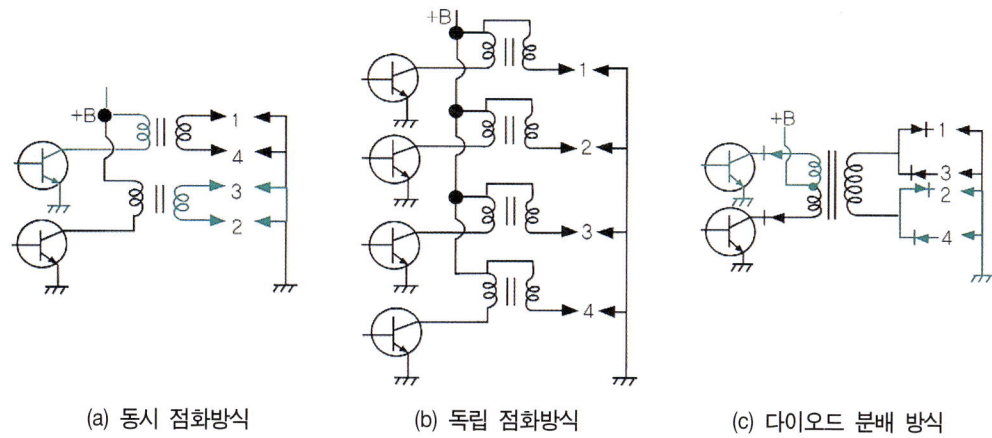

(a) 동시 점화방식　　(b) 독립 점화방식　　(c) 다이오드 분배 방식

(2) 장 점
① 배전기가 없기 때문에 누전 및 전파 장해의 발생이 없다.
② 범위 제한이 없이 진각이 이루어지고 내구성이 크다.
③ 고전압이 감소되어도 유효 에너지의 감소가 없기 때문에 실화가 적게 발생된다.
④ 정전류 제어 방식으로 엔진의 회전 속도에 관계없이 2차 전압이 우수하다.
⑤ 전자적으로 진각시키므로 점화시기가 정확하고 점화 성능이 우수하다.
⑥ 실린더 별 점화시기 제어가 가능하다.
⑦ 전파 방해가 없기 때문에 다른 전자제어 장치에도 장해가 없다.

10. 점화시기 점검 방법
① 초기 점화시기를 점검할 때 엔진은 공회전 상태에서 한다.
② 기관의 점화시기를 점검하고자 할 때에는 타이밍 라이트를 사용한다.
③ 타이밍 라이트(timing light) 기관에 설치 및 작업할 때에는 유의사항
　㉮ 타이밍 라이트의 적색 리드를 축전지의 ⊕단자에 흑색 리드는 ⊖단자에 연결한다.
　㉯ 고압 픽업 리드선은 1번 점화 플러그 고압 케이블에 연결한다.
　㉰ 청색(녹색) 리드선 클립은 배전기 1차 단자나 점화 코일 ⊖단자에 연결한다.
④ 순간 플래시(flash)식이므로 발광 시간이 짧고, 빛이 매우 강해서 낮에도 사용할 수 있다.
⑤ 누전되거나 플러그에 접촉 시 감전될 우려가 있다.

Chapter 06

충전 장치

1. 필요성

기관 시동 후 차량의 모든 전기회로에 전력을 발전기로 하여금 전력을 공급하기 위한 장치로 플레밍의 오른손 법칙을 이용한다.

2. 종 류

(1) 자려자 발전기

자극이 있는 잔류 자기를 기초로 하여 발전한다. 플레밍의 오른손 법칙을 이용하여 직류 발전기에 사용된다.

(2) 타려자 발전기

별도로 설치된 전원을 이용하여 계자 코일을 여자한다. 자동차용 교류 발전기로 사용된다.

3. DC 발전기(직류 발전기)

(1) 직류 발전기의 구조

① 전기자(아마추어) : 계자 내에서 회전되어 교류 전류를 발생한다.
② 정류자(코뮤테이터) : 전기자의 교류 전류를 브러시를 통하여 직류 전류로 정류한다.
③ 계자 철심(필드 코어) : 계자 코일에 전류가 흐르면 강력한 전자석이 되어 자계를 형성한다.
④ 계자 코일(필드 코일) : 전류가 흐르면 계자 철심을 자화한다.
⑤ 계자 코일과 전기자 코일은 병렬로 연결되어 있다.

(2) 발전기 조정기

① 컷 아웃 릴레이 : 발전기에서 발생되는 전압이 낮을 경우 축전지에서 발전기로 전류가 역류되는 것을 방지한다.
② 전압 조정기 : 계자 코일에 흐르는 전류를 제어하여 발생되는 전압을 일정하게 유지시키는 역할을 한다.
③ 전류 조정기(전류 제한기) : 발전기의 발생 전류를 제어하여 발전기 소손을 방지한다.

4. AC 발전기(교류 발전기)

(1) 장 점

① 소형이고 경량이며, 출력이 크다.
② 3상 교류 발전기로 저속에서 충전 성능이 우수하다.
③ 정류자를 두지 않아 풀리비를 크게 할 수 있다.
④ 정류자가 없기 때문에 브러시 수명이 길다.
⑤ 실리콘 다이오드(배터리로 가는 역류방지)를 사용하기 때문에 정류 특성이 우수하다.
⑥ 발전기 조정기는 전압 조정기만 있으면 된다.

(2) 구비 조건

① 소형 경량이며, 출력이 커야 한다.
② 엔진 공회전 또는 모든 전기 부하 작동 중에도 배터리의 충전이 가능해야 한다.
③ 엔진의 모든 회전 속도 범위에 관계없이 충전 전압이 일정해야 한다.
④ 다른 전기 회로에 영향을 주지 않아야 한다.
⑤ 고장이 적고 수명이 길어야 한다.
⑥ 소음이 적어야 한다.

(3) 교류 발전기의 구조

① 스테이터
   직류 발전기의 전기자에 해당하는 것으로 3상 교류가 유기된다.

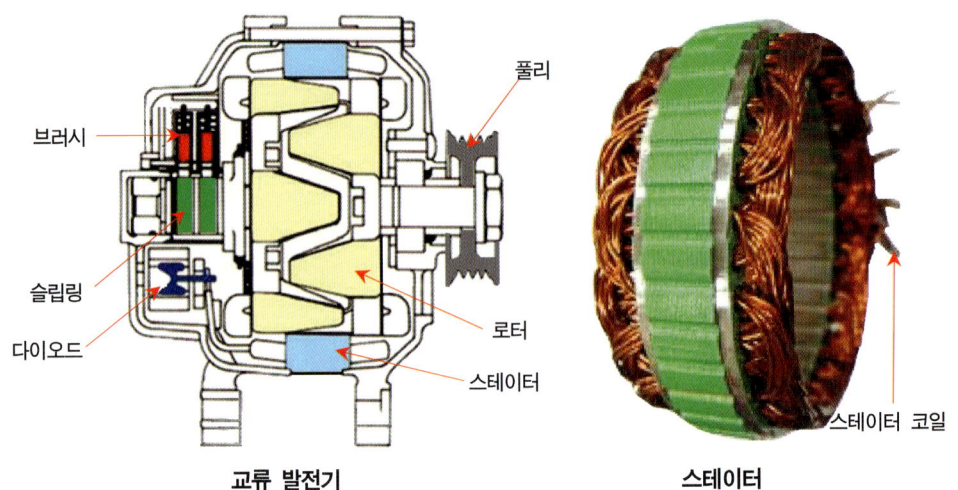

교류 발전기   스테이터

② 결선 방법
   ㉠ 스타결선(Y결선) : 선간 전압은 각 상전압의 $\sqrt{3}$ 배가 된다.
   ㉡ 델타결선(△(삼각)결선) : 선간 전류는 각 상전류의 $\sqrt{3}$ 배가 된다.
③ 로 터(회전자)
   ㉮ 직류 발전기의 계자 코일과 계자 철심에 해당하는 것으로 회전하며, 자속을 형성한다.
   ㉯ 로터 철심, 로터 코일, 로터 축, 슬립 링 등으로 구성되어 있다.
   ㉰ 교류 발전기에서 브러시와 슬립 링은 로터 코일을 자화시킨다.
   ㉱ 크랭크축 풀리와 벨트로 연결되어 회전한다.

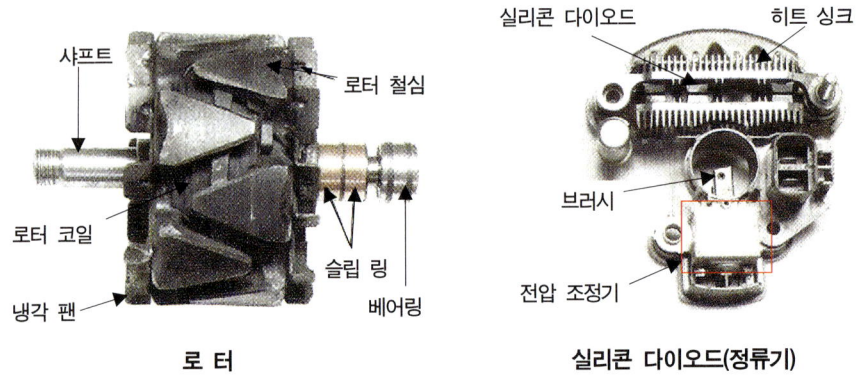

로 터   실리콘 다이오드(정류기)

④ 슬립 링
   브러시와 접촉되어 축전지의 여자 전류를 로터 코일에 공급한다.
⑤ 실리콘 다이오드
   ㉮ 스테이터에서 발생된 교류를 직류로 정류하여 외부에 보낸다.

㈏ 발전기 전압이 낮을 때 축전지에서 발전기로 전류가 역류하는 것을 방지한다.
㈐ 실리콘 다이오드는 6개(⊕ 3개, ⊖ 3개)로 서로 다른 극성을 가지고 있으며, 다이오드 방열판의 히트 싱크인 홀더에 납땜되어 있다.

실리콘 다이오드

⑥ 전압 조정기
㈎ 회전 속도 및 부하 변동이 크기 때문에 전압 조정기만 필요하다.
㈏ 실리콘 다이오드(반도체 정류기)를 사용하기 때문에 컷 아웃 릴레이가 필요없다.
㈐ 축전지 전류에 의해 여자되기 때문에 전류 조정기(전류 제한기)가 필요없다.
㈑ 교류 발전기에서 충전 전압은 보통 13.8~14.8V이다.

(4) 교류 발전기의 취급 시 주의 사항
① 축전지의 극성에 주의하며, 역접속하여서는 안 된다.
② 역접속하면 발전기에 과대 전류가 흘러 다이오드가 파괴된다.
③ 급속 충전 시에는 다이오드의 손상을 방지하기 위해 축전지의 ⊕의 케이블을 떼어 낸다.
④ 발전기 B 단지에서 전선을 떼어 내고 기관을 회전시켜서는 안 된다.
⑤ F 단자에 축전기를 접속하여서는 안 된다.
⑥ 세차 시에 다이오드 손상을 방지하기 위해 발전기에 물이 뿌려지지 않도록 한다.

(5) 충전 불량의 직접적인 원인
① 발전기 R(로터)단자 회로의 단선
② 발전기 브러시 및 슬립 링 마모
③ 스테이터 코일 1상 단선
④ 발전기 기능 불량
⑤ 전압 조정기 불량
⑥ 팬 벨트의 이완(헐거움)

(6) 교류 발전기의 장력 점검

① 발전기 벨트의 장력은 물 펌프(워터 펌프) 풀리와 발전기 풀리 사이를 엄지 손가락으로 10kgf의 힘으로 눌렀을 때 13 ~ 20mm의 장력이 있어야 한다.(장력이 높으면 베어링 마모의 원인이 된다.)

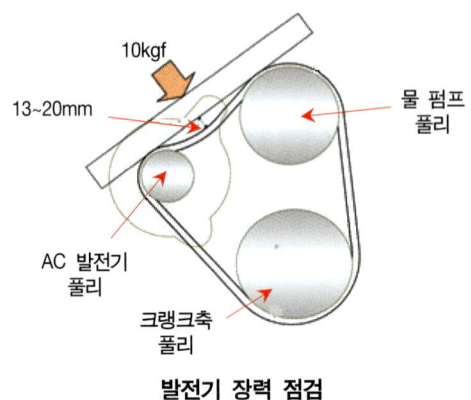

발전기 장력 점검

등화 장치

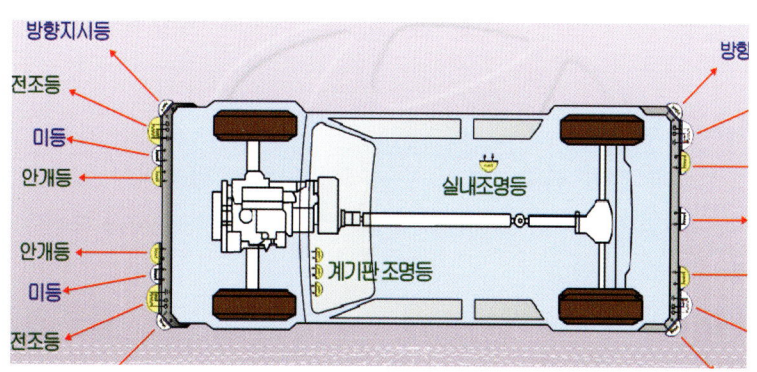

각종 등화 장치

1. 전조등

(1) 실드 빔 전조등

① 반사경에 필라멘트를 붙이고 렌즈를 녹여 붙인 전조등이다.(전구, 렌즈, 반사경이 일체)
② 램프 내부에는 질소, 아르곤 등의 가스를 넣고 밀봉되어 있기 때문에 광도의 변화가 적다.
③ 먼지나 습기에 의한 반사경이 흐리지 않는다.
④ 필라멘트 단선 시 전체를 교환해야 하기 때문에 비용이 증가한다.
⑤ 전조등의 3 요소 : 필라멘트, 반사경, 렌즈

(2) 세미 실드 빔 전조등

① 렌즈와 반사경이 일체로 되어 있는 전조등이다.
② 공기가 유통되기(이물질이 내부로 유입) 때문에 반사경이 흐려질 수 있다.
③ 전구는 별개로 설치한다.
④ 필라멘트가 끊어지면 전구만 교환하기 때문에 경제적이다.

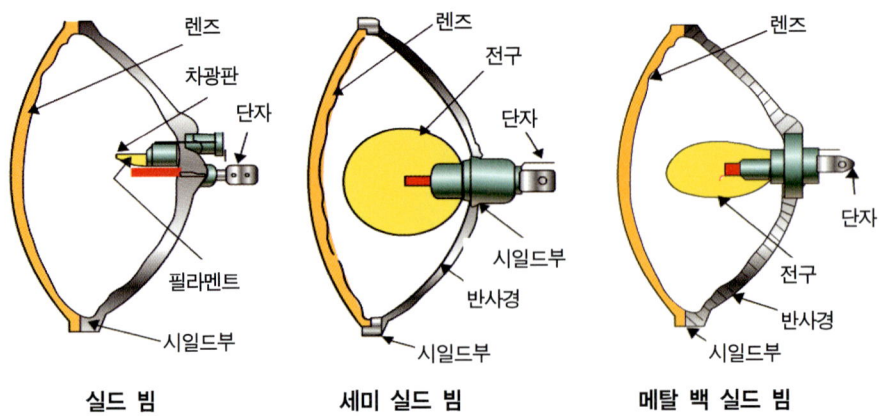

| 실드 빔 | 세미 실드 빔 | 메탈 백 실드 빔 |

(3) 메탈 백 실드 빔

① 실드 빔 형식과 같이 전구, 렌즈, 반사경이 일체로 밀봉되어 있다.
② 실드 빔과 차이점은 노출된 필라멘트 대신에 전구를, 유리 반사경 대신에 금속제(메탈) 반사경을 사용하고 있다.
③ 전구만 교환이 불가능하여 필라멘트 단선 시 전체를 교환해야 하기 때문에 비용이 증가한다.

(4) 전조등의 회로

① 전조등 회로는 병렬로 연결되어 있다.
② 전류가 많이 흐르기 때문에 복선식 배선을 사용한다.

(5) 전조등의 분류

① 2등식 전조등 : 1개의 전조등에 상향등(하이 빔)과 하향등(로우 빔)이 일체형으로 된 라이트이다. 2등식 램프는 소형차나 예전에 생산되던 차들이 쓰는 방식이다.
② 4등식 전조등 : 하이 빔 필라멘트만 가진 전조등과 로우 빔 필라멘트만 가진 전조등 2개가 1세트로 되어 자동차의 좌우에 모두 4개가 설치된 것이다.(상향등과 하향등이 분리된 형식으로 요즘에 나오는 준중형차와 대부분의 중형차 이상의 차종에 사용한다.)

2등식 전조등

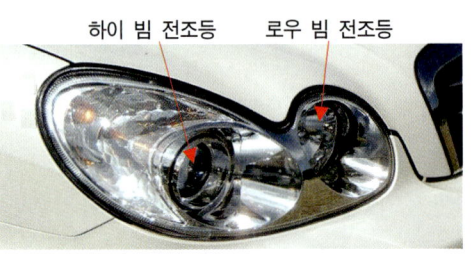

4등식 전조등

(6) 전조등의 점검

① 전조등의 광도, 광축, 조도 측정은 전조등 시험기를 이용하여 측정하며 종류에는 집광식 전조등 시험기, 스크린식 전조등 시험기, 투영식 전조등 시험기 등이 있다.
② 집광식 헤드라이트 시험기는 시험기의 수광부와 전조등을 1 m 거리에서 측정하고, 스크린식과 투영식 전조등 시험기는 3m 거리에서 전조등을 측정한다.
③ 전조등 시험기를 사용하여 시험 시 주의 사항
 ㉮ 각 타이어의 공기압은 규정압이어야 한다
 ㉯ 시험(측정) 시 밑바닥이 수평이어야 한다
 ㉰ 공차상태의 차량에 운전자 한 사람만 타고 시험해야 한다.
 ㉱ 전조등을 시험할 때에는 엔진을 공회전 상태에서 측정하여야 한다.(단, 광도 측정 시 측정하는 반대편 라이트는 커버로 가린 다음 2,000rpm에서 측정한다.)
 ㉲ 헤드라이트의 1 등당 광도는 주행 빔은 15,000 cd(4 등식은 12,000 cd) 이상 112,500 cd 이하이어야 한다.

(7) 할로겐 전구

① 필라멘트가 텅스텐으로 되어 있다.
② 내부의 질소 가스에 미소량의 할로겐을 혼합시킨 불활성 가스가 봉입되어 있다.
③ 할로겐 전구의 전구 재료는 수정(quarz) 유리이다.
④ 유리는 할로겐 전구가 방출하는 소량의 자외선(UV)을 여과시키는 기능을 한다.

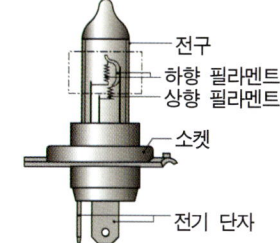

⑤ 작동 중에 전구 유리는 약 300℃까지 가열되기 때문에 정비 시 화상에 주의한다.
⑥ 할로겐 전구에는 필라멘트 코일이 1개인 형식(H1, H3, H7, HB3, HB4 등)과 2개인 형식(H4)이 있으며, 이들은 주로 상향등/하향등, 안개등 등에 사용된다.

(8) 고휘도 방전 전구(HID 전구)

① 방전관 내에 제논가스, 수은가스, 금속 할로겐 성분 등이 봉입된다.
② 플라즈마 방전을 이용하는 장치이다.
③ 광도 및 조사거리가 향상된다.
④ 일반 전조등보다 전력 소모량이 낮고 수명이 길다.
⑤ 태양 광선에 가까운 백색의 자연 광선을 얻을 수 있다.

⑥ 전구와 발라스트(ballast), 이그나이터(ignitor)로 구성되어 있다.
　㉮ 이그나이터 : 발라스트로부터 전류를 받아 전구를 점등하기 위해 승압시키는 전기 승압기이다.
　㉯ 발라스트 : 전구와 이그나이터에 안정적인 전원 공급을 조절하는 전자제어 장치이다.
⑦ 가격이 비싸고 화재의 위험이 있어 개조가 불가능하다.

(9) 오토 라이트(전자동 전조등)

① 크러쉬 패드 상단에 빛의 양을 감지하는 조도(포토) 센서를 두어 주위의 밝기에 따라 운전자가 점등 스위치를 조작하지 않아도 오토(자동) 모드에서 미등 및 전조등이 자동으로 작동되는 장치이다.
　㉮ 조도 센서 : 빛이 강할 때는 저항값이 적고 빛이 약할 때는 저항값이 커져 광도전 셀에 흐르는 전류의 변화를 외부 회로에 보내어 검출한다.
　㉯ 조도 : 등화의 밝기를 나타내는 척도이며, 조도의 단위는 룩스(Lux)이다.

$$E = \frac{cd}{r^2} \quad E : 조도(Lx), \quad cd : 광도, \quad r : 거리(m)$$

② 주행 중 터널 진출·입시, 비, 눈, 안개 등으로 주위 밝기가 변화 시 작동한다.

2. 방향 지시등

(1) 설치 목적

① 자동차의 주행 방향을 알리는 장치이다.
② 플래셔 유닛을 사용하여 방향 지시등에 흐르는 전류를 일정한 주기로 단속하여 1분당 60~120회 이하로 점멸한다.

(2) 플래셔 유닛

① 방향 지시등 플래셔 유닛
　㉮ 전류를 일정한 주기로 단속하여 점멸시키는 역할을 한다.
　㉯ 종 류 : 축전기식 전류형 플래셔 유닛, 축전기식 전압형 플래셔 유닛, 전자 열선식 플래셔 유닛, 바이메탈식 플래셔 유닛, 수은식 플래셔 유닛
② 위험 경고 플래셔 유닛
　㉮ 전·후면의 좌우 양쪽 방향 지시등을 동시에 점멸시키는 역할을 한다.
　㉯ 고속 도로나 터널 등에서 타이어의 펑크 또는 고장시에 사용한다.

③ 경고 플래셔 유닛 : 긴급 자동차, 특별 위험 자동차 등의 경고등을 점멸시키는데 사용된다.

(3) 방향 지시등의 고장

① 좌우 방향 지시등의 점멸 횟수가 다른 원인
  ㉮ 전구의 용량이 규정과 다르다.
  ㉯ 전구의 접지가 불량하다.
  ㉰ 하나의 전구가 단선되었다.
② 한쪽만 작동될 때의 원인
  ㉮ 전구의 용량이 규정과 다르다.
  ㉯ 전구의 접지가 불량하다.
  ㉰ 하나의 전구가 단선 되었다.
③ 좌우 방향 지시등의 점멸이 느릴 때의 원인
  ㉮ 전구의 용량이 규정보다 작다.
  ㉯ 축전지 용량이 저하되었다.
  ㉰ 플래셔 유닛에 결함이 있다.

Chapter 08

냉·난방 장치

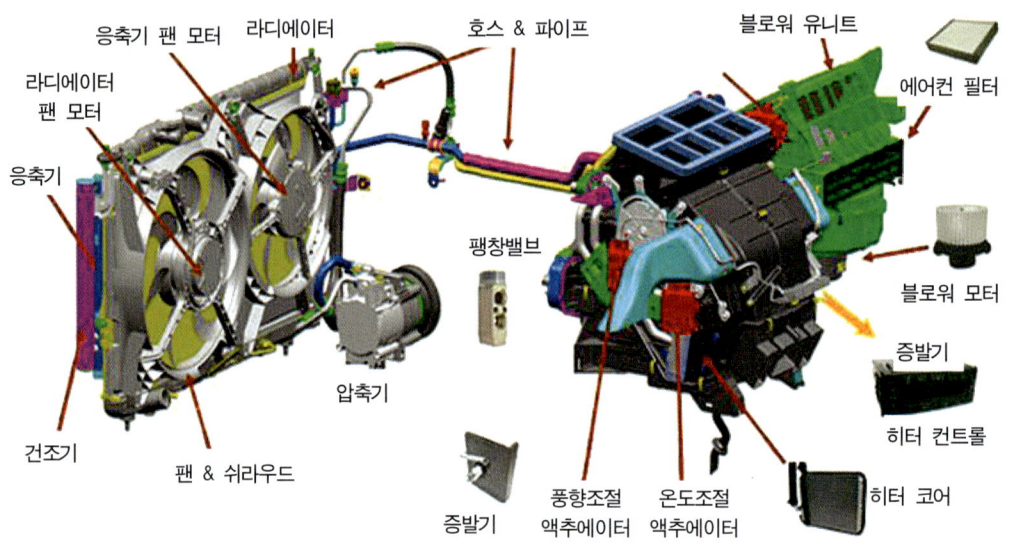

냉·난방 장치의 구성

1. 차량의 열부하

① 환기 부하 : 자연 또는 강제의 환기를 포함한다.
② 관류 부하 : 차실 벽, 바닥 또는 창면으로부터의 열 이동
③ 복사 부하 : 직사 일광, 복사열에 의한다.
④ 승원 부하 : 승차원의 발열에 의한다.
⑤ 쾌적 감각의 3요소 : 온도, 습도, 풍속

2. 냉방장치

(1) 신냉매(R-134a)의 특징

① 무색, 무미, 불연성이며 독성이 없다.
② 화학적으로 안정되어 다른 물질과 반응하지 않는다.

③ 오존(O_3)층을 파괴하는 염소(CI)가 없어 오존 파괴계수가 0이다.
④ R-12와 유사한 열역학적 성질을 가진다.
⑤ 온난화 계수가 구냉매(R-12)보다 낮다.

3. 냉방장치의 구성품

자동차 냉동 사이클 : 압축기 → 응축기 → 리시버 드라이어 → 팽창 밸브 → 증발기

(1) 압축기

① V 벨트를 통하여 크랭크축 풀리에 의해 구동된다.
② 증발기에서 열을 흡수하여 기화된 저온·저압의 기체 냉매를 고온·고압 기체 냉매로 만들어 응축기에 보낸다.
③ 전자 클러치 : 컴퓨터의 제어 신호나 에어컨 스위치의 ON, OFF에 의해서 풀리의 회전을 압축기 구동축에 전달 또는 차단하는 역할을 한다.

(2) 응축기(콘덴서)

① 고온·고압의 기체 냉매를 응축시켜 고온·고압의 액체 냉매로 만든다.
② 액체 냉매를 리시버 드라이어에 공급하는 역할을 한다.

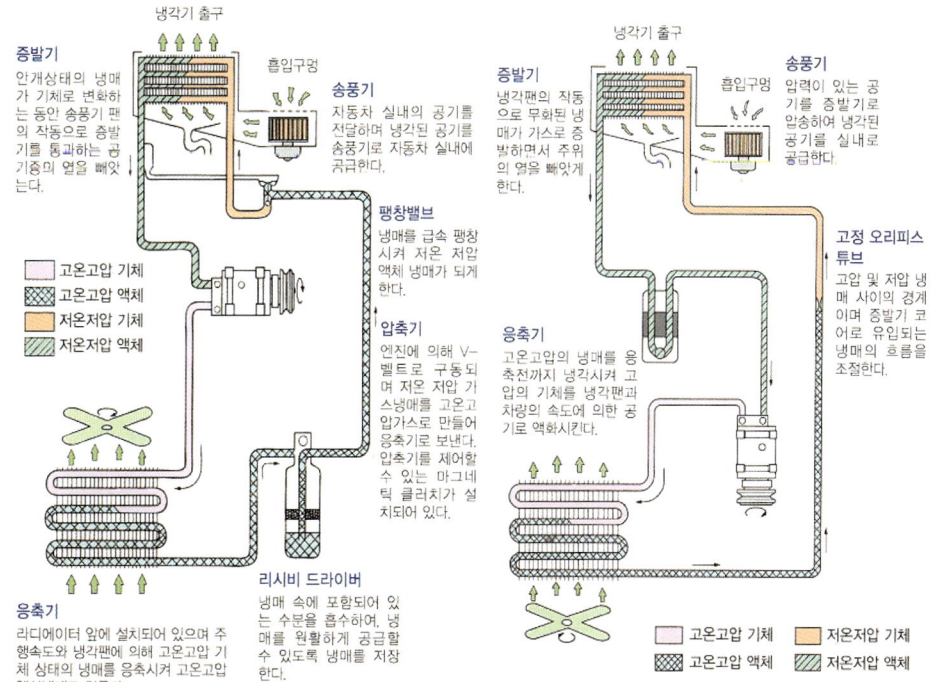

에어컨 냉동 사이클

(3) 리시버 드라이어(건조기)

① 냉매 속에 포함된 수분을 흡수하여 냉매를 원활하게 공급할 수 있도록 냉매를 저장한다.
② 액체 냉매의 저장, 기포 분리, 수분 및 이물질 제거 등의 기능을 한다.
③ 냉매를 팽창 밸브에 공급하는 역할을 한다.

(4) 팽창 밸브

① 냉매를 급속하게 팽창시켜 저온·저압의 액체 냉매를 만든다.
② 리시버 드라이어에서 유입된 고압의 액체 냉매를 분사시켜 저압으로 감압시키는 역할을 한다.
③ 증발기에 공급되는 액체 냉매의 양을 자동적으로 조정하는 역할을 한다.
④ 실내의 온도가 상승하면 냉매의 송출량이 증가된다.
⑤ 차실 내가 냉방이 되었을 때에는 냉매의 송출량이 감소된다.

(5) 증발기(이베퍼레이터)

① 안개 상태의 냉매가 기체로 변화하는 동안 냉각 팬의 작동으로 증발기 핀을 통과하는 공기 중의 열을 흡수한다. 송풍기에 의해서 공기가 통과할 때 쾌적한 온도를 유지한다.

4. 전자동 에어컨 장치(FATC)

(1) 센서

① 실내 온도 센서 : 차량의 실내 온도를 감지하는 역할을 하며, 냉·난방 자동 제어를 위한 주 입력 신호이다.
② 외기 온도 센서 : 라디에이터 전면부에 장착되어 외기 온도를 감지하는 역할을 하며, 냉·난방 자동 제어를 위한 주 입력 신호이다.
③ 일사량 센서 : 차량의 실내로 내리 쬐는 빛의 양을 감지하는 역할을 하며, 일사량에 따른 냉방 보정 제어를 위한 주 입력 신호이다.
④ 냉각수온 센서 : 실내의 히터 코어로 공급되는 엔진의 냉각수 온도를 검출하여 ECU에 입력시키는 역할을 하며, 난방기동 제어를 하기 위한 주 입력신호이다.
⑤ 핀 서모 센서 : 증발기 코어 핀의 온도를 감지하는 역할을 하며, 이베퍼레이터의 빙결을 방지하기 위하여 컴프레서 클러치의 전원을 ON, OFF시키기 위한 주 입력 신호이다.
⑥ 모드 스위치 : 모드 선택을 ECU에 입력시키는 역할을 한다.

(2) 제어 계통

① 온도 제어
   ㉮ 실내 온도 센서, 외기 온도 센서, 온도 조절 스위치의 신호에 의해 제어된다.
   ㉯ 컴퓨터는 제어 신호를 액추에이터(댐퍼 모터)에 보내 공기 믹서 댐퍼의 개도량을 자동적으로 조절한다.
   ㉰ 실내의 온도를 설정 온도로 유지시키는 역할을 한다.

② 풍량 제어
   ㉮ 실내 온도 센서, 외기 온도 센서, 일사 센서, 온도 조절 스위치의 신호에 의해 제어된다. 컴퓨터는 제어 신호를 액추에이터(브로워 모터)에 보내 블로워의 회전 속도를 자동적으로 조절한다.
   ㉯ 실내에 유입되는 풍량을 조절하여 실내에 순환되는 공기의 속도가 조절된다.
   ㉰ 실내의 온도를 설정 온도로 유지시키는 역할을 한다.

③ 기관 회전수 제어
   ㉮ 공전 시에 에어컨 스위치를 ON 시키면 엔진 회전수를 상승시켜 부하에 의해 엔진 회전수가 저하되는 것을 방지한다.
   ㉯ 컴퓨터는 ISC 서보 모터 또는 스텝 모터에 제어 신호를 보내어 엔진의 회전수를 상승시킨다.

(3) AQS(air Quality System)

배기가스를 비롯하여 대기 중에 함유되어 있는 유해 및 악취가스를 검출하여 실내 유입을 차단하는 공기정화 장치이다.

5. 냉·난방장치 정비

(1) 가스 검출기로 냉매가스의 누출 여부를 점검할 때

① O-링을 교환한 다음에는 질소가스를 넣어 다시 누출 점검을 한다.
② 냉매 가스는 공기보다 무겁기 때문에 가능한 낮은 위치에서 행한다.
③ 압축기, 서비스 피팅, 주입 구멍, 증발기 등의 연결부위에서 누출여부를 점검한다.

(2) 냉방장치 설치 시 주의 사항

① 작업 장소는 습기나 먼지가 적은 곳에서 한다.
② 축전지의 접지 단자를 제거한다.
③ 고무호스나 파이프는 다른 곳과 접촉되지 않도록 한다.

④ 고무호스나 튜브는 설치하기 전까지 마개를 끼워둔다.
⑤ 튜브의 플레어는 전용 공구로 가공한다.
⑥ 압축공기는 수분이 포함되어 있기 때문에 사용하지 않는다.
⑦ 튜브를 구부릴 때 토치 등으로 가열하지 않는다.
⑧ 호스나 튜브를 조일 때 냉방용 렌치로 사용한다.
⑨ 냉매를 충전하지 않고 압축기를 회전시키지 않는다.

(3) 냉매 취급 시 주의 사항
① 냉매를 다룰 때에는 반드시 보안경을 써야 한다.
② 냉매가 눈에 들어갔을 때에는 붕산수로 닦아낸다.
③ 노출된 열원(불꽃)이 있는 실내에서는 냉매 가스를 방출하지 말 것
④ 냉매 실린더가 과열되지 않게 한다.
⑤ 냉매 실린더는 캡을 반드시 씌워 보관할 것

PART 02 기관 출제 예상문제

단원 1. 기초 전기·전자

1. 금속은 열을 받으면 그 저항값이 어떻게 되는가?
   - ㉮ 작아진다.
   - ㉯ 일정하다.
   - ㉰ 커진다.
   - ㉱ 커졌다가 나중에는 작아진다.
   - ■ 금속은 온도가 상승함에 따라서 저항이 증가되고 탄소, 반도체, 절연체 등은 저항이 감소된다.

2. 다음 중 온도가 상승함에 따라 저항이 감소하는 것은?
   - ㉮ 탄소
   - ㉯ 수은
   - ㉰ 니켈
   - ㉱ 백금
   - ■ 탄소, 반도체, 절연체 등은 온도가 상승함에 따라서 저항이 감소한다.

3. 자동차에 흐르는 전압과 전류 그리고 저항에 관한 사항 중 틀리는 것은?
   - ㉮ 반도체의 경우 온도가 높아지면 저항이 높아진다.
   - ㉯ 저항이 크고 전압이 낮을수록 전류는 적게 흐른다.
   - ㉰ 저항이 낮은 경우 도체의 단면적이 크다.
   - ㉱ 도체의 경우 온도가 높아지면 저항은 높아진다.

4. 도체에 전류가 흐른다는 것은 전자의 움직임을 뜻한다. 다음 중 전자의 움직임을 방해하는 요소는 무엇인가?
   - ㉮ 전류
   - ㉯ 전압
   - ㉰ 저항
   - ㉱ 전력

5. 전류의 3가지 작용에 속하지 않는 것은?
   - ㉮ 화학 작용
   - ㉯ 전기 작용
   - ㉰ 발열 작용
   - ㉱ 자기 작용

6. 자동차에서 맴돌이 전류를 응용한 기구는?
   - ㉮ 전동기
   - ㉯ 점화 코일
   - ㉰ 발전기
   - ㉱ 리타터
   - ■ 맴돌이 전류란 도체 속을 자력선이 통과하고 있을 때 자력선이 변화되거나 도체와 자력선이 상대 운동을 하면 전자 유도 작용에 의하여 기전력이 발생된다. 이 기전력 때문에 흐르는 유도 전류는 도체 중에서 저항이 가장 적은 통로를 통하여 맴돌이를 이루며 흐르는 전류를 말한다. 자극 사이에 원판을 설치하면 맴돌이 전류와 자극 사이에는 플레밍의 왼손 법칙에 의하는 회전력이 작용하기 때문에 원판의 운동이 저지되는 원리를 이용하여 자동차의 감속 브레이크인 리타터에 사용된다.

7. 전류의 흐름이 그림과 같이 여러 통로로 흐르게 되어 있는 연결법은?

   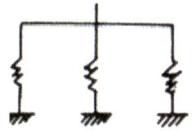

   - ㉮ 직렬 연결
   - ㉯ 병렬 연결
   - ㉰ 병렬-직렬 연결
   - ㉱ 직렬-병렬 연결

8. 오옴의 법칙은 다음 중 어느 것인가? (단, I = 전류, E = 전압, R = 저항)
   - ㉮ I = RE
   - ㉯ E = IR
   - ㉰ I = R/E
   - ㉱ E = R/I
   - ■ 옴의 법칙: $E = I \times R$, $I = E/R$, $R = E/I$

9. 다음 중 오옴의 법칙을 바르게 표시한 것은? (단, 저항은 R, 전류는 I, 전압은 V이다)

정답 1. ㉰ 2. ㉮ 3. ㉮ 4. ㉰ 5. ㉯ 6. ㉱ 7. ㉯ 8. ㉯ 9. ㉱

㉮ R = I × V ㉯ R = I / V
㉰ V = R / I ㉱ R = V / I
■ 도체에 흐르는 전류는 도체에 가해진 전압에 정비례하고, 그 도체의 저항에는 반비례한다는 법칙을 오옴의 법칙이라 한다.

10. 그림과 같이 축전지에 저항을 직렬로 연결하였더니 전류계가 2A를 지시하였다. 이 축전지의 단자 전압은?

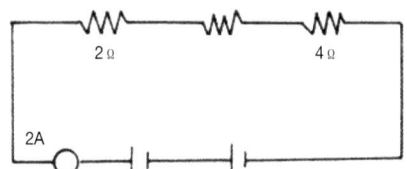

㉮ 6V ㉯ 12V
㉰ 24V ㉱ 32V
■ E = I × R
　= 2A × (2Ω + 4Ω + 6Ω) = 24V
I : 전류(A), E : 전압(V), R : 저항(Ω)

11. 내부 저항 1Ω, 기전력 2V의 축전지를 8개 직렬로 접속하고 그 양단에 7Ω의 외부 저항을 접속하면 약 얼마의 전류가 흐르는가?
㉮ 약 1A ㉯ 약 2A
㉰ 약 3A ㉱ 약 4A
■ $I = \dfrac{n \times E}{R + n \times r} = \dfrac{8 \times 2}{7 + 8 \times 1} = 1.07A$
I : 전류(A), E : 전압(V), R : 외부 저항(Ω)
n : 내부 저항(Ω), r : 축전지 수

12. 교류의 평균 전력의 설명으로 가장 적합한 것은?
㉮ E·I·cosθ라는 일정한 전력과 2배의 각속도로 변화하는 전력과의 도(o)로 표시한다.
㉯ 0에서 1까지의 값으로 표시하거나 또는 여기에 100을 곱하여 %로 표시한다.
㉰ 전압의 실효값과 전류의 실효값의 곱에 전압과 전류의 상차 θ의 코사인을 곱한 것이다.
㉱ 단위는 VA 또는 KVA를 쓴다.
■ 유효 전력 : $P = E \times I \times \cos\theta (W, KW)$
E : 전압의 실효값, I : 전류의 실효값 $\cos\theta$: 역률

13. 유도 기전력은 코일 내의 자속 변화를 방해하는 방향으로 생긴다. 이것을 무슨 법칙이라고 하는가?
㉮ 플레밍의 왼손 법칙
㉯ 주울의 법칙
㉰ 앙페르의 법칙
㉱ 렌쯔의 법칙

14. 다음 가운데에서 플레밍의 왼손 법칙을 이용한 것은?
㉮ 전동기 ㉯ 축전기
㉰ 변압기 ㉱ 발전기

15. 하나의 전기 회로에 자력선의 변화가 생겼을 때 그 변화를 방해하려고 다른 전기 회로에 기전력이 발생되는 현상을 무엇이라 하는가?
㉮ 상호 유도 작용
㉯ 자기 유도 작용
㉰ 시스테리시스 현상
㉱ 전자 유도 작용

16. 코일에 흐르는 전류를 단속하면 코일에 유도 전압이 발생된다. 이것은?
㉮ 자기 유도 작용
㉯ 전류의 관성 작용
㉰ 자력선의 변화 작용
㉱ 배럴 유도 작용

17. "회로 내의 어떤 한 점에 유입한 전류의 총합과 유출한 전류의 총합은 같다"는 법칙은?
㉮ 뉴튼의 제1법칙
㉯ 앙페르의 법칙
㉰ 렌쯔의 법칙
㉱ 키르히호프의 제1법칙

18. 퓨즈의 접촉이 불량할 때 일어나는 현상 중 옳은 것은?
㉮ 전류의 흐름이 완전히 차단된다.
㉯ 과대 전류가 흘러 끊어진다.
㉰ 전류의 흐름이 나빠지고 끊어진다.
㉱ 전압이 과대하게 흐르게 된다.

정 답 10. ㉰ 11. ㉮ 12. ㉰ 13. ㉱ 14. ㉮ 15. ㉮ 16. ㉮ 17. ㉱ 18. ㉰

■ 퓨즈는 과부하에 대한 전류가 전장품에 흐르지 않도록 하는 것으로서 회로 중에 직렬로 설치되어 있으며 용융점이 68℃로 전선의 온도가 상승하면 끊어져 회로가 차단된다. 퓨즈의 재질은 납 25%, 주석 13%, 창연 50%, 카드뮴 12%의 합금으로 되어 있다.

19. 그림은 자동차의 배선도에 사용되는 기호들이다. 퓨즈(fuse)는?

20. 다음 도면은 기본 전기 회로용 부호이다. 이 부호의 명칭은?

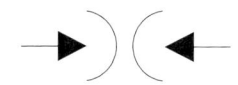

㉮ 퓨즈 ㉯ 콘덴서
㉰ 방전갭 ㉱ 스위치

21. 다음의 축전기 중 걸리는 전압이 같을 때 전기적 에너지가 가장 큰 것은?
㉮ 5 μF ㉯ 25 μF
㉰ 32 μF ㉱ 100 μF

■ 1F(패럿)이란 1V의 전압을 가하였을 때에 1 쿨롱의 전기가 저장되는 축전기의 용량으로서 패럿의 단위는 실용상 너무 크기 때문에 μF을 사용한다. 따라서 용량이 큰 것이 전기적 에너지가 가장 크다.

22. 다음 중 어느 콘덴서가 전기적 에너지를 가장 많이 저장하고 있는가?
㉮ 0.100 microfarad ㉯ 0.32 microfarad
㉰ 0.25 microfarad ㉱ 0.5 microfarad

23. 다음 중 자동차용(교류)에 주로 사용되는 발전기는?
㉮ 단상 ㉯ 2상
㉰ 3상 ㉱ 4상

24. 전구의 스위치를 끄자마자 필라멘트가 끊어졌다. 무엇 때문인가?
㉮ 렌쯔의 법칙
㉯ 플레밍의 우수 법칙
㉰ 앙페르의 오른 나사 법칙
㉱ 내 전압의 원리

25. 다음은 단순 부하 회로 시험시 주의 사항이다. 옳게 설명된 것은?
㉮ 계기의 극성을 바르게 맞추어 접촉한다.
㉯ 전류계는 부하에 병렬로 접속하여야 한다.
㉰ 전압계는 부하에 직렬로 접속하여야 한다.
㉱ 전선의 접촉은 접촉 저항이 크도록 할 것

■ 전류계는 부하와 직렬로 접속하고, 전압계는 부하와 병렬로 접속하여야 하며, 전선의 접촉 저항이 크면 전류의 흐름을 방해하기 때문에 접촉 저항이 감소되도록 하여야 한다. 접촉 저항은 접촉 면적과 접촉 압력이 증가함에 따라 감소된다.

26. 전기 작업에서 안전 작업에 적합하지 않은 것은?
㉮ 전선이나 코드의 접속부는 절연물로서 완전히 피복하여 둘 것
㉯ 퓨즈는 규정된 알맞은 것을 끼울 것
㉰ 저압 전기는 안심하고 어느 작업이고 할 수 있다.
㉱ 스위치 조작은 항상 오른손으로 할 것

27. 그림과 같은 12V 배터리 2개에 저항치 3Ω의 히터 플러그(글로 플러그) 4개와 암미터를 접촉시킨 경우 암미터에는 몇 암페어가 흐르는가?
㉮ 16 A
㉯ 20 A
㉰ 32 A
㉱ 40 A

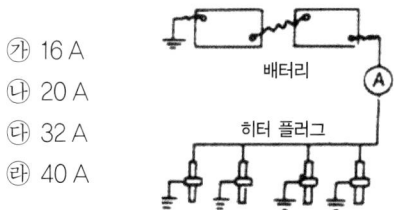

28. 12V 축전지에 2Ω, 4Ω, 6Ω의 저항을 직렬 연결할 때 회로에 흐르는 전류의 세기는 몇 암페어(A)인가?
㉮ 1 A
㉯ 2 A
㉰ 3 A
㉱ 4 A

정답 19. ㉱ 20. ㉰ 21. ㉱ 22. ㉱ 23. ㉰ 24. ㉱ 25. ㉮ 26. ㉰ 27. ㉰ 28. ㉮

$$I = \frac{E}{R}$$
$$R = R_1 + R_2 + R_3$$
$$= 2\Omega + 4\Omega + 6\Omega = 12\Omega$$
$$I = \frac{E}{R} = \frac{12V}{12\Omega} = 1A$$

29. 다음 그림에서 2Ω 저항의 양끝에 걸리는 전압은 얼마인가?

㉮ 2V
㉯ 4V
㉰ 6V
㉱ 8V

$$I = \frac{E}{R}$$
$$I = \frac{24}{2+4+6} = 2A$$
$$E = I \times R = 2A \times 2\Omega = 4V$$

30. 다음 그림의 회로에서 전류계에 흐르는 전류 (A)는 얼마인가?

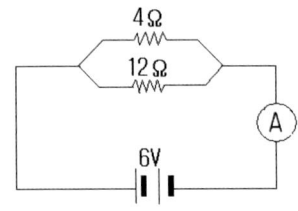

㉮ 1A
㉯ 2A
㉰ 3A
㉱ 4A

$$I = \frac{E}{R}, \quad R = \frac{1}{\frac{1}{R_1} + \frac{1}{R_2} + \frac{1}{R_3}}$$
$$R = \frac{1}{\frac{1}{4} + \frac{1}{12}} = \frac{1}{\frac{3}{12} + \frac{1}{12}} = \frac{12}{4} = 3\Omega$$
$$I = \frac{6}{3} = 2A$$

31. 12V의 전압에 20Ω의 저항을 연결하였을 경우 몇 A의 전류가 흐르겠는가?

㉮ 0.6A
㉯ 1A
㉰ 5A
㉱ 10A

$$I = \frac{E}{R} = \frac{12V}{20\Omega} = 0.666A$$

32. 그림과 같은 병렬 회로에서 $R_1 = 2\Omega$, $R_2 = 3\Omega$, $R_3 = 4\Omega$이면 전체 저항은?

㉮ $\frac{13}{12}\Omega$
㉯ $\frac{12}{13}\Omega$
㉰ 9Ω
㉱ $\frac{1}{9}\Omega$

$$R = \frac{1}{\frac{1}{2} + \frac{1}{3} + \frac{1}{4}} = \frac{1}{\frac{6}{12} + \frac{4}{12} + \frac{3}{12}}$$
$$= \frac{12}{13}\Omega$$

33. 100V 50W의 전열기가 있다. 여기에 실효값 100V의 교류 전압을 가할 때 흐르는 전류의 최대값은?

㉮ 7.07A
㉯ 9.3A
㉰ 12A
㉱ 16.3A

$$I = \frac{P}{E \times 707}$$
$$= \frac{500W}{100V \times 0.707} = 7.07A$$

I: 전류 최대값(A), E: 전압(V), P: 전력(W)

34. 어떤 배선의 권선 저항을 측정하였더니 0.2MΩ이었다. 500V의 전압을 가하면 누설 전류는 몇 mA 인가?

㉮ 0.25mA
㉯ 1.25mA
㉰ 2.5mA
㉱ 25mA

$$R = \frac{E}{I} \times 10^{-6}$$

R: 권선 저항(Ω), E: 전압(V)
I: 누설 전류(A)

$$I = \frac{500}{0.2} \times \frac{1}{1,000,000} = 2.5mA$$

정답 29. ㉯ 30. ㉯ 31. ㉮ 32. ㉯ 33. ㉮ 34. ㉰

35. 다음 그림에서 I1은 몇 A가 흐르는가?

㉮ 2A
㉯ 3A
㉰ 6A
㉱ 9A

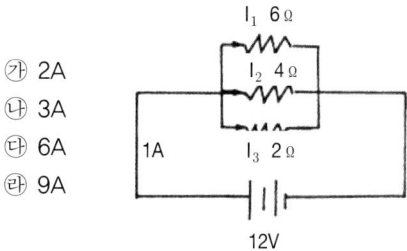

■ $I = \dfrac{E}{R} = \dfrac{12V}{6\Omega} = 2A$

36. 다음 그림과 같은 회로가 구성되어 있다. 이 회로를 분석한 내용 중 틀린 것은?

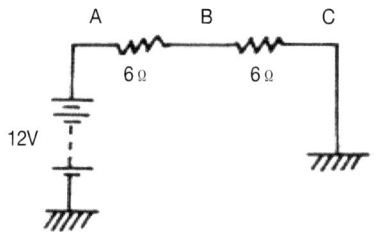

㉮ 총소요 전류는 1A이다.
㉯ 제일 높은 전압은 ⓐ지점이고, 제일 낮은 전압은 ⓒ지점이다.
㉰ ⓒ지점의 전류는 6A이다.
㉱ ⓑ지점의 전압은 6V이다.

■ $I = \dfrac{E}{R}$

총 소요 전류 $= \dfrac{12V}{6\Omega + 6\Omega} = 1A$

ⓐ점 전압 $= 12V$
ⓑ점 전압 $= 1A \times 6\Omega = 6V$
ⓒ점 전압 $= 12 - \{1A \times (6\Omega + 6\Omega)\}$
$= 1V$

37. 다음 그림과 같이 저항을 연결했을 때의 합성 저항은?

㉮ 9.4 Ω
㉯ 14.4 Ω
㉰ 17 Ω
㉱ 22 Ω

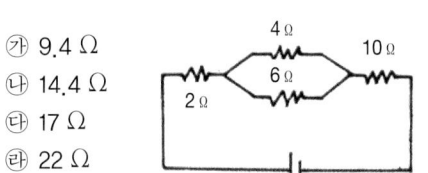

■ $R = R_1 + \dfrac{1}{\dfrac{1}{R_2} + \dfrac{1}{R_3}} + R_4$

$= 2\Omega + \left(\dfrac{1}{\dfrac{1}{4}\Omega + \dfrac{1}{6}\Omega}\right) + 10\Omega$

$= 2\Omega + 2.4\Omega + 10\Omega = 14.4\Omega$

38. 2Ω의 저항과 4Ω의 저항을 병렬로 접속하였을 때 합성 저항은 몇 Ω인가?

㉮ 4/3 Ω ㉯ 3/4 Ω
㉰ 1/6 Ω ㉱ 6 Ω

■ $R = \dfrac{1}{\dfrac{1}{R_1} + \dfrac{1}{R_2}} = \dfrac{1}{\dfrac{1}{2} + \dfrac{1}{4}} = \dfrac{1}{\dfrac{2}{4} + \dfrac{1}{4}}$

$= \dfrac{4}{3}\Omega$

39. 그림과 같이 병렬 회로에서 I는 몇 A인가?

㉮ 22 A
㉯ 23 A
㉰ 24 A
㉱ 25 A

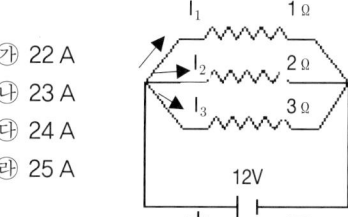

■ $I = \dfrac{E}{R} = \dfrac{12}{\dfrac{6}{11}} = 22A$

$R = \dfrac{1}{\dfrac{1}{R_1} + \dfrac{1}{R_2} + \dfrac{1}{R_3}} = \dfrac{1}{1 + \dfrac{1}{2} + \dfrac{1}{3}}$

$= \dfrac{1}{\dfrac{6}{6} + \dfrac{3}{6} + \dfrac{2}{6}} = \dfrac{6}{11}\Omega$

40. 15Ω의 저항에 전압을 가했더니 전류계에 3A가 지시되었다. 이때 전압은?

㉮ 5V   ㉯ 15V
㉰ 30V ㉱ 45V

■ $E = I \times R = 3A \times 15\Omega = 45V$

41. 어떤 저항에 12V를 가했더니 전류계에 3A가 지시되었다. 이 저항의 값은?

정 답 35. ㉮ 36. ㉰ 37. ㉯ 38. ㉮ 39. ㉮ 40. ㉱ 41. ㉯

㉮ 2Ω ㉯ 4Ω
㉰ 6Ω ㉱ 8Ω

$R = \dfrac{E}{I} = \dfrac{12V}{3A} = 4Ω$

42. 5Ω, 6Ω, 7Ω의 저항을 직렬로 연결하였을 때 합성 저항은?

㉮ 6Ω ㉯ 12Ω
㉰ 18Ω ㉱ 24Ω

$R = R_1 + R_2 + R_3$
$= 5 + 6 + 7 = 18Ω$

43. 그림과 같이 디젤 기관의 글로우 플러그 1개의 저항이 1/20인 경우 전체 저항은 얼마인가?

㉮ 1/3Ω
㉯ 1/4Ω
㉰ 1/5Ω
㉱ 1/6Ω

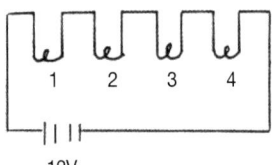

$R = R_1 + R_2 + R_3 + R_4$
$= \dfrac{1}{20} + \dfrac{1}{20} + \dfrac{1}{20} + \dfrac{1}{20}$
$= \dfrac{4}{20} = \dfrac{1}{5}Ω$

44. 다음 그림에서 B와 C 사이의 출력 전압은 얼마인가?

㉮ 1.66V
㉯ 2.3V
㉰ 3.33V
㉱ 5V

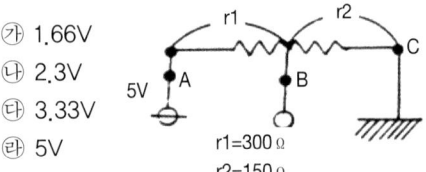

$I = \dfrac{E}{R} = \dfrac{5}{450} = 0.0111A$

A와 B사이의 전압 $= 0.0111 \times 300Ω$
$= 3.33V$

B와 C사이의 전압 $= 0.0111A \times 150Ω$
$= 1.665V$

45. 다음은 자동차 헤드라이트 배선의 일부이다. 이때 퓨즈는 몇 암페어(A)용의 것을 사용하는 것이 좋은가?

㉮ 6A
㉯ 10A
㉰ 15A
㉱ 150A

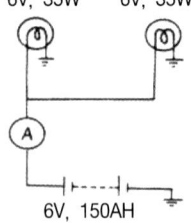

$P = E \times I, \quad I = \dfrac{P}{E}$

$I = \dfrac{35 \times 2}{6} = 11.66A$

∴ 퓨즈 용량은 계산 용량의 1.2 ~ 1.5배의 것을 사용한다.

46. 30W의 전구 2개를 12V 축전지에 그림과 같이 접속하였을 때 몇 A의 전류가 흐르겠는가?

㉮ 2.5A ㉯ 5A
㉰ 7A   ㉱ 7.5A

$I = \dfrac{P}{E} = \dfrac{30 \times 2}{12} = 5A$

47. 다음은 전력 P를 표시한 것이다. 틀리는 것은? (단, E = 전압, I = 전류, R = 저항)

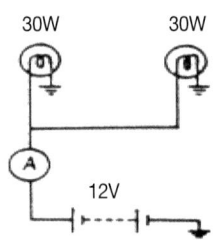

㉮ $P = E^2/R$ ㉯ $P = IE$
㉰ $P = R^2/E$ ㉱ $P = I^2R$

$P = E \times I, \quad P = I^2 \times R$

$P = \dfrac{E^2}{R}$

48. 그림과 같이 12V의 축전지에 24W의 전구를 접속하면 전구의 저항은 얼마인가?

㉮ 2 Ω
㉯ 6 Ω
㉰ 28 Ω
㉱ 36 Ω

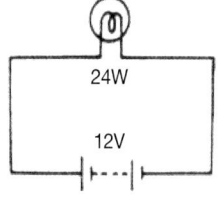

■ $P = \dfrac{E^2}{R}$

　$R = \dfrac{E^2}{P} = \dfrac{12^2}{24} = 6\,\Omega$

49. 시동 모터의 전압이 24V, 5PS일 때 흐르는 전류는 몇 A인가?
㉮ 143A　　㉯ 153A
㉰ 163A　　㉱ 173A

■ $I = \dfrac{P}{E}$　 1 PS = 735 W이므로

　$I = \dfrac{5 \times 735}{24} = 153.13\,A$

50. 전압 6V, 출력 전류 10A인 발전기의 출력은?
㉮ 60W　　㉯ 120W
㉰ 220W　　㉱ 260W

■ $P = E \times I = 6V \times 10A = 60W$

51. 12V 5W 전구 1개와 24V 60W 전구 1개를 12V 배터리에 직렬로 연결하였다. 옳은 것은?
㉮ 양쪽 전구가 똑같이 밝다.
㉯ 5 W 전구가 더 밝다.
㉰ 60 W 전구가 더 밝다.
㉱ 5 W 전구가 끊어진다.

■ $P = \dfrac{E^2}{R}$

　$R = \dfrac{E^2}{P} = \dfrac{12^2}{5} = 28.8\,\Omega$

　$R = \dfrac{E^2}{P} = \dfrac{24^2}{60} = 9.6\,\Omega$

큰 저항과 월등히 적은 저항을 직렬로 접속하면 월등히 적은 저항은 무시된다. 따라서 5W의 전구가 더 밝다.

52. 100V, 500W의 전열기에 80V의 전압을 가하였을 때 전력은?

㉮ 180W　　㉯ 280W
㉰ 320W　　㉱ 400W

■ $P = \dfrac{E^2}{R}$

　$R = \dfrac{E^2}{P} = \dfrac{100^2}{500} = 20\,\Omega$

　$P = \dfrac{E^2}{R} = \dfrac{80^2}{20} = 320W$

53. 그림과 같이 12V의 축전지에 24W의 전구 2개를 접속하였을 때 Ⓐ에 흐르는 전류는?

㉮ 2 A
㉯ 3 A
㉰ 4 A
㉱ 6 A

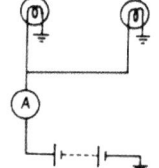

■ $I = \dfrac{P}{E} = \dfrac{24 \times 2}{12} = 4A$

54. 4870cm-kgf의 토크를 전달하는 기관의 회전수가 1,000rpm일 때 이 기관의 출력은 몇 KW인가?

㉮ 50KW　　㉯ 70KW
㉰ 87KW　　㉱ 97KW

■ $KW = \dfrac{T \times R \times 0.735}{716}$

　$= \dfrac{48.7 \times 1000 \times 0.735}{716} = 49.99\,KW$

55. 다음 그림과 같이 30W 전구 6개를 병렬로 연결하면 흐르는 전류는?

㉮ 15A
㉯ 30A
㉰ 60A
㉱ 70A

■ $I = \dfrac{P}{E} = \dfrac{30 \times 6}{12} = 15A$

56. 다음의 회로에 있어서 12V용의 전구에 규정 전압을 넣었을 때 2.5A의 전류가 흘렀다. 이 전구의 와트(W)는 얼마인가?

정 답　49. ㉯　50. ㉮　51. ㉯　52. ㉰　53. ㉰　54. ㉮　55. ㉮　56. ㉯

㉮ 25 W
㉯ 30 W
㉰ 35 W
㉱ 40 W

■ $P = E \times I$
  $= 12V \times 2.5A = 30W$

57. 12V, 30W의 전구의 전압이 6V로 떨어지면 전력은 얼마로 되는가?
   ㉮ 15W   ㉯ 12.5W
   ㉰ 7.5W   ㉱ 30W

■ $P = \dfrac{E^2}{R}$

   $R = \dfrac{12^2}{30} = 4.8\Omega$

   $P = \dfrac{12^2}{4.8} = 30W$

58. 60W, 120V의 전구에 100 V의 전압을 걸어 주면 흐르는 전류는 약 몇 A인가?
   ㉮ 0.3A   ㉯ 0.4A
   ㉰ 0.6A   ㉱ 0.8A

■ $I = \dfrac{P}{E} = \dfrac{60}{100} = 0.6A$

59. 0.3μF와 0.4μF의 축전기를 병렬로 연결하고 12V의 전압을 가하면 얼마의 전기량이 축전되는가?
   ㉮ 6.9μF   ㉯ 8.4μF
   ㉰ 17μF   ㉱ 21μF

■ $Q = C \times E$
   Q : 전기량, C : 정전 용량(μF), E : 전압(V)
   병렬 연결 시 정전용량 = $C_1 + C_2 + C_n$
   $C = (0.3\mu F + 0.4\mu F) \times 12V = 8.4\mu F$

60. 콘덴서 용량이 0.3μF인 콘덴서 3개를 직렬로 연결하면 합성 용량은 얼마인가?
   ㉮ 0.1 μF   ㉯ 0.2 μF
   ㉰ 0.3 μF   ㉱ 0.4 μF

■ $Q = C \times E$

직렬 연결 시 정전 용량 = $\dfrac{1}{\dfrac{1}{C_1} + \dfrac{1}{C_2} + \dfrac{1}{C_n}}$

$C = \dfrac{1}{\dfrac{1}{C_1} + \dfrac{1}{C_2} + \dfrac{1}{C_3}} = \dfrac{1}{\dfrac{1}{0.3} + \dfrac{1}{0.3} + \dfrac{1}{0.3}}$

$= \dfrac{1}{\dfrac{3}{0.3}} = \dfrac{0.3}{3} = 0.1\mu F$

61. FARAD(패러드)는 무엇의 단위인가?
   ㉮ 주파수   ㉯ 인덕턴스
   ㉰ 정전용량   ㉱ 임피던스

62. 다음 반도체에 대한 설명이다, 옳은 것은?
   ㉮ 내부에서 전력 손실이 적다.
   ㉯ 역 내압이 높다.
   ㉰ 내열성이 좋다(200℃ 이상)
   ㉱ 예열 시간을 요한다.

63. 다음은 N형의 반도체를 설명한 것이다. 옳은 것은?
   ㉮ 중성자가 더 많다.   ㉯ 전자가 더 많다.
   ㉰ 양성자가 더 많다.   ㉱ 홀이 더 많다.
   ■ P형 반도체는 N형 반도체보다 홀이 더 많고, N형 반도체는 P형 반도체보다 전자가 더 많다.

64. 게르마늄(Ge) 또는 Si에 어떤 불순물을 섞어야 P형 반도체가 되는가?
   ㉮ 비소   ㉯ 인
   ㉰ 안티몬   ㉱ 인듐

65. 다음 중 전류의 캐리어가 전자인 경우의 반도체는?
   ㉮ P형 반도체   ㉯ PN형 반도체
   ㉰ 진성 반도체 ㉱ N형 반도체

66. 반도체의 성질 중 홀 효과라는 것은?
   ㉮ 길고 좁은 복도의 방향
   ㉯ 자계의 강도에 비례하는 전압을 발생하는 현상
   ㉰ 흡기 매니폴드를 통과하는 공기의 흐름
   ㉱ 캠 샤프트 위치 측정에 있어서의 제로 크로싱 오차

정답 57. ㉱ 58. ㉰ 59. ㉯ 60. ㉮ 61. ㉰ 62. ㉰ 63. ㉯ 64. ㉱ 65. ㉱ 66. ㉯

67. 다음 중 P형 반도체와 N형 반도체를 마주 대고 결합한 것은?
   ㉮ 다이오드   ㉯ 홀
   ㉰ 캐리어   ㉱ 트랜지스터

68. 다이오드의 특성은 정격 전류를 얻기 위한 정 방향의 전압은 몇 V로 규정하고 있는가?
   ㉮ 약 0.1 ~ 0.5 V   ㉯ 약 1.5 ~ 2.25 V
   ㉰ 약 1.0 ~ 1.25 V   ㉱ 약 3.0 ~ 5.0 V
   ■ 실리콘 다이오드는 약 0.5V가 가해지면 전류가 흐르지만 정격 전류를 얻기 위해서는 전압은 약 1.0 ~1.25 V로 규정되어 있다.

69. 다이오드 규격표의 값은 특수한 것 이외에는 주위 온도를 몇 도 이하로 하여야 하는가?
   ㉮ 5℃   ㉯ 10℃
   ㉰ 25℃   ㉱ 40℃

70. 다음 중 한 쪽 방향에 대해서는 전류를 흐르게 한고 반대 방향에 대해서는 전류의 흐름을 저지하는 것은?
   ㉮ 다이오드   ㉯ 컬렉터
   ㉰ 콘덴서   ㉱ 전구

71. 지너 다이오드를 사용하는 회로는?
   ㉮ 고주파 회로   ㉯ 저압 정류 회로
   ㉰ 브리시 정류 회로 ㉱ 전압 안정 회로

72. 전류가 급격히 흐르기 시작하는 전압을 무슨 전압이라 하는가?
   ㉮ 텅가 벌브 전압
   ㉯ 브레이크다운 전류
   ㉰ 브레이크다운 전압
   ㉱ 컷인 전압

73. 다음의 그림에 나타난 기호는 전기 장치의 어떠한 것을 표시한 기호인가?
   ㉮ 트랜지스터
   ㉯ 발광 다이오드
   ㉰ 실리콘 다이오드
   ㉱ 지너 다이오드

74. 다음 중 순방향으로 전류를 흐르게 하였을 때 빛이 발생되는 다이오드는?
   ㉮ 지너 다이오드   ㉯ 포토 다이오드
   ㉰ PN 정션 다이오드 ㉱ 발광 다이오드

75. 다음 그림은 전자 제어 장치에서 많이 사용되는 반도체의 기호이다. 맞는 것은?
   ㉮ 제너 다이오드
   ㉯ 포토 다이오드
   ㉰ 발광 다이오드
   ㉱ 사이리스터

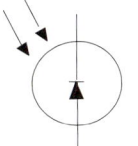

76. 트랜지스터의 장점을 기술하였다. 틀린 것은?
   ㉮ 전력 손실이 적다.
   ㉯ 예열 시간을 요하지 않는다.
   ㉰ 극히 소형이고 가볍다.
   ㉱ 높은 온도에서 견딘다.

77. 트랜지스터는 다음 중 어떤 회로에 사용하는가?
   ㉮ 작은 신호 전류로 큰 전류를 단속하는 스위칭 회로에 사용된다.
   ㉯ 정전압으로 유지시키는 회로에 사용된다.
   ㉰ 정류 회로에 사용된다.
   ㉱ 온도 보상 회로에 사용된다.

78. 다음 설명 중 트랜지스터의 기능으로 적당한 것은?
   ㉮ 정류 기능   ㉯ 스위칭 기능
   ㉰ 역전류 흡수 기능 ㉱ 충전 기능

79. 트랜지스터는 어떤 회로에 쓰이지 않는 것은?
   ㉮ 논리 게이트   ㉯ 증폭기
   ㉰ OP 앰프   ㉱ 유압 게이지

80. 트랜지스터의 3대 구성품은?
   ㉮ 베이스, 플레이트, 컬렉터
   ㉯ 이미터, 플레이트, 베이스
   ㉰ 이미터, 컬렉터, 베이스
   ㉱ 컬렉터, 베이스, 애노드

정답 67. ㉮ 68. ㉰ 69. ㉰ 70. ㉮ 71. ㉱ 72. ㉰ 73. ㉱ 74. ㉱ 75. ㉯ 76. ㉱ 77. ㉮ 78. ㉯ 79. ㉱ 80. ㉰

81. 다음에서 트랜지스터의 단자 이름이 아닌 것은 어느 것인가?
   ㉮ 베이스
   ㉯ 컬렉터
   ㉰ 이미터
   ㉱ 캐소드

82. 다음 중 PNP 트랜지스터의 순전류는 어떤 방향으로 흐르는가?
   ㉮ 베이스에서 이미터로
   ㉯ 이미터에서 베이스로
   ㉰ 컬렉터에서 베이스로
   ㉱ 베이스에서 그랜드로

83. 트랜지스터 NPN, TR의 스위칭 작용에 대한 스위칭 작용에 대한 등가 회로를 릴레이로 표시한 것 중 맞는 것은?

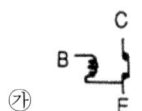 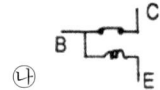
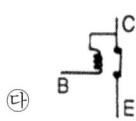 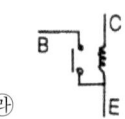

84. 다음 전기 기호 설명 중 포토(photo) TR의 심벌은?

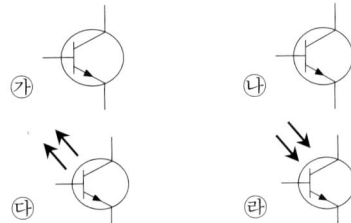

85. 다음 중 포토 트랜지스터에 대한 설명으로 틀린 것은?
   ㉮ 광출력 전류가 매우 적다.
   ㉯ 내구성 및 신호성이 우수하다.
   ㉰ 소형이고 취급이 쉽다.
   ㉱ 빛이 베이스 전류의 대용이 되기 때문에 전극이 없다.

86. 빛에 의해 컬렉터 전류가 제어되며 광량 측정, 광 스위치 소자로 사용되는 반도체는?
   ㉮ 포토 서미스터
   ㉯ 포토 다이오드
   ㉰ 포토 트랜지스터
   ㉱ 포토 소자

87. 다음 포토 트랜지스터(photo transistor)의 설명 중 옳은 것은?
   ㉮ 전류를 흘리면 빛을 발하는 다이오드로 파일럿 램프에 쓰인다.
   ㉯ PNP 형으로서 스위칭, 증폭 작용을 한다.
   ㉰ 외부로부터 빛을 받으면 전류가 흐르는 감광 소자이다.
   ㉱ NPN 형으로서 스위칭, 증폭 작용을 한다.

88. 사이리스터에서의 전류 흐름은 어디에서 어디로 하여 점화 코일로 흐르는가?
   ㉮ 캐소드에서 애노드로
   ㉯ 애노드에서 캐소드로
   ㉰ 캐소드에서 게이트로
   ㉱ 게이트에서 캐소드로

89. SCR의 제어 단자를 무엇이라 하는가?
   ㉮ 애노드
   ㉯ 캐소드
   ㉰ 게이트
   ㉱ 베이스

90. 도면의 논리 회로에서 A와 B 동시에 1이 되어야 출력 C도 1이며, 하나라도 0이면 출력이 0이 되는 회로는?
   ㉮ OR 회로
   ㉯ AND 회로
   ㉰ NOT 회로
   ㉱ NOR 회로

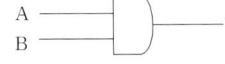

91. 다음 그림의 논리 회로에서 A = 1, B = 0일 때 출력 C는 얼마가 되는가?
   ㉮ 1
   ㉯ 2
   ㉰ 3
   ㉱ 0

92. 다음 중 자동차에서 발생하는 역기전력 등을 제거하는데 사용할 수 없는 것은?
   ㉮ 트랜지스터   ㉯ 다이오드
   ㉰ 콘덴서   ㉱ 저항
   ■ 회로에 저항을 사용하는 목적은 전압 강하를 얻기 위해서 사용된다.

93. 위험 경고등 회로에 들어있는 서미스터의 역할은?
   ㉮ 열 전도
   ㉯ 온도 보상
   ㉰ 접점의 소손 방지
   ㉱ 전구의 단선 방지
   ■ 서미스터는 온도에 따라서 저항값이 변화되는 가변 저항으로서 온도가 상승하면 저항값이 커지는 정특성 서미스터와 온도가 상승하면 저항값이 작아지는 부특성 서미스터가 있으며, 위험 경고등 회로에 설치된 서미스터는 온도 보상의 역할을 한다.

94. 온도에 따라 저항값이 크게 변화하는 반도체는?
   ㉮ 서미스터   ㉯ 사이리스터
   ㉰ 다이 캐스터   ㉱ 드라이 아크

95. 각종 차량에 전자석 릴레이를 사용하는 이유 중 맞는 것은?
   ㉮ 적은 전류로 큰 전류를 제어하기 위하여 사용한다.
   ㉯ 전기 기구의 성능 향상을 위하여 사용한다.
   ㉰ 차량의 전체 가격을 줄이기 위하여 사용한다.
   ㉱ 모터 등의 열적 부하 방지를 위하여 사용한다.
   ■ 트랜지스터와 전자석 릴레이는 회로 중에 흐르는 큰 전류를 적은 전류를 이용하여 단속할 수 있기 때문에 많이 사용된다.

96. 다음에서 모터나 릴레이 작동시 라디오에 유기 되는 고주파 잡음을 억제하는 부품은 어느 것인가?
   ㉮ 트랜지스터   ㉯ 볼륨
   ㉰ 콘덴서   ㉱ 동소기

97. 다음 중 압력 센서의 종류가 아닌 것은?
   ㉮ 용량형 센서
   ㉯ 반도체 피에조 저항센서
   ㉰ 반도체 다이오드 센서
   ㉱ LVST(lisear variable differential transformer)

98. 다음 압력 센서 중 틀린 것은?
   ㉮ 권선 저항형 센서
   ㉯ 반도체 다이오드 센서
   ㉰ 용량형 센서
   ㉱ 광역 저항 센서

99. 다음의 정전압 회로에서 a점에 인가되는 전압은 몇 V(볼트)인가?
   ㉮ 4
   ㉯ 6
   ㉰ 8
   ㉱ 12

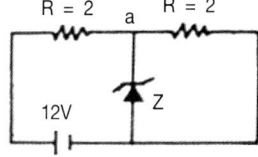

   ■ $I = \dfrac{E}{R}$

   $I = \dfrac{12}{2+2} = 3A$

   $E = I \times R = 3A \times 2\Omega = 6V$

100. 다이오드를 이용한 자동차용 전구 회로의 설명으로 옳은 것은?

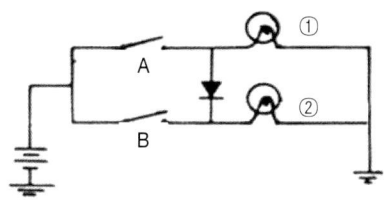

   ㉮ 스위치 A가 ON일 때 전구 ①만 점등된다.
   ㉯ 스위치 A가 ON일 때 전구 ②만 점등된다.
   ㉰ 스위치 B가 ON일 때 전구 ②만 점등된다.
   ㉱ 스위치 B가 ON일 때 전구 ①, ②가 점등된다.
   ■ ① 스위치 A가 ON일 때는 전구 ①, ②가 모두 점등된다.
   ② 스위치 B가 ON일 때는 전구 ②가 점등되고 전구 ①은 다이오드에 의해서 전류가 공급되지 않기 때문에 점등되지 않는다.

축전지

1. 다음 중 자동차용 축전지의 필요조건이 아닌 것은?
   ㉮ 진동에 견딜 것
   ㉯ 액의 누설 방지가 완전할 것
   ㉰ 전기가 잘 통할 것
   ㉱ 용량이 클 것

2. 축전지 충·방전 작용은 다음 어떤 작용을 이용한 것인가?
   ㉮ 자기 작용   ㉯ 화학 작용
   ㉰ 발열 작용   ㉱ 발광 작용
   ■ ① 묽은 황산에 구리판과 아연판을 넣고 전류를 흐르게 하면 전해 작용이 일어난다.
   ② 아연판은 황산에 녹아서 ⊖ 전하를 띄게 된다.
   ③ 황산속의 수소 이온은 아연 이온에 반발되어 구리판은 ⊕ 전하를 띄게 된다.
   ④ 이와 같은 작용을 화학 작용이라 하며 축전지, 전기 도금에 이용한다.

3. 자동차용 배터리의 충전방전에 관한 화학반응으로 틀린 것은? (2015)
   ㉮ 배터리 방전 시 (+)극판의 과산화납은 점점 황산납으로 변한다.
   ㉯ 배터리 충전 시 (+)극판의 황산납은 점점 과산화납으로 변한다.
   ㉰ 배터리 충전 시 물은 묽은 황산으로 변한다.
   ㉱ 배터리 충전 시 (−)극판에는 산소가 (+)극판에는 수소를 발생시킨다.
   ■ 축전지의 충·방전 시의 화학 작용

구 분	양 극	전해액	음 극
충전 상태	과산화납	묽은황산	해면상납
방전 상태	황산납	물	황산납

4. 축전지용 전해액은 아래 어느 것에 해당하는가?
   ㉮ $2H_2O$ ㉯ H_2O
   ㉰ $PbSO_4$ ㉱ $2H_2SO_4$

5. 축전지의 충·방전 화학식이다. ( )속에 해당되는 것을 찾아라.
   $$Pbo_2 + (\quad) + Pb \underset{충전}{\overset{방전}{\rightleftarrows}} PbSO_4 + 2H_2O + PbSO_4$$
   ㉮ H_2O ㉯ $2H_2O$
   ㉰ $2PbSO_4$ ㉱ $2H_2SO_4$

6. 축전지를 완전히 방전하면 극판은?
   ㉮ 해면상납이 된다   ㉯ 황산납이 된다
   ㉰ 과산화납이 된다   ㉱ 일산화납이 된다

7. 12V 축전지는 몇 개의 단전지(셀)로 되어 있는가?
   ㉮ 3개   ㉯ 4개
   ㉰ 5개   ㉱ 6개

8. 축전지 셀의 극판 면적을 크게 하면?
   ㉮ 저항이 크게 된다.
   ㉯ 전압이 낮아진다.
   ㉰ 이용 전류가 많아진다.
   ㉱ 전해액의 비중이 높게 된다.

9. 축전지 셀의 음극과 양극의 판수는?
   ㉮ 양극판이 1장 더 많다.
   ㉯ 음극판이 1장 더 많다.
   ㉰ 각각 같은 수다.
   ㉱ 음극판이 2장 더 많다.

10. 다음 중 축전지(배터리) 격리판으로서의 구비 조건이 아닌 것은?
    ㉮ 전도성일 것
    ㉯ 기계적 강도가 있을 것
    ㉰ 전해액의 확산이 잘 될 것
    ㉱ 다공성일 것
    ■ 격리판의 구비 조건
    ① 비전도성일 것
    ② 기계적 강도가 있을 것
    ③ 전해액의 확산이 잘 될 것
    ④ 전해액에 부식되지 않을 것
    ⑤ 다공성일 것
    ⑥ 극판에 좋지 않은 물질을 내뿜지 않을 것

정답 1. ㉱ 2. ㉯ 3. ㉱ 4. ㉱ 5. ㉱ 6. ㉯ 7. ㉱ 8. ㉰ 9. ㉯ 10. ㉮

11. 격리판은 홈이 있는 면이 양극판 쪽으로 끼워져 있다. 그 이유로서 적절하지 않은 것은?
   ㉮ 양극판의 산화에 의하여 격리판이 부식되는 것을 방지하기 위하여
   ㉯ 양극판에 전해액을 풍부히 통하도록 하기 위해서
   ㉰ 전해액의 확산을 좋게 하기 위해서
   ㉱ 양극판의 작용 물질이 탈락되는 것을 방지하기 위해서

12. 축전지 양극의 터미널 포스트는?
   ㉮ 음극보다 작다.   ㉯ 양쪽 굵기가 같다.
   ㉰ 음극보다 가늘다. ㉱ 음극보다 굵다.
   ▨ 양극의 터미널 포스트는 음극 터미널 포스트보다 약 1 mm 정도 굵기가 굵다.

13. 축전지를 방전 상태로 오래 두면 못쓰게 되는 가장 타당한 이유는?
   ㉮ 황산이 증류수로 되기 때문이다.
   ㉯ 극판에 황산납이 형성되기 때문이다.
   ㉰ 극판에 수소가 형성되기 때문이다.
   ㉱ 극판이 영구 황산납이 되기 때문이다.
   ▨ 축전지를 방전 상태로 오래 두면 극판 위에 황산납이 결정화되어 충전하여도 본래의 상태로 회복되지 않기 때문에 축전지를 사용하지 않을 때에는 15일마다 보충전을 하여야 한다.

14. 납산 축전지를 분해하였더니 브리지 현상을 일으키는 원인은?
   ㉮ 과충전 하였다.
   ㉯ 사이클링 쇠약이다.
   ㉰ 극판이 황산화되었다.
   ㉱ 고율 방전하였다.
   ▨ 충방전의 주기를 사이클링이라 한다. 브리지 현상은 충방전을 반복하여 극판의 작용 물질이 탈락되어 엘리먼트 레스트에 쌓이게 되면 양극판과 음극판이 단락 되는 브리지 현상이 발생된다.

15. 축전지 설페이션(유화)의 원인이 아닌 것은?
   ㉮ 전해액에 불순물이 포함되어 있을 때
   ㉯ 전해액의 비중이 너무 높거나 낮을 때
   ㉰ 장기간 방전 상태로 방치하였을 때
   ㉱ 과충전인 경우

16. 축전지의 설페이션(sublation) 현상의 원인은?
   ㉮ 전해액의 양이 부족하다.
   ㉯ 충전 전압이 높다.
   ㉰ 충전 전류가 크다.
   ㉱ 전해액의 온도가 낮다.

17. 극판에 경미한 설페이션 현상이 생겼을 때 먼저 어떤 조치를 하는가?
   ㉮ 급속 충전으로 완전 충전한다.
   ㉯ 일정 전류로 충전한다.
   ㉰ 일정 전압으로 충전한다.
   ㉱ 보통 충전을 완료한 후 과충전한다.

18. 전해액을 만들 때에 대한 설명으로 옳은 것은?
   ㉮ 물의 온도를 15℃로 하여 황산을 부어야 한다.
   ㉯ 황산을 물에 부어야 한다.
   ㉰ 물을 황산에 부어야 한다.
   ㉱ 꼭 철제 용기를 사용하여 황산을 부어야 한다.

19. 다음은 전해액의 혼합과 취급 요령에 대한 설명 중 틀린 것은?
   ㉮ 사전에 증류수, 황산의 비율을 산출한다.
   ㉯ 물과 황산의 비율을 같게 한다.
   ㉰ 중화제로서 베이킹 소다를 준비한다.
   ㉱ 고무 제품으로 된 장갑이나 장화를 착용하고 작업한다.

20. 다음 중 축전지의 충전 상태를 측정하는 계기는?
   ㉮ 저항계   ㉯ 전류계
   ㉰ 온도계   ㉱ 비중계
   ▨ 비중을 측정할 때에는 흡입식이나 광학식 비중계를 사용한다.

21. 납산 축전지의 전해액 비중을 측정할 때 기준 온도는?
   ㉮ 5℃   ㉯ 15℃
   ㉰ 20℃   ㉱ 30℃
   ▨ 전해액의 비중 표시에는 20 ℃를 표준으로 하나 용량 표시에는 25 ℃를 표준으로 한다.

정 답 11. ㉱ 12. ㉱ 13. ㉱ 14. ㉯ 15. ㉱ 16. ㉮ 17. ㉱ 18. ㉯ 19. ㉯ 20. ㉱ 21. ㉰

22. 비중이 1.280의 축전지는?
    ㉮ 방전된 상태이다.
    ㉯ 반 방전되어 있다.
    ㉰ 완전 충전되어 있다.
    ㉱ 완전 방전되어 있다.

23. 20℃에서 비중 1.280으로 완전히 충전된 축전지의 경우 전해액의 중량비는?
    ㉮ 황산 73 %, 물 27 % 정도
    ㉯ 황산 56 %, 물 44 % 정도
    ㉰ 황산 39 %, 물 61 % 정도
    ㉱ 황산 28 %, 물 72 % 정도
    ■ 비중에 의한 중량비
        ① 1.300 : 황산 40 % 물 60 %
        ② 1.250 : 황산 33 % 물 67 %
        ③ 1.200 : 황산 28 % 물 72 %
        ④ 1.150 : 황산 21 % 물 79 %
        ⑤ 1.100 : 황산 15 % 물 85 %

24. 납 축전지의 전해액은 그 조성이 어떻게 분포되어 있는가?
    ㉮ 황산 35 %, 증류수 65 %
    ㉯ 황산 65 %, 증류수 35 %
    ㉰ 염산 35 %, 증류수 65 %
    ㉱ 염산 65 %, 증류수 35 %

25. 온도가 내려가면 축전지에서 일어나는 것 중 틀린 것은?
    ㉮ 전해액의 비중이 내려간다.
    ㉯ 용량이 내려간다.
    ㉰ 전압이 내려간다.
    ㉱ 동결하기 쉽다.
    ■ 온도가 내려갈 때 축전지의 영향
        ① 전해액의 비중은 높아진다.
        ② 동결의 온도는 높아진다.
        ③ 용량은 감소한다.
        ④ 전압은 낮아진다.

26. 전해액 비중의 값을 기준 온도(20 ℃)의 비중으로 할 때 사용되는 보정계수는?
    ㉮ 0.0047/℃
    ㉯ 0.0074/℃
    ㉰ 0.00074/℃
    ㉱ 0.000074/℃
    ■ 축전지의 전해액은 온도 1℃의 변화에 대해서 0.00074 변화된다. 따라서 표준 온도(20℃)의 비중으로 환산할 때 보정계수는 0.0 0074 /℃ 이다.

27. 축전지 전해액이 흘렀을 때 중화 용액으로 다음 중 가장 알맞은 것은?
    ㉮ 증류수   ㉯ 황산
    ㉰ 중탄산소다   ㉱ 수돗물
    ■ 축전지에 묻은 전해액은 암모니아수, 베킹소다, 중탄산소다 등으로 묽은 황산을 중화시켜 닦아낸다.

28. 축전지(battery)의 방전 종지 전압은 대략 얼마인가?
    ㉮ 셀당 1.3 ~ 1.4V   ㉯ 셀당 1.5 ~ 1.6V
    ㉰ 셀당 1.7 ~ 1.8V   ㉱ 셀당 1.9 ~ 2.0V
    ■ 방전 종지 전압
        ① 1셀당 방전 종지 전압은 1.7~1.8 V이다.
        ② 20시간율의 전류로 방전하였을 경우의 방전 종지 전압은 한 셀당 1.75 V이다.
        ③ 방전 상태로 장시간 두면 영구 황산납이 된다.

29. 축전지의 용량은 무엇에 따라 결정되는가?
    ㉮ 극판의 수, 전해액의 비중
    ㉯ 극판의 크기, 극판의 수 및 셀의 수
    ㉰ 극판의 크기, 극판의 수, 전해액의 양
    ㉱ 극판의 수, 셀의 수, 발전기의 충전 능력
    ■ 축전지의 용량은 근본적으로 극판의 크기, 극판의 수, 전해액의 양에 의해서 결정된다.

30. 보통 사용되는 축전지의 용량 표시 방법이 아닌 것은?
    ㉮ 냉간율   ㉯ 25 암페어율
    ㉰ 20시간 방전율   ㉱ 50시간 방전율

31. 축전지의 용량(부하)을 시험할 때 안전 및 주의 사항으로 틀린 것은?
    ㉮ 축전지 전해액이 옷에 묻지 않게 한다.
    ㉯ 기름이 묻은 손으로 시험기를 조작하지 않는다.
    ㉰ 부하시험에서 부하시간을 15초 이상으로 하지 않는다.
    ㉱ 부하시험에서 부하전류는 축전지의 용량에 관계없이 일정하게 한다.
    ■ 축전지 용량 부하 시험 방법
        ① 전해액의 높이가 규정인가 확인한다.

정답 22. ㉰ 23. ㉰ 24. ㉮ 25. ㉮ 26. ㉰ 27. ㉰ 28. ㉰ 29. ㉰ 30. ㉱ 31. ㉱

② 비중이 1.220 이상인가 확인한다.
③ 부하 가감기로 축전지 용량의 3배가 되도록 전류를 조정한다.
④ 측정 버튼을 15초 이내로 누르며 전압계의 눈금을 읽는다.
⑤ 9.6V 이상이면 축전지는 정상이다.

32. 축전지의 용량 시험에서 부하 조정 손잡이는 축전지 용량의 몇 배가 되도록 조정해 두어야 하는가?
㉮ 2배 ㉯ 3배
㉰ 4배 ㉱ 5배

33. 축전지 셀의 경부하 시험에서 각 셀의 전압 차이가 몇 V이내이면 양호한 축전지인가?
㉮ 0.05 V 이내 ㉯ 0.06 V 이내
㉰ 0.07 V 이내 ㉱ 0.09 V 이내

34. 일반적으로 축전지 시험 시 주의 사항으로 맞지 않는 것은?
㉮ 축전지의 전해액이 옷에 묻지 않도록 한다.
㉯ 테스터의 빨간 리드는 "-" 단자에 연결시킨다.
㉰ 기름 묻은 손으로 시험기를 조작하지 않는다.
㉱ 전류의 흐르는 시간을 15초 이내로 한다.

35. 축전지의 자기 방전의 원인은?
㉮ 축전지의 표면에 전기 회로가 생겼을 때
㉯ 발전기의 힘이 강할 때
㉰ 황산의 양이 적을 때
㉱ 증류수의 양이 많을 때

36. 전해액의 온도가 30℃일 때 1일간의 자기 방전량은 용량의 몇 %인가?
㉮ 1% ㉯ 2%
㉰ 3% ㉱ 5%

37. 전해액의 온도가 20℃일 때 하루의 자기 방전량은 축전지 용량의 몇 %가 되는가?
㉮ 0.5% ㉯ 1.5%
㉰ 2% ㉱ 12%

38. 충전되어 보관된 축전지의 자연 방전비율(자연 방전율)은 온도가 높아지면 어떻게 되는가?
㉮ 변함없다.
㉯ 높아진다.
㉰ 낮아진다.
㉱ 온도에 관계없고 습도에 관계된다.

39. 자기 방전의 비율은 축전지 온도가 상승하면 어떻게 되는가?
㉮ 높아진다.
㉯ 낮아진다.
㉰ 변함 없다.
㉱ 낮아진 체로 일정하게 유지한다.

40. 축전지의 보충전에서 충전 전류의 크기와 충전 방법에 따른 분류에 속하지 않는 것은?
㉮ 급속 충전 ㉯ 완속 충전
㉰ 정전류 충전 ㉱ 정전압 충전

41. 배터리 충전시 전류를 단계적으로 감소시키는 충전을 무슨 충전이라고 하는가?
㉮ 단별 전류 충전 ㉯ 정전압 충전
㉰ 정전류 충전 ㉱ 급속 충전

42. 45 AH 의 용량을 가진 자동차용 축전지를 정전류 충전 방법으로 충전하고자 할 때 표준 충선 전류는 몇 A가 적딩한가?
㉮ 4.5A ㉯ 7A
㉰ 9A ㉱ 10A

43. 충전되어 있는 축전지에 낮은 충전율로 충전되면?
㉮ 정상이다.
㉯ 전류 설정을 재조정하여야 한다.
㉰ 전압 설정을 재조정하여야 한다.
㉱ 전해액의 비중을 조정해야 한다.
■ 충전된 축전지에 낮은 충전율로 충전되는 것은 축전지에 전기량이 만충된 것이므로 조정기 및 발전기의 작동은 정상이다.

정답 32. ㉯ 33. ㉮ 34. ㉯ 35. ㉮ 36. ㉮ 37. ㉮ 38. ㉯ 39. ㉮ 40. ㉯ 41. ㉮ 42. ㉮ 43. ㉮

44. 자동차에서 배터리의 역할이 아닌 것은?
   ㉮ 기동장치의 전기적 부하를 담당한다.
   ㉯ 캐니스터를 작동시키는 전원을 공급한다.
   ㉰ 컴퓨터(ECU)를 작동시킬 수 있는 전원을 공급한다.
   ㉱ 주행상태에 따른 발전기의 출력과 부하와의 불균형을 조정한다.
   ■ 캐니스터는 연료증발 가스(HC)를 포집한다.

45. 충전 중 축전지 전해액의 온도는 몇 도 이상 올라가면 위험한가?
   ㉮ 15℃
   ㉯ 25℃
   ㉰ 35℃
   ㉱ 45℃
   ■ 축전지 충전시 전해액의 온도는 45℃ 이상이 되지 않도록 한다. 45℃ 이상이 되면 충전 전류를 감소시키거나 충전을 잠시 중단하여 전해액의 온도가 저하되면 다시 충전한다.

46. 충전이 충분히 되었는지 여부는 다음의 상태로 판단한다. 틀린 것은?
   ㉮ 전해액 량의 증가가 현저하다.
   ㉯ 각 셀의 단자 전압이 2.1~2.6V까지 상승한다.
   ㉰ 가스의 발생이 활발해진다.
   ㉱ 전해액의 비중이 규정 비중 1.260~1.280까지 상승한다.

47. 축전지를 충전할 때 음극에서 가스가 발생한다. 이 가스는 폭발의 위험이 있는데 어떤 가스인가?
   ㉮ CO_2 가스
   ㉯ SO_2 가스
   ㉰ CO 가스
   ㉱ H 가스

48. 축전지의 충전 시 안전 수칙에 맞지 않는 것은?
   ㉮ 직류 계기는 극성을 바르게 맞추어야 한다.
   ㉯ 축전지는 단락 시키지 말아야 한다.
   ㉰ 전해액 주입구 마개는 열어서는 안 된다.
   ㉱ 축전지를 사용하지 않아도 15일~1개월에 1번 정도 보충전을 하여야 한다.
   ■ 급속 충전 시 주의 사항
   ① 충전 중 수소 가스가 발생되므로 통풍이 잘되는 곳에서 충전할 것
   ② 발전기의 실리콘 다이오드 파손을 방지하기 위해 축전지의 ⊕, ⊖ 케이블을 떼어 낸다.
   ③ 충전 시간을 가능한 한 짧게 한다.
   ④ 충전 중 축전지에 충격을 가하지 말 것

49. 다음 중 배터리(battery) 충전 시 주의 사항이 아닌 것은?
   ㉮ 환기장치가 적절하지 못한 작업장에서는 축전지를 과충전하여서는 안 된다.
   ㉯ 축전지가 단락하여 스파크가 일어나지 않게 한다.
   ㉰ 축전지를 충전하는 곳은 환기장치가 필요 없다.
   ㉱ 전해액을 혼합할 때에는 증류수에 황산을 천천히 붓는다.

50. 급속 충전 시 주의 사항으로 틀린 것은?
   ㉮ 충전 중 전해액의 온도가 45℃가 넘지 않도록 한다.
   ㉯ 충전 시간은 2시간 정도가 적당하다.
   ㉰ 충전 시간은 짧아야 한다.
   ㉱ 충전 전류는 축전지 용량의 1/2이 좋다.

51. 12V용 배터리를 급속 충전하는데 전압이 얼마 이상 초과되어서는 안 되는가?
   ㉮ 7.5V
   ㉯ 12V
   ㉰ 13.5V
   ㉱ 15.5V

52. 축전지를 급속 충전할 때 축전지의 접지 단자에서 케이블을 떼어 내는 목적은?
   ㉮ 조정기 접점을 보호하기 위함이다.
   ㉯ 발전기의 다이오드를 보호하기 위함이다.
   ㉰ 과충전을 보호하기 위함이다.
   ㉱ 충전기를 보호하기 위함이다.

53. 납산 축전지와 알칼리 축전지의 성능을 비교 설명한 것 중 틀린 없는 것은?
   ㉮ 알칼리 축전지는 고율 방전 성능이 우수하다.
   ㉯ 알칼리 축전지는 일차 전지이고 납산 축전지는 2차 전지이다.
   ㉰ 알칼리 축전지는 납산 축전지에 비해 과충전, 과방전, 장기 방치에도 견디는 성능이 우수하다.

정 답 44. ㉯ 45. ㉱ 46. ㉮ 47. ㉱ 48. ㉰ 49. ㉰ 50. ㉯ 51. ㉱ 52. ㉯ 53. ㉯

㉴ 알칼리 축전지는 납산 축전지에 비해 재원상 고가이다.
■ 알칼리 축전지나 납산 축전지는 방전되었을 때 다시 충전하여 재생할 수 있는 전지를 2차 전지라 하고, 방전되었을 때 다시 충전할 수 없는 전지를 1차 전지라 한다.

54. 다음 사항은 전기 장치의 취급상 주의 사항이다. 옳지 못한 것은?
㉮ 옥탄 셀렉터는 기관이 정지 및 운전 상태에서 조정한다.
㉯ 축전지 단자에는 그리스 등을 발라 두어 보관한다.
㉰ 축전지 보관은 −30℃ 이하의 어두운 곳에 보관한다.
㉱ 점화 코일에는 수분이 없도록 하여야 한다.
■ 전해액의 빙결은 −30℃ 이하가 되면 빙결된다.

55. 다음은 축전지 방전 시험 시 주의 사항이다. 틀린 것은?
㉮ 용액이 옷이나 살갗에 닿지 않도록 한다.
㉯ 직류 계기는 극성을 바르게 맞추고 축전지는 단락시키지 말아야 한다.
㉰ 전류계는 부하와 병렬로 접속하고 전압계는 부하와 직렬로 접속한다.
㉱ 1셀당 전압이 1.8 V 이하이면 방치하지 말고 충전하여야 한다.
■ 전류 및 전압을 측정하기 위해서는 배선을 다음과 같이 연결하여야 한다. 전류계는 부하와 직렬로 연결하고 전압계는 부하와 병렬로 연결하여야 한다.

56. 다음 중 축전지 취급 방법에 대한 설명으로 잘못 표현된 것은?
㉮ ⊕ 단자부에는 그리스를 바르지 않는다.
㉯ 비중이 1.200 이하이면 즉시 보충전 한다.
㉰ 전해액이 극판 위 10~13mm가 되게 보충한다.
㉱ 크랭킹은 10초 이상 연속하지 않는 것이 좋다.

57. 자동차에서 축전지를 떼어낼 때 작업방법으로 가장 옳은 것은? (2015)
㉮ 접지 터미널을 먼저 푼다.
㉯ 양 터미널을 함께 푼다.

㉰ 벤트 플러그(vent plug)를 열고 작업한다.
㉱ 극성에 상관없이 작업성이 편리한 터미널부터 분리한다.
■ 자동차에 축전지를 설치할 때는 절연 케이블(⊕ 케이블)을 먼저 연결하고 접지 케이블(⊖ 케이블)을 나중에 연결한다. 또한 자동차에서 축전지를 탈착할 때는 접지 케이블(⊖ 케이블)을 먼저 제거하고 절연 케이블(⊕ 케이블)을 나중에 제거한다.

58. 4A로 연속 방전하여 방전 종지 전압에 이를 때까지 20시간이 소요했다. 이 축전지의 용량은?
㉮ 40 AH
㉯ 80 AH
㉰ 150 AH
㉱ 200 AH
■ $AH = A \times H = 4A \times 20H = 80$
A: 방전 전류, H: 방전 시간, AH: 축전지 용량

59. 20시간율 150 AH 의 축전지 2개를 병렬로 연결한 상태에서 15 A 의 전류로 방전시킨 경우 몇 시간을 사용할 수 있는가?
㉮ 5시간
㉯ 10시간
㉰ 15시간
㉱ 20시간
■ $AH = A \times H$
$H = \dfrac{AH}{A} = \dfrac{150AH \times 2}{15A} = 20H$

60. 실측한 비중계의 눈금이 1.273 이고, 이때 전해액의 온도는 30℃ 이다. 표준 상태의 비중으로 환산하면 얼마인가?
㉮ 1.254
㉯ 1.266
㉰ 1.268
㉱ 1.280
■ $S_{20} = St + 0.0007(t - 20)$
$= 1.273 + 0.0007(30 - 20)$
$= 1.273 + 0.007 = 1.280$

S_{20} : 표준온도로 환산한 비중
St : 실측한 전해액 비중, t : 측정 시 전해액 온도

61. 비중 1.280(20℃)의 묽은 황산 1 l 속에 35% (중량)의 황산이 포함되어 있으면 물은 몇 g이 포함되어 있는가?
㉮ 650g
㉯ 782g
㉰ 832g
㉱ 922g

정답 54. ㉰ 55. ㉰ 56. ㉮ 57. ㉮ 58. ㉯ 59. ㉱ 60. ㉱ 61. ㉰

■ $G = St \times L \times (\frac{100-S}{100})$

　　$= 1.280 \times 1000 \times (\frac{100-35}{100}) = 832g$

62. 기준 온도(20℃)에서 1.260인 축전지를 32°F에서 측정하면 비중은 얼마인가?
   ㉮ 1.246　　㉯ 1.253
   ㉰ 1.267　　㉱ 1.274

■ $℃ = \frac{5}{9} \times (°F - 32)$

　　$= \frac{5}{9} \times (32 - 32) = 0℃$

　　$S_{20} = St + 0.0007(t - 20)$
　　$1.260 = St + 0.0007(0 - 20)$
　　$1.260 = St - 0.014$
　　$St = 1.274$

63. 20℃에서 양호한 상태인 100AH의 축전지는 200A의 전기를 얼마동안 발생시킬 수 있는가?
   ㉮ 2분　　㉯ 15분
   ㉰ 20분　　㉱ 30분

■ $H = \frac{축전지\ 용량}{방전\ 전류} = \frac{100}{200} = 0.5시간$

64. 100AH의 축전지가 매일 1.5%의 자기 방전을 할 때 이것을 보존하기 위하여 미전류 충전기의 충전 전류는 몇 A로 조정하면 되는가?
   ㉮ 0.06A　　㉯ 0.09A
   ㉰ 1.5A　　㉱ 1.6A

■ 1일 방전량
　　= 축전지 용량 × 1일 방전율
　　$= 100AH \times \frac{1.5}{100} = 1.5AH$

충전 전류 $= \frac{1일\ 방전량}{24시간} = \frac{1.5AH}{24H} = 0.0625A$

기동 전동기

1. 다음은 기동 전동기를 주요 부분으로 구분한 것이다. 이에 속하지 않는 것은?
   ㉮ 회전력을 발생하는 부분
   ㉯ 회전력을 엔진에 전달하는 기구
   ㉰ 피니언을 링 기어에 물리게 하는 부분
   ㉱ 부하 전류를 측정하는 전류계

2. 기동 회전력이 크고 회전 속도의 변화가 큰 직권 전동기의 회로는 어느 것인가?

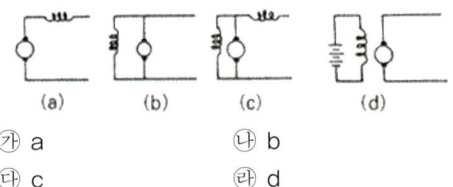

   ㉮ a　　㉯ b
   ㉰ c　　㉱ d

3. 기동 전동기의 전기자 코일과 계자 코일은 어떻게 접속되어 있는가?
   ㉮ 직병렬 접속　　㉯ 병렬 접속
   ㉰ 직렬 접속　　㉱ 각각 접속

4. 자동차용 기동 전동기(starting motor)에 주로 사용되는 전동기는?
   ㉮ 복권식 전동기　　㉯ 직권식 전동기
   ㉰ 분권식 전동기　　㉱ 교류 전동기

5. 기동 전동기의 브러시 접촉 압력은 대략 얼마인가?
   ㉮ $0.1 \sim 0.3\ kgf/cm^2$
   ㉯ $0.5 \sim 1.0\ kgf/cm^2$
   ㉰ $3 \sim 4\ kgf/cm^2$
   ㉱ $7 \sim 10\ kgf/cm^2$

6. 브러시의 접촉 불량으로 불꽃 방전이 일어날 때 소손되는 것은?
   ㉮ 브러시와 전기자　　㉯ 브러시와 정류자
   ㉰ 전기자와 정류자　　㉱ 정류자와 계자 코일

7. 그로울러 시험기로 시험할 수 없는 것은?
   ㉮ 전기자의 접지
   ㉯ 전기자의 단락
   ㉰ 전기자의 개회로(단선)
   ㉱ 전기자의 저항

8. 기동 전동기 전기자를 시험하는데 사용되는 시험기는?
   ㉮ 그로울러 시험기   ㉯ 전압계
   ㉰ 전류계   ㉱ 저항 시험기

9. 그로울러 시험에 있어 안전에 어긋나는 것은?
   ㉮ 톱니를 회전자에 가까이하고 회전자를 천천히 회전시킬 것
   ㉯ 회전자를 내려놓은 다음 스위치를 끌 것
   ㉰ 회전자를 시험기 위에 올려놓고 스위치를 넣을 것
   ㉱ 회전자를 올려놓고 내려놓을 때 조심해서 다룰 것
   ■ 그로울러 테스터에서 전기자(회전자)의 단락 시험을 한 다음 스위치를 끄지 않고 전기자를 내려놓을 때는 테스터의 자력에 의해서 흡인되어 있으므로 쉽게 분리되지 않아 위험하기 때문에 스위치를 먼저 끄고 전기자를 내려놓아야 한다.

10. 다음 중 기동 전동기의 피니언과 링 기어의 물림 방식에 속하지 않는 것은?
    ㉮ 전기자 슬립식
    ㉯ 벤딕스식
    ㉰ 오버런닝 클러치식
    ㉱ 유니버설식

11. 기동 전동기의 벤딕스식 동력전달 기구는 피니언의 무엇을 이용한 것인가?
    ㉮ 저항을 이용한 것이다.
    ㉯ 운동을 이용한 것이다.
    ㉰ 관성을 이용한 것이다.
    ㉱ 마찰을 이용한 것이다.

12. 벤딕스 구동식 기동 전동기의 벤딕스 구동 스프링이 파손되기 쉬운 경우는?
    ㉮ 기관이 역회전 할 때
    ㉯ 기관의 점화시기가 빠를 때
    ㉰ 기관을 고속으로 시동할 때
    ㉱ 기관의 시동을 반복할 때
    ■ 벤딕스 구동 스프링은 피니언 기어가 링 기어에 물릴 때 충격을 완화시켜 전기자와 기어의 파손을 방지하는 역할을 하며, 엔진이 역회전하면 구동 스프링을 감은 반대 방향으로 회전력이 가해지므로 파손된다.

13. 기동 전동기의 오버런닝 클러치의 형식에서 제외되는 것은?
    ㉮ 롤러식   ㉯ 벤딕스식
    ㉰ 스프래그식   ㉱ 다판 클러치식
    ■ 오버런닝 클러치는 엔진이 기동된 다음 피니언이 공전하여 기동 전동기가 엔진에 의해 회전되지 않도록 하는 역할을 하는 클러치로서 롤러식, 스프래그식, 다판 클러치식으로 분류한다.

14. 오버런닝 클러치형 기동 전동기의 피니언이 링 기어와 물리는 것은 무엇 때문인가?
    ㉮ 시프트 레버가 밀기 때문이다.
    ㉯ 피니언 속의 슬리브가 회전하기 때문이다.
    ㉰ 피니언의 관성 때문이다.
    ㉱ 오버런닝 클러치가 회전하기 때문이다.

15. 오버런닝 클러치 형식의 기동 전동기에서 기관이 시동된 후에도 계속해서 키 스위치를 자동시키면?
    ㉮ 기동 전동기의 전기자가 타기 시작하여 소손된다.
    ㉯ 기동 전동기의 전기자는 무부하 상태로 공회전한다.
    ㉰ 기동 전동기의 전기자가 정지된다.
    ㉱ 기동 전동기의 전기자가 기관회전보다 고속 회전한다.

16. 기동 전동기의 조립이 끝나면 성능 시험을 한다. 이에 속하지 않는 것은?
    ㉮ 접지 시험   ㉯ 토크 시험
    ㉰ 무부하 시험   ㉱ 저항 시험

정 답   7. ㉱   8. ㉮   9. ㉯   10. ㉱   11. ㉰   12. ㉮   13. ㉯   14. ㉮   15. ㉯   16. ㉮

■ 기동 전동기를 분해 수리하였을 때에는 조립한 다음 무부하 시험, 저항 시험 및 회전력(torque) 시험을 하여야 한다.

17. 기동 전동기의 무부하 시험을 할 때 필요 없는 것은?
㉮ 저항계
㉯ 전압계
㉰ 전류계
㉱ 가변 저항

■ 기동 전동기 무부하 시험에는 전류계, 전압계, 회전계, 가변저항 등이 필요하며, 전류값과 회전수를 측정하여 기동 전동기의 고장 여부를 판단하는 것이다.

18. 기동 전동기의 회전력 시험은 어떻게 측정하는가?
㉮ 중속 회전력을 측정한다.
㉯ 공전 회전력을 측정한다.
㉰ 정지 회전력을 측정한다.
㉱ 고속 회전력을 측정한다.

19. 기동 전동기의 저항 시험을 할 때 시험 결과는 무엇으로 판정하는가?
㉮ 저항값으로 판정한다.
㉯ 전압의 높이로 판정한다.
㉰ 전류의 크기로 판정한다.
㉱ 회전력으로 판정한다.

20. 기동 전동기 토크가 약할 때 진단 결과를 내린 것이다. 잘못된 것은?
㉮ 솔레노이드 스위치 고장
㉯ 브러시 스프링의 쇠손
㉰ 정류자의 소손
㉱ 브러시의 마모

■ 솔레노이드 스위치가 고장이면 기동 전동기에 공급되는 전류가 흐르지 못하기 때문에 기동 전동기는 회전하지 않는다.

21. 기동 전동기가 큰 전류는 흐르나 회전력이 작을 때의 결함과 관계가 먼 것은?
㉮ 계자 코일의 단선
㉯ 아마추어 코일 또는 계자 코일의 접지
㉰ 아마추어 코일의 단락
㉱ 베어링 불량 또는 전기자 축의 휨

22. 기동 전동기에 전류가 흐르지 않는 원인은 다음 중 어느 것인가?
㉮ 내부 접지
㉯ 전기자 코일의 단락
㉰ 전기자 코일, 자장 코일의 개회로
㉱ 정답이 없다.

23. 자동차 기동 시 기동 모터에 흐르는 전류를 측정하려면 전류계는 어떻게 연결하는가?
㉮ 직렬과 병렬
㉯ 병렬
㉰ 직렬
㉱ 아무렇게 연결해도 상관없다.

■ 모든 전장품에 흐르는 전류와 전압을 측정할 때에는 전류계를 회로에 직렬로 연결하고, 전압계를 병렬로 연결하여야 회로의 전류와 전압을 측정할 수 있다.

24. 12V 축전지인 경우 크랭킹 할 때의 전압은?
㉮ 약 5~7 V
㉯ 약 9~11 V
㉰ 약 15~18 V
㉱ 약 20~23 V

■ 12V 축전지에서 기동 전동기를 크랭킹할 때의 전압은 9.6V 이상이면 배터리는 정상이다.

25. 기동 회로의 전압 시험(12V)에서 전압 강하가 몇 V 이하이면 정상인가?
㉮ 0.01 V
㉯ 0.2 V
㉰ 0.5 V
㉱ 1.0 V

■ 기동 회로의 전압 강하가 0.2 V 이상이면 케이블의 불량, 접속부의 이물질, 접촉 불량 등의 원인에 의해서 전압 강하가 발생된다.

26. 크랭킹 시험을 위해 연료나 점화 계통을 차단하고 10초간 크랭킹 하였다. 다음 설명 중 틀린 것은?
㉮ 크랭킹시 배터리 전압이 9.8V 이하로 떨어지면 배터리나 시동 모터의 불량 혹은 엔진의 과부하이다.
㉯ 크랭킹시 배터리 ⊖ 단자와 시동 모터 접지측 간의 전압이 0.2V 이상이면 접지선 불량이다.
㉰ 크랭킹시 배터리 ⊕ 단자와 시동 모터 ⊕ 와의 전압이 0.7V 이상이면 배선 불량이다.

정답 17. ㉮ 18. ㉰ 19. ㉰ 20. ㉮ 21. ㉮ 22. ㉰ 23. ㉰ 24. ㉯ 25. ㉯ 26. ㉰

㉣ 크랭킹 후 5초 이내에 10V 이상으로 회복되어야 배터리는 정상이다.

27. 기동 전동기 내의 접속을 납땜할 때는?
㉮ 플럭스를 쓰지 않는다.
㉯ 산의 플럭스를 쓴다.
㉰ 수지 플럭스를 쓴다.
㉱ 브리징 한다.
▪ 브러시의 길이가 표준 길이의 1/3 이상 마멸되면 교환하여야 하는데 이때는 납땜을 하여야 한다. 납땜을 하기 위하여 전선을 가열하면 산화막이 형성되어 납땜이 되지 않기 때문에 수지 플럭스를 사용하여 산화막의 형성을 방지하면 납땜이 된다.

28. 전동기나 조정기를 청소한 후 다음 사항을 점검한다. 옳지 않은 것은?
㉮ 아크 발생의 여부
㉯ 과열 여부
㉰ 연결의 견고성 여부
㉱ 단자부 주유 상태 여부
▪ 전기장치의 단자부에 물, 오일 등이 묻어 있게 되면 누전에 의해서 작동되지 않기 때문에 단자에는 주유를 하지 않는다.

29. 다음은 기동 모터 사용 시 주의 사항이다. 맞지 않는 것은?
㉮ 기동 전동기의 회전 속도가 규정 속도 이하가 되지 않도록 한다.
㉯ 엔진 기동 후 기동 전동기 스위치를 닫지 말 것
㉰ 장시간 연속 사용 금지
㉱ 기동 전동기 연속 사용시 사용 허용 시간은 1분 정도이다.

30. 다음 중 기동 전동기의 허용 연속 사용 시간으로 가장 알맞은 것은?
㉮ 2분 이내 ㉯ 1분 이내
㉰ 50초 이내 ㉱ 15초 이내

31. 링 기어 이의 수가 120, 피니언 이의 수가 12이고, 1,500 cc 급 엔진의 회전 저항이 6 m－kgf일 때 기동 전동기의 필요한 최소 회전력은? (2015)
㉮ 0.6m－kgf ㉯ 6m－kgf
㉰ 60m－kgf ㉱ 600m－kgf

▪ 회전력(T) = $\dfrac{\text{회전 저항(R)} \times \text{피니언 잇수}}{\text{링기어 잇수}}$

= $\dfrac{6 \times 12}{120}$ = 0.6m－kgf

32. 기동 전동기에 흐르는 전류는 120A이고, 전압은 24V라면 이 기동 전동기의 출력은 몇 PS인가?
㉮ 3.91 PS ㉯ 5.12 PS
㉰ 27.32 PS ㉱ 38.42 PS

▪ 출력 = $\dfrac{\text{전류} \times \text{전압}}{736}$

= $\dfrac{120A \times 24V}{736W}$ = 3.91PS

33. 기동 전동기를 기관에서 떼어내고 분해하여 결함 부분을 점검하는 그림이다. 옳은 것은?

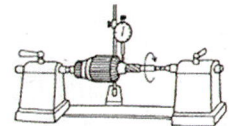

㉮ 전기자 축의 휨 상태 점검
㉯ 전기자 축의 마멸 점검
㉰ 전기자 코일의 단락 점검
㉱ 전기자 코일의 단선 점검

단원 14. 점화 장치

1. 점화장치에서 폐자로 점화 코일에 흐르는 1차 전류를 차단했을 때 생기는 2차 전압은 약 몇 V인가?
   - ㉮ 10000~15000V
   - ㉯ 25000~30000V
   - ㉰ 40000~50000V
   - ㉱ 50000~65000V
   - ■ 2차 전압은 약 25,000 ~ 30,000V 가 발생된다.

2. 점화 코일의 구조에 관한 것 중 틀린 것은?
   - ㉮ 1차 코일과 2차 코일의 권수비는 100 ~ 200 으로 되어 있다.
   - ㉯ 1차 코일의 감기 시작은 ⊕ 단자에, 감기 끝은 ⊖ 단자에 접속되어 있다.
   - ㉰ 1차 코일을 바깥쪽에 감는 것은 방열이 잘 되도록 하기 위함이다.
   - ㉱ 1차 코일은 2차 코일에 비하여 큰 전류가 흐르기 때문에 단면적도 크다.

3. 점화 코일의 시험에 있어 일반적으로 적당한 방법은?
   - ㉮ 오실로스코프 시험기를 사용하고 있다.
   - ㉯ 고주파 코일 시험기를 사용하고 있다.
   - ㉰ 네온관 시험기를 사용하고 있다.
   - ㉱ 축전기 시험기를 사용하고 있다.

4. 점화 코일의 철심으로 규소 강판을 쓰는 이유는?
   - ㉮ 자화, 비자화가 잘 되기 때문에
   - ㉯ 전기가 잘 흐르는 도체이기 때문에
   - ㉰ 기계적 진동에 견디기 위하여
   - ㉱ 절연 효과가 크기 때문에
   - ■ 점화 코일에서 중심 철심과 옆 철심은 자기 회로의 역할을 하는 것으로 규소 강판은 상자성체로서 자화, 비자화가 잘 되기 때문에 점화 코일, 발전기의 전기자 철심, 기동 전동기의 전기자 철심 등에 사용된다.

5. 점화 코일은 몇 개의 코일로 되어 있는가?
   - ㉮ 1개
   - ㉯ 2개
   - ㉰ 3개
   - ㉱ 4개
   - ■ 점화코일은 1차 코일과 2차 코일이 있다.

6. 회로 시험기를 사용하여 점화 코일 1차 코일의 저항을 측정하였을 때 약 몇 Ω 정도이면 정상인가?
   - ㉮ 0 Ω
   - ㉯ 3 ~ 4 Ω
   - ㉰ 30 ~ 40 Ω
   - ㉱ 300 ~ 400 Ω
   - ■ 점화 코일의 저항값
     ① 1 차 코일 : 3.3 ~ 4.3 Ω
     ② 2 차 코일 : 7,500 ~ 10,200 Ω

7. 점화 코일의 시험을 하고자 한다. 해당 없는 사항은?
   - ㉮ 점화 코일의 누설 시험
   - ㉯ 점화 코일의 층간 단락 시험
   - ㉰ 점화 코일의 출력 시험
   - ㉱ 점화 코일의 1, 2 차 저항 시험

8. 점화 코일의 절연 저항은 80℃에서 몇 MΩ 이상이어야 하는가?
   - ㉮ 2 MΩ
   - ㉯ 6 MΩ
   - ㉰ 10 MΩ
   - ㉱ 20 MΩ
   - ■ 점화 코일은 고 전압을 발생하기 때문에 절연성이 중요시되고 있다. 절연 저항과 내압은 온도의 상승에 따라 저하되지만 80℃ 에서 10 MΩ 이상이어야 하고 상온에서는 50 MΩ 이상이어야 한다.

9. 점화 코일의 시험에 있어 일반적으로 적당한 방법은?
   - ㉮ 네온관 시험기를 사용하고 있다.
   - ㉯ 고주파 코일 시험을 사용하고 있다.
   - ㉰ 오실로스코프 시험을 사용하고 있다.
   - ㉱ 축전기 시험기를 사용하고 있다.
   - ■ 점화 코일의 성능 시험은 불꽃 간극 시험(3 극 침상 시험기) 또는 오실로스코프 시험에 의한다.

10. 다음 중 배전기 어셈블리의 중요한 기능이 아닌 것은?
    - ㉮ 단속 작용
    - ㉯ 점화 작용
    - ㉰ 배전 작용
    - ㉱ 진각 작용
    - ■ 배전기의 3대 작용
      ① 점화 1차 전류를 단속하는 작용을 한다.
      ② 2차 고압 전류를 점화 순서에 따라 각 점화 플러그로 보내는 배전 작용을 한다.

정답 1. ㉯ 2. ㉮ 3. ㉮ 4. ㉮ 5. ㉯ 6. ㉯ 7. ㉰ 8. ㉰ 9. ㉰ 10. ㉯

③ 엔진의 회전수에 따라 점화시기를 진각 또는 지 각시킨다.

11. 4 사이클 가솔린 기관에 있어서 배전기 축이 1,850 rpm 으로 회전하고 있다면 엔진의 회전 속도는 얼마인가?
㉮ 1,850 rpm ㉯ 3,600 rpm
㉰ 3,700 rpm ㉱ 7,400 rpm

12. 점화 스위치의 IG 회로와 연결되지 않는 것은?
㉮ 기동전동기 ㉯ 점화 코일의 1차
㉰ 인젝터 ㉱ 크랭크 앵글 센서

▣ 기동 전동기는 점화 스위치의 ST단자와 연결되어 있다.

13. 자기유도작용과 상호유도작용 원리를 이용한 것은?
㉮ 발전기 ㉯ 점화 코일
㉰ 기동 모터 ㉱ 축전지

14. 축전지의 전압이 12V이고, 권선비가 1:40인 경우 1차 유도 전압이 350V이면 2차 유도전 압은?
㉮ 7000V ㉯ 12000V
㉰ 13000V ㉱ 14000V

▣ $E_2 = \dfrac{N_2}{N_1} \times E_1$
$= 40 \times 350V = 14,000V$

권선비가 나왔으므로 권선비에 1차 전압을 곱해주 면 2차 전압을 구할 수 있다.
E_2 : 2차 코일 전압, E_1 : 1차 코일 전압
N_1 : 1차 코일의 권수, N_2 : 2차 코일의 권수

15. 3300V를 110V로 전압을 강하시킬 때 변압기 의 권선비는?
㉮ 10 : 1 ㉯ 11 : 1
㉰ 30 : 1 ㉱ 33 : 1

▣ 권선비 $= \dfrac{2차 전압}{1차 전압}$
$= \dfrac{3300}{110} = 30 : 1$

16. 다음 중 점화 코일 1차 전류 제어방식이 아닌 것은?
㉮ 접점 방식 ㉯ 트랜지스터 방식
㉰ CDI 방식 ㉱ 핫 와이어 방식

▣ 점화점화 코일 1차 전류 제어 방식에는 단속기 접점 방식, 트랜지스터 방식, 파워 트랜지스터 방식, 축전 기 방전(CDI) 방식 등이 있다.

17. 점화 코일 1차 전류 제어방식 중 TR을 이용하 는 방식의 특징으로 옳은 것은?
㉮ 원심, 진공 진각 기구 사용
㉯ 고속 회전에서 채터링 현상으로 기관 부조 발생
㉰ 노킹이 발생할 때 대응이 불가능함
㉱ 기관 상태에 따른 적절한 점화시기 조절이 가 능하다.

18. 다음 중 점화 플러그에 대한 설명으로 틀린 것은?
㉮ 전극 앞부분의 온도가 950℃이상 되면 자연 발화될 수 있다.
㉯ 전극부의 온도가 450℃이하가 되면 실화가 발생한다.
㉰ 점화 플러그 열 방출이 가장 큰 부분은 단자부 분이다.
㉱ 전극의 온도가 400~600℃인 경우 전극은 자기청정 작용을 한다.

▣ 점화 플러그가 실린더 헤드에 결합되는 셀 부분에서 열 방출이 가장 크다.

19. 점화 플러그에서 자기청정 온도가 정상보다 높아졌을 때 나타날 수 있는 현상은?
㉮ 실화 ㉯ 후화
㉰ 조기 점화 ㉱ 역화

20. 점화 플러그에서 불꽃이 튀지 않는 이유 중 틀린 것은?
㉮ 점화코일 불량 ㉯ 파워 TR 불량
㉰ TPS 불량 ㉱ ECU 불량

21. 다음은 점화 코일의 밸러스트 저항 단선 시 미치는 영향은 어느 것인가?
㉮ 스파크 발생의 역극성

정 답 11. ㉰ 12. ㉮ 13. ㉯ 14. ㉱ 15. ㉰ 16. ㉱ 17. ㉱ 18. ㉰ 19. ㉰ 20. ㉰ 21. ㉰

㉯ 고속 시 엔진 부조
㉰ 시동 불가능
㉱ 스파크 전압의 저하

22. 다음 중 2차 전류(고압 전류)가 흐르지 않는 부품은?
   ㉮ 파워 TR   ㉯ 점화 플러그
   ㉰ 배전기 회전자   ㉱ 점화코일 2차 코일
   ■ 파워 TR은 점화 코일의 1차 전류를 단속한다.

23. 점화 코일의 절연 저항을 시험할 때 가장 적당한 것은?
   ㉮ 진공 시험기   ㉯ 회로 시험기
   ㉰ 메가 옴 시험기   ㉱ 축전지 용량 시험기

24. 점화장치 고전압을 구성하는 것이 아닌 것은?
   ㉮ 배전기   ㉯ 점화 코일
   ㉰ 고압 케이블   ㉱ 다이오드
   ■ 점화장치에서 고전압이 발생하거나 이동하는 것으로 점화 코일, 배전기, 고압케이블, 점화 플러그 등이 있다. 다이오드는 발전기에서 정류 및 축전지에서 발전기로 전류가 역류하는 것을 방지한다.

25. 점화코일의 2차 쪽에서 발생되는 불꽃전압의 크기에 영향을 미치는 요소가 아닌 것은?
   ㉮ 점화플러그의 전극형상
   ㉯ 전극의 간극
   ㉰ 오일 압력
   ㉱ 혼합기 압력

26. 기관의 점화시기 변동 요건이 아닌 것은 어느 것인가?
   ㉮ 기관의 회전수
   ㉯ 기관에 가해진 부하
   ㉰ 사용 연료의 옥탄가
   ㉱ 사용 윤활유

27. 초기 점화시기를 점검할 때 기관의 회전 속도는?
   ㉮ 공전속도   ㉯ 중속
   ㉰ 고속   ㉱ 속도에 관계없다.

28. 기관의 회전 속도가 2500rpm, 연소지연시간이 1/600초라고 하면 연소지연시간 동안에 크랭크축의 회전 각도는?
   ㉮ 20°   ㉯ 25°
   ㉰ 30°   ㉱ 35°
   ■ 크랭크축 회전각도
   $\frac{360}{60} \times R \times T = 6 \times R \times T$
   $= 6 \times 2500 \times 1/600 = 25°$
   R : 회전수   T : 연소지연시간

29. 점화시기를 조정하는 것과 관계없는 것은?
   ㉮ 원심 진각장치   ㉯ 세탄가식
   ㉰ 옥탄 셀렉터식   ㉱ 진공 진각장치

30. 가솔린 엔진에서 점화시기 조정과 관계없는 것은?
   ㉮ 연료의 세탄가   ㉯ 엔진의 부하
   ㉰ 연료의 옥탄가   ㉱ 엔진의 rpm

31. 엔진의 부하에 따라 점화시기를 변화시키는 장치는?
   ㉮ 자동 타이머   ㉯ 회전식 진각기구
   ㉰ 옥탄 셀렉터   ㉱ 진공식 진각기구

32. 점화지연의 원인이 되지 않는 것은?
   ㉮ 내부적 지연   ㉯ 연소적 지연
   ㉰ 전기적 지연   ㉱ 기계적 지연
   ■ 점화 지연의 원인은 기계적 지연, 연소적 지연, 전기적인 지연으로 분류된다.

33. 드웰 태코 테스터기는 무엇을 점검할 때 사용하는가 맞지 않는 것은?
   ㉮ 기관의 회전속도 ㉯ 캠각
   ㉰ 배전기의 저항   ㉱ 드웰 각

34. 점화시기를 점검할 때 사용하는 것은?
   ㉮ 압축계   ㉯ 진공계
   ㉰ 가스 분석기   ㉱ 타이밍 라이트

35. 다음은 점화시기를 점검 조정하기 위해 타이밍 라이트를 기관에 설치 및 작업을 할 때 유의

사항이다. 틀린 것은?
㉮ 회전계를 동시에 사용
㉯ 시험기의 적색 클립은 (+) 축전지 터미널에 연결
㉰ 고압 픽업 리드선을 2번 스파크 플러그에 연결
㉱ 규정된 회전에서 작업
■ 타이밍 라이트(timing light) 사용 시 유의사항
① 타이밍 라이트의 적색 리드선을 축전지의 ⊕ 단자에 흑색 리드선은 ⊖단자에 연결한다.
② 고압 픽업 리드선은 1번 점화(스파크) 플러그 고압 케이블에 연결한다.
③ 청색(녹색) 리드선 클립은 배전기 1차 단자나 점화 코일 ⊖단자에 연결한다.
④ 순간 플래시(flash)식이므로 발광 시간이 짧고, 빛이 매우 강해서 낮에도 사용할 수 있다.
⑤ 누전되거나 플러그에 접촉 시 감전될 우려가 있다.

36. 한 개의 코일에 흐르는 전류를 단속하면 코일에 유도전압이 발생하는 작용은?
㉮ 자력선의 변화작용 ㉯ 상호유도 작용
㉰ 자기유도 작용   ㉱ 배력유도 작용
■ 자기유도 작용이란 하나의 코일에 흐르는 전류를 변화시키면 코일과 교차하는 자력선도 변화되기 때문에 코일에 변화를 방해하는 방향으로 기전력이 발생되는 현상을 자기 유도 작용이라 한다.

37. 보통 엔진의 점화시기 표시는 플라이 휠과 또 어느 곳에 표시되어 있는가?
㉮ 크랭크축 풀리   ㉯ 발전기 풀리
㉰ 배전기   ㉱ 냉각수 펌프 풀리

38. 보통 엔진의 초기 점화시기의 조정은 어떻게 하는가?
㉮ 엔진을 빠른 공전 운전을 하면서 조정한다.
㉯ 엔진을 중속으로 운전하면서 조정한다.
㉰ 엔진을 공회전 시키면서 조정한다.
㉱ 엔진을 고속 운전하면서 조정한다.

39. 점화시기 점검 및 조정에 관한 설명이다. 틀리게 설명한 것은?
㉮ 점화시기가 늦으면 로터 회전 반대 방향으로 배전기를 돌려 맞춘다.
㉯ 점화시기가 빠르면 로터 회전 방향으로 배전기를 돌려 맞춘다.
㉰ 타이밍 라이트를 비추어서 타이밍 마크와 타이밍 지침과의 관계를 본다.
㉱ 점화시기 측정 전에 기관이 정상 운전 온도가 될 때까지 기다릴 필요는 없다.

40. 엔진이 정상으로 회전하는데(크랭킹) 시동이 걸리지 않는 원인 중 틀리는 것은?
㉮ 축전지의 과방전   ㉯ 접점의 소손
㉰ 축전기의 불량   ㉱ 1차 회로의 단선
■ 크랭킹은 되는데 시동되지 않는 원인
① 점화장치가 고장인 경우
② 연료 계통의 고장인 경우
③ 엔진의 압축 압력이 부족할 때
④ 밸브 타이밍이 맞지 않을 때

41. 3극 침상 스파크 시험기로 시험을 할 때 배전기 축의 회전 속도는 얼마로 하는가?
㉮ 1,000rpm   ㉯ 1,200rpm
㉰ 1,600rpm   ㉱ 1,800rpm

42. 배전기 시험기로 시험할 수 없는 것은?
㉮ 캠각   ㉯ 캠의 정확도
㉰ 진공 진각   ㉱ 2차 전압
■ 배전기 테스터의 시험 항목
① 캠각의 테스트
② 배전기 캠의 정밀도 테스트
③ 축전기의 용량, 누설, 직렬 저항 테스트
④ 원심 진각 테스트
⑤ 진공 진각 테스트
⑥ 배전기 접점의 저항 테스트

43. 오실로스코프 테스터기에서 측정할 수 없는 것은?
㉮ 디스트리뷰터의 작용 시험
㉯ 점화 코일의 성능 시험
㉰ 스파크 플러그의 성능 시험
㉱ 기관의 출력 비교 시험
■ 오실로스코프 테스터로 측정하는 항목
① 배전기의 작용 시험
② 점화 코일의 성능 시험
③ 점화 플러그의 성능 시험
④ 콘덴서의 성능 시험

정답 36. ㉰ 37. ㉮ 38. ㉰ 39. ㉱ 40. ㉮ 41. ㉱ 42. ㉱ 43. ㉱

44. 조기 점화의 종류에는 그 원인에 따라 다음과 같이 구분된다. 적당치 않은 것은?
   ㉮ 점화 플러그형 조기 점화
   ㉯ 원심추의 리턴 불량형 조기 점화
   ㉰ 퇴적물형 조기 점화
   ㉱ 실린더형 조기 점화
   ■ 조기 점화는 스파크 플러그에서 불꽃이 발생되기 이전에 다른 열점에 의해서 점화되는 현상으로서 원인은 과열된 배기 밸브, 과열된 점화 플러그의 전극, 퇴적된 카본의 과열 및 원심추의 리턴 불량에 의해 점화시기가 매우 빠를 때 등에 의해서 발생된다.

45. 고주파 억제 장치용 TVRS 케이블의 내부 저항은 얼마인가?
   ㉮ 10KΩ   ㉯ 50KΩ
   ㉰ 100KΩ   ㉱ 200KΩ
   ■ TVRS 케이블은 점화 회로에서 고주파 발생을 방지하기 위해 케이블 전체에 걸쳐 10KΩ의 저항을 둔 케이블이다.

46. 점화 코일 출력 시험을 위하여 작동 중인 기관의 고압 배선을 뽑을 때의 가장 안전한 방법은?
   ㉮ 축전지 터미널 플라이어를 사용한다.
   ㉯ 두꺼운 종이 등으로 감아서 뽑는다.
   ㉰ 손에 장갑을 끼고 살짝 뽑는다.
   ㉱ 합성 수지제의 집게를 사용한다.

47. 점화 플러그의 구조에 대한 설명이다. 틀린 것은?
   ㉮ 절연체의 상부에는 고압 전류의 플래시 오버를 방지하는 리브가 있다.
   ㉯ 절연체는 내열성이 크고 내산성이 크다.
   ㉰ 셀과 절연체 사이에는 동질의 개스킷을 사용해야 한다.
   ㉱ 저속회전 기관에는 열형의 점화 플러그를 사용한다.

48. 점화 플러그에는 절연체 윗부분에 고압 전류의 플래시 오버를 방지하기 위해 무엇을 두고 있나?
   ㉮ 리브   ㉯ 시일
   ㉰ 개스킷   ㉱ 와셔
   ■ 점화 플러그의 절연체는 내열성, 절연성이 높은 자기(ceramic)로 되어 있으며, 온도에 의한 변형이나 기계적 충격에 견디게 되어 있다. 절연체 위쪽에는 고압의 전류에 의해서 발생되는 플래시 오버(flash over)를 방지하기 위해 리브(rib)가 있다.

49. 점화 플러그의 열가에 관한 것이다. 옳은 것은?
   ㉮ 열받는 면적이 작고 방열 경로가 짧은 것이 냉형 플러그다.
   ㉯ 냉형 플러그는 열받는 면적이 크고 방열 경로가 길다.
   ㉰ 일반적으로 열방산이 늦은 것이 냉형이다.
   ㉱ 열 받는 면적이 작고 방열 경로가 긴 것이 열형 플러그다.

50. 점화 플러그의 열 범위(heat range)를 나타내는 기준은?
   ㉮ 점화 플러그의 오손 정도
   ㉯ 점화 플러그 전극의 간극
   ㉰ 점화 플러그의 열 방산 정도
   ㉱ 점화 플러그의 전체 길이

51. 고압축비, 고속 회전 기관에 사용되며 냉각효과가 좋은 점화 플러그는?
   ㉮ 열형   ㉯ 냉형
   ㉰ 고열형   ㉱ 중간형
   ■ 냉형 플러그는 수열 면적이 작고, 방열 경로가 짧게 되어 있어 고압축비, 고속 회전의 기관에 사용된다.

52. 점화 플러그에 카본이 흑색으로 부착되어 있었다. 안전한 정비 방법은?
   ㉮ 청소만 하면 된다.
   ㉯ 열형 플러그로 교환한다.
   ㉰ 냉형 플러그로 교환한다.
   ㉱ 플러그 갭을 조정한다.
   ■ 점화 플러그의 중심 전극 부분의 절연체에 흑색인 경우는 냉각이 너무 많이 되기 때문에 자기 청정 온도를 유지하지 못하여 발생되는 현상으로 냉각 효과가 적은 열형 플러그로 교환하여야 한다. 또한 붉은 색인 경우는 냉각 효과가 부족하여 발생되는 현상으로 냉각 효과가 큰 냉형 플러그로 교환하여야 한다.

정 답 44. ㉱ 45. ㉮ 46. ㉱ 47. ㉰ 48. ㉮ 49. ㉮ 50. ㉰ 51. ㉯ 52. ㉯

53. 점화 플러그의 간극을 조정하려고 한다. 가장 안전한 방법은?
   ㉮ 두 전극을 모두 구부려 조정해야 한다.
   ㉯ 중심 전극을 구부려 조정해야 한다.
   ㉰ 접지 전극을 구부려 조정해야 한다.
   ㉱ 규정값보다 적게 조정해야 한다.

54. 점화 플러그의 자기 청정 온도로 가장 알맞은 것은?
   ㉮ 250 ~ 300℃   ㉯ 450 ~ 600℃
   ㉰ 850 ~ 950℃   ㉱ 1,000 ~ 1,250℃

55. 점화 플러그 조기 점화 온도 범위에 속하는 것은?
   ㉮ 300 ~ 400℃   ㉯ 400 ~ 600℃
   ㉰ 500 ~ 700℃   ㉱ 880 ~ 1,000℃
   ■ 점화 플러그는 엔진이 작동되는 동안 전극의 온도는 450~600℃를 유지하여야 한다. 전극 부분의 온도가 700~800℃에 이르면 조기 점화를 일으켜 출력이 저하되고 400℃ 이하이면 연소 시에 생성되는 카본이 전극 부분에 부착되기 때문에 절연성이 저하되어 불꽃 방전이 약해 실화가 발생.

56. 점화 플러그가 자기 청정 온도 이하가 되면 어떤 현상이 생기는가?
   ㉮ 조기 점화   ㉯ 후화
   ㉰ 실화   ㉱ 역화

57. 다음 중 점화 플러그의 나사 직경이 아닌 것은?
   ㉮ 12mm   ㉯ 14mm
   ㉰ 16mm   ㉱ 18mm
   ■ 점화 플러그의 나사 직경
     ① A형 플러그 : 18 mm(3.0 ~ 4.0 kgf-m)
     ② B형 플러그 : 14 mm(2.0 ~ 2.5 kgf-m)
     ③ C형 플러그 : 10 mm(1.0 ~ 1.5 kgf-m)
     ④ D형 플러그 : 12 mm(1.5 ~ 2.0 kgf-m)

58. 점화 플러그에 들어 있는 저항의 크기는 어느 정도인가?
   ㉮ 10 Ω 정도   ㉯ 100 Ω 정도
   ㉰ 1,000 Ω 정도 ㉱ 10,000 Ω 정도

■ 점화 플러그의 불꽃은 1차 전류의 차단과 동시에 발생되는 용량 불꽃과 축전기 방전에 의해서 발생되는 유도 불꽃으로 되어 있으며, 유도 불꽃은 축전기의 방전에 의해서 발생되는 불꽃으로 용량 불꽃 기간보다 길기 때문에 전파 간섭을 한다. 따라서 전파의 간섭을 방지하기 위하여 중심 전극에 10,000Ω 정도의 저항이 들어 있는 플러그를 저항 플러그라 한다.

59. 점화 플러그 시험에 들지 않는 것은?
   ㉮ 기밀 시험   ㉯ 불꽃 시험
   ㉰ 절연 시험   ㉱ 용량 시험

60. 점화 플러그 청소기를 사용할 때 보안경을 쓰는 이유는?
   ㉮ 빛이 자주 깜박거리기 때문에
   ㉯ 빛이 너무 밝기 때문에
   ㉰ 빛이 너무 세기 때문에
   ㉱ 모래알이 눈에 들어가기 때문에
   ■ 점화 플러그 청소기는 압축 공기를 이용하여 모래를 분출시켜 청소하기 때문에 눈을 보호하기 위하여 보안경을 착용하여야 한다.

61. 수랭식 4사이클 기관의 점화 플러그 취급 방법으로 다음 중 가장 옳은 것은?
   ㉮ 3,000~5,000 km 주행 후 청소, 20,000 km 주행 후 교환
   ㉯ 7,000~9,000 km 주행 후 청소, 20,000 km 주행 후 교환
   ㉰ 6,500~9,500 km 주행 후 청소, 18,000 km 주행 후 교환
   ㉱ 10,000~15,000km 주행 후 청소, 25,000 km 주행 후 교환
   ■ 점화 플러그는 4,500 ~ 8,000 km 주행 후 플러그를 빼내어 청소한 다음 내부 절연체의 오손 정도, 전극의 마멸 등을 점검하고 간극을 재조정하여야 하며, 약 20,000km 주행마다 새 것으로 교환하여야 한다.

62. 자기유도 작용과 상호유도 작용 원리를 이용한 것은? (2015)
   ㉮ 발전기   ㉯ 점화코일
   ㉰ 기동 모터 ㉱ 축전지

정 답 53. ㉰ 54. ㉯ 55. ㉱ 56. ㉰ 57. ㉰ 58. ㉱ 59. ㉱ 60. ㉱ 61. ㉮ 62. ㉯

63. 점화 플러그에서 불꽃이 발생하지 않는 원인 설명 중 틀린 것은?
   ㉮ 점화 코일 불량　㉯ 단속기 접점 불량
   ㉰ 고압 케이블 불량　㉱ 밸브간극 불량
   ■ 점화 플러그에서 불꽃이 발생되지 않는 원인
   ① 점화 코일이 불량할 때
   ② 단속기 접점이 불량할 때
   ③ 고압 케이블이 불량할 때
   ④ 1차 회로가 불량할 때

64. 다음 그림은 점화 1차 회로의 회로도이다. 그림 중 점화 1차 파형을 측정할 가장 좋은 장소는?
   ㉮ A 점
   ㉯ B 점
   ㉰ C 점
   ㉱ D 점

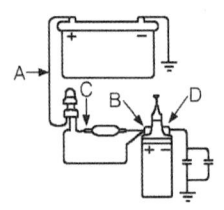

   ■ 점화 1차 파형을 측정하기 위해서는 오실로스코프 테스터나 엔진 종합 테스터를 사용하여야 하며, 배선은 점화 코일 ⊖단자에 연결하여 스크린에 나타나는 파형을 보고 단속기와 콘덴서의 상태, 점화 코일의 상태, 캠각 등을 점검한다.

65. 축전지 전압이 13.8 V 이다. 점화 코일의 1차 유도 전압이 350 V, 2차 상호 유도 전압을 17,500 V 로 상승시키려면 권수비는?
   ㉮ 1 : 35　㉯ 1 : 40
   ㉰ 1 : 45　㉱ 1 : 50
   ■ $N = \dfrac{E_2}{E_1} = \dfrac{17,500}{350} = 50$
   N : 권수비, E_1 : 1차 유도 전압(V)
   E_2 : 2차 유도 전압(V)

66. 1차와 2차의 권수비가 60 : 1의 변압기에서 2차 부하 전류가 180A이면 1차 전류는 몇 A 인가?
   ㉮ $\dfrac{1}{2}$ A　㉯ $\dfrac{1}{3}$ A
   ㉰ 2 A　㉱ 3 A
   ■ $A_1 = \dfrac{A_2}{N} = \dfrac{180}{60} = 3A$
   N : 권수비, A_1 : 1차 부하 전류
   A_2 : 2차 부하 전류

67. 자기 인덕턴스 0.5H의 코일 전류가 0.1초간에 1A 변화하려면 몇 V의 유도 기전력이 발생하는가?
   ㉮ 0.05 V　㉯ 0.06 V
   ㉰ 5 V　㉱ 6 V
   ■ $V = i \times \dfrac{D_i}{D_t} = 0.5 \times \dfrac{1}{0.1} = 5V$
   i : 권수비, Di : 1차 부하 전류(A)
   Dt : 2차 부하 전류(A), V : 유도 기전력(V)

68. 자기유도작용과 상호유도작용 원리를 이용한 것은?
   ㉮ 발전기　㉯ 점화 코일
   ㉰ 기동 모터　㉱ 축전지

69. 하나의 전기 회로에 자력선의 변화가 생겼을 때 그 변화를 방해하려고 다른 전기 회로에 기전력이 발생되는 현상을 무엇이라 하는가?
   ㉮ 히스테리시스 작용
   ㉯ 자기유도 작용
   ㉰ 상호유도 작용
   ㉱ 전자유도 작용

70. 다음 점화코일의 성능 상 중요한 특성으로 가장 관계가 먼 것은?
   ㉮ 속도 특성　㉯ 온도 특성
   ㉰ 점화 특성　㉱ 절연 특성
   ■ 점화코일의 성능 상 중요한 특성으로 속도 특성, 온도 특성, 절연 특성 등이 있다.

정 답　63. ㉱　64. ㉱　65. ㉱　66. ㉱　67. ㉰　68. ㉯　69. ㉰　70. ㉰

전자제어 점화장치

1. 트랜지스터 점화법의 장점이 아닌 것은?
   ㉮ 점화 코일의 권수를 적게 할 수 있다.
   ㉯ 콘덴서를 설치하지 않아도 지장이 없다.
   ㉰ 저속시의 2차 발생 전압의 저하가 일어나지 않는다.
   ㉱ 고속 운전시의 차단 전류의 감소가 크다.
   ■ 트랜지스터 점화장치의 장점
      ① 저속 및 고속 성능이 안정된다.
      ② 신뢰성이 향상된다.
      ③ 불꽃 에너지가 증가되어 착화성이 향상된다.

2. 컴퓨터 제어 점화장치의 장점이 아닌 것은?
   ㉮ 엔진 상태를 감지하여 최적의 점화시기를 자동으로 조절한다.
   ㉯ 노킹 발생 시 점화시기를 자동으로 빠르게 하여 노킹 발생을 억제한다.
   ㉰ 접점이 없으므로 저속, 고속에서 탁월하게 안정된 불꽃을 얻을 수 있다.
   ㉱ 고출력 점화 코일의 사용으로 완벽한 연소가 가능하다.

3. 파워 트랜지스터에 대한 내용 중 틀린 것은?
   ㉮ 파워 TR의 이미터는 접지되어 있다.
   ㉯ 파워 TR의 컬렉터는 점화 코일의 ⊖ 단자와 연결되어 있다.
   ㉰ 파워 TR의 베이스는 ECU에 연결되어 있다.
   ㉱ 파워 TR은 PNP 형이다.

4. 전자 제어 엔진의 점화장치에서 1차 전류를 단속하는 부품 명칭은?
   ㉮ 파워 TR   ㉯ 포인트 기구
   ㉰ 점화 스위치   ㉱ 점화 코일

5. 점화장치에서 DLI 방식의 특징들을 열거한 것 중 틀린 것은?
   ㉮ 배전기에 의한 누전이 없다.
   ㉯ 배전기 방식에 비해 내구성이 떨어지는 부품이 많아 신뢰성이 없다.
   ㉰ 배전기가 없기 때문에 로터와 접지간극 사이의 고압 에너지 손실이 적다.
   ㉱ 배전기 캡에서 발생하는 전파 잡음이 없다.
   ■ DLI 점화방식의 특징
      ① 실린더 별 점화시기 제어가 가능하다.
      ② 범위 제한이 없이 진각이 이루어지고 내구성이 크다.
      ③ 고전압 감소되어도 유효 에너지의 감소가 없기 때문에 실화가 적게 발생된다.
      ④ 정전류 제어 방식으로 엔진의 회전 속도에 관계 없이 2차 전압이 우수하다.
      ⑤ 전자적으로 진각시키므로 점화시기가 정확하고 점화 성능이 우수하다.

6. 전자 점화 진각장치(ESA 시스템)에서 점화 코일의 1차 전류를 단속하는 장치는?
   ㉮ 단속기 접점   ㉯ 콘덴서
   ㉰ 파워 트랜지스터   ㉱ 픽업 코일

7. 전자제어 점화장치 시스템에서 점화시기를 제어하는 순서는?
   ㉮ 각종 센서 - ECU - 파워 트랜지스터 - 점화 코일
   ㉯ 각종 센서 - ECU - 점화 코일 - 파워 트랜지스터
   ㉰ 파워 트랜지스터 - 점화 코일 - ECU - 각종 센서
   ㉱ 파워 트랜지스터 - ECU - 각종 센서 - 점화 코일

8. 파워 TR에 대한 설명 중 틀린 것은?
   ㉮ 입력 신호는 ECU에서 받는다.
   ㉯ 점화 코일 1차 전류를 ON, OFF시킨다.
   ㉰ 점화시기 제어 역할을 한다.
   ㉱ 도통시험은 12V 축전지를 이용하여 베이스와 이미터 사이에서 측정한다.

9. 전 트랜지스터 점화장치에서 점화 신호 발생기구의 구조에 속하지 않는 것은?
   ㉮ 자석   ㉯ 캠
   ㉰ 타이밍 로터   ㉱ 픽업 코일

정답 1. ㉱ 2. ㉯ 3. ㉱ 4. ㉮ 5. ㉯ 6. ㉰ 7. ㉮ 8. ㉱ 9. ㉯

10. 다음에서 무접점식 점화장치의 배전기 구성 부품은 어느 것인가?
    - ㉮ 타이밍 로터
    - ㉯ 포인트
    - ㉰ 콘덴서
    - ㉱ 캠

11. 다음 중 디스트리뷰터 내에 설치된 크랭크각 센서의 구성 요소가 아닌 것은?
    - ㉮ 포토 다이오드
    - ㉯ 디스크
    - ㉰ 발광 다이오드
    - ㉱ 픽업 코일

12. 전자 제어 연료 분사장치에 사용되는 크랭크각(crank angle) 센서의 기능을 옳게 설명한 것은?
    - ㉮ 엔진 회전수 및 크랭크 샤프트의 위치를 검출한다.
    - ㉯ 엔진 회전수만 검출한다.
    - ㉰ 크랭크 샤프트의 위치만 검출한다.
    - ㉱ 1번 실린더가 압축 상사점에 있는 상태를 검출한다.

13. 크랭크각 센서는 다음 중 어디에 설치되어 있는가?
    - ㉮ 스로틀 보디
    - ㉯ 서지 탱크
    - ㉰ 연료 펌프
    - ㉱ 배전기

14. 전자식 점화장치에 입력되는 신호가 아닌 것은?
    - ㉮ 엔진 회전속도 센서
    - ㉯ 엔진 냉각수온 센서
    - ㉰ 흡기온 센서
    - ㉱ 산소 센서

15. 전자 제어 기관의 점화장치에서 진각을 하기 위한 정보를 제공하는 것이 아닌 것은?
    - ㉮ 스로틀 밸브 위치
    - ㉯ 흡입공기 온도
    - ㉰ 냉각수 온도
    - ㉱ 연료 분사량
    - ■ 전자식 점화장치에 입력되는 신호는 냉각수 온도 센서, 대기압 센서, 배터리 전압, 스로틀 위치 센서, 공기 유량 센서, 크랭킹 신호, 크랭크각 센서, 흡기온도 등에서 입력되는 신호를 기준으로 하여 점화시기를 조절한다.

16. 전자 제어장치에서 점화시기 변화를 주는 항목이 아닌 것은?
    - ㉮ 대기압 센서
    - ㉯ 엔진 회전수
    - ㉰ 냉각수 온도 센서
    - ㉱ 2차 코일 저항값

17. 전자 점화시기 조정 차량들은 점화시기 조정 시 점검 단자를 접지시킨다. 이러한 이유로 적당한 것은?
    - ㉮ 자기진단 내용을 보면서 점화시기를 조정하기 위해
    - ㉯ 컴퓨터의 점화시기 진각 보정을 차단하기 위해
    - ㉰ 엔진을 공회전 상태로 유지하기 위해
    - ㉱ 연료 압력을 규정값으로 하기 위해
    - ■ 전자 점화시기 조정 차량에서 점화시기를 조정할 때 점검 단자를 접지시키는 이유는 컴퓨터의 점화시기 진각 보정을 차단하기 위해서이다.

18. 다음 중 점화, 분사 시기 제어에 대한 기준 신호를 제공하는 센서는?
    - ㉮ 크랭크각 센서
    - ㉯ O_2 센서
    - ㉰ 스로틀포지션 센서
    - ㉱ 에어 플로우 센서

19. DIS 점화장치의 특징 중 틀린 것은?
    - ㉮ 배전기 캡에서 발생하는 전파 잡음이 없다.
    - ㉯ 배전기 로터와 캡 전극 사이의 고 전압 에너지 손실이 없다.
    - ㉰ 배전기에 의한 배전 누전이 없다.
    - ㉱ 배전기가 없으므로 타이밍 진각을 할 수 없다.
    - ■ DIS(distributaries ignition system)의 특징
        ① 배전기에서의 배전 누전이 없다.
        ② 점화 진각 폭의 제한이 없다.
        ③ 고 전압 출력을 감소시켜도 방전 유효 에너지 감소가 없다.
        ④ 내구성이 크고 전파 방해가 없어 다른 전자 제어 장치에도 유리하다.
        ⑤ 배전기 캡에서 발생하는 전파 잡음이 없다.
        ⑥ 로터와 배전기 캡 전극 사이의 고 전압 에너지 손실이 적다.

20. 전자 배전 점화장치(DLI)의 특징에 해당되지 않는 것은?
    - ㉮ 진각 폭의 제한을 받는다.
    - ㉯ 전파 방해가 적다
    - ㉰ 고압 에너지의 손실이 적다.
    - ㉱ 배전 누전이 적다.

정답 10. ㉮ 11. ㉱ 12. ㉮ 13. ㉱ 14. ㉱ 15. ㉱ 16. ㉱ 17. ㉯ 18. ㉮ 19. ㉱ 20. ㉮

21. 전자제어 점화장치에서 전자제어 모듈(ECM)에 입력되는 정보로 거리가 먼 것은?
   ㉮ 대기압 센서
   ㉯ 흡기매니폴드 압력센서
   ㉰ 엔진오일 압력센서
   ㉱ 수온 센서

22. HEI 코일(폐자로형 코일)에 대한 설명 중 틀린 것은?
   ㉮ 유도작용에 의해 생성되는 자속이 외부로 방출되지 않는다. 코일 분배방식과 다이오드 분배방식이 있다.
   ㉯ 1차 코일을 굵게 하면 큰 전류가 통과할 수 있다.
   ㉰ 1차 코일과 2차 코일은 연결되어 있다.
   ㉱ 코일 방열을 위해 내부에 절연유가 들어 있다.

23. 가솔린 기관에서 DLI 장치의 단점은?
   ㉮ 전파 잡음 저감   ㉯ 점화 진각 범위 확산
   ㉰ 신뢰성 강화   ㉱ 센서 추가 필요

24. 전자 배전 점화장치(DLI)의 내용으로 틀린 것은?
   ㉮ 코일 분배방식과 다이오드 분배방식이 있다.
   ㉯ 독립점화방식과 동시점화방식이 있다.
   ㉰ 배전기 내부 전극이 에어 갭 조정이 불량하면 에너지 손실이 생긴다.
   ㉱ 기통 판별 센서가 필요하다.

25. 파워 트랜지스터에서 접지되는 단자는 어떤 단자인가?
   ㉮ 트랜지스터 몸체   ㉯ 이미터
   ㉰ 컬렉터   ㉱ 베이스
   ■ 파워 트랜지스터(파워 TR)
     ① ECU의 제어 신호에 의해서 점화 코일의 1차 전류를 단속하는 역할을 한다.
     ② 베이스(B): ECU에 접속되어 컬렉터 전류를 단속한다.
     ③ 컬렉터(C): 점화코일 ⊖단자에 접속되어 있다.
     ④ 이미터(E): 차체에 접지되어 있다.
     ⑤ 트랜지스터(NPN형)에서 점화 코일 1차 전류는 컬렉터에서 이미터로 흐른다.

26. 고에너지 점화장치(HEI)의 특징이라고 할 수 없는 것은?
   ㉮ 내열성이 우수하다.
   ㉯ 점화코일이 필요없다.
   ㉰ 진공진각 장치가 필요 없다.
   ㉱ 점화진각 작용은 ECU가 조정한다.
   ■ 전자제어 점화장치의 특징
     ① 저속·고속 성능이 향상된다.
     ② 진각 장치가 컴퓨터에 의해 자동 제어된다.
     ③ 접점이 없기 때문에 불꽃을 강하게 하여 착화성이 향상된다.
     ④ 기관의 상태를 검출하여 최적의 점화시기를 ECU가 조절한다.
     ⑤ 폐자로형 점화 코일을 사용하므로 완전 연소가 가능하다.
     ⑥ 노킹 발생 시 점화시기를 ECU가 조절하여 노킹을 제어한다.

27. 전자제어 기관의 점화장치에서 1차 전류를 증폭하는 부품은?
   ㉮ 다이오드   ㉯ 점화스위치
   ㉰ 파워 트랜지스터   ㉱ 컨트롤 릴레이
   ■ 파워 트랜지스터는 ECU의 신호로 1차 전류를 단속시켜 점화코일의 2차 코일에서 고전압이 발생되도록 하는 스위칭 작용을 한다.

28. 컴퓨터 제어 점화시기 조정 장치에서 점화시기는 다음과 같은 센서에서의 신호에 의해 제어된다. 관계없는 것은?
   ㉮ 산소 센서   ㉯ 대기압 센서
   ㉰ 크랭크각 센서   ㉱ 냉각수 온도 센서
   ■ 산소 센서(O_2 센서)
     ① 배기가스 중에 산소 농도를 검출하여 피드백의 기준신호를 ECU에 입력시키는 역할을 한다.
     ② 혼합비가 희박할 때는 0.1V가 발생하고, 혼합비가 농후할 때는 0.9V가 발생한다.

29. 트랜지스터 점화장치의 특징 중 옳지 않은 것은?
   ㉮ 불꽃 에너지가 감소되어 착화성이 향상된다.
   ㉯ 고속 성능이 안정된다.
   ㉰ 신뢰성이 향상된다.
   ㉱ 저속 성능이 안정된다.

■ 트랜지스터 점화장치의 장점
 ① 콘덴서를 설치하지 않아도 지장이 없다.
 ② 저속 시의 2차 발생 전압의 저하가 일어나지 않는다.
 ③ 점화 코일의 권수를 적게 할 수 있다.
 ④ 불꽃 에너지가 증가되어 착화성이 향상된다.

30. 트랜지스터(NPN형)에서 점화코일 1차 전류는 어느 쪽으로 흐르는가?
 ㉮ 이미터에서 컬렉터로
 ㉯ 베이스에서 컬렉터로
 ㉰ 컬렉터에서 베이스로
 ㉱ 컬렉터에서 이미터로
 ■ 트랜지스터(NPN형)에서 점화코일 1차 전류는 컬렉터에서 이미터로 흐른다.

31. 전자제어 점화장치에서 파워 TR이 ECU와 연결되는 단자는?
 ㉮ 이미터   ㉯ 베이스
 ㉰ 컬렉터   ㉱ 애노드
 ■ 베이스(B)는 ECU에 접속되어 컬렉터 전류를 단속한다.

32. 점화장치의 파워 트랜지스터가 비정상 시 발생되는 현상이 아닌 것은?
 ㉮ 엔진 시동이 어렵다.
 ㉯ 연료 소모가 많다.
 ㉰ 주행 시 가속력이 떨어진다.
 ㉱ 크랭킹이 안 된다.
 ■ 파워 TR이 불량 시 발생되는 현상
  ① 크랭킹은 가능하다.
  ② 기관 시동 성능이 불량하다.(시동이 어렵다.)
  ③ 공회전 상태에서 기관 부조현상이 발생한다.
  ④ 심하면 시동이 안 되는 현상이 발생한다.
  ⑤ 연료 소모가 많다.
  ⑥ 주행 시 가속력이 떨어진다.

33. 파워 TR을 통전시험으로 단품점검 시 가장 적합한 계기장치는?
 ㉮ 멀티 메터(아날로그식)
 ㉯ 오실로스코프
 ㉰ 기관 자기진단기
 ㉱ 배선을 쇼트 시키면서 점검
 ■ 파워 TR을 통전시험 할 때는 아날로그 멀티미터(회로시험기)를 사용한다.

34. HEI코일(폐자로형 코일)에 대한 설명 중 틀린 것은?
 ㉮ 유도작용에 의해 생성되는 자속이 외부로 방출되지 않는다.
 ㉯ 1차 코일을 굵게 하면 큰 전류가 통과할 수 있다.
 ㉰ 1차 코일과 2차 코일은 연결되어 있다.
 ㉱ 코일 방열을 위해 내부에 절연유가 들어 있다.
 ■ 폐자로형 코일에는 코일 방열을 위해 내부에 절연유가 들어 있지 않다.(개자로형에 들어 있다.)

35. 크랭크각 센서의 설명으로 틀린 것은?
 ㉮ 기관 회전수와 크랭크축의 위치를 감지한다.
 ㉯ 기본 연료 분사량과 기본 점화시기에 영향을 준다.
 ㉰ 고장 발생 시 곧바로 엔진이 정지된다.
 ㉱ 고장 발생 시 대체 센서값을 이용한다.

36. 엔진을 크랭킹 할 때 가장 기본적으로 작동되어야 하는 센서는?
 ㉮ 크랭크각 센서   ㉯ 수온 센서
 ㉰ 산소 센서   ㉱ 대기압 센서
 ■ 엔진을 크랭킹 할 때 가장 기본적으로 작동되어야 하는 센서는 크랭크각 센서이다.

37. DLI(무배전기 점화) 방식의 종류에 해당되지 않는 것은?
 ㉮ 독립 점화형 전자 배전 방식
 ㉯ 동시 점화형 코일 분배 방식
 ㉰ 동시 점화형 다이오드 분배 방식
 ㉱ 로터 접점형 배전 방식
 ■ DLI(무배전기 점화) 방식의 종류에는 독립 점화형 전자 배전 방식, 동시 점화형 코일 분배 방식, 동시 점화형 다이오드 분배 방식 등이 있다.

38. 전자제어 점화장치에서 크랭킹 중에 고정 점화시기는?
 ㉮ BTDC 0°   ㉯ BTDC 5°
 ㉰ ATDC 12°   ㉱ BTDC 15°

정답 30. ㉱ 31. ㉯ 32. ㉮ 33. ㉮ 34. ㉱ 35. ㉱ 36. ㉮ 37. ㉱ 38. ㉯

39. 기관이 회전할 때 TDC와 TDC 사이의 소요되는 시간으로부터 회전수를 계산하는데 사용하는 센서는?
   ㉮ 스로틀 포지션 센서
   ㉯ 맵 센서
   ㉰ 크랭크각 센서
   ㉱ 노크 센서

40. 트랜지스터식 점화장치의 점화 신호로 쓰이는 크랭크각 센서 종류가 아닌 것은?
   ㉮ 유도형 크랭크각 센서
   ㉯ 광학형 크랭크각 센서
   ㉰ 홀 센서형 크랭크각 센서
   ㉱ 전류 차단형 크랭크각 센서

41. 다음 중 직접 점화장치(Direct Ignition System)의 구성요소와 관계없는 것은?
   ㉮ E.C.U   ㉯ 배전기
   ㉰ 이그니션 코일   ㉱ 점화플러그
   ■ 각 실린더마다 1개의 점화 코일과 1개의 점화 플러그가 연결되어 직접 점화시키는 방식이며, 실린더 수 만큼 점화코일이 필요하다.

충전 장치

1. 발전기는 어떤 축에 의해 구동되는가?
   ㉮ 스로틀 축   ㉯ 캠 축
   ㉰ 크랭크축   ㉱ 변속기 출력축
   ■ 발전기 풀리와 크랭크축 풀리에 구동 벨트를 연결하여 크랭크축이 회전하면 발전기가 회전하여 축전지의 충전 및 전기장치에 전기를 공급한다.

2. 발전기에서 타려자식과 자려자식의 방법 중 틀린 것은?
   ㉮ 자려자식은 DC에 사용한다.
   ㉯ 타려자식은 DC에 사용한다.
   ㉰ 타려자식은 AC에 사용한다.
   ㉱ AC 발전기는 극성을 주지 않는다.

3. 직류 발전기에서 전기자 코일과 계자 코일은 어느 것으로 결선 되어 있는가?
   ㉮ 혼합으로 결선   ㉯ 병렬로 결선
   ㉰ 직렬로 결선   ㉱ 일렬로 결선

4. 직류 발전기에서 전기자 코일과 계자 코일은 다음 중 어느 것에 해당하는가?
   ㉮ 혼합으로 결선한 것을 분권기라고 한다.
   ㉯ 병렬로 결선한 것을 분권기라고 한다.
   ㉰ 직렬로 결선한 것을 분권기라고 한다.
   ㉱ 직·병렬로 결선한 것을 분권기라고 한다.

5. 자동차용에서 충전용 직류 발전기에는 어떤 식이 가장 많이 사용되는가?
   ㉮ 복권식   ㉯ 분권식
   ㉰ 직권식   ㉱ 차동식

6. 직류 발전기가 처음 회전할 때는 무엇에 의해서 발전되나?
   ㉮ 아마추어 전류   ㉯ 계자 전류
   ㉰ 축전지 전류   ㉱ 잔류 자기
   ■ 직류 발전기 계자에는 출력을 제어하여야 할 필요 때문에 자려자식 분권 발전기가 사용된다. 직류 발전기는 발전기 자신의 전기자 코일에 발생된 전류의 일부를 계자 코일에 흐르게 하여 계자 철심을 자화시킨다 직류 발진기는 처음 회전될 때에는 계자 철심에 남아 있는 잔류 자기에 의해 발전이 된다.

7. 자동차용 발전기에 활용되는 유도 전압에 대한 설명 중 틀리는 것은?
   ㉮ 유도 전압의 방향은 운동 방향에 따라 변화한다.
   ㉯ 유도 전압의 방향은 자장의 방향에 따라 변화한다.
   ㉰ 고정된 코일 주위의 자속이 변할 때는 코일에는 전압이 유도되지 않는다.
   ㉱ 유도 전압은 도체의 운동 속도에 비례한다.

8. 분권 발전기에서 전압을 조정하기 위하여 무엇을 변화시키는가?
   ㉮ 전기자 전압   ㉯ 축전지 전압
   ㉰ 계자 전류   ㉱ 전기자 전류

정답 39. ㉰ 40. ㉱ 41. ㉯   1. ㉰ 2. ㉯ 3. ㉯ 4. ㉯ 5. ㉯ 6. ㉱ 7. ㉰ 8. ㉰

■ 직류 발전기의 발생 전압을 조정하는 것은 계자 코일에 흐르는 여자 전류를 가감하여 발생 전압이 조정되며, 교류 발전기는 로터 전류를 가감하여 발생 전압을 조정한다.

9. 전압 조정기는 저항을 어디에 넣어 조정하나?
- ㉮ 브러시와 출력축
- ㉯ 계자 코일과 축전지
- ㉰ 아마추어 코일과 축전지 사이에
- ㉱ 충전 회로

10. 플레밍의 오른손 법칙과 관계있는 것은?
- ㉮ 기동 전동기
- ㉯ 전류계
- ㉰ 전압계
- ㉱ 발전기

■ 플레밍의 오른손 법칙을 이용한 것이며, 플레밍의 왼손 법칙을 이용한 장치는 기동 전동기, 전류계, 전압계 등이 있다.

11. 자동차 전기장치에서 "유도 기전력은 코일내의 자속의 변화를 방해하는 방향으로 생긴다."는 현상을 설명한 것은? (2015)
- ㉮ 앙페르의 법칙
- ㉯ 키르히호프의 제1법칙
- ㉰ 뉴턴의 제1법칙
- ㉱ 렌츠의 법칙

12. AC 발전기에서 틀린 것은?
- ㉮ 직류 발전기와 같이 정류자가 없으므로 브러시의 마멸이 적다.
- ㉯ 소형, 경량이고 고속 회전이 가능하다.
- ㉰ 저속시 발전 성능이 좋고 공회전 때에도 충전이 가능하다.
- ㉱ 전압 조정기, 전류 조정기, 컷아웃 릴레이 등이 함께 설치되어 있다.

13. 교류 발전기의 특징이다. 틀린 것은?
- ㉮ 기관이 공회전시에도 충전이 된다.
- ㉯ 전류 조정기만 있으면 된다.
- ㉰ 가볍고 잡음이 적다.
- ㉱ 브러시의 수명이 길다.

14. 교류 발전기에서 3개의 코일을 접속하여 3개의 선을 끌어내는 방법의 종류 중 틀린 것은?
- ㉮ Y 결선
- ㉯ 델타 결선
- ㉰ 스타 결선
- ㉱ 삼상 결선

15. 자동차의 교류 발전기에서 브러시와 슬립링이 하는 역할은?
- ㉮ 로터 코일에 전원을 연결시킨다.
- ㉯ 충전 경고등을 점등시킨다.
- ㉰ 다이오드의 소손을 방지한다.
- ㉱ 발전 전류를 충전시킨다.

16. 충전용 3상 교류 발전기에서 전류가 발생하는 곳은?
- ㉮ 스테이터 코일
- ㉯ 로터 코일
- ㉰ 필드 코일
- ㉱ 아마추어 코일

17. 교류 발전기에서는 도체를 고정하고 무엇을 회전시켜 전류를 발생시키는가?
- ㉮ 부도체
- ㉯ 바이트
- ㉰ 로터
- ㉱ 반도체

18. 다음 중 DC 발전기의 계자 코일과 계자 철심에 상당하며 자속을 만드는 것을 AC 발전기에서는 무엇이라 하는가?
- ㉮ 로터
- ㉯ 전기자
- ㉰ 정류기
- ㉱ 스테이터

■ 로터(회전자)
  ㉮ 직류 발전기의 계자 코일과 계자 철심에 해당하는 것으로 회전하며, 자속을 형성한다.
  ㉯ 로터 철심, 로터 코일, 로터 축, 슬립 링 등으로 구성되어 있다.
  ㉰ 교류 발전기에서 브러시와 슬립 링은 로터 코일을 자화시킨다.
  ㉱ 크랭크축 풀리와 벨트로 연결되어 회전한다.

19. AC 충전장치의 AC 발전기에서 DC 발전기의 전기자에 해당하는 것은?
- ㉮ 스테이터
- ㉯ 로터
- ㉰ 시일드
- ㉱ 다이오드

■ DC 발전기의 구성
  ① 전기자(아마추어) : 계자 내에서 회전되어 교류 전류를 발생한다.
  ② 정류자(코뮤테이터) : 전기자의 교류 전류를 브러시를 통하여 직류 전류로 정류한다.

정답 9. ㉯ 10. ㉱ 11. ㉱ 12. ㉱ 13. ㉯ 14. ㉱ 15. ㉮ 16. ㉮ 17. ㉰ 18. ㉮ 19. ㉮

③ 계자 철심(필드 코어) : 계자 코일에 전류가 흐르면 강력한 전자석이 되어 자계를 형성한다.
④ 계자 코일(필드 코일) : 전류가 흐르면 계자 철심을 자화한다.
⑤ 계자 코일과 전기자 코일은 병렬로 연결되어 있다.

20. AC 발전기에서 스테이터는 DC 발전기의 무엇에 해당하는가?
㉮ 전류기   ㉯ 로터
㉰ 전기자   ㉱ 계자 코일

21. 다음에서 AC 발전기와 가장 밀접한 관계가 있는 것은?
㉮ 오버런닝 클러치   ㉯ 코뮤테이터
㉰ 슬립 링   ㉱ 정류자

22. AC 발전기의 스테이터 코일과 로터 코일 등은 무엇으로 닦는 것이 가장 좋은가?
㉮ 헝겊   ㉯ 가솔린
㉰ 경유   ㉱ 솔벤트
■ 절연부분을 손상되지 않게 헝겊으로 닦는다.

23. 교류발전기에서 다이오드가 하는 역할은?
㉮ 교류를 정류하고 역류를 방지한다.
㉯ 교류를 정류하고 전류를 조정한다.
㉰ 전압을 조성하고 교류를 정류한다.
㉱ 여자 전류를 조정하고 역류를 방지한다.
■ 교류발전기에서 다이오드는 교류를 정류하고 전압이 낮을 때 축전지에서 발전기로 전류가 역류하는 것을 방지하고 있다.

24. 자동차용 AC 발전기에 사용되는 다이오드 수는?
㉮ 2개   ㉯ 3개
㉰ 4개   ㉱ 6개
■ 실리콘 다이오드는 6개(⊕ 3개, ⊖ 3개)로 서로 다른 극성을 가지고 있으며, 다이오드 방열판의 히트 싱크인 홀더에 납땜되어 있다.

25. AC 발전기에서 어느 것이 고장나면 차내의 라디오에 회전음이 나타나는가?
㉮ 계자   ㉯ 정류기(다이오드)
㉰ 전기자   ㉱ 계자 코일
■ 자동차에서 발생되는 잡음의 원인
① 점화 코일에서 발생되는 고주파
② 고압 케이블에서 발생되는 고주파
③ 발전기에서 발생되는 고주파
④ 와이퍼 모터에서 발생되는 고주파

26. AC 발전기에 대한 설명 중 틀린 것은 어느 것인가?
㉮ 축전지의 극성을 역으로 설치하면 발전기의 다이오드가 손상된다.
㉯ AC 발전기의 부하 시험에서 전류값이 기준 전류이하이면 다이오드의 단락, 스테이터 코일의 단선 또는 단락에 원인이 있다.
㉰ AC 발전기의 다이오드가 하는 일은 역류 방지와 전압을 조정하는 일이다.
㉱ AC 발전기의 구성 부품은 스테이터(stator), 회전자(rotor), 프레임(end frame) 등으로 되어 있다.

27. 교류 발전기에서 스테이터 코일에서 발생한 교류는?
㉮ 실리콘에 의해 교류로 정류되어 내부로 나온다.
㉯ 실리콘에 의해 교류로 정류되어 외부로 나온다.
㉰ 실리콘 다이오드에 의해 교류로 정류시킨 뒤에 내부로 들어간다.
㉱ 실리콘 다이오드에 의해 직류로 정류시킨 뒤에 외부로 끌어낸다.

28. AC, DC 발전기 조정기에서 전류의 역류를 방지하는 역할을 하는 것은?
㉮ AC 발전기는 다이오드, DC 발전기는 컷아웃 릴레이에서 한다.
㉯ AC 발전기는 계자 코일, DC 발전기는 전압 조정기에서 한다.
㉰ AC 발전기는 전류 조정기에서, DC 발전기는 전압 조정기에서 한다.
㉱ AC 발전기는 전류 조정기에서, DC 발전기는 정류자에서 한다.

29. 히트 싱크(heat sink)는 어디에 설치되어 있는가?

㉮ 엔드 프레임 ㉯ 스테이터
㉰ 로터 ㉱ 습립링

30. 충전장치에서 교류 발전기의 출력을 조정할 때 변화시키는 것은?
   ㉮ 브러시의 위치 ㉯ 회전속도
   ㉰ 로터코일의 전류 ㉱ 스테이터 전류

31. 교류 발전기 계자 코일에 과대한 전류가 흐르는 원인은?
   ㉮ 계자 코일의 높은 저항
   ㉯ 슬립링의 불량
   ㉰ 계자 코일의 단락
   ㉱ 계자 코일의 단선
   ■ 계자 코일에 과대한 전류가 흐르는 것은 규정 저항 값보다 작기 때문이다. 따라서 계자 코일이 단락 되면 저항값이 작아지므로 과대한 전류가 흐른다.

32. 교류 발전기에서 직류 발전기의 컷 아웃 릴레이와 같은 일을 하는 것은?
   ㉮ 전압 조정기 ㉯ 로터
   ㉰ 히트 싱크 ㉱ 실리콘 다이오드

33. 교류 발전기에 조정기는 다음 중 어느 것에 해당되는가?
   ㉮ 전압 조정만 하여 주면 된다.
   ㉯ 전류 제한기만 조정하여 주면 된다.
   ㉰ 컷아웃 릴레이만 조정하여 준다.
   ㉱ 트랜지스터만 조정하여 주면 된다.

34. AC 발전기에서 출력 단자(B 단자)를 떼어 내고 발전기를 회전시키면 다이오드가 손상된다. 이때 다이오드에 손상을 주지 않으려면 무슨 단자를 같이 떼어 내야 하는가?
   ㉮ IG 단자 ㉯ L 단자
   ㉰ N 단자 ㉱ F 단자

35. 완전 충전된 축전지에 높은 충전율로 충전되는 원인이 발전기에 있는가 또는 조정기에 있는가를 확인하려면?
   ㉮ A 단자에서 배선을 떼어 낸다.
   ㉯ B 단자를 접지 시킨다.
   ㉰ F 단자를 접지 시킨다.
   ㉱ F 단자에서 배선을 떼어 낸다.

36. 교류 발전기용 조정기에 대한 설명 중 관계가 없는 것은 어느 것인가?
   ㉮ 교류 발전기용 조정기로는 전압 조정기만으로 충분하다.
   ㉯ 정류용 다이오드가 축전지로부터 역류를 방지하기 때문에 컷아웃 릴레이가 필요하지 않다.
   ㉰ 발전기 자신이 전류 제한 작용을 하지 않기 때문에 전류 제한기가 필요하다.
   ㉱ 교류 발전기 6 개의 다이오드는 교류를 직류로 바꾸는 일을 한다.

37. AC 발전기 스테이터에서 발생되는 전류는?
   ㉮ 직류 ㉯ 교류
   ㉰ 맥류 ㉱ 역류
   ■ 발전기 스테이터에서 발생되는 전류는 모두 교류이고, 실리콘 다이오드가 교류를 직류로 정류하여 외부로 보낸다.

38. 일반 승용차에서 교류 발전기의 충전전압 범위를 표시한 것 중 맞는 것은?(12V 배터리의 경우이다.)
   ㉮ 10~12V ㉯ 13.8~14.8V
   ㉰ 23.8~24.8V ㉱ 33.8~34.8V
   ■ 교류 발전기에서 충전 전압은 13.8~14.8V이다.

39. 다음 그림은 엔진 스코프에 나타난 교류 발전기의 출력 파형이다. 이 파형이 뜻하는 것은?

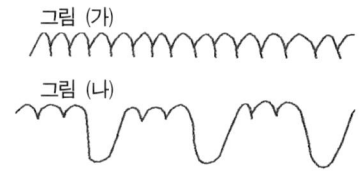

   ㉮ 스테이터가 개회로 된 것이다.
   ㉯ 다이오드가 단락된 것이다.
   ㉰ 다이오드가 개회로 된 것이다.
   ㉱ 스테이터가 단락된 것이다.

■ 그림 (나)와 같은 파형은 다이오드 불량이다. 파형 중간에 노이즈()가 없어야 한다.

40. 발전기의 기전력 발생에 관한 설명으로 틀린 것은?
   ㉮ 로터의 회전이 빠르면 기전력은 커진다.
   ㉯ 로터코일을 통해 흐르는 여자 전류가 크면 기전력은 커진다.
   ㉰ 코일의 권수와 도선의 길이가 길면 기전력은 커진다.
   ㉱ 자극의 수가 많아지면 여자되는 시간이 짧아져 기전력이 작아진다.

41. 축전지의 극성을 역으로 설치하면 발전기는 어떻게 되는가?
   ㉮ 다이오드의 소손이 온다.
   ㉯ 로터 코일의 소손이 생긴다.
   ㉰ 스테이터 코일의 소손이 생긴다.
   ㉱ 브러시와 슬립링의 소손이 온다.
   ■ 발전기의 실리콘 다이오드는 축전지를 역으로 접속하면 N형 반도체와 P형 반도체 사이의 정션 부분이 열에 의해서 파손된다. 축전지를 설치할 때에는 축전지의 극성에 주의해야 한다.

42. 교류 발전기에 대한 주의 사항 중 틀린 것은?
   ㉮ 3상 발전기의 스테이터에는 선간 전압이 높은 Y결선이 좋다.
   ㉯ 다이오드의 극성은 ⊕ 측과 ⊖ 측을 바꿔도 좋다.
   ㉰ 다이오드는 열에 약하므로 열을 받지 않게 한다.
   ㉱ 가변 저항기는 저항값을 최대로 놓고 스위치를 넣어야 한다.

43. 다음 중 발전기의 고장이 아닌 것은?
   ㉮ 정류자의 오손147에 의한 고장
   ㉱ 릴레이에 오손과 소손에 의한 고장

44. 자동차를 세차하다 발전기에 물이 들어갔을 때 일어나는 현상은?
   ㉮ 발전이 잘 되지 않는다.
   ㉯ 발전기에 녹이 슬어도 사용에는 관계없다.
   ㉰ 아무 상관이 없다.
   ㉱ 발전량이 많아졌다.

45. 발전기의 떼어 내기 작업 과정에 있어 다음 중 가장 먼저 해야 할 작업은?
   ㉮ 팬 벨트 조종 볼트를 풀어 V 벨트 떼어 내기
   ㉯ 발전기에서 전선을 떼어 내기
   ㉰ 축전지에서 접지 케이블을 떼어 내기
   ㉱ 발전기 브래킷에서 발전기 떼어 내기

46. 발전기 출력이 낮고 축전지 전압이 낮을 때, 원인으로 해당되지 않는 것은?
   ㉮ 충전회로에 높은 저항이 걸려있을 때
   ㉯ 발전기 조정전압이 낮을 때
   ㉰ 다이오드의 단락 및 단선이 되었을 때
   ㉱ 축전지 터미널에 접촉이 불량할 때
   ■ 발전기 출력이 낮고 축전지 전압이 낮은 원인은 충전회로에 높은 저항이 걸려있을 때, 발전기 조정전압이 낮을 때, 다이오드의 단락 및 단선이 되었을 때, 회로 누전이나 전류 사용량이 많을 때

단원 4 등화 장치

1. 다음은 전조등 회로에 관한 문제이다. 맞은 것은?
   ㉮ 전조등 회로는 직·병렬로 연결되어 있다.
   ㉯ 전조등 회로는 직렬로 연결되어 있다.
   ㉰ 전조등 회로는 병렬로 연결되어 있다.
   ㉱ 전조등 회로는 단식 배선이다.
   ■ 전조등의 전기 회로는 퓨즈, 라이트 스위치, 딤머 스위치 등으로 구성되어 있으며, 좌우의 전조등은 하이 빔과 로우 빔 별로 병렬 접속되어 있다. 또한 전조등 회로는 전류가 많이 흐르기 때문에 복선식 배선으로 되어 있다.

2. 자동차의 전조등 성능을 유지하기 위하여 가장 좋은 방법은?
   ㉮ 굵은 선으로 갈아 끼운다.
   ㉯ 복선식으로 한다.

정답 40. ㉱ 41. ㉮ 42. ㉯ 43. ㉱ 44. ㉮ 45. ㉰ 46. ㉱   1. ㉰ 2. ㉯

㉰ 축전지와 직결시킨다.
㉱ 단선으로 한다.

3. 다음 중 실드빔식 전조등에 대한 설명으로 틀린 것은?
   ㉮ 내부에 불활성 가스가 들어있다.
   ㉯ 대기 조건에 따라 반사경이 흐려지지 않는다.
   ㉰ 사용에 따르는 광도의 변화가 적다.
   ㉱ 필라멘트를 갈아 끼울 수 있다.

4. 다음 중 전조등의 감광장치의 종류가 아닌 것은?
   ㉮ 이중 필라멘트를 쓰는 방법
   ㉯ 저항선을 쓰는 방법
   ㉰ 보조 전조등을 쓰는 방법
   ㉱ 부등을 쓰는 방법
   ■ 자동차가 교행할 때 전조등의 감광 장치는 하이 빔과 로 빔을 사용하는 이중 필라멘트, 4 등식을 사용하는 부등 및 보조 전조등을 쓰는 방법이 있다.

5. 계기판의 주차 브레이크 등이 점등되는 조건이 아닌 것은?
   ㉮ 주차브레이크가 당겨져 있을 때
   ㉯ 브레이크액이 부족할 때
   ㉰ 브레이크 페이드 현상이 발생했을 때
   ㉱ EBD 시스템에 결함이 발생했을 때
   ■ 브레이크 페이드 현상은 브레이크 오일과 상관이 있지 계기판 브레이크등과는 상관이 없다.

6. 다음은 방향지시기 플래셔 유닛의 종류를 든 것이다. 옳지 않은 것은 ?
   ㉮ 서모스탯식   ㉯ 축전기식
   ㉰ 전자 열선식   ㉱ 수은식

7. 방향지시기 회로에서 지시등의 점멸이 느릴 때의 원인으로 옳지 않은 것은?
   ㉮ 전구의 용량이 규정값보다 크다.
   ㉯ 축전지 용량이 저하되었다.
   ㉰ 전구의 접지 불량이다.
   ㉱ 플래셔 유닛의 결함이 있다.

8. 방향지시 회로를 점검하여 보니 다음과 같은 고장이 있었다. 좌, 우 점멸 횟수가 다르거나 한쪽만 작동된다. 그중 고장 원인으로 볼 수 없는 것은?
   ㉮ 전구 하나가 단선 되었다.
   ㉯ 플래셔 유닛의 접지 불량이나 결함
   ㉰ 규정 용량의 전구를 사용하지 않고 있다.
   ㉱ 플래셔 스위치에서 지시등 사이에 단선되었다.
   ■ 플래셔 스위치에서 지시등 사이에 배선이 단선되면 방향 지시등이 아예 작동을 하지 않는다.

9. 자동차 문이 닫히자 마자 실내가 어두워지는 것을 방지해 주는 램프는?
   ㉮ 도어 램프   ㉯ 테일 램프
   ㉰ 패널 램프   ㉱ 감광식 룸 램프

10. 조명(照明) 용어에 관한 문제이다. 다음 중에서 틀린 것은?
    ㉮ 피조면의 밝기를 조도라 한다.
    ㉯ 광도의 단위는 cd이다.
    ㉰ 어떤 방향의 빛의 세기를 광도라 한다.
    ㉱ 조도의 단위는 루멘이다.
    ■ 조도의 단위는 Lux 이다.

11. 전조등의 광도가 광원에서 25,000 cd 의 밝기일 경우 전방 100 m 지점에서는 조도는 얼마인가?
    ㉮ 2.5Lx   ㉯ 12.5Lx
    ㉰ 50Lx   ㉱ 250Lx
    ■ $E = \dfrac{cd}{r^2} = \dfrac{25,000}{100^2} = 2.5 Lx$
    E : 조도(Lx), cd : 광도(cd), r : 거리(m)

12. 다음은 자동차 전기의 일반적인 문제이다. 적절한 것은?
    ㉮ 같은 길이의 전선에서는 굵기가 굵을 수록 전기 저항이 크다.
    ㉯ 같은 전압용 전구에서는 와트수가 클수록 전기 저항이 적다.
    ㉰ 퓨즈는 전압을 조정한다.
    ㉱ 자동차 좌, 우의 스톱 라이트(stop light)는 직렬로 접속한다.

정 답 3. ㉱ 4. ㉯ 5. ㉰ 6. ㉮ 7. ㉮ 8. ㉱ 9. ㉱ 10. ㉱ 11. ㉮ 12. ㉯

■ ① 같은 길이의 전선에서는 굵기가 굵을수록 전기 저항이 작기 때문에 전류가 많이 흐른다.
② 퓨즈는 부하에 과대 전류가 흐르는 것을 차단하는 역할을 한다.
③ 좌우의 스톱 라이트는 병렬로 접속되어 있다.

13. 집광식 헤드라이트 시험기는 시험기의 수광부와 전조등을 몇 m 거리에서 측정하여야 하는가?
㉮ 1m   ㉯ 2m
㉰ 3m   ㉱ 5m
■ 집광식은 1m, 스크린식과 투영식 헤드라이트 시험기는 3m 거리에서 전조등을 측정한다.

14. 3m 이상의 측정 거리에서 전조등의 배광을 비추어 측정하는 전조등 시험기는?
㉮ 스크린형   ㉯ 배광형
㉰ 집광형   ㉱ 스코프형

15. 배선의 단면적은 2.0mm²고 색상은 청색 바탕에 빨강색 줄무늬일 경우 배선색깔 표시 코드로 옳은 것은?
㉮ 2.0 L/R   ㉯ 2.0 B/R
㉰ L/R 2.0   ㉱ B/R 2.0

16. 집광식 전조등 시험기를 사용하여 시험 시 주의 사항 중 틀린 것은?
㉮ 각 타이어의 공기압은 규정압일 것
㉯ 시험 시 면 바닥은 수평일 것
㉰ 공차상태의 차량에 운전자 한 사람만 타고 시험할 것
㉱ 기관의 시동을 걸지 않은 상태에서 측정할 것
■ 집광식 또는 스크린식 전조등 시험기를 사용하여 전조등을 테스트할 때에는 엔진을 공회전 상태에서 측정하여야 한다.(광도 측정시 2,000rpm으로 한다.)

17. 집광식 전조등 시험기의 취급 시 주의사항 중 틀린 것은?
㉮ 밑바닥이 수평일 것
㉯ 시험기에 차량을 마주보게 한다.
㉰ 각 타이어의 공기압을 규정대로 할 것
㉱ 공차 상태의 차량에 운전자 및 보조자 두 사람이 탈 것
■ 공차상태의 차량에 운전자 1인만 타고 해야 한다.

18. AUTO LAMP CUT(미등 자동소등 기능)에 대한 설명으로 가장 올바른 것은?
㉮ 주행을 도와주는 기능이다.
㉯ 연료를 절약하기 위해서이다.
㉰ 미등을 빠르게 작동하기 위해서이다.
㉱ 배터리 방전을 방지하기 위해서이다.

19. 전조등 시험기의 광전지가 장시간 경과되어 감도의 저하를 일으키는 현상을 무엇이라 하는가?
㉮ 자기 방전   ㉯ 초기 효과
㉰ 열화   ㉱ 감도 저하
■ 광전지에서 발생되는 현상
① 열화 : 광전지가 장기간 경과되어 사용 유무에 관계없이 감도가 저하되는 현상을 말한다.
② 초기 효과 : 사용하지 않은 광전지에 빛을 쪼이면 10~15분 동안 감도가 다시 저하되지만 그 후에는 일정한 감도가 유지되는 현상을 말한다.

20. 차량 주위의 밝기에 따라 미등 및 전조등을 작동시키는 기능을 무엇이라 하는가?
㉮ 레인 센서 기능
㉯ 자동 와이퍼 기능
㉰ 오토 라이트 기능
㉱ 램프 오토 컷 기능

21. 다음 계기 중에서 영구 자석의 회전에 의하여 발생한 맴돌이 전류와 영구 자석의 상호 작용에 의하여 바늘이 돌아가는 계기는?
㉮ 유압계   ㉯ 전류계
㉰ 속도계   ㉱ 연료계

22. 커먼레일 디젤엔진 차량의 계기판에서 경고등 및 지시등의 종류가 아닌 것은?
㉮ 예열플러그 작동지시등
㉯ DPF 경고등
㉰ 연료수분 감지 경고등
㉱ 연료 차단 지시등

정 답 13. ㉮ 14. ㉮ 15. ㉮ 16. ㉱ 17. ㉱ 18. ㉱ 19. ㉰ 20. ㉰ 21. ㉰ 22. ㉱

23. 자동차 전기장치에 사용되는 퓨즈에 대한 설명으로 틀린 것은?
   ㉮ 전기회로에 직렬로 설치된다.
   ㉯ 단락 및 누전에 의해 과대 전류가 흐르면 차단되어 전류의 흐름을 방지한다.
   ㉰ 재질은 알루미늄(25%) + 주석(13%) + 구리(50%) 등으로 구성된다.
   ㉱ 회로에 합선이 되면 퓨즈가 단선되어 전류의 흐름을 차단한다.
   ■ 퓨즈의 재질은 납 25 %, 주석 13 %, 창연 50 %, 카드뮴 12 % 의 합금으로 되어 있다.

24. 다음 중 맴돌이 전류와 영구자석의 상호작용에 의하여 계기지침이 움직이는 계기는?
   ㉮ 속도계   ㉯ 전류계
   ㉰ 유압계   ㉱ 연료계
   ■ 속도계는 영구자석의 자력에 의하여 발생한 맴돌이 전류와 영구자석의 상호작용에 의하여 지침이 돌아가는 계기이다. 속도계는 1시간당의 주행거리로 표시되며 변속기 출력축에 설치됨

25. 감광식 룸램프 제어에 대한 설명으로 틀린 것은?
   ㉮ 도어를 연 후 닫을 때 실내등이 즉시 소등되지 않고 서서히 소등될 수 있도록 한다.
   ㉯ 시동 및 출발 준비를 할 수 있도록 편의를 제공하는 기능이다.
   ㉰ 입력요소는 모든 도어 스위치이다.
   ㉱ 모든 신호는 엔진 ECU로 입력된다.
   ■ 감광식 룸램프는 에탁스 또는 BCM에 입력된다.

26. 배선에 있어서 기호와 색의 연결이 틀린 것은?
   ㉮ Gr : 보라색   ㉯ G : 녹색
   ㉰ L : 청색   ㉱ Y : 노랑

27. 자동차 전기배선 작업에서 주의할 점 중 틀린 것은?
   ㉮ 배선을 차단할 때에는 먼저 어스를 떼고 차단한다.
   ㉯ 배선 작업에서의 접속과 차단은 신속히 하는 것이 좋다.
   ㉰ 배선을 연결할 때에는 먼저 어스를 붙이고 연결한다.
   ㉱ 배선 작업장은 건조해야 한다.
   ■ 배선을 차단할 때에는 어스(접지)선을 떼고, 연결할 때에는 어스선을 나중에 연결한다.

28. 자동차 전기회로의 보호장치로 맞는 것은?
   ㉮ 안전밸브   ㉯ 캠버
   ㉰ 퓨저블 링크   ㉱ 턴 시그널 램프

29. 간헐위치에서 와이퍼가 작동되지 않는다. 해당되지 않는 것은?
   ㉮ 간헐 와이퍼 릴레이 고장
   ㉯ 와이퍼 장착스프링 장력이 약하다.
   ㉰ 와이퍼 모터가 고장이다.
   ㉱ 와이어링 혹은 접지불량

30. HID(고광도 헤드램프)의 설명 중 옳은 것은?
   ㉮ 헤드램프의 반사판을 개선하여 광도를 향상시킨 장치이다.
   ㉯ 헤드램프 전구 2개를 사용하여 광도를 향상시킨 장치이다.
   ㉰ HID 헤드램프에 할로겐 전구를 사용한다.
   ㉱ HID 헤드램프는 프라즈마 방전을 이용하는 장치이다.
   ■ 고휘도 방전 전구(HID 전구)
   ① 방전관 내에 제논가스, 수은가스, 금속 할로겐 성분 등이 봉입된다.
   ② 플라즈마 방전을 이용하는 장치이다.
   ③ 광도 및 조사거리가 향상된다.

31. 전조등의 광량을 검출하는 라이트 센서에서 빛의 세기에 따라 광전류가 변화되는 원리를 이용한 소자는?
   ㉮ 포토 다이오드   ㉯ 발광 다이오드
   ㉰ 제너 다이오드   ㉱ 사이리스터

냉 · 난방 장치

1. 냉·난방장치의 능력은 일정한 차실의 내외 조건에 대하는 차량의 열부하에 의해 정해진다. 차량의 열부하 항목에 속하지 않는 것은?
   ㉮ 승원 부하   ㉯ 관류 부하
   ㉰ 면적 부하   ㉱ 복사 부하

2. 냉동 자동차의 기본 냉동 장치의 구성은?
   ㉮ 압축기, 응축기, 리시버, 팽창 밸브
   ㉯ 압축기, 냉각기, 솔레노이드 밸브, 프레온
   ㉰ 압축기, 리시버, 히터, 증발기
   ㉱ 압축기, 응축기, 리시버, 팽창 밸브, 증발기

3. 자동차 에어컨의 냉매로 적당한 것은?
   ㉮ 프레온   ㉯ 알코올
   ㉰ 메탄올   ㉱ 부탄
   ■ 에어컨에 사용되는 냉매는 냉방 작용을 하는 매체로서 프레온 가스가 사용된다.

4. 자동 에어컨 시스템은 차 실내, 외부에 설치된 각종 온도 센서와 컨트롤 스위치에서의 신호에 의해 차 실내 온도를 최적치(체감으로의 최저 기온)로 유지하도록 하는 장치이다. 자동 에어컨 시스템에서 컴퓨터(ATC : air temperature control)에 의해 제어되지 않는 것은?
   ㉮ 콤프레서 클러치   ㉯ 송풍기 속도
   ㉰ 히터 밸브   ㉱ 엔진 회전수

5. 자동차 에어컨의 순환과정이 옳은 것은?
   ㉮ 압축기 → 건조기 → 응축기 → 팽창밸브 → 증발기
   ㉯ 압축기 → 팽창밸브 → 건조기 → 응축기 → 증발기
   ㉰ 압축기 → 응축기 → 건조기 → 팽창밸브 → 증발기
   ㉱ 압축기 → 건조기 → 팽창밸브 → 응축기 → 증발기

6. 다음에서 히터 모터와 히터 저항기의 연결 방식은 어느 것인가?
   ㉮ 분류식 연결   ㉯ 직렬 연결
   ㉰ 병렬 연결   ㉱ 직·병렬 연결
   ■ 히터 모터는 난방 효과를 조절할 수 있도록 고속 또는 저속으로 변하게 되어 있다. 모터의 회전 속도 조정은 스위치 등에 설치된 저항을 직렬로 모터 회로에 넣거나 단락시키도록 되어 있다.

7. 에어컨 냉매 R-134a의 특징을 잘못 설명한 것은? (2015)
   ㉮ 액화 및 증발이 되지 않아 오존층이 보호된다.
   ㉯ 무색, 무취, 무미하다.
   ㉰ 화학적으로 안정되고 내열성이 좋다.
   ㉱ 오존파괴 계수가 0이고 온난화 계수가 구 냉매(R-12)보다 낮다

8. 다음은 차량에 냉방장치를 할 때의 주의 사항들이다. 안전에 어긋나는 것은?
   ㉮ 호스나 튜브를 조일 때 누출이 없도록 규정의 토크로 조인다.
   ㉯ 튜브를 구부릴 때 토치 등으로 가열해서는 안 된다.
   ㉰ 작업 시에는 반드시 축전지의 단자를 뗀다.
   ㉱ 냉매를 충전하기 전에 압축기를 회전시켜본다.

9. 오토 에어컨에 사용되는 센서에 해당되지 않는 것은?
   ㉮ 세핑 센서   ㉯ 외기온도 센서
   ㉰ 일사량 센서   ㉱ 수온 센서

10. 지구환경 문제로 인하여 자동차 에어콘의 대체 가스로 사용되는 신 냉매는?
    ㉮ R134a   ㉯ R22
    ㉰ R16a   ㉱ R12

11. 에어컨의 구성품 중 고압의 기체냉매를 냉각시켜 액화시키는 작용을 하는 것은?
    ㉮ 압축기   ㉯ 응축기
    ㉰ 팽창밸브   ㉱ 증발기

정 답 1. ㉰ 2. ㉱ 3. ㉮ 4. ㉰ 5. ㉰ 6. ㉯ 7. ㉮ 8. ㉱ 9. ㉮ 10. ㉮ 11. ㉯

12. 자동차 에어컨에서 고압의 액체 냉매를 저압의 기체 냉매로 바꾸는 주는 부품은? (2015)
   ㉮ 압축기(compressor)
   ㉯ 리퀴드 탱크(liquid tank)
   ㉰ 팽창밸브(expension valve)
   ㉱ 이베퍼레이터(evaporator)

13. 현재 통용되는 전자동 에어컨 시스템의 컴퓨터가 감지하는 센서와 가장 거리가 먼 것은?
   ㉮ 외기 온도 센서
   ㉯ 스로틀 포지션 센서
   ㉰ 냉각수 온도 센서
   ㉱ 일사량 센서

14. 전자동 에어컨 시스템에서 컨트롤 스위치 신호에 의해 컴퓨터가 제어하지 않는 것은?
   ㉮ 히터 밸브   ㉯ 송풍기 속도
   ㉰ 컴프레서 클러치   ㉱ 맵 센서

15. 공조시스템의 기본 지식으로 물질의 상태변화를 나타낸 것 중 틀린 것은?
   ㉮ 융해(고체→액체)   ㉯ 융고(액체→고체)
   ㉰ 용융(기체→고체)   ㉱ 응축(기체→액체)
   ■ 용융 : 고체가 열에 녹아서 액체 상태로 됨

16. AQS(Air Quality System)의 기능에 대한 설명 중 틀린 것은?
   ㉮ 차실내에 유해가스의 유입을 차단한다.
   ㉯ 차실내로 청정 공기만을 유입시킨다.
   ㉰ 승차 공간 내의 공기청정도와 환기 상태를 최적으로 유지시킨다.
   ㉱ 차실내의 온도와 습도를 조절한다.

안전 및 편의 장치

1. 이모빌라이저 시스템에 대한 설명으로 틀린 것은?
   ㉮ 차량의 도난을 방지할 목적으로 적용되는 시스템이다.
   ㉯ 도난 상황에서 시동이 걸리지 않도록 제어한다.
   ㉰ 도난 상황에서 시동키가 회전되지 않도록 제어한다.
   ㉱ 엔진의 시동은 반드시 차량에 등록된 키로만 시동이 가능하다.

2. 파워 윈도우 타이머 제어에 관한 설명으로 틀린 것은?
   ㉮ IG 'ON'에서 파워 윈도우 릴레이를 ON한다.
   ㉯ IG 'OFF'에서 파워 윈도우 릴레이를 일시정지 동안 ON한다.
   ㉰ 키를 뺐을 때 윈도우가 열려 있다면 다시 키를 꽂지 않아도 일정시간 이내 윈도우를 닫을 수 있는 기능이다.
   ㉱ 파워 윈도우 타이머 제어 중 전조등을 작동시키면 출력을 즉시 OFF한다.

3. 자동차의 레인센서 와이퍼 제어장치에 대한 설명 중 옳은 것은?
   ㉮ 엔진오일의 양을 감지하여 운전자에게 자동으로 알려주는 센서이다.
   ㉯ 자동차의 와셔액 양을 감지하여 와이퍼가 작동 시 와셔액을 자동 조절하는 장치이다.
   ㉰ 앞창 유리 상단의 강우량을 감지하여 자동으로 와이퍼 속도를 제어하는 센서이다.
   ㉱ 온도에 따라서 와이퍼 조작시 와이퍼 속도를 제어하는 장치이다.

4. 자동차의 IMS(Integrated Memory System)에 대한 설명으로 옳은 것은?
   ㉮ 도난을 예방하기 위한 시스템이다.
   ㉯ 편의장치로서 장거리 운행시 자동운행 시스템이다.

정답 12. ㉰ 13. ㉯ 14. ㉱ 15. ㉰ 16. ㉱   1. ㉰ 2. ㉱ 3. ㉰ 4. ㉱

㉰ 배터리 교환주기를 알려주는 시스템이다.
㉱ 스위치 조작으로 설정해둔 시트위치로 재생 시킨다.

5. 에어백 장치를 점검, 정비할 때 안전하지 못한 행동은?
   ㉮ 조향 휠을 탈거할 때 에어백 모듈 인플레이터 단자는 반드시 분리한다.
   ㉯ 조향 휠을 장착할 때 클럭 스프링의 중립 위치를 확인한다.
   ㉰ 에어백 장치는 축전지 전원을 차단하고 일정 시간 지난 후 정비한다.
   ㉱ 인플레이터의 저항은 절대 측정하지 않는다.

정답 5. ㉮

원클릭! 자동차 정비기능사 필기

섀시 제3편

제1장	클러치
제2장	기계식 변속기
제3장	유체 클러치, 자동 변속기
제4장	오버 드라이브, 드라이브 라인
제5장	종감속 기어장치
제6장	현가장치, 전자 제어 현가장치
제7장	전 차륜 정렬
제8장	제동장치
제9장	ABS, 타이어, 프레임
부 록	출제 예상 문제

Chapter 01

클러치

1. 기능
클러치는 엔진과 변속기 사이에 설치되어 엔진의 동력을 변속기에 전달하거나 차단하는 역할을 한다.

클러치 판(디스크)

2. 필요성
① 기관을 무부하 상태로 하기 위하여
② 변속기의 기어 바꿈을 위하여
③ 자동차의 관성 주행을 위하여

3. 구비 조건
① 동력의 차단이 신속하고 확실할 것
② 구조가 간단하고 고장이 적을 것

③ 방열이 양호하고 과열되지 않을 것
④ 회전 부분의 평형이 좋을 것
⑤ 회전 관성이 적을 것
⑥ 클러치가 접속되면 미끄러지는 일이 절대로 없을 것
⑦ 동력의 전달이 시작될 경우에는 미끄러지면서 서서히 전달될 것

4. 클러치의 작동

엔진의 동력은 플라이 휠 → 클러치 판 → 허브 스플라인 → 변속기 입력축(클러치 축)으로 전달한다.

5. 클러치의 종류

(1) 마찰 클러치

플라이 휠과 클러치 판의 마찰력에 의해 엔진의 동력이 전달된다. 종류에는 원판 클러치, 원추 클러치, 원심 클러치 등이 있다.

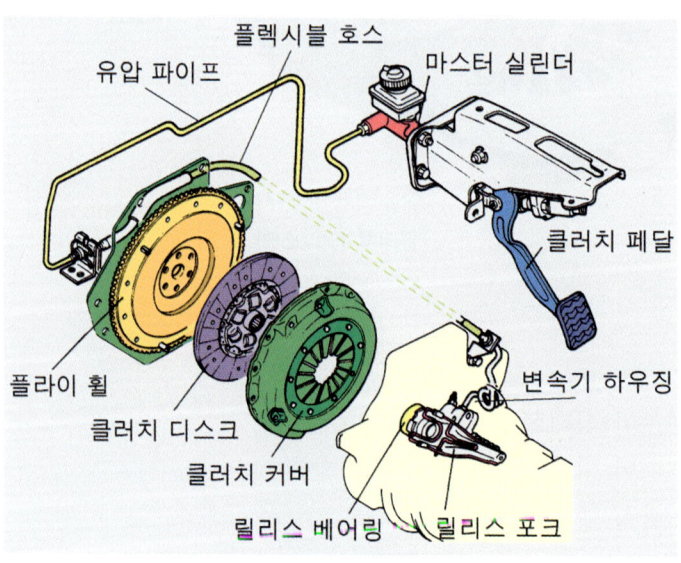

클러치의 구성품

(2) 유체 클러치(토크 컨버터)

유체 에너지를 이용하여 엔진의 동력을 전달하거나 차단하는 역할을 한다. 자동 변속기 차량에서 사용한다.

(3) 전자식 클러치

전자선의 자력을 엔진의 회전수에 따라 자동으로 증감시켜 엔진의 동력을 전달 또는 차단한다.

6. 마찰 클러치의 구성

(1) 클러치 판(클러치 디스크)

① 플라이 휠과 압력판 사이에 설치되며, 변속기 입력축 스플라인을 통해 연결되어 클러치 판이 플라이 휠에 접촉되면 변속기로 동력을 전달한다.
② 클러치 라이닝의 마찰 계수 : $0.3 \sim 0.5\mu$
③ 리벳 머리의 깊이 한계 : 0.3mm
④ 비틀림 코일 스프링 : 비틀림 코일 스프링은 동력이 전달(클러치 접속 시에)될 때 회전 충격을 흡수하는 역할을 하며, 댐퍼 스프링 또는 토션 스프링이라고도 한다.

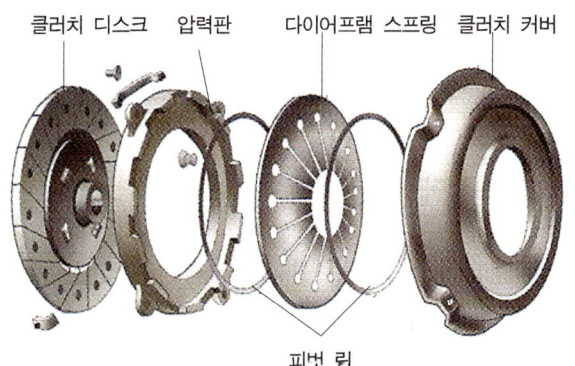

다이어프램식 클러치 구성

차량에 장착된 모습

⑤ 쿠션 스프링 : 클러치 접속 시에 직각방향의 충격을 흡수하며, 클러치 판의 변형, 편마모, 파손을 방지한다.
⑥ 클러치 판(클러치 디스크)의 점검 항목 :
　㉮ 페이싱의 리벳 깊이
　㉯ 판의 비틀림
　㉰ 비틀림 코일 스프링(댐퍼 스프링 또는 토션 스프링)의 장력 및 파손
　㉱ 클러치 판의 런 아웃
　㉲ 쿠션 스프링의 파손

(2) 클러치 축(변속기 입력축)

스플라인에 클러치 판의 허브 스플라인이 결합되어 있다.

(3) 압력판

클러치 스프링의 장력에 의해 클러치판을 플라이 휠에 압착시키는 역할을 한다.

(4) 클러치 스프링

압력판과 클러치 커버 사이에 설치되어 압력판에 강력한 힘을 주어 클러치 디스크를 플라이휠에 압착시킨다. 종류에는 코일 스프링, 크라운프레셔 스프링, 다이어프램 스프링(막 스프링) 등이 있다. 클러치 스프링의 자유고 및 장력이 낮으면 급가속 시 차속이 증속되지 않는다.

(5) 릴리스 레버 및 클러치 커버

릴리스 레버는 클러치 페달을 밟아 동력을 차단할 때 지렛대 역할을 한다. 클러치 커버는 릴리스 베어링에 압력을 받아 압력판과 클러치 스프링을 지지하는 역할을 한다.

(6) 릴리스 베어링

① 회전중인 릴리스 레버를 눌러 클러치를 차단한다.
② 클러치 페달을 밟아 릴리스 레버와 릴리스 베어링이 접촉할 경우에만 작동하여 엔진과 함께 회전한다.
③ 종 류 : 앵귤러형, 볼 베어링형, 카본형
④ 영구 주입식이므로 솔벤트 등으로 세척해서는 안 된다.

(7) 다이어프램 스프링

릴리스 레버와 스프링의 역할을 동시에 한다.
① 다이어프램식 클러치의 특징
　㈎ 압력판에 작용하는 압력이 균일하다.
　㈏ 부품이 원형이기 때문에 평형을 잘 이룬다.
　㈐ 고속 회전 시에 원심력에 의한 스프링 장력의 변화가 없다.
　㈑ 클러치 판이 어느 정도 마멸되어도 압력판에 가해지는 압력의 변화가 적다.
　㈒ 클러치 페달을 밟는 힘이 적게 든다.
　㈓ 구조와 다루기가 간단하다.

7. 클러치의 성능

(1) 클러치의 용량

① 클러치가 전달할 수 있는 회전력의 크기로 엔진 토크의 1.5 ~ 2.5배이다.
② 용량이 크면 : 클러치가 접속할 때 충격이 커 엔진이 정지한다.
③ 용량이 작으면 : 클러치가 미끄러져 클러치판의 마멸이 촉진된다.(가속성능 저하)

$$T = P \times \mu \times r$$

T : 전달 토크(kgf-m)   P : 전압력(kgf)
μ : 마찰 계수   r : 클러치판의 유효 반경(m)

④ 클러치 스프링 장력을 T, 클러치판과 압력판 사이의 마찰 계수 f, 클러치판의 평균 유효 반경 r, 엔진의 회전력 C일 때 클러치가 미끄러지지 않으려면 Tfr ≥ C이어야 한다.

8. 클러치 조작기구

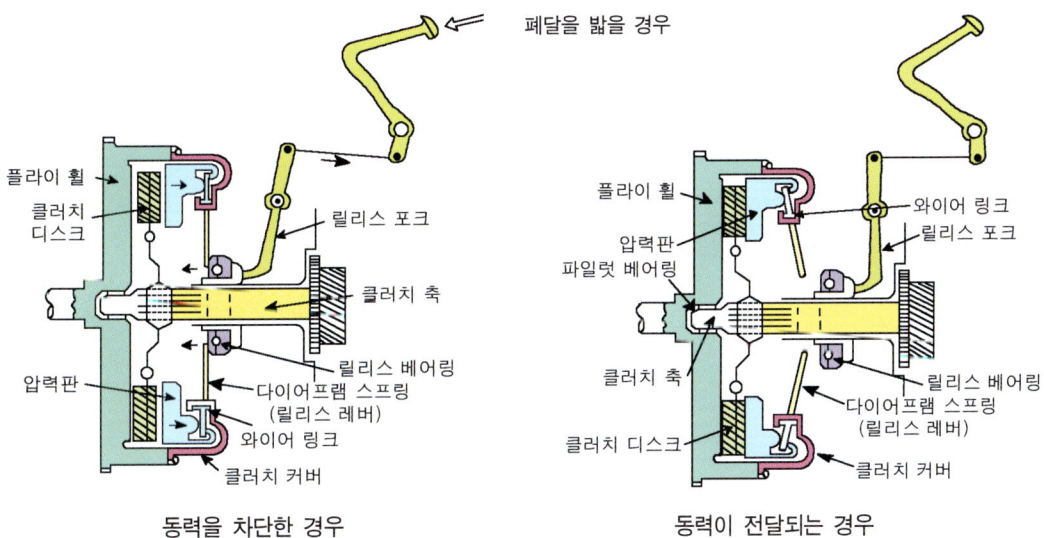

동력을 차단한 경우   동력이 전달되는 경우

(1) 기계식 조작기구

① 클러치 페달의 조작력을 로드나 케이블(와이어)를 사용하여 릴리스 포크에 전달되는 동력을 차단한다.(현재는 사용하지 않음)
② 구조가 간단하고 작동이 확실하다.
③ 설치 위치가 자유스럽지 못하고 굴곡이 심하면 전달효율이 떨어진다.

(2) 유압식 조작기구

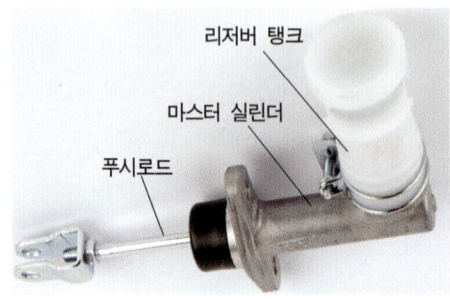

클러치 마스터 실린더

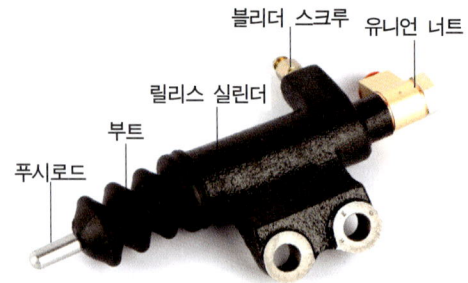

클러치 릴리스 실린더

① 마스터 실린더(master cylinder) : 리저버 탱크, 피스톤 및 피스톤 컵, 리턴 스프링, 푸시로드 등으로 구성되며, 클러치 페달을 밟으면 푸시로드에 의하여 피스톤과 피스톤 컵이 밀려서 유압이 발생한다. 이 유압은 유압 튜브를 거쳐서 릴리스 실린더로 전달되어 클러치를 끊어 주게 된다.

② 릴리스 실린더(release cylinder) : 피스톤 및 피스톤 컵, 푸시로드 등으로 구성되어 있다. 마스터 실린더에서 발생한 유압이 릴리스 실린더에 전달되면 피스톤 컵과 피스톤이 움직여서 푸시로드를 밀며, 이것이 릴리스 포크를 작동시켜 클러치를 차단한다.

③ 장 점
  ㉮ 마찰이 작기 때문에 클러치 페달을 밟는 힘이 작아도 된다.
  ㉯ 클러치 조작이 민속하게 이루어진다.
  ㉰ 엔진과 클러치 페달의 설치 위치를 자유롭게 정할 수 있다.

④ 단 점
  ㉮ 클러치 조작기구의 구조가 복잡하다.
  ㉯ 오일이 누출되거나 공기가 유입되면 조작이 어렵다.

9. 클러치 페달의 자유 간극

① 자유 간극은 릴리스 베어링이 릴리스 레버에 닿을 때까지 클러치 페달이 움직인 거리.
② 자유 간극 : 25~30mm
  ㉮ 크 면 : 클러치의 차단이 불량하다.
  ㉯ 작으면 : 클러치가 미끄러진다.
  ③ 유압식 클러치 유격 조정하는 방법은 로크 너트를 풀고 푸시로드를 회전시켜 조정한 후 로크 너트를 조인다.(클

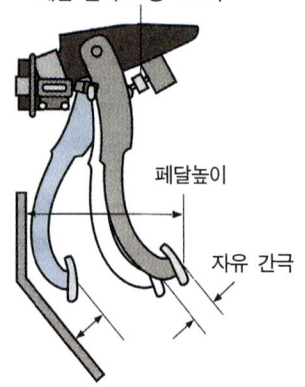

클러치 페달 자유 간극

러치 마스터 실린더 푸시로드의 길이로 가감하여 조정하며 길이를 길게 하면 유격이 작아지고 짧게 하면 유격이 커진다)

10. 클러치 작동 불량의 원인

(1) 클러치가 미끄러지는 원인

① 클러치 페달의 유격(자유간극)이 작다.
② 클러치 판 또는 압력판, 플라이휠에 오일이 묻었다.
③ 클러치 스프링의 장력이 작다.
④ 클러치 스프링의 자유고가 감소되었다.
⑤ 클러치 판 또는 압력판이 마멸되었다.
⑥ 마찰 면(클러치 판)이 경화되었다.

(2) 클러치를 차단하고 공전 시 또는 접속할 때 소음의 원인

① 릴리스 베어링이 마모되었다.
② 파일럿 베어링이 마모되었다.
③ 클러치 허브 스플라인이 마모되었다.

(3) 클러치 차단이 불량한 원인

① 클러치 페달의 유격이 크다.
② 릴리스 포크가 마모되었다.
③ 릴리스 실린더 컵이 소손되었다.
④ 유압장치에 공기가 혼입되었다.

(4) 클러치가 미끄러질 때 나타나는 현상

① 클러치에서 소음이 난다.
② 연료 소비량이 많아진다.
③ 가속 시 증속이 늦어진다.
④ 등판할 때 클러치 판이 타는 냄새가 난다.

Chapter 02

수동 변속기

1. 수동 변속기

(1) 필요성

① 엔진의 회전 속도를 감속하여 회전력을 증대시키기 위하여 필요하다.
② 엔진을 시동할 때 무부하 상태로 있게 하기 위하여 필요하다.(기어 중립)
③ 엔진은 역회전할 수 없기 때문에 자동차의 후진을 위하여 필요하다.
④ 출발 및 등판 주행 시 큰 구동력을 얻기 위해 필요하다.
⑤ 고속 주행 시 구동 바퀴를 고속으로 회전시키기 위하여 필요하다.

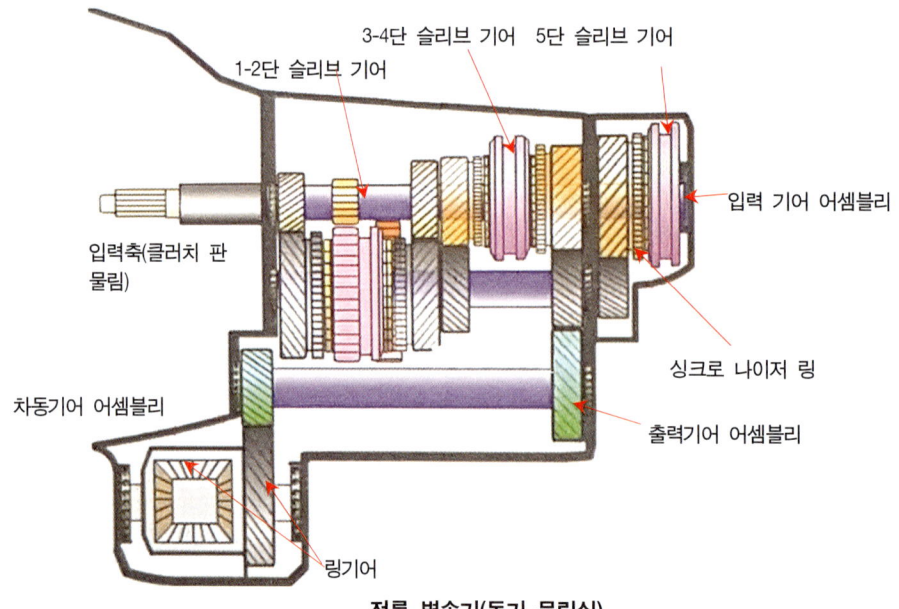

전륜 변속기(동기 물림식)

(2) 구비 조건

① 단계없이 연속적으로 변속될 것

② 조작이 쉽고, 신속, 확실, 정숙하게 작동될 것
③ 전달 효율이 좋을 것
④ 소형 경량이고 고장이 없으며, 다루기 쉬울 것

(3) 수동 변속기의 종류
① 섭동 기어식(활동 치합식) : 주축 위에 스플라인에 설치된 섭동 기어를 변속 레버로 이동시켜 부축 기어에 맞물려 변속하는 형식이다.
② 상시 물림식(상시 치합식) : 주축 위를 자유롭게 회전하는 기어와 부축 기어가 항상 맞물려 회전하며 변속시에는 도그 클러치를 이동시켜 변속하는 형식이다.
③ 동기 물림식(동기 치합식) : 기어의 물림이 있을 때 주속도를 일치시키지 않고 변속할 수 있도록 싱크로메시 기구를 사용하는 형식이다.

(4) 동기 물림식 변속기의 구조
싱크로메시 기구를 사용하여 주속도와 동기시켜 변속한다.
① 변속기 입력축 : 스플라인에 설치된 클러치 디스크에 의해 엔진의 동력을 부축 기어에 전달하는 역할을 한다.
② 부축 기어 : 기어가 설치된 각 기어에 동력을 전달하는 역할을 한다.
③ 주축 기어 : 기어가 설치되어 부축 기어에 의해 상시 공전한다.
④ 싱크로메시 기구
  ㉮ 변속 시에 주축의 회전수와 각 기어의 회전수 차이를 동기시키는 작용을 한다.
  ㉯ 마찰력으로 동기시켜 변속이 원활하게 이루어지도록 하는 역할을 한다.

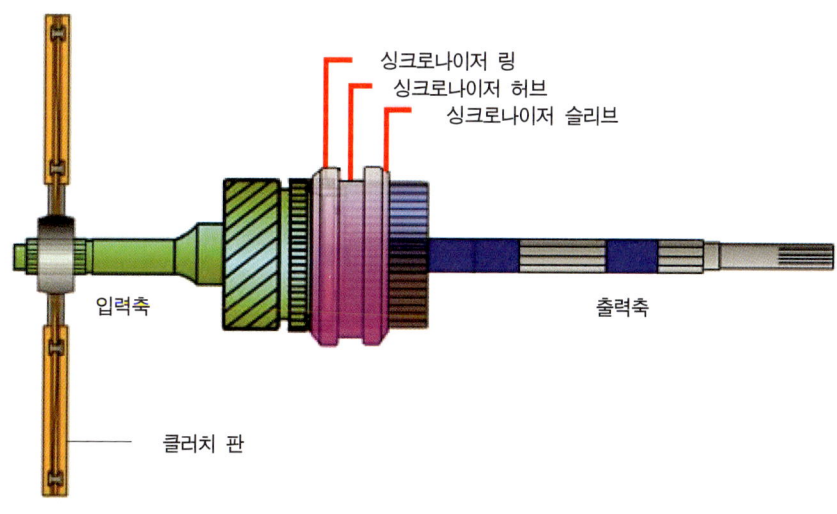

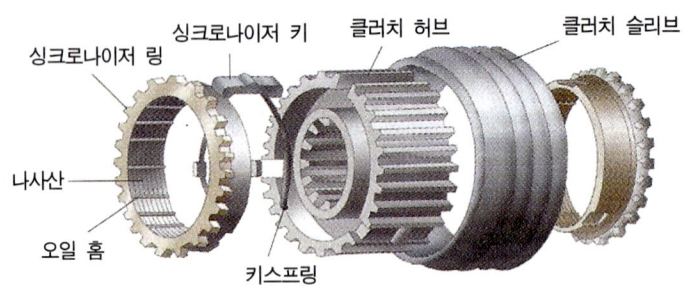

키 형식 싱크로메시 기구

ⓔ 주축 : 변속된 회전력을 추진축으로 전달하는 역할을 한다.
ⓕ 오조작 방지장치
  ㉮ 록킹 볼 : 변속 시에 기어의 물림이 이탈되는 것을 방지한다.
  ㉯ 인터록 볼 : 기어의 2중 물림을 방지한다.

(5) 변속비

$$변속비 = \frac{엔진\ 회전수}{추진축\ 회전수} = \frac{부축\ 기어\ 잇수}{입력축\ 기어\ 잇수} \times \frac{주축\ 기어\ 잇수}{부축\ 기어\ 잇수}$$

① $변속비 = \dfrac{엔진\ 회전수}{추진축\ 회전수} = \dfrac{피동\ 기어\ 잇수}{구동\ 기어\ 잇수}$

② $변속비 = \dfrac{A\ 기어\ 잇수}{B\ 기어\ 잇수} = \dfrac{B\ 기어\ 잇수}{A\ 기어\ 잇수}$

총감속비 = 변속비 × 종감속비

(6) 주행 중 수동 변속기의 고장 원인

① 기어가 빠지는 원인
  ㉮ 싱크로나이저 허브가 마모되었다.
  ㉯ 싱크로나이저 슬리브의 스플라인이 마모되었다.
  ㉰ 로킹 볼 스프링의 장력이 작다.
  ㉱ 주축의 베어링이 마모되었다.
② 변속기에서 소음이 발생되는 원인
  ㉮ 기어 오일이 부족하다.
  ㉯ 기어 오일의 질이 나쁘다.
  ㉰ 기어 또는 베어링이 마모되었다.
  ㉱ 주축의 스플라인이 마모되었다.

㉺ 주축의 부싱이 마모되었다.
③ 기어의 변속이 잘 안 되는 원인
  ㉮ 클러치의 차단이 불량하다.
  ㉯ 기어 오일이 응고되었다.
  ㉰ 각 기어가 마모되었다.
  ㉱ 싱크로 라이저가 마모되었다.

참 고

① 변속기 내의 싱크로메시 엔드 플레이(축놀음) 측정은 필러 게이지(디그니스 게이지)로 한다.
② 축 방향 유격은 스러스트 와셔로 조정한다.

Chapter 03

자동 변속기

1. 유체 클러치

(1) 유체 클러치의 구조

① 펌프 임펠러 : 크랭크축에 연결되어 있다.
② 터빈 러너 : 변속기 입력축 스플라인에 접속되어 있다.
③ 가이드 링 : 유체의 와류에 의한 클러치 효율이 저하되는 것을 방지한다.

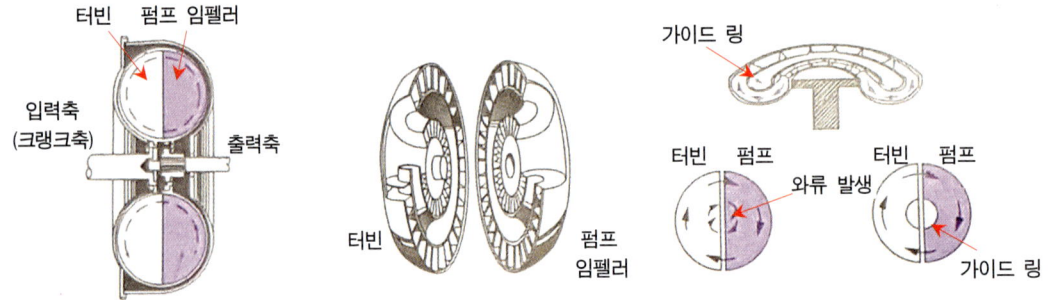

유체 클러치의 구조

(2) 유체 클러치의 특성

① 펌프와 터빈의 회전속도가 같을 때 전달 토크는 0이 된다.
② 터빈의 회전 속도가 0인 상태를 스틸 포인트(클러치 점)라 한다.
③ 속도비가 증가함에 따라 효율이 증대된다.
④ 크랭크축의 비틀림 진동을 완화한다.
⑤ 유체 클러치의 전달 효율은 95~98%이다.

(3) 유체 클러치의 성능

① 터빈 러너의 회전 속도에 관계없이 항상 토크비는 1 : 1이다.

② 유체 클러치 효율은 터빈 런너의 회전수에 비례한다.
③ 유체 클러치 효율은 속도비 0.95~0.98 부근에서 최대가 된다.

2. 토크 컨버터

(1) 토크 컨버터의 구조

① 펌프 임펠러 : 크랭크축에 연결되어 엔진이 회전하면 유체 에너지를 발생한다.
② 터빈 런너 : 변속기 입력축 스플라인에 접속되어 있으며, 유체 에너지에 의해 회전한다.
③ 스테이터 : 펌프 임펠러와 터빈 런너 사이에 설치되어 터빈 런너에서 유출된 오일의 흐름 방향을 바꾸어 펌프 임펠러에 유입되도록 한다.
④ 가이드 링 : 유체의 와류에 의한 클러치 효율이 저하되는 것을 방지한다.

토크 컨버터   토크 컨버터 구성품

(2) 토크 컨버터의 특성

① 엔진 회전력에 의한 충격과 회전 운동은 유체에 의해 흡수 및 감쇠된다.
② 토크 변환율은 2 ~ 3 : 1이며, 동력 전달 효율은 97~98%이다.

(3) 토크 컨버터의 성능

① 유체 충돌 손실은 속도비 0.6 ~ 0.7에서 가장 작다.
② 속도비가 0 (터빈 런너가 정지)에서 스틸 포인트(드래그 포인트)라 한다.
③ 스틸 포인트에서 토크비가 가장 크고 회전력이 최대가 된다.
④ 스테이터가 공전을 시작할 때까지 토크비는 직선적으로 감소된다.
⑤ 클러치점 이상의 속도비에서는 토크비는 1이 된다.
⑥ 토크비는 2 ~ 3 : 1이다.

(4) 댐퍼(록업) 클러치 토크 컨버터

① 터빈과 프론트 커버 사이에 설치되어 작동할 때 프론트 커버와 터빈을 직결시킨다.
② 동력 전달 경로 : 엔진 → 프론트 커버 → 댐퍼 클러치 → 출력축(변속기 입력축)
③ 댐퍼(록업) 클러치가 작동되지 않는 범위
　㉮ 1속 및 후진 시에는 작동하지 않는다.
　㉯ 감속 시에 발생되는 충격을 방지하기 위하여 엔진 브레이크 시에 작동하지 않는다.
　㉰ 작동의 안정화를 위하여 유온이 60℃ 이하에서는 작동하지 않는다.
　㉱ 엔진의 냉각수 온도가 50℃ 이하에서는 작동하지 않는다.
　㉲ 3속에서 2속으로 시프트 다운될 때에는 작동하지 않는다.
　㉳ 엔진의 회전수가 800rpm 이하일 때는 작동하지 않는다.
　㉴ 엔진의 회전 속도가 2,000rpm 이하에서 스로틀 밸브의 열림이 클 때는 작동하지 않는다.
　㉵ 변속이 원활하게 이루어지도록 하기 위하여 변속 시에는 작동하지 않는다.

3. 자동 변속기

(1) 특 징

① 클러치 페달이 없으며, 주행 중 변속을 하지 않기 때문에 운전이 편리하다.
② 출발, 가속 및 감속이 원활하게 이루어져 승차감이 좋다.
③ 엔진의 진동이나 바퀴로부터의 진동 또는 충격을 흡수하여 완화시킨다.
④ 변속기의 구조가 복잡하고 가격이 비싸다.
⑤ 수동 변속기에 비해 연료 소비율이 10% 정도 많다.
⑥ 자동차를 밀거나 끌어서 시동할 수 없다.

(2) 자동 변속기의 구성

① 토크 컨버터
　㉠ 오일의 원심력을 이용하여 엔진의 회전력을 2~3배로 증대시켜 변속기에 전달하거나 차단하는 클러치 역할을 한다.
② 유성 기어장치
　㉠ 선 기어, 링 기어, 유성 기어, 유성 기어 캐리어로 구성되어 있다.
　㉡ 유압에 의해 제어하여 증속, 감속, 역전이 자동으로 변속이 이루어진다.
③ 유압제어 장치
　㉠ 유압에 의해 유성기어 장치의 링기어, 선기어, 유성기어 캐리어를 제어하는 클러치, 브레이크 밴드를 제어하는 역할을 한다.

(3) 유성 기어장치

① 증속 및 감속 시 제어요소
    ㉮ 링 기어 증속 : 선 기어를 고정하고 유성 기어 캐리어를 구동한다.
    ㉯ 선 기어 증속 : 링 기어 고정하고 유성 기어 캐리어를 구동한다.
    ㉰ 유성 기어 캐리어 감속 : 선 기어를 고정하고 링 기어를 구동한다.
    ㉱ 유성 기어 캐리어 감속 : 링 기어를 고정하고 선 기어를 구동한다.
    ㉲ 링 기어 역전 감속 : 유성 기어 캐리어를 고정하고 선 기어를 구동한다.
    ㉳ 선 기어 역전 증속 : 유성 기어 캐리어를 고정하고 링 기어를 구동한다.
    ㉴ 입력축과 출력축의 직결 : 2개의 요소를 동시에 고정 구동하면 된다.

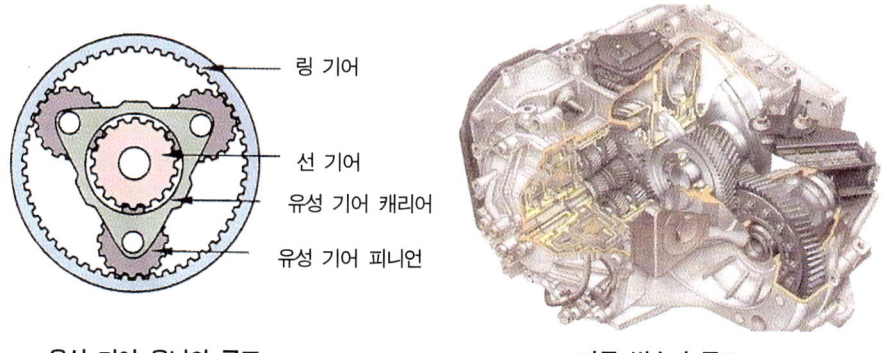

유성 기어 유닛의 구조　　　　**자동 변속기 구조**

(4) TCU로 입력되는 신호

① 유온센서 : 댐퍼 클러치 해제영역, 냉간 시 변속 패턴을 판정하기 위해 오일 온도를 검출한다.
② 액셀러레이터 스위치 : 댐퍼 클러치 해제영역, 크리프 영역을 판정하기 위해 검출한다.
③ 스로틀 포지션 센서 : 댐퍼 클러치 작동영역, 변속패턴을 판정하기 위해 스로틀 밸브 개도량을 검출하여 변속 시기를 제어한다.
④ 에어컨 릴레이 : 스로틀밸브 개도량을 보정을 위하여 ON/Off 검출한다.
⑤ 이그니션 펄스 : 스로틀 밸브 개도량을 보정하고 댐퍼 클러치 작동 영역을 판정하기 위해 기관의 회전수를 검출한다.
⑥ 펄스 제네레이터 A : 변속 시 유압제어를 위해 킥다운 드럼의 회전수를 검출한다.
⑦ 펄스 제네레이터 B : 댐퍼클러치 작동 영역을 판정하기 위해 트랜스퍼 드리븐 기어의 회전수를 검출한다.
⑧ 킥다운 서보 스위치 : 변속 시 유압제어의 시간을 제어하기 위해 킥다운 밴드가 작동하기 시작하는 시점을 검출한다.

(5) TCU의 출력 신호를 받는 액추에이터

① 댐퍼 클러치 컨트롤 솔레노이드 밸브(DCCSV) - 댐퍼 클러치 제어
  TCU의 전기적인 듀티 신호를 유압으로 변환시켜 댐퍼 클러치를 작동 또는 해제시키는 댐퍼 컨트롤 밸브에 공급 또는 차단하는 역할을 한다.
② 시프트 컨트롤 솔레노이드 밸브 A, B(SCSV A, B) - 시프트 패턴 제어
  시프트 컨트롤 밸브(SCV)에 작용하는 라인 압력을 조절하는 역할을 한다.
③ 압력 조절 솔레노이드 밸브(PCSV) - 변속 시 유압 제어
  각 작동 요소를 제어하는 압력 조절 밸브에 유압을 공급 또는 차단하는 역할을 한다.

> **참고**
> ① 시프트 업 : 변속비가 큰 기어에서 작은 기어로 변속되는 것
> ② 시프트 다운 : 변속비가 작은 기어에서 큰 기어로 변속되는 것
> ③ 히스테리시스 : 시프트 업과 시프트 다운의 변속점 차이가 나는 현상. 증속의 변속점과 감속의 변속점에 차이를 두어 변속점의 경계 부분에서 증속 및 감속이 빈번하게 이루어지지 않도록 하여 승차감을 향상시킨다.
> ④ 킥다운 : 급가속할 때 강제적으로 시프트 다운되는 것

(6) 유압 제어 밸브

① 레귤레이터 밸브
  ㉠ 오일 펌프에서 발생된 유압을 스프링의 장력에 대응하는 라인 압력으로 조절한다.
  ㉡ 2500rpm에서 4속 자동 변속기는 $8.6 \sim 9 \, \text{kgf}/cm^2$이다.
② 토크 컨버터 컨트롤 밸브(TCCV)
  오일을 토크 컨버터 및 각 윤활부에 공급하기 위한 압력으로 조절하는 역할을 한다.
③ 댐퍼 클러치 컨트롤 밸브(DCCV)
  유압을 댐퍼 클러치의 작동측과 해제측에 공급하는 역할을 한다.
④ 리듀싱 밸브(감압 밸브)
  라인 압력을 근원으로 하여 항상 라인 압력보다 낮은 압력으로 조절하는 역할을 한다.
⑤ 매뉴얼 밸브
  시프트 레버에 의해서 각 레인지의 유로를 절환 시켜 라인 압력을 공급하거나 배출시킨다.
⑥ 시프트 컨트롤 밸브(SCV)
  시프트 컨트롤 솔레노이드 밸브 A, B에 의해서 조절되는 라인 압력에 의해서 각 변속단에 맞는 위치로 이동되어 유압이 공급되도록 하는 역할을 한다.

⑦ 압력 조절 밸브(PCV)

　　압력 조절 솔레노이드 밸브의 제어에 따라 각 작동 요소에 공급되는 유압을 조절한다.

4. 무단 변속기(CVT)

무단 변속기는 CVT(Continuously Variable Transmission)라고도 하며, 연속적으로 변속을 수행하는 변속기이다.

(1) 무단 변속기의 특징

① 승차감이 뛰어나고 연료소비율이나 가속 성능이 향상된다.
② 자동 변속기보다 부품수가 적어 생산원가를 줄일 수 있다.
③ 엔진을 항상 최적의 회전상태로 유지함으로써 최적의 동력 성능과 최저의 연비(수동 대비 6~10%)를 얻을 수 있다.
④ 이로 인해 배출 가스량을 최소화할 수 있다.
⑤ 다만 내구성이 약하기 때문에 엔진 출력이 좋으면 이를 받쳐주지 못하므로 아직은 경차에만 장착되고 있다.

(2) 운전요령과 취급 때의 유의사항

① 출발할 때는 브레이크 페달을 오른발로 밟은 상태에서 실렉트 레버를 조작한다.
② 급경사의 오르막길에서는 차가 움직이지 않도록 주차 브레이크를 채우고 가속페달을 천천히 밟아서 차가 움직이는 느낌을 확인하면서 주차 브레이크를 풀고 출발한다.
③ 다음과 같은 실렉트 레버 조작은 절대로 해서는 안 된다.
　　㉠ 주행 중 N에서 D위치로 전환하지 말 것
　　㉡ 차가 전진하고 있을 때 R에 넣는 일.
　　㉢ 차가 후진하고 있을 때 D나 Ds에 넣는 일.
　　㉣ 차가 정지되지 않은 상태에서 P에 넣는 일.
③ 주행 중 점화스위치를 끄지 말 것
④ 실렉트 레버(기어 레버)를 주행 위치에 놓고 브레이크 페달을 밟은 상태에서 장시간 동안 정차하지 않는다.
⑤ 전자 파우더 클러치가 과열되어 무단 변속기 손상의 원인이 될 수 있다.
⑥ 가속 페달과 브레이크 페달을 동시에 밟거나 오르막길 등에서 가속페달을 밟으면서 차를 정지시키지 않는다.

5. 정속 주행장치(Cruise Control System)

(1) 특 징
일정 속도에 도달하였을 때 세트 스위치를 조작하면 가속 페달을 조작하지 않고도 운전자가 원하는 속도로 주행할 수 있다.

(2) 구 조
① 액추에이터
   전동기, 웜 기어, 웜 휠, 유성 기어 유닛, 솔레노이드 클러치, 리미트 스위치로 구성된다.
② ECU
   센서와 컨트롤 스위치의 신호를 받아 액추에이터를 제어한다.
③ 차속 센서
   변속기 주축 회전 속도에 비례하는 펄스 신호를 ECU에 입력시킨다.
④ 컨트롤 스위치
   ㉮ 메인 스위치 : 점화 스위치가 ON 되었을 때 ECU의 전원을 ON, OFF시킨다.
   ㉯ 세트 스위치 : 정속 주행 장치의 제어 신호를 ECU에 입력시킨다.
   ㉰ 리줌 스위치 : 일시 해제되었던 고정 속도를 다시 회복시키는 기능을 한다.
⑤ 해제 스위치
   ㉮ 제동등 스위치
   ㉯ 인히비터 스위치

(3) ECU의 제어
① 세트 제어(고정 주행)
   메인 스위치를 ON시킨 상태로 자동차를 정속 주행하면서 세트 스위치를 OFF시킨다.
② 코스트 제어(감속 주행)
   세트 스위치를 ON시키면 액추에이터의 전동기는 풀림쪽으로 회전하여 감속된다.
③ 리줌 제어(회복 주행)
   정속 주행 중 일시 해제되었을 때 리줌 스위치를 ON시키면 고정 속도로 회복된다.
④ 가속 제어
   ECU는 스위치를 OFF시킬 때까지 계속 가속되어 기억한다.
⑤ 정속 해제
   ㉮ ECU에 기억되었던 정속 주행의 기억이 해제된다.
   ㉯ 브레이크 페달을 밟으면 정속 주행이 해제된다.
   ㉰ 자동 변속기의 시프트 레버를 P 또는 N 레인지로 선택하면 정속 주행이 해제된다.

㉘ 케이블이 손상되었거나 제동등 퓨즈가 단락 되었을 때는 정속 주행이 해제된다.
⑥ 일시 해제
㉮ 주행 속도가 40km/h이하로 주행할 때 정속 주행이 일시 해제된다.
㉯ 주행 속도가 기억된 속도보다 20km/h이상 감속되었을 때는 일시 해제된다.
㉰ 세트와 리줌 스위치를 동시에 OFF시키면 일시 해제된다.
㉱ 주행 속도가 1.5~2초 동안 입력되지 않으면 일시 해제된다.
㉲ ECU의 액추에이터 솔레노이드 클러치 트랜지스터가 ON되면 일시 해제된다.
㉳ 제동등 스위치 또는 인히비터 스위치와 세트 또는 리줌 스위치가 동시에 ON되면 해제된다.
⑦ 오토 크루즈 컨트롤 유닛(auto cruise control unit)으로 입력되는 신호
클러치 스위치 신호, 브레이크 스위치 신호, 크루즈 컨트롤 스위치 신호 등이 있다.

6. 자동 변속기 점검

(1) 자동 변속기 오일의 구비조건

① 점도가 낮을 것
② 비중이 클 것
③ 착화점이 높을 것
④ 내산성이 클 것
⑤ 유성이 좋을 것
⑥ 비점이 높을 것
⑦ 융점이 낮을 것
⑧ 마찰계수가 클 것
⑨ 점도지수 변화가 적을 것
⑩ 방청성이 클 것
⑪ 저온 유동성이 좋을 것
⑫ 윤활성이 클 것
⑬ 기포가 생기지 않을 것

(2) 자동 변속기 오일점검 방법

① 자동차를 평탄한 곳에 주차시킨다.
② 변속 레버를 P레인지에 위치시키고 주차 브레이크를 작동시킨 후 엔진 시동을 건다.
③ 변속기 오일의 온도가 정상 작동 온도(80℃±10℃)가 되도록 공회전시킨다.
④ 변속 레버를 움직여 각 레인지 별로 2~3회 작동시켜 클러치나 서보 등에 오일을 채운 후 P나 N레인지 위치에 놓는다.
⑤ 오일 레벨 게이지를 빼내어 깨끗이 닦는다.
⑥ 다시 설치하여 빼낸 후 오일량은 HOT 위치에 있으면 정상이다.
⑦ 오일이 부족하여 보충할 경우 자동 변속기 오일(ATF)을 사용한다.

(3) 자동 변속기 오일량이 부족할 때 발생되는 현상

① 회로에 기포가 발생된다.(오일량이 많아도 발생)
② 다판 클러치가 슬립을 발생한다.
③ 브레이크 밴드가 슬립을 발생한다.
④ 유체 클러치 또는 토크 컨버터의 작용이 불량하다.

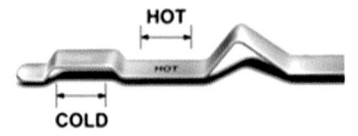

오일 레벨 게이지

(4) 자동 변속기의 오일 색깔

① 정   상 : 투명도가 높은 붉은 색
② 갈   색 : 고온에 의한 오일의 열화
③ 검은색 : 클러치 판의 마멸, 분말에 의한 오일의 오손, 부싱 및 기어가 마모된 경우
④ 백   색 : 수분이 유입된 경우

(5) 스톨 테스트

자동 변속기 차량에서 선택 레버를 D 레인지 또는 N레인지에서 스로틀 밸브를 완전히 개방시켰을 때 엔진의 최대 회전 속도를 측정하여 토크 컨버터의 동력전달 기능, 오버런닝 클러치의 작동과 트랜스 액슬 클러치류와 브레이크류의 체결 성능을 점검하는 것을 말한다. 스톨 테스트할 때 가속 페달을 밟는 시간은 몇 5초 이내이어야 한다.

① 스톨 테스트하는 방법
  ㉮ 변속기 오일의 온도가 정상 작동 온도(80℃±10℃)로 한 후 측정한다.
  ㉯ 브레이크 페달을 밟고 변속 레버를 D위치나 R위치에 두고 한다.
  ㉰ 브레이크 페달을 밟고 가속 페달을 최대한 밟은 후 엔진 rpm을 읽는다.
  ㉱ 측정 중 안전사고에 대비하여 차량의 앞·뒤에는 사람이 없도록 한다.
  ㉲ 변속 레버를 D위치나 R위치에 두고 엔진 최대 회전수로 이상여부를 판단한다.
  ㉳ 엔진 회전수가 2,000~2,600rpm보다 낮으면 원인은 엔진의 출력 부족이 원인이다.
  ㉴ 변속 레버를 D위치나 R위치에 두고 가속 페달을 최대한 밟은 상태에서 엔진 회전수가 2,000~2,600rpm보다 높으면 원인은 자동 변속기 이상이다.

(6) 자동 변속기 오일의 압력이 낮은 원인

① 오일 필터가 막히거나 오일 펌프가 마모되었을 때
② 밸브 바디의 조임부가 풀렸거나 릴리프 밸브 스프링의 장력이 약하다.

7. 주행 속도

$$V = \frac{\pi \times D \times R \times 60}{rt \times rf \times 1,000}, \quad V = \frac{\pi \times D \times R \times 60}{1,000}$$

V : 자동차의 속도(km/h), R : 엔진 회전수(rpm), D : 타이어의 지름(m)
rt : 변속비, rf : 종 감속비

$$가속도 = \frac{(나중\ 속도 - 처음\ 속도)}{주행\ 시간(sec)}, \quad 속도 = \frac{주행거리}{시간}(km/h)$$

8. 구동력

$$T = r \times F(kgf-m), \quad F = \frac{T}{r}(kgf), \quad r = \frac{T}{F}(m)$$

T : 회전력(kgf-m), r : 바퀴의 반경(m), F : 구동력(kgf)

9. 주행 저항

(1) 구름 저항

타이어가 노면을 굴러갈 때 타이어의 마찰이나 변형에 의해 발생되는 저항

$$Rr = \mu r \times W$$

Rr : 구름 저항(kgf), μr : 구름 저항 계수, W : 차량 총 중량(kgf)

(2) 공기 저항

자동차가 주행할 때 진행하는 방향과 반대쪽의 풍압 또는 공기력.

$$Ra = \mu a \times A \times V^2$$

Ra : 공기 저항(kgf), A : 전면 투영면적(m²)
μa : 공기 저항계수, V : 주행 속도(km/h)

(3) 등판 저항(구배 저항)

언덕길을 올라갈 때 중력에 의해서 전진을 방해하는 저항.

$$Rg = \frac{W \times G}{100} = W \times \tan\alpha$$

Rg : 구배 저항(kgf), W : 차량 총 중량(kgf), G : 구배율(%), $\tan\alpha$: 구배각도

(4) 가속 저항

자동차를 가속할 때 필요한 힘.

$$Ri = \frac{(W + W') \times \alpha}{g}$$

Ri : 가속 저항(kgf).　W : 차량 총 중량(kgf).　W' : 회전부분 상당 중량(kgf)
g : 중력 가속도(9.8m/sec²).　α : 가속도(m/sec²)

(5) 전 주행 저항

전 주행 저항 = 구름 저항 + 공기 저항 + 구배 저항 + 가속 저항

Chapter 04

드라이브 라인

1. 오버 드라이브

(1) 오버 드라이브의 특징

① 엔진의 여유 출력을 이용하여 추진축의 회전 속도를 엔진의 속도보다 빠르게 한다.
② 자동차의 속도가 40km/h에 이르면 작동한다.
③ 오버 드라이브 발전기의 출력이 8.5V가 되면 작동한다.
④ 오버 드라이브 주행은 평탄로에서 작동한다.

(2) 오버 드라이브의 장점

① 엔진의 회전 속도를 30% 낮추어도 자동차는 주행 속도를 유지한다.
② 엔진의 회전 속도가 같으면 자동차의 속도가 30% 정도 빠르다.
③ 평탄로 주행 시 약 20% 정도의 연료가 절약된다.
④ 엔진의 운전이 정숙하다.

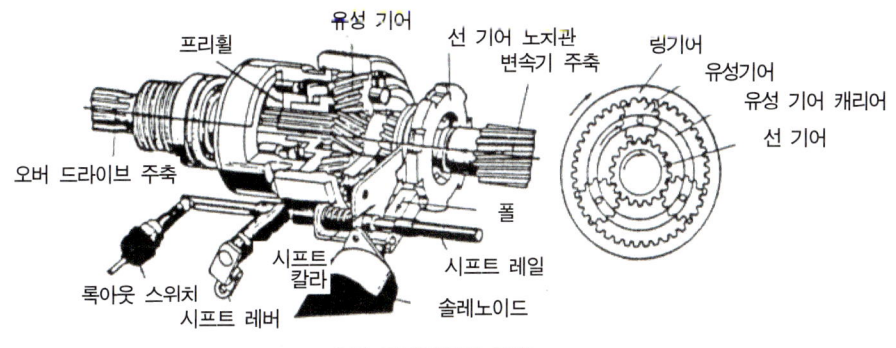

오버 드라이버의 구성

(3) 오버 드라이브의 단점

① 차량의 중량이 증가한다.
② 구조가 복잡하고 가격이 비싸다.

(4) 오버 드라이브 기구

① 변속기와 추진축 사이에 설치되어 있다.
② 유성 기어 장치(선 기어, 유성 기어, 링 기어, 유성 기어 캐리어)를 이용한다.
③ 유성 기어 캐리어 : 유성 기어를 지지하며, 변속기 주축의 스플라인에 설치된다.
④ 선 기어 : 변속기 주축에 베어링을 사이에 두고 설치되어 보통 때에는 공전한다.
⑤ 링 기어 : 안쪽에는 유성 기어와 물리고 뒤쪽은 추진축과 연결되어 있다.
⑥ 프리 휠링 : 한쪽 방향으로만 회전력을 전달한다.
 ㉮ 오버 드라이브 주행
  ㉠ 오버 드라이브가 들어가기 전과 오버 드라이브를 해제시켜 관성으로 주행하는 것
  ㉡ 추진축의 회전력이 엔진에 전달되지 않는다.
  ㉢ 엔진 브레이크가 작동되지 않는다.
  ㉣ 유성 기어는 공전한다.
⑦ 오버 드라이브 주행 : 선 기어를 고정하고 유성 기어 캐리어를 회전시키면 링 기어는 오버 드라이브 주행이 된다. 선 기어를 고정하고 링 기어를 회전시키면 유성 기어 캐리어는 링 기어보다 천천히 회전한다.

2. 드라이브 라인(drive line)

(1) 역 할

① 변속기와 종감속 장치 사이에 설치되어 변속기의 출력을 구동축에 전달한다.
② 드라이브 라인은 자재 이음, 슬립 이음, 추진축으로 구성되어 있다.

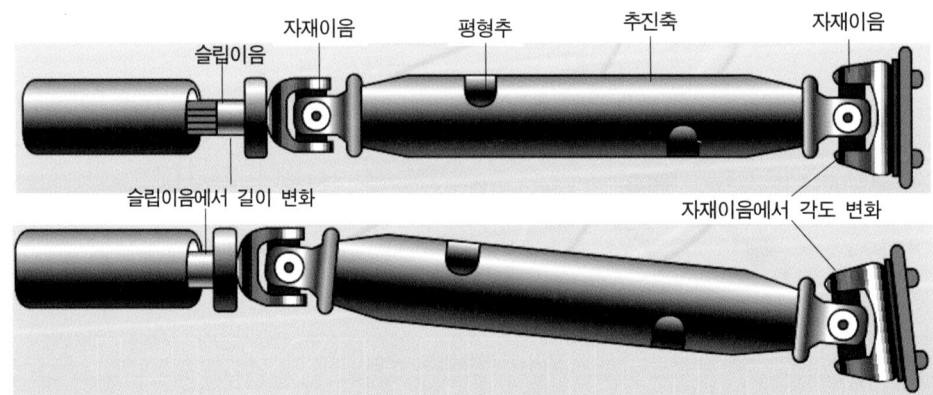

추진축 구조 및 작동

③ 자재 이음(유니버설 조인트) : 두 축이 일직선상에 있지 않고 어떤 각도를 가진 두 개의 축 사이에 동력을 전달할 때 사용하여 드라이브 각도의 변화를 가능케 한다.

④ 슬립 이음(슬립 조인트) : 추진축 길이의 변화를 가능하게 하기 위하여 사용되며, 뒤차축의 상하 운동을 할 때 추진축의 길이 변화를 가능케 한다.

(2) 자재 이음의 종류
① 십자형 자재 이음 : 십자형 자재 이음은 변속기 출력축이 1회전하면 추진축도 1회전하나 요크의 각속도는 구동축이 등속도 회전을 하여도 피동축은 90° 마다 증속 2회와 감속 2회를 한다.
② 플렉시블 이음 : 플렉시블 이음에 양축의 경사각이 3~5° 이상이면 진동을 일으키고 전달 효율이 저하된다.
③ 볼 앤드 트러니언 이음 : 십자형의 자재 이음보다 마찰이 많아 전달 효율이 낮다.
④ CV 자재 이음
  ㉮ 추진축은 경사각이 작을수록 좋으나 전륜(FF) 자동차 또는 뒷바퀴(RR) 구동 자동차에서 사용한다.
  ㉯ 구조상 설치 각이 커지므로 파동축의 회전 각 속도가 일정치 않아 진동이 발생되는 것을 방지하기 위해 이용한다.
  ㉰ 설치 경사각은 29~30° 이다.
  ㉱ 종류에는 트랙터형, 벤딕스 와이스형, 제파형, 버필드형(제파형을 개량), 파르빌레형이 있으며, 승용차량에는 파르빌레형이 많이 사용된다.

(3) 비틀림 댐퍼(torsional damper)
비틀림 댐퍼는 중심 베어링 뒤에 설치되어 추진축의 비틀림 진동을 흡수한다.

(4) 센터 베어링(center bearing)
센터 베어링은 앞뒤 추진축의 중간을 지지하는 것으로서 베어링을 앞 추진축 뒤끝에 설치하고 고무 부싱으로 감싸 자체에 고정시키고 있다.

(5) 추진축(propeller shaft)
변속기로 빠져나온 동력을 종감속 기어로 전달하는 기능을 하며 후륜 자동차에만 장착한다.
① 추진축이 진동하는 원인
  ㉠ 중간 베어링이 마모된 경우
  ㉡ 슬립 이음의 스플라인부가 마모
  ㉢ 추진축이 휘었거나 밸런스 웨이트가 떨어진 경우
  ㉣ 구동축과 피동축의 요크 방향이 다른 경우
  ㉤ 종감속 기어 장치의 플랜지와 체결 볼트의 조임이 헐겁다.
  ㉥ 십자축 베어링이 마모된 경우

Chapter 05

종감속·차동 장치

1. 종감속 기어 장치

(1) 기 능
① 회전력을 직각 또는 직각에 가까운 각도로 바꾸어 차축에 전달한다.
② 회전 속도를 감속하여 회전력을 증대시킨다.

(2) 종감속 기어의 종류
① 웜과 웜기어
② 스퍼 베벨 기어
③ 스파이럴 베벨 기어
④ 하이포이드기어(스파이럴 베벨 기어의 옵셋(편심) 기어)
　㉮ 구동 피니언의 옵셋(편심) 량은 링 기어 직경의 10~20%이다.
　㉯ 구동 피니언의 옵셋에 의해 추진축의 높이를 낮게 할 수 있다.
　㉰ 바닥이 낮게 되어 거주성이 향상된다.
　㉱ 자동차의 전고가 낮아 안전성이 증대된다.
　㉲ 구동 피니언을 크게 할 수 있어 강도가 증가되고 기어의 물림율이 크다.
　㉳ 하이포이드기어에 사용하는 기어오일은 극압 윤활유를 사용한다.
　㉴ 윤활유로는 SAE 80, SAE 90, SAE 140 또는 API 분류의 GL-4와 GL-5를 사용한다.

(3) 종감속비
① 종감속 기어는 링 기어와 구동 피니언으로 구성되어 있다.
② 종감속 기어의 감속비는 차량의 중량, 등판 성능, 엔진의 출력, 가속 성능 등에 따라 결정된다.

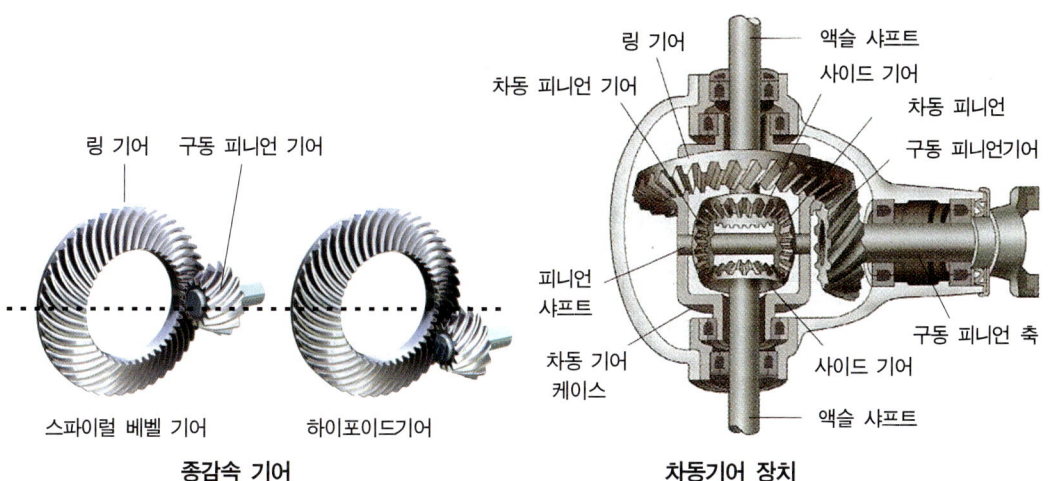

③ 종감속비가 크면 등판 성능 및 가속 성능은 향상되고 고속 성능은 저하된다.
④ 종감속비가 작으면 등판 성능 및 가속 성능은 저하되고 고속 성능은 향상된다.
⑤ 종감속비는 나누어지지 않는 값으로 정하여 특정 이가 물리는 것을 방지하여 이의 마멸을 고르게 한다.
⑥ 종감속비 = $\dfrac{\text{링 기어 잇수}}{\text{구동 피니언 잇수}}$ = $\dfrac{\text{추진축 회전수}}{\text{액슬축 회전수}}$
⑦ 총감속비 = 변속비 × 종감속비

(4) 링 기어와 구동 피니언 접촉상태

① 정상 접촉 : 광명단(인주)을 이용하여 점검 시 3/4이상 접촉해야 정상이다.
② 힐 접촉의 수정 : 구동 피니언을 안으로 밀어 넣어 수정한다.
③ 토우 접촉의 수정 : 구동 피니언을 밖으로 빼서 수정한다.
④ 페이스 접촉의 수정 : 구동 피니언을 안으로 밀어 넣어 수정한다.
⑤ 플랭크 접촉의 수정 : 구동 피니언을 밖으로 빼서 수정한다.

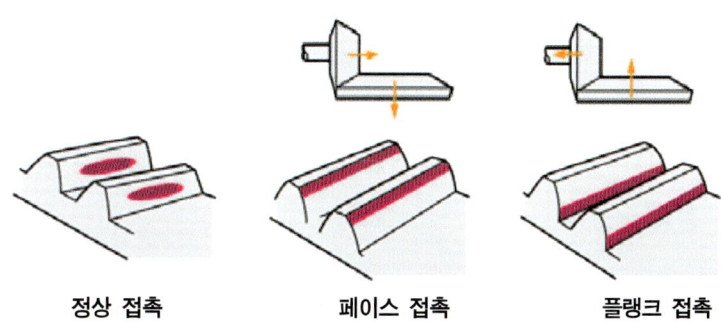

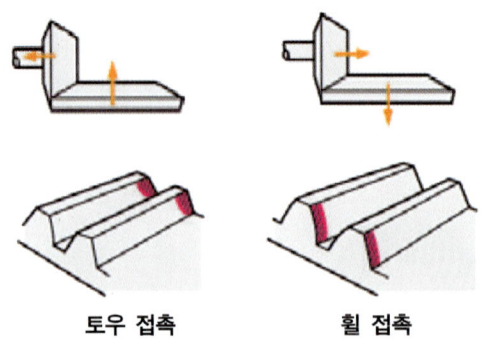

토우 접촉   힐 접촉

2. 차동기어 장치

(1) 기 능

① 회전할 때 안쪽 바퀴보다 바깥쪽 바퀴의 회전수를 빠르게 하여 원활하게 이루어지도록 한다.
② 차동기어 장치는 래크와 피니언의 원리를 이용하여 좌우 바퀴의 회전수를 변화시킨다.
③ 차동 기어 장치에서 링 기어와 항상 같은 속도로 회전하는 것은 차동 기어 케이스이다.
④ 요철 노면을 주행할 경우 양쪽 바퀴의 회전수를 변화시켜 원활한 주행이 이루어지도록 한다.

(2) 구 성

① 차동기어 케이스 : 링 기어와 동일한 회전을 한다.
② 피니언 축 : 피니언 기어를 지지한다.
③ 피니언 기어 : 직진 시 공전하고 선회 시 자전하며 사이드 기어의 회전수를 변화시킨다.
④ 사이드 기어 : 피니언 기어와 맞물려 회전하며 스플라인은 구동축과 접속된다.
④ 직진 시에는 좌우의 사이드 기어가 동일 회전수로 기어 케이스와 함께 회전한다.

> **참 고**
>
> 차동 기어의 동력 전달 순서는 구동 피니언 축→구동 피니언 기어→링 기어→차동 기어 케이스→차동 피니언 축→차동 피니언 기어→사이드 기어→액슬축→구동 바퀴 순으로 이루어진다.

(3) 차동기어 장치 점검

① 링 기어의 흔들림 측정은 다이얼 게이지로 한다.
② 링 기어와 피니언의 접촉 점검은 광명단(인주)을 발라 검사한다.

③ 구동 피니언과 링 기어의 물림을 점검할 때 이의 접촉이 3/4이상 접촉해야 정상이다.
④ 차동기어 케이스 내에 오일량이 과다하면 오일이 브레이크 드럼 내로 들어갈 수 있다.

3. 액슬축

안쪽 끝 부분의 스플라인은 사이드 기어 스플라인과 결합되어 있고 바깥쪽 끝 부분은 구동바퀴와 결합되어 있다.

(1) 액슬축 지지 방식
① 반부동식
② 3/4 부동식
③ 전부동식 : 액슬축이 외력을 받지 않고 동력만을 전달하며 바퀴를 떼어 내지 않고 액슬축을 분해할 수 있다.

4. 차동제한 장치(LSD : Limited-Slip Differential)

(1) 기 능
① 주행 중 한쪽 바퀴가 진흙탕에 빠진 경우에 차동 피니언 기어의 자전을 제한한다.
② 노면에 접지된 바퀴와 진흙탕에 빠진 바퀴 모두에 엔진의 동력을 전달하여 주행할 수 있도록 한다.

(2) 특 징
① 미끄러운 노면에서 출발이 용이하다.
② 요철 노면을 주행할 때 자동차의 후부 흔들림이 방지된다.
③ 가속, 커브길 선회 시에 바퀴의 공전을 방지한다.
④ 타이어 슬립을 방지하여 수명이 연장된다.

5. 4륜(전륜) 구동 장치(4WD)

4륜 구동(4WD : Four Wheel Drive)은 네 바퀴에 동시에 엔진의 동력이 전달되는 방식을 말하며, 구동 방식에 따라 선택 치합식(part time 4WD)과 상시 4륜식(full time 4WD)으로 분류한다.

(1) 4륜 구동 장치의 장점

① 추진력이 월등하므로 비포장 도로와 같은 험로, 경사가 아주 급한 도로 및 노면이 미끄러운 도로를 주행할 때 성능이 뛰어나다.
② 부드러운 출발, 가속 성능 및 고속 주행 시 직진 안정성이 향상된다.
③ 코너를 빠져나오며 엑셀을 밟을 때도 어느 한 바퀴에 힘이 몰리지 않아 안정적으로 주행할 수 있다.
④ 빗길이나 눈길의 도로 주행 시 안정성을 향상시킨다.

Chapter 06

현가 장치

1. 목 적

① 주행 중 노면에서 발생되는 충격이나 진동을 완화한다.
② 승차감 및 자동차의 안전성을 향상시킨다.

2. 판 스프링(leaf spring)

판 스프링은 얇고 긴 강판을 여러 장 겹쳐서 중심 볼트와 리바운드 클립으로 묶어서 만든 것으로 버스나 트럭에 사용한다. 양쪽 아이에 섀클 핀을 연결해서 차체나 프레임에 설치되고 일체식 차축에 사용된다.

(1) 판 스프링의 구조

① 스팬 : 스프링의 아이와 아이의 중심거리.
② 아이 : 1번 스프링의 양 끝부분에 설치된 구멍.
③ 캠버 : 스프링의 휨 양.
④ 센터 볼트 : 스프링의 위치를 맞추기 위한 볼트, 판 스프링 중앙 부분은 U볼트로 체결되어 있다.
⑤ 닙 : 스프링의 양끝이 휘어진 부분
⑥ 섀클 : 스팬의 길이를 변화시키는 역할을 하며, 판 스프링은 차체나 프레임에 설치한다.

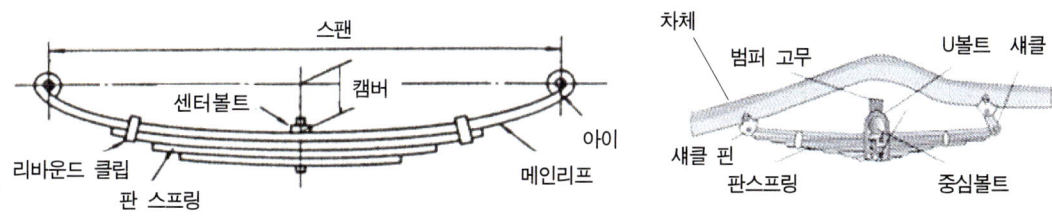

판 스프링의 구조

⑦ U-볼트: 차축과 판 스프링 사이를 고정

(2) 판 스프링의 장단점

① 자체의 강성에 의해 액슬 하우징을 정위에 지지할 수 있으므로 구조가 간단하다.
② 큰 진동을 잘 흡수하여 버스나 트럭에 사용한다.
③ 작은 진동을 잘 흡수하지 못한다.
④ 강판 사이의 마찰에 의해 진동을 흡수하기 때문에 마모 및 소음이 발생한다.
⑤ 판 사이의 마찰에 의해 진동을 흡수하기 때문에 승차감이 떨어진다.

3. 코일 스프링(coil spring)

코일 스프링은 스프링 강의 둥근 막대를 코일 모양으로 감아서 만든 것으로 독립현가 장치에서 많이 사용된다. 차축을 지지할 때에는 링크 기구와 쇽업소버가 필요하기 때문에 현가장치의 구조가 복잡하다.

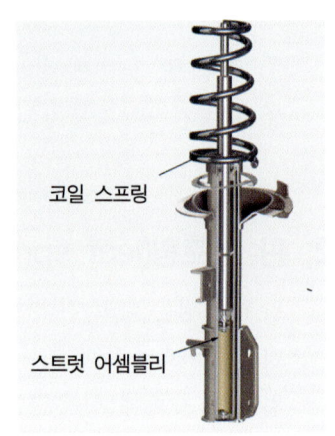

(1) 코일 스프링의 장단점

① 단위 중량당 에너지 흡수율이 판 스프링보다 크고 유연하기 때문에 승용차에 사용한다.
② 판 스프링보다 승차감이 우수하다.
③ 코일 사이에 마찰이 없기 때문에 진동의 감쇠작용이 없고 옆 방향에서 받는 힘에 대한 저항력도 없다.
④ 차축을 지지할 때에는 링크 기구와 쇽업소버가 필요하기 때문에 현가장치의 구조가 복잡하다.

4. 토션 바 스프링(torsion bar spring)

토션 바 스프링은 스프링 강으로 만든 가늘고 긴 막대 모양의 것으로 비틀림 탄성을 이용한 것이다. 한 쪽 끝을 차축에 고정하고 다른 한 쪽 끝을 프레임에 고정한다. 좌, 우측의 표시가 되어 있으며, 스프링의 장력은 바의 길이와 단면적에 의해 정해진다.

(1) 토션 바 스프링의 장단점

① 단위 무게에 대한 에너지 흡수율이 다른 스프링에 비해 크다.

② 스프링보다 가볍고 구조가 간단하다.
③ 작은 진동 흡수가 양호하여 승차감이 좋다.
④ 진동의 감쇠작용이 없어 쇽업소버를 병용하여야 한다.
⑤ 스프링의 힘은 바의 길이에 반비례하고 단면적에 비례한다.
⑥ 가로 또는 세로로 자유로이 설치할 수 있다.

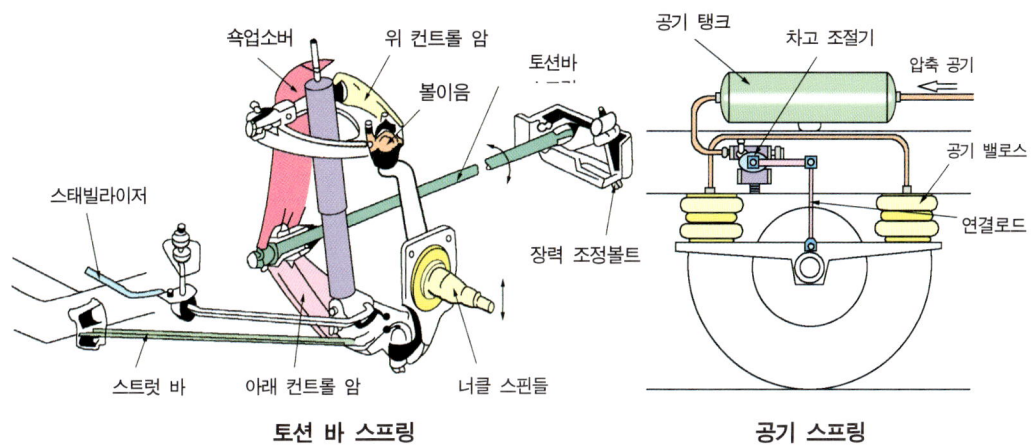

토션 바 스프링 공기 스프링

5. 공기 스프링(air spring)

(1) 공기 스프링의 장점

① 하중의 증가에 관계없이 고유 진동수는 거의 일정하게 유지된다.
② 자체에 감쇠성이 있기 때문에 작은 진동을 흡수한다.
③ 하중에 변화에 관계없이 자세의 높이(차고)를 일정하게 유지되며 차량의 전후, 좌우의 기울어짐을 방지한다.
④ 스프링의 세기가 하중에 비례하여 변화되기 때문에 승차감의 변화가 없다.
⑤ 하중에 변화에 따라 스프링 정수가 자동으로 변화한다.
⑥ 고주파 진동을 잘 흡수한다.
⑦ 승차감이 좋으며, 진동의 완화에 의해 차량의 수명이 길어진다.

(2) 공기 스프링의 단점

① 공기 압축기, 레벨링 밸브(공기 압력을 하중에 따라 조정) 등이 설치되기 때문에 구조가 복잡하고 제작비가 비싸다.
② 액슬 하우징을 지지하기 위한 링크 기구가 필요하다.
③ 옆 방향의 작용력에 대한 강성이 없고 소형차에는 사용할 수 없고 일부 고급차에만 적용된다.

(3) 공기 스프링의 구성

① 공기 압축기 : 엔진 회전속도의 1/2로 구동되어 공기를 압축해서 공기 탱크로 보내지고 여기서 레벨링 밸브를 거쳐 공기 스프링으로 보내진다.
② 언로더 밸브 : 공기 압축기의 흡입 밸브에 설치되어 공기 탱크 내의 압력이 8.5kgf/cm^2에 이르면 압축 작용을 정지시킨다.
③ 압력 조정기 : 공기 탱크 내의 압력이 5~7kgf/cm^2로 유지시키는 역할을 한다.
④ 공기 탱크 : 공기 탱크는 프레임의 사이드 멤버에 설치되어 압축 공기를 저장하는 역할을 한다.
⑤ 안전 밸브 : 공기 탱크 내의 압력이 7~8.5kgf/cm^2로 유지시키고 탱크의 압축 공기를 대기중으로 배출시켜 규정 압력 이상으로 상승되는 것을 방지한다.
⑥ 첵 밸브 : 공기 탱크 입구 부근에 설치되어 압축 공기의 역류를 장지하는 역할을 한다.
⑦ 레벨링 밸브 : 하중에 변화에 의해 공기 스프링 내의 공기 압력을 증감시켜 차체의 높이(차고)를 일정하게 유지시키는 역할을 한다.

6. 쇽업소버(shock absorber)

스프링이 받는 진동을 흡수 완화하여 승차감을 좋게 하기 위한 것으로 스프링이 압축되었다가 원위치로 올 때 작은 구멍을 통과하는 오일의 저항으로 진동을 감쇠시키는 단동식과 압축시킬 때도 감쇠 작용을 하는 복동식이 있다
① 주행 중 충격에 의해서 발생된 스프링의 고유 진동을 흡수한다.
② 스프링의 상하 운동 에너지를 열 에너지로 변환시킨다.
③ 스프링의 피로를 감소시킨다.
④ 로드 홀딩 및 승차감을 향상시킨다.

> **참 고**
>
> 감쇠력 : 쇽업소버를 늘릴 때나 압축할 때 힘을 가하면 그 힘에 저항하려는 힘이 더욱 강하게 작용되는 저항력
> ① 노스 업 : 자동차가 출발할 때 앞부분이 올라가는 현상.
> ② 노스 다운 : 자동차가 주행 중 제동시에 앞부분이 내려가는 현상.
> ③ 언더 댐핑 : 감쇠력이 적어 승차감이 저하되는 현상.
> ④ 오버 댐핑 : 감쇠력이 커 승차감이 저하되는 현상.

7. 스태빌라이저

① 독립 현가장치에 차체의 기울기를 방지하기 위한 일종의 토션바 스프링이다.
② 선회 시 발생되는 차체의 롤링을 방지한다.

8. 일체식 현가장치

일체식 현가장치는 일체로 된 차축의 양 끝에 바퀴가 설치되고, 차축이 스프링을 거쳐 차체에 설치된 형식을 말하며, 트럭이나 버스에서는 주로 앞차축에 사용되고 승용차에서는 뒤차축에 사용되기도 한다.

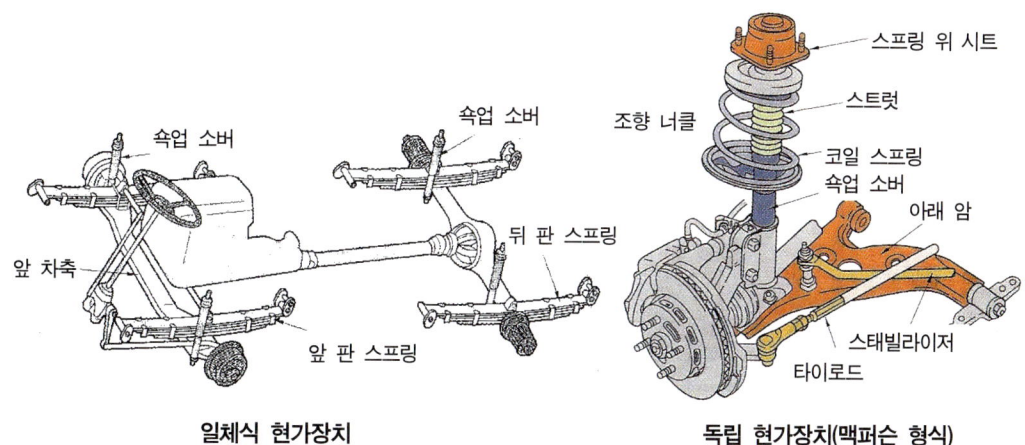

일체식 현가장치 　　　　　독립 현가장치(맥퍼슨 형식)

(1) 일체식 현가장치의 장단점

① 차축의 위치를 정하는 링크나 로드가 필요 없다.
② 구조가 간단하고 부품수가 적다.
③ 차량이 선회 시 차체가 기울기가 적다.
④ 스프링 밑 질량이 크기 때문에 승차감이 떨어진다.
⑤ 스프링 상수가 작은 것은 사용할 수 없다.
⑥ 앞 바퀴의 시미가 발생하기 쉽다.

9. 독립 현가장치

독립 현가장치는 프레임에 컨트롤 암을 설치하고, 이것에 조향 너클을 결합한 것으로 양쪽 바퀴가 서로 관계없이 독립적으로 움직이게 함으로써 승차감을 향상시킨 것으로 승용차에 많이 사용하고 있다.

(1) 독립 현가장치의 장단점

① 스프링 밑 질량이 적어 승차감이 우수하다.
② 바퀴의 시미 현상이 적어 로드 홀딩(road holding)이 우수하다.
③ 스프링 정수가 적은 것을 사용할 수 있다.
④ 차의 높이를 낮게 할 수 있어 차의 승차감 및 안전성이 향상된다.
⑤ 유연한 섀시 스프링을 사용할 수 있고 좌우 바퀴가 별개로 작동되어 승차감이 좋다
⑥ 연결 부분이 많아 구조가 복잡하게 되고 이들의 마모에 의해 바퀴의 정렬(휠 얼라이먼트)이 변하기가 쉽다
⑦ 주행할 때 바퀴가 상하로 움직이기 때문에 윤거와 정렬 상태가 변하기 때문에 타이어가 빨리 마모된다.

(2) 위시본 형식

위시본 형식은 위·아래 컨트롤 암, 조향 너클, 코일 스프링, 볼 조인트 등으로 되어 있으며 평행사변형 형식과 SLA 형식으로 되어 있다.

① 평행 사변형식 : 위, 아래 컨트롤 암의 길이가 동일하며, 윤거는 변화고 캠버는 변화가 없지만 타이어 위치가 이동하여 마모가 심하다.
② SLA 형식 : 아래 컨트롤 암이 위 컨트롤 암 보다 길고 캠버가 변화되고 윤거는 변하지 않아 타이어 마모가 감소된다.

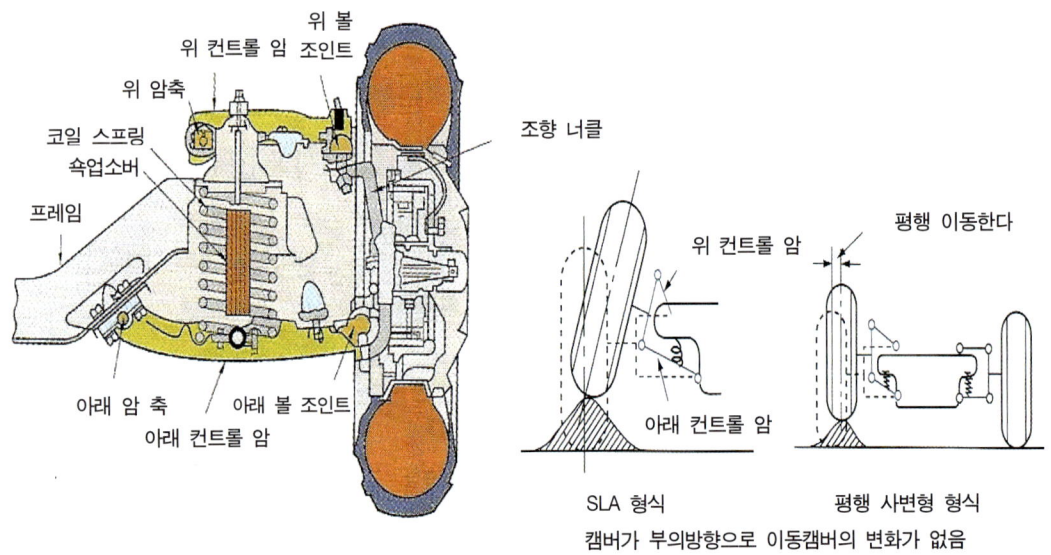

위시본 형식 현가장치

(3) 맥퍼슨(스트럿) 형식

조향 너클과 일체로 되어 있으며, 쇽업소버가 들어 있는 스트럿 및 볼 이음, 컨트롤 암, 스프링 등으로 구성되어 있다.

① 구성 부품이 적어 구조가 간단하고 고장이 적으며, 정비(보수)가 쉽다.
② 스프링 아래 하중(밑 질량)이 가벼워 로드 홀딩(접지성)이 우수하다.
③ 조향 너클과 일체로 되어 있기 때문에 엔진 룸의 유효 체적을 넓게 할 수 있다.(전륜 구동차에 많이 사용하는 이유)
④ 진동의 흡수율이 크기 때문에 승차감이 좋다.

(4) 트레일링 암 형식

트레일링 암 형식은 자동차의 뒤쪽에 1개 또는 2개의 암에 의해 바퀴를 지지하는 방식으로 트레일링 암과 코일 스프링으로 되어 있으며 자동차의 뒤 현가장치에 사용된다.

(5) 스윙 차축 형식

좌우로 분리한 차축이 독립적으로 주행과 스윙 및 현가 기능을 하는 형식으로, 주로 소형차 후륜에 적용한다. 바퀴의 상하운동에 따라 캠버와 윤거가 크게 변화된다.

10. 현가장치 정비

(1) 저속 시미의 원인

① 각 연결부의 볼 조인트가 마멸되었다.
② 링 케이지의 연결부가 미멸되어 헐겁다.
③ 타이어의 공기압이 낮다.
④ 앞바퀴 정렬의 조정이 불량하다.
⑤ 스프링의 정수가 적다.
⑥ 휠 또는 타이어가 변형되었다.
⑦ 좌, 우 타이어의 공기압이 다르다.
⑧ 조향 기어가 마모되었다.
⑨ 현가장치가 불량하다.

(2) 고속 시미의 원인

① 바퀴의 동적 불평형이다.

② 엔진의 설치 볼트가 헐겁다.
③ 추진축에서 진동이 발생한다.
④ 자재 이음의 마모 또는 급유가 부족하다.
⑤ 타이어가 변형되었다.
⑥ 보디의 고정 볼트가 헐겁다.

11. 스프링의 질량 진동

(1) 스프링 위 질량 진동

보디의 진동을 스프링 위 질량의 진동이라 한다.
① 바운싱 : 차체가 Z축 방향으로 평행하게 상하 방향으로 운동을 하는 고유 진동
② 피 칭 : 차체가 Y축을 중심으로 앞뒤 방향으로 회전 운동을 하는 고유 진동
③ 롤 링 : 차체가 X축을 중심으로 좌우 방향으로 회전 운동을 하는 고유 진동
④ 요 잉 : 차체가 Z축을 중심으로 회전 운동을 하는 고유 진동(좌우진동)

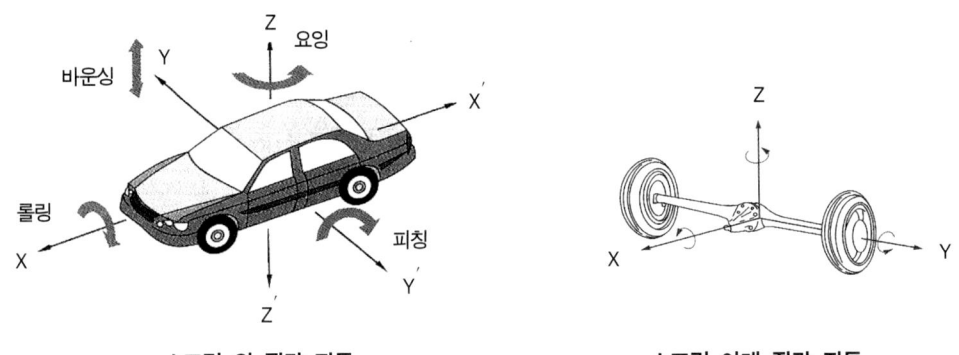

스프링 위 질량 진동　　　　　　스프링 아래 질량 진동

(2) 스프링 아래 질량 진동

차축의 진동을 스프링 아래 질량의 진동이라 한다.
① 휠 홉 : 차축이 Z축 방향으로 상하 평행 운동을 하는 진동
② 휠 트램프 : 차축이 X축을 중심으로 회전 운동을 하는 진동
③ 와인드 업 : 차축이 Y축을 중심으로 회전 운동을 하는 고유 진동

12. 뒤 차축의 구동 방식

(1) 호치키스 구동

① 판 스프링을 사용할 때 이용되는 형식
② 구동 바퀴의 추력은 스프링 끝을 통하여 차체에 전달된다.
③ 리어 엔드 토크 및 비틀림도 판 스프링이 받는다.

> **참 고**
>
> 리어 엔드 토크 : 엔진의 출력이 동력 전달장치를 통하여 구동 바퀴를 회전시키면 구동축은 그 반대 방향으로 회전하려는 힘이 작용한다. 이 작용력을 리어 엔드 토크라 한다.
> 스프링 상수 : $K = \dfrac{W}{a}$ K : 스프링 상수(kgf/mm) W : 하중(kgf) a : 변형(mm)

(2) 토크 튜브 구동

① 추진축이 토크 튜브 내에 설치되어 있고 변속기와 종감속 기어 하우징 사이에 설치되어 있다.
② 코일 스프링을 사용할 때 이용되는 형식
③ 구동 바퀴의 구동력은 토크 튜브를 통하여 차체에 전달한다.
④ 리어 엔드 토크 및 비틀림 등도 토크 튜브가 받는다.

(3) 레디어스 암 구동

① 코일 스프링을 사용할 때 이용되는 형식
② 구동 바퀴의 구동력은 2개의 레디어스 암을 통하여 차체에 전달된다.
③ 리어 엔드 토크도 및 비틀림 등도 2개의 레디어스 암이 흡수한다.

13. 전자제어 현가장치(ECS)

전자제어 현가장치(ECS : Electronic Control Suspension)는 컴퓨터, 각종 센서, 액추에이터로 구성되어 있으며, 노면의 상태, 주행 조건, 운전자의 선택 등에 의해 차고 높이 조절 기능과 스프링 상수 및 감쇠력 변환 등을 컴퓨터에 의해 자동적으로 제어되는 현가 방식이다.

(1) 특 징

① 급제동 시에 노스 다운을 방지한다.

② 급선회 시 원심력에 대한 차체의 기울기(롤링)를 방지한다.
③ 노면의 상태에 따라서 차량의 높이를 조정할 수 있다.
④ 노면의 상태에 따라서 승차감을 조절할 수 있다.

(2) 구성품

① 차속 센서 : 스프링 정수 및 감쇠력 제어에 이용하기 위해 주행 속도를 검출한다.
② 차고 센서 : 차량의 높이를 검출하여 하중과 부하에 따른 자동차의 높이를 조절하는 신호로 이용된다.
③ 조향 휠 각속도 센서 : 조향 휠의 회전각 및 각속도를 검출하여 스프링의 상수와 감쇠력을 조절하는 신호로 이용된다.
④ 스로틀 위치 센서 : 스프링의 정수와 감쇠력 제어를 위해 급 가감속의 상태를 검출한다.
⑤ 중력 센서(G센서) : 감쇠력 제어를 위해 차체의 바운싱을 검출한다.
⑥ 헤드라이트 릴레이 : 차고 조절을 위해 헤드라이트의 ON, OFF를 검출한다.
⑦ 발전기 L 단자 : 차고 조절을 위해 엔진의 시동 여부를 검출한다.
⑧ 제동등 스위치 : 차고 조절을 위해 제동 여부를 검출한다.
⑨ 도어 스위치 : 차고 조절을 위해 도어의 열림 상태를 검출하여 승하차 시에 자동차가 흔들리지 않도록 자동차의 높이를 조절하는 신호로 이용된다.
⑩ 액추에이터 : 공기 스프링 상수와 쇽업소버의 감쇠력 조절한다.
⑪ 공기 압축기 및 릴레이

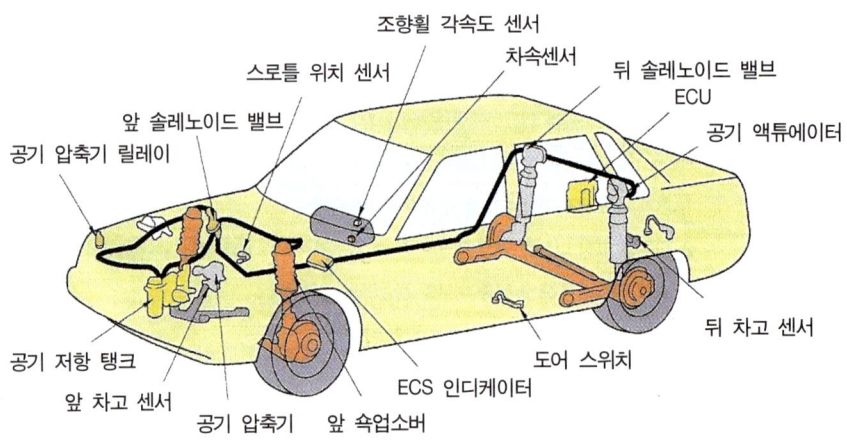

전자제어 현가장치의 구성

(3) ECU의 제어

① 스프링 상수와 감쇠력(댐핑력) 제어기능 : SOFT, HARD, AUTO

② 차고(차량의 높이) 조절 선택
③ 조향 휠의 감도 제어기능

(4) 감쇠력 및 차고 조절
① 감쇠력 조절
　㉮ SOFT : SOFT 솔레노이드 밸브가 열려 공기 액추에이터에서 공기가 배출된다.
　㉯ HARD : HARD 솔레노이드 밸브가 열려 압축 공기가 공기 액추에이터에 공급된다.
　㉰ 차고 조절 : 공기 스프링의 공기 체임버에 압축 공기를 공급하여 공기 체임버의 체적과 쇽업소버의 길이를 증가시켜 차량의 높이를 조절한다.
② 차고 조정이 정지되는 조건
　㉮ 커브 길을 급회전할 때
　㉯ 급 가속할 때
　㉰ 급 정차할 때

Chapter 07

조향 장치

1. 애커먼 장토식의 원리

조향 핸들을 회전시켰을 때 양쪽 바퀴의 너클 중심선의 연장선이 뒤차축의 연장선의 한 점에서 만난다.

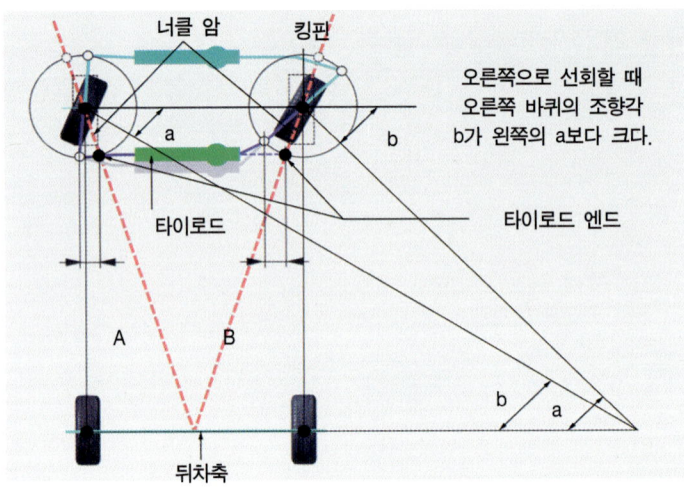

조향 원리

2. 최소 회전반경

자동차가 최대 조향각도를 유지하면서 선회할 때 앞차축의 바깥쪽 바퀴의 접지면 중심이 그리는 궤적은 원이 되는데 이
궤적의 원의 반지름을 최소 회전반경이라 하고, 안전 기준은 12m 이내로 되어 있다.

$$R = \frac{L}{\sin \alpha} + r$$

R : 최소회전반경(m)   L : 축거(m)   α : 회전 시 가장 바깥쪽 앞바퀴의 조향각
r : 바퀴 접지면 중심과 킹핀과의 거리(m)

3. 조향장치의 구비조건

① 조향 조작이 주행 중의 충격에 영향을 받지 않을 것
② 조작이 쉽고, 방향 변환이 원활하게 행해질 것
③ 회전 반지름이 작아서 좁은 곳에서도 방향 변환을 할 수 있을 것
④ 진행 방향을 바꿀 때 섀시 및 보디 각 부에 무리한 힘이 작용되지 않을 것
⑤ 고속 주행에서도 조향 핸들이 안정될 것
⑥ 조향 핸들의 회전과 바퀴 선회 차이가 크지 않을 것
⑦ 수명이 길고, 조작이나 정비하기가 쉬울 것

4. 조향장치의 구조

독립현가의 조향기구 - 조향기어, 피트먼 암, 중심링크, 중심링크, 타이로드로 구성되어 있으며 조향 장치의 동력전달 순서는 조향 핸들→조향 축→조향 기어 박스→섹터 축 →피트먼 암 순이다.

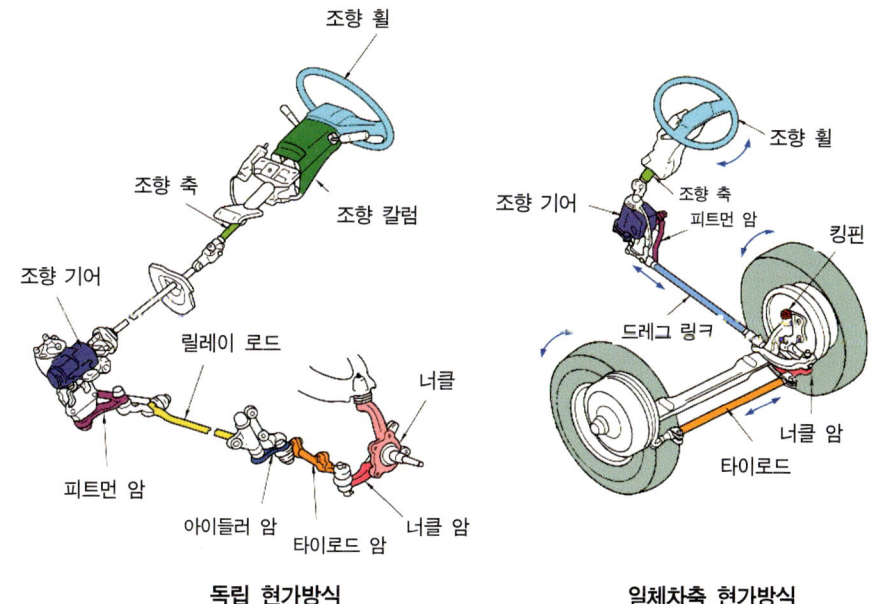

독립 현가방식   일체차축 현가방식

① 조향 핸들(휠) : 운전자의 조작력을 조향 축에 전달하는 역할을 한다.
② 조향 축 : 핸들의 조작력을 조향 기어 박스에 전달하는 역할을 한다.
③ 조향기어 : 핸들의 회전을 감속하여 조작력을 증대시킴과 동시에 운동방향을 변환시키는 역할을 한다.

㉮ 조향기어의 조건
  ㉠ 가역식 : 앞바퀴로 핸들을 회전시킬 수 있는 형식.
  ㉡ 반가역식 : 바퀴의 운동을 일부만 전달하는 형식.
  ㉢ 비가역식 : 앞바퀴로 핸들을 회전시킬 수 없는 형식
㉯ 조향 기어의 종류 : 웜 섹터형, 웜 섹터 롤러형, 볼 너트형, 웜 핀형, 스크루 너트형, 스크루 볼형, 랙과 피니언형, 볼 너트 웜 핀형.
㉰ 조향 기어비 : $\dfrac{\text{조향 휠의 회전각도}}{\text{피트먼 암의 회전각도}}$
  ㉠ 조향 기어비가 크게 하면 조향 조작력이 가벼우나 조향 조작이 늦어지고, 충격이 조향 핸들에 전달되지 않으므로 마모되기 쉽다.
  ㉡ 조향 기어비를 작게 하면 조향 조작이 신속하게 이루어지나 조작이 무겁다.
  ㉢ 조향 기어비 - 소형차 10~15 : 1, 중형차 15~20 : 1, 대형차 20~30 : 1

④ 조향 링키지
  ㉠ 피트먼 암 : 섹터 축의 회전 운동을 원호 운동으로 변환하여 드래그 링크에 전달한다.
  ㉡ 드래그 링크 : 피트먼 암의 원호 운동을 직선 운동으로 변환하여 조향 너클 암에 전달한다.
  ㉢ 조향 너클 암 : 드래그 링크의 직선 운동을 조향 너클 스핀들에 전달한다.
  ㉣ 타이로드 : 좌우의 조향 너클 스핀들을 동시에 회전시키는 역할을 하며, 타이로드를 풀거나 조이면 토인을 조정할 수 있다.

⑤ 조향 너클 : 앞 차축 좌우에 킹핀으로 설치되어 있고, 액슬 샤프트나 허브가 설치되는 스핀들부로 구성되어 구동과 조향 기능을 하는 장치를 일컫는다. 제동 시나 주행 시에는 노면 충격과 수평·수직 하중을 받는 부분이다.
  ㉮ 조향 너클 지지 방식
    ㉠ 엘리옷형 : 차축의 양끝이 요크로 되어 있고 그 속에 조향 너클이 끼워짐
    ㉡ 역 엘리옷형 : 조향 너클이 요크로 되어 있고 그 속에 T자형의 차축이 설치된다.
    ㉢ 마몬형 : 차축 위에 조향 너클이 설치된 형식으로 차체를 낮출 수 있다.
    ㉣ 르모앙형 : 차축아래에 조향 너클이 설치된 형식으로 차체가 높아 트랙터 및 특수차량에 사용된다.

5. 조향장치의 정비

(1) 조향 핸들 유격이 크게 되는 원인
① 조향 링키지의 볼 이음 접속 부분의 헐거움 및 볼 이음이 마모되었다.
② 조향 너클이 헐겁다.
③ 조향기어의 백래시가 크다.

④ 앞바퀴 베어링이 마모되었다.
⑤ 피트먼 암의 헐거움
⑥ 조향 링키지의 접속부가 헐겁다.

(2) 주행 중 핸들이 흔들리는 원인

① 조향 핸들 유격이 과대할 때
② 휠 얼라인먼트가 불량할 때(트램핑)
③ 휠의 정적 언밸런스일 때
④ 타이어의 공기압이 적을 때
⑤ 스테빌라이저의 작동이 불량할 때
⑥ 쇽업소버의 작동이 불량할 때

(3) 브레이크 작동 시 핸들이 한쪽으로 쏠리는 원인

① 타이어 공기압이 같지 않다.
② 라이닝의 접촉이 불량하다.
③ 브레이크의 조정이 불량하다.
④ 스테빌라이저 바가 절손되었다.

(4) 주행 중 조향 핸들이 쏠리는 원인

① 좌우의 축거가 다르다.
② 좌우 타이어 공기압이 같지 않다.
③ 바퀴 얼라인먼트의 조정 불량
④ 앞차축 한쪽의 현가 스프링이 절손되었다.
⑤ 좌우의 캠버가 같지 않다.
⑥ 뒤차축이 차의 중심선에 대하여 직각이 되지 않는다.

6. 동력 조향장치

(1) 동력 조향장치의 장점

① 적은 힘으로 조향 조작을 할 수 있다.
② 조향 기어비를 조작력에 관계없이 선정할 수 있다.
③ 노면의 충격을 흡수하여 핸들에 전달되는 것을 방지한다.
④ 앞바퀴의 시미 모션을 감쇄하는 효과가 있다.

(2) 동력 조향장치의 단점

① 구조가 복잡하고 값이 비싸다.
② 고장이 발생하면 정비가 어렵다.
③ 오일펌프 구동에 엔진의 출력이 일부 소비된다.

(2) 종 류

① 링키지형 : 동력 실린더를 조향 링케이지 중간에 설치한 형식.
② 일체형 : 동력 실린더를 조향 기어 박스 내부에 설치된 형식

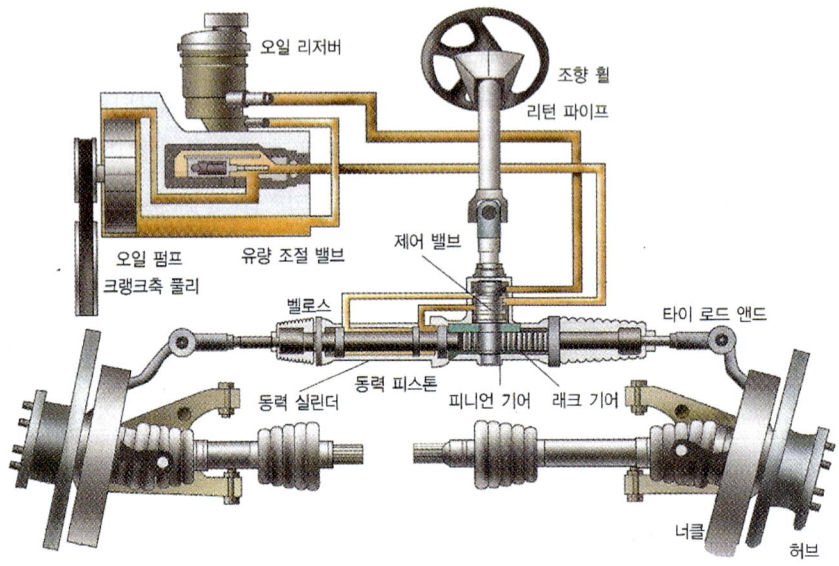

동력 조향 기구(링키지형)

(3) 구성품

① 작동부 : 동력 실린더와 동력 피스톤으로 보조력을 발생한다.
② 제어부 : 오일 통로를 개폐한다.
③ 동력부 : 유압을 발생하는 오일 펌프
　㉮ 유량 제어 밸브 : 최고 유량을 조절한다.
　㉯ 압력 조절 밸브 : 최고 유압을 제어한다.
④ 안전 첵 밸브 : 고장 시 수동 조작을 가능케 한다.

(4) 동력 조향장치의 유압이 낮은 원인

① 펌프의 구동 벨트가 헐겁다.　② 제어 밸브가 교착되었다.
③ 압력 조절 밸브가 교착되었다.　④ 오일이 누출된다.

(5) 동력 조향 핸들이 무거운 원인

① 오일 라인에 공기가 유입되었다.　② 오일 펌프의 유압이 낮다.
③ 타이어의 공기압이 낮다.

Chapter 08

전차륜 정렬

1. 얼라인먼트의 요소

① 조향 핸들의 조작을 작은 힘으로 쉽게 할 수 있도록 한다.
② 조향 핸들의 조작을 확실하게 하고 안전성을 준다.
③ 조향 핸들에 복원성을 준다.
④ 타이어의 마멸을 최소로 한다.

2. 캠버

① 앞바퀴를 앞에서 보았을 때 타이어 중심선이 수선에 대해 0.5 ~ 1.5° 의 각도를 이룬 것
② 정의 캠버 : 타이어의 중심선이 수선에 대해 바깥쪽으로 기울은 상태
③ 부의 캠버 : 타이어의 중심선이 수선에 대해 안쪽으로 기울은 상태

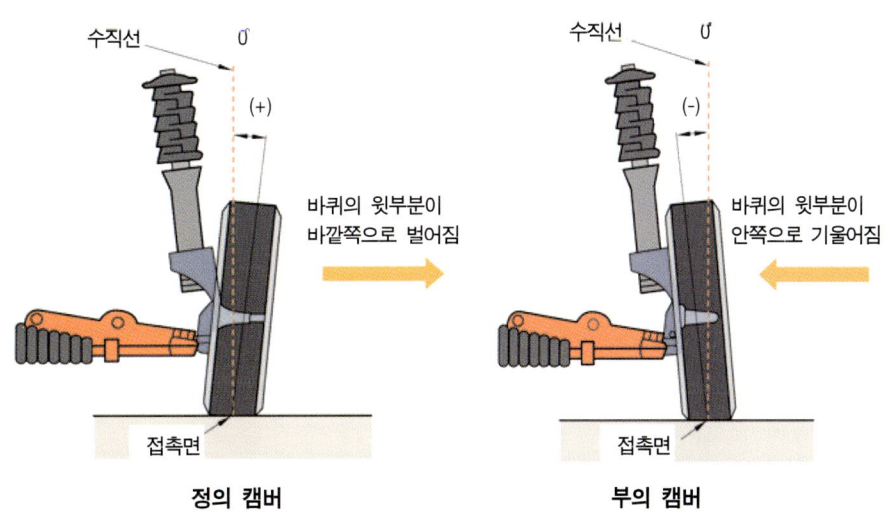

정의 캠버　　　　　　　　　부의 캠버

④ 0의 캠버 : 타이어 중심선과 수선이 일치된 상태

⑤ 필요성
  ㉮ 조향 핸들의 조작을 가볍게 한다.
  ㉯ 수직 방향의 하중에 의한 앞 차축의 휨을 방지한다.
  ㉰ 바퀴가 허브 스핀들에서 이탈되는 것을 방지한다.
  ㉱ 바퀴의 아래쪽이 바깥쪽으로 벌어지는 것을 방지한다.

3. 캐스터

① 앞바퀴를 옆에서 보았을 때 킹핀의 중심선이 수선에 대해 1~3°의 각도를 이룬 것
② 정의 캐스터 : 킹핀의 상단부가 뒤쪽으로 기울은 상태.
③ 부의 캐스터 : 킹핀의 상단부가 앞쪽으로 기울은 상태.
④ 필요성
  ㉮ 주행 중 바퀴에 방향성(직진성)을 준다.
  ㉯ 조향하였을 때 직진 방향으로 되돌아오는 복원력이 발생한다.

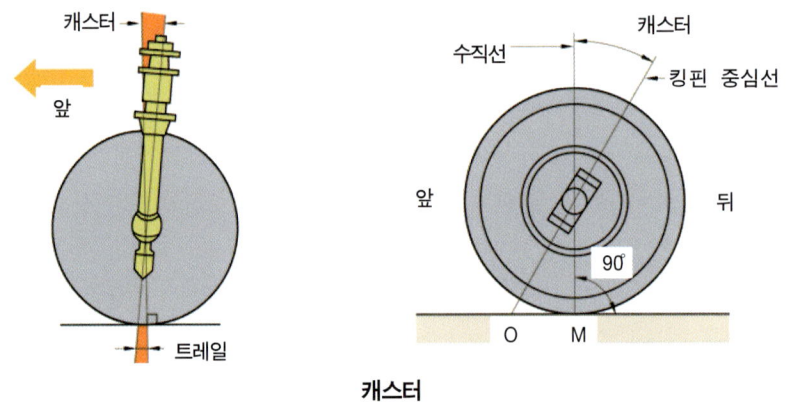

캐스터

4. 킹핀 경사각

① 앞바퀴를 앞에서 보았을 때 킹핀의 중심선이 수선에 대해 5~8°의 각도를 이룬 것
② 필요성
  ㉮ 캠버와 함께 조향 핸들의 조작력을 작게 한다.
  ㉯ 바퀴의 시미 현상을 방지한다.
  ㉰ 앞바퀴에 복원성을 주어 직진 위치로 쉽게 되돌아가게 한다.

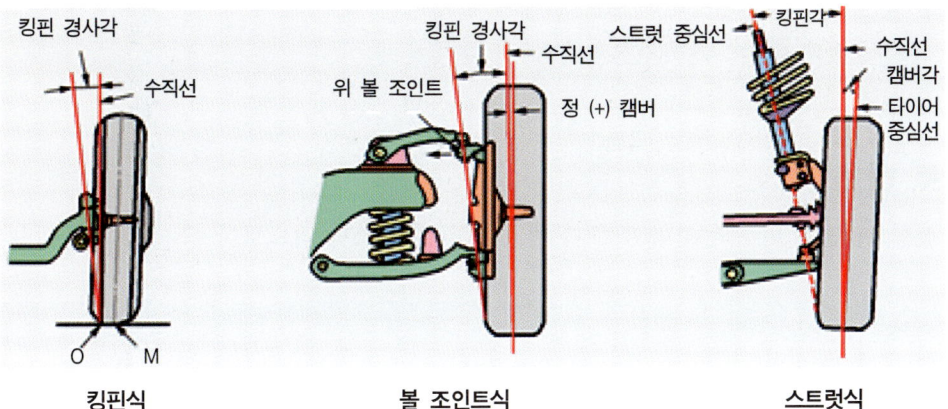

킹핀식 　　　　　 볼 조인트식 　　　　　 스트럿식

5. 토 인

① 앞바퀴를 위에서 보았을 때 좌우 타이어 중심선간의 거리가 앞쪽이 뒤쪽보다 좁은 것
② 토인은 보통 2~6mm 정도이다
③ 필요성
　㉮ 앞바퀴를 평행하게 회전시킨다.(직진성을 준다.)
　㉯ 바퀴의 사이드 슬립을 방지한다.
　㉰ 타이어의 마멸을 방지한다.
　㉱ 조향 링키지의 마멸에 의해 토 아웃이 되는 것을 방지한다.
　㉲ 캠버에 의해 토 아웃이 되는 것을 방지한다.

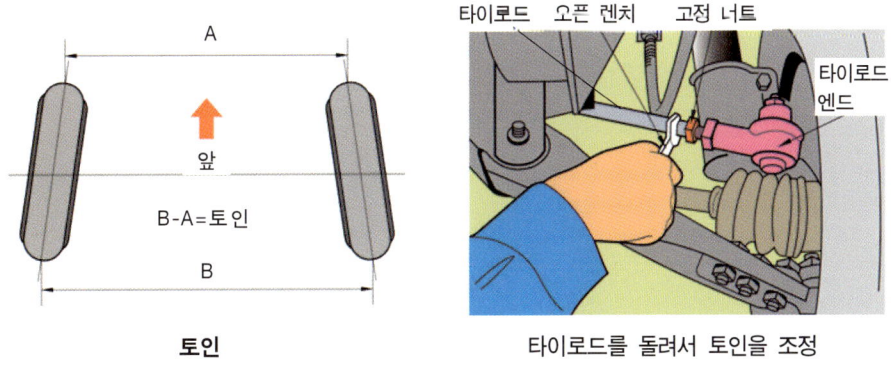

토인　　　　　　　　　　　타이로드를 돌려서 토인을 조정

④ 토인 측정방법
　㉮ 토인 측정은 차량을 평탄한 장소에 직진상태로 놓고 한다.
　㉯ 타이어를 잭으로 든 다음 타이어 중심부에 대고 바퀴를 돌리면서 중심선을 긋는다.
　㉰ 차량의 앞바퀴는 바닥에 닿은 상태에서 한다.

㉣ 토인 측정은 타이어 중심선에서 측정한다.
㉤ 토인 조정은 타이로드를 돌려서 조정한다.

6. 토 아웃

선회 시 안쪽 바퀴의 조향 각도가 바깥쪽 바퀴의 조향 각도보다 크기 때문에 발생된다.

> **참 고**
>
> ※ 앞바퀴 얼라인먼트를 측정하기 전에 점검할 사항
> ① 볼 조인트의 마모 ② 현가 스프링의 피로
> ③ 타이어 공기압력 ④ 휠 베어링 헐거움
> ⑤ 타이로드 엔드의 헐거움 ⑥ 조향 링키지의 체결상태 및 헐거움

제동 장치

1. 제동 장치의 개요

주행 중의 자동차를 감속 정지시키고 동시에 주차상태를 유지한다. 구비 조건으로 작동이 확실하고 신뢰성과 내구성이 우수하여야 하며 점검이나 조정이 용이해야 한다.

2. 유압식 브레이크

(1) 개 요

파스칼의 원리 응용 : 밀폐된 용기에 넣는 액체 일부에 압력을 가하면 가한압력과 같은 세기의 압력이 각부에 전달한다.

(2) 유압식 브레이크의 장점

① 제동력이 모든 바퀴에 균일하게 전달한다.
② 마찰손실이 적다.
③ 조작력이 작아도 된다.

(3) 유압식 브레이크의 단점

① 오일 파이프 등의 파손으로 기능을 상실한다.
② 공기 유입시에도 성능이 저하된다.
③ 베이퍼록 현상이 일어나기 쉽다.

(4) 구조 및 작동

1) 탠덤 마스터 실린더

페달의 힘을 받아 유압을 발생시켜 각 파이프에 송출하는 작용을 하며 안전성을 높이기 위해 각 바퀴에 각각 독립적으로 작용하는 2계통의 회로를 둔 것이다.

① 피스톤 컵: 브레이크 페달에 의해 실린더 내에 유압 발생장치이다
② 1차 컵 : 유압 발생과 유밀을 유지하는 역할을 한다.(뒷바퀴 제어)
③ 2차 컵 : 오일 누출 방지한다.(앞바퀴 제어)
④ 첵 밸브
㉮ 오일을 한쪽 방향으로만 흐르게 하는 역할을 한다.
㉯ 회로에 $0.6 \sim 0.8 kgf/cm^2$의 잔압을 유지한다.
㉰ 잔압을 두는 이유 : 브레이크의 재시동성 향상, 휠 실린더 오일누출, 베이퍼 록 방지
⑤ 리턴 스프링 : 브레이크 페달을 놓을 때 피스톤을 제자리로 복귀시키고 첵 밸브와 함께 잔압을 남겨두는 일을 한다.
⑥ 휠 실린더 : 마스터 실린더에서 받은 유압으로 브레이크 슈를 드럼에 압착시킨다.
⑦ 브레이크 파이프 : 방청 처리한 강 파이프와 플렉시블 호스를 사용한다.

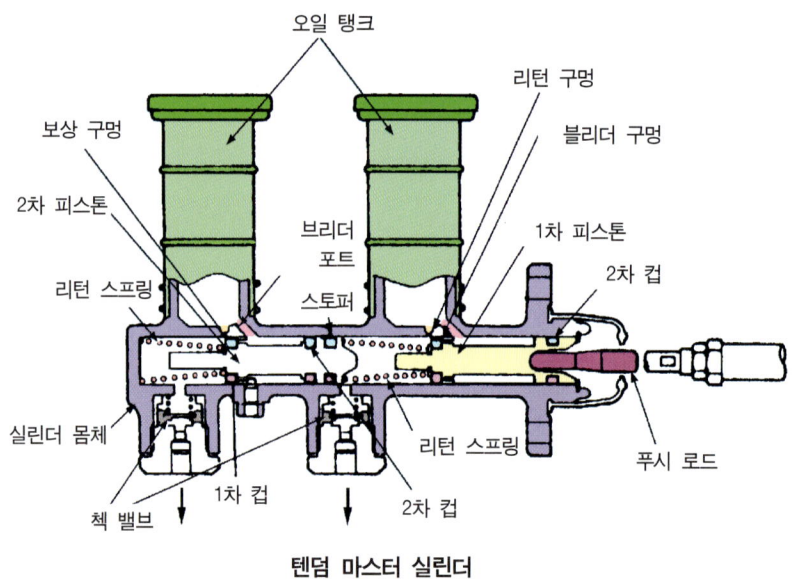

텐덤 마스터 실린더

3. 브레이크 오일

(1) 브레이크 오일 구비 조건

① 화학적으로 안정적이고 빙점이 낮고 인화점이 높을 것
② 비점이 높고 베이퍼 록을 일으키지 않을 것
③ 금속을 부식하지 말고 윤활성능이 있을 것
④ 알맞은 점도를 가지고 온도에 대한 점도 변화가 적을 것
⑤ 고무제품에 팽창을 일으키지 않을 것

(2) 브레이크 공기빼기 작업

① 오일 탱크내의 오일량을 확인하여 부족 시 오일을 보충하면서 작업한다.
② 오일이 도장부분(페인팅한 부분이 벗겨짐)에 묻지 않도록 주의한다.
③ 마스터 실린더에서 가장 먼 곳의 휠 실린더부터 작업을 한다.
④ 공기는 휠 실린더 에어브리드 밸브에서 뺀다.
⑤ 브레이크 페달의 조작을 너무 빨리하면 기포가 미세화되어 빠지지 않는 경우가 있으므로 주의한다.

(3) 오일보충 및 교환 시 주의사항

① 지정된 오일을 사용하고 빼낸 오일은 재사용하지 않는다.
② 브레이크 부품 세척 시 알콜 또는 브레이크 세척용 오일을 사용한다.
③ 브레이크 오일의 성분 : 식물성 오일(피마자 + 알콜)

4. 드럼 브레이크

(1) 브레이크 슈
라이닝이 설치되어 있어 휠 실린더에서 힘을 받아 회전하는 드럼과 접촉하여 마찰력을 발생한다.

(2) 라이닝의 구비조건

① 고열에 견디고 내마멸성이 우수할 것
② 마찰계수가 클 것($0.3 \sim 0.5u$)
③ 온도변화 및 물에 의한 마찰계수 변화가 적고 기계적 강도가 클 것

(3) 드럼 브레이크

휠 허브에 볼트로 설치되며 바퀴와 함께 회전하며 브레이크 슈와의 마찰에 의해 제동력을 발생시키는 역할을 한다.

① 구비조건
   ㉮ 정적 동적 평형이 잡혀 있을 것
   ㉯ 충분한 강성이 있을 것
   ㉰ 마찰면에 내마멸성이 우수할 것
   ㉱ 방열이 잘될 것
   ㉲ 가벼울 것

(4) 브레이크 슈와 드럼의 조합

① 자기 작동 작용 : 제동 시 확장력이 커져 마찰력이 더욱 증대되는 작용을 한다.
 ㉮ 리딩 슈 : 제동 시 자기 작동 작용을 하는 슈
 ㉯ 트레일링 슈 : 제동 시 자기 작동 작용을 하지 않는 슈

(5) 브레이크 슈의 설치형식에 의한 분류

① 2리딩 브레이크
 ㉮ 단동 2리딩형식 : 전진 시에 두개의 슈 모두 리딩 슈로 작용, 후진 시에는 모두 트레일링 슈. 단일직경 휠 실린더 2개 사용
 ㉯ 복동 2리딩형식 : 드럼의 회전방향에 따라 전,후진 모두 리딩 슈로써 자기 작동을 한다. 동일직경 휠 실린더 2개 사용

(6) 작동상태에 의한 분류

① 넌서보 브레이크 : 제동 시 해당 슈에만 자기작동 작용이 일어나는 형식
② 서보 브레이크 : 제동 시 모든 슈에 자기작동 작용이 일어나는 형식
 ㉮ 유니 서보 형식 : 1개 단일직경 실린더 사용하고 전진 시만 모든 슈가 자기작동 작용, 후진 시 제동력 감소
 ㉯ 듀어서보 형식 : 1개 동일직경 실린더와 연결로드로 된 조정기를 사용하고 전후진 시 모든 슈에 자기작동 작용을 한다.

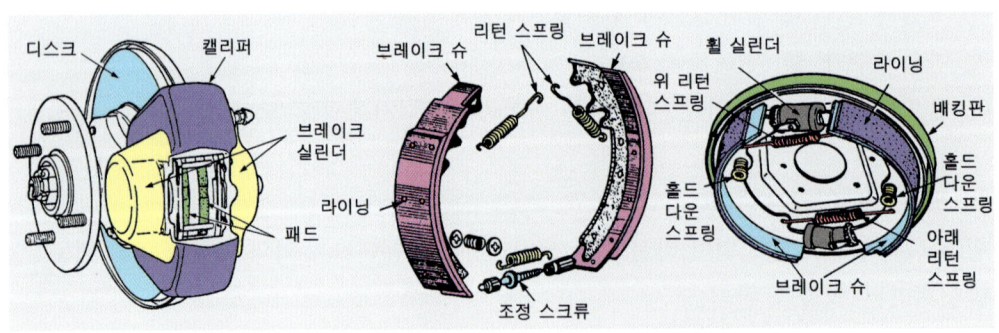

디스크 브레이크   드럼 브레이크

5. 디스크 브레이크

(1) 디스크 브레이크의 장점

① 디스크가 대기 중에 노출되어 회전하기 때문에 방열성이 좋아 제동력이 안정된다.

② 제동력의 변화가 적어 제동 성능이 안정된다.
③ 한쪽만 브레이크 되는 경우가 적다.

(2) 디스크 브레이크의 단점

① 마찰 면적이 적기 때문에 압착하는 힘을 크게 하여야 한다.
② 자기 작동을 하지 않기 때문에 페달을 밟는 힘이 커야 한다.
③ 패드를 강도가 큰 재료로 만들어야 한다.

6. 공기 브레이크

(1) 공기 브레이크의 장점

① 차량의 중량이 커도 사용할 수 있다.
② 공기가 누출되어도 브레이크 성능이 현저하게 저하되지 않으므로 안전도가 높다.
③ 오일을 사용하지 않기 때문에 베이퍼 록이 발생되지 않는다.
④ 페달을 밟는 양에 따라서 제동력이 커지므로 조작하기 쉽다.

(2) 구 조

① 공기 압축기 : 엔진에 의해 구동되어 압축 공기를 만든다.
② 공기 탱크 : 압축 공기를 저장한다.
③ 압력조정기 : 공기 탱크 내의 압력이 5 ~ 7 kgf/cm^2가 되면 언로더 밸브를 작동시킨다.

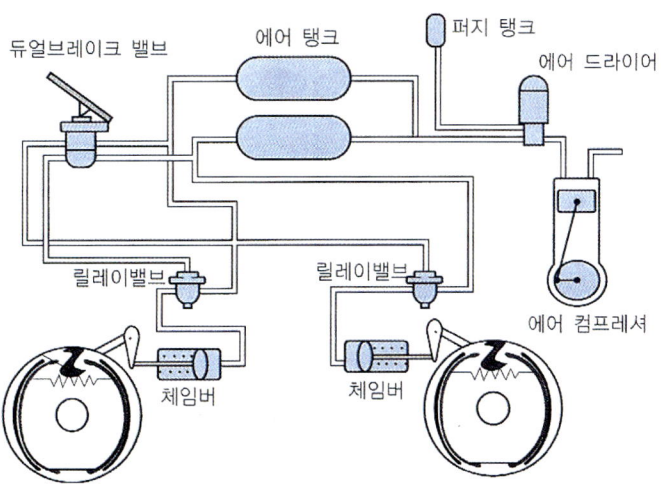

공기 브레이크 구성

④ 언로더 밸브 : 공기 압축기의 흡입 밸브에 설치되어 공기 탱크 내의 압력이 8.5kgf/cm^2에 이르면 압축 작용을 정지시킨다.
⑤ 브레이크 밸브 : 페달의 움직인 양에 따라 압축 공기를 앞 브레이크 체임버와 릴레이 밸브에 공급한다.
⑥ 릴레이 밸브 : 압축 공기를 뒤 브레이크 체임버에 공급한다.
⑦ 브레이크 체임버 : 공기압을 기계적 운동으로 바꾸어 브레이크 캠을 작동시킨다.
⑧ 브레이크 캠 : 제동시 브레이크 슈를 확장시켜 제동력을 발생한다.
⑨ 퀵 릴리스 밸브 : 브레이크 페달을 놓았을 때 작용한 압축 공기를 신속히 배출한다.

7. 배력식 브레이크

흡기 다기관의 진공과 대기압의 압력차 0.7kgf/cm^2를 이용한다.

(1) 진공식 배력장치
① 하이드로 백
② 브레이크 부스터
③ 마스터 백

(2) 공기식 배력장치
① 압축 공기와 대기압의 압력차를 이용한다.
② 동력 실린더부 : 압축 공기에 의해 배력 작용을 한다
③ 릴레이 밸브 : 유압에 의해 직접 작동하는 부분이다.
④ 하이드로릭 실린더부 : 휠 실린더에 강력한 유압을 작용시키는 부분이다.

8. 감속 브레이크의 종류

① 배기 브레이크
② 와전류 리타아터
③ 엔진 브레이크
④ 하이드로릭 리타더

> **참 고**
>
> ① 페이드 현상 : 과도한 브레이크 사용으로 드럼과 슈의 마찰열이 축적되어 제동력이 감소되는 현상
> ② 베이퍼 록 현상 : 브레이크 계통의 오일이 열을 받아 기화 증발하여 오일의 흐름을 방해하는 현상으로 그 원인은 다음과 같다.
> ㉮ 긴 내리막길에서 과도한 브레이크 사용
> ㉯ 비점이 낮은 브레이크액을 사용했을 때
> ㉰ 브레이크 드럼과 라이닝의 끌림에 의한 가열
> ㉱ 브레이크슈 리턴스프링의 쇠손에 의한 잔압 저하
> ㉲ 브레이크 오일 변질에 의한 비점의 저하 및 불량한 오일을 사용할 때

9. ABS(Antilock Brake System)

(1) 목 적

① 제동 거리를 단축시킨다.
② 전륜의 고착을 방지하여 조향 능력이 상실되는 것을 방지한다.
③ 미끄러짐을 방지하여 차체의 안전성을 유지한다.
④ 후륜 고착을 방지하여 차체의 스핀으로 인한 전복을 방지한다.

(2) 구성품

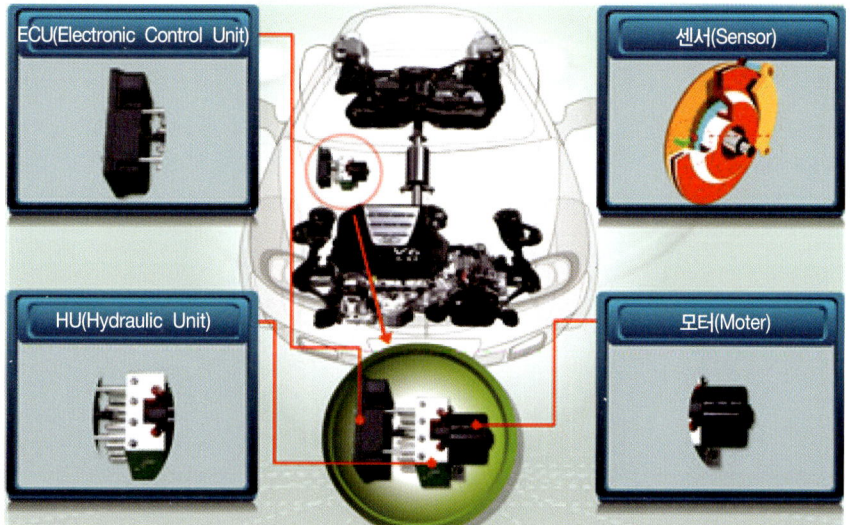

ABS 구성품

① 하이드로릭 유닛(HCU : 모듈레이터라고도 함)
　㉮ ECU의 제어 신호에 의해 각 휠 실린더에 작용하는 유압을 조절한다.
　㉯ 하이드로릭 유닛는 프로 포셔닝 밸브, 첵 밸브, 솔레노이드 밸브, 리저브 등으로 구성된다.
② 솔레노이드 밸브 : 제어 피스톤으로 공급되는 유압을 조절하는 역할을 한다.
③ 어큐뮬레이터 : 감압 신호와 유지 신호에 의해서 일시적으로 오일을 저장한다.
④ 첵 밸브 : 휠 실린더의 유압이 마스터 실린더보다 높아지는 것을 방지한다.
⑤ 프로 포셔닝 밸브 : 마스터 실린더의 유압을 솔레노이드 밸브로 유도하며, 제동 시 마스터 실린더 압력이 휠 실린더에 작용하지 않도록 한다.
⑥ ECU : 스피드 센서에서 입력되는 신호로 바퀴의 미끄러짐, 고착 상태를 연산하여 증압이나 감압 신호를 솔레노이드 밸브에 보내는 역할을 한다.
⑦ 스피드 센서 : 각 바퀴의 회전 속도를 검출하여 ECU에 입력시킨다.
⑧ ABS 경고등 : 고장 코드를 점멸 신호로 내보내는 역할을 한다.

(3) ABS의 해제조건

① 브레이크 스위치 off
② 차량 속도 증가
③ 차량 속도 감소

Chapter 10

휠 및 타이어

1. 휠(wheel)

(1) 휠의 역할

휠은 타이어를 지지하여 주고 림(rim)과 림을 허브(hub)에 지지하는 부분으로 구성되고 타이어와 일체로 되어 있다.
① 차량의 중량을 지지
② 노면으로 받는 진동, 구동력 및 제동력, 충격력을 받으며 충격을 흡수한다.
③ 선회할 때 생기는 원심력에 견딘다.

(2) 휠의 종류

① 디스크 휠 : 연강판을 프레스로 성형하여 제작하고 용접으로 림과 결합한 구조
② 경합금 휠 : 알루미늄 합금 혹은 마그네슘 합금으로 특수 주조한다.(승용 자동차에 사용)
③ 스포그 휠 : 림과 허브를 강선으로 연결한 것이며 중량이 가볍고 충격 흡수가 좋아 주로 이륜차 및 스포츠카에서 많이 사용한다.

2. 타이어

충격 흡수 및 승차감 향상, 견인력 및 제동력 발휘, 방향의 전환 유지, 자동차의 하중을 지지한다.

(1) 사용 압력에 따른 분류

① 고압 타이어 : 공기 압력이 $4.2 \sim 6.3 \text{kgf}/cm^2$(60~90PSI), 플라이 수가 많고 대형트럭이나 버스에 사용한다.
② 저압 타이어 : 공기 압력이 $2.1 \sim 2.5 \text{kgf}/cm^2$(30~36PSI), 승용 자동차에 사용하며 압력이 낮아 완충 효과가 양호하다.(노면과의 접지 면적이 넓다.)

③ 초 저압 타이어 : 공기 압력이 1.7~2.1kgf/cm^2(24~30PSI), 폭이 넓고 공기량이 많다.

(2) 타이어 형상에 의한 분류

① 바이어스 타이어(보통 타이어) : 보통 타이어는 카커스(carcass) 코드를 빗금 방향으로 하고 브레이커를 원둘레 방향으로 넣어서 만든 것이다.

② 레이디얼 타이어 : 카커스 코드의 방향이 원둘레의 직각 방향으로 배열되어 있다. 따라서 반지름 방향의 공기 압력은 카커스가 받고, 원둘레 방향의 압력은 브레이커가 지지한다.

  ㉮ 레이디얼 타이어 장점
    ㉠ 타이어 단면의 편평률을 크게 할 수 있다.
    ㉡ 타이어 트레드의 접지 면적이 크다.
    ㉢ 보강대의 벨트를 사용하기 때문에 하중에 의한 트레이드의 변형이 적다.
    ㉣ 선회 시에 옆방향의 힘을 받아도 변형이 적다.
    ㉤ 진동 저항이 적고 로드 홀딩이 향상된다.
    ㉥ 스탠딩 웨이브 현상이 발생되지 않는다.
    ㉦ 트레드가 얇기 때문에 방열성이 양호하다.

  ㉯ 레이디얼 타이어 단점
    ㉠ 보강대의 벨트가 단단하기 때문에 충격의 흡수가 잘 되지 않는다.
    ㉡ 충격의 흡수가 나빠 승차감이 나쁘다.

③ 편평 타이어(광폭 타이어) : 타이어 단면의 가로와 세로 비율을 낮게 한 것이며, 타이어 단면을 편평하게 하면 접지 면적이 증가하여 옆 방향 강도가 증가한다. 출발 및 가속할 때에 미끄럽지 않고 선회 성능이 좋아 승용 자동차에 많이 사용한다.

④ 스노 타이어 : 눈길에서 체인없이 주행할 수 있도록 중앙부의 깊은 러그 패턴이 방향성을 유지하고 양 옆에 블록 패턴이 견인력을 유지하도록 만든 것이며 일반 타이어보다 트레드 폭이 10~20% 넓고, 홈의 깊이는 50~70% 정도 깊게 되어 있다.

  ㉮ 스노 타이어 사용 시 주의 사항
    ㉠ 급 브레이크를 사용하지 않는다.
    ㉡ 출발할 때에는 가능한 천천히 회전력을 전달하고 구동 바퀴에 가해지는 하중을 크게 하여 구동력을 높인다.
    ㉢ 급한 경사로를 올라갈 때에는 저속 기어를 사용하고 서행한다.
    ㉣ 타이어가 50% 이상 마멸되면 스노 타이어의 특성이 상실되기 때문에 타이어와 체인을 병용한다.

(3) 튜브 유무에 의한 분류

① 튜브 타이어 : 공기의 누설을 막기 위한 얇은 고무 튜브로서 2륜차에서 사용되고 있다.
② 튜브 리스 타이어 : 공기가 새지 않는 고무막을 튜브를 사용하지 않는 타이어이다.
　㉮ 튜브 리스 타이어의 장점
　　　㉠ 튜브가 없기 때문에 중량이 가볍다.
　　　㉡ 펑크의 수리가 간단하다.
　　　㉢ 고속으로 주행하여도 발열이 적다.
　　　㉣ 못 같은 것이 박혀도 공기가 잘 새지 않는다.
　㉯ 튜브 리스 타이어의 단점
　　　㉠ 림이 변형되어 타이어와의 밀착이 좋지 않으면 공기가 누출되기 쉽다.
　　　㉡ 유리 조각 등에 의해 손상되면 수리가 어렵다.

(4) 트레드 패턴의 필요성

① 타이어 내부의 열을 발산한다.
② 트레드에 생긴 절상 등의 확대를 방지한다.
③ 구동력이나 선회 성능을 향상시킨다.
④ 타이어의 옆방향 및 전진 방향의 미끄럼을 방지한다.
⑤ 종 류 : 리브 패턴, 라그 패턴, 블록 패턴, 리브 라그 패턴, 슈퍼 트랙션 패턴

(5) 타이어의 호칭치수

(6) 바퀴의 평형(Wheel Balance)

안전하고 쾌적한 승차감 확보, 타이어의 수명연장을 위하여 필요하다.
① 정적 평형 : 바퀴가 정적평형이 맞지 않아 상하방향으로 진동하는 현상(트램핑)

② 동적 평형 : 바퀴가 동적평형(가로방향)이 맞지 않아 가로방향으로 진동하는 현상(시미)

참 고

① 스탠딩 웨이브 : 고속주행시 공기가 적을 때 타이어가 쭈그러지는 현상으로 타이어 파손이 쉽고 진동저항 증가
② 하이드로 플래닝 : 비올 때 노면의 빗물에 의해 공중에 뜬 상태로 물 위에서 미끄러지는 상태가 되어 자동차의 조종이 어렵게 되는 현상
③ 자동차의 공기압 고무 타이어 요철형 무늬의 깊이는 1.6mm 이상이어야 한다.
④ 타이어 온도가 120~130℃(임계온도)가 되면 강도와 내마멸성이 급감한다.

PART 03 섀시 출제예상문제

단원 1. 클러치

1. 다음 중 클러치의 종류가 아닌 것은?
㉮ 유체 클러치 ㉯ 원판 클러치
㉰ 원추 클러치 ㉱ 원통 클러치
■ 클러치는 원뿔 클러치와 원판 클러치의 마찰 클러치와 유체 클러치, 전자 클러치로 분류된다.

2. 마찰 클러치에 대한 설명 중 틀린 것은?
㉮ 마찰 클러치는 안전장치의 구실도 할 수 있다.
㉯ 마찰면이 되는 부분의 재료는 마찰 계수가 적어야 한다.
㉰ 축방향 클러치와 원주 방향 클러치로 구분되며 원판, 원뿔, 원통, 분할 링, 띠 등의 종류가 있다.
㉱ 원뿔 클러치의 마찰각은 보통 4~10o를 사용한다.
■ 마찰 클러치의 특징
① 과대한 하중이 걸리면 미끄러져 안진장치의 작용을 한다.
② 동력의 단속에도 충격이 없이 작동시킬 수 있다.
③ 운전 중에도 단속이 가능하다.
④ 마찰 계수는 적당해야 한다.

3. 클러치(clutch)의 구비 조건이 아닌 것은?
㉮ 회전 부분의 평형이 좋을 것
㉯ 동력 전달을 시작할 경우에는 미끄러지면서 서서히 동력 전달을 시작하고 일단 접촉하면 절대로 미끄러지는 일이 없이 동력을 확실하게 전달할 것
㉰ 동력을 차단할 경우에는 차단이 신속하고 확실할 것
㉱ 회전 관성이 클 것
■ 회전 관성이 작아야 한다.

4. 클러치 부품 중 플라이휠에 조립되어 플라이휠과 함께 회전하는 부품은? (2015)
㉮ 클러치판 ㉯ 변속기 입력축
㉰ 클러치 커버 ㉱ 릴리스 포크

5. 클러치판의 비틀림 코일 스프링은?
㉮ 클러치판과 압력판의 마멸을 방지한다.
㉯ 클러치판의 밀착을 더 크게 한다.
㉰ 클러치 작용시 회전 충격을 흡수한다.
㉱ 구동판과 수동판의 마멸을 크게 한다.
■ 비틀림 코일 스프링은 동력이 전달될 때 회전 충격을 흡수하는 역할을 하며, 댐퍼 스프링 또는 토셔널 스프링이라고도 한다.

6. 클러치 접속 시 회전 충격을 흡수하는 스프링은?
㉮ 클러치 스프링 ㉯ 댐퍼 스프링
㉰ 쿠션 스프링 ㉱ 막 스프링
■ 비틀림 코일 스프링은 동력이 전달(클러치 접속 시에)된 때 히전 충격을 흡수하는 역할을 하며, 댐퍼 스프링 또는 토션 스프링이라고도 한다.

7. 클러치판은 어떤 축의 스플라인에 끼워져 있는가?
㉮ 차동 기어장치 ㉯ 크랭크축
㉰ 추진축 ㉱ 변속기 입력축

8. 클러치 면의 리벳 헤드의 깊이가 얼마 이하이면 페이싱을 교환하는가?
㉮ 0.1mm ㉯ 0.2mm
㉰ 0.3mm ㉱ 0.5mm

9. 클러치 압력판의 역할로 가장 적당한 것은?
㉮ 기관의 동력을 받아 속도를 조절한다.
㉯ 제동 거리를 짧게 한다.

정답 1. ㉱ 2. ㉯ 3. ㉱ 4. ㉰ 5. ㉰ 6. ㉯ 7. ㉱ 8. ㉰ 9. ㉱

㉠ 견인력을 증가시킨다.
㉡ 클러치판을 밀어서 플라이 휠에 압착시키는 일을 한다.
■ 릴리스 베어링은 영구 주입식이므로 솔벤트로 세척해서는 안 된다.

10. 클러치 스프링의 장력이 작아지면?
   ㉮ 클러치 용량이 작게 된다.
   ㉯ 클러치 유격이 크게 된다.
   ㉰ 클러치 유격이 작게 된다.
   ㉱ 클러치 용량이 크게 된다.

11. 클러치 페달을 밟아 동력이 차단될 때 소음이 나타나는 원인으로 가장 적합한 것은?
   ㉮ 클러치 디스크가 마모되었다.
   ㉯ 변속기어의 백래시가 작다
   ㉰ 클러치스프링 장력이 부족하다.
   ㉱ 릴리스 베어링이 마모 되었다.

12. 다음은 클러치 릴리스 베어링에 관한 것이다. 맞지 않는 것은?
   ㉮ 대부분 오일레스 베어링으로 되어 있다.
   ㉯ 릴리스 베어링의 종류에는 앵귤러 접촉형, 카본형, 볼 베어링형이 있다.
   ㉰ 릴리스 베어링은 릴리스 레버를 눌러주는 역할을 한다.
   ㉱ 항상 기관과 같이 회전한다.

13. 클러치의 릴리스 베어링으로 사용되는 베어링의 형식이 아닌 것은?
   ㉮ 앵귤러 접촉형   ㉯ 카본형
   ㉰ 플레이트형   ㉱ 볼 베어링형

14. 일반적인 클러치 릴리스 베어링의 주유 방법은?
   ㉮ 비산식   ㉯ 압력식
   ㉰ 비산 압력식   ㉱ 영구 주유식

15. 클러치 작동기구 중에서 세척유로 세척하여서는 안 되는 것은?
   ㉮ 릴리스 포크   ㉯ 클러치 커버
   ㉰ 릴리스 베어링   ㉱ 클러치 스프링

16. 클러치판의 비틀림 코일 스프링의 사용 목적으로 가장 적합한 것은?
   ㉮ 클러치 작용시 회전충격을 흡수한다.
   ㉯ 클러치 판의 밀착을 크게 한다.
   ㉰ 클러치 판의 변형파손을 방지한다.
   ㉱ 클러치 판과 압력판의 마멸을 방지한다.

17. 다음에서 클러치 커버는 어디에 볼트로 고정시키는가?
   ㉮ 프레임   ㉯ 디스크
   ㉰ 마찰판   ㉱ 플라이 휠

18. 막판 스프링 형식의 단판 클러치에서 코일형식 클러치의 릴리스 레버 역할을 하는 것은?
   ㉮ 스프링 핑거   ㉯ 댐퍼 스프링
   ㉰ 피벗링   ㉱ 릴리스 포크

19. 클러치 축 앞끝을 지지하는 베어링은?
   ㉮ 카본 베어링   ㉯ 앵귤러 베어링
   ㉰ 파일럿 베어링   ㉱ 스러스트 베어링

20. 다음은 클러치 마스터 실린더의 분해 후 점검한 사항들이다. 이 중에서 결함이 없어도 교환하는 것이 좋은 것은?
   ㉮ 피스톤 컵의 마멸
   ㉯ 피스톤의 마멸 및 손상
   ㉰ 마스터 실린더 안지름 마멸
   ㉱ 오일 탱크의 손상
   ■ 마스터 실린더 및 릴리스 실린더의 고무 제품은 유밀을 유지하는 역할을 하는 것으로서 분해할 때마다 교환하는 것이 좋다.

21. 클러치 오퍼레이팅 실린더의 점검 사항 중 틀린 것은?
   ㉮ 피스톤 컵이나 부트(boot)는 브레이크 오일로 닦는다.
   ㉯ 피스톤 컵이나 부트는 알코올로 닦는다.

정답 10. ㉮ 11. ㉱ 12. ㉱ 13. ㉰ 14. ㉱ 15. ㉰ 16. ㉮ 17. ㉱ 18. ㉮ 19. ㉰ 20. ㉮ 21. ㉱

㉰ 각 부분을 깨끗이 닦은 다음 마멸이나 긁힘에 대해 점검한다.
㉱ 피스톤 컵이나 부트는 물로 닦는다.
■ 오퍼레이팅 실린더는 마스터 실린더에서 공급된 유압에 의하여 릴리스 포크를 밀어 클러치가 차단되도록 하는 역할을 한다. 점검은 각 부분을 깨끗이 닦은 다음 마멸이나 긁힘에 대해서 점검하고 실린더의 컵이나 부트는 알코올 또는 브레이크 오일로 닦는다.

22. 클러치 점검 사항에 해당되지 않는 것은?
㉮ 클러치 스프링의 장력
㉯ 클러치 레버의 길이
㉰ 클러치판의 비틀림
㉱ 페이싱의 리벳 깊이

23. 다음에서 클러치 페달의 자유 간극은 어느 사이의 간극인가?
㉮ 페달비
㉯ 압력판과 디스크
㉰ 푸시로드와 레버
㉱ 릴리스 레버와 릴리스 베어링 사이

24. 수동변속기 차량에서 마찰클러치의 디스크가 마모되어 미끄러지는 원인으로 가장 적합한 것은?
㉮ 클러치 유격이 너무 적음
㉯ 마스터 실린더의 누유
㉰ 클러치 작동기구의 유압시스템에 공기 유입
㉱ 센터 베어링의 결함

25. 클러치 페달을 밟을 때 무겁고, 자유간극이 없다면 나타나는 현상으로 거리가 먼 것은?
㉮ 연료 소비량이 증대된다.
㉯ 기관이 과냉된다.
㉰ 주행 중 가속 페달을 밟아도 차가 가속되지 않는다.
㉱ 등판 성능이 저하된다.
■ 기관의 과냉은 클러치 페달 및 자유 간극과는 아무런 상관없다.

26. 클러치 페달의 자유 간극이 너무 적으면 어떤 작용이 일어나는가?
㉮ 클러치 페달을 밟는데 힘이 적게 된다.
㉯ 클러치 페달의 리턴(되돌림)이 늦다.
㉰ 클러치판이 소손되기 쉽다.
㉱ 클러치 접촉력이 증가한다.

27. 클러치 페달의 유격을 점검해 보니 30~40mm나 되었다. 어떤 고장을 일으키게 되는가?
㉮ 기어 변속이 잘 안되며 기어 소리가 심해 기어의 파손을 일으킨다.
㉯ 차의 견인력이 약화되어 언덕 주행이 어렵다.
㉰ 클러치의 절단은 되지만 전달이 안되어 클러치가 미끄러진다.
㉱ 클러치가 미끄러짐으로 클러치 페이싱의 마모가 심하다.
■ 클러치 페달의 자유 유격이 크면 클러치 페달을 밟았을 때 동력이 차단되지 않기 때문에 변속이 안되며, 소음 및 기어의 파손이 발생된다.

28. 유압식 클러치에서 클러치가 미끄러지는 원인에 해당하는 것은?
㉮ 클러치 릴리스 레버의 높이가 상이하다.
㉯ 클러치 샤프트의 스플라인부의 윤활이 불량하다.
㉰ 클러치 페달에 유격이 없다.
㉱ 오일 파이프 내에 공기가 들어 있다.

29. 클러치가 미끄러지는 원인은?
㉮ 과속할 때
㉯ 라이닝이 마멸되었을 때
㉰ 클러치 페달의 진동
㉱ 엔진의 진동

30. 클러치판에 기름이 묻어 미끄러진다. 고장 개소는 다음 중 어느 것인가?
㉮ 압력판 스프링이 노화되어 기름이 샌다.
㉯ 페이싱이 닳아서 기름이 샌다.
㉰ 변속기 앞쪽 오일 시일이 파손되었다.
㉱ 엔진 오일의 점도가 높다.

정답 22. ㉯ 23. ㉱ 24. ㉮ 25. ㉯ 26. ㉰ 27. ㉮ 28. ㉰ 29. ㉯ 30. ㉰

■ 클러치 압력판에 오일이 묻는 원인은 엔진의 크랭크축 뒤쪽 오일 실이 파손되었거나 변속기 앞쪽의 오일 실이 파손되어 묻는다.

31. 클러치 미끄러짐은 언제 현저하게 나타나는가?
- ㉮ 저속
- ㉯ 가속
- ㉰ 공전운전
- ㉱ 기관 가동

32. 유압식 클러치에서 동력 차단이 불량한 원인 중 가장 거리가 먼 것은? (2015)
- ㉮ 페달의 자유간극 없음
- ㉯ 유압라인의 공기 유입
- ㉰ 클러치 릴리스 실린더 불량
- ㉱ 클러치 마스터 실린더 불량

33. 주행 중 급가속을 하였을 때 엔진의 회전이 상승해도 차속은 증속되지 않았다. 그 원인은?
- ㉮ 클러치 스프링의 자유고가 감소되었다.
- ㉯ 파일럿 베어링이 파손되었다.
- ㉰ 릴리스 포크(release fork)가 마모되었다.
- ㉱ 클러치 디스크 스플라인이 마모되었다.
■ 주행 중 급가속을 하였을 때 엔진의 회전이 상승하여도 차속이 증속되지 않는 원인은 클러치 디스크를 플라이 휠에 압착시키는 압력이 감소되어 슬립을 일으키기 때문이다. 따라서 클러치 스프링의 자유고 및 장력을 점검한다.

34. 클러치를 차단하고 아이들링할 때 소리가 난다. 그 원인은?
- ㉮ 클러치 스프링의 파손
- ㉯ 변속기어의 백래시가 작다.
- ㉰ 비틀림 코일 스프링의 절손
- ㉱ 릴리스 베어링의 마모
■ 클러치를 차단하면 릴리스 베어링이 회전하는 릴리스 레버를 누르고 있는 상태이므로 릴리스 베어링이 마모되면 소음을 발생한다.

35. 다음에서 클러치 잡음은 어떤 상태에서 가장 잘 알 수 있는가?
- ㉮ 가속시
- ㉯ 감속
- ㉰ 공전시
- ㉱ 출발시

36. 유압식 조작 클러치의 공기 빼기 작업 중 안전상 가장 주의해야 될 일은?
- ㉮ 자동차를 잭으로 들고 스탠드로 지지하는 일
- ㉯ 브레이크 오일이 차체 등의 도장 부품에 묻지 않도록 하는 일
- ㉰ 마스터 실린더 오일 탱크 내에 오일을 채우는 일
- ㉱ 블리더 스크루를 막고 입구를 손으로 막았다 떼는 일

37. 클러치 용량 중 마찰면에서의 전압 P = 200kgf, 마찰면의 평균 유효 반지름 r = 40cm, 마찰 계수 μ = 0.3일 때의 기관의 최대 토크는?
- ㉮ 0.24 m−kgf
- ㉯ 0.5 m−kgf
- ㉰ 12 m−kgf
- ㉱ 24 m−kgf
■ $T = P \times \mu \times r = 200kgf \times 0.3 \times 0.4m = 24m-kgf$

38. 클러치 마찰면의 전압이 P = 300 kgf, 마찰면의 평균 유효 지름 D = 80cm, 마찰 계수 μ = 0.3일 때 전달될 수 있는 엔진의 회전력 T는 몇 cm−kgf인가?
- ㉮ 36 m−kgf
- ㉯ 72 m−kgf
- ㉰ 3,000 m−kgf
- ㉱ 7,200 m−kgf
■ $T = P \times \mu \times r = 300kgf \times 0.3 \times 0.4m = 36m-kgf$

39. 기관의 회전수 2,000 rpm에서 회전력이 40 m−kgf이다. 이때 클러치의 출력 회전수가 1,800rpm에서 출력 회전력이 35m−kgf이라면 이 클러치의 전달 효율은?
- ㉮ 75.45%
- ㉯ 78.75%
- ㉰ 79.25%
- ㉱ 81.75%
■ $\eta = \dfrac{T_2 \times N_2}{T_1 \times N_1} \times 100$

$= \dfrac{35 \times 1,800}{40 \times 2,000} \times 100 = 78.75\%$

η : 전달 효율(%).
T_1 : 엔진 회전력(m−kgf)
T_2 : 출력 회전력(m−kgf)
N_1 : 엔진 회전수(rpm)
N_2 : 출력 회전수(rpm)

정답 31. ㉯ 32. ㉮ 33. ㉮ 34. ㉱ 35. ㉰ 36. ㉮ 37. ㉱ 38. ㉮ 39. ㉯

40. 클러치 스프링 장력을 T, 클러치판과 압력판 사이의 마찰 계수= f, 클러치판의 평균 유효 반경 = r, 엔진의 회전력 = C일 때 클러치가 미끄러지지 않으려면 다음의 어느 식이 만족되어야 하는가?
   ㉮ Tfr ≦ C
   ㉯ Tfr ≧ C
   ㉰ Tf ≧ Cr
   ㉱ Tf ≦ Cr

변속기

1. 변속기의 필요성과 가장 관계없는 것은?
   ㉮ 자동차의 후진을 위하여
   ㉯ 엔진을 무부하 상태로 있게 하기 위하여
   ㉰ 엔진의 회전력을 증대시키기 위하여
   ㉱ 바퀴의 회전 속도를 추진축의 회전 속도보다 높이기 위하여

2. 변속기의 요구 조건과 가장 관계가 먼 것은?
   ㉮ 조작이 쉽고 확실, 정숙할 것
   ㉯ 단계 없이 연속적으로 변속될 것
   ㉰ 전달 효율이 좋을 것
   ㉱ 방열이 안되며 과열되지 않을 것

3. 일반적인 자동차에 쓰이는 수동식 변속기에 쓰이는 변속기의 종류가 아닌 것은?
   ㉮ 활동 치합식   ㉯ 유성 치합식
   ㉰ 상시 치합식   ㉱ 동기 치합식
   ■ 유성 치합식 변속기는 오버 드라이브 장치나 자동 변속기에 사용된다.
   ① 섭동 기어식(활동 치합식) : 주축 위에 스플라인에 설치된 섭동 기어를 변속 레버로 이동시켜 부축 기어에 맞물려 변속하는 형식.
   ② 상시 물림식(상시 치합식) : 주축 위를 자유롭게 회전하는 기어와 부축 기어가 항상 맞물려 회전하며 변속시에는 도그 클러치를 이동시켜 변속하는 형식.
   ③ 동기 물림식(동기 치합식) : 기어의 물림이 있을 때 주속도를 일치시키지 않고 변속할 수 있도록 싱크로메시 기구를 사용하는 형식

4. 수동 변속기에서 가장 큰 토크를 발생하는 변속단은?
   ㉮ 오버 드라이브 단에서
   ㉯ 1단에서
   ㉰ 2단에서
   ㉱ 직결 단에서

5. 수동 변속기 차량에서 변속기 내부의 기어를 헬리컬 기어로 사용하는 목적은?
   ㉮ 정숙한 작동을 위해서
   ㉯ 변속을 쉽게 하기 위해서
   ㉰ 측압을 줄이기 위해서
   ㉱ 가속력을 높이기 위해서
   ■ 헬리컬 기어를 사용하는 이유는 주행 중 기어 바꿈을 할 때 발생하는 소음을 방지하여 정숙하게 이루어지도록 하기 위해서이다.

6. 수동 변속기에서 싱크로메시 기구가 작용하는 시기는?
   ㉮ 변속 기어가 물릴 때
   ㉯ 클러치 페달을 놓을 때
   ㉰ 변속 기어가 풀릴 때
   ㉱ 클러치 페달을 밟을 때
   ■ 변속기에 설치되어 있는 싱크로메시 기구는 주행 중 기어를 변속할 때 클러치 페달을 밟으면 주축은 관성 주행에 의해서 회전을 계속하지만 입력축 기어는 회전수가 저하되므로 회진수 차이가 발생된다. 이때 싱크로메시 기구를 작동시켜 회전수를 일치시면 기어가 물려 변속이 이루어진다.

7. 변속기 부축 축방향의 유격은 어느 측정기로 측정하는가?
   ㉮ 버니어 캘리퍼스   ㉯ 마이크로미터
   ㉰ 직각자   ㉱ 필러게이지

8. 다음에서 변속기에 있는 아이들 기어(idle gear)의 역할은 어느 것인가?
   ㉮ 간극 조절   ㉯ 회전력 증대
   ㉰ 방향 전환   ㉱ 감속 조절

9. 변속기의 감속비를 구하는 공식으로 옳은 것은?
   ㉮ $\dfrac{부축}{주축} \times \dfrac{주축}{부축}$ ㉯ $\dfrac{부축}{주축} \times \dfrac{부축}{주축}$
   ㉰ $\dfrac{부축}{주축} \times \dfrac{주축}{주축}$ ㉱ $\dfrac{주축}{부축} \times \dfrac{주축}{부축}$

10. 동기 물림식 수동 변속기에서 싱크로나이저 허브와 슬리브 사이에 평행한 홈(3개)에 들어가는 것은?
    ㉮ 시프트 포크   ㉯ 싱크로나이저 키
    ㉰ 싱크로나이저 링 ㉱ 속도 기어
    ■ 싱크로나이저 키는 싱크로나이저 허브와 슬리브 사이에 평행한 홈(3개)에 들어 있다.

11. 정상 작동되는 변속기에서 심한 소음이 나는 원인이 아닌 것은?
    ㉮ 축 지지 베어링의 심한 마멸이 있을 때
    ㉯ 변속기 윤활유의 점도가 조금 높을 때
    ㉰ 변속기 내의 윤활유가 부족할 때
    ㉱ 변속기 내의 기어가 마멸이 지나칠 때

12. 고속으로 기어 바꿈할 때 충돌음의 발생은?
    ㉮ 싱크로나이저의 고장
    ㉯ 드라이브 기어의 마모
    ㉰ 바르지 못한 엔진과의 얼라인먼트
    ㉱ 기어 바꿈 링키지의 헐거움

13. 수동 변속기 차량에서 주행 중 변속기 내부에서 변속 충돌음이 발생되고 기어 체결이 원활하지 못한 원인으로 가장 적합한 것은?
    ㉮ 엔진 공회전 불량
    ㉯ 클러치 디스크에 오일 묻음
    ㉰ 싱크로나이저의 고장
    ㉱ 클러치 마스터 실린더의 오일량 과다

14. 변속기에서 주행 중 기어가 빠졌다. 그 고장 원인 중 직접적으로 영향을 미치지 않는 것은?
    ㉮ 기어 시프트 포크의 마멸
    ㉯ 각 기어의 지나친 마멸
    ㉰ 오일의 부족 또는 변질
    ㉱ 각 베어링 또는 부싱의 마멸

15. 수동변속기에서 기어변속 체결 시 기어의 이중 물림을 방지하기 위한 장치는?
    ㉮ 파킹볼 장치   ㉯ 인터록 장치
    ㉰ 오버드라이브 장치 ㉱ 록킹볼 장치
    ■ 수동 변속기의 이중 물림을 방지하기 위한 장치는 인터록 장치이다.

16. 변속기 탈착 작업을 할 때에 대한 것이다. 안전한 것은?
    ㉮ 자동차 밑에서 작업할 때는 보안경을 쓸 것
    ㉯ 엔진을 작동시키면서 변속기 설치 볼트를 풀 것
    ㉰ 잭만을 견고하게 받칠 것
    ㉱ 차체의 도장이 손상되지 않게 고무신을 신을 것

17. 분해 정비에 대한 설명으로 옳은 것은?
    ㉮ 전압 조정기를 떼었을 때
    ㉯ 팬 벨트의 교환
    ㉰ 브레이크 계통의 공기빼기 작업
    ㉱ 변속기를 떼었을 때

18. 자동차 부품 세척제로 가장 알맞은 유류는?
    ㉮ 기어 오일, 그리이스, 소다
    ㉯ 브레이크 오일, 기관 오일, 경유
    ㉰ 솔벤트, 석유, 경유
    ㉱ 비누, 시너, 휘발유

19. 자동차가 길고 급한 경사길을 내려갈 때 안전하게 운행하는 방법은?
    ㉮ 중속 기어에 놓고 액셀레이터를 밟지 않는다.
    ㉯ 저속 기어에 놓고 액셀레이터를 밟지 않는다.
    ㉰ 고속기어에 놓고 액셀레이터를 밟지 않는다.
    ㉱ 중립위치에 놓고 액셀레이터를 밟지 않는다.
    ■ 길고 급한 경사길을 내려갈 때는 저속 기어에 놓고 액셀레이터를 밟지 않아야 엔진 브레이크가 작동된다.

20. 주행 저항에서 자동차의 중량과 관계가 없는 것은?

㉮ 구배 저항　　㉯ 가속 저항
㉰ 구름 저항　　㉱ 공기 저항

21. 자동차가 도로 위를 달릴 때 진행을 막으려는 저항이 아닌 것은?
   ㉮ 등판 저항　　㉯ 가속 저항
   ㉰ 주행 저항　　㉱ 기관의 마찰 저항

22. 차량의 주행 저항에서 구름 저항이 발생하는 원인의 설명 중 옳지 않은 것은?
   ㉮ 타이어 접지부의 변형에 의한 것
   ㉯ 차체의 형상에 의한 것
   ㉰ 노면의 변형에 의한 것
   ㉱ 타이어의 미끄러짐에 의한 것

23. 자동차가 평탄로를 달릴 때 받는 저항과 관계 없는 것은?
   ㉮ 엔진 상태　　㉯ 차중량
   ㉰ 차속도　　　㉱ 투영 면적

24. 가속 성능은 무엇에 따라 정해지는가?
   ㉮ 구동력　　㉯ 주행 저항
   ㉰ 여유 구동력　㉱ 코너링 포스
   ■ 자동차는 여유 구동력을 이용하여 가속할 수 있으므로 가속 성능은 여유 구동력의 크기에 따라서 결정되며, 자동차는 엔진 출력 곡선과 주행 저항의 곡선이 일치되는 점에서 최고 속도로 주행할 수 있게 된다.

25. 출력이 같은 차에 적재량이 많을수록 차의 최대속도가 떨어진다. 이것은 무엇으로 설명할 수 있겠는가?
   ㉮ 파스칼의 원리　㉯ 관성의 법칙
   ㉰ 운동의 법칙　　㉱ 뉴턴의 제3법칙

26. 승용차의 제 1 단 감속비가 3.31 : 1 이고, 뒤축 기어 장치의 감속비가 4.11 : 1 일 때 총 감속비는?
   ㉮ 3.61 : 1　　㉯ 6.3 : 1
   ㉰ 13.6 : 1　　㉱ 16.3 : 1
   ■ 총감속비 = 변속비 × 종감속비
   　　　　 = 3.31 × 4.11 = 13.60

27. 변속기 제 3 속의 감속비가 1.50 이고, 종감속 장치의 구동 피니언 잇수가 7, 링 기어 잇수가 42 이다. 제 3 속 운전시의 총 감속비는?
   ㉮ 2.3　㉯ 9.0
   ㉰ 14　　㉱ 21
   ■ 총감속비 = 변속비 × 종감속비
   　　　　 = $1.50 \times \frac{42}{7}$ = 9.0

28. 다음 유성 기어 그림에서 A의 잇수를 80, B의 잇수를 40이라고 하고 암 C가 오른쪽으로 3회전, A가 왼쪽으로 2회전할 때 B의 회전수는?
   ㉮ 13　㉯ 14
   ㉰ 17　㉱ 23
   ■ $\frac{N_b - C}{N_a - C} = -\frac{D_a}{D_b}$
   　$\frac{x - 3}{-2 - 3} = -\frac{80}{40}$
   　$\frac{x - 3}{-5} = -2$　$x - 3 = 10$　∴ $N_b = 13$

29. 유성 기어 장치의 선 기어 잇수 20, 링 기어의 잇수 40의 유성 기어에서 선 기어를 고정하고 링 기어가 60회전하였다면 캐리어의 회전수는?
   ㉮ 40　　㉯ 50
   ㉰ 90　　㉱ 100
   ■ $N = \frac{D}{A + D} \times D_n$
   N : 유성기어 캐리어 회전수(rpm).
   A : 선 기어 잇수,　D : 링 기어 잇수
   Dn : 링 기어 회전수(rpm)
   $N = \frac{40}{20 + 40} \times 60 = 40 \, rpm$

30. 0.6 km 의 구배길을 왕복하는데 40 분이 걸렸을 때 이 차의 속도는 얼마인가?
   ㉮ 20 m/min　㉯ 30 m/min
   ㉰ 40 m/min　㉱ 50 m/min

정 답　21. ㉱　22. ㉯　23. ㉮　24. ㉰　25. ㉰　26. ㉰　27. ㉯　28. ㉮　29. ㉮　30. ㉯

■ 속도 = $\frac{주행거리}{시간}(m/min)$
   = $\frac{0.6 \times 2 \times 1,000}{40}$ = 30m/min

31. 수동 변속기 정비 시 측정할 항목이 아닌 것은?
- ㉮ 주축 엔드 플레이
- ㉯ 주축의 휨
- ㉰ 기어의 직각도
- ㉱ 슬리브와 포크의 간극

32. 72km/h로 달리는 자동차의 1초간의 속도는?
- ㉮ 10 m/s
- ㉯ 15 m/s
- ㉰ 20 m/s
- ㉱ 30 m/s

■ 속도 = $\frac{주행거리}{시간}(m/min)$
   = $\frac{72 \times 1,000}{60 \times 60}$ = 20m/sec

33. 20km/h로 주행하는 차가 급가속하여 10초 후에 56 km/h가 되었을 때 그 가속도는 얼마인가?
- ㉮ 1 m/sec²
- ㉯ 2 m/sec²
- ㉰ 5 m/sec²
- ㉱ 8 m/sec²

■ 가속도 = $\frac{(나중\ 속도 - 처음\ 속도)}{주행\ 시간(sec)}$
  가속도 = $\frac{(56-20) \times 1,000}{10 \times 60 \times 60}$ = 1m/sec²

34. 기관의 회전수가 4,800rpm, 최고 출력 70PS, 총 감속비가 4.8, 뒤액슬 축의 회전수가 1,000 rpm, 바퀴의 반지름이 320mm일 때 차의 속도는?
- ㉮ 약 60 km/h
- ㉯ 약 80 km/h
- ㉰ 약 112 km/h
- ㉱ 약 121 km/h

■ V = $\frac{\pi \times D \times R \times 60}{1,000}$
   = $\frac{3.14 \times 0.32 \times 2 \times 1,000 \times 60}{1,000}$ = 120.576km/h

H : 자동차의 속도(km/h)
R : 액슬축의 회전수(rpm)
D : 타이어의 지름(m)

35. 기관의 회전 속도가 1,500 rpm, 제 2 속 변속비가 3 : 1, 종 감속비가 3 : 1, 타이어 유효 직경이 50cm이다. 이 자동차의 시속은 몇 km/h인가?
- ㉮ 14.3 km/h
- ㉯ 15.7 km/h
- ㉰ 16.8 km/h
- ㉱ 17.5 km/h

■ V = $\frac{\pi \times D \times R \times 60}{rt \times rf \times 1,000}$
   = $\frac{3.14 \times 0.5 \times 1,500 \times 60}{3 \times 3 \times 1,000}$ = 15.7km/h

V : 자동차의 속도(km/h)
R : 엔진 회전수(rpm), D : 타이어의 지름(m)
rt : 변속비, rf : 종 감속비

36. 자동차가 250 m 를 통과하는데 15 초 걸렸다면 이 자동차의 속도는 얼마인가?
- ㉮ 30 km/h
- ㉯ 40 km/h
- ㉰ 60 km/h
- ㉱ 120 km/h

■ 속도 = $\frac{주행거리}{시간}(km/h)$
   = $\frac{250m \times 60 \times 60}{15sec \times 1,000}$ = 60km/h

37. 평탄한 포장도로에서 어떤 자동차를 일정 속도로 주행시켜 400m의 구간을 통과하는 사이의 소요 시간과 그 사이의 연료 소비량을 측정했더니 각각 36초 및 25cc였다. 이 자동차의 속도는 얼마인가?
- ㉮ 40km/h
- ㉯ 45km/h
- ㉰ 50km/h
- ㉱ 55km/h

■ 속도 = $\frac{주행거리}{시간}(km/h)$
   = $\frac{400m \times 60 \times 60}{36sec \times 1,000}$ = 40km/h

38. 기관의 회전 속도가 1,500rpm, 변속기의 변속비가 2 : 1, 타이어의 유효 직경이 50cm인 자동차의 시속이 17.66km/h이다. 이 자동차의 종 감속비는?
- ㉮ 4 : 1
- ㉯ 5 : 1
- ㉰ 6 : 1
- ㉱ 7 : 1

■ V = $\frac{\pi \times D \times R \times 60}{rt \times rf \times 1,000}$

정답 31. ㉰ 32. ㉰ 33. ㉮ 34. ㉱ 35. ㉯ 36. ㉰ 37. ㉮ 38. ㉮

$$Fr = \frac{\pi \times D \times R \times 60}{rt \times V \times 1,000}$$

$$= \frac{3.14 \times 0.5 \times 1,500 \times 60}{2 \times 17.66 \times 1,000} = 4$$

39. 500m의 구간을 45초로 주행한 자동차 속도 (km/h)는 얼마인가?
㉮ 10 km/h ㉯ 20 km/h
㉰ 30 km/h ㉱ 40 km/h

■ 속도 = $\frac{주행거리}{시간}$ (km/h)

$$= \frac{500m \times 60 \times 60}{45\sec \times 1,000} = 40 km/h$$

40. 어떤 자동차가 1.5 km의 언덕길을 올라가는 데 10분, 내려오는데 5분 걸렸다면 왕복의 평균 속도는?
㉮ 8 km/h ㉯ 12 km/h
㉰ 16 km/h ㉱ 24 km/h

■ 속도 = $\frac{주행거리}{시간}$ (km/h)

$$= \frac{1.5km \times 2 \times 60}{10min + 5min} = 12km/h$$

41. 서울과 부산 간의 450km를 5시간으로 달리는 자동차의 평균 속도를 구하시오.
㉮ 90 m/s ㉯ 50 m/s
㉰ 25 m/s ㉱ 10 m/s

■ 속도 = $\frac{주행거리}{시간}$ (m/s)

$$= \frac{450 \times 1,000}{5 \times 60 \times 60} = 25 m/\sec$$

42. 평탄한 도로를 승용차로 50km/h의 속도로 주행할 때 구름 저항은?(단, 차량 총 중량 = 1,400kgf, 구름 저항 계수= 0.015, 공기 저항 계수 = 0.0040이다)
㉮ 21 kgf ㉯ 25 kgf
㉰ 60 kgf ㉱ 120 kgf

■ $Rr = W \times \mu r = 1,400 kgf \times 0.015 = 21 kgf$
Rr : 구름 저항(kgf), W : 차량 총 중량(kgf)
μr : 구름 저항 계수

43. 자동차 총 중량이 5톤이고, 구배 각도가 20%인 길을 올라갈 때 구배 저항은?
㉮ 1,000kgf ㉯ 1,200kgf
㉰ 1,400kgf ㉱ 1,600kgf

■ $Rg = \frac{W \times G}{100} = \frac{5,000kgf \times 20\%}{100} = 1,000$
Rg : 구배 저항(kgf), W : 차량 총 중량(kgf)
G : 구배율(%)

44. 다음 식 중 가속 저항을 나타내는 식은?
㉮ $R_r = a + c \times V^2$
㉯ $R_r = f_1 \times W + f_2 \times A \times V^2$
㉰ $R_i = \frac{(1+\epsilon) \times W}{g} \times \alpha (kgf)$
㉱ $R_g = \frac{G}{100} \times W$

■ 가속 저항 공식 $Ri = \frac{(1+\epsilon) \times W}{g} \times \alpha$
Ri : 가속 저항(kgf), W : 차량 총 중량(kgf)
ϵ : $\frac{회전부분\ 상당\ 중량}{차량\ 총중량}$
g : 중력 가속도(9.8m/sec²)
α : 가속도(m/sec²)

45. 차량 전면 단면적이 1.5m², 공기 저항 계수가 0.025의 자동차가 120km/h로 주행하고 있다. 이때의 공기 저항은?
㉮ 4.5 kgf ㉯ 42 kgf
㉰ 50 kgf ㉱ 540 kgf

■ $Ra = \mu a \times A \times V^2$
Ra : 공기 저항(kgf), A : 전면 투영면적(m²)
μa : 공기 저항계수, V : 주행 속도(km/h)
$Ra = 0.025 \times 1.5 \times 120^2 = 540 kgf$

46. 클러치 압력판 스프링의 총 장력이 90kgf이고, 레버비가 6:2일 때 클러치를 조작하는데 필요한 힘은?
㉮ 20kgf ㉯ 30kgf
㉰ 40kgf ㉱ 50kgf

■ $C_P = \frac{Sr}{Lr} = \frac{90kgf}{3} = 30kgf$
Cp : 클러치를 조작하는데 필요한 힘
Sr : 스프링의 총 장력 Lr : 레버의 비율(6:2=3:1)

정답 39. ㉱ 40. ㉯ 41. ㉰ 42. ㉮ 43. ㉮ 44. ㉰ 45. ㉱ 46. ㉯

자동 변속기

1. 전자제어 자동 변속기에서 변속단 결정에 가장 중요한 역할을 하는 센서는?
   ㉮ 산소센서
   ㉯ 공기유량센서
   ㉰ 레인센서
   ㉱ 스로틀 포지션센서

2. 유체 클러치 내에서 유체 충돌을 방지하는 것은?
   ㉮ 베인   ㉯ 스테이터
   ㉰ 가이드링   ㉱ 임펠러

3. 자동변속기에 토크 컨버터의 구성요소가 아닌 것은?
   ㉮ 펌프   ㉯ 터빈
   ㉰ 스테이터   ㉱ 가이드링

4. 유체 클러치에 대한 설명 중 옳다고 생각되는 것은?
   ㉮ 유체 클러치의 회전력 변화율은 1 : 2.5 정도이다.
   ㉯ 엔진을 공회전 하면 터빈은 회전하지 않는다.
   ㉰ 펌프와 터빈은 언제나 같은 속도로 회전한다.
   ㉱ 유체 클러치는 크랭크축의 비틀림 진동을 완화하는 장점이 있다.

5. 다음 중 토크 컨버터(torque converter)에 대한 설명으로 옳은 것은?
   ㉮ 클러치와 변속기 역할을 하는 것
   ㉯ 변속기 역할을 하는 것
   ㉰ 클러치 역할을 하는 것
   ㉱ 차동장치 역할을 하는 것

6. 토크 변환기는 무엇의 작용으로 인하여 출력축의 회전력을 크게 하여 주는가?
   ㉮ 터빈   ㉯ 스테이터
   ㉰ 가이드링   ㉱ 앞, 뒤 오일 펌프

7. 자동변속기에서 토크컨버터와 유체클러치의 토크비가 같아지는 시기는?
   ㉮ 스톨 포인트   ㉯ 출발할 때
   ㉰ 후진 할 때   ㉱ 클러치 포인트

8. 토크 컨버터는 유체 클러치가 토크 변환율이 1 : 1일 때 비하여 얼마나 토크를 증가시킬 수 있나?
   ㉮ 1～2 : 1   ㉯ 2～3 : 1
   ㉰ 3～4 : 1   ㉱ 4～5 : 1

9. 자동변속기 오일의 구비조건으로 부적합한 것은? (2015)
   ㉮ 기포 발생이 없고 방청성이 있을 것
   ㉯ 점도지수의 유동성이 좋을 것
   ㉰ 내열 및 내산화성이 좋을 것
   ㉱ 클러치 접속시 충격이 크고 미끄러짐이 없는 적절한 마찰계수를 가질 것

10. 전자제어 자동 변속기에서 록업 상태로 되었을 때 동력 전달 순서로 옳은 것은?
    ㉮ 엔진－프론트 커버－펌프－터빈 출력축
    ㉯ 엔진－프론트 커버－댐퍼 클러치－출력축
    ㉰ 엔진－댐퍼 클러치－프론트 커버－출력축
    ㉱ 엔진－댐퍼 클러치－프론트 커버－펌프－터빈－출력축

11. 전자제어 자동 변속기 차량에서 컨트롤 유닛(TCU)의 입력요소에 해당되지 않는 것은?
    ㉮ 스로틀위치 센서   ㉯ 유온 센서
    ㉰ 인히비터 스위치   ㉱ 노크 센서
    ▣ 컨트롤 유닛(TCU)으로 입력되는 신호에는 유온센서, 액셀러레이터 스위치, 스로틀 포지션 센서, 에어컨 릴레이, 이그니션 펄스, 펄스 제네레이터 A, 펄스 제네레이터 B, 킥다운 서보 스위치 등이 있다.

12. 전자제어 자동 변속기에 오일 온도 센서를 설치하는 목적은?

정답 1. ㉱ 2. ㉰ 3. ㉱ 4. ㉱ 5. ㉮ 6. ㉯ 7. ㉱ 8. ㉯ 9. ㉱ 10. ㉯ 11. ㉱ 12. ㉮

㉮ 오일점도의 온도 변화에 따른 마찰계수를 참조하기 위함
㉯ 오일의 온도 상승에 따른 누유를 방지하기 위함
㉰ 오일의 온도 상승에 따른 오염작용을 방지하기 위함
㉱ 오일의 교환주기를 알려주기 위함

▣ 자동 변속기에 오일 온도 센서를 설치하는 목적은 오일점도의 온도 변화에 따른 마찰계수를 참조하여 원활한 변속을 하기 위함이다.

13. 유체 클러치가 있는 자동 변속기에서 속도비 0.8일 때 클러치 점이 되었다. 이때 터빈 축이 1,600rpm이면 기관의 회전 속도는?
㉮ 1,280 rpm   ㉯ 1,600 rpm
㉰ 1,800 rpm   ㉱ 2,000 rpm

▣ 기관(펌프) 회전수 $= \dfrac{터빈 회전수}{속도비}$
$= \dfrac{1,600 \text{rpm}}{0.8} = 2,000 \text{rpm}$

14. 자동 변속기의 장점 설명 중 틀린 것은?
㉮ 기어 변속 중 엔진 스톨이 줄어들어 안전 운전이 가능하다.
㉯ 저속측의 구동력이 크기 때문에 등판 발진이 쉽고 최대 등판 능력도 크다.
㉰ 엔진 토크를 유체를 통해 전달되므로 연료 소비율이 증대하므로 경제적이다.
㉱ 유체가 댐퍼로 작동하므로 충격이 적고 엔진 보호에 의한 엔진 수명이 길어진다.

15. 전자 제어식 자동 변속기에서 사용되는 센서와 가장 거리가 먼 것은?
㉮ 휠 스피드 센서
㉯ 펄스 제너레이터
㉰ 스로틀 포지션 센서
㉱ 차속 센서

16. 전자제어 자동 변속기에서 자동적으로 변속에 영향을 주는 것은?
㉮ 스로틀 위치, 주행속도
㉯ 주행속도, 엔진 rpm
㉰ 스로틀 밸브 위치, 엔진 rpm
㉱ 주행속도, 변속기 오일량

17. 자동 변속시의 컨트롤 유닛인 TCU에 입력되는 센서가 아닌 것은?
㉮ 수온 센서   ㉯ 엔진 회전 센서
㉰ 스로틀 센서   ㉱ 차속 센서

18. 자동변속기 차량에서 시동이 가능한 변속레버 위치는? (2015. 2회)
㉮ P, N   ㉯ P, D
㉰ 전구간   ㉱ N, D

19. 전자제어식 자동변속기에서 컨트롤 유닛(TCU)의 제어 기능으로 거리가 먼 것은?
㉮ 변속점 제어 기능
㉯ 엔진 노크 감소 기능
㉰ 댐퍼클러치 제어 기능
㉱ 자기진단 기능

20. 자동 변속기 차량을 원활하게 주행시키기 위해서는 여러 가지 정보가 필요하나 변속을 위한 가장 기본적인 정보에 속하지 않는 것은?
㉮ 변속기 오일 압력
㉯ 변속 레버 위치
㉰ 엔진 부하(스로틀 개도)
㉱ 차량 속도

21. 변속기용 컴퓨터(TCU)로부터 출력 신호를 받는 것은 어느 것인가?
㉮ 유온 센서   ㉯ 펄스 제너레이터
㉰ 차속 센서   ㉱ 변속 제어 솔레노이드

22. 자동차용 자동 변속기에서 O/D off 기능을 바르게 설명한 것은?
㉮ 4단 자동 변속기에서 1∼3단만을 사용할 수 있도록 기능을 부여한 것이다.
㉯ O/D off 기능은 3단 자동 변속기에도 장착되어 있다.

정답 13. ㉱ 14. ㉰ 15. ㉮ 16. ㉮ 17. ㉯ 18. ㉮ 19. ㉯ 20. ㉮ 21. ㉱ 22. ㉮

㉰ 4단 자동 변속기에서 2 ~ 4 단만을 사용할 수 있도록 기능을 부여한 것이다.
㉱ O/D off 시에는 경제적인 운전을 할 수 있다.

23. 다음 중 자동 변속기의 유압 제어장치 구성품 중 틀리는 것은?
 ㉮ 토크 컨버터 ㉯ 오일 펌프
 ㉰ 거버너 밸브 ㉱ 밸브 보디

24. 운전자가 운전석에서 자동 변속기의 시프트 레버를 조작하였을 때 작동되는 밸브는?
 ㉮ 시프트 밸브 ㉯ 스로틀 밸브
 ㉰ 매뉴얼 밸브 ㉱ 거버너 밸브

25. 자동 변속기 변속 선도를 보면 스로틀 밸브의 열리는 정도가 같아도 업 시프트와 다운 시프트의 변속점에는 7~15km/h 정도 차이가 있다. 이 현상을 무엇이라고 하는가?
 ㉮ 히스테리시스 현상
 ㉯ 토크 증대 현상
 ㉰ 킥다운 현상
 ㉱ 거버너 압력 변화 현상
 ■ ① 히스테리시스 현상 : 스로틀 밸브의 열리는 정도가 동일하여도 업 시프트와 다운 시프트의 변속점에 7 ~ 15km/h 정도의 차이가 발생되는 현상으로서 변속점 경계 구간에서 업, 다운 시프트가 빈번하게 일어나지 않도록 하여 승차감을 향상시키기 위함이다.
 ② 킥다운 현상 : 자동 변속기 차량에서 가속 페달을 전 스로틀 부근까지 급격히 밟았을 때 기어를 한 단계 내리는 현상을 말한다.

26. 자동 변속기의 장착 자동차의 스톨 테스트 (stall test)방법으로 옳지 않은 것은?
 ㉮ 변속 레버를 "N" 위치에 놓고 한다.
 ㉯ 변속 레버를 "D" 위치에 놓고 한다.
 ㉰ 변속 레버를 "R" 위치에 놓고 한다.
 ㉱ 브레이크를 밟고 가속 페달을 밟은 후 기관 rpm을 읽는다.
 ■ ① 브레이크 페달을 밟고 변속 레버를 D위치나 R위치에 두고 한다.
 ② 가속페달을 최대한 밟은 후 엔진 rpm을 읽는다

③ 엔진 회전수가 2,000~2,600rpm보다 낮으면 엔진의 출력 부족. 높으면 자동 변속기 이상이다.
④ 스톨시험은 5초 이상 하지 않는다.

27. 자동 변속기 장착 차량에서 가속 페달을 전 스로틀 부근까지 갑자기 밟았을 때 강제적으로 다운 시프트되는 현상을 무엇이라고 하는가?
 ㉮ 토크 증대 ㉯ 급 가속
 ㉰ 킥다운 ㉱ 스톨 테스트
 ■ 스톨 테스트 : 자동 변속기 차량에서 선택 레버를 D 레인지 또는 N레인지에서 스로틀 밸브를 완전히 개방시켰을 때 엔진의 최대 회전 속도를 측정하여 토크 컨버터, 오버런닝 클러치의 작동과 트랜스 액슬 클러치류와 브레이크류의 체결 성능을 점검하는 것을 말한다.

28. 자동변속기 내부에서 변속 시 변속비가 결정되는 장치는?
 ㉮ 브레이크 밴드 ㉯ 킥다운 서보
 ㉰ 유성 기어 ㉱ 오일 펌프

29. 다음 자동 변속기에서 출력축 회전수가 변화하는 것을 이용하여 몸체와 밸브의 오일 배출구가 열리는 정도를 결정하는 밸브는?
 ㉮ 매뉴얼 밸브 ㉯ 거버너 밸브
 ㉰ 스로틀 밸브 ㉱ 프라이밍 밸브

30. 자동차용 자동 변속기 부품 중 가속 페달을 2/3 이상 밟았을 때 저속으로 변속시켜주는 주요 기능을 하는 것은?
 ㉮ 킥다운 스위치 ㉯ TV 케이블
 ㉰ 컷 백 밸브 ㉱ 록 업 릴레이
 ■ 킥다운 스위치는 저속으로 변속시킬 때 킥다운 밴드 작동시 유압 제어를 위하여 킥다운 밴드가 작동하려는 시점을 검출하여 컴퓨터에 입력시키는 작동한다.

31. 킥다운 케이블 조정이 잘못되었을 때 나타나는 결함으로 맞는 것은?
 ㉮ 차량 출발이 곤란하다.
 ㉯ 급가속시 저단으로 다운 시프트 되지 않는다.
 ㉰ 킥다운 작동시 시동이 꺼진다.
 ㉱ D레인지 위치에서 3단이 시프트 되지 않는다.

정답 23. ㉮ 24. ㉰ 25. ㉮ 26. ㉮ 27. ㉰ 28. ㉰ 29. ㉯ 30. ㉮ 31. ㉯

32. 자동 변속기를 장착한 자동차가 출발할 때 덜커덩거리는 원인은 무엇인가?
㉮ 레귤레이터 압력 스프링 작용 불량
㉯ 오일 펌프 불량
㉰ 압력 조정 밸브 불량
㉱ 브레이크 밴드 조정 불량
▣ 출발을 할 때 진동이 발생되는 원인 : 리어 클러치 계통에 이상이 있을 때, 밸브가 고착되었거나 조정이 불량할 때

33. 자동 변속기의 오일량이 조금만 부족 되어도 나타나는 현상 중 아닌 것은?
㉮ 회로의 기포 발생 ㉯ 기관 회전 속도
㉰ 클러치 밴드의 슬립 ㉱ 클러치 작용 불량
▣ 오일량이 부족할 때 발생되는 현상
① 회로에 기포가 발생된다.
② 다판 클러치가 슬립을 발생한다.
③ 브레이크 밴드가 슬립을 발생한다.
④ 유체 클러치 또는 토크 컨버터의 작용이 불량하다.

34. 자동 변속기 장착 차량을 스톨 테스트할 때 가속 페달을 밟는 시간은 몇 초 이내이어야 하는가?
㉮ 5초 ㉯ 10초
㉰ 15초 ㉱ 20초

35. 자동 변속기 오일 상태 점검 방법 중 틀린 것은?
㉮ 오일이 부족하여 보충할 경우 기어 오일을 사용한다.
㉯ 오일량은 HOT 위치에 있어야 한다.
㉰ 오일량의 점검은 평탄한 곳에서 실시한다.
㉱ 오일을 작동온도 상태에서 선택 레버를 움직여 클러치나 서보에 오일을 충분히 채운 다음 오일량을 점검한다.
▣ 자동 변속기 오일 점검 방법
① 자동차를 평탄한 곳에 주차시킨다.
② 변속택 레버를 P레인지에 위치시키고 주차 브레이크를 작동시킨 후 엔진 시동을 건다.
③ 오일이 정상 온도(80℃±10℃)에 이를 때까지 공회전시킨다.
④ 변속 레버를 움직여 각 레인지 별로 2~3회 작동시켜 클러치나 서보 등에 오일을 채운 후 P나 N 레인지 위치에 놓는다.
⑤ 레벨 게이지를 빼내어 깨끗이 닦는다.
⑥ 오일량이 HOT 위치에 있으면 정상이다.
⑦ 오일이 부족하여 보충할 경우 자동 변속기 오일 (ATF)을 사용한다.

36. 자동 변속기 오일의 색깔이 갈색일 경우 그 원인은?
㉮ 불순물 혼입
㉯ 오일의 열화 및 클러치 디스크 마모
㉰ 불완전 연소
㉱ 에어 클리너 막힘
▣ 자동 변속기 오일의 색
① 정 상 : 투명도가 높은 붉은 색
② 갈 색 : 고온에 의한 오일의 열화
③ 검은색 : 클러치 판의 마멸, 분말에 의한 오일의 오손, 부싱 및 기어가 마모된 경우
④ 백 색 : 수분이 유입된 경우

37. 전자 제어시 자동 변속기에서 로크업 상태로 되었을 때 동력 전달 순서로 옳은 것은?
㉮ 엔진 – 프론트 커버 – 펌프 – 터빈 – 출력축
㉯ 엔진 – 프론트 커버 – 댐퍼 클러치 – 출력축
㉰ 엔진 – 댐퍼 클러치 – 프론트 커버 – 출력축
㉱ 엔진 – 댐퍼 클러치 – 프론트 커버 – 펌프 – 터빈 – 출력축

38. 자동변속기에서 회로내의 이상압력 발생 시 회로를 보호하는 밸브는?
㉮ 압력조정밸브 ㉯ 리듀싱밸브
㉰ 릴리프밸브 ㉱ 드로틀압력밸브

39. 자동변속기 오일펌프에서 발생한 라인압력을 일정하게 조정하는 밸브는?
㉮ 체크 밸브 ㉯ 거버너 밸브
㉰ 매뉴얼 밸브 ㉱ 레귤레이터 밸브

40. 다음은 크루즈 컨트롤 시스템(정속 주행 장치)의 구성 부품에 관계없는 것은?
㉮ 휠 속도 센서 ㉯ 크루즈 컨트롤 스위치
㉰ 차량 속도 센서 ㉱ 해제 스위치

정답 32. ㉰ 33. ㉯ 34. ㉮ 35. ㉮ 36. ㉯ 37. ㉯ 38. ㉰ 39. ㉱ 40. ㉮

41. 정속 주행장치(auto drive system 또는 cruise control system)가 작동하기 위해서 컴퓨터는 여러 가지 차량 상태의 정보를 받는다. 다음에 해당되지 않는 것은?
   ㉮ 스로틀 밸브의 열림   ㉯ 차량 속도
   ㉰ 엔진 회전수   ㉱ 세트(set) 스위치
   ■ ECU에 입력되는 신호는 차속, 메인 스위치, 세트 스위치, 리즘 스위치, 제동등 스위치, 인히비터 스위치, 스로틀 밸브 개도 등의 신호를 받는다.

42. 정속 주행장치(Cruise control)의 구성 요소가 아닌 것은?
   ㉮ 차속 센서   ㉯ 제어 스위치
   ㉰ 해제 스위치   ㉱ 차고 센서

 드라이브 라인

1. 오버 드라이브 장치에 관한 설명 중 옳은 것은?
   ㉮ 토크를 증가시킬 때 작용한다.
   ㉯ 추진축의 회전 속도를 크랭크축의 회전 속도보다 빠르게 한다.
   ㉰ 고갯길을 올라갈 때 작용한다.
   ㉱ 무부하 상태에서 작용한다.

2. 오버 드라이브를 설치하였을 때 얻을 수 있는 장점 중에 들지 않는 것은?
   ㉮ 평지에서 연료가 20 % 정도 절약된다.
   ㉯ 기관의 수명이 20 % 가량 줄어든다.
   ㉰ 기관의 회전수가 같을 때 차의 속도를 30 % 가량 빨리 할 수 있다.
   ㉱ 기관의 운전이 정숙하다.
   ■ 크랭크축의 회전 속도보다 추진축의 회전 속도를 빠르게 할 수 있다.

3. 동력전달 장치에서 자재이음 중 동력을 전달함과 동시에 축방향으로 움직이도록 되어 있는 것은?

㉮ 십자형 자재 이음   ㉯ 벤딕스형 자재 이음
㉰ 플렉시블 자재 이음 ㉱ 트러니언 자재 이음

4. 종감속 장치에서 구동 피니언이 링기어 중심선 밑에서 물리게 되어 있는 기어는?
   ㉮ 직선 베벨 기어   ㉯ 스파이럴 베벨 기어
   ㉰ 스퍼 기어   ㉱ 하이포이드 기어
   ■ 하이포이드 기어는 구동 피니언이 링기어 중심선 밑에서 물리게 되어 있다.

5. 오버 드라이브(over drive) 장치는 어디에 설치되어 있는가?
   ㉮ 유성 기어와 클러치 사이에
   ㉯ 변속기와 추진축 사이에
   ㉰ 변속기와 클러치 사이에
   ㉱ 유성 기어와 유성 기어 캐리어 사이에

6. 드라이브 라인에서 전륜 구동차의 종감속 장치로 연결된 구동 차축에 설치되어 바퀴에 동력을 주로 전달하는 것은?
   ㉮ CV형 자재이음   ㉯ 플렉시블 이음
   ㉰ 십자형 자재이음   ㉱ 트러니언 자재이음

7. 유성 기어에서 선 기어, 캐리어, 링 기어의 3요소 중 2요소를 고정하면 동력 전달은 어떻게 되는가?
   ㉮ 직결   ㉯ 감속
   ㉰ 증속   ㉱ 역전
   ■ ① 직결 : 선 기어와 캐리어 또는 캐리어와 선 기어, 선 기어와 링 기어 등 요소를 함께 고정한다.
     ② 감속 : 선 기어를 고정하고 링 기어를 구동하거나 링 기어를 고정하고 선 기어를 구동하면 캐리어는 감속된다.
     ③ 증속 : 선 기어를 고정하고 캐리어를 구동하면 링 기어는 증속된다.
     ④ 역전 : 캐리어를 고정하고 선 기어를 회전시키면 링 기어는 감속된다.

8. 오버 드라이브 장치에서 오버 드라이브가 되려면 무엇을 고정시켜야 되는가?
   ㉮ 링 기어   ㉯ 선 기어
   ㉰ 유성 캐리어   ㉱ 주축

정답   41. ㉰   42. ㉱   1. ㉯   2. ㉯   3. ㉱   4. ㉱   5. ㉯   6. ㉮   7. ㉮   8. ㉯

9. 동력전달장치에서 추진축이 진동하는 원인으로 가장 거리가 먼 것은?
   ㉮ 요크 방향이 다르다.
   ㉯ 밸런스 웨이트가 떨어졌다.
   ㉰ 중간 베어링이 마모되었다.
   ㉱ 플랜지부를 너무 조였다.
   ■ 플랜지부가 풀러 있을 때, 추진축이 휘었을 때, 십자축 베어링이 마모되었을 때 등이 있다.

10. 드라이브 라인에서 추진축의 구조 및 설명에 대한 내용으로 틀린 것은?
    ㉮ 길이가 긴 추진축은 플랙시블 자재이음을 사용한다.
    ㉯ 길이와 각도변화를 위해 슬립이음과 자재이음을 사용한다.
    ㉰ 사용회전속도에서 공명이 일어나지 않아야 한다.
    ㉱ 회전시 평형을 유지하기 위해 평행추가 설치되어 있다.
    ■ 길이가 긴 추진축은 2~3개로 나눈 후 센터 베어링을 이용하여 지지한다.

11. 추친축의 자재이음은 어떤 변화를 가능하게 하는가?
    ㉮ 축의 길이   ㉯ 회전 속도
    ㉰ 회전축의 각도   ㉱ 회전 토크

12. 오버 드라이브를 고정시켜야 할 경우는?
    ㉮ 저속 전진할 때
    ㉯ 고속 전진할 때
    ㉰ 후진할 때
    ㉱ 최고 속도로 달릴 때
    ■ 오버 드라이브의 고정은 좋지 않은 도로를 주행할 때 또는 후진할 때 선 기어를 이동시켜 유성 기어 캐리어의 기어 클러치에 물리면 선 기어와 유성 기어 캐리어가 일체로 되어 고정된다. 오버 드라이브가 설치된 자동차는 오버 드라이브를 고정시켜야만 후진할 수 있다.

13. 오버 드라이브의 프리휠 주행에 대하여 맞는 것은?
    ㉮ 프리휠 주행 중 유성 기어는 공전한다.
    ㉯ 프리휠 주행 중 기관 브레이크를 사용할 수 있다.
    ㉰ 추진축의 회전력을 기관에 전달한다.
    ㉱ 오버 드라이브에 들어가기 전에는 프리휠 주행이 안 된다.

14. 드라이브 라인의 구성 부품을 바르게 표시한 것은?
    ㉮ 추진축, 변속기
    ㉯ 추진축, 변속기, 차동 기어장치
    ㉰ 추진축, 자재 이음, 슬립이음
    ㉱ 추진축, 자재 이음, 차동 기어장치

15. 다음에서 추진축의 굽음 진동을 바르게 설명한 것은?
    ㉮ 휠링   ㉯ 피칭
    ㉰ 시미   ㉱ 요잉

16. 다음에서 추진축의 슬립 이음은 어떤 변화를 가능하게 하는가?
    ㉮ 축의 길이   ㉯ 드라이브 각
    ㉰ 회전 토크   ㉱ 회전 속도
    ■ 자재이음은 회전축의 각도 변화를 주고 슬립 이음은 축의 길이 변화를 가능하게 한다.

17. 십자형 자재 이음에 있어서 요크의 각속도는 구동축이 등속도 회전을 하여도 피동축은 몇 도마다 증속 또는 감속하는가?
    ㉮ 30°   ㉯ 60°
    ㉰ 90°   ㉱ 180°
    ■ 십자형 자재 이음은 변속기 출력축이 1회전하면 추진축도 1회전하나 요크의 각속도는 구동축이 등속도 회전을 하여도 피동축은 90°마다 증속 2회와 감속 2회를 한다.

18. 동력 전달 각도가 커도 동력 전달 효율이 높은 자재 이음은?
    ㉮ 플렉시블 자재 이음
    ㉯ 볼 엔드 트러니언 자재 이음
    ㉰ 십자형 자재 이음
    ㉱ CV 자재 이음

정답 9. ㉱ 10. ㉮ 11. ㉰ 12. ㉰ 13. ㉮ 14. ㉰ 15. ㉮ 16. ㉮ 17. ㉰ 18. ㉱

■ 자재 이음의 동력 전달 각도
① 십자형 자재 이음 : 12 ~ 18°
② 플렉시블 자재 이음 : 3 ~ 5°
③ CV 자재 이음(추진축에 사용할 경우) : 29 ~ 30°
④ 볼 엔드 트러니언 자재 이음 : 12 ~ 22°
⑤ CV 자재 이음(차축에 사용할 경우) : 30 ~ 45°

19. 추진축 스플라인 부의 마모가 심할 때 현상으로 가장 적절한 것은?
㉮ 차동기의 드라이브 피니언과 링기어 치합이 불량하게 된다.
㉯ 차동기의 드라이브 피니언 베어링의 조임이 헐겁게 된다.
㉰ 동력을 전달할 때 충격 흡수가 잘 된다.
㉱ 주행 중 소음을 내고 추진축이 진동한다.

20. 다음에서 등속 자재 이음이란?
㉮ 십자형 자재 이음   ㉯ 플렉시블 자재 이음
㉰ CV 자재 이음   ㉱ 트러니언 자재 이음

21. 등속도 자재 이음의 종류가 아닌 것은?
㉮ 훅 조인트 형(Hook Joint type)
㉯ 트랙터 형(Tractor type)
㉰ 제파 형(Rzeppa type)
㉱ 버필드형(Birfield type)
■ 종류에는 트랙터형, 벤딕스 와이스형, 제파형, 버필드형(제파형을 개량), 파르빌레형이 있으며, 승용차량에는 파르빌레형이 많이 사용된다.

22. CV(등속) 자재 이음은 주로 어디에 사용하는가?
㉮ 뒷바퀴 구동식   ㉯ 앞바퀴 구동식
㉰ 바닥 밑 엔진식   ㉱ 앞 엔진 뒤 구동식

23. 다음 중 추진축의 비틀림 댐퍼 작용으로 옳은 것은?
㉮ 추진축의 진동을 방지한다.
㉯ 작동이 불량하면 전달 토크가 작게 된다.
㉰ 변속기의 기어 변속을 쉽게 하기 위한 것이다.
㉱ 댐퍼의 조정 너트는 가볍게 조인다.
■ 비틀림 댐퍼는 스플라인 플랜지에 댐퍼 고무를 고정하고 그 바깥 둘레에 플라이 휠이 조립된 구조로서 추진축 끝부분(센터 베어링 뒤)에 설치하여 추진축의 진동을 방지한다.

24. 다음 중 추진축의 스플라인부가 마모되면 어떻게 되는가?
㉮ 동력을 전달할 때 충격 흡수가 잘 된다.
㉯ 차동기의 드라이브 피니언 베어링의 조임이 헐겁게 된다.
㉰ 차동기의 드라이브 피니언과 링 기어의 치합이 불량하게 된다.
㉱ 주행 중 소음을 내고 추진축이 진동한다.

종감속·차동장치

1. 종감속 기어의 종류가 아닌 것은?
㉮ 베벨 기어   ㉯ 평기어
㉰ 웜과 웜기어 ㉱ 하이포이드 기어

2. 종감속장치의 감속 기어에서 옵셋 되어 있는 것은?
㉮ 하이포이드 기어 ㉯ 스파이럴 기어
㉰ 베벨 기어   ㉱ 웜기어

3. 종감속 장치의 종류에서 하이포이드 기어의 장점으로 틀린 것은?
㉮ 기어 이의 물림율이 크기 때문에 회전이 정숙하다.
㉯ 기어의 편심으로 차체의 전고가 높아진다.
㉰ 추진축의 높이를 낮게 할 수 있어 거주성이 향상 된다.
㉱ 동일한 조건에서 스파이럴 베벨기어에 비해 구동피니언을 크게 할 수 있어 강도가 증가한다

4. 종감속 장치에서 구동 피니언이 링기어 중심선 밑에서 물리게 되어 있는 기어는?
㉮ 직선 베벨 기어   ㉯ 스파이럴 베벨 기어
㉰ 스퍼 기어   ㉱ 하이포이드 기어

■ 하이포이드 기어는 구동 피니언이 링기어 중심선 밑에서 물리게 되어 있다.

5. 다음 하이포이드 기어가 자동차의 차동 구동 장치로 많이 쓰이는 이유를 설명한 것 중 틀린 것은 어느 것인가?
㉮ 이의 요소를 따라 미끄럼(rubbing)이 다른 기어보다 적게 발생된다.
㉯ 이의 요소가 스파이럴(spiral) 곡선으로 되어 점차적인 접촉으로 정숙한 회전을 한다.
㉰ 피니언 축을 기어축 아래에 위치시킬 수 있어 차체를 낮게 할 수 있다.
㉱ 피니언의 원주 피치가 기어의 원주 피치보다도 길어 다른 기어로 구동하는 것보다 튼튼하다.

6. 일반적으로 구동 피니언과 링 기어와의 백래시는?
㉮ 0.08 mm(0.003") 범위이다.
㉯ 0.15 mm(0.006") 범위이다.
㉰ 1.5 mm(0.060") 범위이다.
㉱ 3.5 mm(0.137") 범위이다.
■ 구동 피니언과 링 기어의 백래시는 일반적으로 0.10~0.18mm 이다.

7. 감속 링 기어의 흔들림을 측정하는데 사용되는 측정기는?
㉮ 시크니스 게이지 ㉯ 직정규
㉰ 마이크로미터   ㉱ 다이얼 게이지

8. 링 기어와 구동 피니언 기어 의 물림 상태 중에서 두 기어 이의 아랫부분(골짜기)만 물리는 접촉 상태는 어느 것인가?
㉮ 토우 접촉   ㉯ 힐 접촉
㉰ 플랭크 접촉   ㉱ 페이스 접촉

9. 감속장치에 있어서 구동 피니언과 링 기어의 물림 점검시 기어의 면에 묻은 광명단은 얼마 이상을 접촉해야 좋은가?
㉮ 1/4   ㉯ 1/2
㉰ 3/4   ㉱ 전부 접촉해야 한다.

10. 링 기어의 심한 토우 접촉을 수정하려면 어떻게 하여야 하는가?
㉮ 링 기어를 피니언 쪽으로
㉯ 구동 피니언을 안쪽으로
㉰ 링 기어를 피니언에서 멀리되게
㉱ 구동 피니언을 밖으로

11. 링 기어에서 이의 심한 페이스(면) 접촉을 수정하려면 어떻게 하는가?
㉮ 링 기어를 피니언쪽으로 움직인다.
㉯ 구동 피니언을 바깥쪽으로 움직인다.
㉰ 구동 피니언을 안쪽으로 움직인다
㉱ 구동 피니언을 고정하고 링 기어를 바깥쪽으로 움직인다.
■ 링 기어가 페이스 접촉되면 백래시가 증대되어 소음이 발생되고 기어 끝이 마모되므로 구동 피니언을 안쪽으로 이동시켜 조정한다.

12. 차동장치의 설치 목적은?
㉮ 회전할 때 바깥 바퀴의 회전 속도를 증가하기 위하여
㉯ 회전할 때 안쪽 바퀴가 바깥쪽 바퀴보다 빨리 돌게 하기 위하여
㉰ 회전할 때 양쪽 바퀴의 회전 속도가 일정하게 하기 위하여
㉱ 최전할 때 양 바퀴의 토크를 증대하기 위하여
■ 차동장치는 래크와 피니언의 원리를 이용히여 커브 길을 회전할 때 바깥쪽 바퀴의 회전 속도를 안쪽 바퀴보다 빠르게 하여 원활한 선회를 할 수 있도록 한다.

13. 다음에서 차동기어 장치는 무엇을 이용한 것인가?
㉮ 래크와 피니언의 원리를 이용한 것이다.
㉯ 파스칼의 원리를 이용한 것이다.
㉰ 후크의 법칙을 이용한 것이다.
㉱ 에너지 불변의 법칙을 이용한 것이다.

14. 차동 기어의 동력 전달 순서는?
㉮ 구동 피니언 축→구동 피니언→링 기어→차동 케이스→뒤차축
㉯ 구동 피니언 축→구동 피니언→수동 링 기어→차동 기어→뒤차축

정답 5. ㉮ 6. ㉯ 7. ㉱ 8. ㉰ 9. ㉰ 10. ㉱ 11. ㉰ 12. ㉮ 13. ㉮ 14. ㉮

㉰ 구동 피니언→링 기어→사이드 피니언→
　구동 피니언→뒤차축
㉴ 구동 피니언 축→사이드 기어→링 기어→
　차동 케이스→피니언→뒤차축
■ 차동 기어의 동력 전달 순서는 구동 피니언 축→
　구동 피니언 기어→링 기어→차동 기어 케이스
　→차동 피니언 축→차동 피니언 기어→사이드
　기어→액슬축→구동 바퀴 순으로 이루어진다.

15. 다음 중 링 기어와 항상 같은 속도로 회전하는 것은?
㉮ 차동 사이드 기어　㉯ 액슬축
㉰ 차동 피니언 기어　㉱ 차동기 케이스
■ 종감속장치의 링 기어는 차동 기어 케이스에 볼트로 고정되어 있기 때문에 링 기어와 항상 동일한 회전을 한다.

16. 차동 기어장치의 차동 피니언 기어는 무엇과 물리고 있는가?
㉮ 차동 드라이브 기어
㉯ 차동 사이드 기어
㉰ 액슬 샤프트
㉱ 피니언 기어

17. 다음에서 액슬축과 직접 접촉되어 있는 것은?
㉮ 피니언 기어　㉯ 웜기어
㉰ 사이드 기어　㉱ 링 기어
■ 액슬축 한쪽 끝은 드럼 및 타이어와 접촉되어 있고 다른 한쪽 끝은 사이드 기어 스플라인과 연결되어 있다.

18. 자동차가 평탄한 도로를 직진하고 있을 때 차동 기어장치 가운데에서 회전하지 않는(공전하는 것) 것은?
㉮ 드라이브 피니언
㉯ 왼쪽 차동 사이드 기어
㉰ 오른쪽 차동 사이드 기어
㉱ 차동 피니언

19. 차동 피니언과 사이드 기어의 백래시 조정을 할 때 알맞게 설명된 것은?

㉮ 차동장치의 링 기어 조정 장치를 조정한다.
㉯ 축받이 차축의 우측 조종쇠를 가감하여 조정한다.
㉰ 축받이 차축의 우측 조종쇠를 가감하여 조정한다.
㉱ 스러스트 와셔의 두께를 가감하여 조정한다.
■ 차동 피니언과 사이드 기어의 백래시는 소형 승용차인 경우 대략 0.02~0.20 mm 이므로 규정값 이상일 때는 자동차가 선회할 때만 소음이 발생된다. 조정은 사이드 기어 뒷면에 설치되는 스러스트 와셔를 교환하여야 한다.

20. 액슬축의 지지 방식이 아닌 것은?
㉮ 1/4 부동식　㉯ 반부동식
㉰ 3/4 부동식　㉱ 전부동식
■ 액슬축 지지 방식에는 반부동식, 3/4 부동식, 전부동식 등이 있다. 특히 전부동식은 액슬축이 외력을 받지 않고 동력만을 전달하며 바퀴를 떼어 내지 않고 액슬축을 분해할 수 있다.

21. 차축의 형식 중에서 바퀴를 떼어 내지 않고 액슬축을 떼어 낼 수 있는 형식은?
㉮ 3/4 부동식　㉯ 전부동식
㉰ 반부동식　㉱ 요동식

22. 변속기의 1단 감속비가 4:1이고 종감속 기어의 감속비는 5:1일 때 총 감속비는?
㉮ 0.8 : 1　㉯ 1.25 : 1
㉰ 20 : 1　㉱ 30 : 1
■ 총감속비 = 변속비 × 종감속비
　　　　　 = 4 × 5 = 20 : 1

23. 후차축 케이스에서 오일이 새는 원인이 아닌 것은?
㉮ 오일 시일이 파손되었다.
㉯ 오일이 너무 많다.
㉰ 오일이 너무 진하다.
㉱ 허브 베어링의 마멸이 크다.
■ 허브 베어링의 마멸이 크면 주행 중에 핸들이 흔들리거나 타이어가 빠지는 등의 원인이 된다.

24. 차동기어 케이스 내에 오일량 과대로 초래되는 현상은?

㉮ 링 기어와 피니언 기어의 물림이 나빠진다.
㉯ 기어 오일이 브레이크 드럼 내에 들어간다.
㉰ 기어의 마멸을 촉진한다.
㉱ 스러스트 플러그의 효과가 약해진다.
■ 차동장치에는 기어 오일 SAE 90을 사용하여야 하며 오일량은 액슬 하우징에 설치되어 있는 주유구 면과 일치하도록 주입한다. 오일량이 과대하면 주행 중 기어 오일이 브레이크 드럼 내에 들어갈 염려가 있다.

25. 차동 제한 차동 기어의 장점은?
㉮ 미끄러지지 않고 가속성 및 견인력이 좋다.
㉯ 미끄러지지 않고 구동력이 2배가 되게 한다.
㉰ 미끄러지지 않고 구동력을 더 크게 하여 연료 소비율도 적다.
㉱ 미끄러지지 않고 안정성이 좋으며 더 많은 부하를 받을 수 있다.

26. 구동 피니언의 잇수가 5, 링 기어의 잇수가 25이고 추진축이 1,000rpm으로 회전할 때 오른쪽 바퀴가 150rpm하였다면 왼쪽 바퀴의 회전은?
㉮ 150rpm   ㉯ 200rpm
㉰ 250rpm   ㉱ 350rpm
■ 우측 바퀴 회전수 = $\dfrac{추진축 회전수 \times 2}{종감속비}$
좌측 바퀴 회전수 = $\dfrac{1,000 \times 2}{\frac{25}{5}} - 150 = 250 rpm$

27. 차의 오른쪽 바퀴만을 들어서 회전하도록 하여 놓고, 변속기의 감속비가 1/2, 링 기어와 구동 피니언의 감속비가 1/6, 입력축의 회전수가 1,800rpm일 때 오른쪽 바퀴의 회전 속도는?
㉮ 150rpm   ㉯ 300rpm
㉰ 600rpm   ㉱ 900rpm
■ 우측 회전수 = $\dfrac{엔진 회전수 \times 2}{변속비 \times 종감속비}$
$-$ 좌측 회전수
$= \dfrac{1,800 \times 2}{2 \times 6} = 300 rpm$

28. 구동 피니언의 이의 수가 7매, 링 기어의 이의 수가 49매의 경우 종 감속비는 얼마인가?

㉮ 7   ㉯ 8
㉰ 9   ㉱ 10
■ 종감속비 = $\dfrac{링기어 잇수}{구동 피니언 잇수} = \dfrac{49}{7} = 7$

29. 변속 기어의 감속비 3.5, 종 감속비 4.4인 자동차가 기관을 2,500rpm으로 회전시키고 1속 기어로 주행하고 있을 때 차륜의 회전수는?
㉮ 약 48rpm   ㉯ 약 74rpm
㉰ 약 162rpm   ㉱ 약 324rpm
■ 차륜 회전수 = $\dfrac{엔진 회전수}{변속비 \times 종감속비}$
$= \dfrac{2,500}{3.5 \times 4.4} = 162.337 rpm$

30. 기관 최고 출력이 70 PS인 자동차가 직진하고 있을 때 변속기 출력축의 회전수가 4800 rpm, 종 감속비가 2.4이면 뒤 액슬의 회전 속도는?
㉮ 1000 rpm   ㉯ 2000 rpm
㉰ 2500 rpm   ㉱ 3000 rpm
■ 액슬축 회전수 = $\dfrac{추진축 회전수}{종감속비}$
$= \dfrac{4800}{2.4} = 2000 rpm$

현가 장치

1. 앞차축 현가장치에서 맥퍼슨형의 특징이 아닌 것은?
㉮ 위시본형에 비하여 구조가 간단하다.
㉯ 로드 홀딩이 좋다.
㉰ 엔진 룸의 유효공간을 넓게 할 수 있다.
㉱ 스프링 아래 중량을 크게 할 수 있다.

2. 자동차 앞 차륜 돌립 현가장치에 속하지 않는 것은?
㉮ 트레일링 암 형식(trailling arm type)

정답 25. ㉮ 26. ㉰ 27. ㉯ 28. ㉮ 29. ㉰ 30. ㉯   1. ㉱ 2. ㉮

㉰ 위시본 형식(wishbone type)
㉯ 맥퍼슨 형식(macpherson type)
㉱ SLA 형식(Short long arm type)
■ 트레일링 암 형식은 자동차의 뒤 현가장치에 사용.

3. 스프링 아래 질량의 고유진동에 관한 그림이다. x축을 중심으로 하여 회전운동을 하는 진동은?

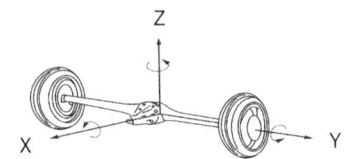

㉮ 휠 트램프 ㉯ 와인드 업
㉰ 롤링 ㉱ 사이드 쉐이크
■ ① 휠 트램프 : 차축이 X축을 중심으로 회전 운동을 하는 진동
② 와인드 업 : 차축이 Y축을 중심으로 회전 운동을 하는 고유 진동
③ 차체가 X축을 중심으로 좌우 방향으로 회전 운동을 하는 고유 진동(스프링 위 질량 고유진동)

4. 다음 중 판 스프링은 무엇에 의해 프레임에 설치되는가?
㉮ 킹핀 ㉯ 코터핀
㉰ 섀클핀 ㉱ U 볼트

5. 다음 중 판 스프링에서 스팬의 길이를 변화시켜 주는 것은?
㉮ 닙 ㉯ 섀클 핀
㉰ 캠버 ㉱ 아이

6. 전자륜 정렬에 관계되는 요소가 아닌 것은?
㉮ 타이어의 이상마모를 방지한다.
㉯ 정지 상태에서 조향력을 가볍게 한다.
㉰ 조향핸들의 복원성을 준다.
㉱ 조향방향의 안정성을 준다.

7. 전자제어 현가장치에서 조향 휠의 좌우 회전방향을 검출하여 차체의 롤링(rolling)을 예측하기 위한 센서는?

㉮ 차속센서 ㉯ 조향각 센서
㉰ G 센서 ㉱ 차고 센서

8. 다음 중 판 스프링이 절손되는 원인이 아닌 것은?
㉮ U 볼트가 풀렸을 때
㉯ 과적재 했을 때
㉰ 급제동, 급선회할 때
㉱ 섀클에 급유가 부족할 때

9. 자동차 뒤의 판 스프링의 떼기 작업에 관한 것이다. 이 중 안전에 어긋나는 것은?
㉮ 뒤차축 하우징을 스프링에서 떨어질 때까지 잭으로 든다.
㉯ U 볼트 설치용의 이중 너트를 빼내고 U 볼트 시트와 패드를 뗀다.
㉰ 차 뒷부분을 잭으로 들고 프레임을 스탠드로 지지한다.
㉱ 스프링을 차에서 뗀 다음 스프링 브래킷 핀과 스프링 섀클을 스프링 양끝에서 떼어 낸다.

10. 쇽업소버의 기능이 아닌 것은?
㉮ 운동 에너지를 열 에너지로 바꾼다.
㉯ 스프링의 피로감 경감
㉰ 승차감 향상
㉱ 차체 각부의 적정 응력을 절감시킨다.

11. 쇽업소버의 설치 목적은?
㉮ 타이어의 마모를 방지하고 차체를 보강한다.
㉯ 차량의 비틀림을 방지한다.
㉰ 자동차의 트램핑 현상을 방지한다.
㉱ 현가 스프링의 자유 진동을 흡수한다.

12. 다음 설명 중 옳은 것은?
㉮ 쇽업소버는 스프링의 진동을 흡수하는 작용을 한다.
㉯ 쇽업소버는 차의 가로 요동(롤링)을 방지한다.
㉰ 쇽업소버는 스프링이 압축될 때만 작용한다.
㉱ 봉형 쇽업소버는 경유를 넣는다.

정답 3. ㉮ 4. ㉱ 5. ㉯ 6. ㉯ 7. ㉯ 8. ㉱ 9. ㉱ 10. ㉱ 11. ㉱ 12. ㉮

13. 자동차 쇽업소버 컨테이너 속에 코일 스프링이 들어 있는 형식은?
    ㉮ 레버형 쇽업소버
    ㉯ 텔레스코핑형 복동식
    ㉰ 텔레스코핑형 단동식
    ㉱ 드가르봉형 쇽업소버
    ■ 레버형 쇽업소버는 스프링이 압축되면 피스톤이 리턴 스프링의 장력에 의해 본래의 위치로 되돌아오고 동시에 입구 밸브가 열려 오일이 컨테이너에 충만된다.

14. 쇽업소버의 감쇠력이 너무 작으면 어떤 현상이 생기는가?
    ㉮ 오버 댐핑
    ㉯ 이퀄 댐핑 월쿨
    ㉰ 언더 댐핑
    ㉱ 마이너스 댐핑

15. 쇽업소버의 감쇠력을 점검할 때 고려하여야 할 사항은?
    ㉮ 설치되는 상태에서 점검한다.
    ㉯ 작동 속도를 고려해서 점검한다.
    ㉰ 유효 행정을 고려해서 점검한다.
    ㉱ 유량을 고려해서 점검한다.
    ■ 감쇠력은 댐퍼를 신축하는 속도(피스톤 속도)에 따라서 변화되므로 피스톤 속도 0.3 m/sec 를 기준으로 하여 점검하는 것이 보통이다.

16. 다음은 고속으로 선회할 때 차체의 좌우 진동을 완화하는 기능을 하는 것은?
    ㉮ 스태빌라이저
    ㉯ 겹판 스프링
    ㉰ 타이로드
    ㉱ 킹핀

17. 스태빌라이저에 관한 설명 중 틀린 것은?
    ㉮ 차체의 롤링(rolling)을 방지한다.
    ㉯ 독립 현가식에 주로 설치된다.
    ㉰ 일종의 토션바이다.
    ㉱ 차체가 피칭(pitching)할 때 작용한다.

18. 자동차가 고속으로 선회할 때 차체가 기울어지는 것을 방지하기 위한 장치는? (2015)
    ㉮ 타이로드
    ㉯ 토인
    ㉰ 스테빌라이저
    ㉱ 프로포셔닝 밸브

19. 다음은 독립 현가 장치의 장점을 쓴 것이다. 틀린 것은 어느 것인가?
    ㉮ 로드 홀딩(road holding)이 좋지 않은 점이 있다.
    ㉯ 바퀴가 시미(shimmy)를 잘 일으키지 않는다.
    ㉰ 스프링 밑 질량이 작기 때문에 승차감이 좋다.
    ㉱ 스프링 정수가 작은 스프링도 사용할 수 있다.

20. 자동차 현가장치에 사용하는 토션 바 스프링에 대하여 틀린 것은?
    ㉮ 단위 무게에 대한 에너지 흡수율이 다른 스프링에 비해 크며 가볍고 구조도 간단하다.
    ㉯ 스프링의 힘은 바의 길이 및 단면적에 반비례한다.
    ㉰ 구조가 간단하고 가로 또는 세로로 자유로이 설치할 수 있다.
    ㉱ 진동의 감쇠 작용이 없어 쇽업쇼버를 병용하여야 한다.

21. SLA 현가에서 사용되는 코일 스프링은 다음 중 어느 사이에 설치되는가?
    ㉮ 위 컨트롤 암과 프레임
    ㉯ 아래 컨트롤 암과 위 컨트롤 암지지대
    ㉰ 위 컨트롤 암과 아래 컨트롤 암
    ㉱ 아래 컨트롤 암과 프레임

22. 다음에서 SLA 식의 위 컨트롤 암의 길이는 어느 것인가?
    ㉮ 아래 컨트롤 암보다 짧다.
    ㉯ 아래 컨트롤 암과 같다.
    ㉰ 아래 컨트롤 암보다 길다.
    ㉱ 평행 사변형이다.
    ■ SLA 형식은 위 컨트롤 암이 짧고 아래 컨트롤 암이 길다.

23. 다음 사항은 독립 현가 방식인 맥퍼슨 형식의 특징이다. 관계없는 것은?
    ㉮ 스프링 밑 질량이 작기 때문에 로드 홀딩이 양호하다.
    ㉯ 기구가 간단하며 고장이 적고 보수가 쉽다.

정 답 13. ㉮ 14. ㉰ 15. ㉯ 16. ㉮ 17. ㉱ 18. ㉰ 19. ㉮ 20. ㉯ 21. ㉱ 22. ㉮ 23. ㉱

㉰ 기관실의 유효 체적을 넓게 할 수 있다.
㉱ 고속에서도 시미 현상이 일어나지 않는다.

24. 토션바 스프링에 대하여 맞지 않는 것은?
㉮ 좌우의 것이 구분되어 있다.
㉯ 현가 높이를 조정할 수 없다.
㉰ 미리 비틀려진 상태로 결합한다.
㉱ 쇽업소버를 병용한다.
■ 토션바 스프링 특징으로는 에너지 흡수율이 다른 스프링에 비해 크고, 가볍고 구조가 간단, 작은 진동 흡수가 양호하여 승차감이 좋다.

25. 구동 바퀴의 구동력을 차체에 전달하는 방식 중 틀린 것은?
㉮ 리어앤드 토크 구동
㉯ 토크 튜브 구동
㉰ 호치키스 구동
㉱ 레디 어스 암 구동

26. 다음 중 가장 좋은 승차감을 얻을 수 있는 진동수는?
㉮ 10 ~ 40 사이클/분
㉯ 60 ~ 120 사이클/분
㉰ 130 ~ 150 사이클/분
㉱ 150 ~ 210 사이클/분
■ 승차감은 일반적으로 60 ~ 120 사이클/분의 상하 운동을 할 때 좋은 승차감이며, 120 사이클/분 이상이면 딱딱하고 60 사이클/분 이하에서는 멀미를 느끼게 된다.

27. 전자제어 현가장치에서 차고조정이 정지되는 조건이 아닌 것은?
㉮ 커브길 급회전 시　㉯ 급가속 시
㉰ 고속 주행 시　　　㉱ 급정지 시

28. 전자제어 현가장치에서 감쇠력 제어 상황이 아닌 것은?
㉮ 고속 주행하면서 좌회전 할 경우
㉯ 정차 시 뒷자석에 많은 사람이 탑승한 경우
㉰ 정차 중 급출발할 경우
㉱ 고속 주행 중 급제동한 경우

29. 스프링 위 질량의 고유 진동에 관한 그림이다. X 축을 중심으로 회전 운동을 하는 고유 진동을 무엇이라 하는가?

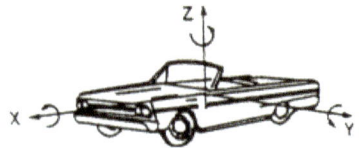

㉮ 롤링(rolling)　　㉯ 피칭(pitching)
㉰ 바운싱(bouncing)　㉱ 요잉(yawing)

30. 그림에서 좌우의 연결이 잘못된 것은?

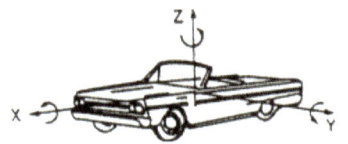

㉮ 바운싱 : Z 축 방향과 평행 운동을 하는 고유 진동
㉯ 피칭 : Y 축을 중심으로 회전 운동을 하는 고유 진동
㉰ 요잉 : Z 축을 중심으로 회전 운동을 하는 고유 진동
㉱ 롤링 : Y 축을 중심으로 회전 운동을 하는 고유 진동

31. 전자제어 현가장치(ECS)의 기능이 아닌 것은?
㉮ 급제동 시 앤티 다이브 제어
㉯ 급선회 시 원심력에 의한 차량의 기울어짐 현상 방지
㉰ 노면으로부터 차의 높이 조정
㉱ 차량 주행 중 일정한 속도로 주행

32. 자동차의 진동 중 차가 앞뒤로 숙여지는(세로 방향) 진동을 무엇이라 부르는가?
㉮ 요잉　　　㉯ 롤링
㉰ 피칭　　　㉱ 바운싱

33. 자동차가 직진할 때 어느 순간 약간 한편으로 쏠렸다가 다음 순간 반대로 기울어지는 현상을 무엇이라 하나?

정답　24. ㉰　25. ㉮　26. ㉯　27. ㉰　28. ㉯　29. ㉮　30. ㉱　31. ㉱　32. ㉰　33. ㉰

㉮ 로드 스웨이(road sway)
㉯ 트램핑(tramping)
㉰ 완더(wander)
㉱ 시미(shimmy)

■ ① 로드 스웨이 : 자동차가 고속으로 주행할 때 앞바퀴의 진동으로 차체의 앞부분이 상하 또는 좌우로 흔들리는 현상을 말한다.
② 트램핑 : 타이어의 정적 불평형으로 상하로 발생되는 진동을 말한다.
③ 시 미 : 타이어의 동적 불평형으로 좌우로 발생되는 진동을 말한다.

34. 차가 급제동할 때 앞으로 푹 숙였다가 다음 순간 바로서는 현상을 무엇이라 하는가?
㉮ 로드 스웨이(road sway)
㉯ 완더(wander)
㉰ 트램핑(tramping)
㉱ 노스 다운(nose down)

35. 전자제어 현가장치(ECS)의 구성요소로 틀린 것은?
㉮ 가속도(G)센서
㉯ 휠 스피드 센서
㉰ 감쇠력 조정 액추에이터
㉱ 쇽업소버

36. 스프링 정수가 2kgf/mm인 코일 스프링을 3cm 압축하려면 얼마의 힘이 있어야 하는가?
㉮ 6kgf ㉯ 60kgf
㉰ 600kgf ㉱ 6,000kgf

■ $K = \dfrac{W}{a}$, $W = K \times a = 2 \times 30 = 60 kgf$
W : 힘(kgf), a : 변형된 길이(mm)
K : 스프링 정수(kgf/mm)

37. 다음 설명 중 ECS 기능이 아닌 것은?
㉮ 노면으로부터 차의 높이 조정
㉯ 급커브 또는 급회전 시 원심력에 의한 차량의 기울어짐 현상 방지
㉰ 급제동 시 노스 다운(nose down) 방지
㉱ 차량 주행 중 일정한 속도로 주행

38. 전자제어 현가장치에 사용되고 있는 차고센서의 구성 부품으로 옳은 것은? (2015)
㉮ 에어챔버와 서브탱크
㉯ 발광다이오드와 유화 카드뮴
㉰ 서모스위치
㉱ 발광다이오드와 광트랜지스터

39. 전자제어 현가장치의 장점이 아닌 것은?
㉮ 고속 주행시 안정성이 있다.
㉯ 조향시 차체가 쏠리는 경향이 있다.
㉰ 승차감이 좋다.
㉱ 충격을 감소한다.

40. 차량이 주행 중에 발생되는 진동에는 요잉, 롤링, 피칭 등이 있다. 이러한 현상을 억제하는 장치를 무엇이라 하는가?
㉮ ABS(안티록 브레이크 시스템)
㉯ ECS(전자 제어 서스펜션)
㉰ 정속 주행장치
㉱ 전자 제어 자동 변속기

41. 전자 제어 현가장치의 스프링 상수와 댐핑력에 관한 현가 특성 제어 기능이 아닌 것은?
㉮ AUTO(자동제어 기능)
㉯ ECS(전자 제어 현가 기능)
㉰ HARD(안전 조향 제어기능)
㉱ SOFT(승차감 향상 제어기능)

■ 전자 제어 현가의 제어 기능에서 스프링 상수와 감쇠력의 제어 기능은 AUTO, HARD, SOFT의 3단계가 있다.

42. 스프링 정수가 5N/mm 인 코일 스프링을 2cm 압축하려면 얼마의 힘이 있어야 하는가?
㉮ 2.5N ㉯ 10N
㉰ 25N ㉱ 100N

■ $K = \dfrac{W}{a}$, $W = K \times a = 5 \times 20 = 100N$

43. 전자제어식 서스펜션 차량의 컨트롤 유닛(ECU)에 입력되는 신호가 아닌 것은?

㉮ 휠 속도 센서　㉯ 핸들 조향 각도
㉰ 차량 속도　㉱ 브레이크 압력 스위치

44. 차량이 주행 중 급커브 상태를 감지하는 센서는? (단, ECS장치 차량에서)
　㉮ 조향 휠 각도 센서　㉯ 차고 센서
　㉰ 차속 센서　㉱ 휠 속도 센서

45. ECS 의 선회 주행 시 차체의 좌우 진동을 억제하는데 관련되는 센서는?
　㉮ TPS, 차속 센서
　㉯ 차속 센서, 조향휠 센서
　㉰ 차속 센서, 정지등 스위치
　㉱ 조향 휠 센서, 정지등 스위치

46. ECS 장착 차량에서 차고 센서가 감지하는 곳은 다음 중 어느 것인가?
　㉮ 액슬과 지면　㉯ 액슬과 차체
　㉰ 지면과 차체　㉱ 지면과 프레임

47. 전자제어 조향장치에서 차속센서의 역할은? (2015)
　㉮ 공전속도 조절　㉯ 조향력 조절
　㉰ 공연비 조절　㉱ 점화시기 조절

48. 전자 제어 현가장치에서 차량 높이를 높이는 방법으로 옳은 것은?
　㉮ 공기 체임버의 체적과 쇽업소버의 길이를 증가시킨다.
　㉯ 앞뒤 솔레노이드 공기 밸브의 배기구를 개방시킨다.
　㉰ 배기 솔레노이드 밸브를 작동시킨다.
　㉱ 공기 체임버의 체적과 쇽업소버의 길이를 감소시킨다.
　▨ 전자 제어 현가장치에서 차량을 높여야 하는 요소가 발생되었을 때는 ECU 는 공기 공급 솔레노이드 밸브와 앞뒤 솔레노이드 공기 밸브에 열림 신호를 보내므로 압축 공기가 공기 스프링의 공기 체임버에 공급되어 체적이 증가됨과 동시에 쇽업소버의 길이도 증가되어 차량의 높이가 높아진다.

조향 장치

1. 다음에서 조향장치가 갖추어야 할 조건이 아닌 것은 어느 것인가?
　㉮ 회전 반경이 작을 것
　㉯ 조향 핸들의 회전과 바퀴의 선회의 차가 클 것
　㉰ 조향 조작이 주행중의 충격에 영향을 받지 않을 것
　㉱ 조작하기 쉽고 방향 전환이 원활하게 행하여 질 것

2. 자동차의 축간 거리가 2.2m, 외측 바퀴의 조향각이 30°이다. 이 자동차의 최소 회전 반지름은 얼마인가? (단, 바퀴의 접지면 중심과 킹핀과의 거리는 30cm이다.) (2015)
　㉮ 3.5m　㉯ 4.7m
　㉰ 7m　㉱ 9.4m
　▨ $R = \frac{L}{\sin\alpha} + r = \frac{2.2m}{\sin 30°} + 0.3 = 4.7m$
　R : 최소 회전 반경(m)
　sin α : 최외측 바퀴 조향각도,　L : 축거(m)
　r : 킹핀 중심에서 타이어 중심간의 거리(m)

3. 조향 너클과 차축을 연결하는 것을 무엇이라 하는가?
　㉮ 스핀들　㉯ 타이로드
　㉰ 섀클핀　㉱ 킹핀
　▨ ① 스핀들 : 허브 베어링이 설치되어 바퀴를 회전.
　② 타이로드 : 핸들의 움직임을 조향 너클에 전달.
　③ 새클 핀 : 판 스프링을 차체에 설치하는 역할.

4. 다음 중 맞는 것은 어느 것인가?
　㉮ 동력 조향장치에서 유압장치는 기관의 흡입 부압을 이용한다.
　㉯ 최대 조향 각도 조정은 타이로드 길이를 가감하여 행한다.
　㉰ 휠 베이스는 앞차축과 후차축의 중심간의 수평거리이다.
　㉱ 앞차륜 정렬 측정값이 부정확하게 되는 이유 중 타이어 공기압에는 관계가 없다.

정답　44. ㉮　45. ㉮　46. ㉯　47. ㉯　48. ㉮　1. ㉯　2. ㉯　3. ㉱　4. ㉰

5. 조향장치 기어 형식에 속하지 않는 것은?
   ㉮ 볼 너트형   ㉯ 웜 섹터형
   ㉰ 웜 섹터 롤러형   ㉱ 베벨 기어형

6. 동력조향장치에서 조향 휠의 회전에 따라 동력 실린더에 공급되는 유량을 조절하는 것은?
   ㉮ 분류밸브   ㉯ 동력 피스톤
   ㉰ 제어밸브   ㉱ 조향각 센서

7. 조향장치에서 웜과 웜기어의 톱니 사이의 접촉은 무엇으로 조정하는가?
   ㉮ 조정판   ㉯ 조정 캠
   ㉰ 조정 나사   ㉱ 쐐기

8. 동력 조향장치의 구성품이 아닌 것은?
   ㉮ 유압 펌프   ㉯ 파워 실린더
   ㉰ 유압식 리타더   ㉱ 제어 밸브
   ■ ① 유압 펌프 : 유압을 발생.
   ② 파워 실린더(동력 실린더) : 보조력 발생.
   ③ 컨트롤 밸브(제어 밸브) : 오일통로를 개폐.
   ④ 안전 첵 밸브 : 고장 시 수동 조작을 가능케 함.

9. 타이로드는 다음 중 어느 부품과 연결되어 있는가?
   ㉮ 왼쪽 바퀴와 피트먼 암
   ㉯ 피트먼 암과 섹터축
   ㉰ 조향 암
   ㉱ 오른쪽 바퀴와 피트먼 암
   ■ 일체 차축식 현가 방식의 타이로드는 양쪽 조향 너클 암과 연결되어 있으며, 독립 현가 방식의 타이로드는 한쪽은 중심 링크에 또다른 한쪽은 조향 너클 암에 연결되어 있다.

10. 다음 조향장치의 링키지 중에서 순서가 옳게 된 것은?
    ㉮ 핸들 – 웜과 웜기어 – 섹터축 – 피트먼 암
    ㉯ 핸들 – 섹터축 – 웜과 웜기어 – 피트먼 암
    ㉰ 핸들 – 섹터축 – 타이로드 – 피트먼 암
    ㉱ 핸들 – 섹터축 – 웜과 웜기어 – 타이로드
    ■ 핸들 – 조향축 – 웜과 웜기어 – 섹터축 – 피트먼 암 – 타이로드 – 조향 너클 – 타이어 순으로 연결된다.

11. 전자제어 조향장치의 ECU 입력 요소로 틀린 것은?
    ㉮ 차속 센서   ㉯ 스로틀 위치 센서
    ㉰ 조향각 센서   ㉱ 전류 센서

12. 전자제어 동력 조향장치의 특징으로 틀린 것은?
    ㉮ 앞바퀴의 시미현상을 감소시킨다.
    ㉯ 저속 주행 시 조향 휠의 조작력을 적게 한다.
    ㉰ 험한 길 주행 시 핸들을 놓치지 않도록 해준다.
    ㉱ 험한 길을 주행할 때나 타이어가 펑크난 경우 펌프 토출압을 보통 때보다 하강시킨다.

13. 조향 기어비를 너무 크게 하였을 때 다음 중 틀린 것은?
    ㉮ 좋지 않은 도로에서 조향 핸들을 놓치기 쉽다.
    ㉯ 복원 성능이 좋지 않게 된다.
    ㉰ 조향 핸들의 조작이 가벼워진다.
    ㉱ 조향장치가 마모되기 쉽다.
    ■ 조향 기어비가 클 때 영향
    ① 핸들 조작이 가벼워진다.
    ② 앞바퀴의 복원성이 좋지 않다.
    ③ 민속한 조향 조작을 할 수 없다.
    ④ 좋지 않은 도로에서 핸들을 놓치는 일이 없다.
    ⑤ 충격이 조향 핸들에 전달되지 않으므로 마모되기 쉽다.

14. 조향할 때 조향 방향쪽으로 작용하는 힘은?
    ㉮ 트러스트   ㉯ 원심력
    ㉰ 코너링 포스   ㉱ 슬립각
    ■ 타이어가 어느 슬립각을 가지고 선회할 때 접지면에 발생하는 마찰력 중 타이어의 진행 방향에 직각으로 작용하는 힘을 코너링 포스라고 한다.

15. 조향 핸들 유격이 크게 되는 원인과 관계없는 것은?
    ㉮ 피트먼 암의 헐거움
    ㉯ 앞바퀴 베어링이 마모되었다.
    ㉰ 조향 기어의 조정이 불량하다.
    ㉱ 타이어 공기압이 너무 높다.

16. 전자제어식 동력조향장치(EPS)의 관련된 설명으로 틀린 것은?
   ㉮ 저속 주행에서는 조향력을 가볍게 고속주행에서는 무겁게 되도록 한다.
   ㉯ 저속 주행에서는 조향력을 무겁게 고속주행에서는 가볍게 되도록 한다.
   ㉰ 제어방식에서 차속감응과 엔진 회전수 감응 방식이 있다.
   ㉱ 급조향 시 조향 방향으로 잡아당기는 현상을 방지하는 효과가 있다.

17. 다음 중 조향 기어의 백래시가 너무 크면 어떻게 되는가?
   ㉮ 조향 각도가 크게 된다.
   ㉯ 조향 기어비가 크게 된다.
   ㉰ 조향 핸들의 유격이 크게 된다.
   ㉱ 핸들의 축방향 유격이 크게 된다.

18. 핸들에 충격을 느끼게 되는 고장 원인이 아닌 것은?
   ㉮ 쇽업소버의 작동 불량
   ㉯ 바퀴의 공기압이 너무 낮다.
   ㉰ 바퀴의 언밸런스
   ㉱ 전 차륜 정렬 부정확

19. 자동차가 주행 중 스티어링 휠이 흔들리는 원인이 아닌 것은?
   ㉮ 쇽업소버의 작동 불량
   ㉯ 허브 너트의 풀림
   ㉰ 휠 얼라인먼트 불량
   ㉱ 브레이크 라이닝 간격 과대
   ■ 주행 중 핸들이 흔들리는 원인
     ① 조향 핸들 유격이 과대할 때
     ② 휠 얼라인먼트가 불량할 때
     ③ 휠의 정적 언밸런스일 때
     ④ 타이어의 공기압이 적을 때
     ⑤ 스테빌라이저의 작동이 불량할 때
     ⑥ 쇽업소버의 작동이 불량할 때

20. 조향 핸들이 흔들리는 원인과 관계가 없는 것은?
   ㉮ 카아스터가 고르지 않다.
   ㉯ 앞바퀴의 휠베어링이 마멸되었다.
   ㉰ 웜과 섹터의 간극이 너무 크다.
   ㉱ 킹핀과 부싱의 결합이 너무 세다.

21. 다음 중 브레이크가 작동할 때 조향 핸들이 한쪽으로 쏠리는 원인이 아닌 것은?
   ㉮ 타이어 공기압이 같지 않다.
   ㉯ 라이닝의 접촉이 불량하다.
   ㉰ 마스터 실린더의 체크 밸브의 작동이 불량하다.
   ㉱ 브레이크의 조정이 불량하다.

22. 브레이크가 작동시 조향 핸들이 한쪽으로 쏠리는 원인이 아닌 것은?
   ㉮ 라이닝의 접촉이 불량하다.
   ㉯ 좌우 타이어의 공기압이 같지 않다.
   ㉰ 스테빌라이저 바가 절손되었다.
   ㉱ 마스터 실린더의 체크 밸브의 작동이 불량하다.

23. 다음 설명 중 핸들이 쏠리는 원인이 아닌 것은?
   ㉮ 쇽업소버의 작동 불량
   ㉯ 바퀴 얼라인먼트의 조정 불량
   ㉰ 타이어 공기압의 불균형
   ㉱ 조향 기어 하우징의 풀림

24. 주행 중 조향 핸들이 쏠리는 원인이 아닌 것은?
   ㉮ 뒷차축이 차의 중심선에 대하여 직각이 되지 않는다.
   ㉯ 좌우 타이어의 압력이 같지 않다.
   ㉰ 조향 핸들 축의 축방향 유격이 크다.
   ㉱ 앞차축 한쪽의 현가 스프링이 절손되었다.

25. 전동식 동력 조향장치(EPS)의 구성에서 비접촉 광학식 센서를 주로 사용하여 운전자의 조향휠 조작력을 검출하는 센서는?
   ㉮ 스로틀 포지션센서
   ㉯ 전동기 회전각도 센서
   ㉰ 차속센서
   ㉱ 토크센서

정답 16. ㉯ 17. ㉰ 18. ㉯ 19. ㉱ 20. ㉱ 21. ㉰ 22. ㉱ 23. ㉱ 24. ㉰ 25. ㉱

26. 조향 핸들의 조작을 가볍게 하는 방법이 아닌 것은?
   ㉮ 고속으로 주행한다.
   ㉯ 동력 조향장치를 설치한다.
   ㉰ 타이어 공기압을 높인다.
   ㉱ 저속으로 주행한다.

27. 조향 핸들의 조작을 가볍게 하는 방법 중 옳은 것은?
   ㉮ 토인을 규정보다 크게 한다.
   ㉯ 타이어의 공기압을 낮춘다.
   ㉰ 조향 기어비를 크게 한다.
   ㉱ 캐스터를 규정보다 크게 한다.

28. 주행 중 조향 핸들이 무거워졌다. 다음 원인 중 틀린 것은?
   ㉮ 앞 타이어의 공기가 빠졌다.
   ㉯ 조향 기어 박스의 오일이 부족하다.
   ㉰ 볼 조인트의 과도한 마모
   ㉱ 타이어의 밸런스가 불량하다.

29. 주행 중 조향핸들이 한쪽으로 쏠리는 원인과 가장 거리가 먼 것은? (2015)
   ㉮ 바퀴 허브 너트를 너무 꽉 조였다.
   ㉯ 좌우의 캠버가 같지 않다.
   ㉰ 컨트롤 암(위 또는 아래)이 휘었다.
   ㉱ 좌우의 타이어 공기압이 다르다.

30. 전자제어 동력 조향장치의 특성으로 틀린 것은?
   ㉮ 공전과 저속에서 핸들 조작력이 작다.
   ㉯ 중속 이상에서는 차량속도에 감응하여 핸들 조작력을 변화시킨다.
   ㉰ 차량속도가 고속이 될수록 큰 조작력을 필요로 한다.
   ㉱ 동력 조향장치이므로 조향기어는 필요 없다.

31. 일반적으로 사용하고 있는 사이드 슬립 시험기에서 지시값이 30이라고 하는 것은 주행 1km에 대해서 앞바퀴의 옆방향 미끄러짐이 얼마라는 것을 표시하는가?
   ㉮ 3mm   ㉯ 3cm
   ㉰ 3m   ㉱ 3km
   ■ 사이드 슬립 시험기의 지시 장치의 1 눈금이 자동차 주행 1km에 대하여 1m의 사이드 슬립에 상당하는 양을 표시한다.

32. 사이드 슬립(side slip)량의 조정은 무엇으로 조정하는가?
   ㉮ 현가 스프링   ㉯ 타이어
   ㉰ 타이로드   ㉱ 드래그 링크
   ■ 타이어의 사이드 슬립량이 5mm 이상이면 타이로드 길이를 변화시켜 조정하여야 한다.

33. 다음은 정치식 사이드 슬립 테스터의 사용법이다. 틀린 것은?
   ㉮ 시험 차량은 윤하중 및 축중을 알아둔다.
   ㉯ 지침을 0으로 확인해 두며 지시계 눈금은 m/km로 되어 있다.
   ㉰ 지시계의 눈금은 전진 방향 1m에 대하여 1cm의 사이드 슬립량을 말한다.
   ㉱ 차량은 약 3～5km/h의 속도로 진입시킨다.
   ■ 정치식 사이드 슬립 테스터의 허용 축중의 범위는 300~10,000kgf이며, 지시계의 눈금은 자동차 주행 1km에 대하여 1m의 사이드 슬립에 상당하는 양을 표시한다.

34. 자동차의 조향륜의 옆 미끄러짐량을 측정 시 측정기에 진입 속도는 몇 km/h로 서행하여야 하는가?
   ㉮ 5   ㉯ 7
   ㉰ 9   ㉱ 12
   ■ 사이드 슬립 테스터 취급 방법
     ① 답판의 로크 장치를 해제시킨다.
     ② 자동차를 5km/h의 속도로 직진시켜 답판 위를 통과한다.
     ③ 앞바퀴가 답판 위를 완전히 통과할 때까지 지침의 움직임을 보고 최대값을 읽는다.
     ④ 측정이 완료되면 단판을 로크 시킨다.

35. 다음 섀시 문제에서 적당한 것을 선택하시오.
   ㉮ 소형 자동차의 핸들 유격은 앤들 외주에서 일반적으로 60mm 정도로 한다.

정답 26. ㉱ 27. ㉰ 28. ㉱ 29. ㉮ 30. ㉱ 31. ㉰ 32. ㉰ 33. ㉰ 34. ㉮ 35. ㉰

㈐ 조향장치 기어의 백래시가 과다하면 핸들 축 방향으로 흔들림이 많아진다.
㈑ 캠버, 캐스터 계기로 캠버를 측정할 때는 일반적으로 브레이크를 작용시키고 측정한다.
㈒ 판 스프링의 센터 볼트가 절손되면 차축 위치가 달라진다.
■ ① 소형 자동차 핸들 유격 : 25 ~ 50mm이다.
② 조향 기어 백래시가 과다하면 자유 유격이 증대된다.
③ 판 스프링의 센터 볼트가 절손되면 주행 중 독 트랙 현상이 발생된다.

36. 조향휠을 1회전하였을 때 피트먼암이 60° 움직였다. 조향 기어비는 얼마인가? (2015. 2회)
㈎ 12 : 1 ㈏ 6 : 1
㈐ 6.5 : 1 ㈑ 13 : 1

■ 조향 기어비 = $\frac{핸들\ 회전각도}{피트먼암\ 각도}$

$= \frac{360}{60} = 6$

37. 축간 거리 5m, 최외측 앞바퀴의 조향 각도가 30°인 차의 최소 회전 반지름은?
㈎ 5m ㈏ 10m
㈐ 12m ㈑ 15m

■ R = $\frac{L}{\sin\alpha} + r$

$= \frac{5m}{\sin 30°} = \frac{5m}{0.5} = 10m$

R : 최소 회전 반경(m)
sin α : 최외측 바퀴 조향각도. L : 축거(m)
r : 킹핀 중심에서 타이어 중심간의 거리(m)

38. 어떤 자동차의 축거가 2.5m, 바깥 바퀴의 조향각이 30도이다. 이 차의 최소 회전 반지름은 얼마인가? (단, 킹핀의 중심과 바퀴의 접지면 중심간의 거리는 15cm이다)
㈎ 4m ㈏ 5.15m
㈐ 6m ㈑ 6.25m

■ R = $\frac{L}{\sin\alpha} + r = \frac{2.5m}{\sin 30°} + 0.15$

$= \frac{2.5m}{0.5} + 0.15 = 5.15m$

39. 어떤 이동식 사이드 슬립 테스터로 자동차의 사이드 슬립을 측정하였더니 왼쪽 바퀴는 안으로 6 mm, 오른쪽 바퀴는 바깥으로 2 mm 가 미끄러졌다. 이 자동차 전체의 미끄럼 양은?
㈎ 1.5 mm(안쪽으로) ㈏ 2 mm(안쪽으로)
㈐ 2.5 mm(밖으로) ㈑ 3 mm(밖으로)

■ 사이드 슬립량 = $\frac{왼쪽\ 바퀴 + 오른쪽\ 바퀴}{2}$

$= \frac{6 + (-2)}{2} = 2mm$

안쪽을 (+), 바깥쪽을 (−)로 한다.

40. 동력 조향장치에 있어서 동력 실린더와 제어 밸브의 형태 및 배치에 따라 구분되는 종류이다. 이에 해당되지 않는 것은?
㈎ 일체형 ㈏ 분리형
㈐ 링키지형 ㈑ 콘티형

41. 유압 제어식 파워 스티어링의 3가지 구성 장치로 맞는 것은?
㈎ 동력장치, 작동장치, 제어장치
㈏ 동력장치, 제어장치, 조향장치
㈐ 동력장치, 조향장치, 작동장치
㈑ 동력장치, 링키지 장치, 작동장치

42. 동력 조향장치가 고장이 났을 때 수동으로 원활하게 하는 것은?
㈎ 안전 체크 밸브 ㈏ 조향 기어
㈐ 시프트 레버 ㈑ 동력부

■ 안전 체크 밸브는 제어 밸브 내에 설치되어 엔진이 정지되었을 때 또는 오일 펌프의 고장 및 회로에서의 오일 누출 등으로 유압이 발생되지 못할 때 조향 휠의 작동을 수동으로 할 수 있도록 하는 역할을 한다.

43. 다음은 동력 조향장치의 안전 체크 밸브의 역할이다 옳은 것은?
㈎ 고장시 수동 조작을 가능케 한다.
㈏ 핸들의 조작력을 가볍게 한다.
㈐ 최고 유압을 조정한다.
㈑ 유량을 조절한다.

정답 36. ㈏ 37. ㈏ 38. ㈏ 39. ㈏ 40. ㈑ 41. ㈎ 42. ㈎ 43. ㈎

44. 파워 스티어링 오일 압력 스위치는 무엇을 조절하기 위하여 있는가?
   ㉮ 공회전 속도 조절
   ㉯ 점화시기 조절
   ㉰ 공연비 조절
   ㉱ 연료 펌프 구동 조절

   ■ 파워 스티어링 장치에서 유압을 발생하는 오일 펌프는 구동 벨트에 의해서 작동된다. 조향 핸들을 회전시켰을 때 유압이 상승하면 오일 압력 스위치가 작동하여 ECU에 입력되면 ECU는 엔진의 회전수를 상승시키게 된다.

45. 전자제어 동력 조향장치의 요구조건이 아닌 것은?
   ㉮ 저속 시 조향력이 적을 것
   ㉯ 고속 직진 시 복원 반력이 감소할 것
   ㉰ 긴급 조향 시 신속한 조향 반응이 보장 될 것
   ㉱ 직진 안정감과 미세한 조향 감각이 보장될 것

46. 동력 조향장치에서 오일 펌프 압력 시험 방법이 틀린 것은?
   ㉮ 공기빼기 작업을 실시하고 핸들을 좌우로 회전시켜 오일의 온도가 50~60℃ 정도 되게 한다.
   ㉯ 컷오프 밸브를 완전히 개방한다.
   ㉰ 엔진 시동을 걸고 1,000±100 rpm 으로 유지시킨다.
   ㉱ 압력 게이지의 부하 압력을 측정한다.

단원 14 전차륜 정렬

1. 다음 중 앞바퀴 얼라인먼트의 요소와 관계가 없는 것은?
   ㉮ 조향 핸들에서 복원성을 준다.
   ㉯ 조향 핸들의 조작을 작은 힘으로 쉽게 할 수 있게 한다.
   ㉰ 방향 안정성을 준다.
   ㉱ 내구성을 준다.

2. 다음 중 앞바퀴 얼라인먼트의 요소가 아닌 것은?
   ㉮ 캠버   ㉯ 킹핀각
   ㉰ 회전 반경   ㉱ 토인

3. 자동차의 앞바퀴를 앞에서 보면 바퀴의 윗부분이 아래쪽보다 더 벌어져 있다. 이 벌어진 중심선과 수선 사이의 각을 무엇이라고 하는가?
   ㉮ 캠버   ㉯ 캐스터
   ㉰ 킹핀 각   ㉱ 토인

4. 자동차의 앞차륜 정렬에서 정(+) 캠버란?
   ㉮ 앞바퀴의 아래쪽이 위쪽보다 좁은 것을 말한다.
   ㉯ 앞바퀴의 앞쪽이 뒤쪽보다 좁은 것을 말한다.
   ㉰ 앞바퀴의 킹핀이 뒤쪽으로 기울어진 것을 말한다.
   ㉱ 앞바퀴의 위쪽이 아래쪽보다 좁은 것을 말한다.

5. 캠버각이 0°라면 타이어 상태는?
   ㉮ 앞으로 기울어진다.
   ㉯ 안으로 기울어진다.
   ㉰ 바깥쪽으로 기울어진다.
   ㉱ 어느 쪽으로도 기울지 않고 수직을 이룬다.

6. SLA형 독립 현가장치에서 과부하가 걸리면 어떻게 되는가?
   ㉮ 캠버의 변화가 없다.
   ㉯ 더욱 부의 캠버가 된다.
   ㉰ 더욱 정의 캠버가 된다.
   ㉱ 더욱 정의 캐스터가 된다.

   ■ SLA형식 독립 현가장치에서 차축에 과부하가 걸리면 수직 하중의 증가에 의하여 코일 스프링이 압축되면서 위, 아래 컨트롤 암이 위로 상승하는 결과가 되어 타이어의 상부가 안쪽으로 기울게 된다.

7. 위시본 형식 독립 현가장치의 스프링이 피로하거나 약해지면?
   ㉮ 바퀴의 아래 부분이 안쪽으로 움직인다.
   ㉯ 바퀴의 윗 부분이 안쪽으로 움직인다.
   ㉰ 바퀴의 아래 부분이 바깥쪽으로 움직인다.
   ㉱ 바퀴의 윗 부분이 어느 쪽으로도 움직이지 않

정 답 44. ㉮ 45. ㉯ 46. ㉯   1. ㉱ 2. ㉰ 3. ㉮ 4. ㉱ 5. ㉱ 6. ㉯ 7. ㉯

는다.
■ 위시본 형식에서 스프링이 피로하거나 약해지면 타이어 윗쪽이 안쪽으로 기울어져 캠버가 변화되므로 타이어가 편 마멸된다.

8. 일체식 차축의 스프링이 약해지면 바퀴의 캠버각은 어떻게 되나?
㉮ 변화가 없다.
㉯ 더욱 부가된다.
㉰ 더욱 정이 된다.
㉱ 부가되었다가 정으로 된다.
■ 독립 현가장치에서는 과부하가 걸리거나 스프링이 피로해지면 더욱 부의 캠버가 되지만 일체 차축식은 스프링이 피로해도 캠버는 변화되지 않는다.

9. 타이어의 중심선과 킹핀의 중심 연장선이 각각 지면에서 만난 거리를 무엇이라 하는가?
㉮ 캠버 오프셋   ㉯ 킹핀 거리
㉰ 킹핀 오프셋   ㉱ 리이드
■ 킹핀의 중심선과 타이어의 중심 연장선이 노면에서 만난 거리를 스크러브 레디 어스 또는 캠버의 오프셋이라 한다. 또한 킹핀의 중심선과 바퀴의 중심을 지나는 수선이 노면과 만난 거리를 트레일 또는 리드라 한다.

10. 앞차륜 정렬에서 캠버와 관계가 없는 것은?
㉮ SLA 형식은 캠버가 변화한다.
㉯ 수직 방향의 하중에 의한 앞차축의 휨을 방지하기 위해서 캠버를 둔다.
㉰ 조향 핸들의 조작을 가볍게 하기 위해서 캠버를 둔다.
㉱ 평행사변 형식은 캠버의 변화가 많다.
■ 평행사변 형식은 축거는 변화되지만 캠버는 변화되지 않는다.

11 앞바퀴 얼라인먼트 중 조향 핸들의 조작력을 가볍게 하기 위하여 둔 것은?
㉮ 토인   ㉯ 캐스터
㉰ 캠버   ㉱ 토아웃

12. 앞바퀴를 옆에서 보면 킹핀이 약간 기울어져 있는 상태는?

㉮ 캐스터   ㉯ 캠버
㉰ 토인   ㉱ 킹핀 경사각

13. 평탄한 도로에서 직진성과 안전성이 없는 차의 수정 방법은?
㉮ 더욱 정의 캠버로 한다.
㉯ 더욱 부의 캐스터로 한다.
㉰ 더욱 정의 캐스터로 한다.
㉱ 더욱 부의 캠버로 한다.
■ 캐스터의 효과는 정의 캐스터에서만 얻을 수 있으며 필요성은 다음과 같다.
① 조향 바퀴에 직진성을 부여한다.
② 조향하였을 때 직진 방향으로 되돌아오는 복원력을 부여한다.

14. 전 차륜 정렬(front wheel alignm-ent)에서 캐스터의 작용으로 맞는 것은?
㉮ 스크러브 레디 어스를 작게 한다.
㉯ 도로의 저항은 킹핀의 중심선보다 뒤쪽에 작용한다.
㉰ 타이어의 접지점이 킹핀의 중심선 연장선과 거의 일치된다.
㉱ 타이어의 접지점이 킹핀의 중심선 연장선에 멀어진다.

15. 토인의 필요성이 아닌 것은?
㉮ 조향 링키지의 마모에 의해 토우 아웃이 되는 것을 방지한다.
㉯ 바퀴가 옆방향으로 미끄러지는 것과 타이어의 마모를 방지한다.
㉰ 앞바퀴를 평행하게 회전시킨다.
㉱ 토인은 핸들을 돌렸을 때 복원력을 주는 역할을 한다.

16. 토인에 대한 설명 중 맞지 않는 것은?
㉮ 토인의 조정이 불량하면 타이어가 편 마멸된다.
㉯ 토인은 타이로드의 길이로 조정한다.
㉰ 토인은 주행 중 타이어의 앞부분이 벌어지려고 하는 것을 방지한다.
㉱ 토인은 앞바퀴의 조향을 쉽게 하기 위하여 둔다.

정답 8. ㉮ 9. ㉮ 10. ㉱ 11. ㉯ 12. ㉮ 13. ㉰ 14. ㉯ 15. ㉱ 16. ㉱

17. 자동차의 앞바퀴 정렬에서 토인의 조정은 무엇으로 하는가?
   ㉮ 드래그 링크의 길이
   ㉯ 와셔의 두께
   ㉰ 시임의 두께
   ㉱ 타이로드의 길이

18. 다음 중 타이로드(tierod)로 조정할 수 있는 것은?
   ㉮ 캠버   ㉯ 캐스터
   ㉰ 킹핀   ㉱ 토인

19. 토인을 측정하려면 타이어에 기선을 그어야 하는데 그 작업은?
   ㉮ 바퀴를 턴 테이블 위에 내려놓은 다음에 한다.
   ㉯ 캐스터를 측정하기 전에 한다.
   ㉰ 캠버를 측정하기 전에 한다.
   ㉱ 바퀴를 턴 테이블에서 들었을 때 한다.
   ■ 앞바퀴를 잭으로 든 다음 타이어 중심부 둘레에 백묵을 칠하고 스크라이버를 타이어 중심부 가까이에 대고 바퀴를 돌린다.

20. 전 차륜 정렬에 있어 토인 조정 방법 중 적합하지 않은 것은?
   ㉮ 타이어 공기압은 관계없다.
   ㉯ 타이로드의 길이로 조정한다.
   ㉰ 조정 후 타이로드 앤드 로크 너트를 조인다.
   ㉱ 좌·우 타이로드를 같은 양 만큼 조정한다.

21. 일반적으로 앞바퀴 사이드 슬립의 조정은?
   ㉮ 토인만으로도 할 수 있다.
   ㉯ 캐스터로 조정한다.
   ㉰ 쇽업소버로 조정한다.
   ㉱ 토인과 캠버로서 조정한다.

22. 앞차륜 정렬 중 토아웃이란?
   ㉮ 앞바퀴의 윗부분이 밑부분보다 밖으로 나간 것
   ㉯ 킹핀 중심선의 아래부분이 윗부분보다 앞으로 나온 것
   ㉰ 앞바퀴의 앞부분이 뒷부분보다 안으로 들어간 것
   ㉱ 선회할 때 앞바퀴의 안쪽 바퀴 회전각이 바깥쪽 바퀴의 회전각보다 큰 것

23. 다음은 앞바퀴의 얼라인먼트의 예비 점검에 관한 것이다. 틀린 것은?
   ㉮ 앞 범퍼의 수평도에 대해 점검한다.
   ㉯ 허브 베어링 등에 대해 점검한다.
   ㉰ 현가 스프링의 피로 등에 대해 점검한다.
   ㉱ 타이어의 공기 압력을 점검한다.

24. 캠버, 캐스터 측정시 유의 사항이 아닌 것은?
   ㉮ 자동차는 적재 상태로 한다.
   ㉯ 타이어의 공기압을 규정치로 한다.
   ㉰ 수평인 바닥에서 한다.
   ㉱ 섀시 스프링은 안전 상태로 한다.
   ■ 측정 전 준비 사항
     ① 자동차를 공차 상태로 한다.
     ② 타이어의 공기 압력을 규정 압력으로 맞춘다.
     ③ 트레드부의 마모가 심한 것은 교환한다.
     ④ 허브 베어링, 볼 조인트, 타이로드 등의 헐거움을 점검한다.
     ⑤ 조향 링키지 체결 상태 및 마모를 점검한다.
     ⑥ 쇽업소버 및 현가 스프링의 쇠약을 점검한다.
     ⑦ 자동차를 수평 상태로 유지하여야 한다.

 제동 장치

1. 밀폐된 용기 내의 유체 일부에 압력을 가하면 그것과 같은 압력이 유체의 모든 부분에 전파된다. 이 원리는?
   ㉮ 파스칼의 원리
   ㉯ 주울의 원리
   ㉰ 이보기드로의 원리
   ㉱ 뉴턴의 원리
   ■ 파스칼의 원리는 1653년 파스칼이 발견한 것으로 밀폐된 용기 내에 있는 정지 유체의 일부에 힘이 가해졌을 때 유체 내의 어느 부분의 압력도 가해진 만큼 증가한다는 원리이다.

2. 마스터 실린더의 푸시로드 길이를 길게 하였을 때 일어나는 현상은?
   - ㉮ 브레이크 페달 높이가 낮아진다.
   - ㉯ 라이닝이 팽창하여 풀리지 않는다.
   - ㉰ 라이닝 작용이 원활하다.
   - ㉱ 라이닝 팽창이 풀린다.
   - ■ 푸시로드를 길게 하면 브레이크 페달을 놓았을 때 마스터 실린더 피스톤의 리턴이 원활하게 이루어지지 않기 때문에 리턴 포트가 열리지 않아 브레이크가 풀리지 않는다.

3. 브레이크 페달이 발판(밑판)에 닿는 이유는?
   - ㉮ 브레이크 파이프에 공기가 들어있다.
   - ㉯ 타이어 공기 압력이 고르지 않다.
   - ㉰ 브레이크 오일이 나쁘다.
   - ㉱ 브레이크 라이닝에 오일이 묻었다.
   - ■ 브레이크 파이프에 공기가 많이 포함되어 있으면 공기의 압축에 의하여 페달의 행정이 너무 크게 된다.

4. 다음 중 브레이크 페달의 유격이 크게 되는 원인이 아닌 것은?
   - ㉮ 브레이크 페달의 리턴 스프링이 약하다.
   - ㉯ 브레이크 오일에 공기가 들어있다.
   - ㉰ 브레이크 드럼이 마모되었다.
   - ㉱ 피스톤 컵에서 오일이 샌다.

5. 다음 중 탠덤 마스터 실린더의 사용 목적은?
   - ㉮ 보통 앞 브레이크와 차이가 없다.
   - ㉯ 뒷바퀴의 제동 효과를 증대시킨다.
   - ㉰ 앞·뒤 바퀴의 제동 거리를 짧게 한다.
   - ㉱ 앞·뒤 브레이크를 분리시켜 제동 안전을 유익하게 한다.

6. 브레이크 오일이 갖추어야 할 조건이 아닌 것은?
   - ㉮ 알맞은 점도를 가질 것
   - ㉯ 빙점과 인화점이 높을 것
   - ㉰ 윤활성이 있을 것
   - ㉱ 베이퍼록을 일으키지 않을 것

7. 다음 중 브레이크 오일의 구비 조건이 아닌 것은?
   - ㉮ 비등점이 낮을 것
   - ㉯ 점도 변화가 적을 것
   - ㉰ 화학 변화를 일으키지 말 것
   - ㉱ 고무나 금속을 변질시키지 말 것

8. 브레이크 오일의 주성분은?
   - ㉮ 윤활유와 경유
   - ㉯ 알코올과 피마자 기름
   - ㉰ 알코올과 윤활유
   - ㉱ 경유와 피마자 기름

9. 마스터 실린더에서 피스톤 1차 컵의 하는 일은?
   - ㉮ 잔압 형성
   - ㉯ 유압 발생
   - ㉰ 오일 누출 방지
   - ㉱ 베이퍼록 방지

10. 유압 브레이크장치에서 파이프 내의 잔압과 가장 관계가 적은 것은?
    - ㉮ 피스톤 컵
    - ㉯ 피스톤 리턴 스프링
    - ㉰ 체크 밸브
    - ㉱ 베이퍼록

11. 유압 브레이크에서 잔압을 유지시키는 것은?
    - ㉮ 체크 밸브
    - ㉯ 리턴 스프링
    - ㉰ 피스톤 컵
    - ㉱ 피스톤

12. 다음 중 일반적으로 사용하는 유압식 브레이크 회로 내의 잔압(kgf/cm^2)은?
    - ㉮ 0.1～0.3kgf/cm^2
    - ㉯ 0.6～0.8kgf/cm^2
    - ㉰ 1.0～3.0kgf/cm^2
    - ㉱ 6.0～8.0 kgf/cm^2

13. 유압식 브레이크장치에서 잔압을 두는 이유 중 잘못 설명된 것은?
    - ㉮ 휠 실린더의 오일 누설을 방지한다.
    - ㉯ 베이퍼록을 방지한다.
    - ㉰ 브레이크의 작동을 신속하게 한다.
    - ㉱ 브레이크 페달의 유격을 작게 한다.

14. 유압식 브레이크 마스터 실린더의 체크 밸브가 손상되었을 때 일어나는 고장이 아닌 것은?

정답 2. ㉯ 3. ㉮ 4. ㉮ 5. ㉱ 6. ㉯ 7. ㉮ 8. ㉯ 9. ㉯ 10. ㉮ 11. ㉮ 12. ㉯ 13. ㉱ 14. ㉰

㉮ 공기가 침입한다.
㉯ 오일이 누설된다.
㉰ 브레이크가 끌린다.
㉱ 브레이크 작용 시간이 늦어진다.

15. 제동장치의 베이퍼록(vapor lock)의 원인이 아닌 것은?
㉮ 오일의 변질에 의한 비등점의 저하
㉯ 드럼과 라이닝의 끌림에 의한 가열
㉰ 긴 비탈길에서 브레이크의 사용 빈도가 많은 운전
㉱ 공기 브레이크의 과도한 사용
■ 베이퍼록의 원인
① 긴 내리막길에서 과도한 브레이크를 사용할 때
② 드럼과 라이닝의 끌림에 의한 과열
③ 브레이크 슈 리턴 스프링의 쇠손에 의한 라이닝이 끌릴 때
④ 브레이크 오일의 변질에 의한 비점이 저하되었을 때
⑤ 불량한 브레이크 오일을 사용할 때

16. 다음 부품 중 세척유(경유)로 세척해서는 안 되는 것은?
㉮ 연료 분사 펌프   ㉯ 브레이크 피스톤 컵
㉰ 클러치 스프링   ㉱ 미터링 로드

17. 마스터 실린더의 조립시 맨 나중 세척은 어느 것으로 하는 것이 좋은가?
㉮ 광유   ㉯ 알코올
㉰ 석유   ㉱ 휘발유

18. 휠 실린더를 조립할 때는?
㉮ 오일을 바르지 않고 조립한다. (브레이크 오일)
㉯ 실린더 양쪽 각 끝에서 컵을 밀어 넣는다.
㉰ 두 개의 컵을 실린더 한쪽에서 밀어 넣는다.
㉱ 어떻게 넣어도 관계없다.
■ 브레이크 휠 실린더를 조립할 때는 피스톤 컵에 브레이크 오일을 바르고 양쪽에서 밀어 넣는다.

19. 브레이크 슈 설치에서 슈 홀드 다운 스프링의 기능은?

㉮ 슈의 확장력을 돕는다.
㉯ 라이닝의 마멸을 보상해 준다.
㉰ 슈를 잡아주는 일을 한다.
㉱ 슈의 리턴을 돕는다.
■ 브레이크 슈 홀드 다운 스프링, 클립, 핀은 드럼 브레이크에서 브레이크 슈를 배킹 플레이트에 설치하는 부품이다.

20. 브레이크 라이닝의 구비조건에서 맞지 않는 것은?
㉮ 기계적 강도가 클 것
㉯ 마멸이 균일하고 내구력이 클 것
㉰ 마찰 계수가 적고 적절한 마찰열에 견딜 것
㉱ 팽창 또는 변질되지 않을 것

21. 자동차 주 브레이크의 라이닝으로 많이 쓰이는 것으로 석면과 고무, 합성수지 등 결합제로 가열, 가압 성형시킨 것은?
㉮ 위븐 라이닝(woven)
㉯ 세미 메탈릭 라이닝(semi metallic)
㉰ 메탈릭 라이닝(metallic)
㉱ 몰드 라이닝(mould)
■ 주 브레이크 라이닝
① 위븐 라이닝 : 장섬유의 석면을 황동, 납, 아연선 등을 심으로 한 실로 짠 다음 광물성 오일과 합성수지로 가공하고 가열 성형한 것으로 유연성이 있고 마찰 계수가 크다. 수로 외부 수축식 주차 브레이크에 사용된다.
② 몰드 라이닝 : 단 섬유의 석면을 합성수지, 고무 등을 결합제와 혼합한 다음 고온, 고압하에서 성형하여 다듬질한 것으로 위븐 라이닝에 비하여 마찰 계수는 작으나 내열, 내마멸성이 우수하여 주 브레이크에 사용된다.

22. 브레이크 페달 작용 후 오일이 마스터 실린더로 돌아오게 하는 것은?
㉮ 푸시로드   ㉯ 브레이크 슈
㉰ 브레이크 라이닝   ㉱ 리턴 스프링
■ 제동 후 브레이크 페달을 놓으면 휠 실린더에 작용한 브레이크 오일은 브레이크 슈 리턴 스프링에 의해서 마스터 실린더로 되돌아온다.

정 답 15. ㉱ 16. ㉯ 17. ㉯ 18. ㉯ 19. ㉰ 20. ㉰ 21. ㉱ 22. ㉱

23. 브레이크 슈의 리턴 스프링이 약하면 휠 실린더 내의 잔압은 어떻게 되는가?
㉮ 일정하다.
㉯ 낮아진다.
㉰ 높아졌다, 낮아졌다 한다.
㉱ 높아진다.

▣ 브레이크 페달을 놓으면 마스터 실린더 내의 압력이 저하됨과 동시에 휠 실린더에 작용하였던 오일은 슈 리턴 스프링에 의해 마스터 실린더로 되돌아간다. 마스터 실린더 피스톤 리턴 스프링은 언제나 체크 밸브를 밀고 있기 때문에 리턴 스프링의 장력과 회로 내의 유압이 평형이 되면 체크 밸브가 시트에 밀착되어 회로 내에 잔압을 유지된다.

24. 오버 사이즈의 라이닝을 표준 드럼에 설치하면 어떻게 접촉되는가?
㉮ 라이닝의 전 표면이 드럼에 접촉된다.
㉯ 라이닝의 중앙부가 드럼에 접촉된다.
㉰ 라이닝의 끝부분이 드럼과 접촉된다.
㉱ 라이닝의 끝부분과 중앙부만 접촉된다.

▣ 오버 사이즈 라이닝의 원호가 표준 드럼의 원호보다 크기 때문에 라이닝의 끝부분이 드럼에 접촉된다.

25. 브레이크 드럼이 갖추어야 할 조건이 아닌 것은?
㉮ 방열이 잘되지 않을 것
㉯ 슈와 마찰면에 내마멸성이 있을 것
㉰ 정적동적 평형이 잡혀 있을 것
㉱ 충분한 강성이 있을 것

26. 브레이크 장치에서 슈 리턴 스프링의 작용에 해당되지 않는 것은?
㉮ 오일이 휠 실린더에서 마스터 실린더로 되돌아가게 한다.
㉯ 슈와 드럼간의 간극을 유지해 준다.
㉰ 페달력을 보강해 준다.
㉱ 슈의 위치를 확보한다.

27. 브레이크 드럼의 핀(fin)이 하는 일은?
㉮ 마찰력을 크게 한다.   ㉯ 강도를 높인다.
㉰ 열을 발산한다.   ㉱ 소음을 방지한다.

28. 브레이크 드럼의 점검 사항이 아닌 것은?
㉮ 드럼의 내경   ㉯ 드럼의 두께
㉰ 드럼의 진원도   ㉱ 드럼의 외경

▣ 브레이크 드럼의 점검 사항
① 드럼의 내경 : 드럼의 내경차 한계는 0.25mm이다.
② 드럼의 두께 : 1.5mm 이상 마모되면 교환한다.
③ 변형과 편 마모 : 드럼의 중심을 기준으로 하여 다이얼 게이지로 측정하였을 때 0.25mm 이내이어야 한다.

29. 브레이크 드럼을 연삭할 때 전기가 정전되었다. 조치 방법 중 틀린 것은?
㉮ 전기가 들어오는 것을 알기 위해 스위치를 넣어 둔다.
㉯ 즉시 스위치를 끈다.
㉰ 퓨즈의 단락 유무를 검사한다.
㉱ 공작물과 공구를 분리해 놓는다.

30. 브레이크 작동을 계속 반복하면 드럼과 슈의 마찰열이 축척되어 제동력이 감소된다. 이러한 현상을 무엇이라 하는가?
㉮ 베이퍼록 현상   ㉯ 홀드 현상
㉰ 슬라이딩 현상   ㉱ 페이드 현상

▣ ① 페이드 현상 : 브레이크를 반복하여 사용하면 마찰열이 슈에 축척 되어 제동력이 감소되는 것을 말한다.
② 베이퍼록 현상 : 유압 회로 내에 액체가 증발되어 송유 또는 압력의 전달이 안되는 것을 말한다.

31. 라이닝에 페이드 현상을 방지하는 조건이 아닌 것은?
㉮ 마찰 계수가 작은 라이닝을 사용할 것
㉯ 열팽창에 의한 변형이 작은 형상으로 할 것
㉰ 드럼의 방열성을 높일 것
㉱ 열팽창이 작은 재질을 사용할 것

32. 다음에서 브레이크 페이드 현상이 가장 적은 것은?
㉮ 2리딩 슈 브레이크   ㉯ 넌 서보 브레이크
㉰ 서보 브레이크   ㉱ 디스크 브레이크

정답 23. ㉯ 24. ㉰ 25. ㉮ 26. ㉰ 27. ㉰ 28. ㉱ 29. ㉮ 30. ㉱ 31. ㉮ 32. ㉱

33. 브레이크에 페이드 현상이 일어났을 때의 응급 처치 방법으로 다음 중 가장 적당한 것은?
   ㉮ 브레이크를 자주 밟아 열을 발생시킨다.
   ㉯ 자동차를 세우고 열이 식도록 한다.
   ㉰ 자동차의 속도를 조금 올려준다.
   ㉱ 주차 브레이크를 대신 쓴다.

34. 길고 급한 경사길을 운전할 때 반 브레이크를 사용하면 어떤 현상이 생기는가?
   ㉮ 파이프는 증기 폐쇄, 라이닝은 스팀록
   ㉯ 라이닝은 페이드, 파이프는 스팀록
   ㉰ 라이닝은 페이드, 파이프는 베이퍼록
   ㉱ 파이프는 스팀록, 라이닝은 베이퍼록

35. 브레이크 파이프는 무엇으로 제작되었는가?
   ㉮ 플라스틱
   ㉯ 강
   ㉰ 구리
   ㉱ 알루미늄 + 납

36. 브레이크 작용 중 드럼과 슈와의 마찰력이 증대되는 현상을 무엇이라 하는가?
   ㉮ 페이드 작용
   ㉯ 서보 작용
   ㉰ 자기 작동 작용
   ㉱ 브레이크 배력 작용

37. 듀어 서보형의 브레이크는?
   ㉮ 전후진시 브레이크를 작동하면 1차 및 2차 슈가 자기 작동한다.
   ㉯ 전진시 브레이크를 작동하면 1차 슈만 자기 작동한다.
   ㉰ 전진시만 브레이크를 작동하면 1차 및 2차 슈가 자기 작동한다.
   ㉱ 후진시에만 1차 및 2차 슈가 자기 작동한다.

38. 브레이크(brake)장치 중 듀어 서보 형식에서 전진할 때 앞쪽의 슈를 (   )라고 한다.
   ㉮ 1차 슈
   ㉯ 후진 슈
   ㉰ 서보 슈
   ㉱ 2차 슈

39. 자동 조정 브레이크가 조정되는 경우는?
   ㉮ 라이닝과 드럼 간극이 클 때 전진 가속시
   ㉯ 라이닝과 드럼의 간극이 클 때 후진에서 브레이크가 작동될 때
   ㉰ 라이닝과 드럼 간극이 클 때 자동적으로
   ㉱ 라이닝과 드럼의 간극이 클 때 고속 중에
   ■ 브레이크 드럼 간극이 자동으로 조정되는 경우는 브레이크 드럼 간극이 클 때 전진, 후진, 주차시에 브레이크가 작동될 때에만 자동적으로 조정이 된다.

40. 휠 브레이크에서 주행 중 휠이 끌릴 때의 원인에 해당하는 것은 어느 것인가?
   ㉮ 브레이크 오일의 양이 부족하다.
   ㉯ 브레이크 슈 리턴 스프링이 쇠손 되어 있다.
   ㉰ 마스터 실린더의 리턴 포트가 열려 있다.
   ㉱ 브레이크 드럼과 라이닝과의 간격이 과대

41. 브레이크장치에 대한 설명으로 옳은 것은?
   ㉮ 브레이크 회로 내의 잔압은 작동 늦음과 베이퍼록을 방지 한다.
   ㉯ 마스터 실린더의 체크 밸브가 불량하면 한 쪽에만 브레이크가 작용하게 된다.
   ㉰ 브레이크 오일 파이프 내에 공기가 들어가면 페달의 유격이 작아진다.
   ㉱ 마스터 실린더 푸시로드 길이가 길면 브레이크 작용이 잘 풀린다.

42. 다음은 브레이크장치(brake system)에 관한 설명이다. 틀린 것은?
   ㉮ 브레이크 페달의 리턴 스프링 장력이 약해지면 브레이크 풀림이 늦어진다.
   ㉯ 공기 브레이크에서 제동력을 크게 하기 위해서 언 로더 밸브를 조절한다.
   ㉰ 브레이크 작동을 계속 반복하면 드럼과 슈의 마찰열이 축척 되어 제동력이 감소되는 것을 페이드 현상이라 한다.
   ㉱ 마스터 실린더의 푸시로드 길이를 길게 하면 라이닝이 수축하여 잘 풀린다.
   ■ 마스터 실린더의 푸시로드 길이를 길게 하면 라이닝이 팽창되어 해제되지 않기 때문에 제동력이 풀리지 않는다.

43. 다음 중 디스크 브레이크의 단점으로 맞지 않는 것은?

정답 33. ㉯ 34. ㉰ 35. ㉯ 36. ㉰ 37. ㉮ 38. ㉮ 39. ㉯ 40. ㉯ 41. ㉮ 42. ㉱ 43. ㉯

㉮ 자기 작동을 하지 않으므로 브레이크 페달을 밟는 힘이 커야 한다.
㉯ 한쪽만 브레이크 되는 일이 많다.
㉰ 패드를 강도가 큰 재료로 만들어야 한다.
㉱ 마찰 면적이 작기 때문에 패드를 압착하는 힘을 크게 하여야 한다.

44. 디스크 브레이크의 설명으로 옳은 것은?
㉮ 드럼 브레이크에 비하여 베이퍼록이 일어나기 쉽다.
㉯ 드럼 브레이크에 비하여 한쪽만 브레이크 되는 일이 많다.
㉰ 드럼 브레이크에 비하여 브레이크 평형이 좋다.
㉱ 드럼 브레이크에 비하여 페이드 현상이 일어나기 쉽다.

45. ABS의 구성 요소 중 휠의 회전속도를 감지하여 컨트롤 유닛으로 보내는 역할을 하는 것은?
㉮ 휠스피드 센서 ㉯ 하이드로릭 센서
㉰ 솔레노이드 밸브 ㉱ 어큐뮬레이터

46. 배력식 브레이크의 종류 중 부압과 대기압의 차이를 이용하지 않는 것은?
㉮ 하이드로 백 ㉯ 에어 팩
㉰ 브레이크 부스터 ㉱ 마스터 백

47. 하이드로 백은 다음 어느 것을 이용하여 브레이크에 배력 작용을 하게 하는가?
㉮ 대기 압력
㉯ 배기 가스 압력
㉰ 흡기 다기관의 압력
㉱ 대기압과 흡기 다기관의 압력

48. 브레이크를 밟았을 때 하이드로 백 내의 작동 중 틀린 것은?
㉮ 동력 피스톤이 하이드로릭 실린더 쪽으로 움직인다.
㉯ 진공 밸브는 닫힌다.
㉰ 공기 밸브는 닫힌다.
㉱ 동력 피스톤 앞쪽은 진공 상태이다.

■ 하이드로 백은 흡기 다기관의 진공을 이용하여 적은 힘으로 큰 힘을 얻을 수 있는 배력장치로서 브레이크 페달을 밟으면 진공 밸브는 닫히고 공기 밸브는 열린다. 또한 브레이크 페달을 놓으면 진공 밸브는 열리고 공기 밸브는 닫힌다.

49. 하이드로 백의 릴레이 밸브를 작동시키는 것은?
㉮ 릴레이 스프링 ㉯ 릴레이 막
㉰ 릴레이 체크 밸브 ㉱ 릴레이 피스톤
■ 릴레이 밸브는 공기 밸브와 진공 밸브로 구성되어 있으며, 공기 밸브는 스프링의 장력에 의해서 닫혀 있고 열릴 때는 제동시 마스터 실린더에서 유입되는 유압에 의하여 릴레이 밸브 피스톤이 릴레이 밸브를 밀어 진공 밸브는 닫히고 공기 밸브는 열리게 된다.

50. 진공식 배력장치에 관한 설명으로 옳은 것은?
㉮ 릴레이 밸브 피스톤 컵이 파손되어도 브레이크는 듣는다.
㉯ 진공 밸브가 새면 브레이크가 전연 듣지 않게 된다.
㉰ 릴레이 밸브의 다이어프램이 파손되면 브레이크가 듣지 않게 된다.
㉱ 하이드로릭 피스톤 체크 볼이 밀착 불량이면 브레이크가 듣지 않는다.

51. 배력장치가 장착된 자동차에서 브레이크 페달의 조작이 무겁게 되는 원인이 아닌 것은? (2015)
㉮ 푸시로드의 부트가 파손되었다.
㉯ 진공용 체크밸브의 작동이 불량하다.
㉰ 릴레이 밸브 피스톤의 작동이 불량하다.
㉱ 하이드로릭 피스톤 컵이 손상되었다.
■ 하이드로 백 설치 차량의 브레이크 페달 조작력이 무거운 원인
① 진공용 체크 밸브의 작동이 불량할 때
② 진공 파이프 각 접속부에서 누설이 있을 때
③ 릴레이 밸브 피스톤의 작동이 불량할 때
④ 하이드로릭 피스톤 컵이 손상되었을 때
⑤ 공기 밸브와 진공 밸브가 불량할 때
⑥ 하이드로 백용 에어 클리너가 막혔을 때.

52. 마스터 백과 하이드로 백의 비교이다. 맞는 것은?

㉮ 마스터 백의 구조가 간단하다.
㉯ 마스터 백은 설치 장소에 지장을 받지 않는다.
㉰ 마스터 백이 무겁다.
㉱ 마스터 백의 정비가 복잡하다.
■ 마스터 백의 특징
  ① 하이드로 백보다 무게가 가볍다.
  ② 마스터 실린더와 일체로 되어 있기 때문에 설치 위치가 제한되어 있다.
  ③ 하이드로 백보다 구조가 간단하다.
  ④ 마스터 실린더의 푸시로드를 미는 힘을 증가시 킨다.
  ⑤ 탠덤 마스터 실린더 설치하는데 적합하다.

53. 브레이크를 작동시킬 때 마스터 백의 진공 밸브는?
  ㉮ 포핏이 리턴 스프링의 힘에 의하여 밸브 시트에 밀착되어 닫힌다.
  ㉯ 밸브 플런저가 진공 구멍을 막는다.
  ㉰ 공기의 압력으로 닫힌다.
  ㉱ 밸브 플런저가 스톱 키에 닿기 전에 닫힌다.
  ■ 브레이크 페달을 밟으면 오퍼레이팅 로드가 포핏과 밸브 플런저를 밀어 포핏은 밸브 리턴 스프링의 압축력에 의하여 밸브 시트에 밀착됨으로써 진공 밸브가 닫힌다.

54. 오일 브레이크의 공기 빼기 작업 중 부적당한 것은?
  ㉮ 마스터 실린더에 브레이크 오일을 보충하면서 행한다.
  ㉯ 일반적으로 마스터 실린더에서 제일 먼 곳의 휠 실린더부터 행한다.
  ㉰ 공기는 에어 블리더 밸브에서 뺀다.
  ㉱ 브레이크 파이프를 떼어 내고 행한다.

55. 하이드로백의 공기 빼는 장소가 아닌 것은?
  ㉮ 마스터 실린더부   ㉯ 하이드로백부
  ㉰ 릴레이 밸브부   ㉱ 파이프 라인부
  ■ 하이드로백의 공기 빼는 순서는 릴레이 밸브부, 하이드로릭 실린더, 휠 실린더 순으로 한다.

56. 브레이크 라인(유압식)에 발생한 공기 뽑기 작업 중 잘못된 사항은?

㉮ 페달을 놓은 후 공기 뽑기 스크루를 잠근다.
㉯ 보호 안경을 사용한다.
㉰ 비상 브레이크를 조작 후 작업한다.
㉱ 변속기는 중립에 두어서는 안 된다.

57. 브레이크를 작동시키다 페달을 놓았다. 이때 브레이크가 풀리지 않는 원인 중 관계없는 것은?
  ㉮ 드럼과 라이닝의 소결
  ㉯ 마스터 실린더의 리턴 구멍의 막힘
  ㉰ 마스터 실린더의 리턴 스프링 불량
  ㉱ 브레이크의 파열

58. 유압식 브레이크가 풀리지 않는 이유 중 틀린 것은?
  ㉮ 체크 밸브가 고장났다.
  ㉯ 라이닝 간극이 없다.
  ㉰ 피스톤 1차 컵이 부풀었다.
  ㉱ 마스터 실린더 푸시로드의 길이가 너무 길다.

59. 브레이크 페달을 밟아도 브레이크 효과가 나쁘다. 그 원인이 아닌 것은?
  ㉮ 브레이크액에 공기 혼입
  ㉯ 체크 밸브의 불량
  ㉰ 피스톤 리턴 스프링의 쇠손
  ㉱ 브레이크 간격 조정이 지나치게 적을 때

60. 브레이크가 작동되지 않는 경우는?
  ㉮ 진공용 체크 밸브의 작용이 불량한 경우
  ㉯ 하이드로릭 피스톤 컵이 파손된 경우
  ㉰ 릴레이 밸브의 작동이 불량한 경우
  ㉱ 마스터 실린더의 피스톤 컵이 파손된 경우

61. 브레이크가 잘 작용하지 않고 페달을 밟는데 힘이 드는 원인 중 틀린 것은?
  ㉮ 라이닝에 오일이 묻어 있다.
  ㉯ 라이닝의 간극 조정 불량이다.
  ㉰ 타이어 공기압이 고르지 못하기 때문이다.
  ㉱ 피스톤 로드의 조정 불량이다.

정답 53. ㉮ 54. ㉱ 55. ㉱ 56. ㉮ 57. ㉱ 58. ㉮ 59. ㉱ 60. ㉱ 61. ㉰

62. 공기 브레이크에 해당하지 않는 부품은?
   ㉮ 릴레이 밸브 ㉯ 브레이크 밸브
   ㉰ 브레이크 체임버 ㉱ 하이드로 에어팩

63. 공기 브레이크에서 제동력을 증감하기위해 브레이챔버에 내 보내는 공기의 량을 조절하는 것은?
   ㉮ 압력조정기 ㉯ 릴레이밸브
   ㉰ 슬랙조정기 ㉱ 브레이크밸브

64. 자동차가 언덕길에서 일시 정지하였다가 다시 출발할 때 차가 뒤로 밀리는 것을 방지하는 장치는 무엇이라 하는가?
   ㉮ 압력 증강장치 ㉯ 앤티롤장치
   ㉰ 공기 배력장치 ㉱ 탠덤 브레이크장치
   ■ 앤티롤장치는 언덕길에서 자동차가 일시 정지하였다가 다시 출발할 때 뒤로 밀리려는 것을 방지하는 장치로서 기계식과 전기식이 있다.

65. 공기 브레이크에서 공기압을 기계적 운동으로 바꾸어 주는 장치는?
   ㉮ 브레이크 밸브 ㉯ 브레이크 슈
   ㉰ 릴레이 밸브 ㉱ 브레이크 체임버

66. 공기 브레이크 장치에서 브레이크 슈를 직접 작동시키는 것은?
   ㉮ 휠 실린더 ㉯ 하이드로릭
   ㉰ 푸시로드 ㉱ 캠
   ■ 공기 브레이크는 압축 공기의 압력을 이용하여 제동하는 것으로서 브레이크 페달을 밟으면 브레이크 밸브를 통하여 브레이크 체임버에 공기가 유입되어 다이어프램이 푸시로드를 이동시켜 브레이크 슈와 접촉되어 있는 캠을 회전시켜 제동 작용을 한다.

67. 공기 브레이크에서 공기 압축기의 공기 압력을 제어하는 장치는?
   ㉮ 언 로더 밸브 ㉯ 킥 릴리스 밸브
   ㉰ 릴레이 밸브 ㉱ 브레이크 밸브
   ■ ① 언 로더 밸브 : 공기 탱크 내의 압력이 5~7 kgf/cm²가 되면 압축기의 흡기 밸브가 열려 압축 작용을 정지시킨다.
   ② 킥 릴리스 밸브 : 브레이크 페달을 놓을 때 공기를 신속하게 배출시키는 역할을 한다.

68. 공기 브레이크에 사용되는 공기 압력은 얼마인가?
   ㉮ 3~4 kgf/cm² ㉯ 5~7 kgf/cm²
   ㉰ 10~12 kgf/cm² ㉱ 15~20 kgf/cm²

69. 공기 브레이크에서 제동력을 크게 하기 위하여 조정해야 할 밸브는?
   ㉮ 언 로더 밸브 ㉯ 압력 조정 밸브
   ㉰ 체크 밸브 ㉱ 안전 밸브

70. 공기 브레이크의 안전을 위한 부품은?
   ㉮ 체크 밸브 ㉯ 릴레이 밸브
   ㉰ 브레이크 밸브 ㉱ 퀵 릴리스 밸브

71. 공기 브레이크의 릴레이 밸브에 관한 설명으로 맞지 않는 것은?
   ㉮ 앞바퀴의 브레이크 체임버와 공기 탱크 사이에 설치되어 있다.
   ㉯ 브레이크 페달을 밟았을 때 속히 브레이크가 풀리게 한다.
   ㉰ 브레이크 페달을 밟을 때 브레이크 체임버 내로 공기를 배출시킨다.
   ㉱ 직접 공기 탱크에서 공기를 도입해서 신속하게 제동력이 작용케 한다.

72. 공기 브레이크를 취급할 때 주의 사항 중 옳지 않은 것은?
   ㉮ 운행을 하고 난 다음 규정의 공기압을 확인한다.
   ㉯ 내리막길을 내려갈 때 엔진 브레이크나 배기 브레이크를 병용한다.
   ㉰ 라이닝 교환은 반드시 조(kit)로 된 것을 사용한다.
   ㉱ 공기 압축기의 물을 매일 빼도록 한다.

73. 제 3 브레이크에 해당되지 않는 것은?
   ㉮ 핸드 브레이크 ㉯ 와전류 브레이크
   ㉰ 배기 브레이크 ㉱ 하이드로릭 리타더

정답 62. ㉱ 63. ㉱ 64. ㉯ 65. ㉱ 66. ㉱ 67. ㉮ 68. ㉯ 69. ㉯ 70. ㉮ 71. ㉯ 72. ㉮ 73. ㉮

74. 제3의 브레이크(감속 제동장치)로 틀린 것은?
   ㉮ 엔진 브레이크   ㉯ 배기 브레이크
   ㉰ 와전류 브레이크   ㉱ 주차 브레이크

75. 기관 브레이크에 대한 것 중 틀린 것은?
   ㉮ 브레이크의 과열을 막기 위해서 사용한다.
   ㉯ 브레이크가 고장을 일으켰을 때 사용한다.
   ㉰ 긴 고갯길을 내려갈 때 사용한다.
   ㉱ 언덕길을 올라갈 때 급정거를 위해서 사용한다.
   ■ 엔진 브레이크는 엔진의 회전 저항을 이용하는 것으로서 언덕길을 내려갈 때 가속 페달을 놓으면 엔진이 구동 바퀴로부터 역으로 회전되어 이때의 회전 저항에 의한 제동력이 발생된다.

76. 와전류 리타더에 관해 맞는 것은?
   ㉮ 엔진 회전수에 비례하여 제동력이 증감된다.
   ㉯ 제동 토크를 적당히 조절할 수 있다.
   ㉰ 엔진 브레이크와 병용할 수 없다.
   ㉱ 일반적으로 클러치 내부에 설치한다.
   ■ 와전류 리타더는 추진축에 설치하여 전자 유도 작용을 이용한 감속 브레이크로서 운전자가 손 또는 발로서 스위치를 조각하며 제동 토크를 적당히 조절할 수 있다.

77. 허브 작업을 할 때 안전 수칙으로 다음 중 가장 옳게 설명한 것은?
   ㉮ 고임목으로 받친다.
   ㉯ 잭 및 스탠드로 받친다.
   ㉰ 잭으로 받친다.
   ㉱ 돌로 받친다.

78. 그림과 같은 브레이크 장치에서 페달을 40 kgf의 힘으로 밟았을 때 푸시로드에 작용되는 힘은?
   ㉮ 100 kgf
   ㉯ 200kgf
   ㉰ 250kgf
   ㉱ 300kgf

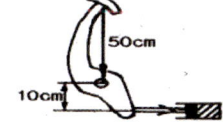

   ■ 푸시로드에 작용하는 힘 $= \dfrac{B}{A} \times F$
   $= \dfrac{50}{10} \times 40 = 200\,kgf$

79. 브레이크장치의 유압회로에서 발생하는 베이퍼 록의 원인이 아닌 것은?
   ㉮ 긴 내리막길에서 과도한 브레이크 사용
   ㉯ 비점이 높은 브레이크액을 사용했을 때
   ㉰ 드럼과 라이닝의 끌림에 의한 가열
   ㉱ 브레이크슈 리턴스프링의 쇠손에 의한 잔압 저하

80. 공기 브레이크 장치에서 앞바퀴로 압축공기가 공급되는 순서는?
   ㉮ 공기탱크 – 퀵 릴리스 밸브 – 브레이크 밸브 – 브레이크 챔버
   ㉯ 공기탱크 – 브레이크 챔버 – 브레이크 밸브 – 브레이크 슈
   ㉰ 공기탱크 – 브레이크 밸브 – 퀵 릴리스 밸브 – 브레이크 챔버
   ㉱ 브레이크 밸브 – 공기탱크 – 퀵 릴리스 밸브 – 브레이크 챔버

81. 제동 시험기로 제동력을 시험할 때의 설명 중 틀린 것은?
   ㉮ 브레이크 페달은 서서히 밟을 것
   ㉯ 브레이크 페달을 밟지 않아도 지침이 흔들릴 때는 기계를 분해 점검할 것
   ㉰ 차륜과 롤러는 직각이 되도록 진입시킨다.
   ㉱ 테스트하는 반대 방향의 차륜에는 받친대를 받쳐 두는 것이 좋다.

82. 브레이크 성능에 큰 영향을 주는 요소가 아닌 것은?
   ㉮ 바퀴의 고착   ㉯ 제동 초속도
   ㉰ 차량 총 중량   ㉱ 노면의 굴곡

83. 주행속도 70 km/h 의 자동차에 브레이크를 작용시켰을 때 제동 거리는 약 몇 m 인가? (단, 바퀴와 노면의 마찰 계수 0.3)
   ㉮ 64m   ㉯ 66m
   ㉰ 78m   ㉱ 92m
   ■ 제동거리 $= \dfrac{V^2}{2 \times \mu \times g}$

정답 74.㉱ 75.㉱ 76.㉯ 77.㉯ 78.㉯ 79.㉯ 80.㉰ 81.㉰ 82.㉮ 83.㉮

$$= \frac{(\frac{70 \times 1000}{60 \times 60})^2}{2 \times 0.3 \times 9.8} = 64.3m$$

V : 제동 초속도(m/s),
μ : 마찰 계수
g : 중력 가속도(9.8 m/sec²)

84. 어떤 물체가 마찰 계수 0.3인 마루바닥을 초속도 10 m/sec로 미끄러지기 시작했다면 이 물체는 몇 m나 가서 정지하겠는가?
㉮ 1m ㉯ 15m
㉰ 16m ㉱ 17m

■ 제동거리 $= \frac{V^2}{2 \times \mu \times g} = \frac{10^2}{2 \times 0.3 \times 9.8} = 17.01m$

85. 유압식 브레이크의 마스터 실린더 푸시로드에 작용하는 힘이 100kgf이고, 피스톤의 표면적이 2cm²이다. 이때 발생되는 유압은 얼마인가?
㉮ 20 kgf/cm² ㉯ 30 kgf/cm²
㉰ 40 kgf/cm² ㉱ 50 kgf/cm²

■ $P = \frac{W}{A} = \frac{100kgf}{2cm^2} = 50kgf/cm^2$

P : 유압(kgf/cm²), W : 힘(kgf) A : 단면적(cm²)

86. 마스터 실린더의 내경이 2cm 일 때 푸시로드에 100 kg의 힘이 작용하면 브레이크 파이프에 작용하는 유압은?
㉮ 10 kgf/cm² ㉯ 25 kgf/cm²
㉰ 32 kgf/cm² ㉱ 50 kgf/cm²

■ $P = \frac{W}{A}$, $P = \frac{100}{\frac{3.14}{4} \times 2^2} = 31.84 kgf/cm^2$

87. 페달에 20kg의 힘을 가하였을 때 피스톤의 면적이 4cm²이면 작동 유압은? (단, 그림을 보고 계산하시오)
㉮ 10 kgf/cm²
㉯ 15 kgf/cm²
㉰ 20 kgf/cm²
㉱ 25 kgf/cm²

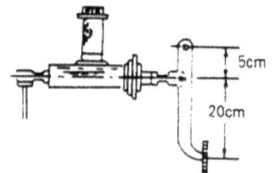

■ $P = \frac{F}{A} = \frac{\frac{a+b}{a} \times F}{A}$

P : 유압(kgf/cm²), A : 단면적r(cm²),
F : 작용력(kgf)
a : 피벗에서 푸시 로드까지 길이(cm)
b : 푸시로드에서 페달까지 길이(cm)

$P = \frac{\frac{5+20}{5} \times 20}{4} = 25 kgf/cm^2$

88. ABS장치의 설치 목적 중 설명이 잘못된 것은?
㉮ 전륜 고착의 경우 조향 능력 상실 방지
㉯ 후륜 고착의 경우 차체 스핀으로 인한 전복 방지
㉰ 제동시 차체의 안정성 유지
㉱ 최대 제동 거리 확보를 위한 안전장치

89. ABS(Anti-Lock Brake System)의 목적이 아닌 것은?
㉮ 제동 거리 단축
㉯ 방향 안전성 확보
㉰ 조종성 확보
㉱ 타이어 록(Lock) 현상 유지

90. 다음은 ABS 작동을 설명한 것이다. 틀린 것은?
㉮ 어떠한 조건하에서도 바퀴의 미끄러짐이 없다.
㉯ 노면의 조건에 따라 브레이크력을 똑같이 제어한다.
㉰ ABS 차량은 미끄러짐 없는 제동 효과를 얻을 수 있다.
㉱ 방향의 안정성 및 조종성을 확보하고 제동 거리를 단축한다.

■ ABS를 장착한 차량에서는 마찰 계수가 큰 쪽과 작은 쪽의 도로 조건에서 제동을 하면 마찰 계수가 큰 노면의 바퀴로 유입되는 유압을 조절하여 미끄러짐이 없도록 한다. 따라서 좌우의 제동력은 차이가 있다.

91. 미끄럼 제한 브레이크장치에 대해서 잘못 설명한 것은?
㉮ 노면의 상태가 변화하여도 최대의 제동 효과를 얻기 위한 것이다.

㉯ 후륜의 조기 고착에 의한 옆방향 미끄러짐도 방지한다.
㉰ 전륜은 조향 바퀴이므로 후륜에만 장착이 가능하다.
㉱ 타이어의 미끄럼(slip)율이 마찰 계수 최고치를 초과하지 않도록 한다.

92. 다음 중 ABS 브레이크장치에서 사용되는 구성 부품이 아닌 것은?
㉮ 프로포셔닝 밸브
㉯ 스피드 센서
㉰ ABS 경고등
㉱ 제동력 감지 센서

93. 전자제어식 ABS 장치의 직접적인 구성요소가 아닌 것은?
㉮ 전자 컨트롤 시스템(ECU)
㉯ 유압 모듈레이터
㉰ 휠 속도센서
㉱ 휠 실린더

94. ABS 구성품 중 휠 스피드 센서의 역할로서 맞는 것은?
㉮ 차륜의 회전상태 감지
㉯ 차륜의 과속을 억제
㉰ 차륜의 감속상태 감지
㉱ 라이닝의 마찰상태 감지
■ 휠 스피드 센서는 각 바퀴의 회전 속도를 ECU에 입력시키는 역할을 한다.

95. ABS 시스템이란 자동으로 브레이크를 컨트롤하는 장치로서 결과적으로 바퀴가 lock-up 되어 발생하는 미끌림이나 미끄러짐을 방지하는 것이다. 그렇다면 바퀴의 lock-up을 감지하는 것은?
㉮ 휠 속도 센서 ㉯ 하이드로릭 유닛
㉰ 브레이크 드럼 ㉱ ECU

96. 스피드 센서의 폴피스에 이물질이 붙어 있으면 어떤 현상이 발생하는가?

㉮ 바퀴의 회전 속도 감지 능력이 증가된다.
㉯ 바퀴의 회전 속도 감지 능력이 저하된다.
㉰ 회전 속도 검출 기능과 관계없다.
㉱ 자화가 되지 않는다.
■ 톤 휠과 폴피스가 일치되면 전압 신호는 0이 되고 톤 휠과 폴피스가 멀어지면 센서 코일에서 전압이 유기 되어 기전력을 발생하여 ECU에 입력시키면 ECU는 4개 바퀴의 개별적인 신호를 비교하여 제동 감속을 파악한다. 따라서 폴피스에 이물질이 부착되어 있으면 바퀴의 회전 속도 감지 능력이 저하된다.

97. 액추에이터는 무엇을 하는 것인가?
㉮ 기계적 에너지를 전기적 에너지로 변환하는 장치
㉯ 엔진 제어장치의 입력장치이다.
㉰ 전기 신호에 응답하여 어떤 동작을 행한다.
㉱ 전기적 에너지를 컴퓨터에 입력하는 장치이다.
■ 액추에이터는 전기 신호에 응답하여 작동을 하는 장치로서 가솔린 전자 제어 엔진에서는 스텝 모터, 인젝터 등이고 ABS 장치에서는 하이드로릭 유닛 등이 이에 속한다.

98. ABS 브레이크장치에서 휠 속도 센서와 스위치 압력으로부터 신호를 받아 각 휠이 잠기려고 하는 것을 감지하여 어느 곳에 신호를 보내는가?
㉮ 모듈레이더 ㉯ 계통 릴레이
㉰ 모터 펌프 릴레이 ㉱ 모터 펌프
■ 모듈레이터(하이드로릭 유닛)는 ECU의 제어 신호에 따라서 각 휠 실린더에 작용하는 유압을 감압, 증압, 유지하는 장치로서 제동시에 타이어의 미끄럼을 방지하여 조종성, 안정성을 확보하고 제동 거리를 단축한다.

99. ABS 차량에서 ECU로 부터 신호를 받아 각각의 휠 실린더의 유압을 조정하는 것은 다음 중 어느 것인가?
㉮ 탠덤 마스터 실린더
㉯ 프로포셔닝 밸브
㉰ 하이드로릭 유닛
㉱ 릴레이 밸브

정답 92. ㉱ 93. ㉱ 94. ㉮ 95. ㉮ 96. ㉯ 97. ㉰ 98. ㉮ 99. ㉰

100. 전자제어식 제동장치(ABS)에서 제동시 타이어 슬립율이란? (2015)

㉮ $\dfrac{\text{차륜속도} - \text{차체속도}}{\text{차체속도}} \times 100\%$

㉯ $\dfrac{\text{차제속도} - \text{차륜속도}}{\text{차체속도}} \times 100\%$

㉰ $\dfrac{\text{차체속도} - \text{차륜속도}}{\text{차륜속도}} \times 100\%$

㉱ $\dfrac{\text{차륜속도} - \text{차체속도}}{\text{차륜속도}} \times 100\%$

101. ABS는 제동장치에서 ABS가 정상적일 경우 경고등의 상태를 설명한 것 중 가장 적합한 것은?
   ㉮ 주행 중 경고등이 점등된다.
   ㉯ 엔진 시동 후에도 계속 점등된다.
   ㉰ 엔진 시동시 이그니션 키가 스타트 상태일 때 점등된다.
   ㉱ 점멸이 반복된다.
   ■ ABS 가 정상적일 때는 경고등은 엔진 시동 후에 소등된다.

102. ABS장치에서 유압 모듈레이터(유압 조절장치)의 구성요소가 아닌 것은?
   ㉮ U 밸브   ㉯ 체크 밸브
   ㉰ 솔레노이드 밸브   ㉱ 어큐뮬레이터

103. 다음 중 에어백에 사용되는 가스는?
   ㉮ 수소   ㉯ 이산화탄소
   ㉰ 질소   ㉱ 산소
   ■ 에어 백은 충돌시의 충격(감속도)을 센서로 검출하여 컴퓨터에 입력시키면 컴퓨터는 전개가 필요한 경우 엔헨서에 착화하여 가스 발생체(아질산나트륨, 이류화 몰리브덴 등의 혼합물)를 연소시켜 순간적으로 다량의 질소 가스를 발생시키면 에어 백이 팽창되어 운전자의 머리와 가슴을 보호한다.

단원 14 제동 장치

1. 다음 중 초편평 타이어와 일반 타이어와의 차이점 중 초편평 타이어의 장점이 아닌 것은?
   ㉮ 고속시에 내구성이 좋고 가속성이 더욱 좋아진다.
   ㉯ 타이어의 횡강성이 크고 클립력이 좋다.
   ㉰ 타이어의 변형이 크고 발열 현상이 크므로 좋다.
   ㉱ 고속 주행시 구름 저항이 적고 연료비가 절약된다.
   ■ 레이디얼 타이어의 장점
   ① 접지 면적이 크다.
   ② 선회시 옆방향의 힘을 받아도 변형이 적다.
   ③ 하중에 의한 트레드의 변형이 적다.
   ④ 타이어 단면의 편평률을 크게 할 수 있다.
   ⑤ 로드 홀딩이 향상된다.
   ⑥ 스탠딩 웨브 현상이 일어나지 않는다.

2. 다음은 레이디얼 타이어의 장점을 든 것이다. 맞지 않는 것은?
   ㉮ 하중에 의한 변형이 적다.
   ㉯ 접지 면적이 크다.
   ㉰ 타이어 단면의 편평률을 크게 할 수 있다.
   ㉱ 스탠딩 웨이브 현상이 잘 일어난다.

3. 튜브리스 타이어의 특징으로 틀린 것은?
   ㉮ 못에 찔려도 공기가 급격히 누설되지 않는다.
   ㉯ 유리 조각 등에 의해 찢어지는 손상도 수리가 쉽다.
   ㉰ 고속 주행 시 발열이 비교적 적다.
   ㉱ 림이 변형되면 공기가 누설되기 쉽다.

4. 타이어 및 튜브를 어떠한 곳에 보관하는 것이 가장 적합한가?
   ㉮ 오일, 그리스 및 석유가 있는 곳에 방치하여 둔다.
   ㉯ 밖에 쌓아둔다.
   ㉰ 그늘진 창고에 보관한다.
   ㉱ 물이 있는 곳에 둔다.

정 답 100. ㉯ 101. ㉰ 102. ㉮ 103. ㉰   1. ㉰ 2. ㉱ 3. ㉯ 4. ㉰

5. 다음 중 타이어 트레드 패턴의 형식이 아닌 것은?
   ㉮ 블록형 ㉯ 러그형
   ㉰ 리브형 ㉱ 림형

6. 다음 중 타이어 트레드 패턴의 종류가 아닌 것은?
   ㉮ 러그 패턴 ㉯ 볼록 패턴
   ㉰ 리브 러그 패턴 ㉱ 카아카스

7. 타이어 트레드가 마멸되면 어떻게 되는가?
   ㉮ 선회 성능이 향상된다.
   ㉯ 구동력이 저하된다.
   ㉰ 열의 방산이 불량하다.
   ㉱ 마찰력이 크게 된다.

8. 스노 타이어를 사용할 때 주의 사항이다. 틀린 것은?
   ㉮ 구동 바퀴에 걸리는 하중을 크게 하여 구동력을 높일 것
   ㉯ 출발시에는 가능한 천천히 회전시킬 것
   ㉰ 급브레이크를 사용하지 말 것
   ㉱ 스노 타이어는 10 % 마모되면 그 특성이 상실되어 체인을 병용할 것

9. 타이어의 강도와 내마멸성이 급격히 감소되는 임계 온도는?
   ㉮ 30~40 ℃ ㉯ 50~60 ℃
   ㉰ 70~100 ℃ ㉱ 120~130 ℃
   ■ 타이어는 120 ~ 130 ℃가 되면 강도와 내마멸성이 급격히 감소되므로 온도가 상승되는 운전은 삼가야 한다.

10. 관리법상 자동차의 공기압 고무 타이어는 요철형 무늬의 깊이를 몇 mm 이상 유지하여야 하는가?
    ㉮ 1.6mm ㉯ 1.8mm
    ㉰ 2.0mm ㉱ 2.5mm
    ■ 자동차의 공기압 고무 타이어 요철형 무늬의 깊이는 1.6mm 이상이어야 한다.

11. 타이어의 공기압에 대한 설명으로 틀린 것은?
    ㉮ 공기압이 낮으면 일반 포장도로에서 미끄러지기 쉽다.
    ㉯ 좌, 우 공기압에 편차가 발생하면 브레이크 작동 시 위험을 초래한다.
    ㉰ 공기압이 낮으면 트레드 양단의 마모가 많다.
    ㉱ 좌, 우 공기압에 편차가 발생하면 차동 사이드 기어의 마모가 촉진된다.

12. 타이어의 스탠딩 웨이브 현상에 대한 내용으로 옳은 것은?
    ㉮ 스탠딩 웨이브를 줄이기 위해 고속 주행 시 공기압을 10%도 줄인다.
    ㉯ 스탠딩 웨이브가 심하면 타이어 박리현상이 발생할 수 있다.
    ㉰ 스탠딩 웨이브는 바이어스 타이어보다 레디얼 타이어에서 많이 발생한다.
    ㉱ 스탠딩 웨이브 현상은 하중과 무관하다.
    ■ 스탠딩 웨이브를 방지하려면
      ① 강성이 큰 타이어를 사용한다.
      ② 타이어의 공기압을 표준 공기압보다 10 ~ 15 % 증가시킨다.
      ③ 전동 저항을 감소시킨다.
      ④ 저속으로 주행한다.
      ※ 이상 박리 현상(스탠딘웨보현상)이란 타이어가 열에 심하게 노출이 되면 타이어가 터진다거나 심하게 찌그러지는 현상

13. 고속 도로를 주행하는 자동차의 타이어 공기 압력을 10~15% 높여 주는 이유로 다음 중 가장 적당한 이유는?
    ㉮ 승차감을 좋게 하기 위하여
    ㉯ 제동력을 증가시키기 위하여
    ㉰ 타이어의 탄력을 좋게 하기 위하여
    ㉱ 스탠딩 웨이브 현상을 방지하기 위하여

14. 타이어 호칭기호 215 60 R17에서 17이 나타내는 것은?
    ㉮ 림 직경(인치) ㉯ 타이어 직경(mm)
    ㉰ 편평비(%) ㉱ 허용하중(kgf)
    ■ 215 : 타이어 폭(mm)   60 : 편평비(%)
      R : 레디디얼 타이어
      17 : 림 외경(직경) 또는 타이어 내경(inch)

정답 5. ㉱ 6. ㉱ 7. ㉯ 8. ㉱ 9. ㉱ 10. ㉰ 11. ㉮ 12. ㉯ 13. ㉱ 14. ㉮

15. 타이어의 이상 마모의 원인이 아닌 것은?
   ㉮ 과대한 캠버
   ㉯ 과대한 공기압
   ㉰ 과대한 토인
   ㉱ 캐스터의 부정확
   ■ 타이어의 이상 마모는 부정확한 앞바퀴 얼라인먼트와 타이어 공기압이 부족할 때이다.

16. 타이어 트레드의 한쪽면만 편 마모되는 원인이 아닌 것은?
   ㉮ 회전 부위가 불균형일 때
   ㉯ 허브의 너클이 런아웃 또는 뒤틀렸을 때
   ㉰ 휠의 런아웃되어 있을 때
   ㉱ 베어링이 마모되거나 킹핀의 유격이 많을 때
   ■ 회전 부위는 휠, 브레이크 드럼, 디스크 등으로서 정적 불평형이나 동적 불평형이면 시미 또는 트램핑 현상이 발생된다.

17. 타이어의 정적 밸런스가 잡혀있지 않은 경우의 현상으로 옳은 것은?
   ㉮ 바퀴가 좌우로 진동한다.
   ㉯ 바퀴가 상하로 진동한다.
   ㉰ 바퀴가 진동하지 않는다.
   ㉱ 바퀴가 좌우 및 상하로 진동한다.
   ■ 회전체의 상하 중량이 언밸런스인 상태를 정적 불평형이라 하며, 정적 불평형일 때는 상하의 진동을 발생한다. 또한 회전체 좌우의 중량이 언밸런스인 상태를 동적 불평형이라 하며, 동적 불평형일 때는 좌우의 진동이 발생된다.

18. 다음 바퀴의 정적 평형에 대한 설명과 관계가 없는 것은?
   ㉮ 정적 평형이 잡혀 있지 않으면 고속에서 시미 현상이 일어난다.
   ㉯ 정적 평형이 잡혔다고 해서 동적 평형이 잡혔다고 할 수 없다.
   ㉰ 정적 평형이 잡혀 있지 않으면 트램핑 현상이 일어난다.
   ㉱ 정적 평형은 바퀴의 중심에 대하여 평형이 잡혀 있어야 한다.

19. 고속으로 주행할 때에 바퀴가 상하로 도약하는 것을 무엇이라 하는가?
   ㉮ 원더
   ㉯ 시미
   ㉰ 로드 스웨이
   ㉱ 트램핑
   ■ ① 로드 스웨이 : 자동차가 고속으로 주행할 때 앞바퀴의 진동으로 차체의 앞부분이 상하 또는 좌우로 흔들리는 현상을 말한다.
   ② 트램핑 : 타이어의 정적 불평형으로 상하로 발생되는 진동을 말한다.
   ③ 시 미 : 타이어의 동적 불평형으로 좌우로 발생되는 진동을 말한다.
   ④ 원 더 : 자동차가 직진할 때 어느 순간 약간 한편으로 쏠렸다가 다음 순간 반대로 기울어지는 현상을 말한다.

20. 주행 중의 차량에서 트램핑이 발생하는 원인이 아닌 것은?
   ㉮ 드래그 링크의 불평형
   ㉯ 휠 허브의 불평형
   ㉰ 바퀴의 불평형
   ㉱ 브레이크 드럼의 불평형

21. 휠 평형 잡기와 마멸, 변형도 검사방법 중 안전 수칙에 위배되는 사항은?
   ㉮ 검사 후 테스터 스위치를 끈 다음 자연히 정지하도록 함
   ㉯ 타이어의 회전 방향에서 검사
   ㉰ 과도하게 속도를 내지 말고 검사
   ㉱ 회전하는 휠에 손대지 말고 검사

22. 타이어에 열이 많이 발생하면 타이어의 수명이 단축된다. 열 발생의 원인이 아닌 것은?
   ㉮ 저속으로 달릴 때
   ㉯ 저 내압으로 달릴 때
   ㉰ 기온이 높을 때
   ㉱ 과다한 적재량으로 달릴 때
   ■ 타이어에 열이 발생되는 원인
   ① 타이어 공기 압력이 낮을 때
   ② 적재량이 과다할 때
   ③ 고속으로 주행할 때
   ④ 외부의 기온이 높을 때

23. 다음은 타이어 취급에 있어서의 안전상 지켜야 할 주의 사항들이다. 알맞지 않은 것은?
   ㉮ 화물 적재 하중은 정해진 표준 하중 상태로

정답 15. ㉯ 16. ㉮ 17. ㉯ 18. ㉮ 19. ㉱ 20. ㉮ 21. ㉯ 22. ㉮ 23. ㉯

한다.
㉯ 고속 주행시에는 타이어의 공기 압력을 낮춘다.
㉰ 타이어의 온도가 120 ~ 130 ℃ 이상이 되면 강도 및 내마멸성이 현저히 저하되므로 주의를 요한다.
㉱ 타이어 평형이 맞지 않을 경우 70km/h 이상에서 조향 휠은 시미(shimmy) 현상이 발생하므로 주의를 요한다.

24. 타이어를 갈아 끼울 때 가장 먼저 할 일은?
㉮ 주차 브레이크를 작동시킨다.
㉯ 잭을 올린다.
㉰ 시동을 걸어 놓는다.
㉱ 갈아 끼울 타이어를 갖다 놓는다.

25. 주로 승용차의 프레임에 사용되며 차의 전고 및 중심이 낮게 되는 특수 프레임은?
㉮ 백보운형 ㉯ X 자형 프레임
㉰ H 자형 프레임 ㉱ 플랫폼형

■ 특수 프레임의 종류
① 백보운형 : 강관에 가로 멤버나 브래킷을 고정하여 엔진이나 차체를 설치하는 프레임으로서 세로 멤버가 없기 때문에 바닥을 낮게 할 수 있어 차의 전고 및 중심이 낮아진다.
② 플랫폼형 : 프레임과 차체의 바닥을 일체로한 프레임으로서 비틀림이나 굽음에 대헤 큰 간성이 유지된다.
③ 트러스형 : 직경 20~30mm 의 강관을 용접한 프레임으로서 가볍고 강성이 크나 다량 생산에 부적합하여 스포츠 카, 경주용 자동차에 사용된다.

26. 승용차에 가장 많이 사용되는 림은?
㉮ 안전 리지림 ㉯ 2 분할림
㉰ 플랫 센터림 ㉱ 세미드롭 센터림

27. 타이어의 표시 235 5R 19에서 5는 무엇을 나타내는가?
㉮ 편평비 ㉯ 림 경
㉰ 부하 능력 ㉱ 타이어의 폭

■ 235 : 타이어 폭(mm)
  5 : 편평비(%)
  R : 레이디얼 타이어
  19 : 림 외경(직경) 또는 타이어 내경(inch)

28. 타이어 압력 모니터링 장치(TPMS)의 점검, 정비 시 잘못된 것은?
㉮ 타이어 압력센서는 공기 주입 밸브와 일체로 되어 있다.
㉯ 타이어 압력센서 장착용 휠은 일반 휠과 다르다.
㉰ 타이어 분리 시 타이어 압력센서가 파손되지 않게 한다.
㉱ 타이어 압력센서용 배터리 수명은 영구적이다.

정답 24. ㉮ 25. ㉮ 26. ㉮ 27. ㉮ 28. ㉱

원클릭! 자동차 정비기능사 필기

안전기준·안전관리   제4편

제1장	안전 기준
제2장	안전 관리
부록	출제 예상 문제

Chapter 01

안전기준

1. 정 의

(1) 공차 상태

자동차에 사람이 승차하지 아니하고 물품(예비부분품 및 공구 기타 휴대물품을 포함한다)을 적재하지 아니한 상태로서 연료·냉각수 및 윤활유를 만재하고 예비타이어(예비타이어를 장착한 자동차만 해당한다)를 설치하여 운행할 수 있는 상태를 말한다.

(2) 적차 상태

① 공차 상태의 자동차에 승차 정원의 인원이 승차하고 최대 적재량의 물품이 적재된 상태를 말한다.
② 승차 정원 1인(13세 미만의 자는 1.5인을 승차 정원 1인으로 본다)의 중량은 65kgf으로 계산한다.

(3) 윤 중

자동차가 수평상태에 있을 때에 1개의 바퀴가 수직으로 지면을 누르는 중량을 말한다.

(4) 축 중

자동차가 수평상태에 있을 때에 1개의 차축에 연결된 모든 바퀴의 윤중을 합한 것을 말한다.

(5) 접지 부분

적정 공기압의 상태에서 타이어가 지면과 접촉되는 부분을 말한다.

(6) 풀 트레일러

자동차 및 적재물 중량의 대부분을 해당 자동차의 차축으로 지지하는 구조의 피견인자동차를 말한다.

2. 자동차의 안전 기준

(1) 길이, 너비, 높이
① 길 이 : 13 m(연결 자동차의 경우는 16.7 m)
② 너 비 : 2.5 m(후사경·환기장치 또는 밖으로 열리는 창의 경우 이들 장치의 너비는 승용자동차에 있어서는 25cm, 기타의 자동차에 있어서는 30cm. 다만, 피견인자동차의 너비가 견인자동차의 너비보다 넓은 경우 그 견인자동차의 후사경에 한하여 피견인자동차의 가장 바깥쪽으로 10센티미터를 초과할 수 없다)
③ 높 이 : 4 m

(2) 최저 지상고
공차상태의 자동차에 있어서 접지부분외의 부분은 지면과의 사이에 12센티미터 이상의 간격이 있어야 한다.

(3) 총중량, 축중, 윤중
① 자동차의 총중량 : 20 톤(승합자동차의 경우에는 30톤, 화물자동차 및 특수자동차의 경우에는 40톤)톤을 초과하여서는 아니된다.
② 자동차의 축중 : 10 톤 이하
③ 자동차의 윤중 : 5 톤 이하

(4) 중량 분포
자동차의 조향바퀴의 윤중의 합은 차량중량 및 차량총중량의 각각에 대하여 20%(3륜의 경형 및 소형자동차의 경우에는 18%) 이상이어야 한다.

(5) 최대 안전 경사각도
① 공차 상태의 자동차(연결 자동차를 포함한다) : 좌, 우 각각 35도
② 차량 총중량이 차량 중량의 1.2배 이하인 자동차 : 30도
③ 승차정원 11명 이상인 승합자동차 : 적차상태에서 28도

(6) 최소 회전 반경
자동차의 최소회전반경은 바깥쪽 앞바퀴자국의 중심선을 따라 측정할 때에 12m를 초과하여서는 아니된다.

(7) 접지 부분 및 접지 압력
① 접지 부분은 소음의 발생이 적고, 도로를 파손할 위험이 없는 구조일 것
② 고체형 고무 타이어의 접지 압력은 타이어 접지 부분의 너비 1 cm 당 150 kgf 을 초과하지 아니할 것
③ 무한 궤도를 자동차의 접지 압력 : 무한 궤도 1 cm² 당 3 kgf

(8) 주행장치
요철형 무늬의 깊이를 1.6 mm 이상 유지하여야 한다.

(9) 타이어 공기압 경고장치
① 승용자동차와 차량총중량이 3.5톤 이하인 승합·화물·특수자동차에는 타이어공기압경고장치를 설치하여야 한다. 다만, 복륜(複輪)인 자동차와 피견인자동차는 제외한다.
② 최소한 시속 40km부터 해당 자동차의 최고속도까지의 범위에서 작동될 것

(10) 조종장치
조종장치는 조향 핸들의 중심으로부터 좌우 각각 50 cm 이내에 배치하여야 하는 장치

(11) 제동장치
① 주차 제동장치 제동 능력은 11도 30분의 경사면에서 정지 상태를 유지
② 차량 총 중량이 3.5톤 이하인 피견인 자동차는 관성 제동 구조
③ 주 제동장치의 급제동 정지거리
  ㉮ 제동 초속도 50km/h : 급제동 정지거리 22m 이하
  ㉯ 제동 초속도 35km/h : 급제동 정지거리 14m 이하
  ㉰ 제동 초속도 35km/h 미만 : 급제동 정지거리 5m 이하
④ 주 제동장치의 조작력 기준
  ㉮ 발 조작시의 경우 : 90 kgf 이하
  ㉯ 손 조작시의 경우 : 30 kgf 이하

(12) 연료장치
① 고압 부분의 도관은 가스 용기 충전 압력의 1.5배의 압력에 견딜 수 있어야 한다.
② 연료 탱크 주입구는 배기관 끝으로부터 30cm 이상 떨어져 있어야 하며, 노출된 전기 단자 및 전기 개폐기로부터 20cm 이상 떨어져 있어야 한다.

(13) 차대 및 차체

① 등록 번호판의 부착 위치는 차체의 뒤쪽 끝으로부터 65cm 이내
② 후부 안전판의 너비 : 자동차 너비의 100 % 미만
③ 자동차의 가장 뒤의 차축 중심에서 차체의 뒷부분 끝(범퍼 및 견인용 장치 등을 제외한다)까지의 수평 거리(뒤 오버행을 말한다)는 가장 앞의 차축 중심에서 가장 뒤의 차축 중심까지 수평 거리의 1/2(경형 및 소형 자동차의 경우에는 11/20, 승합 자동차와 화물을 차체 밖으로 나오게 적재할 우려가 없는 자동차의 경우에는 2/3) 이하일 것

(14) 연결장치 및 견인장치

자동차(피견인 자동차를 제외한다)의 앞면(승용 자동차의 경우는 앞면과 뒷면)에는 자동차의 길이 방향으로 견인할 때에 당해 자동차의 차량 중량의 1/2 이상의 힘에 견딜 수 있는 구조의 견인 장치를 갖출 것

(15) 승객 좌석의 규격

① 승객 좌석의 규격은 가로, 세로 각각 40cm 이상, 앞좌석 등받이의 뒷면과 뒷좌석 등받이의 앞면간의 거리는 65cm 이상이어야 한다.
② 어린이용 좌석의 규격은 가로, 세로 각각 27cm 이상, 앞좌석 등받이의 뒷면과 뒷좌석 등받이의 앞면간의 거리는 46cm 이상이어야 한다.

(16) 좌석 안전띠

① 시내버스를 제외한 자동차의 좌석에는 좌석 안전띠를 설치하여야 한다.
② 어린이 운송용 승합 자동차의 승객석에 설치된 좌석 안전띠의 구조는 어린이의 신체 구조에 적합하게 조절될 수 있어야 한다.

(17) 입 석

① 입석을 할 수 있는 자동차의 차실 안의 유효 높이 : 180cm 이상
② 통로의 유효 너비 : 30cm 이상
③ 1인의 입석 면적 : 0.14m^2 이상

(18) 승강구

① 승합 자동차의 승강구의 유효 너비 : 60cm 이상
② 유효 높이 : 160cm(대형 승합 자동차의 경우에는 180cm) 이상
③ 대형 승합 자동차의 승강구 제1단 발판의 높이 : 40 cm 이하

④ 어린이 운송용 승합 자동차의 승강구 제1단의 발판 높이는 30cm 이하이고, 제2단 이상의 발판 높이는 20cm 이하일 것

(19) 비상구
승차 정원 30인 이상의 자동차에는 비상구의 유효 너비 40 cm 이상 유효 높이 120 cm 이상의 비상구를 설치하여야 한다.

(20) 통 로
승차 정원 16인승 이상의 자동차에는 유효 너비 30 cm 이상의 통로를 설치하여야 한다.

(21) 창유리
자동차의 앞면 창유리는 접합 유리이고 기타의 창유리는 안전 유리이어야 한다. 또한 앞면 창유리 및 운전자 좌석 좌우의 창유리 또는 창의 가시 광선 투과율은 70 % 이상이어야 한다.

(22) 배기 가스 발산 방지장치
1995년 12월 31일 이전에 제작된 자동차는 40% 이하이어야 하고, 1996년 1월 1일 이후에 제작된 자동차는 35% 이하이어야 한다.

(23) 배기관
자동차의 배기관의 열림 방향은 왼쪽 또는 오른쪽으로 개구되어서는 아니되며, 배기관의 열림 방향이 차량 중심선에 대하여 왼쪽으로 30° 이내이어야 한다.

(24) 전조등
① 헤드라이트의 1등당 광도는 주행 빔은 15,000cd(4등식 중 주행 빔과 변환 빔이 동시에 점등되는 형식은 12,000cd) 이상 112,500cd 이하이고 변환 빔은 3,000cd 이상 45,000cd 이하이어야 한다.
② 변환 빔의 비추는 방향은 자동차의 진행 방향과 같아야 하고 주행 빔의 주광축은 광도를 감광할 수 있거나 비추는 방향을 하향으로 변환할 수 있는 구조이어야 한다. 다만 최고속도가 매시 25km 미만인 자동차에 설치되는 변환 빔으로서 그 광원이 25cd 이하의 것에 있어서는 전방 40m의 거리에 있는 장애물을 식별할 수 있는 성능을 갖추지 아니할 수 있다.
③ 자동차의 앞면에는 전조등을 좌우에 각각 1개씩(4등식의 경우에는 2개를 1개로 본다) 설치하여야 하며, 등광색은 백색으로 동일하게 하여야 한다.

(25) 안개등
등광색은 백색 또는 황색으로 하고 등화의 중심점은 공차 상태에서 지상 25cm 이상 100cm 이하의 높이에 설치하여야 한다.

(26) 후퇴등
① 주광축은 하향하되 자동차 뒷쪽 75m 이내의 지면을 비출 수 있도록 설치하여야 한다.
② 후퇴등은 2개 이하로 설치하며 등광색은 백색 또는 황색으로 하고 등화의 중심점은 공차 상태에서 지상 25cm 이상 120cm 이하에 설치하여야 한다.

(27) 번호등
등록 번호표 숫자 위의 조도는 어느 부분에서도 8 룩스 이상이어야 하며, 최고 조도점 2점의 평균 조도는 최소 조도점 2점의 평균 조도의 20배 이내이어야 하며 등광색은 백색으로 하여야 한다.

(28) 후미등
① 후미등의 1등당 광도는 2cd 이상 25cd 이하이어야 하며, 등광색은 적색으로 하여야 한다.
② 차량 중심선에 대하여 좌우 대칭이 되고 등화의 중심점은 공차 상태에서 지상 35 cm 이상 200cm 이하

(29) 제동등
① 제동등은 주제동 장치를 조작할 때에 점등되고 제동 조작을 해제할 때까지 지속적으로 점등 상태를 유지하여야 하며, 등광색은 적색으로 하여야 한다. 자동차 제동등 1등당 광도는 40cd 이상 420cd 이하이어야 한다.
② 자동차의 뒷면 양쪽에 설치되는 제동등의 등광색은 적색으로 하며, 다른 등화와 겸용하는 제동등은 제동 조작을 할 경우 그 광도가 3배 이상으로 증가하여야 한다.

(30) 방향지시등
① 방향 지시등의 등광색은 황색 또는 호박색으로 매분 60회 이상 120회 이하의 일정한 주기로 점멸 하거나 광도가 증감하는 구조이어야 한다.
② 설치 위치는 공차 상태에서 지상 35cm 이상 200cm 이하의 높이가 되도록 하고 1등당 광도는 50cd 이상 1,050cd 이하이어야 한다.
③ 방향 지시등은 차체 너비의 50% 이상의 간격을 두고 설치하여야 한다.

(31) 후부 반사기
① 후부 반사기의 반사부는 3 각형 외의 형으로서 경형 및 소형 자동차의 경우에는 10 cm² 이상 기타 자동차의 경우에는 20 cm² 이상일 것
② 후부 반사기는 적색이어야 하며, 반사기의 중심점은 공차 상태에서 지상 35cm 이상 150cm 이하의 높이가 되도록 설치되어야 한다.

(32) 후사경
차체 바로 앞에 장애물을 확인할 수 있는 후사경을 설치하여야 하는 자동차
① 차량 총 중량 8 톤 이상의 자동차
② 최대 적재량 5 톤 이상의 화물 자동차
③ 승차 정원 16인 이상의 자동차
④ 어린이 운송용 승합 자동차

(33) 반사광
운전자의 시계 범위 안에 위치한 다음 각 호의 장치에 사용되는 금속 표면은 빛의 반사로 인하여 운전자에게 장애를 주지 아니하여야 한다.
① 앞면 창유리의 창닦이기의 블레이드와 암
② 차체 안의 앞면 창유리의 창틀
③ 조향 핸들의 중심부와 경음기 작동부
④ 실내 후사경의 프레임 및 지지부

(34) 경음기
경음기의 크기는 차체 전방에서 2m 떨어진 지상 높이 1.2 ± 0.05m가 되는 지점에서 측정한 값이 90데시벨 이상 110cd 이하가 되도록 하되 음의 크기를 일정하게 할 것

(35) 속도계 및 주행 거리계
속도계는 평탄한 수평 노면에서의 속도가 매시 40 km(최고 속도가 매시 40 km 미만의 자동차에 있어서는 그 최고 속도)인 경우 지시 오차가 정 25 %, 부 10 % 이하이어야 한다.

(36) 소화 설비
① 소화 설비를 설치해야 하는 기준
  ㉮ 위험물을 운송하는 자동차   ㉯ 피견인차로 가연물을 운송하는 경우
  ㉰ 고압가스를 운반하는 화물 자동차   ㉱ 승차 정원 7인 이상의 자동차

(37) 경광등 및 사이렌
① 긴급 자동차의 경광등은 1등당 광도는 135cd 이상 2,500cd 이하이며, 등광색은 적색 또는 청색 및 황색, 녹색이어야 한다.
② 사이렌의 음의 크기는 자동차의 전방 30 m 의 위치에서 90 데시벨 이상 120 데시벨 이하일 것

3. 이륜 자동차의 안전 기준

(1) 길이, 너비, 높이

이륜 자동차는 측차를 제외한 공차 상태에서 길이 2.5m, 너비 1.3m, 높이 2m를 초과하여서는 아니된다.

(2) 차량 총중량

이륜 자동차의 차량 총 중량은 일반형 및 특수형의 경우에는 600kgf, 삼륜형의 경우에는 400kgf 을 초과하지 아니하여야 한다.

4. 제작 자동차 등의 안전 기준

(1) 제동장치

공기식 주제동 장치를 장착한 자동차의 제동 효율은 제동 페달을 최대 왕복 거리까지 10초 간격으로 15회 반복 조작한 후의 주제동 장치의 제동 효율은 0.35 이상이어야 한다.

5. 시험 기준 및 측정 방법

(1) 최대 안전 경사각도 측정 방법

① 자동차는 공차 상태로 한다.
② 좌석은 정위치에 창유리 등은 닫은 상태로 한다.
③ 경사각도 측정기에 설치된 차륜 정지장치에 좌측 또는 우측의 모든 차륜을 밀착시킨다.
④ 차륜 정지장치 반대측의 모든 차륜이 경사각도 측정기의 답판에서 떨어지는 순간 답판이 수평면과 이루는 각도를 좌측 방향과 우측 방향에 대하여 각각 측정한다.
⑤ 공기 스프링장치를 가진 자동차에 대하여는 레벨링 밸브가 작동하지 않은 상태로 한다.
⑥ 폴 트레일러(pole trailer)는 공차 상태에서 좌, 우의 최외측 차륜의 접지면 중심의 간격이

지면으로부터 하대 상면까지 높이의 1.3배 이상일 경우에는 최대 안전 경사각도의 기준을 만족한 것으로 본다.
⑦ 기준면에서 적재함 바닥까지의 수직거리를 상면 지상고라 한다. 상면 지상고의 측정 방법은 기준면에서 적재함 바닥까지의 수직 거리를 측정한다. 다만, 작은 돌기물 및 국부적인 요철 부분 등은 제외한다.

(2) 타이어 마모 측정 방법
① 자동차는 공차 상태로 한다.
② 타이어 공기압은 표준 공기압으로 한다.
③ 타이어 접지부의 임의의 한 점에서 120도 각도가 되는 지점마다 접지부의 1/4 또는 3/4 지점 주위의 트레드 홈 깊이를 측정한다.
④ 트레드 마모 표시(1.6mm로 표시된 경우에 한한다)가 되어 있는 경우에는 마모 표시를 확인한다.
⑤ 각 측정점의 측정값을 산술 평균하여 이를 트레드의 잔유 깊이로 한다.

(3) 창유리와 가시 광선 투과율 측정 방법
① 측정 장소는 암실에서 측정하는 것을 원칙으로 한다.
② 직접 측정법의 경우에는 암실 이외에서 측정할 수 있다.
③ 광원과 수광기의 거리는 10m 이내로 한다.
④ 측정용 창유리는 해당 자동차의 창유리를 직접 측정하거나 자동차에 설치된 창유리와 동일한 창유리를 선정하여 측정할 수 있다.
⑤ 분광 측정법은 원칙적으로 파장의 범위가 380~780mm의 분광 측정기를 사용하여 측정한다.
⑥ 밴형 화물 자동차 측벽 창문의 보호봉 설치 간격 : 화물 자동차 중 물품 적재장치의 측벽에 창문을 설치한 자동차에는 다음 규격 이상 보호봉을 설치하여야 한다.

규 격	설치 간격	배 열
지름 2cm 이상의 강제봉	15cm 이하	가로 또는 세로
지름 1cm 이상 2cm 미만의 강제봉	10cm 이하	가로 또는 세로

⑦ 좌석의 높이는 실내 상면에서 좌석 가로부 중앙 부분의 최고점까지의 수직 높이를 측정한다.

(4) 운행 시간의 기록 오차
① 기계식 : 일차 또는 평균 일차 ±2분 ② 전기식 : 일차 또는 평균 일차 ±1분

(5) 원동기 출력 측정 시 측정 조건

① 수랭식 기관에서는 기관 출구에서 냉각 온도를 80 ± 5℃로 제어한다.
② 수랭식 기관에서는 표준 대기압에서 사용하는 경우 지정된 장소의 온도가 설정된 최고 온도로부터 20℃ 이상 저하하지 않는 범위로 유지되어야 하며, 필요한 경우 보조 온도 조정장치를 사용할 수 있다.

(6) 회전 조작력 측정 조건

① 자동차는 적차 상태로 한다.
② 타이어 공기압은 표준 공기압으로 한다.
③ 평탄한 노면에서 12m의 원주를 선회하여야 한다.
④ 선회 속도는 10km/h 로 한다.
⑤ 원주 궤도에 도착해서 원주 궤도와 일치하는 외측 조향륜의 조향 시간은 4초 이내이어야 한다.
⑥ 좌우로 선회하여 조향력을 측정한다.
⑦ 풍속은 3m/sec 이하에서 측정하는 것을 원칙으로 한다.

(7) 최저 지상고 측정 방법

최저 지상고는 기준면과 자동차 중앙 부분의 최하부와의 거리를 측정한다. 이 경우 중앙 부분이란 차륜 내측 너비의 80%를 포함하는 너비로서 차량 중심선에 좌우가 대칭이 되는 너비를 말한다.

(8) 운행 자동차 등화장치의 광도 및 광축 측정 조건

① 자동차는 적절히 예비 운전되어 있는 공차 상태의 자동차에 운전자 1인이 승차한 상태로 한다.
② 자동차의 축전지는 충전한 상태로 한다.
③ 자동차 원동기는 공회전 상태로 한다.
④ 타이어의 공기압은 표준 공기압으로 한다.
⑤ 4등식 전조등의 경우 측정하지 아니하는 등화에서 발산하는 빛 차단한 상태로 한다.

(9) 조향 핸들 유격 측정 조건

① 자동차는 공차 상태의 자동차에 운전자 1인이 승차한 상태로 한다.
② 타이어의 공기압은 표준 공기압으로 한다.
③ 자동차를 건조하고 평탄한 기준면에 조향축의 바퀴를 직진 위치로 자동차를 정차시키고

원동기는 시동한 상태로 한다.
④ 자동차의 제동장치(주차 제동장치를 포함한다)는 작동하지 않은 상태로 한다.

(10) 돌출 거리 측정 방법

① 자동차의 길이, 너비, 높이 이외의 돌출 거리는 자동차의 길이, 너비, 높이의 측정점을 기준으로 측정한다.
② 자동차의 길이는 자동차의 최전단과 최후단을 기준면에 투영시켜 차량 중심선에 평행한 방향의 최대 거리를 측정한다.

(11) 최소 회전 반경 측정 조건

① 시험 자동차는 공차 상태이어야 한다.
② 시험 자동차는 시험 전에 충분한 길들이기 운전을 하여야 한다.
③ 시험 자동차는 시험 전 조향륜 정렬을 점검하여 조정한다.
④ 시험도로는 평탄, 수평하고 건조한 포장도로이어야 한다.

Chapter 02

안전관리

1. 안전 관리

(1) 정지 상태에서 점검 사항

① 급유 상태
② 주행 기타의 섭동부분
③ 전동기와 개폐기
④ 나사, 볼트, 너트의 풀림
⑤ 안전장치와 동력 전달장치
⑥ 힘이 작용하는 부분의 상처 유무

(2) 운전 상태에서 점검 사항

① 클러치의 상태
② 기어의 치합 상태
③ 베어링의 온도 상태
④ 섭동부의 상태
⑤ 이상음의 유무 및 기타 일반 상태

(3) 기관을 떼어 낼 때의 주의 사항

① 팬더에 상처가 나지 않도록 팬더 덮개를 사용한다.
② 기관을 떼어 낼 때 방해가 되거나 손상될 우려가 있는 것은 미리 떼어 낸다.
③ 빼낸 볼트나 너트는 본래의 위치에 가볍게 꽂아 둔다.
④ 전기 배선을 풀 때는 다시 결선하기 편리하도록 꼬리표를 달아둔다.
⑤ 자동차 밑에서 작업할 때는 반드시 카 스탠드를 잘 고인 다음 작업한다.

(4) 안전사고 방지의 5단계

① 1단계 : 안전 관리의 조직
② 2단계 : 사실의 발견(현상의 파악)
③ 3단계 : 분석 평가
④ 4단계 : 시정 방법의 선정(대책의 선정)
⑤ 5단계 : 시정책의 적용(목표 달성)

(5) 산업 안전 색채

① 적 색 : 방화금지, 긴급 정지
② 노란색 : 주의, 경고

③ 흑 색 : 방향표지 ④ 녹 색 : 안전지도, 안전위생
⑤ 청 색 : 주의 수리 중, 송전 중 ⑥ 백 색 : 주의 표지
⑦ 자주(보라)색 : 방사능 위험표지 ⑧ 황 색 : 주의 표지

(6) 작업장에서의 복장

① 찢어진 작업복은 빨리 수선한다.
② 기름이 밴 작업복을 입지 않는다.
③ 수건을 허리춤에 끼거나 목에 감지 않는다.
④ 작업복의 소매와 바지의 단추를 잠그고 상의의 옷자락이 밖으로 나오지 않도록 한다.
⑤ 작업복은 몸에 맞는 것을 착용한다.
⑥ 작업의 종류에 따라서 작업복이나 보호복 또는 보호구를 착용한다.

(7) 블록 게이지 취급상 주의 사항

① 먼지가 적고 건조한 실내에서 사용한다.
② 사용 후 벤젠으로 닦고 방청유를 발라서 산화 부식을 방지한다.
③ 정기적으로 정밀도를 점검한다.
④ 사용 후 밀착시킨 상태로 보관하면 떨어지지 않으므로 반드시 떼어서 보관한다.
⑤ 측정면은 깨끗한 헝겊이나 가죽으로 닦는다.

(8) 마이크로미터 사용상의 주의점

① 마이크로미터의 오차는 ± 0.02mm 이하이이야 한다.
② 사용 전에 0점이 조정되어 있는가를 확인한다.
③ 보관할 때는 스핀들유를 발라 산화부식을 방지한다.
④ 보관할 때는 습기가 없으며 스핀들과 앤빌을 접촉시키지 않는다.
⑤ 스핀들은 언제나 균일하게 회전시킨다.
⑥ 측정시에는 스핀들의 축선에 정확하게 일치시킨다.
⑦ 측정시 체온에 의한 오차가 발생되므로 신속히 측정한다.
⑧ 동일한 장소에서 3회 이상 측정하여 평균값을 측정값으로 한다.

(9) 다이얼 게이지 취급상 주의 사항

① 다이얼 게이지 지지대는 휨이 없는 것을 사용한다.
② 측정자를 측정면에 접촉시킬 때는 손으로 가볍게 누른다.
③ 충격은 절대로 금해야 한다.

④ 스핀들에 급유를 해서는 안 된다.
⑤ 사용 후는 깨끗한 헝겊으로 닦아서 보관한다.

(10) 하이트 게이지 사용시 주의 사항

① 사용하기 전에 0점을 점검하여야 한다.
② 스크라이버의 길이를 필요 이상 길게 하지 말 것
③ 금긋기를 할 때는 고정 나사를 단단히 조일 것
④ 시차(視差)에 주의할 것

(11) 실린더 게이지 취급상 주의할 점

① 다이얼 게이지 지지부는 휨이 없는 것을 사용한다.
② 사용 후 깨끗하고 건조한 헝겊으로 닦아서 보관한다.
③ 충격은 절대로 금해야 한다.
④ 스핀들은 측정부에 가만히 접촉되도록 한다.
⑤ 스핀들이 잘 움직이지 않을 때 고급 스핀들유를 주입한다.

(12) 스패너, 렌치 사용시 주의 사항

① 스패너는 볼트 및 너트에 꼭 맞는 것을 사용한다.
② 스패너, 렌치는 올바르게 끼우고 몸쪽으로 당긴다.
③ 스패너에 연장대를 끼우거나 해머로 두들겨 사용하지 않는다.
④ 스패너와 너트 사이에 절대로 쐐기를 넣지 않는다.
⑤ 스패너를 해머 대신에 사용해서는 안 된다.
⑥ 조정 조에 힘이 가해지지 않도록 사용한다.

(13) 해머 작업시 안전수칙

① 쐐기를 박아서 손잡이가 튼튼하게 박힌 것을 사용한다.
② 해머의 타격면이 찌그러진 것은 사용하지 않는다.
③ 해머를 휘두르기 전에 반드시 주위를 살핀다.
④ 기름 묻은 손 또는 장갑을 끼고 작업하여서는 안 된다.
⑤ 사용 중에 해머와 해머 자루를 자주 점검한다.
⑥ 불꽃이 발생되거나 파편이 발생될 수 있는 작업은 반드시 보안경을 착용한다.
⑦ 좁은 곳이나 발판이 불안한 곳에서는 해머 작업을 하지 않는다.

(14) 정 작업의 안전 사항

① 정의 생크나 해머에 오일이 묻어 있어서는 안 된다.

② 정은 깨끗이 닦고 기름걸레로 닦은 다음 보관한다.
③ 장시간 보관시는 방청제를 바르고 건조한 곳에 보관한다.
④ 재료에 따라서 날 끝의 각도를 바꾸어 사용하여야 한다.
⑤ 담금질 된 재료는 정 작업을 하여서는 안 된다.
⑥ 쪼아내기 작업시 처음은 약하게 하고 잘 맞기 시작하면 강하게 때린다.
⑦ 쪼아내기 작업은 보안경을 착용한다.
⑧ 정 머리에 기름이 묻어 있으면 깨끗이 닦아서 사용한다.
⑨ 정 머리가 찌그러진 것은 수정하여 사용한다.

(15) 드릴 작업의 안전 사항

① 머리가 긴 사람은 안전모를 쓴다.
② 말려들기 쉬운 장갑이나 소맷자락이 넓은 상의는 착용하지 않는다.
③ 칩은 브러시로 털며, 회전 중에 걸레나 입으로 불지 않는다.
④ 가공물의 설치 또는 제거시에 특별한 기구를 사용하는 경우를 제외하고는 회전을 멈추고 한다.
⑤ 드릴은 좋은 것을 선택하여 바르게 연마하여 사용한다.
⑥ 공작물을 단단히 고정시켜 따라 돌지 않게 한다.
⑦ 가공 중 드릴이 관통하면 기계를 멈추고 손으로 돌려서 드릴을 빼낸다.
⑧ 작업이 끝날 무렵에는 힘을 약하게 준다.
⑨ 얇은 판의 구멍 뚫기나 드릴이 공작물의 뒷면에 나올 경우에는 고무판이나 각목을 밑에 대고 적당한 기구로 고정하고 작업한다.

(16) 바이스 취급시 주의 사항

① 바이스는 물리는 조가 완전한지 확인한다.
② 조에 기름이 묻어 있으면 닦아낸다.
③ 둥근 봉이나 얇은 판 등을 물릴 때는 알루미늄판 또는 구리판을 싸서 확실하게 고정한다.
④ 작업시에는 반드시 바이스의 중앙에서 한다.
⑤ 사용 후 바이스는 파쇄철의 부스러기를 떨어버리고 기름걸레로 닦는다.
⑥ 바이스의 조는 가볍게 조여둔다.

(17) 활톱 사용시 주의 사항

① 공작물을 바이스에 물리고 작업물에 알맞은 톱날을 선택할 것
② 톱날을 끼울 때 이의 방향을 전진 행정에서 절단되도록 끼운다.
③ 톱날을 틀에 장착하고 두세번 사용 후 다시 조정한다.

④ 절단이 끝날 무렵에 힘을 알맞게 조절할 것
⑤ 둥근 강이나 파이프는 삼각 줄로 안내 홈을 파고서 그 위를 자른다.
⑥ 한 손으로 프레임의 손잡이를 잡고 다른 한 손은 프레임 끝부분을 잡은 다음 일정한 압력으로 고르게 전진 행정을 하여 자른다.

(18) 줄 작업상의 주의 사항

① 새 줄은 연한 재료로부터 단단한 재료의 순으로 사용한다.
② 주물 등의 다듬질 때에는 표면의 흑피를 벗기고 줄질한다.
③ 눈 메꿈의 방지를 위해서 줄에 먼저 백묵을 칠한다.
④ 날이 메워지면 와이어 브러시로 깨끗이 털어 낸다.
⑤ 줄질한 면에는 손을 대어서는 안 된다.

(19) 연삭기의 안전 지침

① 숫돌차를 고정하기 전에 균열이 있는지 점검한다.
② 숫돌차의 커버를 벗겨 놓고 사용하지 않는다.
③ 작업자는 숫돌 바퀴의 측면에 서서 연삭한다.
④ 숫돌차와 받침대의 간격은 3mm 이하로 유지하여야 한다.
⑤ 가공물과 숫돌차의 접촉은 적당한 압력으로 연삭한다.
⑥ 숫돌차의 설치가 끝나면 3분 이상 시험 운전을 한다.
⑦ 숫돌차의 측면을 사용하지 않는다.
⑧ 숫돌차는 제조 후 사용 원주 속도의 1.5배 정도로 안전 시험을 한다.
⑨ 연삭 작업시 방진 안경을 착용하여야 한다.
⑩ 숫돌차의 회전을 규정 이상으로 빠르게 하지 않는다.
⑪ 숫돌 바퀴의 안지름은 축의 지름보다 0.05~0.15mm 정도 커야 하며, 플랜지는 좌우 같은 것을 사용하고 숫돌 바깥 지름의 1/3 이상의 것을 사용하여야 한다.
⑫ 연삭 숫돌 작업시 작업자의 위치는 연삭기의 정면에 서서 작업하며, 숫돌차의 정면에 서서 작업을 해서는 안 된다.
⑬ 연삭 숫돌 바퀴를 교환하기 전에 음향 검사를 하여 탁한 소리가 나는 것은 균열이 있는 숫돌 바퀴이므로 맑은 소리가 나는 숫돌 바퀴로 설치하여야 한다.

(20) 아세틸렌 용기 사용시 주의 사항

① 아세틸렌 가스의 누설이나 화기 또는 열에 주의한다.
② 용기를 운반할 때는 반드시 캡을 씌운다.
③ 충전 용기는 공병과 구분하여 안전한 장소에 저장한다.

④ 충격을 주거나 난폭하게 다루지 않는다.
⑤ 누설 점검은 비눗물을 사용한다.

(21) 역화를 일으켰을 때 조치 순서

① 산소 코크를 잠근다.
② 아세틸렌 코크를 잠근다.
③ 산소를 분출시키면서 팁 끝을 물 속에 넣어 냉각시킨다.
④ 역화의 원인을 점검하고 팁의 청소 및 조임 정도를 검사한다.

(22) 아세틸렌의 위험성

① 자연 발화 : 405 ~ 408℃에서 자연 발화, 505 ~ 515℃가 되면 폭발한다.
② 압 력 : 1.5기압 이상이면 폭발할 위험이 있고 2 기압 이상으로 압축하면 폭발한다.
③ 혼합 가스 : 아세틸렌 15%, 산소 85% 부근이 가장 위험하다.
④ 화합물 : 구리, 은, 수은 등과 접촉하면 폭발성 화합물을 만든다. 구리와 아세틸렌의 화합물은 120℃로 가열하거나 가벼운 충격을 주면 폭발한다.
⑤ 아세틸렌 발생기에서 아세틸렌이 발생될 때에는 카바이드 1kgf에서 발생되는 열량이 475 kcal이므로 물의 온도가 60℃ 이상이 되면 아세틸렌이 분해 폭발되므로 주의하여야 한다.

(23) 소화기의 선택

① A급 화재 : 일반 가연물의 화재로서 냉각 소화법으로 소화시켜야 하며, 소화 용기에 표시된 원형 표식은 백색으로 되어 있다.
② B급 화재 : 가솔린, 알코올, 석유 등의 유류 화재로서 질식 소화법으로 소화시켜야 하며, 용기에 표시된 원형 표식은 황색으로 되어 있다.
③ C급 화재 : 전기 기계, 기구 등에서 발생되는 화재로서 질식 소화법으로 소화시켜야 하며, 용기에 표시된 원형 표식은 청색으로 되어 있다.
④ D급 화재 : 마그네슘 등의 금속 화재로서 질식 소화법으로 소화시켜야 한다.

(24) 소화 원리의 3 요소

① 제거 소화법 : 연소 반응 중에 가연물을 제거함으로서 연소의 확대를 방지하여 소화시키는 방법을 말한다.
② 질식 소화법 : 산소 공급을 막아 질식 소화시키는 방법으로서 산소 농도는 10 ~ 15 % 정도이다.
③ 냉각 소화법 : 가연물에 물을 뿌려 기화 잠열을 이용하여 열을 빼앗아 발화점 이하로 온도를 낮추어 소화시키는 방법을 말한다.

PART 04 안전기준·관리 출제예상문제

안전기준

1. 자동차 관리법상 공차 상태일 때 적재물에 들지 않은 것은?
   - ㉮ 예비 타이어
   - ㉯ 예비 부분품
   - ㉰ 연료, 윤활유
   - ㉱ 냉각수

2. 공차 상태라 함은 다음 중 어떠한 상태인가?
   - ㉮ 연료, 냉각수, 예비공구를 만재하고 운행할 수 있는 상태
   - ㉯ 연료, 냉각수, 윤활유를 만재하고 운행할 수 있는 상태
   - ㉰ 운행에 필요한 장치를 하고 운전자만 승차한 상태
   - ㉱ 아무것도 적재하지 아니한 자동차만의 상태

3. 승차 정원 1인의 중량을 법적으로 몇 킬로그램으로 규정하고 있는가?
   - ㉮ 50
   - ㉯ 55
   - ㉰ 60
   - ㉱ 65

4. 자동차의 승차 정원 선정시 1.5인을 1인으로 보는 기준이 맞는 것은?
   - ㉮ 7세 미만
   - ㉯ 10세 미만
   - ㉰ 12세 미만
   - ㉱ 13세 미만

5. 윤중이라 함은?
   - ㉮ 차량 총 중량이 2개의 바퀴에 수직으로 걸리는 하중
   - ㉯ 차량 중량이 1개의 바퀴에 수평으로 걸리는 하중
   - ㉰ 1개의 바퀴가 수직으로 지면을 누르는 중량
   - ㉱ 공차 중량이 4개의 바퀴에 수직으로 걸리는 중량

6. 자동차는 공차 상태에 있어서 길이, 높이, 폭은 각각 몇 m를 넘어서면 안 되는가?
   - ㉮ 길이 10m, 높이 3.8m, 폭 2m
   - ㉯ 길이 12m, 높이 3.8m, 폭 2m
   - ㉰ 길이 12m, 높이 3m, 폭 2.5m
   - ㉱ 길이 13m, 높이 4m, 폭 2.5m

7. 견인 자동차와 피견인 자동차를 연결한 상태에서의 자동차 허용 길이는 얼마인가?
   - ㉮ 12m
   - ㉯ 13m
   - ㉰ 16.7m
   - ㉱ 19.6m

8. 승용 자동차를 제외한 자동차의 환기 장치는 최외측으로부터 얼마까지 돌출할 수 있는가?
   - ㉮ 25cm
   - ㉯ 30cm
   - ㉰ 35cm
   - ㉱ 40cm

9. 자동차의 최저 지상고는 얼마 이상이어야 하는가?
   - ㉮ 10cm
   - ㉯ 12cm
   - ㉰ 15cm
   - ㉱ 제한 없다.

10. 자동차의 윤하중은 몇 톤을 넘어서는 안 되는가?
    - ㉮ 1톤
    - ㉯ 2톤
    - ㉰ 3톤
    - ㉱ 5톤

11. 자동차의 축중은 몇 톤을 넘어서면 안 되는가?
    - ㉮ 5
    - ㉯ 10
    - ㉰ 15
    - ㉱ 20

12. 화물 자동차 및 특수 자동차의 총 중량은 몇 톤을 초과해서는 안 되는가?

정답 1. ㉯ 2. ㉯ 3. ㉱ 4. ㉱ 5. ㉰ 6. ㉱ 7. ㉰ 8. ㉯ 9. ㉯ 10. ㉱ 11. ㉯ 12. ㉱

㉮ 10톤 ㉯ 20톤
㉰ 30톤 ㉱ 40톤

13. 자동차의 조향륜에 걸리는 윤중의 합은 차량 총 중량의 몇 % 이상이어야 하는가? (단, 3륜차는 제외)
   ㉮ 18 % ㉯ 20 %
   ㉰ 22 % ㉱ 30 %

14. 공차 상태에 있어서 자동차(피견인 자동차 제외)를 좌측 및 우측에 각각 몇 도까지 기울인 경우에 전복하지 않아야 하는가?
   ㉮ 좌, 우 15도 ㉯ 좌, 우 25도
   ㉰ 좌, 우 30도 ㉱ 좌, 우 35도

15. 자동차의 최소 회전 반경은 몇 m 이내이어야 하는가?
   ㉮ 6m ㉯ 12m
   ㉰ 16.7m ㉱ 20m

16. 공기압 타이어 또는 접지부의 두께 25 밀리미터 이상의 고형 고무 타이어의 접지압(킬로그램)이 바르게 표시된 것은?
   ㉮ 120kgf ㉯ 130kgf
   ㉰ 140kgf ㉱ 150kgf

17. 무한 궤도를 장착한 자동차의 접지 압력은 무한 궤도 1 제곱 센티미터당 몇 킬로그램을 초과하지 아니하여야 하는가?
   ㉮ 1 ㉯ 3
   ㉰ 50 ㉱ 150

18. 자동차의 원동기는 차량 총 중량 1 톤당 출력이 몇 마력(PS) 이상이어야 하는가?
   ㉮ 5마력 ㉯ 10마력
   ㉰ 15마력 ㉱ 20마력

19. 자동차 공기압 고무 타이어의 기준 중 요철형 무늬의 깊이를 얼마 이상 유지하여야 하는가?

㉮ 0.6mm 이상 ㉯ 1.0mm 이상
㉰ 1.6mm 이상 ㉱ 2.0mm 이상

20. 조향 핸들을 중심으로 좌우 각각 50cm 이내에 배치하여야 할 장치가 아닌 것은?
   ㉮ 에어컨 및 히터, 라디오 장치
   ㉯ 제동장치, 동력 전달장치의 조작장치
   ㉰ 시동장치, 가속장치, 변속장치
   ㉱ 세정액 분사장치의 조작장치

21. 제동장치 및 동력 전달장치의 조작 장치는 조향 핸들의 중심으로부터 좌우 각각 몇 cm 이내에 배치하여야 하는가?
   ㉮ 20cm ㉯ 50cm
   ㉰ 60cm ㉱ 70cm

22. 승용 자동차의 주 제동장치에 대한 발 조작력의 경우 측정시 조작력 기준은 몇 kgf 이하인가?
   ㉮ 50 ㉯ 60
   ㉰ 90 ㉱ 120

23. 압축 가스 연료장치에서 고압부의 배관은 가스 충전력의 몇 배 압력에 견디어야 하는가?
   ㉮ 1.5배 ㉯ 2배
   ㉰ 2.5배 ㉱ 3배

24. 자동차 연료 탱크의 주입구 및 가스 발구는 노출된 전기 단자 및 전기 개폐기로부터 얼마 이상 떨어져 있어야 하는가?
   ㉮ 5cm ㉯ 10cm
   ㉰ 15cm ㉱ 20cm

25. 차량 연료 탱크의 주입구 및 가스 배출구는 배기관 끝으로부터 얼마 이상 떨어져야 안전한가?
   ㉮ 10cm ㉯ 20cm
   ㉰ 30cm ㉱ 40cm

정답 13. ㉯ 14. ㉱ 15. ㉰ 16. ㉱ 17. ㉯ 18. ㉯ 19. ㉰ 20. ㉮ 21. ㉯ 22. ㉰ 23. ㉮ 24. ㉱ 25. ㉰

26. 번호판의 부착 위치는 차체의 후단으로부터 얼마 이내로 하는가?
   ㉮ 20 cm 이내
   ㉯ 30 cm 이내
   ㉰ 35 cm 이내
   ㉱ 65 cm 이내

27. 후부 안전판은 차량 수직 방향의 단면 최소 높이는 몇 cm 이상이어야 하는가?
   ㉮ 5
   ㉯ 10
   ㉰ 15
   ㉱ 20

28. 소형 자동차의 차체 오버행의 허용 한도는?
   ㉮ 2/3 이내
   ㉯ 1/2 이내
   ㉰ 11/20 이내
   ㉱ 3/20 이내

29. 자동차 연결 장치는 길이 방향으로 견인할 때 당해 자동차의 차량 중량이 3,000kgf 일 경우 다음 중 어느 정도 이상의 힘에 견딜 수 있어야 하는가?
   ㉮ 1,000 kgf 이상
   ㉯ 1,500 kgf 이상
   ㉰ 2,000 kgf 이상
   ㉱ 2,500 kgf 이상

30. 승객의 좌석 규격은 가로, 세로 각각 몇 cm 이상이어야 하는가?
   ㉮ 30cm
   ㉯ 40cm
   ㉰ 50cm
   ㉱ 60cm

31. 승객 좌석의 규격 기준 중 앞좌석 등받침 뒷면과 뒷좌석 등받침 앞면간의 거리는 몇 cm 이상이어야 하는가?
   ㉮ 35cm
   ㉯ 45cm
   ㉰ 55cm
   ㉱ 65cm

32. 어린이용 좌석의 규격은 가로, 세로 각각 몇 cm 이상이어야 하는가?
   ㉮ 15
   ㉯ 17
   ㉰ 25
   ㉱ 27

33. 다음 중 자동차의 좌석 안전띠를 설치하여야 할 차종에서 제외되는 것은?
   ㉮ 화물차
   ㉯ 시내버스
   ㉰ 승용차
   ㉱ 고속버스

34. 승합 자동차의 승강구 유효 너비는 몇 cm 이상이어야 하는가?
   ㉮ 50 cm
   ㉯ 60 cm
   ㉰ 65 cm
   ㉱ 70 cm

35. 승차 정원 몇 명 이상의 자동차에 비상구를 설치해야 하는가?
   ㉮ 11인
   ㉯ 16인
   ㉰ 30인
   ㉱ 40인

36. 승차 정원이 30 인 이상의 자동차에 설치하는 비상구의 유효 높이는 몇 cm 이상이어야 하는가?
   ㉮ 100
   ㉯ 190
   ㉰ 180
   ㉱ 120

37. 옆면 창유리 및 운자 좌석 좌, 우 창유리에서 자동차의 가시 광선 투과율 기준으로 맞는 것은?
   ㉮ 50 % 이상
   ㉯ 60 % 이상
   ㉰ 70 % 이상
   ㉱ 90 % 이상

38. 자동차의 앞면 창유리는 어떤 유리로 하여야 하는가?
   ㉮ 보통 유리
   ㉯ 안전 유리
   ㉰ 접합 유리
   ㉱ 두꺼운 유리

39. 자동차 배기관의 개구 방향이 맞는 것은?
   ㉮ 뒤쪽
   ㉯ 왼쪽
   ㉰ 오른쪽
   ㉱ 위쪽

40. 자동차 배기관의 개구 방향이 차량 중심선에 대하여 아래 또는 왼쪽을 뒤쪽으로 보는 각도가 맞는 것은?
   ㉮ 15°이내
   ㉯ 25°이내
   ㉰ 30°이내
   ㉱ 45°이내

정답 26. ㉱ 27. ㉯ 28. ㉰ 29. ㉯ 30. ㉯ 31. ㉱ 32. ㉱ 33. ㉯ 34. ㉯ 35. ㉰ 36. ㉱ 37. ㉰ 38. ㉮ 39. ㉰

41. 전조등 광도(4 등식인 경우)는 얼마이어야 하는가?
   ㉮ 12,000 cd 이상 112,500 cd 이하
   ㉯ 15,000 cd 이상 112,500 cd 이하
   ㉰ 18,000 cd 이상 112,500 cd 이하
   ㉱ 20,000 cd 이상 112,500 cd 이하

42. 전조등 주행 빔 1 등당 광도는 얼마인가?
   ㉮ 15,000 cd 이상 112,500 cd 이하
   ㉯ 16,000 cd 이상 112,500 cd 이하
   ㉰ 18,000 cd 이상 112,500 cd 이하
   ㉱ 20,000 cd 이상 112,500 cd 이하

43. 자동차의 전조등을 변환하여 전방 장애물을 확인할 수 있는 거리로 맞는 것은?
   ㉮ 15m   ㉯ 25m
   ㉰ 30m   ㉱ 40m

44. 전조등의 등광색은?
   ㉮ 녹색   ㉯ 백색
   ㉰ 적색   ㉱ 노란색

45. 자동차의 좌측 전조등 좌우 방향 진폭은 전방 10m의 거리에서 얼마 이내이어야 적합한가?
   ㉮ 좌 15, 우 30 cm 이내
   ㉯ 좌우 각각 15 cm 이내
   ㉰ 좌우 각각 30 cm 이내
   ㉱ 좌우의 방향 진폭은 관계없다.

46. 자동차 앞면에 설치되는 안개등의 1 등당 광도는 940 칸델라 이상 몇 칸델라 이하이어야 하는가?
   ㉮ 980   ㉯ 10,000
   ㉰ 12,000   ㉱ 15,000

47. 자동차 후퇴등 등화의 중심점은 공차 상태에서 지상 25cm 이상 몇 cm 이하의 높이에 설치하여야 하는가?
   ㉮ 50cm   ㉯ 75cm
   ㉰ 120cm   ㉱ 150cm

48. 후퇴등에 대한 설명 중 틀린 것은?
   ㉮ 등의 수는 2 개 이하일 것
   ㉯ 다는 위치는 지상 25 cm 이상 120 cm 이하일 것
   ㉰ 등광색은 백색 또는 황색일 것
   ㉱ 주광축은 하향하고 후방 50 m 로부터 전방 지면을 조사하지 아니할 것

49. 자동차 후퇴등의 등광색으로 맞는 것은?
   ㉮ 백색 또는 담황색   ㉯ 황색 또는 적색
   ㉰ 백색 또는 적색   ㉱ 백색 또는 황색

50. 후퇴등의 조사 방향은 그 주광축이 하향되어야 하고 후방 몇 m 이내의 지면을 조사하여야 되는가?
   ㉮ 50m   ㉯ 65m
   ㉰ 75m   ㉱ 85m

51. 자동차의 번호등은 무슨 색이어야 하는가?
   ㉮ 백색   ㉯ 등색
   ㉰ 적색   ㉱ 황색

52. 자동차 번호등의 조도는 얼마 이상이어야 하는가?
   ㉮ 5럭스   ㉯ 8럭스
   ㉰ 10럭스   ㉱ 16럭스

53. 자동차 제동등 1 등당 광도의 범위로 맞는 것은?
   ㉮ 30 cd 이상 420 cd 이하
   ㉯ 30 cd 이상 500 cd 이하
   ㉰ 40 cd 이상 420 cd 이하
   ㉱ 40 cd 이상 500 cd 이하

54. 다음 중 자동차의 제동등의 색으로 맞는 것은?
   ㉮ 청색   ㉯ 백색
   ㉰ 적색   ㉱ 황색

55. 자동차 제동등이 다른 등화와 겸용하는 제동등일 때는 그 광도가 몇 배 이상 증가하는 것이

정답 41. ㉮ 42. ㉮ 43. ㉱ 44. ㉯ 45. ㉮ 46. ㉯ 47. ㉰ 48. ㉱ 49. ㉱ 50. ㉰ 51. ㉮ 52. ㉯ 53. ㉰ 54. ㉰ 55. ㉰

어야 하는가?

㉮ 1배 ㉯ 2배
㉰ 3배 ㉱ 4배

56. 다음 중 방향 지시등의 설치 위치로 옳은 것은?

㉮ 지상으로부터 30 cm 이상 1.2 m 이상
㉯ 지상으로부터 30 cm 이상 1.6 m 이하
㉰ 지상으로부터 35 cm 이상 2 m 이하
㉱ 지상으로부터 35 cm 이상 2.3 m 이하

57. 방향 지시등의 등광색은?

㉮ 황색 또는 백색 ㉯ 황색 또는 호박색
㉰ 적색 또는 황색 ㉱ 백색 또는 적색

58. 방향 지시등은 차체 너비 몇 % 이상의 간격을 두고 설치하여야 하는가?

㉮ 20% ㉯ 30%
㉰ 40% ㉱ 50%

59. 방향 지시기는 매분 몇 회의 주기로 점멸 하거나 광도가 증감하여야 하는가?

㉮ 30~40회 ㉯ 40~50회
㉰ 60~120회 ㉱ 100~150회

60. 후부 반사기의 설치 위치로 옳은 것은?

㉮ 지상 25 cm 이상 1.0 m 이내
㉯ 지상 25 cm 이상 1.3 m 이내
㉰ 지상 35 cm 이상 1.5 m 이내
㉱ 지상 35 cm 이상 2.0 m 이내

61. 건설교통부 장관이 후사경을 자동차의 차체 바로 앞에 있는 장애물을 확인할 수 있는 장치를 설치하게 할 수 있는 자동차는?

㉮ 차량 총 중량 2톤 이상
㉯ 승차 정원 16인 이상
㉰ 자동차 총 중량 5톤 이상
㉱ 승차 정원 12인 이상

62. 운전자의 시계 범위 안에 위치한 장치에 사용되는 금속 표면은 빛의 반사로 인해 운전자에게 방해를 주지 않아야 하는데 이에 해당되지 않는 것은?

㉮ 앞면 창유리 창닦기의 블레이드와 암
㉯ 실내 후사경의 프레임 및 지지부
㉰ 차체 안의 앞면 창유리의 창틀
㉱ 차체 앞면의 라디에이터 그릴

63. 경음기의 음의 크기는 그 자동차 전방 2m의 위치에서 어떻게 되는가?

㉮ 70 데시벨 이상 110 데시벨 이하일 것
㉯ 70 데시벨 이상 130 데시벨 이하일 것
㉰ 90 데시벨 이상 110 데시벨 이하일 것
㉱ 90 데시벨 이상 150 데시벨 이하일 것

64. 자동차의 속도계가 지시하는 오차는 평탄한 수평 노면에서 속도 40km/h 이상(최고 속도 40km/h 미만의 자동차는 그 최고 속도)에서 정(+) 몇 %이며, 부(−) 몇 % 이하인가?

㉮ +12 %, −8 % ㉯ +14 %, −9 %
㉰ +25 %, −10 % ㉱ +28 %, −5 %

65. 자동차에 소화기를 설치해야 하는 기준에 틀린 것은?

㉮ 승차 정원 6인 이상의 자동차
㉯ 피견인차로 가연물을 운송하는 경우
㉰ 위험물을 운송하는 자동차
㉱ 고압 가스를 운반하는 화물 자동차

■ 소화 설비를 설치해야 하는 기준
① 위험물을 운송하는 자동차
② 피견인차로 가연물을 운송하는 경우
③ 고압 가스를 운반하는 화물 자동차
④ 승차 정원 7인 이상의 자동차

66. 이륜 자동차의 안전 기준에 적합하지 않은 것은?

㉮ 높이 : 2.0m 이내
㉯ 너비 : 1.0m 이내
㉰ 길이 : 2.5m 이내
㉱ 중량 : 600kgf 이내

정답 56. ㉰ 57. ㉯ 58. ㉱ 59. ㉰ 60. ㉱ 61. ㉯ 62. ㉱ 63. ㉰ 64. ㉰ 65. ㉮ 66. ㉯

67. 운전 요원 3명, 유아 24명을 승차시키는 유아 전용차의 정원은 몇 명인가?
   ㉮ 16명   ㉯ 17명
   ㉰ 19명   ㉱ 24명

   ■ 승차 정원 = 성인 + $\dfrac{유아 인원}{1.5}$

   $= 3 + \dfrac{24}{1.5} = 19$명

   유아 1.5인이 성인 1인이다.

68. 입석 정원을 산정하기 위하여 유효 통로를 제하고 그 길이를 측정하였더니 가로 1,100mm, 세로 4,300mm였다. 입석 인원은 얼마로 산정하여야 하는가? (단, 계산된 인원 중 소수점 이하는 무시한다)
   ㉮ 33명   ㉯ 35명
   ㉰ 37명   ㉱ 39명

   ■ 입석 정원 = $\dfrac{상면\ 면적}{0.14}$

   $= \dfrac{1.1 \times 4.3}{0.14} = 33.78$명

안전관리

1. 다음 중 사고로 인한 재해가 가장 많이 발생하는 기계장치는?
   ㉮ 기관   ㉯ 벨트 풀리
   ㉰ 로울러   ㉱ 래크(rack)

2. 기관을 운전 상태에서 점검하는 부분이 아닌 것은?
   ㉮ 이상 음향의 유무
   ㉯ 기어 물림의 상태
   ㉰ 클러치의 상태
   ㉱ 오일 팬의 급유 상태

3. 엔진 튠업을 할 때의 주의 사항으로 옳은 것은?
   ㉮ 차체의 도장이 손상되므로 고무신을 신고 올라간다.
   ㉯ 축전지 작업에서는 절연된 전극을 접지하지 않도록 해야 한다.
   ㉰ 작동중인 엔진에서 작업할 때 냉각 팬을 풀어 놓고 한다.
   ㉱ 변속장치는 되도록 저속에다 놓고 한다.

4. 내연 기관을 가동할 때의 주의점 중 가장 가벼운 것은?
   ㉮ 윤활유는 규정 양을 보충할 것
   ㉯ 정비사의 복장은 간편할 것
   ㉰ 냉각 팬이 있는 곳에 접근하지 말 것
   ㉱ 벨트 장력 조정 시는 기관을 정지시키고 할 것

5. 기관을 떼어 낼 때의 주의 사항과 거리가 먼 것은?
   ㉮ 차 밑에서 작업하는 경우는 받침대를 잘 고인 다음 작업한다.
   ㉯ 빼낸 볼트 및 너트는 본래의 위치에 가볍게 꽂는다.
   ㉰ 팬더에 팬더 덮개를 덮는다.
   ㉱ 반드시 장갑을 끼고 작업한다.

6. 다음 중 엔진 정비 작업으로 안전과 거리가 먼 것은?
   ㉮ 엔진을 떼어 낼 때는 반드시 엔진 밑에서 잡아 주어야 한다.
   ㉯ 엔진 시동 시에는 소화기를 비치한다.
   ㉰ 엔진 가동 시는 환기 장치가 되어있나 확인한다.
   ㉱ 엔진 냉각수를 점검할 때는 반드시 엔진을 정지시키고 식은 다음에 하여야 한다.

7. 자동차 정비 공장에서 감전되거나 전기 화상을 입을 위험이 있는 곳에서 구비해야 할 것은?
   ㉮ 보호구이다.   ㉯ 구명구이다.
   ㉰ 구급 용구이다.   ㉱ 신호기이다.

8. 정비 공장에서 작업자가 작업시 꼭 알아두어야

정답 67. ㉮ 68. ㉰   1. ㉯ 2. ㉱ 3. ㉯ 4. ㉯ 5. ㉱ 6. ㉮ 7. ㉮

할 사항은 다음 중 어느 것인가?
㉮ 종업원의 기술 정도
㉯ 1인당 작업량
㉰ 기계 기구의 성능
㉱ 안전 수칙

9. 제 3종 유기용제 취급장소의 색표시는? (2015. 2회)
㉮ 빨강   ㉯ 노랑
㉰ 파랑   ㉱ 녹색

10. 화재와 폭발의 원인이 될 수 있는 정전기의 제거 방법으로 옳지 않은 것은?
㉮ 설비에 정전기 발생 방지 도장을 한다.
㉯ 설비 주변에 자외선을 쪼인다.
㉰ 설비 주변의 공기를 가습한다.
㉱ 설비의 금속 부분을 접지 시킨다.

11. 폭발 우려가 있는 가스 또는 분진을 발생하는 장소에서 지켜야 할 일에 속하지 않는 것은?
㉮ 점화 원인이 될 수 있는 기계 사용금지
㉯ 인화성 물질의 사용 금지
㉰ 화기의 사용 금지
㉱ 불연성 재료의 사용 금지

12. 다음 중 안전모나 안전 벨트에 대한 설명으로 옳은 것은?
㉮ 작업 능률 가속용이다.
㉯ 추락 재해 방지용이다.
㉰ 전도 방지용이다.
㉱ 작업자 용품의 일종이다.

13. 정비 공장에 대한 안전 수칙으로 틀린 것은?
㉮ 액슬 작업 시 잭과 스탠드로 고정해야 한다.
㉯ 엔진을 시동하고자 할 때는 소화기를 비치해야 한다.
㉰ 적재 적소의 공구를 사용하여야 한다.
㉱ 전장 테스터 사용 시 정전이 되면 스위치를 ON에 두어야 한다.

14. 벨트를 풀리에 걸 때 다음 중 어떤 상태에서 걸어야 하는지 옳은 것은?
㉮ 중속으로 회전시킨다.
㉯ 저속으로 회전시킨다.
㉰ 회전을 중지시킨다.
㉱ 고속으로 회전시킨다.

15. 페일 세이프(fail safe)란 무엇인가?
㉮ 안전도 검사 방법
㉯ 안전하고 예방할 수 없는 물리적 불안전한 인간의 행동
㉰ 인간 또는 기계에 과오나 동작상의 실패가 있어도 사고를 발생시키지 않도록 하는 통제책
㉱ 안전 통제의 실패로 인하여 원상 복귀가 불가능한 사고의 결과

16. 다음 중 사고 방지의 기본 원리에 속하는 것은?
㉮ 강요실행, 계약조건, 기술개선
㉯ 교육개선, 계약조건, 강요 실행
㉰ 기술개선, 교육훈련, 강요 실행
㉱ 계약조건, 기술개선, 교육훈련

17. 다음은 안전 색채이다. 잘못 연결된 것은?
㉮ 자주 : 방사능 위험표식
㉯ 노랑 : 주의 표식
㉰ 녹색 : 안전지도 표식
㉱ 파랑 : 방향 표식

18. 블록 게이지와 같은 정밀 측정 및 검사의 실내 온도는?
㉮ 약 20℃   ㉯ 약 35℃
㉰ 약 40℃   ㉱ 약 60℃

19. 마이크로미터 보관 시 주의사항이 아닌 것은?
㉮ 앤빌과 스핀들을 접촉시키지 않는다.
㉯ 앤빌과 스핀들을 밀착시킨다.
㉰ 습기가 없는 곳에 보관한다.
㉱ 청소한 다음 기름을 바른다.

정답 8. ㉱ 9. ㉰ 10. ㉯ 11. ㉱ 12. ㉯ 13. ㉱ 14. ㉰ 15. ㉰ 16. ㉰ 17. ㉱ 18. ㉮ 19. ㉯

20. 다이얼 게이지 사용 시의 가장 알맞은 사항은?
    ㉮ 스핀들에는 가끔 주유해야 한다.
    ㉯ 가끔 분해 소제나 조정을 한다.
    ㉰ 반드시 정해진 지지대에 설치하고 사용한다.
    ㉱ 스핀들이 움직이지 않으면 충격을 가해 움직이게 한다.

21. 실린더 게이지 취급 중 틀린 것은?
    ㉮ 보관 시는 건조된 헝겊으로 닦아서 보관한다.
    ㉯ 스핀들은 공작물에 가만히 접촉하도록 한다.
    ㉰ 스핀들이 잘 움직이지 않을 때 휘발유로 세척한다.
    ㉱ 스핀들이 잘 움직이지 않으면 고급 스핀들유를 바른다.

22. 자동차 시험기기에 대한 설명 중에서 부적당한 것은?
    ㉮ 시험기기의 전원의 종류와 용량을 확인한 다음 전원 플러그를 연결한다.
    ㉯ 시험기기의 보관은 깨끗한 곳이면 아무 곳이라도 좋다.
    ㉰ 눈금의 정확도는 수시로 점검하여 0점을 조정해 준다.
    ㉱ 시험기기의 누전 여부를 확인한다.

23. 공구 관리의 요건 중 가장 적합하지 않은 것은?
    ㉮ 공구는 항상 완벽한 상태로 보관하며 파손 공구는 즉시 교환할 것
    ㉯ 공구는 필요 수량 확보 및 대출 공구의 소재를 명백히 할 것
    ㉰ 공구를 표준화할 것
    ㉱ 공구는 항상 최저 보유량만 확보할 것

24. 정비 작업 후 공구를 정리 보관할 때 가장 좋은 것은?
    ㉮ 종류별로 묶어서 공구실에 보관한다.
    ㉯ 깨끗이 닦아서 공구 상자에 보관한다.
    ㉰ 햇볕에 말려서 보관한다.
    ㉱ 작업대 위에 진열해 놓는다.

25. 정비 작업을 할 때 사용 공구에 대한 것 중 맞는 것은?
    ㉮ 해당 공구가 없을 시는 대체 사용 가능 공구를 사용해도 무방하다.
    ㉯ 공구는 정 규격품만을 사용한다.
    ㉰ 용도에 맞는 것은 아무것이나 사용하여도 좋다.
    ㉱ 공구는 비규격품일지라도 무리한 취급을 안 하면 좋다.

26. 일반 공구 사용법에서 안전 관리에 적합치 않은 것은?
    ㉮ 공구를 옆 사람에게 넘겨줄 때는 일의 능률을 위하여 던져줄 것
    ㉯ 공구는 사용 전에 점검하여 불안전한 공구는 사용하지 말 것
    ㉰ 공구는 작업에 적합한 것을 사용할 것
    ㉱ 손이나 공구에 기름이 묻었을 때에는 완전히 닦은 후 사용할 것

27. 다음 중 스패너 또는 렌치 사용 시의 주의 사항으로 적합하지 않은 것은?
    ㉮ 스패너 또는 렌치는 밀어 돌린다.
    ㉯ 해머 대용으로 사용하지 않는다.
    ㉰ 너트에 맞는 것을 사용한다.
    ㉱ 파이프 렌치를 사용할 때에는 정지 장치를 확실히 한다.

28. 다음 중 스패너 작업에서 가장 옳은 것은?
    ㉮ 스패너 자루에 조합 렌치를 끼워서 사용한다.
    ㉯ 볼트 머리보다 약간 큰 스패너를 사용해도 된다.
    ㉰ 고정조(fixed jaw)에 힘이 많이 걸리도록 한다.
    ㉱ 스패너 자루에 파이프를 끼워서 사용한다.

29. 다음 그림과 같은 방법으로 조정 렌치를 사용하여야 하는 가장 중요한 이유는?

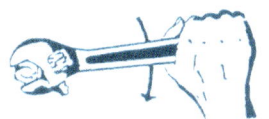

정 답 20. ㉰ 21. ㉰ 22. ㉯ 23. ㉱ 24. ㉯ 25. ㉱ 26. ㉮ 27. ㉮ 28. ㉱ 29. ㉮

㉮ 렌치의 파손을 방지하기 위함이며 또 안전한 자세이기 때문에
㉯ 작은 힘으로 풀거나 조이기 위하여
㉰ 볼트나 너트의 머리 손상을 방지하기 위하여
㉱ 작업의 자세가 편리하기 때문임

30. 복스 렌치가 오픈 엔드 렌치보다 더 많이 사용되는 이유는?
㉮ 여러 가지 크기의 볼트, 너트에 사용할 수 있다.
㉯ 제작비를 절감시킬 수 있다.
㉰ 사용하기가 간편하다.
㉱ 볼트, 너트 주위를 완전히 싸게 되어 있어 사용 중에 미끄러지지 않는다.

31. 해머 작업 시의 안전 수칙 중 틀린 것은?
㉮ 해머는 마지막 작업시 힘을 강하게 가할 것
㉯ 해머는 쐐기를 박아서 손잡이를 튼튼하게 박힌 것을 사용한다.
㉰ 해머는 녹슨 것을 때릴 때 반드시 보안경을 쓸 것
㉱ 해머 작업 시는 장갑을 끼고 하지 말 것

32. 정 작업에 대한 주의사항 중 옳지 못한 것은?
㉮ 정 작업은 시작과 끝에 조심할 것
㉯ 정 작업은 반드시 열처리한 재료에만 사용할 것
㉰ 정 작업을 할 때는 서로 마주보고 작업하지 말 것
㉱ 정 작업에서 버섯 머리는 그라인더로 갈아서 사용할 것

33. 다음 중 드릴 작업의 안전사항으로 틀린 것은?
㉮ 작업 중 쇳가루를 입으로 불어서는 안 된다.
㉯ 머리가 긴 사람은 안전모를 쓴다.
㉰ 장갑을 끼고 작업해야 한다.
㉱ 공작물을 단단히 고정시켜 따라 돌지 않게 한다.

34. 드릴 작업 때 칩의 제거는 다음 중 어느 방법이 가장 좋은가?

㉮ 회전을 중지시킨 후 손으로 제거
㉯ 회전시키면서 막대로 제거
㉰ 회전시키면서 솔로 제거
㉱ 회전을 중지시킨 후 솔로 제거

35. 큰 구멍을 뚫으려고 할 때에 다음 중 제일 먼저 해야 하는 것은?
㉮ 금속을 무르게 한다.
㉯ 스핀들의 속도를 빠르게 한다.
㉰ 드릴 절삭각을 크게 한다.
㉱ 작은 구멍을 뚫는다.

36. 드릴링 머신에서 구멍을 뚫을 때 일감이 드릴과 회전하기 쉬운 때는?
㉮ 처음 구멍을 뚫을 때
㉯ 거의 구멍을 뚫었을 때
㉰ 처음과 끝
㉱ 중간쯤 구멍을 뚫을 때

37. 다음 중 바이스의 취급상 잘못 설명한 것은?
㉮ 왼손으로 공작물을 잡고 오른손으로 핸들을 돌린다.
㉯ 구금(口金, mouth piece)에 기름을 바르고 작업한다.
㉰ 바이스의 물리는 힘이 완전한지 확인한다.
㉱ 사용 후 바이스 조는 가볍게 조여둔다.

38. 다음은 줄(file)을 사용할 때의 주의 사항들이다. 안전에 어긋나는 것은?
㉮ 절삭 가루가 많이 쌓일 때는 불어 가며 작업한다.
㉯ 작업 자세는 허리를 낮추고 전신을 이용할 수 있게 한다.
㉰ 줄 작업의 높이는 작업자의 팔꿈치 높이로 하거나 조금 낮춘다.
㉱ 줄을 잡을 때는 한 손으로 줄을 확실히 잡고 다른 한 손으로 끝을 가볍게 쥐고 앞으로 가볍게 민다.

39. 리머 작업에서 안전하게 칩을 제거하는 방법 중 맞는 것은?

정답 30.㉱ 31.㉮ 32.㉯ 33.㉰ 34.㉱ 35.㉱ 36.㉯ 37.㉯ 38.㉮ 39.㉮

㉮ 절삭유를 충분히 써서 유출시킨다.
㉯ 리밍을 하면서 브러시로 쓸어 낸다.
㉰ 리밍을 중단하고 리머를 빼낸 다음 칩을 파낸다.
㉱ 자주 리머를 역전시키면서 칩이 빠지도록 한다.

40. 연삭 작업의 안전 지침에 대하여 틀린 것은?
㉮ 방진 안경을 반드시 써야 한다.
㉯ 숫돌 차의 회전을 규정 이상으로 빠르게 하지 않는다.
㉰ 숫돌차를 고정하기 전에 균열이 있는지 조사한다.
㉱ 숫돌차의 주변과 받침대와의 간격은 3mm 이상으로 한다.

41. 연삭 숫돌 작업시 작업자의 위치는?
㉮ 연삭기 휠의 전면
㉯ 연삭기 휠의 우측
㉰ 연삭기 휠의 좌측
㉱ 어느 면에도 상관없다.

42. 연삭 숫돌 바퀴를 나무 해머로 때려 검사한 결과 탁한 소리가 나는 것은?
㉮ 두께가 두꺼운 숫돌바퀴
㉯ 균열이 생긴 숫돌바퀴
㉰ 완전한 숫돌바퀴
㉱ 두께가 얇은 숫돌바퀴

43. 다음 중 그라인더 작업 시 맞지 않는 것은?
㉮ 숫돌의 교체 및 시운전을 담당자만이 해야 한다.
㉯ 숫돌의 받침대는 3mm 이상 열렸을 때까지도 계속 사용 가능하다.
㉰ 숫돌 작업은 정면을 피해서 연마한다.
㉱ 숫돌은 옆면 압력이 약하기 때문에 측면을 사용치 않는다.

44. 그라인더 사용 시 주의점이다. 틀린 것은?
㉮ 작업할 때 공작물을 숫돌 바퀴에 큰 힘으로 누르고 작업한다.
㉯ 작업은 반드시 보안경을 끼고 한다.
㉰ 숫돌 바퀴는 규정 이상으로 회전시키지 않는다.
㉱ 숫돌 바퀴의 교환 작업은 숙련공이 한다.

45. 가스 용접을 할 때 점화 요령이다 알맞는 것은?
㉮ 산소나 가스를 동시에 크게 열고 점화한다.
㉯ 먼저 가스 콕을 열어 점화하고 산소를 공급한다.
㉰ 산소를 공급한 후 점화하고 가스 콕을 연다.
㉱ 산소와 가스 중 어느 것이나 먼저 열고 점화하면 된다.

46. 아세틸렌 용접기에서 가스가 새어 나오는 것을 검사할 경우 다음 중 가장 적당한 것은?
㉮ 기름을 발라 본다.
㉯ 순수한 물을 발라 본다.
㉰ 비눗물을 발라 본다.
㉱ 촛불을 대어 본다.

47. 아세틸렌은 최소 몇 기압 이상이면 폭발할 위험성이 있는가?
㉮ 1기압 이상   ㉯ 1.5기압 이상
㉰ 2.5기압 이상 ㉱ 3기압 이상

48. 산소 용기의 가스 누설 검사에 가장 좋고 안전한 것은?
㉮ 순수한 물   ㉯ 성냥불
㉰ 아세톤   ㉱ 비눗물

49. 아세틸렌 발생기에서 물의 온도가 몇 도 이상이면 위험한가?
㉮ 10℃   ㉯ 20℃
㉰ 30℃   ㉱ 60℃

50. 아세틸렌(acetylene) 용기 내의 아세틸렌은 게이지 압력이 다음 중 얼마 이상 되면 폭발할 위험이 있는가?
㉮ 0.2kgf/cm²   ㉯ 0.6kgf/cm²
㉰ 0.8kgf/cm²   ㉱ 1.5kgf/cm²

정답 40. ㉱ 41. ㉮ 42. ㉯ 43. ㉯ 44. ㉮ 45. ㉯ 46. ㉰ 47. ㉯ 48. ㉱ 49. ㉱ 50. ㉱

51. 가스 용접을 하려고 할 때 산소 및 용해 아세틸렌 용기의 운반시 안전을 위해 사용해야 할 장비는?
    ㉮ 운반용으로 된 전문 운반차를 사용
    ㉯ 안전기를 준비하여 리어카로 운반
    ㉰ 보호 안경 등의 보호구를 사용
    ㉱ 운반용 포크 리프트를 사용

52. 산소는 산소병에 몇 도에서 150기압으로 압축 충전하는가?
    ㉮ 35℃   ㉯ 45℃
    ㉰ 55℃   ㉱ 65℃

53. 가스 용접 작업 시에 주의해야 할 사항 중 틀린 것은?
    ㉮ 봄베의 주둥이 쇠나 몸통에는 녹이 슬지 않도록 오일이나 그리스를 발라 둔다.
    ㉯ 토치는 반드시 작업대 위에 놓고 기름이나 그리스가 묻지 않도록 한다.
    ㉰ 가스를 완전히 멈추지 않거나 점화된 상태로 방치해 두지 말 것
    ㉱ 봄베는 던지거나 넘어뜨리지 말 것

54. 소화 작업의 기본 요소가 아닌 것은?
    ㉮ 점화원을 냉각시키면 된다.
    ㉯ 산소를 차단하면 된다.
    ㉰ 가연 물질을 제거하면 된다.
    ㉱ 연료를 기화시키면 된다.

55. 다음 중 화재에 관하여 잘못 연결된 것은?
    ㉮ A급 화재 – 백색 – 일반 가연물 화재
    ㉯ B급 화재 – 황색 – 유류 화재
    ㉰ C급 화재 – 청색 – 전기 화재
    ㉱ D급 화재 – 적색 – 불합 화재

56. 엔진 기동 시 화재가 발생하였다. 그 소화 작업으로 가장 안전한 방법은?
    ㉮ 산소 공급을 차단한다.
    ㉯ 점화원을 차단한다.
    ㉰ 물을 붓는다.
    ㉱ 엔진을 가속하여 팬의 바람으로 끈다.

57. 소화의 원리 3 요소에 들지 못하는 것은?
    ㉮ 제거 소화법   ㉯ 냉각 소화법
    ㉰ 차단 소화법   ㉱ 질식 소화법

58. 소화재로 물을 사용하는 이유로 가장 적당한 것은?
    ㉮ 연소하지 않기 때문에
    ㉯ 취급이 간단하기 때문에
    ㉰ 열의 잠열이 크기 때문이다.
    ㉱ 산소를 잘 흡수하기 때문이다.

59. 자동차 정비 공장에서 정비 작업 시 유류의 화재가 발생 시 소화법 중 부적당한 것은?
    ㉮ 점화원을 차단하기 위해 물을 뿌린다.
    ㉯ CO_2를 화염 표면에 뿌린다.
    ㉰ 가마니로 덮으므로 산소 공급이 차단된다.
    ㉱ 산소 공급을 차단하기 위해 모래를 뿌린다.

60. 일반 가연성 물질의 화재로서 물질이 연소된 후에 재를 남기는 일반적인 화재는 어느 것인가?
    ㉮ A급 화재   ㉯ B급 화재
    ㉰ C급 화재   ㉱ D급 화재

정답 51. ㉱ 52. ㉮ 53. ㉮ 54. ㉱ 55. ㉱ 56. ㉯ 57. ㉰ 58. ㉰ 59. ㉮ 60. ㉮

원클릭! 자동차 정비기능사 필기

과년도 출제문제

제5편

2013. 1. 27 자동차 정비기능사

1. CRDI 디젤엔진에서 기계식 저압펌프의 연료공급 경로가 맞는 것은?
    ㉮ 연료탱크 – 저압펌프 – 연료필터 – 고압펌프 – 커먼레일 – 인젝터
    ㉯ 연료탱크 – 연료필터 – 저압펌프 – 고압펌프 – 커먼레일 – 인젝터
    ㉰ 연료탱크 – 저압펌프 – 연료필터 – 커먼레일 – 고압펌프 – 인젝터
    ㉱ 연료탱크 – 연료필터 – 저압펌프 – 커먼레일 – 고압펌프 – 인젝터

2. 실린더 헤드를 떼어낼 때 볼트를 바르게 푸는 방법은?
    ㉮ 풀기 쉬운 곳부터 푼다.
    ㉯ 중앙에서 바깥을 향하여 대각선으로 푼다.
    ㉰ 바깥에서 안쪽으로 향하여 대각선으로 푼다.
    ㉱ 실린더 보어를 먼저 제거하고 실린더 헤드를 떼어낸다.

3. 기관의 회진력이 71.6kgf-m에서 200PS의 축출력을 냈다면 이 기관의 회전속도는?
    ㉮ 1000rpm
    ㉯ 1500rpm
    ㉰ 2000rpm
    ㉱ 2500rpm

4. EGR(배기가스 재순환 장치)과 관계있는 배기가스는?
    ㉮ CO
    ㉯ HC
    ㉰ NOx
    ㉱ H_2O

5. 디젤기관의 연료 여과장치 설치개소로 적절치 않는 것은?
    ㉮ 연료공급펌프 입구
    ㉯ 연료탱크와 연료공급펌프사이
    ㉰ 연료분사펌프 입구
    ㉱ 흡입다기관 입구

6. 엔진 조립시 피스톤링 절개구 방향은?
    ㉮ 피스톤 사이드 스러스트 방향을 피하는 것이 좋다.
    ㉯ 피스톤 사이드 스러스트 방향으로 두는 것이 좋다.
    ㉰ 크랭크축 방향으로 두는 것이 좋다.
    ㉱ 절개구의 방향은 관계없다.

7. LPG기관 피드백 믹서 장치에서 ECU의 출력 신호에 해당하는 것은?
    ㉮ 산소센서
    ㉯ 파워스티어링 스위치
    ㉰ 맵 센서
    ㉱ 메인 듀티 솔레노이드

8. 크랭크케이스 내의 배출가스 제어장치는 어떤 유해가스를 저감시키는가?
    ㉮ HC
    ㉯ CO
    ㉰ NOx
    ㉱ CO_2

9. 실린더 블록이나 헤드의 편면도 측정에 알맞은 게이지는?
    ㉮ 마이크로미터
    ㉯ 다이얼 게이지
    ㉰ 버니어 캘리퍼스
    ㉱ 직각자와 필러게이지

10. 각종 센서의 배부 구조 및 원리에 대한 설명으로 거리가 먼 것은?
    ㉮ 냉각수 온도 센서 : NTC를 이용한 서미스터 전압 값의 변화
    ㉯ 맵 센서 : 흡기다기관 진공으로 저항 값을 변화
    ㉰ 지르코니아 산소센서 : 온도에 의한 전류 값을 변화
    ㉱ 스로틀포지션센서(TPS) : 가변 저항을 이용한 전압값 변화

정답 1. ㉯ 2. ㉰ 3. ㉰ 4. ㉰ 5. ㉱ 6. ㉮ 7. ㉱ 8. ㉮ 9. ㉱ 10. ㉰

11. 윤활유의 역할이 아닌 것은?
   ㉮ 밀봉 작용   ㉯ 냉각 작용
   ㉰ 팽창 작용   ㉱ 방청 작용

12. 디젤 연료의 발화 촉진제로 적당치 않은 것은?
   ㉮ 아황산 에틸   ㉯ 아질산아밀
   ㉰ 질산에틸   ㉱ 질산아밀

13. 냉각수 온도센서 고장 시 엔진에 미치는 영향으로 틀린 것은?
   ㉮ 공회전상태가 불안정하게 된다.
   ㉯ 워밍업 시기에 검은 연기가 배출될 수 있다.
   ㉰ 배기가스 중에 CO 및 HC가 증가된다.
   ㉱ 냉간 시동성이 양호하다.

14. 연료탱크의 주입구 및 가스배출구는 노출된 전기 단자로부터 (ㄱ) mm 이상, 배기관의 끝으로부터 (ㄴ) mm 이상 떨어져 있어야 한다. ( ) 안에 알맞은 것은?
   ㉮ ㄱ : 300, ㄴ : 200
   ㉯ ㄱ : 200, ㄴ : 300
   ㉰ ㄱ : 250, ㄴ : 200
   ㉱ ㄱ : 200, ㄴ : 250

15. 연료의 저위발열량이 10250Kcal/kgf일 경우 제동 연료소비율은? (단, 제동 연료소비율은? (단, 제동열효율은 26.2%)
   ㉮ 약 220gf/psh   ㉯ 약 235gf/psh
   ㉰ 약 250gf/psh   ㉱ 약 275gf/psh

16. 디젤기관에서 실린더 내의 연소압력이 최대가 되는 기간은?
   ㉮ 직접 연소기간   ㉯ 화염 전파기간
   ㉰ 착화 지연기간   ㉱ 후기 연소기간

17. 전자제어 점화장치에서 전자제어모듈(ECM)에 입력되는 정보로 거리가 먼 것은?
   ㉮ 엔진회전수 신호
   ㉯ 흡기매니폴드 압력센서
   ㉰ 엔진오일 압력센서
   ㉱ 수온 센서

18. 내연기관의 일반적인 내용으로 다음 중 맞는 것은?
   ㉮ 2행정 사이클 엔진의 인젝션 펌프 회전속도는 크랭크축 회전속도의 2배이다.
   ㉯ 엔진 오일은 일반적으로 계절마다 교환한다.
   ㉰ 크롬 도금한 라이너에는 크롬 도금된 피스톤링을 사용하지 않는다.
   ㉱ 가입식 라디에이터 부압밸브가 밀착불량이면 라디에이터를 손상하는 원인이 된다.

19. 밸브스프링의 점검 항목 및 점검 기준으로 틀린 것은?
   ㉮ 장력 : 스프링 장력의 감소는 표준값의 10% 이내일 것
   ㉯ 자유고 : 자유고의 낮아짐 변화량은 3% 이내일 것
   ㉰ 직각도 : 직각도는 자유높이 100mm당 3mm이내일 것
   ㉱ 접촉면의 상태는 2/3이상 수평일 것

20. 소음기(muffler)의 소음 방법으로 틀린 것은?
   ㉮ 흡음재를 사용하는 방법
   ㉯ 튜브의 단면적으로 어느 길이만큼 작게 하는 방법
   ㉰ 음파를 간섭시키는 방법과 공명에 의한 방법
   ㉱ 압력의 감소와 배기가스를 냉각시키는 방법

21. 라디에이터의 코어 튜브가 파열 되었다면 그 원인은?
   ㉮ 물 펌프에서 냉각수 누수일 때
   ㉯ 팬벨트가 헐거울 때
   ㉰ 수온 조절기가 제 기능을 발휘하지 못할 때
   ㉱ 오버플로우 파이프가 막혔을 때

22. 실린더 총 마찰력이 6kgf, 피스톤의 평균속도가 15m/s일 때 마찰로 인한 기관의 손실 마력은?

㉮ 0.4ps ㉯ 1.2ps
㉰ 2.5ps ㉱ 9.0ps

23. 전자제어 가솔린기관 인젝터에서 연료가 분사되지 않는 이유 중 틀린 것은?
    ㉮ 크랭크각센서 불량 ㉯ ECU불량
    ㉰ 인젝터 불량 ㉱ 파워 TR불량

24. ABS(Anti-Lock Brake System)의 주요 구성품이 아닌 것은?
    ㉮ 휠 속도센서 ㉯ ECU
    ㉰ 하이드로닉 유니트 ㉱ 차고 센서

25. 20km/h로 주행하는 차가 급 가속하여 10초 후에 56km/h가 되었을 때 가속도는?
    ㉮ 1m/s² ㉯ 2m/s²
    ㉰ 5m/s² ㉱ 8m/s²

26. 변속 보조 장치 중 도로 조건이 불량한 곳에서 운행되는 차량에 더 많은 견인력을 공급해 주기 위해 앞 차축에도 구동력을 전달해 주는 장치는?
    ㉮ 동력 변속 증감 장치(P.O.V.S)
    ㉯ 트랜스퍼 케이스(Transfer case)
    ㉰ 주차 도움 장치
    ㉱ 동력 인출 장치(Power take off system)

27. 동력 조향장치의 스티어링 휠 조작이 무겁다. 의심되는 고장부위 중 가장 거리가 먼 것은?
    ㉮ 랙 피스톤 손상으로 인한 내부 유압 작동 불량
    ㉯ 오일탱크 오일 부족
    ㉰ 스티어링 기어박스의 과다한 백래시
    ㉱ 오일펌프 결함

28. 주행 중인 차량에서 트램핑 현상이 발생하는 원인으로 적당하지 않은 것은?
    ㉮ 앞 브레이크 디스크의 불량
    ㉯ 타이어의 불량
    ㉰ 휠 허브의 불량
    ㉱ 파워펌프의 불량

29. 브레이크 페달의 유격이 과대한 이유로 틀린 것은?
    ㉮ 드럼브레이크 형식에서 브레이크 슈의 조정 불량
    ㉯ 브레이크 페달의 조정불량
    ㉰ 타이어 공기압의 불균형
    ㉱ 마스터 실린더 피스톤과 브레이크 부스터 푸시로드의 간극 불량

30. 자동변속기에서 스로틀 개도의 일정한 차속으로 주행 중 스로틀 개도를 갑자기 증가시키면 (약 85% 이상) 감속 변속되어 큰 구동력을 얻을 수 있는 변속형태는?
    ㉮ 킥 다운 ㉯ 다운 시프트
    ㉰ 리프트 풋 업 ㉱ 업 시프트

31. 공기식 제동장치의 구성요소로 틀린 것은?
    ㉮ 언로더 밸브 ㉯ 릴레이 밸브
    ㉰ 브레이크 챔버 ㉱ EGR밸브

32. 클러치의 역할을 만족시키기 위한 조건으로 틀린 것은?
    ㉮ 동력을 끊을 때 차단이 신속할 것
    ㉯ 회전부분의 밸런스가 좋을 것
    ㉰ 회전관성이 클 것
    ㉱ 방열이 잘되고 과열되지 않을 것

33. 디스크 브레이크에서 패드 접촉면에 오일이 묻었을 때 나타나는 현상은?
    ㉮ 패드가 과냉되어 제동력이 증가된다.
    ㉯ 브레이크가 잘 듣지 않는다.
    ㉰ 브레이크 작동이 원활하게 되어 제동이 잘된다.
    ㉱ 디스크 표면의 마찰이 증대된다.

34. 주행 중 조향 휠의 떨림 현상 발생 원인으로 틀린 것은?
    ㉮ 휠 얼라인먼트 불량
    ㉯ 허브 너트의 풀림
    ㉰ 타이로드 엔드의 손상
    ㉱ 브레이크 패드 또는 라이닝 간격 과다

정답 23. ㉱ 24. ㉱ 25. ㉮ 26. ㉯ 27. ㉰ 28. ㉱ 29. ㉰ 30. ㉮ 31. ㉱ 32. ㉰ 33. ㉯ 34. ㉱

35. 주행거리 1.6Km를 주행하는데 40초가 걸렸다. 이 자동차의 주행속도를 초속과 시속으로 표시하면?
   ㉮ 40m/s, 144km/h
   ㉯ 40m/s, 11.1km/h
   ㉰ 25m/s, 14.4km/h
   ㉱ 64m/s, 230.4km/h

36. 전자제어 현가장치의 출력부가 아닌 것은?
   ㉮ TPS   ㉯ 지시등, 경고등
   ㉰ 액추에이터   ㉱ 고장코드

37. 전동식 동력 조향장치(EPS)의 구성에서 비접촉 광학식 센서를 주로 사용하여 운전자의 조향 휠 조작력을 검출하는 센서는?
   ㉮ 스로틀 포지션센서
   ㉯ 전동기 회전각도 센서
   ㉰ 차속센서
   ㉱ 토크센서

38. 현가장치가 갖추어야 할 기능이 아닌 것은?
   ㉮ 승차감 향상을 위해 상하 움직임에 적당한 유연성이 있어야 한다.
   ㉯ 원심력이 발생 되어야 한다.
   ㉰ 주행 안정성이 있어야 한다.
   ㉱ 구동력 및 제동력 발생 시 적당한 강성이 있어야 한다.

39. 자동변속기 유압시험을 하는 방법으로 거리가 먼 것은?
   ㉮ 오일온도가 약 70~80℃가 되도록 워밍업 시킨다.
   ㉯ 잭으로 들고 앞바퀴 쪽을 들어 올려 차량 고정용 스탠드를 설치한다.
   ㉰ 엔진 타코미터를 설치하여 엔진 회전수를 선택한다.
   ㉱ 선택 레버를 "D"위치에 놓고 가속페달을 완전히 밟은 상태에서 엔진의 최대 회전수를 측정한다.

40. 후륜 구동 차량에서 바퀴를 빼지 않고 차축을 탈거할 수 있는 방식은?
   ㉮ 반부동식   ㉯ 3/4부동식
   ㉰ 전부동식   ㉱ 배부동식

41. 자동차문이 닫히자마자 실내가 어두워지는 것을 방지해주는 램프는?
   ㉮ 도어 램프   ㉯ 테일 램프
   ㉰ 패널 램프   ㉱ 감광식 룸 램프

42. 자동차 에어컨 장치의 순환과정으로 맞는 것은?
   ㉮ 압축기 → 응축기 → 건조기 → 팽창밸브 → 증발기
   ㉯ 압축기 → 응축기 → 팽창밸브 → 건조기 → 증발기
   ㉰ 압축기 → 팽창밸브 → 건조기 → 응축기 → 증발기
   ㉱ 압축기 → 건조기 → 팽창밸브 → 응축기 → 증발기

43. 기동전동기를 기관에서 떼어내고 분해하여 결함 부분을 점검하는 그림이다. 옳은 것은?

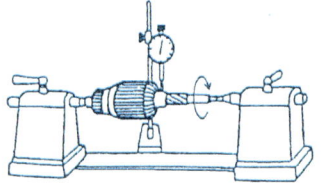

   ㉮ 전기자 축의 휨 상태점검
   ㉯ 전기자 축의 마멸 점검
   ㉰ 전기자 코일 단락 점검
   ㉱ 전기자 코일 단선 점검

44. 전조등 회로의 구성부품이 아닌 것은?
   ㉮ 라이트 스위치   ㉯ 전조등 릴레이
   ㉰ 스테이터   ㉱ 딤머 스위치

45. 힘을 받으면 기전력이 발생하는 반도체의 성질은?

㉮ 펠티어 효과 ㉯ 피에조 효과
㉰ 지벡 효과   ㉱ 홀 효과

46. 전자 배전 점화장치(DLI)의 내용으로 틀린 것은?
  ㉮ 코일 분배방식과 다이오드 분배방식이 있다.
  ㉯ 독립점화방식과 동시점화방식이 있다.
  ㉰ 배전기내부 전극이 에어 갭 조정이 불량하면 에너지 손실이 생긴다.
  ㉱ 기통 판별 센서가 필요하다.

47. 저항이 병렬로 연결된 회로의 설명으로 맞는 것은?
  ㉮ 총 저항은 각 저항의 합과 같다.
  ㉯ 각 회로에 동일한 저항이 가해지므로 전압은 다르다.
  ㉰ 각 회로에 동일한 전압이 가해지므로 입력 전압은 일정하다.
  ㉱ 전압은 한 개일 때와 같으며 전류도 같다.

48. 교류발전기에서 축전지의 역류를 방지하는 컷 아웃 릴레이가 없는 이유는?
  ㉮ 트랜지스터가 있기 때문이다.
  ㉯ 점화스위치가 있기 때문이다.
  ㉰ 실리콘 다이오드가 있기 때문이다.
  ㉱ 전압릴레이가 있기 때문이다.

49. 축전지를 구성하는 요소가 아닌 것은?
  ㉮ 양극판   ㉯ 음극판
  ㉰ 정류자   ㉱ 전해액

50. 저항에 12V를 가했더니 전류계에 3A로 나타났다. 이 저항의 값은?
  ㉮ 2Ω   ㉯ 4Ω
  ㉰ 6Ω   ㉱ 8Ω

51. 안전장치 선정 시 고려사항 중 맞지 않는 것은?
  ㉮ 안전장치의 사용에 따라 방호가 완전할 것
  ㉯ 안전장치의 기능 면에서 신뢰도가 클 것
  ㉰ 정기 점검시 이외에는 사람의 손으로 조정할 필요가 없을 것
  ㉱ 안전장치를 제거하거나 또는 기능의 정지를 쉽게 할 수 있을 것

52. 기관을 점검시 운전 상태로 점검해야 할 것이 아닌 것은?
  ㉮ 클러치의 상태   ㉯ 매연 상태
  ㉰ 기어의 소음 상태 ㉱ 급유 상태

53. 자동차 적재함 밖으로 물건이 나온 상태로 운반할 경우 위험표시 색깔은 무엇으로 하는가?
  ㉮ 청색   ㉯ 흰색
  ㉰ 적색   ㉱ 흑색

54. 드릴작업의 안전사항 중 틀린 것은?
  ㉮ 장갑을 끼고 작업하였다.
  ㉯ 머리가 긴 경우, 단정하게 하여 작업모를 착용하였다.
  ㉰ 작업 중 쇳가루를 입으로 불어서는 안 된다.
  ㉱ 공작물은 단단히 고정시켜 따라 돌지 않게 한다.

55. 오픈렌치 사용시 바르지 못한 것은?
  ㉮ 오픈렌치와 너트의 크기가 맞지 않으면 쐐기를 넣어 사용한다.
  ㉯ 오픈렌치를 해머 대신에 써서는 안 된다.
  ㉰ 오픈렌치에 파이프를 끼우든가 해머로 두들겨서 사용하지 않는다.
  ㉱ 오픈렌치는 올바르게 끼우고 작업자 앞으로 잡아당겨 사용한다.

56. 전기장치의 배선 커넥터 분리 및 연결시 잘못된 작업은?
  ㉮ 배선을 분리할 때는 잠금장치를 누른 상태에서 커넥터를 분리한다.
  ㉯ 배선커넥터 접속은 커넥터 부위를 잡고 커넥터를 끼운다.
  ㉰ 배선커넥터는 딸깍 소리가 날 때까지는 확실히 접속시킨다.
  ㉱ 배선을 분리할 때는 배선을 이용하여 흔들면서 잡아당긴다.

정답 46. ㉰ 47. ㉰ 48. ㉰ 49. ㉰ 50. ㉯ 51. ㉱ 52. ㉱ 53. ㉰ 54. ㉮ 55. ㉮ 56. ㉱

57. 다음 작업 중 보안경을 반드시 착용해야 하는 작업은?
    ㉮ 인젝터 파형 점검 작업
    ㉯ 전조등 점검 작업
    ㉰ 클러치 탈착 작업
    ㉱ 스로틀 포지션 센서 점검 작업

58. 부품을 분해 정비시 반드시 새 것으로 교환하여야 할 부품이 아닌 것은?
    ㉮ 오일 씰   ㉯ 볼트 및 너트
    ㉰ 개스킷   ㉱ 오링

59. 화학세척제를 사용하여 방열기(라디에이터)를 세척하는 방법으로 틀린 것은?
    ㉮ 방열기의 냉각수를 완전히 뺀다.
    ㉯ 세척제 용액을 냉각장치 내에 가득히 넣는다.
    ㉰ 기관을 기동하고, 냉각수 온도를 80℃ 이상으로 한다.
    ㉱ 기관을 정지하고 바로 방열기 캡을 연다.

60. 자동차 배터리 충전시 주의사항으로 틀린 것은?
    ㉮ 배터리 단자에서 터미널을 분리시킨 후 충전한다.
    ㉯ 충전을 할 때는 환기가 잘되는 장소에서 실시한다.
    ㉰ 충전시 배터리 주위에 화기를 가까이 해서는 안 된다.
    ㉱ 배터리 벤트플러그가 잘 닫혀있는지 확인 후 충전한다.

정답 57. ㉰ 58. ㉯ 59. ㉱ 60. ㉱

2013. 4. 14 자동차 정비기능사

1. 자동차 전조등 주광축의 진폭 측정시 10m 위치에서 우측 우향진폭 기준은 몇 cm 이내이어야 하는가?
   ㉮ 10   ㉯ 20
   ㉰ 30   ㉱ 39

2. 어떤 기관의 열효율을 측정하는데 열정산에서 냉각에 의한 손실이 29%, 배기와 복사에 의한 손실이 31% 이고, 기계효율을 80%라면 정미 열효율은?
   ㉮ 40%   ㉯ 36%
   ㉰ 34%   ㉱ 32%

3. 크랭크축 메인 저널 베어링 마모를 점검하는 방법은?
   ㉮ 필러 게이지 방법
   ㉯ 시임(seam)방법
   ㉰ 직각자방법
   ㉱ 플라스틱 게이지 빙법

4. 차량용 엔진의 엔진성능에 영향을 미치는 여러 인자에 대한 설명으로 옳은 것은?
   ㉮ 흡입효율, 체적효율, 충전효율이 있다.
   ㉯ 압축비는 기관의 성능에 영향을 미치지 못한다.
   ㉰ 점화시기는 기관의 특성에 영향을 미치지 못한다.
   ㉱ 냉각수온도, 마찰은 제외한다.

5. 디젤기관에서 전자제어식 고압펌프의 특징이 아닌 것은?
   ㉮ 동력성능의 향상
   ㉯ 쾌적성 향상
   ㉰ 부가 장치가 필요
   ㉱ 가속 시 스모크 저감

6. 실린더가 정상적인 마모를 할 때 마모량이 가장 큰 부분은?
   ㉮ 실린더 윗부분   ㉯ 실린더 중간 부분
   ㉰ 실린더 밑 부분   ㉱ 실린더 헤드

7. 전자제어가솔린 연료분사 방식의 특징이 아닌 것은?
   ㉮ 기관의 응답 및 주행성 향상
   ㉯ 기관 출력의 향상
   ㉰ CO, HC 등의 배출가스 감소
   ㉱ 간단한 구조

8. 디젤엔진에서 플런저의 유효 행정을 크게 하였을 때 일어나는 것은?
   ㉮ 송출 압력이 커진다.
   ㉯ 송출압력이 적어진다.
   ㉰ 연료 송출량이 많아진다.
   ㉱ 연료 송출량이 적어진다.

9. 고속 디젤기관의 열역학적 사이클은 어느 것에 해당하는가?
   ㉮ 오토 사이클   ㉯ 디젤 사이클
   ㉰ 정적 사이클   ㉱ 복합 사이클

10. 연료 1kg을 연소시키는데 드는 이론적 공기량과 실제로 드는 공기량과의 비를 무엇이라고 하는가?
    ㉮ 중량비   ㉯ 공기율
    ㉰ 중량도   ㉱ 공기 과잉율

11. LPG 기관에서 믹서의 스로틀 밸브 개도량을 감지하여 ECU에 신호를 보내는 것은?
    ㉮ 아이들 업 솔레노이드   ㉯ 대시포트
    ㉰ 공전속도 조절밸브   ㉱ 스로틀 위치 센서

정답 1. ㉰ 2. ㉱ 3. ㉱ 4. ㉮ 5. ㉰ 6. ㉮ 7. ㉱ 8. ㉰ 9. ㉱ 10. ㉱ 11. ㉱

12. 배기장치에 관한 설명이다. 맞는 것은?
    - ㉮ 배기 소음기는 온도는 낮추고 압력을 높여 배기소음을 감쇠한다.
    - ㉯ 배기다기관에서 배출되는 가스는 저온 저압으로 급격한 팽창으로 폭발음을 발생한다.
    - ㉰ 단 실린더에도 배기 다기관을 설치하여 배기가스를 모아 방출해야 한다.
    - ㉱ 소음효과를 높이기 위해 소음기의 저항을 크게 하면 배압이 커 기관출력이 줄어든다.

13. 가솔린 기관의 유해가스 저감장치 중 질소산화물(NOx) 발생을 감소시키는 장치는?
    - ㉮ EGR시스템(배기가스 재순환장치)
    - ㉯ 퍼지컨트롤 시스템
    - ㉰ 블로바이 가스 환원장치
    - ㉱ 감속시 연료차단 장치

14. 냉각장치에서 냉각수의 비등점을 올리기 위한 방식으로 맞는 것은?
    - ㉮ 압력 캡식
    - ㉯ 진공 캡식
    - ㉰ 밀봉 캡식
    - ㉱ 순환 캡식

15. 기관의 회전수를 계산하는데 사용하는 센서는?
    - ㉮ 스로틀 포지션 센서
    - ㉯ 맵 센서
    - ㉰ 크랭크 포지션 센서
    - ㉱ 노크 센서

16. 전자제어 가솔린 기관에서 워밍업 후 공회전 부조가 발생했다. 그 원인이 아닌 것은?
    - ㉮ 스로틀 밸브의 걸림 현상
    - ㉯ ISC(아이들 스피드 컨트롤) 장치 고장
    - ㉰ 수온센서 배선 단선
    - ㉱ 액셀러레이터케이블 유격이 과다

17. 스로틀 포지션 센서(TPS)의 설명 중 틀린 것은?
    - ㉮ 공기유량센서(AFS) 고장시 TPS 신호에 의해 분사량을 결정한다.
    - ㉯ 자동 속기에서는 변속시기를 결정해 주는 역할도 한다.
    - ㉰ 검출하는 전압의 범위는 약 0(V) ~ 12(V)까지이다.
    - ㉱ 가변저항기이고 스로틀 밸브의 개도량을 검출한다.

18. 배출 가스 중에서 유해가스에 해당하지 않는 것은?
    - ㉮ 질소
    - ㉯ 일산화탄소
    - ㉰ 탄화수소
    - ㉱ 질소산화물

19. 윤활 장치에서 유압이 높아지는 이유로 맞는 것은?
    - ㉮ 릴리프 밸브 스프링의 장력이 클 때
    - ㉯ 엔진오일과 가솔린의 희석
    - ㉰ 베어링의 마멸
    - ㉱ 오일펌프의 마멸

20. 자동차 연료로 사용하는 휘발유는 주로 어떤 원소들로 구성되어 있는가?
    - ㉮ 탄소와 황
    - ㉯ 산소와 수소
    - ㉰ 탄소와 수소
    - ㉱ 탄소와 4-에틸납

21. 피스톤 핀의 고정방법에 해당하지 않는 것은?
    - ㉮ 전 부동식
    - ㉯ 반 부동식
    - ㉰ 4분의 3 부동식
    - ㉱ 고정식

22. 디젤 연소실의 구비조건 중 틀린 것은?
    - ㉮ 연소시간이 짧을 것
    - ㉯ 열효율이 높을 것
    - ㉰ 평균유효 압력이 낮을 것
    - ㉱ 디젤노크가 적을 것

23. 보기의 조건에서 밸브 오버랩 각도는 몇 도인가?

    [보기]
    (흡입밸브)
      열림 BTDC 18°, 닫힘 ABDC 46°
    (배기밸브)
      열림 BBDC 54°, 닫힘 ATDC 10°

정답 12. ㉱ 13. ㉮ 14. ㉮ 15. ㉰ 16. ㉱ 17. ㉰ 18. ㉮ 19. ㉮ 20. ㉰ 21. ㉰ 22. ㉰ 23. ㉯

㉮ 8°　　㉯ 28°
㉰ 44°　　㉱ 64°

24. 구동 피니언의 잇수 6, 링기어의 잇수 30, 추진축의 회전수 1000rpm일 때 왼쪽 바퀴가 150 rpm으로 회전한다면 오른쪽 바퀴의 회전수는?
    ㉮ 250rpm　　㉯ 300rpm
    ㉰ 350rpm　　㉱ 400rpm

25. 정(+)의 캠버란 다음 중 어떤 것을 말하는가?
    ㉮ 바퀴의 아래쪽이 위쪽보다 좁은 것을 말한다.
    ㉯ 앞바퀴의 앞쪽이 뒤쪽보다 좁은 것을 말한다.
    ㉰ 앞바퀴의 킹핀이 뒤쪽으로 기울어진 각을 말한다.
    ㉱ 앞바퀴의 위쪽이 아래쪽보다 좁은 것을 말한다.

26. 조향장치에서 조향 기어비를 나타낸 것으로 맞는 것은?
    ㉮ 조향기어비 = 조향휠 회전각도 / 피트먼암 선회각도
    ㉯ 조향기어비 = 조향휠 회전각도 + 피트먼암 선회각도
    ㉰ 조향기어비 = 피트먼암 선회각도 − 조향휠 회전각도
    ㉱ 조향기어비 = 피트먼암 선회각도 × 조향휠 회선각도

27. 전자제어 현가장치(Electronic Control Suspension)의 구성품이 아닌 것은?
    ㉮ 가속도센서
    ㉯ 차고센서
    ㉰ 맵 센서
    ㉱ 전자제어 현가장치 지시등

28. 마스터 실린더에서 피스톤 1차 겁이 하는 일은?
    ㉮ 오일 누출 방지　　㉯ 유압 발생
    ㉰ 잔압 형성　　㉱ 베이퍼록 방지

29. 타이어의 뼈대가 되는 부분으로, 튜브의 공기압에 견디면서 일정한 체적을 유지하고 하중이나 충격에 변형되면서 완충작용을 하며 내열성 고무로 밀착시킨 구조로 되어있는 것은?
    ㉮ 비드(Bead)　　㉯ 브레이커(Breaker)
    ㉰ 트레드(Tread)　　㉱ 카커스(Carcass)

30. 자동차의 축간거리가 2.3m, 바퀴의 접지면의 중심과 킹핀과의 거리가 20cm인 자동차를 좌회전할 때 우측바퀴의 조향각은 30°, 좌측바퀴의 조향각은 32°이었을 때 최소 회전반경은?
    ㉮ 3.3m　　㉯ 4.8m
    ㉰ 5.6m　　㉱ 6.5m

31. 동력 조향장치가 고장 시 핸들을 수동으로 조작할 수 있도록 하는 것은?
    ㉮ 오일펌프　　㉯ 파워 실린더
    ㉰ 안전 체크 밸브　　㉱ 시프트 레버

32. 단순 유성기어 장치에서 선기어, 캐리어, 링기어의 3요소 중 2요소를 입력요소로 하면 동력전달은?
    ㉮ 증속　　㉯ 감속
    ㉰ 직결　　㉱ 역전

33. 공기 브레이크에서 공기압을 기계적 운동으로 바꾸어 주는 장치는?
    ㉮ 릴레이 밸브　　㉯ 브레이크 슈
    ㉰ 브레이크 밸브　　㉱ 브레이크 챔버

34. 변속기의 전진 기어 중 가장 큰 토크를 발생하는 변속단은?
    ㉮ 오버드라이브　　㉯ 1단
    ㉰ 2단　　㉱ 직결 단

35. 유압제어 장치와 관계없는 것은?
    ㉮ 오일펌프　　㉯ 유압조정밸브바디
    ㉰ 어큐뮬레이터　　㉱ 유성장치

36. 고속 주행할 때 바퀴가 상하로 진동하는 현상을 무엇이라 하는가?

정답 24. ㉮ 25. ㉮ 26. ㉮ 27. ㉰ 28. ㉯ 29. ㉱ 30. ㉯ 31. ㉰ 32. ㉰ 33. ㉱ 34. ㉯ 35. ㉱ 36. ㉯

㉮ 요잉   ㉯ 트램핑
㉰ 롤링   ㉱ 킥다운

37. 자동변속기에서 작동유의 흐름으로 옳은 것은?
   ㉮ 오일펌프 → 토크컨버터 → 밸브바디
   ㉯ 토크컨버터 → 오일펌프 → 밸브바디
   ㉰ 오일펌프 → 밸브바디 → 토크컨버터
   ㉱ 토크컨버터 → 밸브바디 → 오일펌프

38. 차동장치에서 차동 피니언과 사이드 기어의 백래시 조정은?
   ㉮ 축받이 차축의 왼쪽 조정심을 가감하여 조정한다.
   ㉯ 축받이 차축의 오른쪽 조정심을 가감하여 조정한다.
   ㉰ 차동 장치의 링기어 조정 장치를 조정한다.
   ㉱ 드러스트 와셔의 두께를 가감하여 조정한다.

39. 싱크로나이저 슬리브 및 허브 검사에 대한 설명이다. 가장 거리가 먼 것은?
   ㉮ 싱크로나이저와 슬리브를 끼우고 부드럽게 돌아가는지 점검한다.
   ㉯ 슬리브의 안쪽 앞부분과 뒤쪽 끝이 손상되지 않았는지 점검한다.
   ㉰ 허브 앞쪽 끝부분이 마모되지 않았는지를 점검한다.
   ㉱ 싱크로나이저 허브와 슬리브는 이상 있는 부위만 교환한다.

40. 전자제어 제동장치(ABS)에서 휠 스피드 센서의 역할은?
   ㉮ 휠의 회전속도 감지
   ㉯ 휠의 감속 상태 감지
   ㉰ 휠의 속도 비교 평가
   ㉱ 휠의 제동압력 감지

41. AQS(Air Quality System)의 기능에 대한 설명 중 틀린 것은?
   ㉮ 차실 내에 유해가스의 유입을 차단한다.
   ㉯ 차실 내로 청정 공기만을 유입시킨다.
   ㉰ 승차 공간 내의 공기청정도와 환기 상태를 최적으로 유지시킨다.
   ㉱ 차실 내의 온도와 습도를 조절한다.

42. 어떤 기준 전압 이상이 되면 역방향으로 큰 전류가 흐르게 된 반도체는?
   ㉮ PNP 형 트랜지스터
   ㉯ NPN 형 트랜지스터
   ㉰ 포토 다이오드
   ㉱ 제너 다이오드

43. 다음 중 교류발전기의 구성 요소와 거리가 먼 것은?
   ㉮ 자계를 발생시키는 로터
   ㉯ 전압을 유도하는 스테이터
   ㉰ 정류기
   ㉱ 컷 아웃 릴레이

44. 회로에서 12V 배터리에 저항 3개를 직렬로 연결하였을 때 전류계 "A"에 흐르는 전류는?

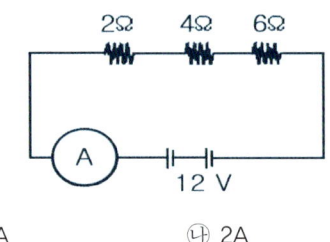

   ㉮ 1A   ㉯ 2A
   ㉰ 3A   ㉱ 4A

45. 점화코일의 2차 쪽에서 발생되는 불꽃전압의 크기에 영향을 미치는 요소가 아닌 것은?
   ㉮ 점화플러그의 전극형상
   ㉯ 전극의 간극
   ㉰ 오일 압력
   ㉱ 혼합기 압력

46. 축전지의 충전상태를 측정하는 계기는?
   ㉮ 온도계   ㉯ 기압계
   ㉰ 저항계   ㉱ 비중계

정답 37. ㉰   38. ㉱   39. ㉱   40. ㉮   41. ㉱   42. ㉱   43. ㉱   44. ㉮   45. ㉰   46. ㉱

47. 자동차 에어컨 냉매 가스 순환 과정으로 맞는 것은?
   ㉮ 압축기 → 건조기 → 응축기 → 팽창 밸브 → 증발기
   ㉯ 압축기 → 팽창 밸브 → 건조기 → 응축기 → 증발기
   ㉰ 압축기 → 응축기 → 건조기 → 팽창 밸브 → 증발기
   ㉱ 압축기 → 건조기 → 팽창 밸브 → 응축기 → 증발기

48. 기동전동기를 주요 부분으로 구분한 것이 아닌 것은?
   ㉮ 회전력을 발생하는 부분
   ㉯ 무부하 전력을 측정하는 부분
   ㉰ 회전력을 기관에 전달하는 부분
   ㉱ 피니언을 링기어에 물리게 하는 부분

49. 옴의 법칙으로 맞는 것은? (단, I=전류, E=전압, R=저항)
   ㉮ I=RE   ㉯ E=IR
   ㉰ I=R/E   ㉱ E=2R/I

50. 배선에 있어서 기호와 색의 연결이 틀린 것은?
   ㉮ Gr : 보라   ㉯ G : 녹색
   ㉰ R : 적색   ㉱ Y : 노랑

51. 이동식 및 휴대용 전동기기의 안전한 작업 방법으로 틀린 것은?
   ㉮ 전동기의 코드선은 접지선이 설치된 것을 사용한다.
   ㉯ 회로시험기로 절연상태를 점검한다.
   ㉰ 감전방지용 누전차단기를 접속하고 동작 상태를 점검한다.
   ㉱ 감전사고 위험이 높은 곳에서는 1중 절연 구조의 전기기기를 사용한다.

52. 산업 재해는 생산 활동을 행하는 중에 에너지와 충돌하여 생명의 기능이나 (   )를 상실하는 현상을 말한다. (   )에 알맞은 말은?
   ㉮ 작업상 업무   ㉯ 작업조건
   ㉰ 노동 능력   ㉱ 노동 환경

53. 기관 분해조립 시 스패너 사용 자세 중 옳지 않은 것은?
   ㉮ 몸의 중심을 유지하게 한 손은 작업물을 지지한다.
   ㉯ 스패너 자루에 파이프를 끼우고 발로 민다.
   ㉰ 너트에 스패너를 깊이 물리고 조금씩 앞으로 당기는 식으로 풀고, 조인다.
   ㉱ 몸은 항상 균형을 잡아 넘어지는 것을 방지한다.

54. 연삭 작업시 안전사항 중 틀린 것은?
   ㉮ 나무 해머로 연삭숫돌을 가볍게 두들겨 맑은 음이 나면 정상이다.
   ㉯ 연삭숫돌의 표면이 심하게 변형된 것은 반드시 수정한다.
   ㉰ 받침대는 숫돌차의 중심선보다 낮게 한다.
   ㉱ 연삭숫돌과 받침대와의 간격은 3㎜이내로 유지한다.

55. 화재의 분류 중 B급 화재 물질로 옳은 것은?
   ㉮ 종이   ㉯ 휘발유
   ㉰ 목재   ㉱ 석탄

56. 타이어의 공기압에 대한 설명으로 틀린 것은?
   ㉮ 공기압이 낮으면 일반 포장도로에서 미끄러지기 쉽다.
   ㉯ 좌, 우 공기압에 편차가 발생하면 브레이크 작동 시 위험을 초래한다.
   ㉰ 공기압이 낮으면 트레드 양단의 마모가 많다.
   ㉱ 좌·우 공기압에 편차가 발생하면 차동 사이드 기어의 마모가 촉진된다.

57. 자동차에 사용하는 부동액의 사용에서 **주의할 점**으로 틀린 것은?
   ㉮ 부동액은 원액으로 사용하지 않는다.
   ㉯ 품질 불량한 부동액은 사용하지 않는다.
   ㉰ 부동액을 도료부분에 떨어지지 않도록 주의해야 한다.

정답 47.㉰ 48.㉯ 49.㉯ 50.㉮ 51.㉱ 52.㉰ 53.㉯ 54.㉰ 55.㉯ 56.㉮ 57.㉱

㉣ 부동액은 입으로 맛을 보아 품질을 구별할 수 있다.

58. 감전 위험이 있는 곳에 전기를 차단하여 우선 점검을 할 때의 조치와 관계가 없는 것은?
   ㉮ 스위치 박스에 통전장치를 한다.
   ㉯ 위험에 대한 방지장치를 한다.
   ㉰ 스위치에 안전장치를 한다.
   ㉱ 필요한 곳에 통전금지 기간에 관한 사항을 게시한다.

59. 감전 사고를 방지하는 방법이 아닌 것은?
   ㉮ 차광용 안경을 착용한다.
   ㉯ 반드시 절연 장갑을 착용한다.
   ㉰ 물기가 있는 손으로 작업하지 않는다.
   ㉱ 고압이 흐르는 부품에는 표시를 한다.

60. 에어백 장치를 점검, 정비할 때 안전하지 못한 행동은?
   ㉮ 조향 휠을 탈거할 때 에어백 모듈 인플레이터 단자는 반드시 분리한다.
   ㉯ 조향 휠을 장착할 때 클럭 스프링의 중립 위치를 확인한다.
   ㉰ 에어백 장치는 축전지 전원을 차단하고 일정시간 지난 후 정비한다.
   ㉱ 인플레이터의 저항은 절대 측정하지 않는다.

2013. 7. 21 자동차 정비기능사

1. 윤활유의 주요기능으로 틀린 것은?
   ㉮ 윤활작용, 냉각작용
   ㉯ 기밀유지작용, 부식방지작용
   ㉰ 소음감소작용, 세척작용
   ㉱ 마찰작용, 방수작용

2. 고속 디젤기관의 기본 사이클에 해당되는 것은?
   ㉮ 정적 사이클   ㉯ 정압 사이클
   ㉰ 복합 사이클   ㉱ 디젤 사이클

3. 전자제어 엔진에서 냉간시 점화시기 제어 및 연료분사량 제어를 하는 센서는?
   ㉮ 흡기온센서   ㉯ 대기압센서
   ㉰ 수온센서   ㉱ 공기량센서

4. 최적의 공연비를 바르게 나타낸 것은?
   ㉮ 희박한 공연비
   ㉯ 농후한 공연비
   ㉰ 이론적으로 완전연소 가능한 공연비
   ㉱ 공전 시 연소 가능범위의 연비

5. 디젤기관에서 냉각장치로 흡수되는 열은 연료 전체 발열량의 약 몇 %정도인가?
   ㉮ 30~35   ㉯ 45~55
   ㉰ 55~65   ㉱ 70~80

6. 기관이 1500rpm에서 20kgf-m의 회전력을 낼 때 기관의 출력은 41.87PS이 기관의 출력을 일정하게 하고 회전수를 2500rpm으로 하였을 때 얼마의 회전력을 내는가?
   ㉮ 약 45kgf-m   ㉯ 약 35kgf-m
   ㉰ 약 25kgf-m   ㉱ 약 12kgf-m

7. 자동차 기관에서 과급을 하는 주된 목적은?
   ㉮ 기관의 출력을 증대시킨다.
   ㉯ 기관의 회전수를 빠르게 한다.
   ㉰ 기관의 윤활유 소비를 줄인다.
   ㉱ 기관의 회전수를 일정하게 한다.

8. 어떤 기관의 크랭크축 회전수가 2400rpm, 회전반경이 40mm일 때 피스톤의 평균 속도는?
   ㉮ 1.6m/s   ㉯ 3.3m/s
   ㉰ 6.4m/s   ㉱ 9.6m/s

9. 피스톤의 평균속도를 올리지 않고 회전수를 높일 수 있으며 단위 체적당 출력을 크게 할 수 있는 기관은?
   ㉮ 장행정 기관   ㉯ 정방형 기관
   ㉰ 단행정 기관   ㉱ 고속형 기관

10. 가솔린의 안티 노크성을 표시하는 것은?
    ㉮ 세탄가   ㉯ 헵탄가
    ㉰ 옥탄가   ㉱ 프로판가

11. 배기량이 785cc, 연소실체적이 157cc인 자동차 기관의 압축비는?
    ㉮ 3:1   ㉯ 4:1
    ㉰ 5:1   ㉱ 6:1

12. 디젤 기관의 예열장치에서 연소실 내의 압축공기를 직접 예열하는 형식은?
    ㉮ 흡기 가열식   ㉯ 흡기 히터식
    ㉰ 예열 플러그식   ㉱ 히터 레인지식

13. 4행정 사이클 6실린더 기관의 지름이 100mm, 행정이 100mm, 기관 회전수 2500rpm, 지시평균 유효압력이 8kgf/cm^{2}이라면 지시마력은 약 몇 PS인가?

정답 1. ㉱ 2. ㉰ 3. ㉰ 4. ㉰ 5. ㉮ 6. ㉱ 7. ㉮ 8. ㉰ 9. ㉰ 10. ㉰ 11. ㉱ 12. ㉰ 13. ㉰

㉮ 80 ㉯ 93
㉰ 105 ㉱ 150

14. 전자제어 가솔린 기관의 진공식 연료압력 조절기에 대한 설명으로 옳은 것은?
  ㉮ 공전 시 진공호스를 빼면 연료압력은 낮아지고 다시 호스를 꼽으면 높아진다.
  ㉯ 급가속 순간 흡기다기관의 진공은 대기압에 가까워 연료압력은 낮아진다.
  ㉰ 흡기관의 절대압력과 연료 분배관의 압력차를 항상 일정하게 유지시킨다.
  ㉱ 대기압이 변화하면 흡기관의 절대압력과 연료 분배관의 압력차도 같이 변화한다.

15. 컴퓨터 제어 계통 중 입력계통과 가장 거리가 먼 것은?
  ㉮ 대기압센서   ㉯ 공전속도제어
  ㉰ 산소센서   ㉱ 차속센서

16. 가솔린 엔진의 배기가스 중 인체에 유해 성분이 가장 적은 것은?
  ㉮ 일산화탄소   ㉯ 탄화수소
  ㉰ 이산화탄소   ㉱ 질소산화물

17. 커넥팅 로드의 비틀림이 엔진에 미치는 영향에 대한 설명이다. 옳지 않은 것은?
  ㉮ 압축압력의 저하
  ㉯ 회전에 무리를 초래
  ㉰ 저어널 베어링의 마멸
  ㉱ 타이밍 기어의 백래시 촉진

18. 밸브 스프링 자유 높이의 감소는 표준 치수에 대하여 몇 % 이내이어야 하는가?
  ㉮ 3%   ㉯ 8%
  ㉰ 10%   ㉱ 12%

19. LPG기관 중 피드백 믹서 방식의 특징이 아닌 것은?
  ㉮ 연료 분사펌프가 있다.
  ㉯ 대기 오염이 적다.
  ㉰ 경제성이 좋다.
  ㉱ 엔진오일의 수명이 길다.

20. I.S.C(idle speed control) 서보기구에서 컴퓨터 신호에 따른 기능으로 가장 타당한 것은?
  ㉮ 공전 연료량을 증가
  ㉯ 공전속도를 제어
  ㉰ 가속 속도를 증가
  ㉱ 가속 공기량을 조절

21. 흡기관로에 설치되어 칼만 와류 현상을 이용하여 흡입공기량을 측정하는 것은?
  ㉮ 흡기온도 센서
  ㉯ 대기압 센서
  ㉰ 스로틀 포지션 센서
  ㉱ 공기유량 센서

22. 압력식 라디에이터 캡을 사용하므로 얻어지는 장점과 거리가 먼 것은?
  ㉮ 비등점을 올려 냉각 효율을 높일 수 있다.
  ㉯ 라디에이터를 소형화 할 수 있다.
  ㉰ 라디에이터의 무게를 크게 할 수 있다.
  ㉱ 냉각장치 내의 압력을 0.3~0.7kgf/cm² 정도 올릴 수 있다.

23. 디젤기관의 연소실 형식 중 연소실 표면적이 작아 냉각손실이 작은 특징이 있고, 시동성이 양호한 형식은?
  ㉮ 직접분사실식   ㉯ 예연소실식
  ㉰ 와류실식   ㉱ 공기실식

24. 그림과 같은 마스터 실린더의 푸시 로드에는 몇 kgf의 힘이 작용하는가?

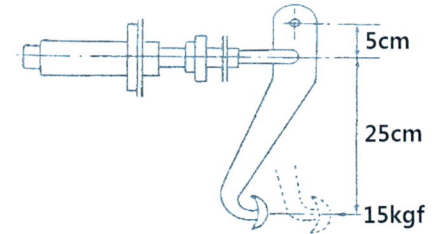

정답 14. ㉰ 15. ㉯ 16. ㉰ 17. ㉱ 18. ㉮ 19. ㉮ 20. ㉯ 21. ㉱ 22. ㉰ 23. ㉮ 24. ㉯

㉮ 75kgf   ㉯ 90kgf
㉰ 120kgf ㉱ 140kgf

25. 자동변속기차량에서 토크컨버터 내에 있는 스테이터의 기능은?
  ㉮ 터빈의 회전력을 증대시킨다.
  ㉯ 바퀴의 회전력을 감소시킨다.
  ㉰ 펌프의 회전력을 증대시킨다.
  ㉱ 터빈의 회전력을 감소시킨다.

26. 타이어의 뼈대가 되는 부분으로서 공기 압력을 견디어 일정한 체적을 유지하고 또 하중이나 충격에 따라 변형하여 완충작용을 하는 것은?
  ㉮ 브레이커   ㉯ 카커스
  ㉰ 트레드   ㉱ 비드부

27. 전자제어 제동장치(ABS)의 구성요소로 틀린 것은?
  ㉮ 휠 스피드 센서   ㉯ 컨트롤 유닛
  ㉰ 하이드로릭 유닛 ㉱ 크랭크 앵글 센서

28. 킹핀 경사각과 함께 앞바퀴에 복원성을 주어 직진 위치로 쉽게 돌아오게 하는 앞바퀴 정렬과 관련이 가장 큰 것은?
  ㉮ 캠버   ㉯ 캐스터
  ㉰ 토   ㉱ 셋 백

29. 변속기의 변속비가 1.5, 링기어의 잇수 36, 구동피니언의 잇수 6인 자동차를 오른쪽 바퀴만을 들어서 회전하도록 하였을 때 오른쪽 바퀴의 회전수는? (단, 추진축의 회전수는 2100rpm)
  ㉮ 350rpm   ㉯ 450rpm
  ㉰ 600rpm   ㉱ 700rpm

30. 자동변속기에서 밸브보디에 있는 매뉴얼밸브의 역할은?
  ㉮ 변속레버의 위치에 따라 유로를 변경한다.
  ㉯ 오일 압력을 부하에 알맞은 압력으로 조정한다.
  ㉰ 차속이나 엔진부하에 따라 변속단수를 결정한다.
  ㉱ 변속단수의 위치를 컴퓨터로 전달한다.

31. 다음 중 브레이크 드럼이 갖추어야 할 조건과 관계가 없는 것은?
  ㉮ 무거워야 한다.
  ㉯ 방열이 잘되어야 한다.
  ㉰ 강성과 내마모성이 있어야 한다.
  ㉱ 동적, 정적 평형이 되어야 한다.

32. 조향장치가 갖추어야 할 조건 중 적당하지 않는 사항은?
  ㉮ 적당한 회전 감각이 있을 것
  ㉯ 고속주행에서도 조향핸들이 안정될 것
  ㉰ 조향휠의 회전과 구동휠의 선회차가 클 것
  ㉱ 선회 시 저항이 적고 선회 후 복원성이 좋을 것

33. 요철이 있는 노면을 주행할 경우, 스티어링 휠에 전달되는 충격을 무엇이라 하는가?
  ㉮ 시미현상   ㉯ 웨이브 현상
  ㉰ 스카이 훅 현상 ㉱ 킥백 현상

34. 유압식 동력조향장치와 비교하여 전동식 동력조향장치 특징으로 틀린 것은?
  ㉮ 유압베어 방식 전자제어 조향장치보다 부품 수가 적다.
  ㉯ 유압제어를 하지 않으므로 오일이 필요 없다.
  ㉰ 유압제어 방식에 비해 연비를 향상시킬 수 없다.
  ㉱ 유압제어를 하지 않으므로 오일펌프가 필요 없다.

35. 추진축의 자재이음은 어떤 변화를 가능하게 하는가?
  ㉮ 축의 길이   ㉯ 회전 속도
  ㉰ 회전축의 각도 ㉱ 회전 토크

36. 수동변속기에서 싱크로메시(synchro mesh) 기구의 기능이 작용하는 시기는?
  ㉮ 변속기어가 물려있을 때
  ㉯ 클러치 페달을 놓을 때
  ㉰ 변속기어가 물릴 때
  ㉱ 클러치 페달을 밟을 때

정답 25. ㉮ 26. ㉯ 27. ㉱ 28. ㉯ 29. ㉱ 30. ㉮ 31. ㉮ 32. ㉰ 33. ㉱ 34. ㉰ 35. ㉰ 36. ㉰

37. 브레이크액의 특성으로서 장점이 아닌 것은?
    ㉮ 높은 비등점   ㉯ 낮은 응고점
    ㉰ 강한 흡습성   ㉱ 큰 점도지수

38. 다음에서 스프링의 진동 중 스프링 위 질량의 진동과 관계없는 것은?
    ㉮ 바운싱   ㉯ 피칭
    ㉰ 휠 트램프   ㉱ 롤링

39. 클러치가 미끄러지는 원인 중 틀린 것은?
    ㉮ 마찰 면의 경화, 오일 부착
    ㉯ 페달 자유간극 과대
    ㉰ 클러치 압력스프링 쇠약, 절손
    ㉱ 압력판 및 플라이휠 손상

40. 공기 현가장치의 특징에 속하지 않는 것은?
    ㉮ 하중 증감에 관계없이 차체 높이를 일정하게 유지하며 앞뒤, 좌우의 기울기를 방지 할 수 있다.
    ㉯ 스프링 정수가 자동적으로 조정되므로 하중의 증감에 관계없이 고유 진동수를 거의 일정하게 유지할 수 있다.
    ㉰ 고유 진동수를 높일 수 있으므로 스프링 효과를 유연하게 할 수 있다.
    ㉱ 공기 스프링 자체에 감쇠성이 있으므로 작은 진동을 흡수하는 효과가 있다.

41. 축전지 전해액의 비중을 측정하였더니 1.180 이었다. 이 축전지의 방전율은? (단, 비중값이 완전 충전시 1.2800이고 완전 방전시의 비중값이 1.080이다.)
    ㉮ 20%   ㉯ 30%
    ㉰ 50%   ㉱ 70%

42. 반도체의 장점으로 틀린 것은?
    ㉮ 극히 소형이고 경량이다.
    ㉯ 내부 전력 손실이 매우 적다.
    ㉰ 고온에서도 안정적으로 동작한다.
    ㉱ 예열을 요구하지 않고 곧바로 작동을 한다.

43. 자동차의 IMS에 대한 설명으로 옳은 것은?
    ㉮ 도난을 예방하기 위한 시스템이다.
    ㉯ 편의장치로서 장거리 운행시 자동운행 시스템이다.
    ㉰ 배터리 교환주기를 알려주는 시스템이다.
    ㉱ 스위치 조작으로 설정해둔 시트위치로 재생시킨다.

44. P형 반도체와 N형 반도체를 마주대고 결합한 것은?
    ㉮ 캐리어   ㉯ 홀
    ㉰ 다이오드   ㉱ 스위칭

45. 그림과 같이 테스트 램프를 사용하여 릴레이 회로의 각 단자(B, L, S1, S2)를 점검하였을 때 테스트 램프의 작동이 틀린 것은? (단, 테스트 램프 전구는 LED전구이며, 테스트 램프의 접지는 차체 접지)

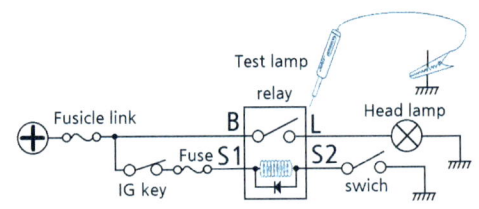

　㉮ B단자는 점등된다.
　㉯ L단자는 점등되지 않는다.
　㉰ S1단자는 점등된다.
　㉱ S2단자는 점등되지 않는다.

46. 기동전동기에서 회전하는 부분이 아닌 것은?
    ㉮ 오버런닝클러치   ㉯ 정류자
    ㉰ 계자 코일   ㉱ 전기자 철심

47. 편의장치에서 중앙집중식 제어장치(ETACS 또는 ISU)의 입출력 요소 역할에 대한 설명으로 틀린 것은?
    ㉮ 모든 도어스위치 : 각 도어 잠김 여부감지
    ㉯ INT스위치 : 와셔 작동 여부 감지
    ㉰ 핸들 록 스위치 : 키 삽입 여부 감지
    ㉱ 열선스위치 : 열선 작동 여부감지

48. 축전지 극판의 작용물질이 동일한 조건에서 비중이 감소되면 용량은?
   ㉮ 증가한다.　　㉯ 변화 없다.
   ㉰ 비례하여 증가한다.　㉱ 감소한다.

49. 자동차용 AC발전기에서 자속을 만드는 부분은?
   ㉮ 로터　　　　㉯ 스테이터
   ㉰ 브러시　　　㉱ 다이오드

50. 점화코일에서 고전압을 얻도록 유도하는 공식으로 옳은 것은? (단, E_1 : 1차 코일에 유도된 전압, E_2 : 2차 코일에 유도된 전압, N_1 : 1차 코일에 유도된 전압, N_2 : 2차 코일에 유도된 전압)
   ㉮ $E_2 = \dfrac{N_2}{N_1} E_1$
   ㉯ $E_2 = \dfrac{N_1}{N_2} E_1$
   ㉰ $E_2 = N_1 \times N_2 \times E_1$
   ㉱ $E_2 = N_2 + (N_1 \times E_1)$

51. 구급처치 중에서 환자의 상태를 확인하는 사항과 관련이 없는 것은?
   ㉮ 의식　　　　㉯ 상처
   ㉰ 출혈　　　　㉱ 안정

52. 다이얼 게이지 사용시 유의사항으로 틀린 것은?
   ㉮ 스핀들에 주유하거나 그리스를 발라서 보관한다.
   ㉯ 분해 청소나 조정을 함부로 하지 않는다.
   ㉰ 게이지에 어떤 충격도 가해서는 안 된다.
   ㉱ 게이지를 설치할 때에는 지지대의 암을 될 수 있는 대로 짧게 하고 확실하게 고정해야 한다.

53. 드릴로 큰 구멍을 뚫으려고 할 때에 먼저 할 일은?
   ㉮ 금속을 무르게 한다.
   ㉯ 작은 구멍을 뚫는다.
   ㉰ 스핀들의 속도를 빠르게 한다.
   ㉱ 드릴 커팅 앵글을 증가시킨다.

54. 일반공구 사용에서 안전한 사용법이 아닌 것은?
   ㉮ 조정 죠오에 잡아당기는 힘이 가해져야 한다.
   ㉯ 렌치에 파이프 등의 연장대를 끼워서 사용해서는 안 된다.
   ㉰ 언제나 깨끗한 상태로 보관한다.
   ㉱ 녹이 생긴 볼트나 너트에는 오일을 넣어 스며들게 한 다음 돌린다.

55. 산업안전보건표지의 종류와 형태에서 아래 그림이 나타내는 표시는?

   ㉮ 접촉금지　　㉯ 출입금지
   ㉰ 탑승금지　　㉱ 보행금지

56. 기동전동기의 분해조립시 주의할 사항이 아닌 것은?
   ㉮ 관통볼트 조립시 브러시 선과의 접촉에 주의할 것
   ㉯ 레버의 방향과 스프링, 홀더의 순서를 혼동하지 말 것
   ㉰ 브러시 배선과 하우징과의 배선을 확실히 연결할 것
   ㉱ 마그네틱 스위치의 B단자와 M(또는 F)단자의 구분에 주의할 것

57. 귀 마개를 착용하여야 하는 작업과 가장 거리가 먼 것은?
   ㉮ 공기압축기가 가동되는 기계실 내에서 작업
   ㉯ 디젤엔진 정비작업
   ㉰ 단조작업
   ㉱ 제관작업

58. 전자제어 시스템을 정비할 때 점검 방법 중 올바른 것을 모두 고른 것은?

정답 48. ㉱　49. ㉮　50. ㉮　51. ㉱　52. ㉮　53. ㉯　54. ㉮　55. ㉱　56. ㉰　57. ㉯

a. 배터리 전압이 낮으면 고장진단이 발견되지 않을 수도 있으므로 점검하기 전에 배터리 전압상태를 점검한다.
b. 배터리 또는 ECU커넥터를 분리하면 고장항목이 지워질 수 있으므로 고장진단 결과를 완전히 읽기 전에는 배터리를 분리시키지 않는다.
c. 점검 및 정비를 완료한 후에는 배터리(-)단자를 15초 이상 분리시킨 후 다시 연결하고 고장 코드가 지워졌는지를 확인한다.

㉮ b - c ㉯ a - b
㉰ a - c ㉱ a - b - c

59. 제동력시험기 사용시 주의할 사항으로 틀린 것은?

㉮ 타이어 트레드의 표면에 습기를 제거한다.
㉯ 롤러 표면은 항상 그리스로 충분히 윤활시킨다.
㉰ 브레이크 페달을 확실히 밟은 상태에서 측정한다.
㉱ 시험 중 타이어와 가이드롤러와의 접촉이 없도록 한다.

60. 기관을 운전상태에서 점검하는 부분이 아닌 것은?

㉮ 배기가스의 색을 관찰하는 일
㉯ 오일압력 경고등을 관찰하는 일
㉰ 엔진의 이상음을 관찰하는 일
㉱ 오일 팬의 오일량을 측정하는 일

정답 58. ㉱ 59. ㉯ 60. ㉱

2013. 10. 12 자동차 정비기능사

1. 다음 중 EGR(Exhaust Gas Recirculation)밸브의 구성 및 기능 설명으로 틀린 것은?
   - ㉮ 배기가스 재순환 장치
   - ㉯ 연료 증발가스(HC) 발생을 억제 시키는 장치
   - ㉰ 질소화합물(NOx) 발생을 감소시키는 장치
   - ㉱ EGR파이프, EGR밸브 및 서모밸브로 구성

2. 전자제어 차량의 인젝터가 갖추어야 될 기본 요건이 아닌 것은?
   - ㉮ 정확한 분사량
   - ㉯ 내 부식성
   - ㉰ 기밀 유지
   - ㉱ 저항 값은 무한대(∞)일 것

3. 과급기가 설치된 엔진에 장착된 센서로서 급속 및 증속에서 ECU로 신호를 보내주는 센서는?
   - ㉮ 부스터 센서
   - ㉯ 노크 센서
   - ㉰ 산소 센서
   - ㉱ 수온 센서

4. 화물자동차 및 특수자동차의 차량 총중량은 몇 톤을 초과해서는 안 되는가?
   - ㉮ 20톤
   - ㉯ 30톤
   - ㉰ 40톤
   - ㉱ 50톤

5. 자동차가 24km/h의 속도에서 가속하여 60km/h의 속도를 내는데 5초 걸렸다. 평균 가속도는?
   - ㉮ $10m/s^2$
   - ㉯ $5m/s^2$
   - ㉰ $2m/s^2$
   - ㉱ $1.5m/s^2$

6. 어떤 물체가 초속도 10m/s로 마루면을 미끄러진다면 몇 m를 진행하고 멈추는가? (단, 물체와 마루면 사이의 마찰계수는 0.5이다.)
   - ㉮ 0.51m
   - ㉯ 5.1m
   - ㉰ 10.2m
   - ㉱ 20.4m

7. 탄소 1Kg을 완전 연소시키기 위한 순수 산소의 양은?
   - ㉮ 약 1.67Kg
   - ㉯ 약 2.67Kg
   - ㉰ 약 2.89Kg
   - ㉱ 약 5.56Kg

8. 제동마력(BHP)을 지시마력(IHP)으로 나눈 값은?
   - ㉮ 기계효율
   - ㉯ 열효율
   - ㉰ 체적효율
   - ㉱ 전달효율

9. 규정값이 내경 78mm인 실린더를 실린더 보어 게이지로 측정한 결과 0.35mm가 마모되었다. 실린더 내경을 얼마로 수정해야 하는가?
   - ㉮ 실린더 내경을 78.35mm로 수정한다.
   - ㉯ 실린더 내경을 78.50mm로 수정한다.
   - ㉰ 실린더 내경을 78.75mm로 수정한다.
   - ㉱ 실린더 내경을 79.00mm로 수정한다.

10. PCV(positive Crankcase Ventilation)에 대한 설명으로 옳은 것은?
    - ㉮ 블로바이(blow by) 가스를 대기 중으로 방출하는 시스템이다.
    - ㉯ 고부하 때에는 블로바이 가스가 공기 청정기에서 헤드커버 내로 공기가 도입된다.
    - ㉰ 흡기 다기관이 부압일 때는 크랭크케이스에서 헤드커버를 통해 공기 청정기로 유입된다.
    - ㉱ 헤드커버 안의 블로바이 가스는 부하와 관계없이 서지탱크로 흡입되어 연소된다.

11. 분사펌프에서 딜리버리 밸브의 작용 중 틀린 것은?
    - ㉮ 연료의 역류 방지
    - ㉯ 노즐에서의 후적 방지
    - ㉰ 분사시기 조정
    - ㉱ 연료라인의 잔압 유지

정답 1. ㉯ 2. ㉱ 3. ㉮ 4. ㉰ 5. ㉰ 6. ㉰ 7. ㉯ 8. ㉮ 9. ㉰ 10. ㉱ 11. ㉰

12. 흡기관 내 압력의 변화를 측정하여 흡입공기량을 간접으로 검출하는 방식은?
   ㉮ K - jetronic   ㉯ D - jetronic
   ㉰ L - jetronic   ㉱ LH - jetronic

13. 디젤 노크와 관련이 없는 것은?
   ㉮ 연료 분사량   ㉯ 연료 분사시기
   ㉰ 흡기 온도   ㉱ 엔진오일 량

14. 디젤기관에서 연료 분사펌프의 거버너는 어떤 작용을 하는가?
   ㉮ 분사량을 조정한다.
   ㉯ 분사시기를 조정한다.
   ㉰ 분사압력을 조정한다.
   ㉱ 착화시기를 조정한다.

15. 피스톤 평균속도를 높이지 않고 엔진 회전속도를 높이려면?
   ㉮ 행정을 작게 한다.
   ㉯ 실린더 지름을 작게 한다.
   ㉰ 행정을 크게 한다.
   ㉱ 실린더 지름을 크게 한다.

16. 윤활유의 성질에서 요구되는 사항이 아닌 것은?
   ㉮ 비중이 적당할 것
   ㉯ 인화점 및 발화점이 낮을 것
   ㉰ 점성과 온도와의 관계가 양호할 것
   ㉱ 카본이 생성이 적으며, 강인한 유막을 형성할 것

17. 캠축과 크랭크축의 타이밍 전동 방식이 아닌 것은?
   ㉮ 유압 전동 방식   ㉯ 기어 전동 방식
   ㉰ 벨트 전동 방식   ㉱ 체인 전동 방식

18. 기동 전동기가 정상 회전하지만 엔진이 시동되지 않는 원인과 관련이 있는 사항은?
   ㉮ 밸브 타이밍이 맞지 않을 때
   ㉯ 조향 핸들 유격이 맞지 않을 때
   ㉰ 현가장치에 문제가 잇을 때
   ㉱ 산소센서의 작동이 불량일 때

19. 실린더 벽이 마멸되었을 때 나타나는 현상 중 틀린 것은?
   ㉮ 연료소모 저하 및 엔진 출력저하
   ㉯ 피스톤 슬랩 현상 발생
   ㉰ 압축압력 저하 및 블로바이 가스 발생
   ㉱ 엔진오일의 희석 및 소모

20. 인젝터 회로의 정상적인 파형이 그림과 같을 때 본선의 접속불량 시 나올 수 있는 파형 중 맞는 것은?

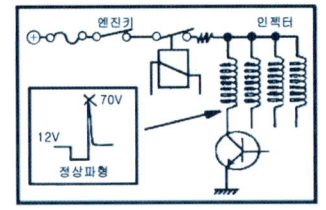

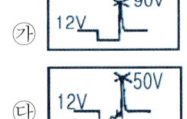
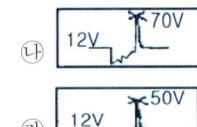

21. 다음 중 기관 과열의 원인이 아닌 것은?
   ㉮ 수온조절기 불량
   ㉯ 냉각수 량 과다
   ㉰ 라디에이터 캡 불량
   ㉱ 냉각팬 모터 고장

22. 변속기의 변속비(기어비)를 구하는 식은?
   ㉮ 엔진의 회전수를 추진축의 회전수로 나눈다.
   ㉯ 부축의 회전수를 엔진의 회전수로 나눈다.
   ㉰ 입력축의 회전수를 변속단 카운터축의 회전수로 곱한다.
   ㉱ 카운터 기어 잇수를 변속단 카운터 기어 잇수로 곱한다.

23. 자동변속기에서 유성기어 캐리어를 한 방향으로만 회전하게 하는 것은?

정답 12. ㉯ 13. ㉱ 14. ㉮ 15. ㉮ 16. ㉯ 17. ㉮ 18. ㉮ 19. ㉮ 20. ㉱ 21. ㉯ 22. ㉮ 23. ㉮

㉮ 원웨이 클러치   ㉯ 프론트 클러치
㉰ 리어 클러치   ㉱ 엔드 클러치

24. 클러치 디스크의 런아웃이 클 때 나타날 수 있는 현상으로 가장 적합한 것은?
   ㉮ 클러치의 단속이 불량해진다.
   ㉯ 클러치 페달의 유격에 변화가 생긴다.
   ㉰ 주행 중 소리가 난다.
   ㉱ 클러치 스프링이 파손된다.

25. 동력조향장치 정비 시 안전 및 유의 사항으로 틀린 것은?
   ㉮ 자동차 하부에서 작업할 때는 시야확보를 위해 보안경을 벗는다.
   ㉯ 공간이 좁으므로 다치지 않게 주의한다.
   ㉰ 제작사의 정비 지침서를 참고하여 점검 정비 한다.
   ㉱ 각종 볼트 너트는 규정 토크로 조인다.

26. 실린더와 피스톤 사이의 틈새로 가스가 누출되어 크랭크실로 유입된 가스를 연소실로 유도 시키는 배출가스 정화 장치는?
   ㉮ 촉매변환기
   ㉯ 연료 증발 가스 배출 억제 장치
   ㉰ 배기가스 재순환 장치
   ㉱ 블로바이 가스 환원 장치

27. 전동식 전자제어 동력조향장치에서 토크센서의 역할은?
   ㉮ 차속에 따라 최적의 조향력을 실현하기 위한 기준 신호로 사용된다.
   ㉯ 조향휠을 돌릴 때 조향력을 연산할 수 있도록 기본 신호를 컨트롤 유닛에 보낸다.
   ㉰ 모터 작동시 발생되는 부하를 보상하기 위한 보상 신호로 사용된다.
   ㉱ 모터 내의 로터 위치를 검출하여 모터 출력의 위상을 결정하기 위해 사용된다.

28. 전자제어 동력 조향장치의 특성으로 틀린 것은 어느 것인가?

   ㉮ 공전과 저속에서 핸들 조작력이 작다.
   ㉯ 중속 이상에서는 차량 속도에 감응하여 핸들 조작력을 변화시킨다.
   ㉰ 차량속도가 고속이 될수록 큰 조작력을 필요로 한다.
   ㉱ 동력 조향장치이므로 조향기어는 필요 없다.

29. 자동차 앞 차륜 독립현가장치에 속하지 않는 것은?
   ㉮ 트레일링 암 형식(trailling arm type)
   ㉯ 위시본형식(wishbone type)
   ㉰ 맥퍼슨형식(macpherson type)
   ㉱ SLA 형식(Short long arm type)

30. 전차륜 정렬에 관계되는 요소가 아닌 것은?
   ㉮ 타이어의 이상마모를 방지한다.
   ㉯ 정지상태에서 조향력을 가볍게 한다.
   ㉰ 조향핸들의 복원성을 준다.
   ㉱ 조향방향의 안정성을 준다.

31. 추진축 스플라인 부의 마모가 심할 때의 현상으로 가장 적절한 것은?
   ㉮ 차동기의 드라이브 피니언과 링기어의 치합이 불량하게 된다.
   ㉯ 치동기의 드라이브 피니언 베어링의 조임이 헐겁게 된다.
   ㉰ 동력을 전달할 때 충격 흡수가 잘 된다.
   ㉱ 주행 중 소음을 내고 추진축이 진동한다.

32. 앞차축 현가장치에서 맥퍼슨형의 특징이 아닌 것은?
   ㉮ 위시본형에 비하여 구조가 간단하다.
   ㉯ 로드 홀딩이 좋다.
   ㉰ 엔진 룸의 유효공간을 넓게 할 수 있다.
   ㉱ 스프링 아래 중량을 크게 할 수 있다.

33. 드럼식 브레이크에서 브레이크슈의 작동형식에 의한 분류에 해당하지 않는 것은?
   ㉮ 3리딩 슈 형식   ㉯ 리딩 트레일링 슈 형식
   ㉰ 서보 형식   ㉱ 듀오 서보식

정답 24. ㉮ 25. ㉮ 26. ㉱ 27. ㉯ 28. ㉱ 29. ㉮ 30. ㉯ 31. ㉱ 32. ㉱ 33. ㉮

34. 브레이크 장치에서 슈 리턴스프링의 작용에 해당되지 않는 것은?
- ㉮ 오일이 휠 실린더에서 마스터 실린더로 되돌아가게 한다.
- ㉯ 슈와 드럼간의 간극을 유지해 준다.
- ㉰ 페달력을 보강해 준다.
- ㉱ 슈의 위치를 확보한다.

35. 자동차의 전자제어 제동장치(ABS) 특징으로 올바른 것은?
- ㉮ 바퀴가 로크 되는 것을 방지하여 조향 안정성 유지
- ㉯ 스핀 현상을 발생시켜 안정성 유지
- ㉰ 제동시 한쪽 쏠림 현상을 발생시켜 안정성 유지
- ㉱ 제동거리를 증가시켜 안정성 유지

36. 공기 브레이크 장치에서 앞바퀴로 압축공기가 공급되는 순서는?
- ㉮ 공기탱크-퀵 릴리스밸브-브레이크밸브-브레이크 챔버
- ㉯ 공기탱크-브레이크 챔버-브레이크밸브-브레이크 슈
- ㉰ 공기탱크-브레이크밸브-퀵 릴리스밸브-브레이크 챔버
- ㉱ 브레이크밸브-공기탱크-퀵 릴리스밸브-브레이크 챔버

37. LPG의 특징 중 틀린 것은?
- ㉮ 공기보다 가볍다.
- ㉯ 기체상태의 비중은 1.5~2.0이다.
- ㉰ 무색, 무취이다.
- ㉱ 액체 상태의 비중은 0.5이다.

38. 토크컨버터의 토크 변환율은?
- ㉮ 0.1~1배
- ㉯ 2~3배
- ㉰ 4~5배
- ㉱ 6~7배

39. 마스터 실린더 푸시로드에 작용하는 힘이 120kgf이고, 피스톤 단면적이 $3cm^2$일 때 발생 유압은?
- ㉮ $30\ kgf/cm^2$
- ㉯ $40\ kgf/cm^2$
- ㉰ $50\ kgf/cm^2$
- ㉱ $60\ kgf/cm^2$

40. 기관 rpm이 3570이고, 변속비가 3.5, 종감속비가 3일 때 오른쪽 바퀴가 420rpm이면 왼쪽 바퀴 회전수는?
- ㉮ 340rpm
- ㉯ 1480rpm
- ㉰ 2.7rpm
- ㉱ 260rpm

41. 큰 구멍을 가공할 때 가장 먼저 작업해야 할 것은?
- ㉮ 스핀들의 속도를 증가시킨다.
- ㉯ 금속을 연하게 한다.
- ㉰ 강한 힘으로 작업한다.
- ㉱ 작은 치수의 구멍으로 먼저 작업한다.

42. 드릴링 머신 작업을 할 때 주의사항으로 틀린 것은?
- ㉮ 드릴의 날이 무디어 이상한 소리가 날 때는 회전을 멈추고 드릴을 교환하거나 연마한다.
- ㉯ 공작물을 제거할 때는 회전을 완전히 멈추고 한다.
- ㉰ 가공 중에 드릴이 관통했는지를 손으로 확인한 후 기계를 멈춘다.
- ㉱ 드릴은 주축에 튼튼하게 장치하여 사용한다.

43. 스패너 작업시 유의할 점이다. 틀린 것은?
- ㉮ 스패너의 입이 너트의 치수에 맞는 것을 사용해야 한다.
- ㉯ 스패너의 자루에 파이프를 이어서 사용해서는 안 된다.
- ㉰ 스패너와 너트 사이에는 쐐기를 넣고 사용하는 것이 편리하다.
- ㉱ 너트에 스패너를 깊이 올리고 조금씩 앞으로 당기는 식으로 풀고 조인다.

44. 변속기를 탈착할 때 가장 안전하지 않은 작업방법은?
- ㉮ 자동차 밑에서 작업 시 보안경을 착용한다.
- ㉯ 잭으로 올릴 때 물체를 흔들어 중심을 확인한다.

정답 34. ㉰ 35. ㉮ 36. ㉰ 37. ㉮ 38. ㉯ 39. ㉯ 40. ㉱ 41. ㉱ 42. ㉰ 43. ㉰ 44. ㉯

㉢ 잭으로 올린 후 스탠드로 고정한다.
㉣ 사용 목적에 적합한 공구를 사용한다.

45. 축전지의 점검시 육안점검 사항이 아닌 것은?
㉮ 전해액의 비중측정
㉯ 케이스 외부 전해액 누출상태
㉰ 케이스의 균열점검
㉱ 단자의 부식상태

46. 축전지를 급속 충전할 때 주의사항이 아닌 것은?
㉮ 통풍이 잘 되는 곳에서 충전한다.
㉯ 축전지의 +, - 케이블을 자동차에 연결한 상태로 충전한다.
㉰ 전해액의 온도가 45 ℃가 넘지 않도록 한다.
㉱ 충전 중인 축전지에 충격을 가하지 않도록 한다.

47. 모터(기동전동기)의 형식을 맞게 나열한 것은?
㉮ 직렬형, 병렬형, 복합형
㉯ 직렬형, 복렬형, 병렬형
㉰ 직권형, 복권형, 복합형
㉱ 직권형, 분권형, 복권형

48. 파워 윈도우 타이머 제어에 관한 설명으로 틀린 것은?
㉮ IG 'ON'에서 파워 윈도우 릴레이를 ON한다.
㉯ IG 'OFF'에서 파워 윈도우 릴레이를 일정시간 동안 ON한다.
㉰ 키를 뺏을 때 윈도우가 열려 있다면 다시 키를 꽂기 않아도 일정시간 이내 윈도우를 닫을 수 있는 기능이다.
㉱ 파워 윈도우 타이머 제어 중 전조등을 작동시키면 출력을 즉시 OFF한다.

49. 자동차 타이어 공기압에 대한 설명으로 적합한 것은?
㉮ 비오는 날 빗길 주행시 공기압을 15% 정도 낮춘다.
㉯ 좌·우 바퀴의 공기압이 차이가 날 경우 제동력 편차가 발생할 수 있다.
㉰ 모래길 등 자동차 바퀴가 빠질 우려가 있을 때는 공기압을 15%정도 높인다.
㉱ 공기압이 높으면 트레드 양단이 마모된다.

50. 자동차 소모품에 대한 설명이 잘못된 것은?
㉮ 부동액은 차체의 도색 부분을 손상시킬 수 있다.
㉯ 전해액은 차체를 부식시킨다.
㉰ 냉각수는 경수를 사용하는 것이 좋다.
㉱ 자동변속기 오일은 제작회사의 추천 오일을 사용한다.

51. 계기판의 충전 경고등은 어느 때 점등 되는가?
㉮ 배터리 전압이 10.5V 이하 일 때
㉯ 알터네이터에서 충전이 안 될 때
㉰ 알터네이터에서 충전되는 전압이 높을 때
㉱ 배터리 전압이 14.7V 이상일 때

52. 와이퍼 모터 제어와 관련된 입력 요소들을 나열한 것으로 틀린 것은?
㉮ 와이퍼 INT 스위치
㉯ 와셔 스위치
㉰ 와이퍼 HI 스위치
㉱ 전조등 HI 스위치

53. 자동차의 종합경보장치에 포함되지 않는 제어 기능은?
㉮ 도어록 제어기능
㉯ 감광식 룸램프 제어기능
㉰ 엔진 고장지시 제어기능
㉱ 도어 열림 경고 제어기능

54. 점화 플러그에 불꽃이 튀지 않는 이유 중 틀린 것은?
㉮ 파워 TR 불량   ㉯ 점화코일 불량
㉰ TPS 불량   ㉱ ECU 불량

55. 연소의 3요소에 해당 되지 않는 것은?
㉮ 물   ㉯ 공기(산소)
㉰ 점화원   ㉱ 가연물

정답 45. ㉮ 46. ㉯ 47. ㉱ 48. ㉱ 49. ㉯ 50. ㉰ 51. ㉯ 52. ㉱ 53. ㉰ 54. ㉰ 55. ㉮

56. 작업장의 환경을 개선하면 나타나는 현상으로 틀린 것은?
   ㉮ 작업 능률을 향상시킬 수 있다.
   ㉯ 피로를 경감시킬 수 있다.
   ㉰ 좋은 품질의 생산품을 얻을 수 있다.
   ㉱ 기계소모가 많고 동력손실이 크다.

57. 사이드슬립 시험기 사용시 주의할 사한 중 틀린 것은?
   ㉮ 시험기의 운동부분은 항상 청결하여야 한다.
   ㉯ 시험기에 대하여 직각방향으로 진입시킨다.
   ㉰ 시험기의 답판 및 타이어에 부착된 수분, 기름, 흙 등을 제거한다.
   ㉱ 답판 위에서 차속이 빠르면 브레이크를 사용하여 차속을 맞춘다.

58. 다음 중 옴의 법칙을 바르게 표시한 것은? (단, E: 전압, I: 전류 R: 저항)
   ㉮ $R = IE$
   ㉯ $R = I/E$
   ㉰ $R = I/E^2$
   ㉱ $R = E/I$

59. 20℃에서, 양호한 상태인 100Ah의 축전지는 200A의 전기를 얼마 동안 발생시킬 수 있는가?
   ㉮ 20분
   ㉯ 30분
   ㉰ 1시간
   ㉱ 2시간

60. 논리회로에서 OR + NOT에 대한 출력의 진리값으로 틀린 것은? (단, 입력 : A, B 출력 : C)
   ㉮ 입력 A가 0이고, 입력 B가 1이면 출력 C는 0이 된다.
   ㉯ 입력 A가 0이고, 입력 B가 0이면 출력 C는 0이 된다.
   ㉰ 입력 A가 1이고, 입력 B가 1이면 출력 C는 0이 된다.
   ㉱ 입력 A가 1이고, 입력 B가 0이면 출력 C는 0이 된다.

정답 56. ㉱ 57. ㉱ 58. ㉱ 59. ㉯ 60. ㉯

2014. 1. 26 자동차 정비기능사

1. 커넥팅로드의 길이가 150mm, 피스톤의 행정이 100mm라면 커넥팅로드 길이는 크랭크 회전반지름의 몇 배가 되는가?
   - ㉮ 1.5배
   - ㉯ 3배
   - ㉰ 3.5배
   - ㉱ 6배

2. 부특성 서미스터(Thermistor)에 해당되는 것으로 나열된 것은?
   - ㉮ 냉각수온 센서, 흡기온 센서
   - ㉯ 냉각수온 센서, 산소 센서
   - ㉰ 산소 센서, 스로틀 포지션 센서
   - ㉱ 스로틀 포지션 센서, 크랭크 앵글 센서

3. 기관 연소실 설계 시 고려할 사항으로 틀린 것은?
   - ㉮ 화염전파에 요하는 시간을 가능한 한 짧게 한다.
   - ㉯ 가열되기 쉬운 돌출부를 두지 않는다.
   - ㉰ 연소실의 표면적이 최대가 되게 한다.
   - ㉱ 압축행정에서 혼합기에 와류를 일으키게 한다.

4. LPG 기관에서 액체상태의 연료를 기체상태의 연료로 전환시키는 장치는?
   - ㉮ 베이퍼라이저
   - ㉯ 솔레노이드밸브 유닛
   - ㉰ 봄베
   - ㉱ 믹서

5. 4행정 기관의 밸브 개폐시기가 다음과 같다. 흡기행정기간과 밸브오버랩은 각각 몇 도인가?

   > 흡기밸브 열림 : 상사점 전 18°
   > 흡기밸브 닫힘 : 하사점 후 48°
   > 배기밸브 열림 : 하사점 전 48°
   > 배기밸브 닫힘 : 상사점 후 13°

   - ㉮ 흡기행정기간 : 246°, 밸브오버랩 : 18°
   - ㉯ 흡기행정기간 : 241°, 밸브오버랩 : 18°
   - ㉰ 흡기행정기간 : 180°, 밸브오버랩 : 31°
   - ㉱ 흡기행정기간 : 246°, 밸브오버랩 : 31°

6. 기관의 압축압력 측정시험 방법에 대한 설명으로 틀린 것은?
   - ㉮ 기관을 정상 작동온도로 한다.
   - ㉯ 점화플러그를 전부 뺀다.
   - ㉰ 엔진오일을 넣고도 측정한다.
   - ㉱ 기관회전을 1000rpm으로 한다.

7. 전자제어 가솔린기관에서 흡기다기관의 압력과 인젝터에 공급되는 연료압력 편차를 일정하게 유지시키는 것은?
   - ㉮ 릴리프 밸브
   - ㉯ MAP센서
   - ㉰ 압력 조절기
   - ㉱ 체크 밸브

8. 자동차 배출 가스의 구분에 속하지 않는 것은?
   - ㉮ 블로바이 가스
   - ㉯ 연료증발 가스
   - ㉰ 배기 가스
   - ㉱ 탄산 가스

9. 4행정 기관의 행정과 관계 없는 것은?
   - ㉮ 흡입 행정
   - ㉯ 소기 행정
   - ㉰ 배기 행정
   - ㉱ 압축 행정

10. 흡기다기관의 진공시험 결과 진공계의 바늘이 20~40cmHg 사이에서 정지되었다면 가장 올바른 분석은?
    - ㉮ 엔진이 정상일 때
    - ㉯ 피스톤링이 마멸되었을 때
    - ㉰ 밸브가 소손 되었을 때
    - ㉱ 밸브 타이밍이 맞지 않을 때

11. 디젤 분사펌프시험기로 시험할 수 없는 것은?
    - ㉮ 연료 분사량 시험
    - ㉯ 조속기 작동시험

정답 1. ㉯ 2. ㉮ 3. ㉰ 4. ㉮ 5. ㉱ 6. ㉱ 7. ㉰ 8. ㉱ 9. ㉯ 10. ㉱ 11. ㉱

㉰ 분사시기의 조정시험
㉱ 디젤기관의 출력시험

12. 가솔린 옥탄가를 측정하기 위한 가변압축기 기관은?
㉮ 카르노 기관   ㉯ CFR 기관
㉰ 린번 기관   ㉱ 오토사이클 기관

13. 윤활장치 내의 압력이 지나치게 올라가는 것을 방지하여 회로 내의 유압을 일정하게 유지하는 기능을 하는 것은?
㉮ 오일 펌프   ㉯ 유압 조절기
㉰ 오일 여과기 ㉱ 오일 냉각기

14. 배기가스 중의 일부를 흡기다기관으로 재순환시킴으로서 연소온도를 낮춰 NOx의 배출량을 감소시키는 것은?
㉮ EGR 장치   ㉯ 캐니스터
㉰ 촉매 컨버터 ㉱ 과급기

15. 디젤기관의 분사노즐에 관한 설명으로 옳은 것은?
㉮ 분사개시 압력이 낮으면 연소실 내에 카아본 퇴적이 생기기 쉽다.
㉯ 직접 분사실식의 분사개시 압력은 일반적으로 100~120kgf/cm^2
㉰ 연료 공급펌프의 송유압력이 저하하면 연료 분사압력이 저하한다.
㉱ 분사개시 압력이 높으면 노즐의 후적이 생기기 쉽다.

16. 전자제어 가솔린 차량에서 급감속 시 CO의 배출량을 감소시키고 시동 꺼짐을 방지하는 기능은?
㉮ 퓨얼 커트(Fuel Cut)
㉯ 대시 포트(Dash Pot)
㉰ 패스트 아이들(Fast idle) 제어
㉱ 킥 다운(Kick down)

17. 크랭크 핀 축받이 오일 간극이 커졌을 때 나타나는 현상으로 옳은 것은?
㉮ 유압이 높아진다.
㉯ 유압이 낮아진다.
㉰ 실린더 벽에 뿜어지는 오일이 부족해진다.
㉱ 연소실에 올라가는 오일의 양이 적어진다.

18. 다음 중 흡입 공기량을 계량하는 센서는?
㉮ 에어플로 센서   ㉯ 흡기온도 센서
㉰ 대기압 센서   ㉱ 기관 회전속도 센서

19. 전자제어분사장치의 제어계통에서 엔진 ECU로 입력하는 센서가 아닌 것은?
㉮ 공기유량센서   ㉯ 대기압센서
㉰ 휠스피드센서   ㉱ 흡기온센서

20. 기관의 실린더(cylinder) 마멸량이란?
㉮ 실린더 안지름의 최대 마멸량
㉯ 실린더 안지름의 최대 마멸량과 최소 마멸량의 차이 값
㉰ 실린더 안지름의 최소 마멸량
㉱ 실린더 안지름의 최대 마멸량과 최소 마멸량의 평균 값

21. 스프링 정수가 2kgf/mm인 자동차 코일 스프링을 3cm 압축하려면 필요한 힘은?
㉮ 6kgf   ㉯ 60kgf
㉰ 600kgf ㉱ 6000kgf

22. 사용 중인 라디에이터에 물을 넣으니 총 14L가 들어갔다. 이 라디에이터와 동일 제품의 신품 용량은 20L라고 하면, 이 라디에이터 코어 막힘은 몇 %인가?
㉮ 20%   ㉯ 25%
㉰ 30%   ㉱ 35%

23. 디젤기관에 사용되는 경유의 구비조건은?
㉮ 점도가 낮을 것
㉯ 세탄가가 낮을 것
㉰ 유황분이 많을 것
㉱ 착화성이 좋을 것

정답 12. ㉯ 13. ㉯ 14. ㉮ 15. ㉮ 16. ㉯ 17. ㉯ 18. ㉮ 19. ㉰ 20. ㉯ 21. ㉯ 22. ㉰ 23. ㉱

24. 브레이크장치의 유압회로에서 발생하는 베이퍼 록의 원인이 아닌 것은?
   ㉮ 긴 내리막길에서 과도한 브레이크 사용
   ㉯ 비점이 높은 브레이크액을 사용했을 때
   ㉰ 드럼과 라이닝의 끌림에 의한 가열
   ㉱ 브레이크슈 리턴스프링의 쇠손에 의한 잔압 저하

25. 전자제어 자동변속기에서 변속단 결정에 가장 중요한 역할을 하는 센서는?
   ㉮ 스로틀 포지션센서 ㉯ 공기유량센서
   ㉰ 레인센서   ㉱ 산소센서

26. 기관 최고출력이 70 PS인 자동차가 직진하고 있을 때 변속기 출력축의 회전수가 4800 rpm, 종감속비가 2.4이면 뒤 액슬의 회전속도는?
   ㉮ 1000rpm   ㉯ 2000rpm
   ㉰ 2500rpm   ㉱ 3000rpm

27. 앞바퀴를 위에서 아래로 보았을 때 앞쪽이 뒤쪽보다 좁게 되어져 있는 상태를 무엇이라 하는가?
   ㉮ 킹핀(king-pin) 경사각
   ㉯ 캠버(camber)
   ㉰ 토인(toe in)
   ㉱ 캐스터(caster)

28. 브레이크슈의 리턴스프링에 관한 설명으로 거리가 먼 것은?
   ㉮ 리턴스프링이 약하면 휠 실린더 내의 잔압이 높아진다.
   ㉯ 리턴스프링이 약하면 드럼을 과열시키는 원인이 될 수도 있다.
   ㉰ 리턴스프링이 강하면 드럼과 라이닝의 접촉이 신속히 해제된다.
   ㉱ 리턴스프링이 약하면 브레이크슈의 마멸이 촉진될 수 있다.

29. 공기 브레이크의 구성 부품이 아닌 것은?
   ㉮ 공기 압축기
   ㉯ 브레이크 챔버
   ㉰ 브레이크 휠 실린더
   ㉱ 퀵 릴리스 밸브

30. 클러치페달을 밟을 때 무겁고, 자유간극이 없다면 나타나는 현상으로 거리가 먼 것은?
   ㉮ 연료 소비량이 증대된다.
   ㉯ 기관이 과냉된다.
   ㉰ 주행 중 가속 페달을 밟아도 차가 가속되지 않는다.
   ㉱ 등판 성능이 저하된다.

31. 자동차 현가장치에 사용하는 토션 바 스프링에 대하여 틀린 것은?
   ㉮ 단위 무게에 대한 에너지 흡수율이 다른 스프링에 비해 크며 가볍고 구조도 간단하다.
   ㉯ 스프링의 힘은 바의 길이 및 단면적에 반비례한다.
   ㉰ 구조가 간단하고 가로 또는 세로로 자유로이 설치할 수 있다.
   ㉱ 진동의 감쇠 작용이 없어 쇽업소버를 병용하여야 한다.

32. 전자제어 동력 조향장치와 관계가 없는 센서는?
   ㉮ 일사 센서
   ㉯ 차속 센서
   ㉰ 스로틀 포지션 센서
   ㉱ 조향각 센서

33. 전자제어식 동력조향장치(EPS)의 관련된 설명으로 틀린 것은?
   ㉮ 저속 주행에서는 조향력을 가볍게 고속주행에서는 무겁게 되도록 한다.
   ㉯ 저속 주행에서는 조향력을 무겁게 고속주행에서는 가볍게 되도록 한다.
   ㉰ 제어방식에서 차속감응과 엔진회전수 감응방식이 있다.
   ㉱ 급조향시 조향 방향으로 잡아당기는 현상을 방지하는 효과가 있다.

정답 24. ㉯ 25. ㉮ 26. ㉯ 27. ㉰ 28. ㉮ 29. ㉰ 30. ㉯ 31. ㉯ 32. ㉮ 33. ㉯

34. 유압식 동력 조향장치의 구성요소로 틀린 것은?
　㉮ 브레이크 스위치
　㉯ 오일펌프
　㉰ 스티어링 기어박스
　㉱ 압력 스위치

35. 동력전달장치에서 추진축이 진동하는 원인으로 가장 거리가 먼 것은?
　㉮ 요크 방향이 다르다.
　㉯ 밸런스 웨이트가 떨어졌다.
　㉰ 중간 베어링이 마모되었다.
　㉱ 플랜지부를 너무 조였다.

36. 구동바퀴가 자동차를 미는 힘을 구동력이라 하며 이때 구동력의 단위는?
　㉮ kgf　　　　　㉯ kgf · m
　㉰ ps　　　　　 ㉱ kgf · m/s

37. 변속기의 1단 감속비가 4:1이고 종감속 기어의 감속비는 5:1일 때 총 감속비는?
　㉮ 0.8 : 1　　　 ㉯ 1.25 : 1
　㉰ 20 : 1　　　　㉱ 30 : 1

38. 자동변속기 오일펌프에서 발생한 라인압력을 일정하게 조정하는 밸브는?
　㉮ 체크 밸브　　　㉯ 거버너 밸브
　㉰ 매뉴얼 밸브　　㉱ 레귤레이터 밸브

39. 전자제어 현가장치에서 입력 신호가 아닌 것은?
　㉮ 스로틀 포지션 센서
　㉯ 브레이크 스위치
　㉰ 감쇠력 모드 전환 스위치
　㉱ 대기압 센서

40. 전자제어 제동장치(ABS)에서 ECU로부터 신호를 받아 각 휠 실린더의 유압을 조절하는 구성품은?
　㉮ 유압 모듈레이터　㉯ 휠 스피드 센서
　㉰ 프로포셔닝 밸브　㉱ 앤티 롤 장치

41. 오버런닝클러치 형식의 기동 전동기에서 기관이 시동된 후에도 계속해서 키 스위치를 작동시키면?
　㉮ 기동 전동기의 전기자가 타기 시작하여 소손된다.
　㉯ 기동 전동기의 전기자는 무부하 상태로 공회전한다.
　㉰ 기동 전동기의 전기자가 정지된다.
　㉱ 기동 전동기의 전기자가 기관회전보다 고속 회전한다.

42. 자동차에서 배터리의 역할이 아닌 것은?
　㉮ 기동장치의 전기적 부하를 담당한다.
　㉯ 캐니스터를 작동시키는 전원을 공급한다.
　㉰ 컴퓨터(ECU)를 작동시킬 수 있는 전원을 공급한다.
　㉱ 주행상태에 따른 발전기의 출력과 부하와의 불균형을 조정한다.

43. HEI코일(폐자로형 코일)에 대한 설명 중 틀린 것은?
　㉮ 유도작용에 의해 생성되는 자속이 외부로 방출되지 않는다.
　㉯ 1차 코일을 굵게 하면 큰 전류가 통과할 수 있다.
　㉰ 1차 코일과 2차 코일은 연결되어 있다.
　㉱ 코일 방열을 위해 내부에 절연유가 들어 있다.

44. 쿨롱의 법칙에서 자극의 강도에 대한 내용으로 틀린 것은?
　㉮ 자석의 양끝을 자극이라 한다.
　㉯ 두 자극 세기의 곱에 비례한다.
　㉰ 자극의 세기는 자기량의 크기에 따라 다르다.
　㉱ 거리에 반비례한다.

45. 에어컨 냉매 R-134a 의 특징을 잘못 설명한 것은?
　㉮ 액화 및 증발이 되지 않아 오존층이 보호된다.
　㉯ 무미, 무취하다.
　㉰ 화학적으로 안정되고 내열성이 좋다.
　㉱ 온난화지수가 냉매 R-12보다 낮다.

정답　34. ㉮　35. ㉱　36. ㉮　37. ㉰　38. ㉱　39. ㉱　40. ㉮　41. ㉯　42. ㉯　43. ㉱　44. ㉱　45. ㉮

46. 발광다이오드의 특징을 설명한 것이 아닌 것은?
   ㉮ 배전기의 크랭크 각 센서 등에서 사용된다.
   ㉯ 발광할 때는 10mA 정도의 전류가 필요하다.
   ㉰ 가시광선으로부터 적외선까지 다양한 빛을 발생한다.
   ㉱ 역방향으로 전류를 흐르게 하면 빛이 발생된다.

47. 자동차용 축전지의 비중이 30℃에서 1.276이었다. 기준 온도 20℃에서의 비중은?
   ㉮ 1.269   ㉯ 1.275
   ㉰ 1.283   ㉱ 1.290

48. 커먼레일 디젤엔진 차량의 계기판에서 경고등 및 지시등의 종류가 아닌 것은?
   ㉮ 예열플러그 작동지시등
   ㉯ DPF 경고등
   ㉰ 연료수분 감지 경고등
   ㉱ 연료 차단 지시등

49. 계기판의 주차 브레이크등이 점등되는 조건이 아닌 것은?
   ㉮ 주차브레이크가 당겨져 있을 때
   ㉯ 브레이크액이 부족할 때
   ㉰ 브레이크 페이드 현상이 발생했을 때
   ㉱ EBD 시스템에 결함이 발생했을 때

50. 발전기의 기전력 발생에 관한 설명으로 틀린 것은?
   ㉮ 로터의 회전이 빠르면 기전력은 커진다.
   ㉯ 로터코일을 통해 흐르는 여자 전류가 크면 기전력은 커진다.
   ㉰ 코일의 권수와 도선의 길이가 길면 기전력은 커진다.
   ㉱ 자극의 수가 많아지면 여자되는 시간이 짧아져 기전력이 작아진다.

51. 산업재해 예방을 위한 안전시설점검의 가장 큰 이유는?
   ㉮ 위해요소를 사전점검하여 조치한다.
   ㉯ 시설장비의 가동상태를 점검한다.
   ㉰ 공장의 시설 및 설비 레이아웃을 점검한다.
   ㉱ 작업자의 안전교육 여부를 점검한다.

52. 임팩트 렌치의 사용 시 안전 수칙으로 거리가 먼 것은?
   ㉮ 렌치 사용시 헐거운 옷은 착용하지 않는다.
   ㉯ 위험 요소를 항상 점검한다.
   ㉰ 에어 호스를 몸에 감고 작업을 한다.
   ㉱ 가급적 회전 부에 떨어져서 작업을 한다.

53. 조정렌치의 사용방법이 틀린 것은?
   ㉮ 조정너트를 돌려 조(jaw)가 볼트에 꼭 끼게 한다.
   ㉯ 고정 조에 힘이 가해지도록 사용해야 한다.
   ㉰ 큰 볼트를 풀 때는 렌치 끝에 파이프를 끼워서 세게 돌린다.
   ㉱ 볼트 너트의 크기에 따라 조의 크기를 조절하여 사용한다.

54. 작업 현장의 안전표시 색채에서 재해나 상해가 발생하는 장소의 위험 표시로 사용되는 색채는?
   ㉮ 녹색   ㉯ 파랑색
   ㉰ 주황색   ㉱ 보라색

55. 일반적인 기계 동력 전달 장치에서 안전상 주의사항으로 틀린 것은?
   ㉮ 기어가 회전하고 있는 곳은 뚜껑으로 잘 덮어 위험을 방지한다.
   ㉯ 천천히 움직이는 벨트라도 손으로 잡지 않는다.
   ㉰ 회전하고 있는 벨트나 기어에 필요 없는 접근을 금한다.
   ㉱ 동력전달을 빨리하기 위해 벨트를 회전하는 풀리에 손으로 걸어도 좋다.

56. ECS(전자제어현가장치) 정비 작업시 안전작업 방법으로 틀린 것은?
   ㉮ 차고조정은 공회전 상태로 평탄하고 수평인 곳에서 한다.
   ㉯ 배터리 접지단자를 분리하고 작업한다.
   ㉰ 부품의 교환은 시동이 켜진 상태에서 작업한다.
   ㉱ 공기는 드라이어에서 나온 공기를 사용한다.

정답 46. ㉱ 47. ㉰ 48. ㉱ 49. ㉰ 50. ㉱ 51. ㉮ 52. ㉰ 53. ㉰ 54. ㉰ 55. ㉱ 56. ㉰

57. 타이어 압력 모니터링 장치(TPMS)의 점검, 정비 시 잘못된 것은?
   ㉮ 타이어 압력센서는 공기 주입 밸브와 일체로 되어 있다.
   ㉯ 타이어 압력센서 장착용 휠은 일반 휠과 다르다.
   ㉰ 타이어 분리 시 타이어 압력센서가 파손되지 않게 한다.
   ㉱ 타이어 압력센서용 배터리 수명은 영구적이다.

58. 자동차 정비 작업시 작업복 상태로 적합한 것은?
   ㉮ 가급적 주머니가 많이 붙어 있는 것이 좋다.
   ㉯ 가급적 소매가 넓어 편한 것이 좋다.
   ㉰ 가급적 소매가 없거나 짧은 것이 좋다.
   ㉱ 가급적 폭이 넓지 않은 긴바지가 좋다.

59. 회로 시험기로 전기회로의 측정 점검시 주의사항으로 틀린 것은?
   ㉮ 테스트 리드의 적색은 + 단자에, 흑색은 − 단자에 연결한다.
   ㉯ 전류 측정시는 테스터를 병렬로 연결하여야 한다.
   ㉰ 각 측정 범위의 변경은 큰 쪽에서 작은 쪽으로 한다.
   ㉱ 저항 측정시엔 회로전원을 끄고 단품은 탈거한 후 측정한다.

60. 전자제어 가솔린 기관의 실린더 헤드 볼트를 규정대로 조이지 않았을 때 발생하는 현상으로 틀린 것은?
   ㉮ 냉각수의 누출
   ㉯ 스로틀 밸브의 고착
   ㉰ 실린더 헤드의 변형
   ㉱ 압축가스의 누설

정답 57. ㉱ 58. ㉱ 59. ㉯ 60. ㉯

2014. 4. 6 자동차 정비기능사

1. 공회전 속도조절 장치라 할 수 없는 것은?
   ㉮ 전자 스로틀 시스템
   ㉯ 아이들 스피드 액추에이터
   ㉰ 스텝 모터
   ㉱ 가변 흡기제어 장치

2. 석유를 사용하는 자동차의 대체에너지에 해당되지 않는 것은?
   ㉮ 알콜   ㉯ 전기
   ㉰ 중유   ㉱ 수소

3. 직접고압 분사방식(CRDI) 디젤엔진에서 예비분사를 실시하지 않는 경우로 틀린 것은?
   ㉮ 엔진 회전수가 고속인 경우
   ㉯ 분사량의 보정제어 중인 경우
   ㉰ 연료 압력이 너무 낮은 경우
   ㉱ 예비 분사가 주 분사를 너무 앞지르는 경우

4. 실린더 내경이 50mm, 행정이 100mm인 4실린더 기관의 압축비기 11일 때 연소실 체적은?
   ㉮ 약 40.1cc   ㉯ 약 30.1cc
   ㉰ 약 15.6cc   ㉱ 약 19.6cc

5. 4행정 6기통 기관에서 폭발순서가 1-5-3-6-2-4인 엔진의 2번 실린더가 흡기행정 중간이라면 5번 실린더는?
   ㉮ 폭발행정 중   ㉯ 배기행정 초
   ㉰ 흡기행정 중   ㉱ 압축행정 말

6. 디젤기관에서 과급기의 사용 목적으로 틀린 것은?
   ㉮ 엔진의 출력이 증대된다.
   ㉯ 체적효율이 작아진다.
   ㉰ 평균유효압력이 향상된다.
   ㉱ 회전력이 증가한다.

7. 가솔린 기관에서 완전연소 시 배출되는 연소가스 중 체적비율로 가장 많은 가스는?
   ㉮ 산소   ㉯ 이산화탄소
   ㉰ 탄화수소   ㉱ 질소

8. 자동차 기관의 크랭크축 베어링에 대한 구비조건으로 틀린 것은?
   ㉮ 하중 부담 능력이 있을 것
   ㉯ 매입성이 있을 것
   ㉰ 내식성이 있을 것
   ㉱ 내 피로성이 작을 것

9. 배기가스 재순환장치는 주로 어떤 물질의 생성을 억제하기 위한 것인가?
   ㉮ 탄소   ㉯ 이산화탄소
   ㉰ 일산화탄소   ㉱ 질소산화물

10. LPG 기관에서 액체를 기체로 변화시키는 것을 주목적으로 설치된 것은?
    ㉮ 솔레노이드 스위치 ㉯ 베이퍼라이저
    ㉰ 봄베   ㉱ 기상 솔레노이드 밸브

11. 열선식 흡입공기량 센서에서 흡입공기량이 많아질 경우 변화하는 물리량은?
    ㉮ 열량   ㉯ 시간
    ㉰ 전류   ㉱ 주파수

12. 승용차에서 전자제어식 가솔린 분사기관을 채택하는 이유로 거리가 먼 것은?
    ㉮ 고속 회전수 향상 ㉯ 유해배출가스 저감
    ㉰ 연료소비율 개선   ㉱ 신속한 응답성

13. 기관의 총배기량을 구하는 식은?
    ㉮ 총배기량 = 피스톤 단면적 × 행정
    ㉯ 총배기량 = 피스톤 단면적 × 행정 × 실린더 수

정답 1. ㉱ 2. ㉰ 3. ㉯ 4. ㉱ 5. ㉮ 6. ㉯ 7. ㉱ 8. ㉱ 9. ㉱ 10. ㉯ 11. ㉰ 12. ㉮ 13. ㉯

㉰ 총배기량 = 피스톤의 길이 × 행정
㉯ 총배기량 = 피스톤의 길이 × 행정 × 실린더 수

14. 기관의 윤활유 점도지수(viscosity index) 또는 점도에 대한 설명으로 틀린 것은?
   ㉮ 온도변화에 의한 점도가 적을 경우 점도지수가 높다.
   ㉯ 추운 지방에서는 점도가 큰 것일수록 좋다.
   ㉰ 점도지수는 온도변화에 대한 점도의 변화 정도를 표시한 것이다.
   ㉱ 점도란 윤활유의 끈적끈적한 정도를 나타내는 척도이다.

15. 그림과 같은 커먼레일 인젝터 파형에서 주분사 구간을 가장 알맞게 표시한 것은?

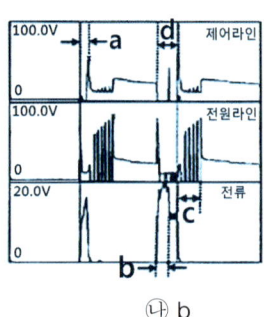

   ㉮ a   ㉯ b
   ㉰ c   ㉱ d

16. 실린더 내경 75mm, 행정 75mm, 압축비가 8:1 인 4실린더 기관의 총 연소실 체적은?
   ㉮ 약 239.3cc   ㉯ 약 159.3cc
   ㉰ 약 189.3cc   ㉱ 약 318.3cc

17. 자동차기관의 기본 사이클이 아닌 것은?
   ㉮ 역 브레이튼 사이클   ㉯ 정적 사이클
   ㉰ 정압 사이클   ㉱ 복합 사이클

18. 밸브 스프링의 서징현상에 대한 설명으로 옳은 것은?
   ㉮ 밸브가 열릴 때 천천히 열리는 현상
   ㉯ 흡·배기 밸브가 동시에 열리는 현상
   ㉰ 밸브가 고속 회전에서 저속으로 변화할 때 스프링의 장력의 차가 생기는 현상

㉱ 밸브스프링의 고유 진동수와 캠 회전수가 공명에 의해 밸브스프링이 공진하는 현상

19. 기관이 과열하는 원인으로 틀린 것은?
   ㉮ 냉각팬의 파손
   ㉯ 냉각수 흐름 저항 감소
   ㉰ 냉각수 이물질 혼입
   ㉱ 라디에이터의 코어 파손

20. 자동차의 안전기준에서 제동등이 다른 등화와 겸용하는 경우 제동조작 시 그 광도가 몇 배 이상 증가하여야 하는가?
   ㉮ 2배   ㉯ 3배
   ㉰ 4배   ㉱ 5배

21. 수동변속기 차량에서 클러치의 필요조건으로 틀린 것은?
   ㉮ 회전관성이 커야 한다.
   ㉯ 내열성이 좋아야 한다.
   ㉰ 방열이 잘되어 과열되지 않아야 한다.
   ㉱ 회전부분의 평형이 좋아야 한다.

22. 조향장치에서 차륜정렬의 목적으로 틀린 것은?
   ㉮ 조향 휠의 조작안정성을 준다.
   ㉯ 조향 휠의 주행안정성을 준다.
   ㉰ 타이어의 수명을 연장시켜준다.
   ㉱ 조향 휠의 복원성을 경감시킨다.

23. 자동변속기에서 차속센서와 함께 연산하여 변속시기를 결정하는 주요 입력신호는?
   ㉮ 캠축 포지션 센서
   ㉯ 스로틀 포지션 센서
   ㉰ 유온 센서
   ㉱ 수온 센서

24. 종감속 기어의 감속비가 5:1일 때 링기어가 2회전 하려면 구동피니언은 몇 회전하는가?
   ㉮ 12회전   ㉯ 10회전
   ㉰ 5회전   ㉱ 1회전

정답 14. ㉯ 15. ㉱ 16. ㉰ 17. ㉮ 18. ㉱ 19. ㉯ 20. ㉯ 21. ㉮ 22. ㉱ 23. ㉯ 24. ㉯

25. 유압식 동력조향장치에서 주행 중 핸들이 한쪽으로 쏠리는 원인으로 틀린 것은?
   ㉮ 토인 조정불량
   ㉯ 좌우 타이어의 이종사양
   ㉰ 타이어 편 마모
   ㉱ 파워 오일펌프 불량

26. 산소센서에 대한 설명으로 옳은 것은?
   ㉮ 농후한 혼합기가 연소된 경우 센서 내부에서 외부 쪽으로 산소 이온이 이동한다.
   ㉯ 산소센서의 내부에는 배기가스와 같은 성분의 가스가 봉입되어져 있다.
   ㉰ 촉매 전, 후의 산소센서는 서로 같은 기전력을 발생하는 것이 정상이다.
   ㉱ 광역산소센서에서 히팅 코일 접지와 신호 접지 라인은 항상 0V이다.

27. 4행정 디젤기관에서 실린더 내경 100mm, 행정 127mm, 회전수 1200rpm, 도시평균 유효압력 7kg/cm^2, 실린더 수가 6이라면 도시마력(ps)은?
   ㉮ 약 49
   ㉯ 약 56
   ㉰ 약 80
   ㉱ 약 112

28. 기관에서 블로바이 가스의 주성분은?
   ㉮ N_2
   ㉯ HC
   ㉰ CO
   ㉱ NOx

29. 주행저항 중 자동차의 중량과 관계없는 것은?
   ㉮ 구름저항
   ㉯ 구배저항
   ㉰ 가속저항
   ㉱ 공기저항

30. 유압식 동력조향장치에서 안전밸브(safety check valve)의 기능은?
   ㉮ 조향 조작력을 가볍게 하기 위한 것이다.
   ㉯ 코너링 포스를 유지하기 위한 것이다.
   ㉰ 유압이 발생하지 않을 때 수동조작으로 대처할 수 있도록 하는 것이다.
   ㉱ 조향 조작력을 무겁게 하기 위한 것이다.

31. 주행 중 가속페달 작동에 따라 출력전압의 변화가 일어나는 센서는?
   ㉮ 공기온도 센서
   ㉯ 수온 센서
   ㉰ 유온 센서
   ㉱ 스로틀 포지션 센서

32. 전자제어 현가장치의 장점으로 틀린 것은?
   ㉮ 고속 주행 시 안정성이 있다.
   ㉯ 조향 시 차체가 쏠리는 경우가 있다.
   ㉰ 승차감이 좋다.
   ㉱ 지면으로부터의 충격을 감소한다.

33. 수동변속기 내부 구조에서 싱크로메시(synchromesh) 기구의 작용은?
   ㉮ 배력 작용
   ㉯ 가속 작용
   ㉰ 동기치합 작용
   ㉱ 감속 작용

34. 자동변속기에서 토크컨버터 내부의 미끄럼에 의한 손실을 최소화하기 위한 작동기구는?
   ㉮ 댐퍼 클러치
   ㉯ 다판 클러치
   ㉰ 일방향 클러치
   ㉱ 롤러 클러치

35. ABS(Anti-lock Brake System)의 구성 요소 중 휠의 회전속도를 감지하여 컨트롤 유닛으로 신호를 보내주는 것은?
   ㉮ 휠 스피드 센서
   ㉯ 하이드로릭 유닛
   ㉰ 솔레노이드 밸브
   ㉱ 어큐뮬레이터

36. 유압식 동력조향장치에서 사용되는 오일펌프 종류가 아닌 것은?
   ㉮ 베인 펌프
   ㉯ 로터리 펌프
   ㉰ 슬리퍼 펌프
   ㉱ 벤딕스 기어 펌프

37. 드럼 방식의 브레이크 장치와 비교했을 때 디스크 브레이크의 장점은?
   ㉮ 자기작동 효과가 크다.
   ㉯ 오염이 잘 되지 않는다.
   ㉰ 패드의 마모율이 낮다.
   ㉱ 패드의 교환이 용이하다.

38. 전자제어 현가장치에서 감쇠력 제어 상황이 아닌 것은?

정답 25. ㉱ 26. ㉮ 27. ㉯ 28. ㉯ 29. ㉱ 30. ㉰ 31. ㉱ 32. ㉯ 33. ㉰ 34. ㉮ 35. ㉮ 36. ㉱ 37. ㉱

㉮ 고속 주행하면서 좌회전 할 경우
㉯ 정차 시 뒷자석에 많은 사람이 탑승한 경우
㉰ 정차 중 급출발할 경우
㉱ 고속 주행 중 급제동한 경우

39. 주행 중 브레이크 드럼과 슈가 접촉하는 원인에 해당하는 것은?
㉮ 마스터 실린더의 리턴 포트가 열려 있다.
㉯ 슈의 리턴 스프링이 소손되어 있다.
㉰ 브레이크액이 양이 부족하다.
㉱ 드럼과 라이닝의 간극이 과대하다.

40. 마스터 실린더의 푸시로드에 작용하는 힘이 120kgf이고, 피스톤의 면적이 4cm^{2}일 때 유압은?
㉮ 20kgf/cm^2
㉯ 30kgf/cm^2
㉰ 40kgf/cm^2
㉱ 50kgf/cm^2

41. 용량과 전압이 같은 축전지 2개를 직렬로 연결할 때의 설명으로 옳은 것은?
㉮ 용량은 축전지 2개와 같다.
㉯ 용량과 전압 모두 2배로 증가한다.
㉰ 전압기 2배로 증가한다.
㉱ 용량은 2배로 증가하지만 전압은 같다.

42. 교류 발전기 발전원리에 응용되는 법칙은?
㉮ 플레밍의 왼손 법칙
㉯ 플레밍의 오른손 법칙
㉰ 옴의 법칙
㉱ 자기포화의 법칙

43. 납산 축전지의 온도가 낮아졌을 때 발생되는 현상이 아닌 것은?
㉮ 전압이 떨어진다.
㉯ 전해액의 비중이 내려간다.
㉰ 용량이 적어진다.
㉱ 동결하기 쉽다.

44. ECU에 입력되는 스위치 신호라인에서 OFF 상태의 전압이 5V로 측정되었을 때 설명으로 옳은 것은?

㉮ 스위치의 신호는 아날로그 신호이다.
㉯ ECU 내부의 인터페이스는 소스(Source) 방식이다.
㉰ ECU 내부의 인터페이스는 싱크(Sink) 방식이다.
㉱ 스위치를 닫았을 때 2.5V 이하이면 정상적으로 신호 처리를 한다.

45. 편의장치 중 중앙집중식 제어장치(ETACS 또는 ISU) 입, 출력 요소의 역할에 대한 설명으로 틀린 것은?
㉮ INT 볼륨 스위치 : INT 볼륨 위치 검출
㉯ 모든 도어 스위치 : 각 도어 잠김 여부 검출
㉰ 키 리마인드 스위치 : 키 삽입 여부 검출
㉱ 와셔 스위치 : 열선 작동 여부 검출

46. 브레이크등 회로에서 12V 축전지에 24W의 전구 2개가 연결되어 점등된 상태라면 합성저항은?
㉮ 2Ω
㉯ 3Ω
㉰ 4Ω
㉱ 6Ω

47. 에어컨 매니폴드 게이지(압력게이지) 접속 시 주의사항으로 틀린 것은?
㉮ 매니폴드 게이지를 연결할 때에는 모든 밸브를 잠근 후 실시한다.
㉯ 냉매가 에어컨 사이클에 충전되어 있을 때에는 충전호스, 매니폴드 게이지 밸브를 전부 잠근 후 분리한다.
㉰ 황색 호스를 진공펌프나 냉매회수기 또는 냉매 충전기에 연결한다.
㉱ 진공펌프를 작동시키고 매니폴드 게이지 센터 호스를 저압라인에 연결한다.

48. 전자제어 배전 점화 방식(DLI : Distributor less Ignition)에 사용되는 구성품이 아닌 것은?
㉮ 파워트랜지스터
㉯ 원심진각장치
㉰ 점화코일
㉱ 크랭크각센서

49. 반도체에 대한 특징으로 틀린 것은?
㉮ 극히 소형이며 가볍다.
㉯ 예열시간이 불필요하다.

정답 38. ㉯ 39. ㉯ 40. ㉯ 41. ㉰ 42. ㉯ 43. ㉯ 44. ㉰ 45. ㉱ 46. ㉯ 47. ㉱ 48. ㉯

㉰ 내부 전력손실이 크다.
㉱ 정격 값 이상이 되면 파괴된다.

50. 기동전동기에 많은 전류가 흐르는 원인으로 옳은 것은?
   ㉮ 높은 내부저항
   ㉯ 전기자 코일의 단선
   ㉰ 내부접지
   ㉱ 계자코일의 단선

52. 일반 가연성 물질의 화재로서 물이나 소화기를 이용하여 소화하는 화재의 종류는?
   ㉮ A급 화재
   ㉯ B급 화재
   ㉰ C급 화재
   ㉱ D급 화재

51. 줄 작업에서 줄에 손잡이를 꼭 끼우고 사용하는 이유는?
   ㉮ 평형을 유지하기 위해
   ㉯ 중량을 높이기 위해
   ㉰ 보관에 편리하도록 하기 위해
   ㉱ 사용자에게 상처를 입히지 않기 위해

53. 산소용접에서 안전한 작업수칙으로 옳은 것은?
   ㉮ 기름이 묻은 복장으로 작업한다.
   ㉯ 산소밸브를 먼저 연다.
   ㉰ 아세틸렌밸브를 먼저 연다.
   ㉱ 역화하였을 때는 아세틸렌밸브를 빨리 잠구다.

54. 기계부품에 작용하는 하중에서 안전율을 가장 크게 하여야 할 하중은?
   ㉮ 정 하중
   ㉯ 교번하중
   ㉰ 충격하중
   ㉱ 반복하중

55. 공기압축기 및 압축공기 취급에 대한 안전수칙으로 틀린 것은?
   ㉮ 전기배선, 터미널 및 전선 등에 접촉 될 경우
   ㉯ 분해 시 공기압축기, 공기탱크 및 관로 안의 압축공기를 완전히 배출한 뒤에 실시한다.
   ㉰ 하루에 한 번씩 공기탱크에 고여 있는 응축수를 제거한다.
   ㉱ 작업 중 작업자의 땀이나 열을 식히기 위해 압축공기를 호흡하면 작업효율이 좋아진다.

56. 기관정비 시 안전 및 취급주의 사항에 대한 내용으로 틀린 것은?
   ㉮ TPS, ISC Servo 등은 솔벤트로 세척하지 않는다.
   ㉯ 공기압축기를 사용하여 부품세척 시 눈에 이물질이 튀지 않도록 한다.
   ㉰ 캐니스터 점검 시 흔들어서 연료증발가스를 활성화시킨 후 점검한다.
   ㉱ 배기가스 시험 시 환기가 잘되는 곳에서 측정한다.

57. 계기 및 보안장치의 정비 시 안전사항으로 틀린 것은?
   ㉮ 엔진이 정지 상태이면 계기판은 점화스위치 ON 상태에서 분리한다.
   ㉯ 충격이나 이물질이 들어가지 않도록 주의한다.
   ㉰ 회로 내의 규정치보다 높은 전류가 흐르지 않도록 한다.
   ㉱ 센서의 단품 점검 시 배터리 전원을 직접 연결하지 않는다.

58. 운반기계의 취급과 완전수칙에 대한 내용으로 틀린 것은?
   ㉮ 무거운 물건을 운반할 때는 반드시 경종을 울린다.
   ㉯ 기중기는 규정 용량을 지킨다.
   ㉰ 흔들리는 화물은 보조자가 탑승하여 움직이지 못하도록 한다.
   ㉱ 무거운 것은 밑에, 가벼운 것은 위에 쌓는다.

59. 납산축전지 취급 시 주의사항으로 틀린 것은?
   ㉮ 배터리 접속 시 (+)단자부터 접속한다.
   ㉯ 전해액이 옷에 묻지 않도록 주의한다.
   ㉰ 전해액이 부족하면 시냇물로 보충한다.
   ㉱ 배터리 분리 시 (−)단자부터 분리한다.

60. 브레이크의 파이프 내에 공기가 유입되었을 때 나타나는 현상으로 옳은 것은?
   ㉮ 브레이크액이 냉각된다.
   ㉯ 브레이크 페달의 유격이 커진다.
   ㉰ 마스터 실린더에서 브레이크액이 누설된다.
   ㉱ 브레이크가 지나치게 급히 작동한다.

정답 49. ㉰ 50. ㉰ 51. ㉮ 52. ㉱ 53. ㉱ 54. ㉰ 55. ㉱ 56. ㉰ 57. ㉮ 58. ㉱ 59. ㉰ 60. ㉯

2014. 10. 11 자동차 정비기능사

1. 베어링이 하우징 내에서 움직이지 않게 하기 위하여 베어링의 바깥 둘레를 하우징의 둘레보다 조금 크게 하여 차이를 두는 것은?
   - ㉮ 베어링 크러시
   - ㉯ 베어링 스프레드
   - ㉰ 베어링 돌기
   - ㉱ 베어링 어셈블리

2. 디젤 연료분사 펌프의 플런저가 하사점에서 플런저 배럴의 흡·배기 구멍을 닫기까지 즉, 송출 직전까지의 행정은?
   - ㉮ 예비행정
   - ㉯ 유효행정
   - ㉰ 변행정
   - ㉱ 정행정

3. 단위에 대한 설명으로 옳은 것은?
   - ㉮ 1ps는 75kgf·m/h의 일률이다.
   - ㉯ 1J은 0.24cal이다.
   - ㉰ 1kW는 1000kgf·m/s의 일률이다.
   - ㉱ 초속 1m/s는 시속 36km/h와 같다.

4. 센서 및 액추에이터 점검·정비 시 적절한 점검 조건이 잘못 짝지어진 것은?
   - ㉮ AFS – 시동상태
   - ㉯ 컨트롤 릴레이 – 점화 스위치 ON 상태
   - ㉰ 점화코일 – 주행 중 감속 상태
   - ㉱ 크랭크각 센서 – 크랭킹 상태

5. 압축압력 시험에서 압축압력이 떨어지는 요인으로 가장 거리가 먼 것은?
   - ㉮ 헤드 가스켓 소손
   - ㉯ 피스톤링 마모
   - ㉰ 밸브시트 마모
   - ㉱ 밸브 가이드고무 마모

6. 기관의 윤활장치를 점검해야 하는 이유로 거리가 먼 것은?
   - ㉮ 윤활유 소비가 많다.
   - ㉯ 유압이 높다.
   - ㉰ 유압이 낮다.
   - ㉱ 오일 교환을 자주한다.

7. 기관에서 공기 과잉률이란?
   - ㉮ 이론공연비
   - ㉯ 실제공연비
   - ㉰ 공기흡입량 ÷ 연료소비량
   - ㉱ 실제공연비 ÷ 이론공연비

8. 밸브 오버랩에 대한 설명으로 옳은 것은?
   - ㉮ 밸브 스프링을 이중으로 사용 하는 것
   - ㉯ 밸브 시트와 면의 접촉 면적
   - ㉰ 흡·배기 밸브가 동시에 열려 있는 상태
   - ㉱ 로커 암에 의해 밸브가 열리기 시작할 때

9. 가솔린의 조성 비율(체적)이 이소옥탄 80 노멀 헵탄 20인 경우 옥탄가는?
   - ㉮ 20
   - ㉯ 40
   - ㉰ 60
   - ㉱ 80

10. NOx는 (㉠)의 화합물이며, 일반적으로 (㉡)에서 쉽게 반응한다. 괄호 안에 들어갈 말로 옳은 것은?
    - ㉮ ㉠ 일산화질소와 산소, ㉡ 저온
    - ㉯ ㉠ 일산화질소와 산소, ㉡ 고온
    - ㉰ ㉠ 질소와 산소, ㉡ 저온
    - ㉱ ㉠ 질소와 산소, ㉡ 고온

11. 스프링 정수가 5kgf/mm의 코일을 1cm 압축하는데 필요한 힘은?
    - ㉮ 5kgf
    - ㉯ 10kgf
    - ㉰ 50kgf
    - ㉱ 100kgf

12. 전자제어 점화장치의 파워TR에서 ECU에 의해 제어되는 단자는?
    - ㉮ 베이스 단자
    - ㉯ 콜렉터 단자
    - ㉰ 이미터 단자
    - ㉱ 접지 단자

정답 1. ㉮ 2. ㉮ 3. ㉯ 4. ㉰ 5. ㉱ 6. ㉱ 7. ㉱ 8. ㉰ 9. ㉱ 10. ㉱ 11. ㉰ 12. ㉮

13. 디젤기관에서 분사시기가 빠를 때 나타나는 현상으로 틀린 것은?
   ㉮ 배기가스의 색이 흑색이다.
   ㉯ 노크현상이 일어난다.
   ㉰ 배기가스의 색이 백색이 된다.
   ㉱ 저속회전이 어려워진다.

14. 차량총중량이 3.5톤 이상인 화물자동차에 설치되는 후부 안전판의 너비로 옳은 것은?
   ㉮ 자동차 너비의 60% 이상
   ㉯ 자동차 너비의 80% 미만
   ㉰ 자동차 너비의 100% 미만
   ㉱ 자동차 너비의 120% 이상

15. 전자제어 가솔린 엔진에서 인젝터의 고장으로 발생될 수 있는 현상으로 가장 거리가 먼 것은?
   ㉮ 연료소모 증가   ㉯ 배출가스 감소
   ㉰ 가속력 감소   ㉱ 공회전 부조

16. 행정별 피스톤 압축 링의 호흡작용에 대한 내용으로 틀린 것은?
   ㉮ 흡입 : 피스톤의 홈과 링의 윗면이 접촉하여 홈에 있는 소량의 오일의 침입을 막는다.
   ㉯ 압축 : 피스톤이 상승하면 링은 아래로 밀리게 되어 위로부터의 혼합기가 아래로 누설되지 않게 한다.
   ㉰ 동력 : 피스톤의 홈과 링의 윗면이 접촉하여 링의 윗면으로부터 가스가 누설되는 것을 방지한다.
   ㉱ 배기 : 피스톤이 상승하면 링은 아래로 밀리게 되어 위로부터의 연소가스가 아래로 누설되지 않게 한다.

17. 아날로그 신호가 출력되는 센서로 틀린 것은?
   ㉮ 옵티컬 방식의 크랭크각 센서
   ㉯ 스로틀 포지션 센서
   ㉰ 흡기온도 센서
   ㉱ 수온 센서

18. 가솔린 엔진의 작동 온도가 낮을 때와 혼합비가 희박하여 실화 되는 경우에 증가하는 유해 배출가스는?
   ㉮ 산소(O_2)   ㉯ 탄화수소(HC)
   ㉰ 질소산화물(NOx) ㉱ 이산화탄소(CO_2)

19. 엔진이 작동 중 과열되는 원인으로 틀린 것은?
   ㉮ 냉각수의 부족
   ㉯ 라디에이터 코어의 막힘
   ㉰ 전동 팬 모터 릴레이의 고장
   ㉱ 수온조절기가 열린 상태로 고장

20. 4행정 가솔린기관에서 각 실린더에 설치된 밸브가 3-밸브(3-valve)인 경우 옳은 것은?
   ㉮ 2개의 흡기밸브와 흡기보다 직경이 큰 1개의 배기밸브
   ㉯ 2개의 흡기밸브와 흡기보다 직경이 작은 1개의 배기밸브
   ㉰ 2개의 배기밸브와 배기보다 직경이 큰 1개의 흡기밸브
   ㉱ 2개의 배기밸브와 배기와 직경이 같은 1개의 배기밸브

21. LPG기관에서 냉각수 온도 스위치의 신호에 의하여 기체 또는 액체 연료를 차단하거나 공급하는 역할을 하는 것은?
   ㉮ 과류방지 밸브
   ㉯ 유동 밸브
   ㉰ 안전 밸브
   ㉱ 액·기상 솔레노이드 밸브

22. 176°F는 몇 °C인가?
   ㉮ 76   ㉯ 80
   ㉰ 144   ㉱ 176

23. 가솔린연료에서 노크를 일으키기 어려운 성질을 나타내는 수치는?
   ㉮ 옥탄가   ㉯ 점도
   ㉰ 세탄가   ㉱ 베이퍼 록

24. 조향장치에서 조향기어비가 직진영역에서 크게 되고 조향각이 큰 영역에서 작게 되는 형식은?

정답 13. ㉰ 14. ㉰ 15. ㉯ 16. ㉰ 17. ㉮ 18. ㉯ 19. ㉱ 20. ㉮ 21. ㉱ 22. ㉯ 23. ㉮

㉮ 웜 섹터형 ㉯ 웜 롤러형
㉰ 가변 기어비형 ㉱ 볼 너트형

25. 수동변속기 내부에서 싱크로나이저 링의 기능이 작용하는 시기는?
    ㉮ 변속기 내에서 기어가 빠질 때
    ㉯ 변속기 내에서 기어가 물릴 때
    ㉰ 클러치 페달을 밟을 때
    ㉱ 클러치 페달을 놓을 때

26. 수동변속기 차량에서 클러치의 구비조건으로 틀린 것은?
    ㉮ 동력전달이 확실하고 신속할 것
    ㉯ 방열이 잘 되어 과열되지 않을 것
    ㉰ 회전부분의 평형이 좋을 것
    ㉱ 회전 관성이 클 것

27. 선회 주행 시 자동차가 기울어짐을 방지하는 부품으로 옳은 것은?
    ㉮ 너클 암 ㉯ 섀클
    ㉰ 타이로드 ㉱ 스테빌라이저

28. 마스터실린더의 내경이 2cm, 푸시로드에 100 kgf의 힘이 작용하면 브레이크 파이프에 작용하는 유압은?
    ㉮ 약 25kgf/cm² ㉯ 약 32kgf/cm²
    ㉰ 약 50kgf/cm² ㉱ 약 200kgf/cm²

29. 빈번한 브레이크 조작으로 인해 온도가 상승하여 마찰계수 저하로 제동력이 떨어지는 현상은?
    ㉮ 베이퍼 록 현상 ㉯ 페이드 현상
    ㉰ 피칭 현상 ㉱ 시미 현상

30. 기계식 주차레버를 당기기 시작(0%)하여 완전 작동(100%)할 때까지의 범위 중 주차가능 범위로 옳은 것은?
    ㉮ 10~20% ㉯ 15~30%
    ㉰ 50~70% ㉱ 80~90%

31. 링 기어 중심에서 구동 피니언을 편심 시킨 것으로 추진축의 높이를 낮게 할 수 있는 종감속 기어는?
    ㉮ 직선 베벨 기어 ㉯ 스파이럴 베벨 기어
    ㉰ 스퍼 기어 ㉱ 하이포이드 기어

32. 자동변속기의 토크컨버터에서 작동유체의 방향을 변환시키며 토크 증대를 위한 것은?
    ㉮ 스테이터 ㉯ 터빈
    ㉰ 오일펌프 ㉱ 유성기어

33. 제3의 브레이크(감속 제동장치)로 틀린 것은?
    ㉮ 엔진 브레이크 ㉯ 배기 브레이크
    ㉰ 와전류 브레이크 ㉱ 주차 브레이크

34. 타이어의 스탠딩 웨이브 현상에 대한 내용으로 옳은 것은?
    ㉮ 스탠딩 웨이브를 줄이기 위해 고속 주행 시 공기압을 10%도 줄인다.
    ㉯ 스탠딩 웨이브가 심하면 타이어 박리현상이 발생할 수 있다.
    ㉰ 스탠딩 웨이브는 바이어스 타이어보다 레디얼 타이어에서 많이 발생한다.
    ㉱ 스탠딩 웨이브 현상은 하중과 무관하다.

35. 우측으로 조향을 하고자 할 때 앞바퀴의 내측 조향각이 45°, 외측 조향각이 42°이고 축간거리는 1.5m, 킹핀과 바퀴 접지면까지 거리가 0.3m 일 경우 최소회전반경은? (단, sin30° = 0.5, sin42° =0.67, sin45° =0.71)
    ㉮ 약 2.41m ㉯ 약 2.54m
    ㉰ 약 3.30m ㉱ 약 5.21m

36. 자동변속기의 제어시스템을 입력과 제어, 출력으로 나누었을 때 출력신호는?
    ㉮ 차속센서 ㉯ 유온센서
    ㉰ 펄스제너레이터 ㉱ 변속제어 솔레노이드

37. 차륜 정렬 측정 및 조정을 해야 할 이유와 거리가 먼 것은?

㉮ 브레이크의 제동력이 약할 때
㉯ 현가장치를 분해·조립했을 때
㉰ 핸들이 흔들리거나 조작이 불량할 때
㉱ 충돌 사고로 인해 차체에 변형이 생겼을 때

38. 전자제어 제동 시스템(ABS)을 입력, 제어 출력으로 나누었을 때 입력이 아닌 것은?
㉮ 스피드 센서   ㉯ 모터릴레이
㉰ 브레이크 스위치   ㉱ 축전지 전원

39. 조향장치의 동력전달 순서로 옳은 것은?
㉮ 핸들 - 타이로드 - 조향기어 박스 - 피트먼 암
㉯ 핸들 - 섹터 축 - 조향기어 박스 - 피트먼 암
㉰ 핸들 - 조향기어 박스 - 섹터 축 - 피트먼 암
㉱ 핸들 - 섹터 축 - 조향기어 박스 - 타이로드

40. 기관의 회전수가 2400 rpm이고, 총 감속비가 8:1, 타이어 유효반경이 25㎝일 때 자동차의 시속은?
㉮ 약 14km/h   ㉯ 약 18km/h
㉰ 약 21km/h   ㉱ 약 28km/h

41. 납산축전지(battery)의 방전 시 화학반응에 대한 설명으로 틀린 것은?
㉮ 극판의 과산화납은 점점 황산납으로 변한다.
㉯ 극판의 해면상납은 점점 황산납으로 변한다.
㉰ 전해액은 물만 남게 된다.
㉱ 전해액의 비중은 점점 높아진다.

42. 엔진오일 압력이 일정 이하로 떨어졌을 때 점등되는 경고등은?
㉮ 연료 잔량 경고등   ㉯ 주차 브레이크등
㉰ 엔진오일 경고등   ㉱ ABS 경고등

43. 트랜지스터(TR)의 설명으로 틀린 것은?
㉮ 증폭 작용을 한다.
㉯ 스위칭 작용을 한다.
㉰ 아날로그 신호를 디지털 신호로 변환한다.
㉱ 이미터, 베이스, 컬렉터의 리드로 구성되어져 있다.

44. 현재의 연료 소비율, 평균속도, 항속 가능 거리 등의 정보를 표시하는 시스템으로 옳은 것은?
㉮ 종합 경보 시스템(ETACS 또는 ETWIS)
㉯ 엔진·변속기 통합제어 시스템(ECM)
㉰ 자동주차 시스템(APS)
㉱ 트립(Trip) 정보 시스템

45. 발전기 스테이터 코일의 시험 중 그림은 어떤 시험인가?

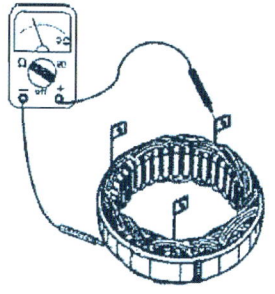

㉮ 코일과 철심의 절연시험
㉯ 코일의 단선시험
㉰ 코일과 브러시의 단락시험
㉱ 코일과 철심의 전압시험

46. 점화코일의 1차 저항을 측정할 때 사용하는 측정기로 옳은 것은?
㉮ 진공 시험기   ㉯ 압축압력 시험기
㉰ 회로 시험기   ㉱ 축전지 용량 시험기

47. 전자제어 방식의 뒷 유리 열선제어에 대한 설명으로 틀린 것은?
㉮ 엔진 시동상태에서만 작동한다.
㉯ 열선은 병렬회로로 연결되어 있다.
㉰ 정확한 제어를 위해 릴레이를 사용하지 않는다.
㉱ 일정시간 작동 후 자동으로 OFF된다.

48. 디젤 승용자동차의 시동장치 회로 구성요소로 틀린 것은?
㉮ 축전지   ㉯ 기동전동기
㉰ 점화코일   ㉱ 예열·시동스위치

정답 37. ㉮ 38. ㉯ 39. ㉰ 40. ㉱ 41. ㉱ 42. ㉰ 43. ㉰ 44. ㉱ 45. ㉮ 46. ㉰ 47. ㉰ 48. ㉰

49. PNP형 트랜지스터의 순방향 전류는 어떤 방향으로 흐르는가?
   ㉮ 컬렉터에서 베이스로
   ㉯ 이미터에서 베이스로
   ㉰ 베이스에서 이미터로
   ㉱ 베이스에서 컬렉터로

50. 축전지의 극판이 영구 황산납으로 변하는 원인으로 틀린 것은?
   ㉮ 전해액이 모두 증발되었다.
   ㉯ 방전된 상태로 장기간 방치하였다.
   ㉰ 극판이 전해액에 담기어있다.
   ㉱ 전해액의 비중이 너무 높은 상태로 관리하였다.

51. 산업안전보건법 상 작업현장 안전·보건표지 색채에서 화학물질 취급 장소에서의 유해·위험 경고 용도로 사용되는 색채는?
   ㉮ 빨간색   ㉯ 노란색
   ㉰ 녹색   ㉱ 검은색

52. 정 작업 시 주의할 사항으로 틀린 것은?
   ㉮ 정 작업 시에는 보호안경을 사용 할 것
   ㉯ 철재를 절단할 때는 철편이 튀는 방향에 주의할 것
   ㉰ 자르기 시작할 때와 끝날 무렵에는 세게 칠 것
   ㉱ 담금질 된 재료는 깎아내지 말 것

53. 정비용 기계의 검사, 유지, 수리에 대한 내용으로 틀린 것은?
   ㉮ 동력기계의 급유 시에는 서행한다.
   ㉯ 동력기계의 이동장치에는 동력 차단장치를 설치한다.
   ㉰ 동력 차단장치는 작업자 가까이에 설치한다.
   ㉱ 청소할 때는 운전을 정지한다.

54. 공기압축기에서 공기필터의 교환 작업 시 주의사항으로 틀린 것은?
   ㉮ 공기압축기를 정지시킨 후 작업한다.
   ㉯ 고정된 볼트를 풀고 뚜껑을 열어 먼지를 제거한다.
   ㉰ 필터는 깨끗이 닦거나 압축공기로 이물을 제거한다.
   ㉱ 필터에 약간의 기름칠을 하여 조립한다.

55. 안전사고율 중 도수율(빈도율)을 나타내는 표현식은?
   ㉮ (연간 사상자수/평균 근로자 수)×1000
   ㉯ (사고 건수/연근로 시간 수)×1000000
   ㉰ (노동 손실일수/노동 총시간 수)×1000
   ㉱ (사고 건수/노동 총시간 수)×1000

56. 브레이크에 페이드 현상이 일어났을 때 운전자가 취할 응급처로 가장 옳은 것은?
   ㉮ 자동차의 속도를 조금 올려준다.
   ㉯ 자동차를 세우고 열이 식도록 한다.
   ㉰ 브레이크를 자주 밟아 열을 발생시킨다.
   ㉱ 주차 브레이크를 대신 사용한다.

57. 전동공구 사용 시 전원이 차단되었을 경우 안전한 조치방법은?
   ㉮ 전기가 다시 들어오는지 확인하기 위해 전동공구를 ON상태로 둔다.
   ㉯ 전기가 다시 들어올 때까지 전동공구의 ON-OFF를 계속 반복한다.
   ㉰ 전동공구 스위치는 OFF상태로 전환한다.
   ㉱ 전동공구는 플러그를 연결하고 스위치는 ON상태로 하여 대피한다.

58. 가솔린기관의 진공도 측정 시 안전에 관한 내용으로 적합하지 않은 것은?
   ㉮ 기관의 벨트에 손이나 옷자락이 닿지 않도록 주의한다.
   ㉯ 작업 시 주차브레이크를 걸고 고임목을 괴어 둔다.
   ㉰ 리프트를 눈높이까지 올린 후 점검한다.
   ㉱ 화재 위험이 있을 수 있으니 소화기를 준비한다.

정답 49. ㉯ 50. ㉰ 51. ㉮ 52. ㉰ 53. ㉮ 54. ㉱ 55. ㉯ 56. ㉯ 57. ㉰ 58. ㉰

59. 축전지를 차에 설치한 채 급속충전을 할 때의 주의사항으로 틀린 것은?
   ㉮ 축전지 각 셀(cell)의 플러그를 열어 놓는다.
   ㉯ 전해액 온도가 45℃를 넘지 않도록 한다.
   ㉰ 축전지 가까이에서 불꽃이 튀지 않도록 한다.
   ㉱ 축전지의 양(+, −)케이블을 단단히 고정하고 충전한다.

60. 운반 기계에 대한 안전수칙으로 틀린 것은?
   ㉮ 무거운 물건을 운반할 경우에는 반드시 경종을 울린다.
   ㉯ 흔들리는 화물은 사람이 승차하여 붙잡도록 한다.
   ㉰ 기중기는 규정 용량을 초과하지 않는다.
   ㉱ 무거운 물건을 상승시킨 채 오랫동안 방치하지 않는다.

정답 59. ㉱ 60. ㉯

2015. 1. 25 자동차 정비기능사

1. 엔진이 2000rpm으로 회전하고 있을 때 그 출력이 65ps라고 하면 이 엔진의 회전력은 몇 m-kgf인가?
    - ㉮ 23.27
    - ㉯ 24.45
    - ㉰ 25.46
    - ㉱ 26.38

2. 디젤기관의 연소실 중 피스톤 헤드부의 요철에 의해 생성되는 연소실은?
    - ㉮ 예연소실식
    - ㉯ 공기실식
    - ㉰ 와류실식
    - ㉱ 직접분사실식

3. 기관의 밸브 장치에서 기계식 밸브 리프트에 비해 유압식 밸브 리프트의 장점으로 맞는 것은?
    - ㉮ 구조가 간단하다.
    - ㉯ 오일펌프와 상관 없다.
    - ㉰ 밸브간극 조정이 필요 없다.
    - ㉱ 워밍업 전에만 밸브간극 조정이 필요하다.

4. LPG 연료에 대한 설명으로 틀린 것은?
    - ㉮ 기체 상태는 공기보다 무겁다.
    - ㉯ 저장은 가스 상태로만 한다.
    - ㉰ 연료 충진은 탱크 용량의 약 85%정도로 한다.
    - ㉱ 주변온도 변화에 따라 봄베의 압력변화가 나타난다.

5. 자기진단 출력이 10진법 2개 코드 방식에서 코드번호가 55일 때 해당하는 신호는?
    - ㉮ (파형)
    - ㉯ (파형)
    - ㉰ (파형)
    - ㉱ (파형)

6. 기관정비 작업 시 피스톤링의 이음 간극을 측정할 때 측정도구로 가장 알맞은 것은?
    - ㉮ 마이크로미터
    - ㉯ 다이얼게이지
    - ㉰ 시크니스게이지
    - ㉱ 버니어캘리퍼스

7. 여지 반사식 매연측정기의 시료 채취관을 배기관에 삽입시 가장 알맞은 깊이는?
    - ㉮ 20cm
    - ㉯ 40cm
    - ㉰ 50cm
    - ㉱ 60cm

8. 엔진의 흡기장치 구성요소에 해당하지 않는 것은?
    - ㉮ 촉매장치
    - ㉯ 서지탱크
    - ㉰ 공기청정기
    - ㉱ 레조네이터(resonator)

9. LPG 기관에서 연료공급 경로로 맞는 것은?
    - ㉮ 봄베 → 솔레노이드 밸브 → 베이퍼라이저 → 믹서
    - ㉯ 봄베 → 베이퍼라이저 → 솔레노이드 밸브 → 믹서
    - ㉰ 봄베 → 베이퍼라이저 → 믹서 → 솔레노이드 밸브
    - ㉱ 봄베 → 믹서 → 솔레노이드 밸브 → 베이퍼라이저

10. 기관의 동력을 측정할 수 있는 장비는?
    - ㉮ 멀티미터
    - ㉯ 볼트미터
    - ㉰ 타코미터
    - ㉱ 다이나모미터

11. 엔진의 내경 9cm, 행정 10cm인 1기통 배기량은?
    - ㉮ 약 666cc
    - ㉯ 약 656cc
    - ㉰ 약 646cc
    - ㉱ 약 636cc

정답 1. ㉮ 2. ㉱ 3. ㉰ 4. ㉯ 5. ㉱ 6. ㉰ 7. ㉮ 8. ㉮ 9. ㉮ 10. ㉱ 11. ㉱

12. EGR(Exhaust Gas Recirculation) 밸브에 대한 설명 중 틀린 것은?
   ㉮ 배기가스 재순환 장치이다.
   ㉯ 연소실 온도를 낮추기 위한 장치이다.
   ㉰ 증발가스를 포집하였다가 연소시키는 장치이다.
   ㉱ 질소산화물(NOx) 배출을 감소하기 위한 장치이다.

13. 전자제어기관에서 인젝터의 연료분사량에 영향을 주지 않는 것은?
   ㉮ 산소(O_2)센서
   ㉯ 공기유량센서(AFS)
   ㉰ 냉각수온센서(WTS)
   ㉱ 핀서모(fin thermo)센서

14. 수랭식 냉각장치의 장·단점에 대한 설명으로 틀린 것은?
   ㉮ 공랭식보다 소음이 크다.
   ㉯ 공랭식보다 보수 및 취급이 복잡하다.
   ㉰ 실린더 주위를 균일하게 냉각시켜 공랭식보다 냉각효과가 좋다.
   ㉱ 실린더 주위를 저온으로 유지시키므로 공랭식보다 체적효율이 좋다.

15. 내연기관에서 언더 스퀘어 엔진은 어느 것인가?
   ㉮ 행정 / 실린더 내경 = 1
   ㉯ 행정 / 실린더 내경 〈 1
   ㉰ 행정 / 실린더 내경 〉 1
   ㉱ 행정 / 실린더 내경 ≦ 1

16. 내연기관의 윤활장치에서 유압이 낮아지는 원인으로 틀린 것은?
   ㉮ 기관 내 오일 부족
   ㉯ 오일스트레이너 막힘
   ㉰ 유압 조절 밸브 스프링장력 과대
   ㉱ 캠축 베어링의 마멸로 오일 간극 커짐

17. 다음 중 디젤기관에 사용되는 과급기의 역할은?
   ㉮ 윤활성의 증대
   ㉯ 출력의 증대
   ㉰ 냉각효율의 증대
   ㉱ 배기의 증대

18. 피스톤 행정이 84mm, 기관의 회전수가 3000rpm인 4행정 사이클 기관의 피스톤 평균속도는 얼마인가?
   ㉮ 4.2m/s
   ㉯ 8.4m/s
   ㉰ 9.4m/s
   ㉱ 10.4m/s

19. 디젤 엔진에서 연료 공급펌프 중 프라이밍 펌프의 기능은?
   ㉮ 기관이 작동하고 있을 때 펌프에 연료를 공급한다.
   ㉯ 기관이 정지되고 있을 때 수동으로 연료를 공급한다.
   ㉰ 기관이 고속운전을 하고 있을 때 분사 펌프의 기능을 돕는다.
   ㉱ 기관이 가동하고 있을 때 분사펌프에 있는 연료를 빼는데 사용한다.

20. 흡기계통의 핫 와이어(Hot wire) 공기량 계측방식은?
   ㉮ 간접 계량방식
   ㉯ 공기질량 검출방식
   ㉰ 공기체적 검출방식
   ㉱ 흡입부압 감지방식

21. 기관에 이상이 있을 때 또는 기관의 성능이 현저하게 저하되었을 때 분해수리의 여부를 결정하기 위한 가장 적합한 시험은?
   ㉮ 캠각 시험
   ㉯ CO 가스측정
   ㉰ 압축압력 시험
   ㉱ 코일의 용량시험

22. 가솔린 엔진에서 점화장치 점검방법으로 틀린 것은?
   ㉮ 흡기온도센서의 출력값을 확인한다.
   ㉯ 점화코일의 1차, 2차 코일 저항을 확인한다.
   ㉰ 오실로스코프를 이용하여 점화파형을 확인한다.
   ㉱ 고압 케이블을 탈거하고 크랭킹 시 불꽃 방전 시험으로 확인한다.

정답 12. ㉰ 13. ㉱ 14. ㉮ 15. ㉰ 16. ㉯ 17. ㉯ 18. ㉯ 19. ㉯ 20. ㉯ 21. ㉰ 22. ㉮

23. 연료 분사장치에서 산소센서의 설치 위치는?
    ㉮ 라디에이터
    ㉯ 실린더 헤드
    ㉰ 흡입 매니폴드
    ㉱ 배기 매니폴드 또는 배기관

24. 자동차 주행 시 차량 후미가 좌·우로 흔들리는 현상은?
    ㉮ 바운싱   ㉯ 피칭
    ㉰ 롤링   ㉱ 요잉

25. 자동변속기 유압시험 시 주의할 사항이 아닌 것은?
    ㉮ 오일온도가 규정온도에 도달 되었을 때 실시한다.
    ㉯ 유압시험은 냉간, 중간, 열간 등 온도를 3단계로 나누어 실시한다.
    ㉰ 측정하는 항목에 따라 유압이 클 수 있으므로 유압계 선택에 주의한다.
    ㉱ 규정 오일을 사용하고, 오일 량을 정확히 유지하고 있는지 여부를 점검한다.

26. 다음 중 수동변속기 기어의 2중 결합을 방지하기 위해 설치한 기구는?
    ㉮ 앵커 블록   ㉯ 시프트 포크
    ㉰ 인터록 기구 ㉱ 싱크로나이저 링

27. 유압식 브레이크는 무슨 원리를 이용한 것인가?
    ㉮ 뉴턴의 법칙
    ㉯ 파스칼의 원리
    ㉰ 베르누이의 정리
    ㉱ 아르키메데스의 원리

28. 전자제어 현가장치(E.C.S) 입력신호가 아닌 것은?
    ㉮ 휠 스피드센서
    ㉯ 차고센서
    ㉰ 조향휠 각속도 센서
    ㉱ 차속센서

29. 제동장치에서 디스크 브레이크의 형식으로 적합한 것은?
    ㉮ 앵커핀 형
    ㉯ 2 리딩 형
    ㉰ 유니서보 형
    ㉱ 플로팅 캘리퍼 형

30. 자동차의 앞바퀴정렬에서 토(toe) 조정은 무엇으로 하는가?
    ㉮ 와셔의 두께
    ㉯ 시임의 두께
    ㉰ 타이로드의 길이
    ㉱ 드래그 링크의 길이

31. 레이디얼타이어 호칭이 "175 / 70 SR 14"일 때 "70"이 의미하는 것은?
    ㉮ 편평비   ㉯ 타이어폭
    ㉰ 최대속도   ㉱ 타이어내경

32. 자동차의 무게 중심위치와 조향 특성과의 관계에서 조향각에 의한 선회 반지름보다 실제 주행하는 선회 반지름이 작아지는 현상은?
    ㉮ 오버 스티어링   ㉯ 언더 스티어링
    ㉰ 파워 스티어링   ㉱ 뉴트럴 스티어링

33. 클러치 마찰면에 작용하는 압력이 300N, 클러치판의 지름이 80cm, 마찰계수 0.3일 때 기관의 전달회전력은 약 몇 N·m인가?
    ㉮ 36   ㉯ 56
    ㉰ 62   ㉱ 72

34. 유압식 동력 조향장치의 구성요소가 아닌 것은?
    ㉮ 유압 펌프   ㉯ 유압 제어 밸브
    ㉰ 동력 실린더   ㉱ 유압식 리타더

35. 진공식 브레이크 배력장치의 설명으로 틀린 것은?
    ㉮ 압축공기를 이용한다.

㉯ 흡기 다기관의 부압을 이용한다.
㉰ 기관의 진공과 대기압을 이용한다.
㉱ 배력장치가 고장나면 일반적인 유압 제동 장치로 작동된다.

36. 축거가 1.2m인 자동차를 왼쪽으로 완전히 꺾을 때 오른쪽 바퀴의 조향각이 30°이고 왼쪽 바퀴의 조향각도가 45°일 때 차의 최소회전반경은? (단, r 값은 무시)
㉮ 1.7m ㉯ 2.4m
㉰ 3.0m ㉱ 3.6m

37. 십자형 자재이음에 대한 설명 중 틀린 것은?
㉮ 십자 축과 두 개의 요크로 구성되어 있다.
㉯ 주로 후륜 구동식 자동차의 추진축에 사용된다.
㉰ 롤러베어링을 사이에 두고 축과 요크가 설치되어 있다.
㉱ 자재이음과 슬립이음 역할을 동시에 하는 형식이다.

38. 수동변속기의 필요성으로 틀린 것은?
㉮ 회전방향을 역으로 하기 위해
㉯ 무부하 상태로 공전운전할 수 있게 하기 위해
㉰ 발진시 각부에 응력의 완하와 마멸을 최대화 하기 위해
㉱ 차량발진시 중량에 의한 관성으로 인해 큰 구동력이 필요하기 때문에

39. 자동변속기의 변속을 위한 가장 기본적인 정보에 속하지 않은 것은?
㉮ 차량 속도
㉯ 변속기 오일 양
㉰ 변속 레버 위치
㉱ 변속 부하(스로틀 개도)

40. 전자제어 제동장치(ABS)의 적용 목적이 아닌 것은?
㉮ 차량의 스핀 방지
㉯ 차량의 방향성 확보
㉰ 휠 잠김(lock) 유지
㉱ 차량의 조종성 확보

41. 전자제어 가솔린엔진에서 점화시기에 가장 영향을 주는 것은?
㉮ 퍼지 솔레노이드밸브
㉯ 노킹센서
㉰ EGR 솔레노이드밸브
㉱ PCV(Positive Crankcase Ventilation)

42. 백워닝(후방경보) 시스템의 기능과 가장 거리가 먼 것은?
㉮ 차량 후방의 장애물은 초음파 센서를 이용하여 감지한다.
㉯ 차량 후방의 장애물은 초음파 센서를 이용하여 감지한다.
㉰ 차량 후방의 장애물 감지시 브레이크가 작동하여 차속을 감속시킨다.
㉱ 차량 후방의 장애물 형상에 따라 감지되지 않을 수도 있다.

43. 2개 이상의 배터리를 연결하는 방식에 따라 용량과 전압 관계의 설명으로 맞는 것은?
㉮ 직렬 연결시 1개 배터리 전압과 같으며 용량은 배터리 수만큼 증가한다.
㉯ 병렬 연결시 용량은 배터리 수만큼 증가하지만 전압은 1개 배터리 전압과 같다.
㉰ 병렬연결이란 전압과 용량 동일한 배터리 2개 이상을 (+)단자와 연결대상 배터리(−)단자에, (−)단자는 (+)단자로 연결하는 방식이다.
㉱ 직렬연결이란 전압과 용량이 동일한 배터리 2개 이상을 (+)단자와 연결대상 배터리의 (+)단자에서로 연결하는 방식이다.

44. 저항이 4Ω인 전구를 12V의 축전지에 의하여 점등했을 때 접속이 올바른 상태에서 전류(A)는 얼마인가?
㉮ 4.8A ㉯ 2.4A
㉰ 3.0A ㉱ 6.0A

정답 35. ㉮ 36. ㉯ 37. ㉱ 38. ㉰ 39. ㉯ 40. ㉰ 41. ㉯ 42. ㉰ 43. ㉯ 44. ㉰

45. 기동전동기의 작동원리는 무엇인가?
   ㉮ 렌츠 법칙
   ㉯ 앙페르 법칙
   ㉰ 플레밍 왼손법칙
   ㉱ 플레밍 오른손법칙

46. 발전기의 3상 교류에 대한 설명으로 틀린 것은?
   ㉮ 3조의 코일에서 생기는 교류 파형이다.
   ㉯ Y결선을 스타결선, Δ결선을 델타 결선이라 한다.
   ㉰ 각 코일에 발생하는 전압을 선간전압이라고 하며, 스테이터 발생전류는 직류 전류가 발생된다.
   ㉱ Δ결선은 코일의 각 끝과 시작점을 서로 묶어서 각각의 접속점을 외부 단자로 한 결선 방식이다.

47. 자동차용 납산 축전지에 관한 설명으로 맞는 것은?
   ㉮ 일반적으로 축전지의 음극 단자는 양극 단자보다 크다.
   ㉯ 정전류 충전이란 일정한 충전 전압으로 충전하는 것을 말한다.
   ㉰ 일반적으로 충전시킬 때는 + 단자는 수소가, - 단자는 산소가 발생한다.
   ㉱ 전해액의 황산 비율이 증가하면 비중은 높아진다.

48. 다음 그림의 기호는 어떤 부품을 나타내는 기호인가?

   ㉮ 실리콘 다이오드   ㉯ 발광 다이오드
   ㉰ 트랜지스터   ㉱ 제너 다이오드

49. 계기판의 엔진 회전계가 작동하지 않는 결함의 원인에 해당되는 것은?
   ㉮ VSS(Vehicle Speed Sensor) 결함
   ㉯ CPS(Crankshaft Position Sensor) 결함
   ㉰ MAP(Manifold Absolute Pressure Sensor) 결함
   ㉱ CTS(Coolant Temperature Sensor) 결함

50. 다음 중 가속도(G) 센서가 사용되는 전자제어 장치는?
   ㉮ 에어백(SRS)장치   ㉯ 배기장치
   ㉰ 정속주행장치   ㉱ 분사장치

51. 선반작업 시 안전수칙으로 틀린 것은?
   ㉮ 선반 위에 공구를 올려놓은 채 작업하지 않는다.
   ㉯ 돌리개는 적당한 크기의 것을 사용한다.
   ㉰ 공작물을 고정한 후 렌치 류는 제거해야 한다.
   ㉱ 날 끝의 칩 제거는 손으로 한다.

52. 수공구의 사용방법 중 잘못된 것은?
   ㉮ 공구를 청결한 상태에서 보관할 것
   ㉯ 공구를 취급할 때에 올바른 방법으로 사용할 것
   ㉰ 공구는 지정된 장소에 보관할 것
   ㉱ 공구는 사용 전후 오일을 발라 둘 것

53. 단조작업의 일반적 안전사항으로 틀린 것은?
   ㉮ 해머작업을 할 때에는 주위 사람을 보면서 한다.
   ㉯ 재료를 자를 때에는 정면에 서지 않아야 한다.
   ㉰ 물품에 열이 있기 때문에 화상에 주의한다.
   ㉱ 형(die) 공구류는 사용 전에 예열한다.

54. 평균 근로자 500명인 직장에서 1년간 8명의 재해가 발생하였다면 연천인율은?
   ㉮ 12   ㉯ 14
   ㉰ 16   ㉱ 18

55. 소화 작업의 기본요소가 아닌 것은?
   ㉮ 가연 물질을 제거한다.
   ㉯ 산소를 차단한다.

정답 45. ㉰ 46. ㉰ 47. ㉱ 48. ㉱ 49. ㉯ 50. ㉮ 51. ㉱ 52. ㉱ 53. ㉮ 54. ㉰ 55. ㉱

㉰ 점화원을 냉각시킨다.
㉱ 연료를 기화시킨다.

56. 차량 밑에서 정비할 경우 안전조치 사항으로 틀린 것은?
    ㉮ 차량은 반드시 평지에 받침목을 사용하여 세운다.
    ㉯ 차를 들어 올리고 작업할 때에는 반드시 잭으로 들어 올린 다음 스탠드로 지지해야 한다.
    ㉰ 차량 밑에서 작업할 때에는 반드시 앞치마를 이용한다.
    ㉱ 차량 밑에서 작업할 때에는 반드시 보안경을 착용한다.

57. 엔진작업에서 실린더 헤드볼트를 올바르게 풀어내는 방법은?
    ㉮ 반드시 토크렌치를 사용한다.
    ㉯ 풀기 쉬운 것부터 푼다.
    ㉰ 바깥쪽에서 안쪽을 향하여 대각선 방향으로 푼다.
    ㉱ 시계방향으로 차례대로 푼다.

58. 호이스트 사용시 안전사항 중 틀린 것은?
    ㉮ 규격이상의 하중을 걸지 않는다.
    ㉯ 무게 중심 바로 위에서 달아 올린다.
    ㉰ 사람이 짐에 타고 운반하지 않는다.
    ㉱ 운반 중에는 물건이 흔들리지 않도록 짐에 타고 운반한다.

59. 정비공장에서 엔진을 이동시키는 방법 가운데 가장 적합한 방법은?
    ㉮ 체인 블록이나 호이스트를 사용한다.
    ㉯ 지렛대로 이용한다.
    ㉰ 로프를 묶고 잡아당긴다.
    ㉱ 사람이 들고 이동한다.

60. 전기장치의 배선 연결부 점검 작업으로 적합한 것을 모두 고른 것은?

    a. 연결부의 풀림이나 부식을 점검한다.
    b. 배선 피복의 절연, 균열 상태를 점검한다.
    c. 배선이 고열 부위로 지나가는지 점검한다.
    d. 배선이 날카로운 부위로 지나가는지 점검한다.

    ㉮ a – b   ㉯ a – b – d
    ㉰ a – b – c   ㉱ a – b – c – d

정답 56. ㉰ 57. ㉰ 58. ㉱ 59. ㉮ 60. ㉱

2015. 4. 4 자동차 정비기능사

1. 실린더블록이나 헤드의 평면도 측정에 맞은 게이지는?
   ㉮ 마이크로미터
   ㉯ 다이얼 게이지
   ㉰ 버니어 캘리퍼스
   ㉱ 직각자와 필러 게이지

2. 4행정 사이클 기관에서 크랭크축이 4회전 할 때 캠축은 몇 회전하는가?
   ㉮ 1회전   ㉯ 2회전
   ㉰ 3회전   ㉱ 4회전

3. 윤중에 대한 정의이다. 옳은 것은?
   ㉮ 자동차가 수평으로 있을 때, 1개의 바퀴가 수직으로 지면을 누르는 중량
   ㉯ 자동차가 수평으로 있을 때, 차량 중량이 1개의 바퀴에 수평으로 걸리는 중량
   ㉰ 자동차가 수평으로 있을 때, 차량 총 중량이 2개의 바퀴에 수직으로 걸리는 중량
   ㉱ 자동차가 수평으로 있을 때, 공차 중량이 4개의 바퀴에 수직으로 걸리는 중량

4. 피스톤에 옵셋(off set)을 두는 이유로 가장 올바른 것은?
   ㉮ 피스톤의 틈새를 크게 하기 위하여
   ㉯ 피스톤의 중량을 가볍게 하기 위하여
   ㉰ 피스톤의 측압을 작게 하기 위하여
   ㉱ 피스톤 스커트부에 열전달을 방지하기 위하여

5. LPI 엔진에서 연료의 부탄과 프로판의 조성비를 결정하는 입력요소로 맞는 것은?
   ㉮ 크랭크각 센서, 캠각 센서
   ㉯ 연료온도 센서, 연료압력 센서
   ㉰ 공기유량 센서, 흡기온도 센서
   ㉱ 산소 센서, 냉각수온 센서

6. 자동차 엔진의 냉각 장치에 대한 설명 중 적절하지 않은 것은?
   ㉮ 강제 순환식이 많이 사용된다.
   ㉯ 냉각 장치 내부에 물때가 많으면 과열의 원인이 된다.
   ㉰ 서모스텟에 의해 냉각수의 흐름이 제어된다.
   ㉱ 엔진 과열시에는 즉시 라디에이터 캡을 열고 냉각수를 보급하여야 한다.

7. 전자제어 연료분사 차량에서 크랭크각 센서의 역할이 아닌 것은?
   ㉮ 냉각수 온도 검출   ㉯ 연료의 분사시기 결정
   ㉰ 점화시기 결정   ㉱ 피스톤의 위치 검출

8. 디젤 기관에 쓰이는 연소실이다. 복실식 연소실이 아닌 것은?
   ㉮ 예연소실식   ㉯ 직접분사식
   ㉰ 공기실식   ㉱ 와류실식

9. 디젤 기관의 노킹을 방지하는 대책으로 알맞은 것은?
   ㉮ 실린더 벽의 온도를 낮춘다.
   ㉯ 착화지연 기간을 길게 유도한다.
   ㉰ 압축비를 낮게 한다.
   ㉱ 흡기온도를 높인다.

10. 디젤 엔진의 정지방법에서 인테이크 셔터(intake shutter)의 역할에 대한 설명으로 옳은 것은?
    ㉮ 연료를 차단   ㉯ 흡입공기를 차단
    ㉰ 배기가스를 차단   ㉱ 압축 압력 차단

11. 가솔린 기관에서 고속 회전시 토크가 낮아지는 원인으로 가장 적합한 것은?
    ㉮ 체적 효율이 낮아지기 때문이다.

정답 1. ㉱ 2. ㉯ 3. ㉮ 4. ㉰ 5. ㉯ 6. ㉱ 7. ㉮ 8. ㉯ 9. ㉱ 10. ㉯ 11. ㉮

㉰ 화염전파 속도가 상승하기 때문이다.
㉲ 공연비가 이론공연비에 근접하기 때문이다.
㉱ 점화시기가 빨라지기 때문이다.

12. 가솔린 자동차의 배기관에서 배출되는 배기가스와 공연비와의 관계를 잘못 설명한 것은?
㉮ CO는 혼합기가 희박할수록 적게 배출된다.
㉯ HC는 혼합기가 농후할수록 많이 배출된다.
㉰ NOx는 이론 공연비 부근에서 최소로 배출된다.
㉱ CO_2는 혼합기가 농후할수록 적게 배출된다.

13. 기관에 윤활유를 급유하는 목적과 관계없는 것은?
㉮ 연소촉진작용   ㉯ 동력손실감소
㉰ 마멸방지   ㉱ 냉각작용

14. 다음 중 전자제어 엔진에서 연료분사 피드백(Feed Back) 제어에 가장 필요한 센서는?
㉮ 스로틀 포지션 센서 ㉯ 대기압 센서
㉰ 차속 센서   ㉱ 산소(O_2) 센서

15. 공기청정기가 막혔을 때의 배기가스 색으로 가장 알맞은 것은?
㉮ 무색   ㉯ 백색
㉰ 흑색   ㉱ 청색

16. 피스톤 링의 3대 작용으로 틀린 것은?
㉮ 와류작용   ㉯ 기밀작용
㉰ 오일 제어작용 ㉱ 열전도 작용

17. 연료 탱크 내장형 연료펌프(어셈블리)의 구성부품에 해당되지 않는 것은?
㉮ 첵 밸브   ㉯ 릴리프 밸브
㉰ DC모터   ㉱ 포토 다이오드

18. 이소옥탄 60% 정헵탄 40%의 표준연료를 사용했을 때 옥탄가는 얼마인가?
㉮ 40%   ㉯ 50%
㉰ 60%   ㉱ 70%

19. 전자제어 차량의 흡입 공기량 계측 방법으로 메스 플로(mass flow) 방식과 스피드 덴시티(speed density) 방식이 있는데 매스 플로방식이 아닌 것은?
㉮ 맵 센서식(MAP sensor type)
㉯ 핫 필름식(hot film type)
㉰ 베인식(vane type)
㉱ 칼만 와류식(kalman voltax type)

20. 엔진 실린더 내부에서 실제로 발생한 마력으로 혼합기가 연소 시 발생하는 폭발압력을 측정한 마력은?
㉮ 지시마력   ㉯ 경제마력
㉰ 정미마력   ㉱ 정격마력

21. 연소란 연료의 산화반응을 말하는데 연소에 영향을 주는 요소 중 거리가 먼 것은?
㉮ 배기 유동과 난류   ㉯ 공연비
㉰ 연소 온도와 압력   ㉱ 연소실 형상

22. 실린더 지름이 100mm의 정방형 엔진이다. 행정 체적은 약 얼마인가?
㉮ $600cm^3$ ㉯ $785cm^3$
㉰ $1200cm^3$ ㉱ $1490cm^3$

23. 연료의 저위발열량 10,500 kcal/kgf, 제동마력 93PS, 제동 열효율 31%인 기관의 시간당 연료소비량(kgf/h)은?
㉮ 약 18.07   ㉯ 약 17.07
㉰ 약 16.07   ㉱ 약 5.53

24. 전자제어 조향장치에서 차속센서의 역할은?
㉮ 공전속도 조절   ㉯ 조향력 조절
㉰ 공연비 조절   ㉱ 점화시기 조절

25. 클러치 부품 중 플라이휠에 조립되어 플라이휠과 함께 회전하는 부품은?
㉮ 클러치판   ㉯ 변속기 입력축
㉰ 클러치 커버 ㉱ 릴리스 포크

정답 12. ㉱ 13. ㉮ 14. ㉱ 15. ㉰ 16. ㉮ 17. ㉱ 18. ㉰ 19. ㉮ 20. ㉮ 21. ㉮ 22. ㉯ 23. ㉮ 24. ㉯ 25. ㉰

26. 엔진의 출력을 일정하게 하였을 때 가속성능을 향상시키기 위한 것이 아닌 것은?
  ㉮ 여유구동력을 크게 한다.
  ㉯ 자동차의 총중량을 크게 한다.
  ㉰ 종감속비를 크게 한다.
  ㉱ 주행저항을 작게 한다.

27. 배력장치가 장착된 자동차에서 브레이크 페달의 조작이 무겁게 되는 원인이 아닌 것은?
  ㉮ 푸시로드의 부트가 파손되었다.
  ㉯ 진공용 체크밸브의 작동이 불량하다.
  ㉰ 릴레이 밸브 피스톤의 작동이 불량하다.
  ㉱ 하이드로릭 피스톤 컵이 손상되었다.

28. 유압식 클러치에서 동력 차단이 불량한 원인 중 가장 거리가 먼 것은?
  ㉮ 페달의 자유간극 없음
  ㉯ 유압라인의 공기 유입
  ㉰ 클러치 릴리스 실린더 불량
  ㉱ 클러치 마스터 실린더 불량

29. 자동차의 축간 거리가 2.2m, 외측 바퀴의 조향각이 30°이다. 이 자동차의 최소 회전 반지름은 얼마인가? (단, 바퀴의 접지면 중심과 킹핀과의 거리는 30cm이다.)
  ㉮ 3.5m   ㉯ 4.7m
  ㉰ 7m   ㉱ 9.4m

30. 전자제어 현가장치에 사용되고 있는 차고센서의 구성 부품으로 옳은 것은?
  ㉮ 에어챔버와 서브탱크
  ㉯ 발광다이오드와 유화 카드뮴
  ㉰ 서모스위치
  ㉱ 발광다이오드와 광트랜지스터

31. 브레이크 파이프에 잔압 유지와 직접적인 관련이 있는 것은?
  ㉮ 브레이크 페달
  ㉯ 마스터 실린더 2차컵
  ㉰ 마스터 실린더 체크 밸브
  ㉱ 푸시로드

32. 조향휠을 1회전하였을 때 피트먼암이 60° 움직였다. 조향 기어비는 얼마인가?
  ㉮ 12 : 1   ㉯ 6 : 1
  ㉰ 6.5 : 1   ㉱ 13 : 1

33. 주행 중 조향핸들이 한쪽으로 쏠리는 원인과 가장 거리가 먼 것은?
  ㉮ 바퀴 허브 너트를 너무 꽉 조였다.
  ㉯ 좌우의 캠버가 같지 않다.
  ㉰ 컨트롤 암(위 또는 아래)이 휘었다.
  ㉱ 좌우의 타이어 공기압이 다르다.

34. 타이어의 구조 중 노면과 직접 접촉하는 부분은?
  ㉮ 트레드   ㉯ 카커스
  ㉰ 비드   ㉱ 숄더

35. 추진축의 슬립 이음은 어떤 변화를 가능하게 하는가?
  ㉮ 축의 길이   ㉯ 드라이브 각
  ㉰ 회전 토크   ㉱ 최전 속도

36. 전자제어식 제동장치(ABS)에서 제동시 타이어 슬립율이란?
  ㉮ $\dfrac{차륜속도 - 차체속도}{차체속도} \times 100\%$
  ㉯ $\dfrac{차제속도 - 차륜속도}{차체속도} \times 100\%$
  ㉰ $\dfrac{차체속도 - 차륜속도}{차륜속도} \times 100\%$
  ㉱ $\dfrac{차륜속도 - 차체속도}{차륜속도} \times 100\%$

37. 자동변속기 차량에서 시동이 가능한 변속레버 위치는?
  ㉮ P, N   ㉯ P, D
  ㉰ 전구간   ㉱ N, D

38. 승용자동차에서 주제동 브레이크에 해당되는 것은?
  ㉮ 디스크 브레이크   ㉯ 배기 브레이크
  ㉰ 엔진 브레이크   ㉱ 와전류 리타더

정답 26. ㉯ 27. ㉮ 28. ㉮ 29. ㉯ 30. ㉱ 31. ㉰ 32. ㉯ 33. ㉮ 34. ㉮ 35. ㉮ 36. ㉯ 37. ㉮ 38. ㉮

39. 자동차가 고속으로 선회할 때 차체가 기울어지는 것을 방지하기 위한 장치는?
    ㉮ 타이로드
    ㉯ 토인
    ㉰ 프로포셔닝 밸브
    ㉱ 스테빌라이저

40. 자동변속기 오일의 구비조건으로 부적합한 것은?
    ㉮ 기포 발생이 없고 방청성이 있을 것
    ㉯ 점도지수의 유동성이 좋을 것
    ㉰ 내열 및 내산화성이 좋을 것
    ㉱ 클러치 접속식 충격이 크고 미끄럼이 없는 적절한 마찰계수를 가질 것

41. 논리회로에서 AND 게이트의 출력이 HIGH(1)로 되는 조건은?
    ㉮ 양쪽의 입력이 HIGH일 때
    ㉯ 한쪽의 입력만 LOW일 때
    ㉰ 한쪽의 입력이 HIGH일 때
    ㉱ 양쪽의 입력이 LOW일 때

42. 자동차에서 축전지를 때어낼 때 작업방법으로 가장 옳은 것은?
    ㉮ 접지 터미널을 먼저 푼다.
    ㉯ 양 터미널을 함께 푼다
    ㉰ 벤트 플러그(vent plug)를 열고 작업힌다.
    ㉱ 극성에 상관없이 작업성이 편리한 터미널부터 분리한다.

43. 일반적으로 발전기를 구동하는 축은?
    ㉮ 캠축
    ㉯ 크랭크축
    ㉰ 앞차축
    ㉱ 컨트롤로드

44. 자기유도작용과 상호유도작용 원리를 이용한 것은?
    ㉮ 발전기
    ㉯ 점화코일
    ㉰ 기동모터
    ㉱ 축전지

45. 링기어 이의 수가 120, 피니언 이의 수가 120이고, 1500cc 급 엔진의 회전저항이 6m·kgf일 때, 기동 전동기의 필요한 최소 회전력은?
    ㉮ 0.6m·kgf
    ㉯ 2m·kgf
    ㉰ 20m·kgf
    ㉱ 6m·6

46. 자동차용 배터리의 충전방전에 관한 화학반응으로 틀린 것은?
    ㉮ 배터리 방전 시 (+)극판의 과산화납은 점점 황산납으로 변한다.
    ㉯ 배터리 충전 시 (+)극판의 황산납은 점점 과산화납으로 변한다.
    ㉰ 배터리 충전 시 물은 묽은 황산으로 변한다.
    ㉱ 배터리 충전 시 (−)극판에는 산소가, (+)극판에는 수소를 발생시킨다.

47. 자동차 에어컨에서 고압의 액체 냉매를 저압의 기체 냉매로 바꾸는 구성품은?
    ㉮ 압축기(compressor)
    ㉯ 리퀴드 탱크(liquid tank)
    ㉰ 팽창 밸브(expansion valve)
    ㉱ 에버퍼레이터(evaporator)

48. 자동차 전기장치에서 "유도 기전력은 코일내의 자속의 변화를 방해하는 방향으로 생긴다."는 현상을 설명한 것은?
    ㉮ 앙페르의 법칙
    ㉯ 키르히호프의 제1법칙
    ㉰ 뉴턴의 제1법칙
    ㉱ 렌츠의 법칙

49. R-134a 냉매의 특징을 설명한 것으로 틀린 것은?
    ㉮ 액화 및 증발되지 않아 오존층이 보호된다.
    ㉯ 무색, 무취, 무미하다.
    ㉰ 화학적으로 안정되고 내열성이 좋다.
    ㉱ 온난화 계수가 구냉매보다 낮다.

50. 주행계기판의 온도계가 작동하지 않을 경우 점검을 해야 할 곳은?
    ㉮ 공기유량센서
    ㉯ 냉각수온센서
    ㉰ 에어컨압력센서
    ㉱ 크랭크포지션센서

정답 39. ㉱ 40. ㉱ 41. ㉮ 42. ㉮ 43. ㉯ 44. ㉯ 45. ㉮ 46. ㉱ 47. ㉰ 48. ㉱ 49. ㉮ 50. ㉯

51. 제 3종 유기용제 취급장소의 색표시는?
   ㉮ 빨강　　㉯ 노랑
   ㉰ 파랑　　㉱ 녹색

52. 렌치를 사용한 작업에 대한 설명으로 틀린 것은?
   ㉮ 스패너의 자루가 짧다고 느낄 때는 긴 파이프를 연결하여 사용할 것
   ㉯ 스패너를 사용할 때는 앞으로 당길 것
   ㉰ 스패너는 조금씩 돌리며 사용할 것
   ㉱ 파이프 렌치의 주용도는 둥근 물체 조립용이다.

53. 관리감독자의 점검대상 및 업무내용으로 가장 거리가 먼 것은?
   ㉮ 보호구의 착용 및 관리실태 적절 여부
   ㉯ 상업재해 발생시 보고 및 응급조치
   ㉰ 안전수칙 준수 여부
   ㉱ 안전관리자 선임 여부

54. 드릴 작업 때 칩의 제거 방법으로 가장 좋은 것은?
   ㉮ 회전시키면서 솔로 제거
   ㉯ 회전시키면서 막대로 제거
   ㉰ 회전을 중지시킨 후 손으로 제거
   ㉱ 회전을 중지시킨 후 솔로 제거

55. 다이얼 게이지 취급시 안전사항으로 틀린 것은?
   ㉮ 작동이 불량하면 스핀들에 주유 혹은 그리스를 도포해서 사용한다.
   ㉯ 분해 청소나 조정은 하지 않는다.
   ㉰ 다이얼 인디케이터에 충격을 가해서는 안 된다.
   ㉱ 측정시는 측정물에 스핀들을 직각으로 설치하고 무리한 접촉을 피한다.

56. LPG 자동차 관리에 대한 주의사항 중 틀린 것은?
   ㉮ LPG가 누출되는 부위를 손으로 막으면 안 된다.
   ㉯ 가스 충전시에는 합격 용기인가를 확인하고, 과충전되지 않도록 해야 한다.
   ㉰ 엔진실이나 트렁크 실 내부 등을 점검할 때라이터나 성냥 등을 켜고 확인한다.
   ㉱ LPG는 온도상승에 의한 압력상승이이 있기 때문에 용기는 직사광선 등을 피하는 곳에 설치하고 과열되지 않아야 한다.

57. 휠 밸런스 점검 시 안전수칙으로 틀린 사항은?
   ㉮ 점검 후 테스터 스위치를 끄고 자연히 정지하도록 한다.
   ㉯ 타이어의 회전방향에서 점검한다.
   ㉰ 과도하게 속도를 내지 말고 점검한다.
   ㉱ 회전하는 휠에 손을 대지 않는다.

58. 안전표시의 종류를 나열한 것으로 옳은 것은?
   ㉮ 금지표시, 경고표시, 지시표시, 안내표시
   ㉯ 금지표시, 권장표시, 경고표시, 지시표시
   ㉰ 지시표시, 권장표시, 사용표시, 주의표시
   ㉱ 금지표시, 주의표시, 사용표시, 경고표시

59. 하이브리드 자동차의 고전압 배터리 취급 시 안전한 방법이 아닌 것은?
   ㉮ 고전압 배터리 점검, 정비 시 절연 장갑을 착용한다.
   ㉯ 고전압 배터리 점검, 정비 시 점화 스위치는 OFF한다.
   ㉰ 고전압 배터리 점검, 정비 시 12V 배터리 접지선을 분리한다.
   ㉱ 고전압 배터리 점검, 정비 시 반드시 세이프티 플러그를 연결한다.

60. 전해액을 만들 때 황산에 물을 혼합하면 안 되는 이유는?
   ㉮ 유독가스가 발생하기 때문에
   ㉯ 혼합이 잘 안되기 때문에
   ㉰ 폭발의 위험이 있기 때문에
   ㉱ 비중 조정이 쉽기 때문에

정답 51. ㉰ 52. ㉮ 53. ㉱ 54. ㉱ 55. ㉮ 56. ㉰ 57. ㉯ 58. ㉮ 59. ㉱ 60. ㉰

2015. 7. 19 자동차 정비기능사

1. 전자제어 연료장치에서 기관이 정지 후 연료 압력이 급격히 저하되는 원인 중 가장 알맞은 것은?
   - ㉮ 연료 휠터가 막혔을 때
   - ㉯ 연료 펌프의 첵 밸브가 불량할 때
   - ㉰ 연료의 리턴 파이프가 막혔을 때
   - ㉱ 연료 펌프의 릴리프밸브가 불량할 때

2. 디젤기관에서 연료분사의 3대 요인과 관계가 없는 것은?
   - ㉮ 무화   ㉯ 분포
   - ㉰ 디젤 저수   ㉱ 관통력

3. 활성탄 캐니스터(charcoal canister)는 무엇을 제어하기 위해 설치하는가?
   - ㉮ CO_2증발가스   ㉯ HC 증발가스
   - ㉰ NOx 증발가스   ㉱ CO 증발가스

4. 윤활유 특성에서 요구되는 사항으로 틀린 것은?
   - ㉮ 점도지수가 적당 할 것
   - ㉯ 산화 안정성이 좋을 것
   - ㉰ 발화점이 낮을 것
   - ㉱ 기포 발생이 적을 것

5. 자동차용 기관의 연료가 갖추어야 할 특성이 아닌 것은?
   - ㉮ 단위 중량 또는 단위 체적당의 발열량이 클 것
   - ㉯ 상온에서 기화가 용이 할 것
   - ㉰ 점도가 클 것
   - ㉱ 저장 및 취급이 용이 할 것

6. 피에죠(PIEZO) 저항을 이용한 센서는?
   - ㉮ 차속 센서   ㉯ 매니폴드압력 센서
   - ㉰ 수온 센서   ㉱ 크랭크각 센서

7. 단위환산으로 맞는 것은?
   - ㉮ 1mile = 2km   ㉯ 1lb = 1.55kgf
   - ㉰ 1kgf·m =1.42ft·lbf   ㉱ 9.81Nm = 9.81J

8. CO, HC, CO_2가스를 CO_2, H_2O, N_2 등으로 화학적 반응을 일으키는 장치는?
   - ㉮ 캐니스터
   - ㉯ 삼원촉매장치
   - ㉰ EGR장치
   - ㉱ PCV(Positive Crankcase Ventilation)

9. 4행정 6실린더 기관의 제 3번 실린더 흡기 및 배기밸브가 모두 열려 있을 경우 크랭크축을 회전방향으로 120° 회전시켰다면 압축 상사점에 가장 가까운 상태에 있는 실린더는? (단, 점화순서는 1-5-3-6-2-4)
   - ㉮ 1번 실린더   ㉯ 2번 실린더
   - ㉰ 4번 실린더   ㉱ 6번 실린더

10. 전동식 냉각팬의 장점 중 거리가 가장 먼 것은?
    - ㉮ 연료를 차단   ㉯ 흡입공기를 차단
    - ㉰ 배기가스를 차단   ㉱ 압축 압력 차단

11. 지르코니아 산소센서에 대한 설명으로 맞는 것은?
    - ㉮ 공연비를 피드백 제어하기 위해 사용한다.
    - ㉯ 정상온도 도달시간 단축
    - ㉰ 기관 최고출력 향상
    - ㉱ 작동온도가 항상 균일하게 유지

12. 크랭크축이 회전 중 받은 힘의 종류가 아닌 것은?
    - ㉮ 휨(bending)   ㉯ 비틀림(torsion)
    - ㉰ 관통(penetration)   ㉱ 전단(shearing)

정답 1. ㉯ 2. ㉰ 3. ㉯ 4. ㉰ 5. ㉰ 6. ㉯ 7. ㉱ 8. ㉯ 9. ㉮ 10. ㉰ 11. ㉮ 12. ㉰

13. 10m/s의 속도는 몇 km/h인가?
    - ㉮ 3.6km/h
    - ㉯ 36km/h
    - ㉰ 1/3.6km/h
    - ㉱ 1/36km/h

14. 실린더의 형식에 따른 기관의 분류에 속하지 않는 것은?
    - ㉮ 수평형 엔진
    - ㉯ 직렬형 엔진
    - ㉰ V형 엔진
    - ㉱ T형 엔진

15. 연소실 체적이 40cc이고, 압축비가 9 : 1인 기관의 행정 체적은?
    - ㉮ 280cc
    - ㉯ 300cc
    - ㉰ 320cc
    - ㉱ 360cc

16. 가솔린기관과 비교할 때 디젤기관의 장점이 아닌 것은?
    - ㉮ 부분부하영역에서 연료소비율이 낮다.
    - ㉯ 넓은 회전속도 범위에 걸쳐 회전 토크가 크다.
    - ㉰ 질소산화물과 매연이 조금 배출된다.
    - ㉱ 열효율이 높다.

17. 각 실린더의 분사량을 측정하였더니 최대 분사량이 66cc이고, 최소 분사량이 58cc이였다. 이때의 평균분사량이 60cc이면 분사량의 "+불균률"은 얼마인가?
    - ㉮ 5%
    - ㉯ 10%
    - ㉰ 15%
    - ㉱ 20%

18. 가솔린 차량의 배출가스 중 NOx의 배출을 감소시키기 위한 방법으로 적당한 것은?
    - ㉮ 캐니스터 설치
    - ㉯ EGR장치 채택
    - ㉰ DPT시스템 채택
    - ㉱ 간접연료 분사 방식 채택

19. 가솔린 기관의 노킹(Knocking)을 방지하기 위한 방법이 아닌 것은?
    - ㉮ 화염전파속도를 빠르게 한다.
    - ㉯ 냉각수 온도를 낮춘다.
    - ㉰ 옥탄가가 높은 연료를 사용한다.
    - ㉱ 간접연료 분사 방식 채택

20. 기계식 연료 분사장치에 비해 전자식 연료 분사장치의 특징 중 거리가 먼 것은?
    - ㉮ 관성 질량이 커서 응답성이 향상된다.
    - ㉯ 연료 소비율이 감소한다.
    - ㉰ 배기가스 유해 물질배출이 감소된다.
    - ㉱ 구조가 복잡하고, 값이 비싸다.

21. 차량총중량이 3.5톤 이상인 화물자동차 등의 후부안전판 설치기준에 대한 설명으로 틀린 것은?
    - ㉮ 너비는 자동차너비의 100% 미만일 것
    - ㉯ 가장 아랫부분과 지상과의 간격은 550mm 이내일 것
    - ㉰ 차량 수직방향의 단면 최소 높이는 100mm 이하일 것
    - ㉱ 모서리부의 곡률반경은 2.5mm 이상일 것

22. 내연기관 밸브장치에서 밸브스프링의 점검과 관계없는 것은?
    - ㉮ 스프링 장력
    - ㉯ 자유높이
    - ㉰ 직각도
    - ㉱ 코일의 권수

23. LPG 자동차의 장점 중 맞지 않는 것은?
    - ㉮ 연료비가 경제적이다.
    - ㉯ 가솔린 차량에 비해 출력이 높다.
    - ㉰ 연소실 내의 카본 생성이 낮다.
    - ㉱ 점화플러그의 수명이 길다.

24. 동력전달장치에서 추진축의 스플라인부가 마멸되었을 때 생기는 현상은?
    - ㉮ 완충작용이 불량하게 된다.
    - ㉯ 주행 중에 소음이 발생한다.
    - ㉰ 동력전달 성능이 향상된다.
    - ㉱ 총 감속 장치의 결합이 불량하게 된다.

25. 엔진의 회전수가 4500rpm일 경우 2단위 변속비가 1.5일 경우 변속기 출력축의 회전수(rpm)는 얼마인가?
    - ㉮ 1500
    - ㉯ 2000
    - ㉰ 2500
    - ㉱ 3000

정답 13. ㉯ 14. ㉱ 15. ㉰ 16. ㉰ 17. ㉮ 18. ㉯ 19. ㉱ 20. ㉮ 21. ㉰ 22. ㉱ 23. ㉯ 24. ㉯ 25. ㉱

26. 다음 중 현가장치에 사용되는 판스프링에서 스팬의 길이 변화를 가능하게 하는 것은?
   ㉮ 섀클   ㉯ 스팬
   ㉰ 행거   ㉱ U볼트

27. 앞바퀴 정렬의 종류가 아닌 것은?
   ㉮ 토인   ㉯ 캠버
   ㉰ 섹터암   ㉱ 캐스터

28. 자동변속기에서 스톨테스트의 요령 중 틀린 것은?
   ㉮ 사이드 브레이크를 잠근 후 풋 브레이크를 밟고 전진기어를 넣고 실시한다.
   ㉯ 사이드 브레이크를 잠근 후 풋 브레이크를 밟고 후진기어를 넣고 실시한다.
   ㉰ 바퀴에 추가로 버팀목을 넣고 실시한다.
   ㉱ 풋 브레이크는 놓고 사이드 브레이크만 당기고 실시한다.

29. 전자제어 현가장치의 장점에 대한 설명으로 가장 적합한 것은?
   ㉮ 굴곡이 심한 노면을 주행할 때에 흔들림이 작은 평행한 승차감 실현
   ㉯ 차속 및 조향 상태에 따라 적절한 조향
   ㉰ 운전자가 희망하는 쾌적공간을 제공해 수는 시스템
   ㉱ 운전자의 의지에 따라 조향 능력을 유지해 주는 시스템

30. 유압식 제동장치에서 적용되는 유압의 원리는?
   ㉮ 뉴턴의 원리   ㉯ 파스칼의 원리
   ㉰ 벤투리관의 원리   ㉱ 베르누이의 원리

31. 수동변속기의 클러치의 역할 중 거리가 가장 먼 것은?
   ㉮ 엔진과의 연결을 차단하는 일을 한다.
   ㉯ 변속기로 전달되는 엔진의 토크를 필요에 따라 단속한다.
   ㉰ 관성 운전 시 엔진과 변속기를 연결하여 연비 향상을 도모한다.
   ㉱ 출발 시 엔진의 동력을 서서히 연결하는 일을 한다.

32. 주행 중 제동 시 좌우 편제동의 원인으로 거리가 가장 먼 것은?
   ㉮ 드럼의 편 마모
   ㉯ 휠 실린더 오일 누설
   ㉰ 라이닝 접촉 불량, 기름부착
   ㉱ 마스터 실린더의 리턴 구멍 막힘

33. 스프링의 무게 진동과 관련된 사항 중 거리가 먼 것은?
   ㉮ 바운싱(bouncing)
   ㉯ 피칭(pitching)
   ㉰ 휠 트램프(wheel tramp)
   ㉱ 롤링(rolling)

34. 타이어의 구조에 해당되지 않는 것은?
   ㉮ 트레드   ㉯ 브레이커
   ㉰ 카커스   ㉱ 압력판

35. 자동차변속기 오일의 주요 기능이 아닌 것은?
   ㉮ 동력전달 작용   ㉯ 냉각 작용
   ㉰ 충격전달 작용   ㉱ 윤활 작용

36. 동력조향장치(power steering system)의 장점으로 틀린 것은?
   ㉮ 조향 조작력을 작게 할 수 있다.
   ㉯ 앞바퀴의 시미현상을 방지할 수 있다.
   ㉰ 조향 조작이 경쾌하고 신속하다.
   ㉱ 고속에서 조향력이 가볍다.

37. 제동 배력장치에서 진공식은 무엇을 이용하는가?
   ㉮ 대기 압력만을 이용
   ㉯ 배기가스 압력만을 이용
   ㉰ 대기압과 흡기다기관 부압의 차이를 이용
   ㉱ 배기가스와 대기압과의 차이를 이용

38. 차량 총 중량 5000kgf의 자동차가 20%의 구배길을 올라갈 때 구배저항(Rg)은?

정답 26. ㉮ 27. ㉰ 28. ㉱ 29. ㉮ 30. ㉯ 31. ㉰ 32. ㉱ 33. ㉱ 34. ㉱ 35. ㉰ 36. ㉱ 37. ㉰ 38. ㉱

㉮ 2500kgf ㉯ 2000kgf
㉰ 1710kgf ㉱ 1000kgf

39. 주행 중 브레이크 작동 시 조향 핸들이 한쪽으로 쏠리는 원인으로 거리가 가장 먼 것은?
   ㉮ 휠 얼라이먼트 조정이 불량하다.
   ㉯ 좌우 타이어의 공기압이 다르다.
   ㉰ 브레이크 라이닝의 좌우 간극이 불량하다.
   ㉱ 마스터 실린더의 첵 밸브의 작동이 불량하다.

40. 자동차가 주행하면서 선회 할 때 조향각도를 일정하게 유지하여도 선회 반지름이 커지는 현상은?
   ㉮ 오버 스티어링 ㉯ 언더 스티어링
   ㉰ 리버스 스티어링 ㉱ 토크 스티어링

41. 모터나 릴레이 작동 시 라디오에 유기되는 일반적인 고주파 잡음을 억제하는 부품으로 맞는 것은?
   ㉮ 트랜지스터 ㉯ 볼륨
   ㉰ 콘덴서 ㉱ 동소기

42. 자동차 에어컨 시스템에 사용되는 컴프레셔 중 가변용량 컴프레셔의 장점이 아닌 것은?
   ㉮ 냉방성능 향상 ㉯ 소음진동 향상
   ㉰ 연비 향상 ㉱ 냉매 충진 효율 향상

43. 기동전동기 무부하 시험을 할 때 필요 없는 것은?
   ㉮ 전류계 ㉯ 저항 시험기
   ㉰ 전압계 ㉱ 회전계

44. 엔진정지 상태에서 기동스위치를 "ON" 시켰을 때 축전지에서 발전기로 전류가 흘렀다면 그 원인은?
   ㉮ ⊕ 다이오드가 단락되었다.
   ㉯ ⊕ 다이오드가 절연되었다.
   ㉰ ⊖ 다이오드가 단락되었다.
   ㉱ ⊖ 다이오드가 절연되었다.

45. 자동차용 배터리에 과충전을 반복하면 배터리에 미치는 영향은?
   ㉮ 극판이 황산화 된다.
   ㉯ 용량이 크게 된다.
   ㉰ 양극판 격자가 산화된다.
   ㉱ 단자가 산화된다.

46. "회로 내의 어떤 한 점에 유입한 전류의 총합과 유출한 전류의 총합은 서로 같다."는 법칙은?
   ㉮ 렌쯔의 법칙 ㉯ 앙페르의 법칙
   ㉰ 뉴튼의 제 1법칙 ㉱ 키르히호프의 제1법칙

47. 전자제어 점화장치에서 점화시기를 제어하는 순서는?
   ㉮ 각종센서 → ECU → 파워 트랜지스터 → 점화코일
   ㉯ 각종센서 → ECU → 점화코일 → 파워 트랜지스터
   ㉰ 파워 트랜지스터 → 점화코일 → ECU → 각종센서
   ㉱ 파워 트랜지스터 → ECU → 각종센서 → 점화코일

48. 부특성(NTC) 가변저항을 이용한 센서는?
   ㉮ 산소센서 ㉯ 수온센서
   ㉰ 조향각센서 ㉱ TDC센서

49. 윈드 실드 와이퍼 장치의 관리요령에 대한 설명으로 틀린 것은?
   ㉮ 와이퍼 블레이드는 수시 점검 및 교환해 주어야 한다.
   ㉯ 와셔액이 부족한 경우 와셔액 경고등이 점등된다.
   ㉰ 전면유리는 왁스로 깨끗이 닦아 주어야한다.
   ㉱ 전면 유리는 기름 수건 등으로 닦지 말아야 한다.

50. 비중이 1.280(20℃)의 묽은 황상 1L 속에 35%(중량)의 황산이 포함되어 있다면 물은 몇 g 포함되어 있는가?

정답 39.㉱ 40.㉯ 41.㉰ 42.㉱ 43.㉯ 44.㉮ 45.㉰ 46.㉱ 47.㉮ 48.㉯ 49.㉰

㉮ 932 ㉯ 832
㉰ 719 ㉱ 819

51. 리머가공에 관한 설명으로 옳은 것은?
   ㉮ 액슬축 외경 가공 작업 시 사용된다.
   ㉯ 드릴 구멍보다 먼저 작업한다.
   ㉰ 드릴 구멍보다 더 정밀도가 높은 구멍을 가공하는데 필요하다.
   ㉱ 드릴 구멍보다 더 작게 하는데 사용한다.

52. 다음 중 연료 파이프 피팅을 풀 때 가장 알맞은 렌치는?
   ㉮ 탭렌치 ㉯ 복스렌치
   ㉰ 소켓렌치 ㉱ 오픈엔드렌치

53. 사고예방 원리의 5단계 중 그 대상이 아닌 것은?
   ㉮ 사실의 발견 ㉯ 평가분석
   ㉰ 시정책의 선정 ㉱ 엄격한 규율의 책정

54. 화재의 분류 기준에서 휘발유로 인해 발생한 화재는?
   ㉮ A급 화재 ㉯ B급 화재
   ㉰ C급 화재 ㉱ D급 화재

55. 드릴링머신의 사용에 있어서 안전상 옳지 못한 것은?
   ㉮ 드릴 회전 중 칩을 손으로 털거나 불어내지 말 것
   ㉯ 가공물에 구멍을 뚫을 때 가공물을 바이스에 물리고 작업할 것
   ㉰ 솔로 절삭유를 바를 경우에는 위쪽 방향에서 바를 것
   ㉱ 드릴을 회전시킨 후에 머신테이블을 조정할 것

56. 휠 밸런스 시험기 사용 시 적합하지 않은 것은?
   ㉮ 휠의 탈부착 시에는 무리한 힘을 가하지 않는다.
   ㉯ 균형추를 정확히 부착한다.
   ㉰ 계기판은 회전이 시작되면 즉시 판독한다.
   ㉱ 시험기 사용방법과 유의 사항을 숙지 후 사용한다.

57. 자동차의 배터리 충전 시 안전한 작업이 아닌 것은?
   ㉮ 자동차에서 배터리 분리 시 (+)단자 먼저 분리한다.
   ㉯ 배터리 온도가 약 45℃ 이상 오르지 않게 한다.
   ㉰ 충전은 환기가 잘되는 넓은 곳에서 한다.
   ㉱ 과충전 및 과방전을 피한다.

58. 작업장의 안전점검을 실시할 때 유의사항이 아닌 것은?
   ㉮ 과거 재해 요인이 없어졌는지 확인한다.
   ㉯ 안전점검 후 강평하고 사고한 사항은 묵인한다.
   ㉰ 점검내용을 서로가 이해하고 협조한다.
   ㉱ 점검자의 능력에 적응하는 점검내용을 활용한다.

59. FF차량의 구동축을 정비할 때 유의사항으로 틀린 것은?
   ㉮ 구동축의 고무부트 부위의 그리스 누유 상태를 확인한다.
   ㉯ 구동축 탈거 후 변속기 케이스의 구동축 장착 구멍을 막는다.
   ㉰ 구동축을 탈거할 때마다 오일씰을 교환한다.
   ㉱ 탈거 공구를 최대한 깊이 끼워서 사용한다.

60. 공작기계 작업시의 주의사항으로 틀린 것은?
   ㉮ 몸에 묻은 먼지나 철분 등 기타의 물질은 손으로 털어 낸다.
   ㉯ 정해진 용구를 사용하여 파쇄철이 긴 것은 자르고 짧은 것은 막대로 제거한다.
   ㉰ 무거운 공작물을 옮길 때는 운반기계를 이용한다.
   ㉱ 기름걸레는 정해진 용기에 넣어 화재를 방지하여야 한다.

2015. 10. 10 자동차 정비기능사

1. 가솔린 연료분사기관에서 인젝터(-)단자에서 측정한 인젝터 분사파형은 파워트랜지스터가 off 되는 순간 솔레노이드 코일에 급격하게 전류가 차단되기 때문에 큰 역기전력이 발생하게 되는데 이것을 무엇이라 하는가?
   - ㉮ 평균전압
   - ㉯ 전압강하 불량할 때
   - ㉰ 서지전압
   - ㉱ 최소전압

2. 캠축의 구동방식이 아닌 것은?
   - ㉮ 기어형
   - ㉯ 체인형
   - ㉰ 포핏형
   - ㉱ 벨트형

3. 산소센서(O^2 sensor)가 피드백(feedback)제어를 할 경우로 가장 적합한 것은?
   - ㉮ 연료를 차단할 때
   - ㉯ 급가속 상태일 때
   - ㉰ 감속 상태일 때
   - ㉱ 대기와 배기가스 중의 산소농도 차이가 있을 때

4. 연료 분사 펌프의 토출량과 플런저의 행정은 어떠한 관계가 있는가?
   - ㉮ 토출량은 플런저의 유효행정에 정비례한다.
   - ㉯ 토출량은 예비 행정에 비례하여 증가한다.
   - ㉰ 토출량은 플런저의 유효행정에 반비례한다.
   - ㉱ 토출량은 플런저의 유효행정과 전혀 관계가 없다.

5. 가솔린 기관에서 노킹(knocking)발생시 억제하는 방법은?
   - ㉮ 혼합비를 희박하게 한다.
   - ㉯ 점화시기를 지각 시킨다.
   - ㉰ 옥탄가가 낮은 연료를 사용한다.
   - ㉱ 화염전파 속도를 느리게 한다.

6. 표준 대기압의 표기로 옳은 것은?
   - ㉮ 735mmHg
   - ㉯ 0.85kgf/cm^2
   - ㉰ 101.3kPa
   - ㉱ 10bar

7. 배출가스 저감장치 중 삼원촉매(Catalytic Convertor) 장치를 사용하여 저감시킬 수 있는 유해가스의 종류는?
   - ㉮ CO, HC, 흑연
   - ㉯ CO, NOx, 흑연
   - ㉰ NOx, HC, SO
   - ㉱ CO, HC, NOx

8. 적색 또는 청색 경광등을 설치하여야 하는 자동차가 아닌 것은?
   - ㉮ 교통단속에 사용되는 경찰용 자동차
   - ㉯ 범죄수사를 위하여 사용되는 수사기관용 자동차
   - ㉰ 소방용 자동차
   - ㉱ 구급자동차

9. 인젝터의 분사량을 제어하는 방법으로 맞는 것은?
   - ㉮ 솔레노이드 코일에 흐르는 전류의 통전시간으로 조절한다.
   - ㉯ 솔레노이드 코일에 흐르는 전압의 시간으로 조절한다.
   - ㉰ 연료압력의 변화를 주면서 조절한다.
   - ㉱ 분사구의 면적으로 조절한다.

10. 측압이 가해지지 않은 스커트 부분을 따낸 것으로 무게를 늘리지 않고 접촉면적은 크게 하고 피스톤 슬랩은 적게 하여 고속기관에 널리 사용하는 피스톤의 종류는?
    - ㉮ 슬립퍼 피스톤(slipper piston)
    - ㉯ 솔리드 피스톤(solid piston)
    - ㉰ 스플릿 피스톤(split piston)
    - ㉱ 옵셋 피스톤(offset piston)

정답 1. ㉰ 2. ㉰ 3. ㉱ 4. ㉮ 5. ㉯ 6. ㉰ 7. ㉱ 8. ㉱ 9. ㉮ 10. ㉮

11. 자동차 기관에서 윤활 회로 내의 압력이 과도하게 올라가는 것을 방지하는 역할을 하는 것은?
   ㉮ 오일 펌프   ㉯ 릴리프 밸브
   ㉰ 체크 밸브   ㉱ 오일 쿨러

12. 기관의 최고출력이 1.3ps이고, 총배기량이 50cc, 회전수가 5000rpm일 때 리터 마력(ps/L)은?
   ㉮ 56   ㉯ 46
   ㉰ 36   ㉱ 26

13. LPG 기관에서 액상 또는 기상 솔레노이드 밸브의 작동을 결정하기 위한 엔진 ECU의 입력요소는?
   ㉮ 흡기관 부압   ㉯ 냉각수 온도
   ㉰ 엔진 회전수   ㉱ 배터리 전압

14. 스로틀밸브가 열려 있는 상태에서 가속할 때 일시적인 가속 지연 현상이 나타나는 것을 무엇이라고 하는가?
   ㉮ 스텀블(stumble)
   ㉯ 스톨링(stalling)
   ㉰ 헤지테이션(hesitation)
   ㉱ 서징(surging)

15. 가솔린 기관의 이론공연비로 맞는 것은? (단, 희박연소 기관은 제외)
   ㉮ 8 : 1   ㉯ 13.4 : 1
   ㉰ 14.7 : 1   ㉱ 15.6 : 1

16. 가솔린 기관의 연료펌프에서 체크밸브의 역할이 아닌 것은?
   ㉮ 연료라인 내의 잔압을 유지한다.
   ㉯ 기관 고온 시 연료의 베이퍼록을 방지한다.
   ㉰ 연료의 맥동을 흡수한다.
   ㉱ 연료의 역류를 방지한다.

17. 정지하고 있는 질량 2kg의 물체에 1N의 힘이 작용하면 물체의 가속도는?
   ㉮ 0.5m/s²   ㉯ 1m/s²
   ㉰ 2m/s²   ㉱ 5m/s²

18. 저속 전부하에서의 기관의 노킹(knocking) 방지성을 표시하는 데 가장 적당한 옥탄가 표기법은?
   ㉮ 리서치 옥탄가   ㉯ 모터 옥탄가
   ㉰ 로드 옥탄가   ㉱ 프런트 옥탄가

19. 연소실의 체적이 48cc이고, 압축비가 9:1인 기관의 배기량은 얼마인가?
   ㉮ 432cc   ㉯ 384cc
   ㉰ 336cc   ㉱ 288cc

20. 크랭크축에서 크랭크 핀저널의 간극이 커졌을 때 일어나는 현상으로 맞는 것은?
   ㉮ 운전 중 심한 소음이 발생할 수 있다.
   ㉯ 흑색 연기를 뿜는다.
   ㉰ 윤활유 소비량이 많다.
   ㉱ 유압이 낮아질 수 있다.

21. 배기가스 재순환 장치(EGR)의 설명으로 틀린 것은?
   ㉮ 가속성능의 향상을 위해 급가속시에는 차단된다.
   ㉯ 연소온도가 낮아지게 된다.
   ㉰ 질소산화물(NOx)이 증가한다.
   ㉱ 탄화수소와 일산화탄소량은 저감되지 않는다.

22. 크랭크축 메인 저널 베어링 마모를 점검하는 방법은?
   ㉮ 필러 게이지(feeler gauge) 방법
   ㉯ 시임(seam) 방법
   ㉰ 직각자 방법
   ㉱ 플라스틱 게이지(plastic gauge) 방법

23. 기관이 과열되는 원인이 아닌 것은?
   ㉮ 라디에이터 코어가 막혔다.
   ㉯ 수온 조절기가 열려있다.
   ㉰ 냉각수의 양이 적다.
   ㉱ 물 펌프의 작동이 불량하다.

정답 11. ㉯ 12. ㉱ 13. ㉯ 14. ㉰ 15. ㉰ 16. ㉰ 17. ㉮ 18. ㉮ 19. ㉯ 20. ㉮ 21. ㉰ 22. ㉱ 23. ㉯

24. 동력인출장치에 대한 설명이다. ( )안에 맞는 것은?

> 동력 인출장치는 농업기계에서 (　) 의 구동용으로도 사용되며, 변속기 측면에 설치되어 (　) 의 동력을 인출한다.

㉮ 작업장치, 주축상　㉯ 작업장치, 부축상
㉰ 주행장치, 주축상　㉱ 주행장치, 부축상

25. 선회할 때 조향각도를 일정하게 유지하여도 선회 반경이 작아지는 현상은?
㉮ 오버 스티어링　㉯ 언더 스티어링
㉰ 다운 스티어링　㉱ 어퍼 스티어링

26. 자동변속기에서 유체클러치를 바르게 설명한 것은?
㉮ 유체의 운동에너지를 이용하여 토크를 자동적으로 변환하는 장치
㉯ 기관의 동력을 유체 운동에너지로 바꾸어 이 에너지를 다시 동력으로 바꾸어서 전달하는 장치
㉰ 자동차의 주행조건에 알맞은 변속비를 얻도록 제어하는 장치
㉱ 토크컨버터의 슬립에 의한 손실을 최소화하기 위한 작동 장치

27. 유압식 전자제어 파워스티어링 ECU의 입력 요소가 아닌 것은?
㉮ 차속 센서
㉯ 스로틀포지션 센서
㉰ 크랭크축포지션 센서
㉱ 조향각 센서

28. 휠얼라이먼트 요소 중 하나인 토인의 필요성과 거리가 가장 먼 것은?
㉮ 조향 바퀴에 복원성을 준다.
㉯ 주행 중 토 아웃이 되는 것을 방지한다.
㉰ 타이어의 슬립과 마멸을 방지한다.
㉱ 캠버와 더불어 앞바퀴를 평행하게 회전시킨다.

29. 마스터 실린더의 푸시로드에 작용하는 힘이 150kgf이고, 피스톤의 면적이 $3cm^2$일 때 단위 면적당 유압은?
㉮ $10kgf/cm^2$　㉯ $50kgf/cm^2$
㉰ $150kgf/cm^2$　㉱ $450kgf/cm^2$

30. 클러치의 릴리스 베어링으로 사용되지 않는 것은?
㉮ 앵귤러 접촉형　㉯ 평면 베어링형
㉰ 볼 베어링형　㉱ 카아본형

31. 자동변속기에서 일정한 차속으로 주행 중 스로틀 밸브 개도를 갑자기 증가시키면 시프트 다운(감속 변속)되어 큰 구동력을 얻을 수 있는 것은?
㉮ 스톨　㉯ 킥 다운
㉰ 킥 업　㉱ 리프트 풋 업

32. 시동 off 상태에서 브레이크 페달을 여러 차례 작동 후 브레이크 페달을 밟은 상태에서 시동을 걸었는데 브레이크 페달이 내려가지 않는다면 예상되는 고장 부위는?
㉮ 주차 브레이크 케이블
㉯ 앞바퀴 캘리퍼
㉰ 진공 배력장치
㉱ 프로포셔닝 밸브

33. 구동 피니언의 잇수가 15, 링기어의 잇수가 58일 때의 종감속비는 약 얼마인가?
㉮ 2.58　㉯ 3.87
㉰ 4.02　㉱ 2.94

34. 현가장치가 갖추어야 할 기능이 아닌 것은?
㉮ 승차감의 향상을 위해 상하 움직임에 적당한 유연성이 있어야 한다.
㉯ 원심력이 발생되어야 한다.
㉰ 주행 안정성이 있어야 한다.
㉱ 구동력 및 제동력 발생 시 적당한 강성이 있어야 한다.

정답　24. ㉯　25. ㉮　26. ㉯　27. ㉰　28. ㉮　29. ㉯　30. ㉯　31. ㉯　32. ㉰　33. ㉯　34. ㉯

35. 여러 장을 겹쳐 충격 흡수 작용을 하도록 한 스프링은?
    ㉮ 토션바 스프링   ㉯ 고무 스프링
    ㉰ 코일 스프링   ㉱ 판스프링

36. 자동차에서 제동시의 슬립비를 표시한 것으로 맞는 것은?
    ㉮ (자동차속도 – 바퀴속도) / 자동차속도 × 100
    ㉯ (자동차속도 – 바퀴속도) / 바퀴속도 × 100
    ㉰ (바퀴속도 – 자동차속도) / 자동차속도 × 100
    ㉱ (바퀴속도 – 자동차속도) / 바퀴속도 × 100

37. 조향핸들이 1회전하였을 때 피트먼암이 40° 움직였다. 조향기어의 비는?
    ㉮ 9 : 1   ㉯ 0.9 : 1
    ㉰ 45 : 1   ㉱ 4.5 : 1

38. 수동변속기에서 클러치(clutch)의 구비 조건으로 틀린 것은?
    ㉮ 동력을 차단할 경우에는 차단이 신속하고 확실할 것
    ㉯ 미끄러지는 일이 없이 동력을 확실하게 전달할 것
    ㉰ 회전부분의 평형이 좋을 것
    ㉱ 회전관성이 클 것

39. 자동차가 커브를 돌 때 원심력이 발생하는데 이 원심력을 이겨내는 힘은?
    ㉮ 코너링 포스   ㉯ 릴레이 밸브
    ㉰ 구동 토크   ㉱ 회전 토크

40. 공기식 제동장치의 구성요소로 틀린 것은?
    ㉮ 언로더 밸브   ㉯ 릴레이 밸브
    ㉰ 브레이크 챔버 ㉱ EGR 밸브

41. 트랜지스터식 점화장치는 어떤 작동으로 점화코일의 1차 전압을 단속하는가?
    ㉮ 증폭 작용   ㉯ 자기 유도 작용
    ㉰ 스위칭 작용   ㉱ 상호 유도 작용

42. 이모빌라이저 시스템에 대한 설명으로 틀린 것은?
    ㉮ 차량의 도난을 방지할 목적으로 적용되는 시스템이다.
    ㉯ 도난 상황에서 시동이 걸리지 않도록 제어한다.
    ㉰ 도난 상황에서 시동키가 회전되지 않도록 제어한다.
    ㉱ 엔진의 시동은 반드시 차량에 등록된 키로만 시동이 가능하다.

43. 주파수를 설명한 것 중 틀린 것은?
    ㉮ 1초에 60회 파형이 반복되는 것을 60Hz라고 한다.
    ㉯ 교류의 파형이 반복되는 비율을 주파수라고 한다.
    ㉰ (1/주기)는 주파수와 같다.
    ㉱ 주파수는 직류의 파형이 반복되는 비율이다.

44. 자동차용 배터리의 급속 충전 시 주의사항으로 틀린 것은?
    ㉮ 배터리를 자동차에 연결한 채 충전할 경우, 접지(-)터미널을 떼어 놓을 것
    ㉯ 충전 전류는 용량 값의 약 2배 정도의 전류로 할 것
    ㉰ 될 수 있는 대로 짧은 시간에 실시할 것
    ㉱ 충전 중 전해액 온도가 약 45℃ 이상 되지 않도록 할 것

45. 와이퍼 장치에서 간헐적으로 작동되지 않는 요인으로 거리가 먼 것은?
    ㉮ 와이퍼 릴레이가 고장이다.
    ㉯ 와이퍼 블레이드가 마모되었다.
    ㉰ 와이퍼 스위치가 불량이다.
    ㉱ 모터 관련 배선의 접지가 불량이다.

46. 배터리 취급 시 틀린 것은?
    ㉮ 전해액량은 극판 위 10~13mm 정도 되도록 보충한다.
    ㉯ 연속 대전류로 방전되는 것은 금지해야 한다.
    ㉰ 전해액을 만들어 사용 시는 고무 또는 납그릇

정답 35. ㉱ 36. ㉮ 37. ㉮ 38. ㉱ 39. ㉮ 40. ㉱ 41. ㉰ 42. ㉰ 43. ㉱ 44. ㉯ 45. ㉯

을 사용하되, 황산에 증류수를 조금씩 첨가하면서 혼합한다.
㉣ 배터리의 단자부 및 케이스면은 소다수로 세척한다.

47. AC 발전기에서 전류가 발생하는 곳은?
㉮ 전기자 ㉯ 스테이터
㉰ 로터   ㉱ 브러시

48. 기동 전동기 정류자 점검 및 정비 시 유의사항으로 틀린 것은?
㉮ 정류자는 깨끗해야 한다.
㉯ 정류자 표면은 매끈해야 한다.
㉰ 정류자는 줄로 가공해야 한다.
㉱ 정류자는 진원이어야 한다.

49. 괄호 안에 알맞은 소자는?

> SRS(supplemental restraint system)시스템 점검 시 반드시 배터리의 (-)터미널을 탈거 후 5분정도 대기한 후 점검한다. 이는 ECU 내부에 있는 데이터를 유지하기 위한 내부 ( )에 충전되어 있는 전하량을 방전시키기 위함이다.

㉮ 서미스터 ㉯ G센서
㉰ 사이리스터 ㉱ 콘덴서

50. 4기통 디젤기관에 저항이 0.8Ω인 예열플러그를 각 기통에 병렬로 연결하였다. 이 기관에 설치된 예열플러그의 합성저항은 몇 Ω인가? (단, 기관의 전원은 24V임.)
㉮ 0.1 ㉯ 0.2
㉰ 0.3 ㉱ 0.4

51. 적외선전구에 의한 화재 및 폭발할 위험성이 있는 경우와 거리가 먼 것은?
㉮ 용제가 묻은 헝겊이나 마스킹 용지가 접촉한 경우
㉯ 적외선전구와 도장면이 필요 이상으로 가까운 경우
㉰ 상당한 고온으로 열량이 커진 경우
㉱ 상온의 온도가 유지되는 장소에서 사용하는 경우

52. 탁상그라인더에서 공작물은 숫돌바퀴의 어느 곳을 이용하여 연삭작업을 하는 것이 안전한가?
㉮ 숫돌바퀴 측면
㉯ 숫돌바퀴의 원주면
㉰ 어느 면이나 연삭작업은 상관없다.
㉱ 경우에 다라서 측면과 원주면을 사용한다.

53. 적삭기계 테이블의 T홈 위에 있는 칩 제거 시 가장 적합한 것은?
㉮ 걸레   ㉯ 맨손
㉰ 솔   ㉱ 장갑 낀 손

54. 정 작업 시 주의 할 사항으로 틀린 것은?
㉮ 금속 깎기를 할 때는 보안경을 착용한다.
㉯ 정의 날을 몸 안쪽으로 하고 해머로 타격한다.
㉰ 정의 생크나 해머에 오일이 묻지 않도록 한다.
㉱ 보관 시는 날이 부딪쳐서 무디어지지 않도록 한다.

55. 재해 발생 원인으로 가장 높은 비율을 차지하는 것은?
㉮ 작업자의 불안전한 행동
㉯ 불안전한 작업환경
㉰ 작업자의 성격적 결함
㉱ 사회적 환경

56. 자동차 엔진오일 점검 및 교환 방법으로 적합한 것은?
㉮ 환경오염방지를 위해 오일은 최대한 교환 시기를 늦춘다.
㉯ 가급적 고점도 오일로 교환한다.
㉰ 오일을 완전히 배출하기 위해 시동 걸기 전에 교환한다.
㉱ 오일 교환 후 기관을 시동하여 충분히 엔진 윤활부에 윤활한 후 시동을 끄고 오일량을 점검한다.

정답 46. ㉰ 47. ㉯ 48. ㉰ 49. ㉱ 50. ㉯ 51. ㉱ 52. ㉯ 53. ㉰ 54. ㉯ 55. ㉮ 56. ㉱

57. 납산 배터리의 전해액이 흘렀을 때 중화용액으로 가장 알맞은 것은?
   ㉮ 중탄산소다   ㉯ 황산
   ㉰ 증류수   ㉱ 수돗물

58. 전자제어 시스템 정비 시 자기진단기 사용에 대하여 ( )에 적합한 것은?

   | 고장 코드의 (a)는 배터리 전원에 의해 백업되어 점화스위치를 OFF 시키더라도 (b)에 기억된다. 그러나 (c)를 분리시키면 고장진단 결과는 지워진다. |

   ㉮ a : 정보, b : 정션박스, c : 고장진단 결과
   ㉯ a : 고장진단 결과, b : 배터리 (-)단자, c : 고장부위
   ㉰ a : 정보, b : ECU, c : 배터리 (-)단자
   ㉱ a : 고장진단 결과, b : 고장부위, c : 배터리 (-)단자

59. 자동차 VIN(vehicle identification number)의 정보에 포함되지 않는 것은?
   ㉮ 안전벨트 구분   ㉯ 제동장치 구분
   ㉰ 엔진의 종류   ㉱ 자동차 종별

60. 자동차를 들어 올릴 때 주의사항으로 틀린 것은?
   ㉮ 잭과 접촉하는 부위에 이물질이 있는지 확인한다.
   ㉯ 센터 맴버의 손상을 방지하기 위하여 잭이 접촉하는 곳에 헝겊을 넣는다.
   ㉰ 차량의 하부에는 개러지 잭으로 지지하지 않도록 한다.
   ㉱ 래터럴 로드나 현가장치는 잭으로 지지한다.

정답 57. ㉮ 58. ㉯ 59. ㉰ 60. ㉱

2016. 1. 24 자동차 정비기능사

1. 냉각수 온도센서 고장 시 엔진에 미치는 영향으로 틀린 것은?
   ㉮ 공회전상태가 불안정하게 된다.
   ㉯ 워밍업 시기에 검은 연기가 배출될 수 있다.
   ㉰ 배기가스 중에 CO 및 HC가 증가된다.
   ㉱ 냉간 시동성이 양호하다.

2. 디젤 연소실의 구비조건 중 틀린 것은?
   ㉮ 연소시간이 짧을 것
   ㉯ 열효율이 높을 것
   ㉰ 평균유효 압력이 낮을 것
   ㉱ 디젤노크가 적을 것

3. 베어링에 작용하중이 80kgf 힘을 받으면서 베어링 면의 미끄럼속도가 30m/s일 때 손실마력은? (단, 마찰계수는 0.2 이다.)
   ㉮ 4.5PS ㉯ 6.4PS
   ㉰ 7.3PS ㉱ 8.2PS.

4. 자동차의 앞면에 안개등을 설치할 경우에 해당되는 기준으로 틀린 것은?
   ㉮ 비추는 방향은 앞면 진행방향을 향하도록 할 것
   ㉯ 후미등이 점등된 상태에서 전조등과 연동하여 점등 또는 소등 할 수 있는 구조일 것
   ㉰ 등광색은 백색 또는 황색으로 할 것
   ㉱ 등화의 중심점은 차량중심선을 기준으로 좌우가 대칭이 되도록 할 것

5. 디젤기관에서 기계식 독립형 연료 분사펌프의 분사시기 조정방법으로 맞는 것은?
   ㉮ 거버너의 스프링을 조정
   ㉯ 랙과 피니언으로 조정
   ㉰ 피니언과 슬리브로 조정
   ㉱ 펌프와 타이밍 기어의 커플링으로 조정

6. 4기통인 4행정사이클 기관에서 회전수가 1800 rpm, 행정이 75mm인 피스톤의 평균속도는?
   ㉮ 2.55m/sec ㉯ 2.45m/sec
   ㉰ 2.35m/sec ㉱ 4.5m/sec

7. 가솔린 노킹(knocking)의 방지책에 대한 설명 중 잘못된 것은?
   ㉮ 압축비를 낮게 한다.
   ㉯ 냉각수의 온도를 낮게 한다.
   ㉰ 화염전파 거리를 짧게 한다.
   ㉱ 착화지연을 짧게 한다.

8. 연료의 온도가 상승하여 외부에서 불꽃을 가까이 하지 않아도 자연히 발화되는 최저 온도는?
   ㉮ 인화점 ㉯ 착화점
   ㉰ 발열점 ㉱ 확산점

9. 점화순서가 1-3-4-2 인 4행정 기관의 3번 실린더가 압축 행정을 할 때 1번 실린더는?
   ㉮ 흡입 행정 ㉯ 압축 행정
   ㉰ 폭발 행정 ㉱ 배기 행정

10. 기관의 윤활유 유압이 높을 때의 원인과 관계없는 것은?
    ㉮ 베어링과 축의 간격이 클 때
    ㉯ 유압조정밸브 스프링의 장력이 강할 때
    ㉰ 오일파이프의 일부가 막혔을 때
    ㉱ 윤활유의 점도가 높을 때

11. 연소실 체적이 40cc이고, 총 배기량이 1280cc인 4기통 기관의 압축비는?
    ㉮ 6 : 1   ㉯ 9 : 1
    ㉰ 18 : 1 ㉱ 33 : 1

정답 1. ㉱ 2. ㉰ 3. ㉯ 4. ㉯ 5. ㉱ 6. ㉱ 7. ㉱ 8. ㉯ 9. ㉰ 10. ㉮ 11. ㉯

12. 전자제어 기관의 흡입 공기량 측정에서 출력이 전기 펄스(Pulse, digital) 신호인 것은?
   ㉮ 벤(Vane)식
   ㉯ 칼만(Karman) 와류식
   ㉰ 핫 와이어(hot wire)식
   ㉱ 맵센서식(MAP sensor)식

13. 실린더 지름이 80mm이고 행정이 70mm인 엔진의 연소실 체적이 50cc인 경우의 압축비는?
   ㉮ 8   ㉯ 8.5
   ㉰ 7   ㉱ 7.5

14. 내연기관과 비교하여 전기모터의 장점 중 틀린 것은?
   ㉮ 마찰이 적기 때문에 손실되는 마찰열이 적게 발생한다.
   ㉯ 후진기어가 없어도 후진이 가능하다.
   ㉰ 평균 효율이 낮다.
   ㉱ 소음과 진동이 적다.

15. 디젤기관의 연료분사 장치에서 연료의 분사량을 조절 하는 것은?
   ㉮ 연료 여과기   ㉯ 연료 분사노즐
   ㉰ 연료 분사펌프   ㉱ 연료 공급펌프

16. 부동액 성분의 하나로 비등점이 197.2℃, 응고점이 -50℃인 불연성 포화액인 물질은?
   ㉮ 에틸렌글리콜   ㉯ 메탄올
   ㉰ 글리세린   ㉱ 변성알콜

17. 블로우다운(blow down) 현상에 대한 설명으로 옳은 것은?
   ㉮ 밸브와 밸브시트 사이에서의 가스 누출현상
   ㉯ 압축행정식 피스톤과 실린더 사이에서 공기가 누출되는 현상
   ㉰ 피스톤이 상사점 근방에서 흡·배기밸브가 동시에 열려 배기 잔류가스를 배출시키는 현상
   ㉱ 배기행정 초기에 배기밸브가 열려 배기가스 자체의 압력에 의하여 배기가스가 배출되는 현상

18. LPG차량에서 연료를 충전하기 위한 고압용기는?
   ㉮ 봄베
   ㉯ 베이퍼라이저
   ㉰ 슬로우 컷 솔레노이드
   ㉱ 연료 유니온

19. 가솔린을 완전 연소시키면 발생되는 화합물은?
   ㉮ 이상화탄소와 아황산
   ㉯ 이산화탄소와 물
   ㉰ 일산화탄소와 이산화탄소
   ㉱ 일산화탄소와 물

20. 흡기 시스템의 동적효과 특성을 설명한 것 중 (   ) 안에 알맞은 단어는?

   > 흡입행정의 마지막에 흡입밸브를 닫으면 새로운 공기의 흐름이 갑자기 차단되어 (㉠)가 발생한다. 이 압력파는 음으로 흡기다기관의 입구를 향해서 진행하고, 입구에서 반사되므로 (㉡)가 되어 흡입밸브 쪽으로 음속으로 되돌아온다.

   ㉮ ㉠ 간섭파, ㉡ 유도파
   ㉯ ㉠ 서지파, ㉡ 정압파
   ㉰ ㉠ 정압파, ㉡ 부압파
   ㉱ ㉠ 부압파, ㉡ 서지파

21. 가솔린 기관에서 발생되는 질소산화물에 대한 특징을 설명한 것 중 틀린 것은?
   ㉮ 혼합비가 농후하면 발생농도가 낮다.
   ㉯ 점화시기가 빠르면 발생농도가 낮다.
   ㉰ 혼합비가 일정할 때 흡기다기관의 부압은 강한 편이 발생농도가 낮다.
   ㉱ 기관의 압축비가 낮은 편이 발생농도가 낮다.

22. 피스톤 간극이 크면 나타나는 현상이 아닌 것은?
   ㉮ 블로바이가 발생한다.
   ㉯ 압축압력이 상승한다.

정답 12. ㉯ 13. ㉮ 14. ㉰ 15. ㉰ 16. ㉮ 17. ㉱ 18. ㉮ 19. ㉯ 20. ㉰ 21. ㉯ 22. ㉯

㉰ 피스톤 슬랩이 발생한다.
㉱ 기관의 기동이 어려워진다.

23. 가솔린 기관의 연료펌프에서 연료라인 내의 압력이 과도하게 상승하는 것을 방지하기 위한 장치는?
   ㉮ 체크밸브(Check Valve)
   ㉯ 릴리프밸브(Relief Valve)
   ㉰ 니들밸브(Needle Valve)
   ㉱ 사일렌서(Silencer)

24. 중·고속 주행 시 연료소비율의 향상과 기관의 소음을 줄일 목적으로 변속기의 입력회전수보다 출력회전수를 빠르게 하는 장치는?
   ㉮ 클러치 포인트   ㉯ 오버 드라이브
   ㉰ 히스테리시스   ㉱ 킥 다운

25. 전자제어 현가장치의 출력부가 아닌 것은?
   ㉮ TPS   ㉯ 지시등, 경고등
   ㉰ 액추에이터   ㉱ 고장코드

26. 추진축의 자재이음은 어떤 변화를 가능하게 하는가?
   ㉮ 축의 길이   ㉯ 회전 속도
   ㉰ 회전축의 각도   ㉱ 회전 토크

27. 휠얼라인먼트를 사용하여 점검할 수 있는 것으로 가장 거리가 먼 것은?
   ㉮ 토(toe)   ㉯ 캠버
   ㉰ 킹핀 경사각   ㉱ 휠 밸런스

28. 전동식 동력 조향장치(MDPS : Motor Driven Power Steering)의 제어 항목이 아닌 것은?
   ㉮ 과부하보호 제어 ㉯ 아이들-업 제어
   ㉰ 경고등 제어   ㉱ 급가속 제어

29. 클러치 작동기구 중에서 세척유로 세척하여서는 안 되는 것은?
   ㉮ 릴리스 포크   ㉯ 클러치 커버
   ㉰ 릴리스 베어링 ㉱ 클러치 스프링

30. 조향 유압 계통에 고장이 발생되었을 때 수동 조작을 이행하는 것은?
   ㉮ 밸브 스풀   ㉯ 볼 조인트
   ㉰ 유압펌프   ㉱ 오리피스

31. 공기 브레이크에서 공기압을 기계적 운동으로 바꾸어 주는 장치는?
   ㉮ 릴레이 밸브   ㉯ 브레이크 슈
   ㉰ 브레이크 밸브 ㉱ 브레이크 챔버

32. 자동변속기의 장점이 아닌 것은?
   ㉮ 기어변속이 간단하고, 엔진 스톨이 없다.
   ㉯ 구동력이 커서 등판 발진이 쉽고, 등판능력이 크다.
   ㉰ 진동 및 충격흡수가 크다.
   ㉱ 가속성이 높고, 최고속도가 다소 낮다.

33. 다음 중 전자제어 동력 조향장치(EPS)의 종류가 아닌 것은?
   ㉮ 속도 감응식   ㉯ 전동 펌프식
   ㉰ 공압 충격식   ㉱ 유압 반력 제어식

34. 자동변속기에서 토크 컨버터 내의 록업 클러치(댐퍼클러치)의 작동조건으로 거리가 먼 것은?
   ㉮ "D"레인지에서 일정 차속(약 70km/h 정도)
   ㉯ 냉각수 온도가 충분히(약 75℃ 정도) 올랐을 때
   ㉰ 브레이크 페달을 밟지 않을 때
   ㉱ 발진 및 후진 시

35. ABS의 구성품 중 휠 스피드 센서의 역할은?
   ㉮ 바퀴의 록(lock) 상태 감지
   ㉯ 차량의 과속을 억제
   ㉰ 브레이크 유압 조정
   ㉱ 라이닝의 마찰 상태 감지

36. 다음에서 스프링의 진동 중 스프링 위 질량의 진동과 관계없는 것은?
   ㉮ 바운싱(bouncing)
   ㉯ 피칭(pitching)

정답 23. ㉯ 24. ㉯ 25. ㉮ 26. ㉰ 27. ㉱ 28. ㉱ 29. ㉰ 30. ㉮ 31. ㉱ 32. ㉱ 33. ㉰ 34. ㉱ 35. ㉮

㉰ 휠트램프(wheel tramp)
㉱ 롤링(rolling)

37. 변속장치에서 동기물림 기구에 대한 설명으로 옳은 것은?
    ㉮ 변속하려는 기어와 메인 스플라인과의 회전수를 같게 한다.
    ㉯ 주축기어의 회전 속도를 부축기어의 회전속도보다 빠르게 한다.
    ㉰ 주축기어와 부축기어의 회전수를 같게 한다.
    ㉱ 변속하려는 기어와 슬리브와의 회전수에는 관계없다.

38. 자동차로 서울에서 대전까지 187.2km를 주행 하였다. 출발시간은 오후 1시 20분, 도착시간은 오후 3시 8분이었다면 평균 주행속도는?
    ㉮ 약 126.5km/h   ㉯ 약 104km/h
    ㉰ 약 156km/h   ㉱ 약 60.78km/h

39. 유압 브레이크는 무슨 원리를 응용한 것인가?
    ㉮ 아르키메데스의 원리   ㉯ 베르누이의 원리
    ㉰ 아인슈타인의 원리   ㉱ 파스칼의 원리

40. 그림과 같은 브레이크 페달에 100N의 힘을 가하였을 때 피스톤의 면적이 5cm²라고 하면 작동유압은?

    ㉮ 100kPa   ㉯ 500kPa
    ㉰ 1000kPa   ㉱ 5000kPa

41. 다음은 배터리 격리판에 대한 설명이다. 틀린 것은?
    ㉮ 격리판은 전도성이 있어야 한다.
    ㉯ 전해액에 부식되지 않아야 한다.
    ㉰ 전해액의 확산이 잘 되어야 한다.
    ㉱ 극판에서 이물질을 내뿜지 않아야 한다.

42. 자동차용 납산배터리를 급속충전을 할 때 주의사항으로 틀린 것은?
    ㉮ 충전시간을 가능한 길게 한다.
    ㉯ 통풍이 잘되는 곳에서 충전한다.
    ㉰ 충전 중 배터리에 충격을 가하지 않는다.
    ㉱ 전해액의 온도가 약 45℃가 넘지 않도록 한다.

43. 스파크플러그 표시기호의 한 예이다. 열가를 나타내는 것은?

    BP6ES

    ㉮ P   ㉯ 6
    ㉰ E   ㉱ S

44. 팽창밸브식이 사용되는 에어컨 장치에서 냉매가 흐르는 경로로 맞는 것은?
    ㉮ 압축기 → 증발기 → 응축기 → 팽창밸브
    ㉯ 압축기 → 응축기 → 팽창밸브 → 증발기
    ㉰ 압축기 → 팽창밸브 → 응축기 → 증발기
    ㉱ 압축기 → 증발기 → 팽창밸브 → 응축기

45. 연료 탱크의 연료량을 표시하는 연료계의 형식 중 계기식의 형식에 속하지 않는 것은?
    ㉮ 밸런싱 코일식   ㉯ 연료면 표시기식
    ㉰ 서미스터식   ㉱ 바이메탈 지항식

46. AC 발전기의 출력변화 조정은 무엇에 의해 이루어지는가?
    ㉮ 엔진의 회전수   ㉯ 배터리의 전압
    ㉰ 로터의 전류   ㉱ 다이오드 전류

47. 그림에서 I₁=5A, I₂=2A, I₃=3A, I₄=4A라고 하면 I₅에 흐르는 전류(A)는?

    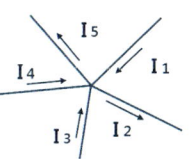

    ㉮ 8   ㉯ 4
    ㉰ 2   ㉱ 10

48. 플레밍의 왼손법칙을 이용한 것은?
   ㉮ 충전기   ㉯ DC 발전기
   ㉰ AC 발전기   ㉱ 전동기

49. 기동전동기를 기관에서 떼어내고 분해하여 결함 부분을 점검하는 그림이다. 옳은 것은?

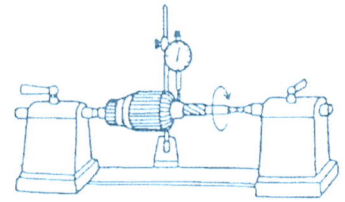

   ㉮ 전기자 축의 휨 상태점검
   ㉯ 전기자 축의 마멸 점검
   ㉰ 전기자 코일 단락 점검
   ㉱ 전기자 코일 단선 점검

50. 에어컨의 구성부품 중 고압의 기체 냉매를 냉각시켜 액화시키는 작용을 하는 것은?
   ㉮ 압축기   ㉯ 응축기
   ㉰ 팽창밸브   ㉱ 증발기

51. 드릴링 머신 작업을 할 때 주의사항으로 틀린 것은?
   ㉮ 드릴은 주축에 튼튼하게 장치하여 사용한다.
   ㉯ 공작물을 제거할 때는 회전을 완전히 멈추고 한다.
   ㉰ 가공 중에 드릴이 관통했는지를 손으로 확인한 후 기계를 멈춘다.
   ㉱ 드릴의 날이 무디어 이상한 소리가 날 때는 회전을 멈추고 드릴을 교환하거나 연마한다.

52. 산업체에서 안전을 지킴으로써 얻을 수 있는 이점으로 틀린 것은?
   ㉮ 직장의 신뢰도를 높여준다.
   ㉯ 상하 동료 간에 인간관계가 개선된다.
   ㉰ 기업의 투자 경비가 늘어난다.
   ㉱ 회사 내 규율과 안전수칙이 준수되어 질서유지가 실현된다.

53. 색에 맞는 안전표시가 잘못 짝지어진 것은?
   ㉮ 녹색 – 안전, 피난, 보호표시
   ㉯ 노란색 – 주의, 경고 표시
   ㉰ 청색 – 지시, 수리 중, 유도 표시
   ㉱ 자주색 – 안전지도 표시

54. 작업안전상 드라이버 사용 시 유의사항이 아닌 것은?
   ㉮ 날 끝이 홈의 폭과 길이가 같은 것을 사용한다.
   ㉯ 날 끝이 수평이어야 한다.
   ㉰ 작은 부품은 한손으로 잡고 사용한다.
   ㉱ 전기 작업 시 금속부분이 자루 밖으로 나와 있지 않아야 한다.

55. 지렛대를 사용할 때 유의사항으로 틀린 것은?
   ㉮ 깨진 부분이나 마디 부분에 결함이 없어야 한다.
   ㉯ 손잡이가 미끄러지지 않도록 조치를 취한다.
   ㉰ 화물의 치수나 중량에 적합한 것을 사용한다.
   ㉱ 파이프를 철제 대신 사용한다.

56. 수동변속기 작업과 관련된 사항 중 틀린 것은?
   ㉮ 분해와 조립 순서에 준하여 작업한다.
   ㉯ 세척이 필요한 부품은 반드시 세척한다.
   ㉰ 록크너트는 재사용 가능하다.
   ㉱ 싱크로나이저 허브와 슬리브는 일체로 교환한다.

57. 물건을 운반 작업할 때 안전하지 못한 경우는?
   ㉮ LPG 봄베, 드럼통을 굴려서 운반한다.
   ㉯ 공동 운반에서는 서로 협조하여 운반한다.
   ㉰ 긴 물건을 운반할 때는 앞쪽을 위로 올린다.
   ㉱ 무리한 자세나 몸가짐으로 물건을 운반하지 않는다.

58. 연료 압력 측정과 진공 점검 작업 시 안전에 관한 유의사항이 잘못 설명된 것은?
   ㉮ 기관 운전이나 크랭킹 시 회전 부위에 옷이나 손 등이 접촉하지 않도록 주의한다.
   ㉯ 배터리 전해액이 옷이나 피부에 닿지 않도록 한다.

㉓ 작업 중 연료가 누설되지 않도록 하고 화기가 주위에 있는지 확인한다.
㉔ 소화기를 준비한다.

59. 전동기나 조정기를 청소한 후 점검하여야 할 사항으로 옳지 않은 것은?
   ㉮ 연결의 견고성 여부
   ㉯ 과열 여부
   ㉰ 아크 발생 여부
   ㉱ 단자부 주유 상태 여부

60. 자동차기관이 과열된 상태에서 냉각수를 보충할 때 적합한 것은?
   ㉮ 시동을 끄고 즉시 보충한다.
   ㉯ 시동을 끄고 냉각시킨 후 보충한다.
   ㉰ 기관을 가감속하면서 보충한다.
   ㉱ 주행하면서 조금씩 보충한다.

정답 58. ㉯ 59. ㉱ 60. ㉯

2016. 7. 10 자동차 정비기능사

1. 디젤기관의 연소실 형식으로 틀린 것은?
    - ㉮ 직접분사식
    - ㉯ 예연소실식
    - ㉰ 와류식
    - ㉱ 연효실식

2. EGR(Exhaust Gas Recirculation) 밸브에 대한 설명 중 틀린 것은?
    - ㉮ 배기가스 재순환 장치이다.
    - ㉯ 연소실 온도를 낮추기 위한 장치이다.
    - ㉰ 증발가스를 포집하였다가 연소시키는 장치이다.
    - ㉱ 질소산화물(NOx) 배출을 감소하기 위한 장치이다.

3. 가솔린 기관의 흡기 다기관과 스로틀 보디사이에 설치되어 있는 서지탱크의 역할 중 틀린 것은?
    - ㉮ 실린더 상호간에 흡입공기 간섭 방지
    - ㉯ 흡입공기 충진 효율을 증대
    - ㉰ 연소실에 균일한 공기 공급
    - ㉱ 배기가스 흐름 제어

4. 전자제어 연료분사 가솔린 기관에서 연료펌프의 체크 밸브는 어느 때 닫히게 되는가?
    - ㉮ 기관 회전 시
    - ㉯ 기관 정지 후
    - ㉰ 연료 압송 시
    - ㉱ 연료 분사 시

5. 기관에 사용하는 윤활유의 기능이 아닌 것은?
    - ㉮ 마멸 작용
    - ㉯ 기밀 작용
    - ㉰ 냉각 작용
    - ㉱ 방청 작용

6. 가솔린기관 압축압력의 단위로 쓰이는 것은?
    - ㉮ rpm
    - ㉯ mm
    - ㉰ PS
    - ㉱ kgf/cm^2

7. 압력식 라디에이터 캡을 사용하므로 얻어지는 장점과 거리가 먼 것은?
    - ㉮ 비등점을 올려 냉각 효율을 높일 수 있다.
    - ㉯ 라디에이터를 소형화 할 수 있다.
    - ㉰ 라디에이터의 무게를 크게 할 수 있다.
    - ㉱ 냉각장치 내의 압력을 높일 수 있다.

8. 실린더의 안지름이 100mm, 피스톤 행정 130mm, 압축비가 21일 때 연소실용적은 약 얼마인가?
    - ㉮ 25cc
    - ㉯ 32cc
    - ㉰ 51cc
    - ㉱ 58cc

9. 가솔린의 주요 화합물로 맞는 것은?
    - ㉮ 탄소와 수소
    - ㉯ 수소와 질소
    - ㉰ 탄소와 산소
    - ㉱ 수소와 산소

10. 저화지연의 3가지에 해당되지 않는 것은?
    - ㉮ 기계적 지연
    - ㉯ 점성적 지연
    - ㉰ 전기적 지연
    - ㉱ 화염 전파지연

11. 평균유효압력이 10kgf/cm², 배기량이 7500cc, 회전속도 2400rpm, 단기통인 2행정 사이클의 지시마력은?
    - ㉮ 200PS
    - ㉯ 300PS
    - ㉰ 400PS
    - ㉱ 500PS

12. 피스톤링의 주요 기능이 아닌 것은?
    - ㉮ 기밀작용
    - ㉯ 감마작용
    - ㉰ 열전도 작용
    - ㉱ 오일제어 작용

13. 어떤 물체가 초속도 10m/s로 마루면을 미끄러진다면 약 몇 m를 진행하고 멈추는가?
    - ㉮ 0.51
    - ㉯ 5.1
    - ㉰ 10.2
    - ㉱ 20.4

정답 1.㉱ 2.㉰ 3.㉱ 4.㉯ 5.㉮ 6.㉱ 7.㉰ 8.㉰ 9.㉮ 10.㉯ 11.㉰ 12.㉯ 13.㉰

14. 전자제어 가솔린분사장치에서 기관의 각종 센서 중 입력 신호가 아닌 것은?
   ㉮ 스로틀 포지션 센서
   ㉯ 냉각 수온 센서
   ㉰ 크랭크 각 센서
   ㉱ 인젝터

15. LPG기관의 연료장치에서 냉각수의 온도가 낮을 때 시동성을 좋게 하기 위해 작동되는 밸브는?
   ㉮ 기상밸브
   ㉯ 액상밸브
   ㉰ 안전밸브
   ㉱ 과류방지밸브

16. 3원 촉매장치의 촉매 컨버터에서 정화처리하는 주요 배기가스로 거리가 먼 것은?
   ㉮ CO
   ㉯ NOx
   ㉰ SO_2
   ㉱ HC

17. 행정의 길이가 250mm인 가솔린 기관에서 피스톤의 평균속도가 5m/s라면 크랭크축의 1분간 회전수(rpm)는 약 얼마인가?
   ㉮ 500
   ㉯ 600
   ㉰ 700
   ㉱ 800

18. 디젤기관의 연료분사에 필요한 조건으로 틀린 것은?
   ㉮ 무화
   ㉯ 분포
   ㉰ 조정
   ㉱ 관통력

19. 가솔린 전자제어 기관에서 축전지 전압이 낮아졌을 때 연료분사량을 보정하기 위한 방법은?
   ㉮ 분사시간을 증가시킨다.
   ㉯ 기관의 회전속도를 낮춘다.
   ㉰ 공연비를 낮춘다.
   ㉱ 점화시기를 지각시킨다.

20. 자동차 주행빔 전조등의 발광면을 상측, 하측, 내측, 외측의 몇 도 이내에서 관측 가능해야 하는가?
   ㉮ 5
   ㉯ 10
   ㉰ 15
   ㉱ 20

21. 배기밸브가 하사점 전 55°에서 열려 상사점 후 15°에서 닫힐 때 총 열림각은?
   ㉮ 240°
   ㉯ 250°
   ㉰ 255°
   ㉱ 260°

22. 기관의 습식 라이너(wet type)에 대한 설명 중 틀린 것은?
   ㉮ 습식 라이너를 끼울 때에는 라이너 바깥둘레에 비눗물을 바른다.
   ㉯ 실링이 파손되면 크랭크 케이스로 냉각수가 들어간다.
   ㉰ 냉각수와 직접 접촉하지 않는다.
   ㉱ 냉각 효과가 크다.

23. 공기량 계측방식 중에서 발열체와 공기 사이의 열전달 현상을 이용한 방식은?
   ㉮ 열선식 질량유량 계량방식
   ㉯ 베인식 체적유량 계량방식
   ㉰ 칼만와류 방식
   ㉱ 맵 센서방식

24. 유압식 전자제어 동력 조향장치에서 컨트롤 유닛(ECU)의 입력 요소는?
   ㉮ 브레이크 스위치
   ㉯ 차속 센서
   ㉰ 흡기온도 센서
   ㉱ 휠 스피드 센서

25. ABS 차량에서 4센서 4채널방식의 설명으로 틀린 것은?
   ㉮ ABS 작동 시 각 휠의 제어는 별도로 제어된다.
   ㉯ 휠 속도센서는 각 바퀴마다 1개씩 설치된다.
   ㉰ 톤 휠의 회전에 의해 전압이 변한다.
   ㉱ 휠 속도센서의 출력 주파수는 속도에 반비례한다.

26. 일반적인 브레이크 오일의 주성분은?
   ㉮ 윤활유와 경유
   ㉯ 알콜과 피마자기름
   ㉰ 알콜과 윤활유
   ㉱ 경유와 피마자기름

정답 14. ㉱ 15. ㉮ 16. ㉰ 17. ㉯ 18. ㉰ 19. ㉮ 20. ㉮ 21. ㉯ 22. ㉰ 23. ㉮ 24. ㉯ 25. ㉱ 26. ㉯

27. 전자제어 현가장치의 제어 기능에 해당 되는 것이 아닌 것은?
㉮ 앤티 스키드   ㉯ 앤티 롤
㉰ 앤티 다이브   ㉱ 앤티 스쿼트

28. 후축에 9890kgf의 하중이 작용될 때 후축에 4개의 타이어를 장착하였다면 타이어 한 개당 받는 하중은?
㉮ 약 2473kgf   ㉯ 약 2770kgf
㉰ 약 3473kgf   ㉱ 약 3770kgf

29. 전자제어 현가장치의 입력 센서가 아닌 것은?
㉮ 차속 센서   ㉯ 조향 휠 각속도 센서
㉰ 차고 센서   ㉱ 임팩트 센서

30. 수동변속기에서 기어변속 시 기어의 이중물림을 방지하기 위한 장치는?
㉮ 파킹 볼 장치
㉯ 인터 록 장치
㉰ 오버드라이브 장치
㉱ 록킹 볼 장치

31. 자동변속기에서 오일라인압력을 근원으로 하여 오일라인압력 보다 낮은 일정한 압력을 만들기 위한 밸브는?
㉮ 체크 밸브   ㉯ 거버너 밸브
㉰ 매뉴얼 밸브   ㉱ 리듀싱 밸브

32. 기관의 회전수가 3500rpm, 제2속의 감속비 1.5, 최종감속비 4.8, 바퀴의 반경이 0.3m일 때 차속은? (단, 바퀴의 지면과 미끄럼은 무시한다.)
㉮ 약 35km/h   ㉯ 약 45km/h
㉰ 약 55km/h   ㉱ 약 65km/h

33. 유압식 브레이크는 어떤 원리를 이용한 것인가?
㉮ 뉴턴의 원리   ㉯ 파스칼의 원리
㉰ 베르누이의 원리   ㉱ 애커먼 장토의 원리

34. 주행 시 혹은 제동 시 핸들이 한쪽으로 쏠리는 원인으로 거리가 가장 먼 것은?
㉮ 좌·우 타이어의 공기 압력이 같지 않다.
㉯ 앞바퀴의 정렬이 불량하다.
㉰ 조향 핸들축의 축 방향 유격이 크다.
㉱ 한쪽 브레이크 라이닝 간격 조정이 불량하다.

35. 전자제어식 자동변속기 제어에 사용되는 센서가 아닌 것은?
㉮ 차고 센서
㉯ 유온 센서
㉰ 입력축 속도센서
㉱ 스로틀 포지션 센서

36. 자동장치에서 차동 피니언과 사이드 기어의 백 래시 조정은?
㉮ 축받이 차축의 왼쪽 조정심을 가감하여 조정한다.
㉯ 축받이 차축의 오른쪽 조정심을 가감하여 조정한다.
㉰ 차동 장치의 링기어 조정 장치를 조정한다.
㉱ 스러스트(thrust) 와셔의 두께를 가감하여 조정한다.

37. 빈칸에 알맞은 것은?

애커먼 장토의 원리는 조향 각도를 (㉠)로 하고, 선회할 때 선회하는 안쪽 바퀴의 조향각도가 바깥쪽 바퀴의 조향각도보다 (㉡)되며, (㉢)의 연장선상의 한 점을 중심으로 동심원을 그리면서 선회하여 사이드슬립 방지와 조향핸들 조작에 따른 저항을 감소시킬 수 있는 방식이다.

㉮ ㉠최소, ㉡작게, ㉢앞차축
㉯ ㉠최대, ㉡작게, ㉢뒷차축
㉰ ㉠최소, ㉡크게, ㉢앞차축
㉱ ㉠최대, ㉡크게, ㉢뒷차축

38. 디스크 브레이크와 비교해 드럼 브레이크의 특성으로 맞는 것은?

정답 27. ㉮ 28. ㉮ 29. ㉱ 30. ㉯ 31. ㉱ 32. ㉰ 33. ㉯ 34. ㉰ 35. ㉮ 36. ㉱ 37. ㉱

㉮ 페이드 현상이 잘 일어나지 않는다.
㉯ 구조가 간단하다.
㉰ 브레이크의 편제동 현상이 적다.
㉱ 자기작동 효과가 크다

39. 조향장치가 갖추어야 할 조건 중 적당하지 않은 사항은?
㉮ 적당한 회전 감각이 있을 것
㉯ 고속주행에서도 조향핸들이 안정될 것
㉰ 조향휠의 회전과 구동휠의 선회차가 클 것
㉱ 선회 후 복원성이 있을 것

40. 수동변속기에서 클러치의 미끄러지는 원인으로 틀린 것은?
㉮ 클러치 디스크에 오일이 묻었다.
㉯ 플라이 휠 및 압력판이 손상 되었다.
㉰ 클러치 페달의 자유간극이 크다.
㉱ 클러치 디스크의 마멸이 심하다.

41. 자동자의 교류 발전기에서 발생된 교류 전기를 직류로 정류하는 부품은 무엇인가?
㉮ 전기자   ㉯ 조정기
㉰ 실리콘 다이오드   ㉱ 릴레이

42. 기동전동기에서 오버런닝 클러치의 종류에 해당되지 않는 것은?
㉮ 롤러식   ㉯ 스프래그식
㉰ 전기자식   ㉱ 다판 클러치식

43. 엔진 ECU내부의 마이크로컴퓨터 구성요소로서 산술연산 또는 논리 연산을 수행하기 위해 데이터를 일시 보관하는 기억장치는?
㉮ FET구동회로   ㉯ A/D컨버터
㉰ 인터페이스   ㉱ 레지스터

44. 12V의 전압에 20Ω의 저항을 연결하였을 경우 몇 A의 전류가 흐르겠는가?
㉮ 0.6A   ㉯ 1A
㉰ 5A   ㉱ 10A

45. 자동차 전조등회로에 대한 설명으로 맞는 것은?
㉮ 전조등 좌우는 직렬로 연결되어 있다.
㉯ 전조등 좌우는 병렬로 연결되어 있다.
㉰ 전조등 좌우는 직병렬로 연결되어 있다.
㉱ 전조등 작동 중에는 미등이 소등된다.

46. 축전기(Condenser)와 관련된 식 표현으로 틀린 것은? (Q = 전기량, E = 전압, C = 비례상수)
㉮ Q = CE   ㉯ C = Q/E
㉰ E = Q/C   ㉱ C = QE

47. 전자동에어컨(FATC) 시스템의 ECU에 입력되는 센서 신호로 거리가 먼 것은?
㉮ 외기온도 센서   ㉯ 차고 센서
㉰ 일사 센서   ㉱ 내기온도 센서

48. 자동차 에어컨 장치의 순환과정으로 맞는 것은?
㉮ 압축기 → 응축기 → 건조기 → 팽창밸브 → 증발기
㉯ 압축기 → 응축기 → 팽창밸브 → 건조기 → 증발기
㉰ 압축기 → 팽창밸브 → 건조기 → 응축기 → 증발기
㉱ 압축기 → 건조기 → 팽창밸브 → 응축기 → 증발기

49. 축전지에 대한 설명 중 틀린 것은?
㉮ 전해액 온도가 올라가면 비중은 낮아진다.
㉯ 전해액의 온도가 낮으면 황산의 확산이 활발해진다.
㉰ 온도가 높으면 자기방전량이 많아진다.
㉱ 극판수가 많으면 용량이 증가한다.

50. 자기방전률은 축전지 온도가 상승하면 어떻게 되는가?
㉮ 높아진다.
㉯ 낮아진다.

정답 38. ㉱ 39. ㉰ 40. ㉰ 41. ㉰ 42. ㉰ 43. ㉱ 44. ㉮ 45. ㉯ 46. ㉱ 47. ㉯ 48. ㉮ 49. ㉯

㉰ 변함없다.
㉱ 낮아진 상태로 일정하게 유지된다.

51. 산업 안전표지 종류에서 비상구 등을 나타내는 표지는?
   ㉮ 금지표지   ㉯ 경고표지
   ㉰ 지시표지   ㉱ 안내표지

52. 차량 시험기기의 취급 주의사항에 대한 설명으로 틀린 것은?
   ㉮ 시험기기 전원 및 용량을 확인한 후 전원플러그를 연결한다.
   ㉯ 시험기기의 보관은 깨끗한 곳이면 아무 곳이나 좋다.
   ㉰ 눈금의 정확도는 수시로 점검해서 0점을 조정해 준다.
   ㉱ 시험기기의 누전 여부를 확인한다.

53. 줄 작업 시 주의사항이 아닌 것은?
   ㉮ 몸 쪽으로 당길 때에만 힘을 가한다.
   ㉯ 공작물은 바이스에 확실히 고정한다.
   ㉰ 날이 메꾸어지면 와이어 브러시로 털어낸다.
   ㉱ 절삭가루는 솔로 쓸어 낸다.

54. 중량물을 인력으로 운반하는 과정에서 발생할 수 있는 재해의 형태(유형)와 거리가 먼 것은?
   ㉮ 허리 요통   ㉯ 협착(압상)
   ㉰ 급성 중독   ㉱ 충돌

55. 산업안전보건법상의 "안전·보건표지의 종류와 형태" 에서 아래 그림이 의미하는 것은?

   ㉮ 직진금지   ㉯ 출입금지
   ㉰ 보행금지   ㉱ 차량통행금지

56. 축전지 단자에 터미널 체결 시 올바른 것은?
   ㉮ 터미널과 단자를 주기적으로 교환할 수 있도록 체결한다.
   ㉯ 터미널과 단자 접속부 틈새에 흔들림이 없도록 (-)드라이버로 단자 끝에 망치를 이용하여 적당한 충격을 가한다.
   ㉰ 터미널과 단자 접속부 틈새에 녹슬지 않도록 냉각수를 소량 도포한 후 나사를 잘 조인다.
   ㉱ 터미널과 단자 접속부 틈새에 이물질이 없도록 청소 후 나사를 잘 조인다.

57. 기관의 분해 정비를 결정하기 위해 기관을 분해하기 전 점검해야 할 사항으로 거리가 먼 것은?
   ㉮ 실린더 압축압력 점검
   ㉯ 기관오일 압력점검
   ㉰ 기관운전 중 이상소음 및 출력점검
   ㉱ 피스톤 링 갭(gap) 점검

58. 작업장에서 중량물 운반수레의 취급 시 안전사항으로 틀린 것은?
   ㉮ 적재중심은 가능한 한 위로 오도록 한다.
   ㉯ 화물이 앞뒤 또는 측면으로 편중되지 않도록 한다.
   ㉰ 사용 전 운반수레의 각부를 점검한다.
   ㉱ 앞이 안 보일 정도로 화물을 적재하지 않는다.

59. 브레이크 드럼을 연삭할 때 전기가 정전되었다. 가장 먼저 취해야 할 조치사항은?
   ㉮ 스위치 전원을 내리고(off) 주전원의 퓨즈를 확인한다.
   ㉯ 스위치는 그대로 두고 정전원인을 확인한다.
   ㉰ 작업하던 공작물을 탈거 한다.
   ㉱ 연삭에 실패했음으로 새 것으로 교환하고, 작업을 마무리 한다.

60. 멀티회로시험기를 사용할 때의 주의사항 중 틀린 것은?
   ㉮ 고온, 다습, 직사광선을 피한다.
   ㉯ 영점 조정 후에 측정한다.
   ㉰ 직류전압의 측정 시 선택 스위치는 AC.(V)에 놓는다.
   ㉱ 지침은 정면에서 읽는다.

정답 50. ㉮ 51. ㉱ 52. ㉯ 53. ㉮ 54. ㉰ 55. ㉯ 56. ㉱ 57. ㉱ 58. ㉮ 59. ㉮ 60. ㉰

고훈국 : 서울자동차고등학교
김학광 : 안양 경기자동차정비학원 원장
김흥진 : 서울 한양공업고등학교
최유니 : 서울자동차고등학교

| ◈ 자동차 정비 기능사 필기 | 정가 : 23,000 원 |

2017년 4월 10일 초판인쇄
2017년 4월 20일 초판발행

편 저 자	고훈국, 김학광, 김흥진, 최유니	저자와의 협약에 의하여 인지를 생략함
발 행 자	김　　영　　철	
발 행 처	도서출판 **동　진**	

㉾ 150-822
주 소 : 서울특별시 영등포구 시흥대로 181길 5-2(대림동)
TEL : 845 - 6525
FAX : 845 - 6527
Email : djpub@chol.com
등록일 : 1997 년 4월 10 일(제 03 — 00979 호)
Copyright ⓒ *1999 DONG JIN PUBLISHING CO.,*

❂ 파본 및 낙장은 교환하여 드립니다.
❂ 무단복제 및 발췌시 저작권법에 저촉됩니다.

ISBN 978 - 89-87465-95 -1